极地测绘遥感信息学

鄂栋臣　编著

科学出版社

北　京

内 容 简 介

本书是极地考察 30 多年极地测绘成果的系统汇集，是测绘科学与技术在南北两极特殊环境下的具体运用和发展的系统总结，是对信息化极地测绘理论和技术体系的系统梳理。本书是第一本系统介绍极地动力大地测量、极地遥感、极地地球物理、极地制图与地理信息系统等内容的极地测绘遥感信息学教科书，主要内容包括：极地测绘基准、南极地球动力学、GPS 在极区大气环境中的应用、极地地球物理大地测量、极地冰雪遥感、极地冰盖变化动态过程、极地海冰特征参数与变化监测、南极地形测绘、极地数字制图与极地地理信息系统。

本书内容丰富，通俗易懂，将理论知识与具体实践相结合，既介绍极地测绘的理论与技术，又包含测绘技术在极地冰雪环境与全球变化研究中的应用。本书是面向测绘、海洋、地质、环境等多领域研究生的教材，也可供相关领域科研人员参考。

图书在版编目(CIP)数据

极地测绘遥感信息学/鄂栋臣 编著. —北京：科学出版社，2018.10

ISBN 978-7-03-059070-1

I. ①极··· II. ①鄂··· III. ①极地–测绘–遥感技术 IV. ①P941.6
②P237

中国版本图书馆 CIP 数据核字（2018）第 232940 号

责任编辑：杨光华 / 责任校对：谌 莉
责任印制：彭 超 / 封面设计：苏 波

科 学 出 版 社 出版

北京东黄城根北街 16 号
邮政编码：100717
http://www.sciencep.com

武汉精一佳印刷有限公司 印刷
科学出版社发行 各地新华书店经销
*

开本：787×1092 1/16
2018 年 10 月第 一 版 印张：32
2018 年 10 月第一次印刷 字数：756 000

定价：198.00 元
（如有印装质量问题，我社负责调换）

序

　　极地是全球变化的关键地区，也关系着国家安全和发展，更是全球治理体系的新空间。受地理位置、自然环境和观测手段的限制，长期以来我国对于极地的认知显得不足。1984 年，中国迈出了"认知、保护、利用"极地的第一步，首次进行了南极科学考察。历经 30 多年的发展，先后建立了南极长城站、中山站、昆仑站和泰山站，以及北极黄河站，由南到北，极地考察与科学研究实现了跨越式的发展。"极地科考，测绘先行"，测绘技术为极地科学考察和研究提供了有力保障和技术支撑。一方面，测绘技术为多学科的科学考察提供了有效的测绘保障；另一方面，基于空–天–地立体观测手段，开展了极地冰雪环境监测与全球变化研究。永久性测绘标志在极地的埋设、具有国家版图意义的极地地图测绘以及极地地名的命名都在一定程度上维护着国家极地权益。

　　伴随着中国极地事业的推进，极地测绘也有了长足的发展。先后近 200 人次测绘人员赴南北两极，开展了极地基础测绘、极地冰雪环境动态过程监测、极地环境与资源综合考察等；建立了高精度、实时动态测绘基准体系，建立了空–天–地一体化极地冰雪环境立体观测体系，建立了极地测绘数据生产与应用服务体系，逐步形成了信息化的极地测绘技术体系。经过 30 多年探索与积累，将现代测绘学的基础理论和技术，与中国极地考察实际和研究极地特殊科学问题相结合，创造性地探索出了一套适应中国极地科学考察、具有中国特色的极地测绘遥感信息学理论和应用技术体系。

　　极地测绘遥感信息学，是综合利用现代大地测量学、遥感学和地理信息学和其他学科（如冰川、气象、海洋、地质、环境学等）交叉渗透形成的理论和方法，通过获取空间数据和信息，研究极地板块运动、表面形态描绘及分布特征、冰雪环境变化及其动态过程，构建智慧极地基础框架等理论和技术的学科。因此，它是现代测绘科学与空间信息技术集成应用于我国极地科学考察研究中新开辟的一个学科领域，是极地科学研究的重要内容。本书是中国极地科学考察的教科书，它将为推动中国极地科考事业的发展起到积极作用。

李德仁

前　言

随着我国极地考察事业的发展，中国极地测绘经三十余年不懈研究和现场考察沉淀，探索出了一套适合地球两极极端区域的特殊测绘研究途径和方法。地球两极，特别是南极，人迹罕至，环境极端恶劣，传统测绘常规方法无法实施，充分利用现代空间测绘和数字化信息化测绘理论和技术，创造性地拓展在极地应用的新领域、新途径，是中国极地测绘科学考察研究的长期指导思想。特别是近十年来，我国极地测绘取得了长足发展，大力构建智慧极地地理空间基础框架，全面建成信息化极地测绘技术与服务体系，在为我国极地科学考察提供更坚实、更高效的测绘保障和技术支撑等方面又有新的提高。"十二五"期间，随着我国加大极地科学考察与全球变化研究等战略的提出，为了进一步提升我国对极地冰雪环境动态变化过程监测、全球变化关系研究以及极地地理区情变化监测研究等方面的能力，重点突破了动态大地测量基准建立、海量空间信息获取与处理、综合集成应用等关键技术，构建极地测绘连续观测网络平台和应用服务平台，在完善建立具有中国特色的极地信息化测绘体系等方面取得了新的进展。

中国极地测绘三十余年在地球两极走过的路，是一条前人未曾走过的开拓之路、探索之路、创新之路，也是一条拼搏奉献之路。正是中国极地测绘队伍发扬顽强拼搏精神和付出智慧劳动，持之以恒，从无到有不断探索、积累，才为本书能与顺利与读者见面打下了坚实基础。

《极地测绘遥感信息学》系统地叙述了极地动力大地测量、极地冰雪遥感、极地数字制图与地理信息系统以及涉及相关学科等方向的研究成果，高度凝练极地测绘理论与技术的精髓。本书以现代大地测量学、遥感科学与技术和地理信息科学为依托，重点研究极地特殊环境下极地空间信息过程与全球变化，为极地测绘科学考察研究提供理论基础与技术指导。

本书共分为 11 章。全书由鄂栋臣总统稿，张胜凯、周春霞、庞小平分别负责极地大地测量和地球物理、极地冰雪遥感与动态过程、极地制图与地理信息系统三大内容板块的统稿工作。第 1 章由鄂栋臣编写；第 2～3 章由鄂栋臣、张胜凯编写；第 4 章由王泽民、张胜凯、安家春编写；第 5 章由杨元德、郝卫峰、晏鹏编写；第 6 章由周春霞、刘婷婷、杨元德编写；第 7 章由周春霞、杨元德、袁乐先编写；第 8 章由周春霞、刘婷婷、赵羲、季青、张宇编写；第 9 章由王泽民、张胜凯、艾松涛、柯灏、周春霞编写；第 10 章由庞小平、刘海燕、周春霞编写；第 11 章由艾松涛、刘海燕编写。

本书在编写过程中引用和参阅了国内外相关著作和论文，部分已列入书中的参考文献，在此表示诚挚的谢意！

由于编著者水平有限，书中不妥和疏漏之处在所难免，敬请读者和专家批评指正。

鄂栋臣

2018.05

目　　录

第1章 概 论

1.1 地 球 两 极

地球两极是指地球南极圈和北极圈，即南纬和北纬 66°33'纬线以上范围内的区域，分别称为地球的南极和北极。

1.1.1 南极

南极（Antarctic）是南极洲和南大洋的总称。

1. 南极洲

南极洲，包括南极大陆及其周围岛屿，其面积约为 $1400 \times 10^4 \ km^2$。南极洲是冈瓦纳（Gondwana）古陆分裂解体后，其中陆块的核心部分，在大陆漂移作用下，缓慢地运动到地球南端，形成地理上完全独立的南极大陆及其周围的岛屿。

南极大陆的海岸线大致成圆形，其最大直径约为 4500km。通常在地质和地理上把南极大陆分为东南极和西南极两部分，其界线是由格林尼治 0°～180° 子午线给定的，在这两大部分之间，贯穿着呈东南—西北走向的横贯南极山脉（Transantarctic Mountains）。南极大陆的平均海拔高度为 2000 余米，是地球上其他大陆平均高度的 3 倍。

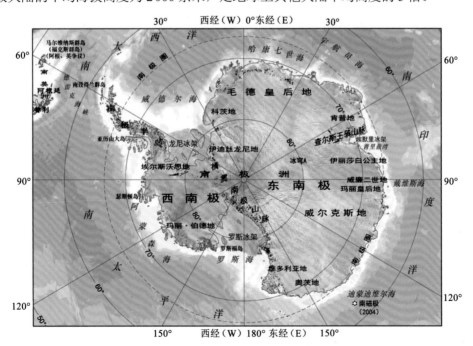

图 1.1　南极地区

南极大陆 90%的陆地常年被冰原所覆盖,冰盖的平均厚度为 2 450 m,最大厚度可达 4 750 m。冰雪总储量为 2 500×10^4～3 000×10^4 km^2,是全球冰雪总储量的 90%,是全球淡水总储量的 72%。如果南极冰盖全部融化,可使全球平均海平面升高 60 m,沿海的许多陆地和城市会被淹没。

虽然冰是固体物质,由于长时间受力,仍会产生变形,从大陆中心顺着谷地向低处流动,形成许多大小不同的冰川伸向海洋,浮在海面上,形成冰架。每当南极夏季来临,气温升高,从冰架的边缘分离出南极洲特有的平台冰山,其厚度可达 200m,其长度为几百米到几十千米,最大长度曾超过 180 km。

在南极圈以内的地区,明显地分为冬夏两个季节。冬季出现连续的黑夜,而夏季则出现连续的白昼,其连续黑夜及连续白昼时间的长短与极圈内的纬度高低相一致,在南极点的持续时间最长,白昼和黑夜各为二分之一。

在极圈以内的高纬度地区,由于吸收到的太阳辐射能相对比较少,气温较低,而且南极圈内全是陆地,与北极相比较,受海洋调节的影响较小,南极洲是全球最冷的大陆。在沿海地区,年平均气温约为 −17℃,冬季最低气温很少低于 −40℃,而夏季的最高气温可达 9℃。从沿海向内陆,气温逐渐降低。1983 年 7 月,苏联东方站(Vostok,78°27′ S,106°52′ E)的气温曾降到 −89.2℃,这是目前全球所测得气温的最低纪录。

南极大陆以多风暴著称,风暴频繁而且强烈。在东南极洲的中央高原常年被极地高压控制,风很微弱,但其强烈的冷空气沿着冰面陡坡向沿岸急剧流动,形成稳定而强劲的下降风,并频繁地在大陆沿岸地区产生强烈的暴风雪,使能见度降低,有时几乎下降到零,持续时间为几小时至几天,局部地区风速可达 85 m/s 以上。在 50°～70° S 气旋活动频繁,任一时刻都可能有 6 个以上的低压气旋环绕南极大陆自西向东移动,移动速度可达 8.5 km/h,其最大风速可达 70 m/s 以上。

南极大陆是世界上最干燥的大陆,有"白色沙漠"之称,年平均降雪量为 12 cm,在中央高原,年平均降雪量只有 5 cm,其降水量比撒哈拉大沙漠的稍多一点。自中央高原向大陆边缘,其年平均降雪量逐渐有所增加,在沿海 200～300 km 的狭窄地带内,年平均降雪量可达 20～55 cm。

南极洲是地球上唯一没有土著居民,唯一未被开发的大陆。由于它远离其他大陆,大气比较纯净,受人为的污染很小。人们已初步查明,南极洲是一个自然资源宝库,蕴藏有丰富的铁、煤、铜、铅、锌、锰、金、银、铀、石油和天然气等 220 多种矿产资源,世界上最大的铁山和煤田也是在南极。

南极大陆与其他大陆相比,动植物的种群数量较少。地衣是最常见、分布最广的植被,即使在距南极点约 300 km 的露岩区也能发现地衣。苔藓分布范围则要小些,因为它对湿度的依赖性强,只能生长在沿海地区。藻类是南极大陆总生物量中最丰富的植物,但它只生长在水分充足的水洼地和潮湿土壤中。显花植物在南极半岛只发现有少许几种。

南极大陆没有陆生的脊椎动物。昆虫和蜘蛛类,特别是蜱、虱、螨、蠓和尖尾虫是最高级的土著动物。其中体长 2.5～3.0 mm 的蠓和无翅南极蝇,是这些土著动物中最大的,而且只有南极半岛西侧 64°～65°30′ S 才有发现。在 89° S 以南的高原地区,目前仍被认为是没有土著生命的世界。

在南极大陆的沿海地区，企鹅、海豹、贼鸥和海燕等数量很多，但它们大部分时间是在海上活动和摄食，陆缘只是它们暂时栖息和繁殖之地。

2. 南大洋

南大洋由太平洋、大西洋、印度洋的南端部分组成，南大洋的北缘，比较公认的是以有海洋特征的南极辐合带为界。这条辐合带是由南向北流动、温盐度较低的南极表层水与来自温带海区向南流动、盐度较高的表层水相遇并产生混合，在 $50° \sim 60°$ S 的区域内，形成一条环绕南极大陆的海水（流、温、盐）跃变地带。南大洋是唯一没有东西海岸的大洋，总面积约为 $3\,800×10^4\,km^2$。在南极大陆周围存在着东风漂流和西风漂流的绕极流，这是南极大陆周围海域的一个重要特点。

在南极的冬季，海冰面积可达 $2\,000×10^4\,km^2$，完全封住整个大陆并向外延伸 $300 \sim 400\,km$，个别地区伸展到 $55°$ S。在南极的夏季，85%的积冰流散到不冻海域融化掉，海冰面积则缩小为 $400×10^4 \sim 500×10^4\,km^2$，但陆缘冰断裂而成的冰山则布满海面，逐渐向低纬度海域扩散漂移。

南极洲周围的大陆架，只有罗斯海和威德尔海比较宽，其余的陆架区都比较窄，只有十几千米。南极洲大陆架的另一个特点是深度一般在 $400 \sim 600\,m$，而其他各洲的大陆架一般只有 $100 \sim 150\,m$。

南大洋生物与其他各大洋相比，种类较为贫乏，但其生物数量却十分丰富。大量的浮游植物是南大洋简单食物链的第一环，它是南大洋中个体微小的浮游生物、南极磷虾的主要食物。南极磷虾是南大洋食物链中的一个关键环节，它直接维持着南大洋中其他生物，如乌贼、鱼类、海鸟、企鹅、海豹和鲸等的生命。磷虾是南大洋最大的生物资源，蕴藏量达几十亿吨。由于磷虾全身含高蛋白质，所以南大洋又被誉为人类未来取之不尽的动物蛋白质的仓库。

1.1.2 北极

北极(Arctic)地域范围是指北极圈以北的广大区域，也叫作北极地区。北极地区包括北冰洋及其边缘陆地海岸带和岛屿、北极苔原和最外侧的泰加林带。如果以北极圈作为北极的边界，北极地区的总面积是 $2\,100×10^4\,km^2$，其中陆地部分为 $800×10^4\,km^2$。也有从物候学角度出发，以 7 月份平均 10℃等温线（海洋以 5℃等温线）作为北极地区的南界，这样北极地区的总面积就扩大为 $2\,700×10^4\,km^2$，其中陆地面积约 $1\,200×10^4\,km^2$。如果以植物种类的分布来划定北极，把全部泰加林带归入北极范围，那么北极地区的面积将超过 $4\,000×10^4\,km^2$。北极地区究竟以何为界，环北极国家的标准也不统一，不过一般人习惯于从地理学角度出发，将北极圈作为北极地区的界线。

1. 北冰洋

北冰洋是一片浩瀚的冰封海洋。北极与南极不同之处是，南极是以大陆为中心，四周被南大洋包围，北极是以海洋为中心，四周由欧亚大陆、北美大陆和格陵兰岛北部陆地环抱着，使中间的北冰洋成为相对封闭的海洋。北冰洋绝大部分洋面常年被海冰覆盖，是地球上唯一的白色海洋。海冰平均厚度 3 m，冬季覆盖面积达 73%，约有 $1\,000×10^4 \sim$

$1\,100\times10^4\,km^2$。夏季覆盖面积约 53%，随着气候变暖，夏季海冰融化加速，海冰覆盖面积越来越小。中央北冰洋的海冰已持续存在 300 万年，属永久性海冰。

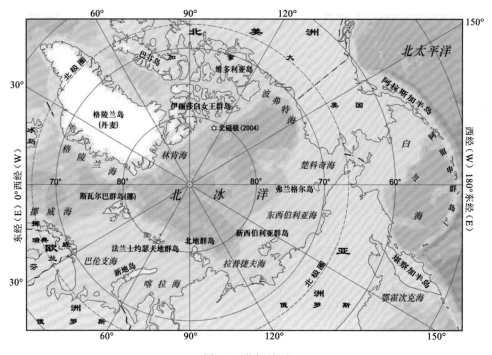

图 1.2　北极地区

北冰洋海冰下的海水像全球其他海洋的海水一样在不停地按照一定规律流动着。对北冰洋表层环流起主要作用的有两支海流：一支是大西洋洋流的支流——西斯匹茨卑尔根海流，这支高盐度的暖流从格陵兰岛以东流入北冰洋，沿陆架边缘做逆时针运动；另一支是从楚科奇海进入，流经北极点后又从格陵兰海流出，并注入大西洋的越极洋流——东格陵兰底层冷水流。它们共同控制着北冰洋的海洋水文基本特征。

北冰洋周边的陆地区域可分为两大部分，即欧亚大陆和北美大陆与格陵兰岛，两部分以白令海峡和格陵兰岛分隔。整个北冰洋的海岸线曲折而复杂，周围陆架区分布着众多的岛屿，总面积约 $380\times10^4\,km^2$。格陵岛为地球上最大的岛屿，面积为 $218\times10^4\,km^2$，比西欧加上中欧的面积还大一些，因此，格陵兰岛也被称为次大陆。格陵兰岛 83%被冰雪覆盖，覆盖面积达 $180\times10^4\,km^2$，其冰层平均厚度达到 2 300 m，与南极冰层厚度相当。格陵兰岛冰雪总量约 $300\times10^4\,km^2$，占全球淡水总量的 5.4%。如果格陵兰岛冰雪全部消融，可使全球海平面上升 7.6 m。

2．北极地区气候与自然资源

北冰洋的冬季从 11 月起直到次年 4 月，长达 6 个月。5～6 月和 9～10 月分属春季和秋季，而夏季仅 7～8 月两个月。1 月的平均气温介于-40～-20℃。而最暖月 8 月的平均气温也只达到-8℃。在北冰洋极点附近漂流站上测到的最低气温是-59℃。由于洋流和北极反气旋的影响，北极地区最冷的地方并不在中央北冰洋。在西伯利亚维尔霍杨斯克曾记录到-70℃的最低温度，在阿拉斯加的普罗斯佩克特地区也曾记录到-62℃的气温。

越是接近极点，极地的气象和气候特征越明显。在那里，一年的时光只有一天一夜。即使在仲夏时节，太阳也只是远远地位于南方地平线上，太阳升起的高度从不会超过 23.5°。

北极有无边的冰雪和漫长的冬季。与南极一样，也有极昼和极夜现象，越接近北极点越明显。北极的冬天从每年的 11 月 23 日开始，有接近半年的时间是完全看不见太阳的，温度会降到-50℃。

北极到了 4 月天气才慢慢暖和起来，冰雪逐渐消融，大块的冰开始融化、碎裂，碰撞发出巨响；小溪出现潺潺的流水，天空变得明亮起来。5～6 月，植物变绿，动物开始活跃，并忙着繁殖后代。在这个季节，动物们可获得充足的食物，积累足够的营养和脂肪，以度过漫长的冬季。

北极的秋季非常短暂，9 月初第一场暴风雪就会降临，北极很快又回到寒冷、黑暗的冬季。北极的年降水量一般在 100～250 mm，在格陵兰海域可达 500 mm，降水集中在近海陆地上，最主要的形式是夏季的雨水。但是到 2011 年底为止，海洋部分的冰层已经全部融化，这种趋势也将逐步蔓延到北极大陆上的冰层。

北冰洋中有丰富的鱼类和浮游生物，这为夏季在这里筑巢的数百万只海鸟提供了丰富的食物来源，同时，它们也是海豹、鲸和其他海洋动物的食物。北冰洋周围的大部分地区都比较平坦，没有树木生长。冬季大地封冻，地面上覆盖着厚厚的积雪。夏天积雪融化，表层土解冻，植物生长开花，为驯鹿和麝牛等动物提供了食物。同时，狼和北极熊等食肉动物也依靠捕食其他动物得以存活。北极地区是世界上人口最稀少的地区之一。千百年以来，因纽特人（旧称爱斯基摩人）在这里世代繁衍。最近，这里发现了石油，因而许多人从南部来到这里工作。

北极风速远不及南极，即使是冬季，冰洋沿岸平均风速也只有 10 m/s。

北极地区的自然资源极为丰富，包括不可再生的矿产资源与化学能源、可再生的生物资源，以及如水力、风力等恒定资源。

北极资源中对于现代社会最重要和最直接的当然要属能源中的石油与天然气资源。据保守估计，该地区潜在可采石油储量为 $1\,000 \times 10^8 \sim 2\,000 \times 10^8$ 桶，天然气的储量在 $50 \times 10^{12} \sim 80 \times 10^{12}\ \text{m}^3$。可以看出，当世界上其他地区的油气资源趋于枯竭时，北极将成为人类最后的一个能源基地。此外，北极的煤炭资源也极为丰富，光西伯利亚的煤炭储量估计为 $7\,000 \times 10^8\ \text{t}$ 或者更多，甚至可能超过全球储煤量的一半。北极还有世界级的大铁矿，世界最大的铜镍钚复合矿基地，有贵金属黄金，有金刚石，那里还储有铀和钍（被称为战略性矿产资源）等放射性元素。

1.2 极地科学考察

地球南北两极是天然的科学研究圣地。人类对极地进行大规模综合性科学考察始于 1957～1958 年的国际地球物理年。由于两极地区的特殊地理位置和特殊的自然环境，人类难以接近，尤其是南极，它是地球上最后一个被发现且唯一无土著人居住的大陆，位于地球最南端，与其他大陆隔南大洋相望，是地球上最偏远、最寒冷、领土主权悬而未决的大陆。因此，进行极地考察，认识极地，人类经历了一个漫长的过程。

从 1772 年库克扬帆南下到 19 世纪末,先后有很多探险家驾帆船去寻找南方大陆,历史上把这一时期称为帆船时代。20 世纪初到第一次世界大战前,尽管时间短暂,但人类先后征服了南磁极和南极点,涌现了不少可歌可泣的探险英雄。历史上称这一时期为英雄时代。第一次世界大战后至 20 世纪 50 年代中期,人类在南极的探险逐渐用机械设备取代了狗拉雪橇。1928 年英国的 H.威尔金驾机飞越南极半岛,1929 年美国人 R.伯德驾机飞越南极点,同年另一美国人 L.艾尔斯沃斯驾机从南极半岛顶端飞至罗斯冰架。飞机在南极探险方面为人类宏观正确地认识南极大陆提供了可靠的手段,历史上称这一时期为机械化时代。从 1957～1958 年的国际地球物理年起至今,众多的科学家涌往南极,他们在那里建立常年考察站,进行多学科的科学考察,人们称这一时期为科学考察时代。

北极的大规模科学考察,也开始于 1957～1958 年的国际地球物理年。当时国际上 12 个国家的科学家在北极和南极进行了大规模、多学科的考察与研究,在北冰洋沿岸建立了 54 个陆基综合考察站,在北冰洋中建立了许多浮冰漂流站和无人浮标站。尽管随着北极的地理发现,一些国家很早就开始了零星的海洋学、地质学、冰川学、测绘与制图学、气象学、生物学等学科的考察,但是国际地球物理年科学活动的成功,才标志着北极和南极科学考察进入了正规化、现代化和国际化的阶段。

1. 极地大科学考察研究

极地科学考察进入国际化大科学考察时代,是在 20 世纪 90 年代全球变化引起全世界科学家高度关注的国际背景下开始的。地球南、北极在反映全球变化中起到指示器和放大器的作用,系统地考察研究地球两极地区冰冻圈与全球变化的相互作用是至关重要的科学问题。

从宇宙观看地球,人类居住的是一个充满蓝色和生机的星球,它在浩瀚的宇宙中翱翔。地球生命起源和进展,得益于地球存在着支撑它们生存的不同功能的圈层及其相互作用。除了水圈、大气圈、地圈、生物圈外,还有起着重要平衡和制约作用的冰冻圈,这也是人类关心占全球 90% 冰川的南极洲的重要原因。

认识人与自然的关系,人类却经历了一个漫长的过程。数百年来,尤其是工业革命以来,人类活动所产生的能量与物质对自然界的叠加影响日益明显,这一趋势对人类未来生存环境已经并继续产生着深刻而长远的影响。然而直到 20 世纪 80 年代初,人们才提出了全球变化的概念,但却迅速地形成了大量的全球科学家响应的全球变化研究计划。国际上公认,由国际科学理事会(International Council for Science,ICSU)或其与其他学术团体联合发起的"世界气候研究计划"(World Climate Research Programme,WCRP)、"国际地圈-生物圈计划"(International Geosphere-Biosphere Program,IGBP)、"国际全球环境变化人文因素计划"(International Human Dimensions Programme on Global Environmental Change,IHDP)和"国际生物多样性计划"(An International Programme of Biodiversity Science,DIVERSITAS)是自那个时期以来引领全球环境变化研究的四大核心计划。WCRP 是从地球物理环境、IGBP 是从全球地球化学和生物环境、IHDP 是从人类活动对地球环境的影响、DIVERSITAS 是从生物对全球变化的响应的不同角度来揭示全球环境变化和未来预测。这四大计划中都首次包含了南极和北极研究的重要分支计划。研究者认为,要了解全球变化,就应当既重视中低纬度地区,也要重视本来就了解很少的两极地区的变化和影响。全球变化研究是人类进入大科学时代的标志之一，而大科学时代的特点除了科学问题与人类生存环境直接相关外，开展大规模的国际合作计划亦是最明显的特征。

为适应上述国际全球变化研究计划对南极和北极地区的科学需求，国际科学理事会南极研究科学委员会（Scientific Committee on Antarctic Research，SCAR）于1992年发起了"全球变化与南极圈计划"（Global Change and the Antarctic，GLOCHANT）国际合作研究计划，1996年又与国际北极科学委员会（The International Arctic Science Committee，IASC）联合发起了"全球变化与南、北极系统研究计划"，确定了：①极区大气-冰-海洋的相互作用和反馈；②极区陆地和海洋生态系统；③极区古环境记录、冰架与冰川；④极区大气化学与空气污染；⑤极区人类活动对全球变化的作用；⑥在极区探测和监测全球变化（卫星遥感和地面观测）等优先科学研究领域。

据此，包括我国在内的南北极考察国家都制定了本国的南北极考察国家计划。极地地区的全球变化考察研究就全球性地、轰轰烈烈地展开了。

根据国际科学理事会（ICSU）2006年组织的对WCRP、IGBP和IHDP计划的评估（DIVERSITAS计划于2010～2011进行评估），ICSU以每年700万欧元的组织投入，吸引世界各国每年20多亿欧元的地球环境研究投资；评估意见一致认为，地球环境很复杂，ICSU应该在这些计划的研究成果和局限性分析的基础上，发起一个新的为期10年的"地球系统研究"战略计划。2008年召开的ICSU第29届全体大会决定，于2010年底之前完成这一战略计划（2012～2017）的制定并完成其与现行四大计划的过渡。这是极地研究纳入"地球系统研究"的良好机遇。

2. 中国的极地科学考察

改革开放以来，以邓小平同志"为人类和平利用南极做出贡献"题词为标志，为了在南极事务中获得应有的合法权益和子孙后代的利益，我国开始进入南极事务的国际舞台，并逐渐发挥重要作用。经过三十多年的努力，我国在研究成果、队伍建设和技术支撑方面已在国际上占有一席之地。

我国的南极考察研究始于1980年。自此至"七五"期间是我国南极考察工作全面准备和初步研究时期。其中1980～1984年，由我国政府选派科学家和管理人员40多人次前往南极，对南极附近国家及它们的南极站、考察船进行考察并与他们开展合作研究。一方面为我国自行组织国家南极考察队、建立我国自己的南极考察站做准备；另一方面是进行具体多学科的科学考察和研究工作，培养科技人才，为制订我国的南极科学研究计划做准备。

1984～2018年，我国已经派出了34次南极考察队，9次北冰洋考察队和组织了2004年以来的6支北极黄河站考察队。一方面建立了我国南极科学考察的前方基地（1985年建立了中国南极长城站，1989年建立了中国南极中山站，2009年建成了中国南极昆仑站，2013年建成了泰山站和北极科学考察基地，2004年建立了中国北极黄河站）；另一方面科学考察船实现了"三级跳"（无冰区航行能力的"向阳红10号"船→冰区加强的"极地号"船→破冰的"雪龙号"船），"四级跳"——自己建造破冰船正在运作中，并且通过"十五能力建设"，极大地提升了我国极地考察站、船等平台的科考、科研支持能力，使我国的极地科学考察研究的水平不断提升。

极地研究，没有国内水平可言，完全是在国际水平上的竞争。就国际极地圈而言，中国极地科学考察与研究虽然起步较晚，但起点高，瞄准了国际科学前沿，不畏艰险，勇攀高峰。经过广大科技人员的艰苦卓绝的工作，克服了极地恶劣环境等重重困难和风险，获得了大批宝贵的科学数据和样品，经过分析研究，由表及里、新进展和新发现不断涌现，取得了一批突破性的和许多具有重大科学价值的成果，总体达到国际先进水平，在多个研究领域上取得了国际领先。

1.3　中国极地测绘科学考察的研究方向和内容

中国极地测绘科学考察始于 1984 年中国首次南极考察。经过几十年探索，将现代测绘学的基础理论和技术，与研究地球两极特殊环境和特殊科学问题相结合，探索出了一套适应中国极地科学考察、具有中国特色的极地测绘遥感信息学理论和应用技术体系。

极地测绘遥感信息学，是综合利用现代大地测量学、遥感学和地理信息学以及边缘学科（如冰川、气象、海洋、地质、环境学等）交叉渗透的理论和方法，通过获取空间数据和信息，研究极地板块运动、表面形态描绘及分布特征、冰雪、冰海环境变化及其动态过程，构建数字极地基础框架等理论和技术的学科。因此，它是现代测绘科学与空间信息技术等应用于我国极地科学考察研究中新开辟的一个学科研究领域。

极地测绘遥感信息学是中国极地多学科综合考察的重要组成部分。它的主要功能有：①为我国极地科学考察及科学研究提供技术支撑平台；②开展与全球变化相关的极地环境变化科学问题研究。同时，由于测绘成果具有特定的精确的时空序列，在有国际领土欲要求的南极洲地区，永久性的大地测量标志以及具有版图覆盖意义的南地图、南极地名的测绘与研究，涉及维护和争取国家在南极的权益问题。在南极，测绘到哪里就标志着一个国家的权益到哪里，这已几乎成为南极考察各国心照不宣的共识。因此，新开辟的并正逐步形成完整体系的本学科领域的发展，对于推动我国极地科学考察事业的发展，展现我国极地科技进步与文明，为在国际上该领域中赢得一席之地，有着重要的现实意义。

由于极地测绘遥感信息科学具有空对地全数字化、信息化、自动化、实时化的观测和量测优势，特别适用于两极地区人迹难近的高寒冷、高难度、高风险地区考察，可充分发挥出研究的高效益。本学科针对极区特殊环境和条件，利用极地测绘遥感信息学现代空间测量等技术，攻克我国在南北极地区进行测绘科学考察的一道道难题，解决极区高精度测绘基准的建立问题并为中国极地考察提供实时有效的测绘保障，包括南北极常年卫星跟踪观测站、冰海区常年自动验潮站、极地绝对重力基准站等的建设以及研发适应极区的数据采集系统、服务各种功能的地图集、地理信息服务平台构建等。同时，基于空-天-地多源观测理论和技术手段，开展南极冰雪环境变化过程和物质平衡等科学问题研究。充分利用学科综合空间观测技术优势，向边缘学科、交叉学科渗透，扩展学科研究领域，通过海洋重力调查、内陆冰盖考察、南极环境遥感调查和极地环境资源信息集成与共享服务等，结合非成像类和成像类空间测量技术，从物理和几何角度研究极地冰雪环境动态过程特征，立体化监测极地冰雪环境变化以及开展极区大气环境研究，包括极区电离层异常响应和 GPS（global positioning system）气象研究等，探索极地冰川、冰盖、冰架运动模式，极地冰雪质量变化、海冰密集度分布规律、上层雪覆盖空间区域变化以及季节性变化过程。

极地测绘遥感信息学的主要研究方向和研究内容如下。

（1）极地大地测量基准建设和南极板块运动监测。包括：①极地 GPS 跟踪站建设及南极地壳运动监测；②中国卫星导航系统南极监测站建设；③南极重力基准的建立及南大洋重力异常反演；④南极中山站自动验潮站的建立。

（2）极区特殊环境空间数据获取与成图技术。包括：①航空摄影及数字卫星影像图研制；②利用合成孔径雷达干涉（synthetic aperture radar interferometry，InSAR）技术建立格罗夫山地区数字高程模型；③ASTER（assessment tools for the evaluation of risk）卫星影像自动生成格罗夫山地区相对 DEM；④中山站至 Dome A 断面卫星影像及数字高程模型；⑤Dome A 区域 GPS 测图；⑥北极冰川和格罗夫山冰下地形探测。

（3）数字极地基础地理信息框架建设与空间信息可视化。包括：①空间信息可视化；②南北极空间数据库建设、极地地理信息系统框架建设。

（4）极地冰雪环境变化监测。包括：①南北极冰川、冰架、冰盖动态变化监测；②南极冰盖高程变化分析；③极区冰雪质量变化分析；④极区 GPS 气象和电离层特征信息提取和分析；⑤南极无冰区生态环境脆弱性评价。

参 考 文 献

陈廷愚, 1996. 南极洲主要矿产资源. 地球学报, 1996(1): 65-77.

鄂栋臣, 张胜凯, 周春霞, 2007. 中国极地大地测量学十年回顾与展望: 1996~2006. 地球科学进展, 22(8): 784-790.

秦大河, 任贾文, 2001. 南极冰川学. 北京: 科学出版社.

夏立平, 2011. 北极环境变化对全球安全和中国国家安全的影响. 世界经济与政治(1): 122-133.

张青松, 王勇, 2008. 中国南极考察 28 年来的进展. 自然杂志(5): 252-258.

赵进平, 史久新, 王召民, 等, 2015. 北极海冰减退引起的北极放大机理与全球气候效应. 地球科学进展(9): 985-995.

第2章　极地测绘基准

2.1　基于传统大地测量技术的南极坐标系统

大地测量的主要任务之一是测量和绘制地球的表面形状。为了表示、描绘和分析测量成果，必须首先建立相应的坐标系统。最初，南极地区的坐标系统通常是基于局部地区建立的，而不是基于整个南极大陆，随着空间大地测量技术的发展，南极地区的大地测量基准逐步采用地心坐标系，并纳入到全球参考框架中来。

2.1.1　长城站坐标系统的建立

1. 站区地理位置的确定

1984～1985年，我国执行了首次南极科学考察。在西南极乔治王岛登陆建立长城站时，首要工作是确定站区的地理位置。采用当时国际上最先进的空间大地测量技术——子午仪卫星多普勒导航定位系统，确定了长城站地心坐标（WGS72坐标系）：62°12′59″S，58°57′52″W。

多普勒卫星定位技术，是当时国际上广泛应用的较先进的大地测量新技术，它具有全天候、全自动观测和定位精度高的优点。在南极大陆上，对于我国而言没有任何测绘资料可以借助，加上在不利于测绘外业的南极自然环境和气候恶劣多变的情况下，采用多普勒卫星定位，建立我国在南极的测绘坐标系统，布设南极大陆测绘控制网，是最利于实现的有效方法。

登陆后，在离长城站工作主楼170多米处的西山包上设立了一个天文观测水泥墩，在东南方向相距天文点540多米的望龙岩附近建立了一个方位墩。在两个月的建站和考察期间，使用两台MX-1502型的卫星多普勒大地接收机，分别在天文点和方位点上设立了多普勒卫星观测站。单点定位在天文点上进行，联测定位的测站分别设在方位点和天文点上。接收多普勒卫星通过的情况见表2.1。长城站属于高纬度地区，每天接收到子午卫星通过次数约为中纬度地区的1.6倍。一天最多可收到24次多普勒卫星的有效通过。对中国南极长城站卫星多普勒观测数据，回国后利用广播星历、按库巴米短弧平差程序进行了处理。在天文点上接收的各期卫星通过，经分期的和合并一起的不同方案进行单点定位处理后，其结果列于表2.2。三期多普勒点定位成果按卫星通过次数加权，求得带权平均值的点定位中误差为±1.92 m。

1985年和1987年在南极长城站地区开展了两次卫星多普勒定位工作。1985年春，利用两台MX-1602型多普勒接收机，分别在长城站的天文点（G.W.01站）与2号点（G.W.02站）采集了共315次卫星通过数据。1987年所采用的仪器仍是MX-1502接收机，采集了26次卫星通过数据。对这两批数据均进行了测后数据处理与分析。第一次数据（1985年）是利用加拿大J.Koulm和J.D.博阿尔的GEODOP程序包，在M-150型计算机上进行的处理。第二次数据（1987 年）则利用原武汉测绘科技大学空间教研室改编并移植在长城 0520 型微机上的软件计算的。这两类软件采用的数学模型均是半短弧法定位，得出结论如下。

（1）MX-1602 型卫星多普勒接收机在南极地区工作状态良好，能较快地稳定下来，该仪器可以胜任气候复杂条件下的定位工作。

（2）子午卫星的广播星历轨道在南极地区仍具有较好的精度，用于定位可以得出较好的结果。尤其是在得不到精密星历的情况下，采用同步联测定位，在南极地区仍是获得具有较好精度的相对位置的有效手段。

（3）卫星多普勒定位在气候复杂、观测条件困难的南极地区是一种较好的大地定位手段，作为一种远离大陆的定位方法，其单点定位成果精度可达 5 m 以内，这与中低纬度地区所得结果一致。

（4）一般 40～50 次卫星通过即可获得较好的定位结果。若观测条件困难，30 次左右的观测也可以获得令人满意的结果。大于 50 次以上的观测，由于单点定位本身只能获得 5 m 左右的定位精度，故对精度的提高意义不大。

表 2.1　长城站天文点上接收卫星通过次数及其状态分布

序号	观测时间	通过次数（近站点高度>15°）	卫星通过状态分布			
			SW	SE	NW	NE
1	1984.12.30.22^h～1985.1.1.22^h	31	9	9	8	5
2	1985.1.20.19^h～1985.1.23.17^h	57	16	8	18	15
3	1985.1.28.22^h～1985.2.1.19^h	45	10	13	9	13
4	1985.2.3.21^h～1985.2.6.01^h	36	9	7	14	6
5	1985.2.19.21^h～1985.21.17^h	41	11	12	9	9

表 2.2　长城站天文点多普勒卫星单点定位处理结果

处理方案	卫星通过次数	大地坐标			空间直角坐标		
		纬度 B	经度 L	大地高	X	Y	Z
合并处理	181	−62.217°	−58.965°	43.58 m	1 536 846.80 m	−2 554 169.62 m	−5 619 853.53 m
分期处理	100	59.820°	52.568°	43.98 m	847.96 m	168.85 m	854.02 m
	47	59.808°	52.956°	42.29 m	842.92 m	172.35 m	852.34 m
	26	59.755°	52.619°	45.14 m	848.53 m	171.22 m	854.11 m
	平均值	59.807°	52.681°	43.70 m	846.68 m	169.89 m	853.58 m
	中误差	±0.015″	±0.119″	±0.67″	±1.63″	±0.86″	±0.53″

2. 长城站高程系统的建立

为了建立乔治王岛统一的高程系统，必须确定平均海水面，然后以此为起始面，联测各地物点的高程，求得海拔高度。

登陆后，在长城湾码头前沿左侧的海水中设立一水位标尺。通过一个多月近 20 次人工验潮的数据，确定出长城湾的平均海水面。长城海湾为半日潮，其最大潮差为 2.24 m，如图 2.1 所示。

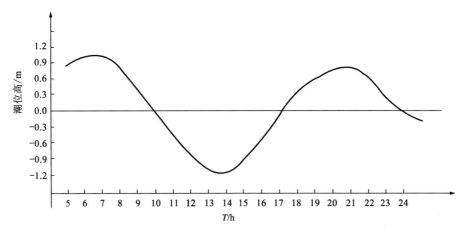

图 2.1　1985 年 2 月 7 日长城湾人工验潮潮位曲线

在长城海湾码头南面 70 m 处的海滩基岩上设立一个与验潮站相联系的水准原点(S_1)，原点南面相距 50 多米处的坡岩上又设立了一个附点（S_2），借以检测水准原点的高程变化。原点和附点与验潮站的水位标尺间是用水准测量相联接的。推算得的长城湾的平均海水面为 2.681 m，附点为 6.741 m。这就是所建立的长城湾的高程系统，即我国在南极乔治王岛地区进行海拔高程测量时的起算点。

长城站区各地物点上设立了水准点，其高程采用 NA2 自动安平水准仪按三、四等水准联测，见图 2.2 和表 2.3。图 2.2 中双线部分为往返水准路线。其中天文点、方位点、31 号点、32 号点和水准原点、附点均为站区内进行各种工程施工和地形测图的高程控制点。长城站四周布设的图根控制点的高程是从已知的水准点上用红外激光测距高程导线或三角高程向外扩展的。

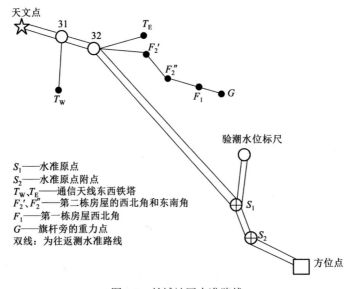

S_1——水准原点
S_2——水准原点附点
T_W、T_E——通信天线东西铁塔
F_2'、F_2''——第二栋房屋的西北角和东南角
F_1——第一栋房屋西北角
G——旗杆旁的重力点
双线：为往返测水准路线

图 2.2　长城站区水准路线

表 2.3 长城站各地物点海拔高程

点名	高程/m	点名	高程/m
天文点	25.234 1	T_W	14.328 0
31 号点	13.633 0	T_E	11.249 0
32 号点	12.382 0	F_1	9.129 0
S_1	2.681 0	F_2'	11.550 0
S_2	6.741 0	G	8.195 0
方位点	11.848 0		

3. 站区子午线方向测定

确定站区子午线的方向，也就是要测定出地面目标方位角。这是在长城站进行各种测绘和工程定向的依据。南极洲气候变化多端，即使在夏天，也是风大多雪，不利于测绘外业观测。因此，根据南极的自然环境特点，采用何种手段定向，既能满足快速定向需要，又能达到精度要求，是值得研究的。最终采用陀螺定向和天文测量两种方法，完成了天文点的子午线方向测定。

1）陀螺经纬仪定向

陀螺经纬仪定向是利用高速旋转的陀螺马达本身的动力学特性（定轴性、进动性）和地球自转的影响，来达到寻北的目的。它不受地形、气候及外磁场的影响，无论在白天或夜间，都能快速地测出站点的真北方向，并对任一目标，均可定出陀螺方位角。但它适用的地理范围在南北纬度 75°以内。

我国首次赴南极考察，在未获得任何可借助的测绘资料情况下，又要尽快地为站区各种急待施工的工程确定方位。因此，根据长城站的地理位置，采用 Wild GK1 型陀螺经纬仪，很快就满足了施工需要，初步定出了站区的子午线方向。

陀螺定向，在纬度大于 75°的地区就会失去其定向作用。因此，在接近工作临界线的高纬度地区进行陀螺定向，探讨其工作性能，也是感兴趣的问题之一。笔者对徐州光学仪器厂生产的 JT15 型陀螺经纬仪在极地测定方位的工作状态、定向精度以及仪器性能进行了试验。在长城站天文点上，用中天法测定了 4 个测回，其最后结果内部符合的中误差为±5″。当然，陀螺经纬仪由于它本身定向精度的局限性以及存在仪器常数变化等问题，较天文定向而言，只作为辅助的应急手段。

2）天文方位角的测定

天文观测定方位是一种精密的定向方法，但在乔治王岛地区适合进行精密天文测量的天气很少。只能利用观测太阳进行地面目标方位角的测定。根据长城站所处纬度，加上测站已经由卫星多普勒定位获得了高精度的大地坐标，从定向精度考虑，采用太阳时角法测定方位较有利。由

$$dA_N = \frac{\cos\delta\cos q}{\sin z}dt - \frac{\sin A_N}{\tan z}d\varphi_s \qquad (2.1)$$

式中：A_N 为天文方位角；δ 为天球坐标系中的赤纬；q 为天体的星位角；z 为天顶距；t 为时角；φ_s 为纬度。由式（2.1）根据误差传播定律，可以看出，只有当太阳位于中天，高度又较低时观测，则由纬度误差和时角误差对方位角产生的影响最小，而在南极大

地上要满足这样的条件十分困难，所以在卫星定位后，用此法定向，观测条件就不需太苛求。

在长城站天文点上，用 T2 经纬仪，并利用多普勒卫星接收机的高稳定度的本机石英钟和电子表相结合，用竖丝与太阳左、右边缘相切的方法，分两个时间段对太阳进行了 8 个测回的观测。其中 4 个测回为 09:00 多测完，另 4 个测回为 18:00 多测定。通过计算，获得一测回方位角测定中误差（m）为 ±5.4″，观测 8 个测回的最后结果中误差（M）为 ±2.0″。当然，这都是内部符合，见表 2.4。

表 2.4　长城站天文点太阳时角法定向精度评定

观测日期	\multicolumn{4}{c}{1985.1.25.9^h}	\multicolumn{4}{c}{1985.1.26.18^h}
测回	1	2	3	4	5	6	7	8
误差（V）	−4.4″	+1.9″	−4.2″	−5.3″	+8.9″	−3.4″	−0.2″	+6.6″
	\multicolumn{8}{c}{$m = ±5.4″$　　　　$M = ±2.0″$}

4．长城站至北京的方位与距离的确定

为了使长城站架设大型棱形通信天线，收发方向指向北京，并计算电波传播路径，必须确定出长城站至北京之间大地线的方位角和长度。这是一个大地主题反解问题，而反解点必须有同一坐标系的大地经度、纬度。去南极前，在北京国家海洋局楼顶短波通信天线处，曾用卫星多普勒接收机进行单点定位，获得了地心坐标。用该点坐标和长城站天文点卫星多普勒定位结果，采用便于能直接在计算机上计算并对解算 $2×10^4$ km 长距离的精度可达到 0.01″ 和 1mm 的嵌套系数法的反算公式，在 WGS72 椭球上反算得长城站至北京之间大地线的方位角为 170°38′26.925″，长度为 17 501 949.51 m。实际上，考虑到两个单点定位误差的联合影响，在最不利的情况下，对方位角可影响到 0.1″，而对距离的精确性，也只能达到 10 m 之内。有了大地方位角，又有子午线方向，在长城站就可确定天线的指向。当然，从严密角度考虑，还需将大地方位角沿法线投影到地面点上，而且还要顾及垂线偏差的影响，但这对于天线定向要求，都可以不考虑。

2.1.2　中山站坐标系统的建立

1988~1989 年，我国执行了首次东南极考察，在拉斯曼丘陵地区的协和半岛北部建立了中山站。测绘科学工作者以中山站为基地，建立了中山站测绘坐标系，施测了中山站周围地区的大地控制点，以后又完成了整个拉斯曼丘陵地区大地测量控制网的布设与施测。拉斯曼丘陵地区范围是：69°21′28″~69°26′43″ S，南北长约 9.76 km；75°58′19″~76°26′20″ E，东西长约 18.3 km；总计面积约 177.6 km²，约有一半为海域，中间散布着数十个大大小小的岛屿。拉斯曼丘陵北临普里兹湾，南靠南极冰盖大陆，该地区地形破碎复杂、岛屿众多，加之气候多变，即使在南极夏季，仍有许多地方为冰雪覆盖，经常刮风。这些不利条件，给大地测量工作带来许多困难，对测量精度也有一定影响。

在设计与布设拉斯曼丘陵地区大地测量控制网时遵循了如下几条原则。

（1）以精密导线控制为主。这是由于南极地区属于荒漠与人烟稀少的特殊困难地区，不适宜于三角测量，故以精密导线控制为主，个别点位则采用交会方法。

（2）布网时各点应尽量均匀分布，同时兼顾地图测图及航测成图的需要，尽量一次完工，以节省人力物力。

（3）严格质量把关，不能因为条件困难而降低要求。对外业数据应进行 200% 的复查，经检查不合格应立即返工复测。

（4）导线点应保证前后通视，有利于测边与测角，尽量避免不利条件的干扰。

测角仪器采用 Wild T2 经纬仪，一般规定要求每测站测定水平角两测回，高度角两测回。其校核条件按四等观测要求进行。测边仪器采用 D I20 型红外激光测距仪，规定每条边均应对向观测，每次观测两回。各导线点高程则利用三角高程方法测定。

根据拉斯曼丘陵大地控制网的布设形状及观测方式，采用了导线网相关平差法进行整体平差计算。它的计算步骤是：①计算相邻节点之间导线的三个相关观测值及其权逆阵（协因数阵）；②按相关间接平差进行平差计算，可得节点坐标及相关观测值的平差值与改正数；③对各条导线进行条件平差，求出中间路线的坐标平差值。

南极拉斯曼丘陵大地控制网统一平差是以中山站坐标系为基础进行的，总共测定 52 个点，其中大地原点和五岩岗两点作为已知点，其余 50 个作为未知点，如图 2.3 所示。利用上述数学模型编制的软件，在计算机上对观测数据进行了平差计算，得出了统一的平差结果：①平差结果良好，边长相对中误差在 $11 \times 10^4 \sim 112 \times 10^4$，满足 1:1 万测图的需要；②本控制网如果分别在东部、中部和西部建立高精度控制点（用 GPS 定位法求得平面坐标），则网的强度将会加强；③南极地区地形条件复杂、气候恶劣、风力大、成像不稳定、时间紧是造成部分点位精度差的重要原因。

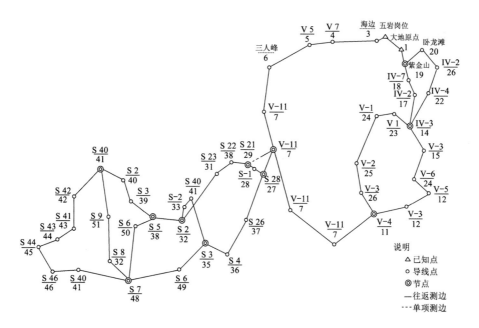

图 2.3　南极中山站地区大地控制网

2.2　南极验潮系统与高程基准

全球气候变暖与海平面变化研究已经成为世界关注的焦点，而南极地区是全球气候变化的敏感地区之一，也是全球海平面变化的主要策源地，因此南极地区的海面变化格外引人注目。海洋潮汐验潮数据是研究海平面变化的最直接资料，若在南极洲建立验潮站将对南大洋海平面变化研究具有重要意义。因此，为了满足海平面变化研究的需要，武汉大学中国南极测绘研究中心依托中国南极科学考察第 26 次和第 28 次队，分别在我国中山站和长城站建立了永久潮位自动观测站，成为国内率先对南极海域潮汐情况进行实时监测和分析的科研教学单位，为南极海域海平面变化研究提供了宝贵的数据资料。

2.2.1　中山站验潮站建设

中山站潮汐观测的历史可追溯到建站初期（1988 年 10 月），为了确定站区地图测绘的基准零点，进行过短暂的潮汐观测，得到短期的相对平均海平面，作为站区海拔高程的基准面。但由于其精度和资料长度的限制，这些资料不能用于科学研究。

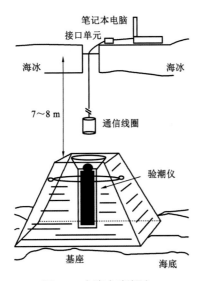

图 2.4　中澳合建潮站

1999 年经中澳合作，由澳方提供验潮仪，中方负责工程实施，在中山站附近的 Nella 海湾内建立了首个永久性验潮站，如图 2.4 所示，地理位置约为 76°22.803′ E、69°22.998′ S。该验潮仪是由澳大利亚塔斯马尼亚州霍巴特市的 Platypus 工程中心设计。它通过数字石英压力传感器测量压力，量程为 30 psi（约两个标准大气压）。经过温度校准后相对精度达到 0.01%。在已知海水密度的情况下，绝对精度优于 ±3 mm。为确保验潮仪的安全，浇筑了混凝土基座。采用 GPS 观测确定了岸上基准点的位置。从验潮仪上方水面到岸上基准点进行精密水准测量，从而确定验潮仪的基准零点，每年进行 3～4 次水准测量。该验潮仪数据下载为一年一次，无法实时得到潮汐观测资料，因此不能及时对验潮仪的工作状态进行校检，在检修和维护上也比较麻烦。

针对上述问题，依托中国南极科学考察第 26 次队，在 2010 年 2 月，武汉大学中国南极测绘研究中心在中山站成功建立了我国在南极的首个永久性自动验潮站系统，包括了验潮系统的设计、安装、基准点系统的建立等工作。

1. 验潮站系统设计

验潮仪放置于棱锥形锚系框架之中，安放于平坦的海底，保证仪器的稳固。通过数据传输电缆进行外部供电和实时的数据传输，电缆接至岸边 200 m 内的工作室。如图 2.5 所示。

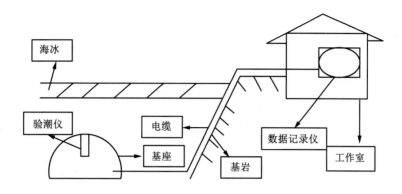

图 2.5　中山站验潮系统设计图

2. 仪器设备和技术指标

验潮系统采用挪威安德拉仪器公司生产的 WLR7 型验潮仪,使用的主要仪器设备有:高精度水位记录仪、200 m 数据传输及供电电缆、SD 存储卡以及配重铅块。

仪器指标如下所示。

(1) 通道 1:一个固定的读数,由线路板内一个移位寄存器的硬件布线获得,用以检测 WLR 的性能和识别单个仪器。

(2) 通道 2:温度。①传感器类型,基于一个热敏电阻控制的频率为 $2.048 \times 10^3 \sim 4.096 \times 10^3$ kHz 的振荡器;②分辨率,0.04℃;③范围,$-3 \sim +35$℃;④热敏电阻,Fenwall GB32JM19;⑤准确度,± 0.1℃;⑥响应时间,30 s。

(3) 通道 3、4:压力(10+10 位)。①传感器类型,传感器基于频率为 $36 \times 10^3 \sim 40 \times 10^3$ Hz 的压力控制振荡器;②WLR7 范围,$0 \sim 700$ kPa(60 m)(标准型,如图 2.6 所示);③分辨率,0.001%测量范围;④重复性,± 0.01%FS;⑤标定精度,0.02%FS。

(4) 通道 5(选用)。①传感器类型,WLR7 为电导率传感器 3094;②分辨率,0.1%测量范围;③范围,$0 \sim 77$ mmho/cm(标准);④准确度,± 0.25 mmho/cm。

(5) 采样间隔。①可选,MS(手动开始),1 min,2 min,5 min,10 min,15 min,20 min,30 min,60 min 或 120 min;②准确度,优于 ± 2 s/天(在 $0 \sim 20$℃时);③外部触发,在信号输出端加 6 V 脉冲激发仪器。

(6) 记录系统:安德拉标准数据记录单元 2 990 和 2 990 E。

(7) 数据格式:PDC-4(脉冲持续时间码 4 s)。

(8) 存储容量:①DSU2990,65 500 个 10 位字;②DSU2990E,262 000 个 10 位字。

(9) 电池:33 827.2 V,14 Ah,满足 343 天全部 5 个通道 10 min 间隔记录的用电量。

(10) 材料和加工:镀镍青铜和不锈耐酸钢,耐久的树脂涂层。WLR7 棱锥型锚系框架 3438W 见图 2.7,WLR7 相关参数为:①空气中,净重 13.7 kg,毛重 19.1 kg;②水中,净重 9.2 kg;③尺寸(mm),432×外径 128;④数据电缆,200 M;⑤附件(包含)。

3438W

图 2.6　水位记录仪 WLR7　　　　图 2.7　WLR7 棱锥型锚系框架

3. 验潮站系统建设

1）验潮仪选址及海底安放

验潮仪海底选址安放工作于第 26 次队完成，具体如图 2.8 所示。

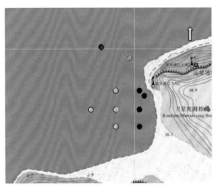

图 2.8　验潮仪海底安放地点选址及现场安放

2）数据采集记录

数据采集记录及处理设备包括信号转换甲板单元和工作站，安装在卫星观测站室内，如图 2.9 所示。

4. 验潮站运行及数据管理

1）基准零点确定

首先，在岸边选择制作 3～4 个基准点，与卫星观测站的常年 GPS 跟踪站点位进行 GPS 联测；其次，确定基准点的精确位置；最后，用全站仪确定基准点到验潮仪水面上方的垂直距离，结合验潮仪的读数经过各项改正，最终确定验潮仪的零点。利用浮标在海面上设置 GPS，并与常年跟踪站进行联测，确定验潮仪的高精度岸上基准点高程。

图 2.9　数据采集终端

2）仪器调试

完成验潮系统联机调试、潮汐信息采集试验和数据处理工作。

3）数据传送

制订验潮系统运转管理规范、现场维护措施等，建立数据实时向国内传输等规章制度。移交验潮系统给卫星跟踪站的越冬队员，实现验潮正常业务化运转，如图 2.10 所示。

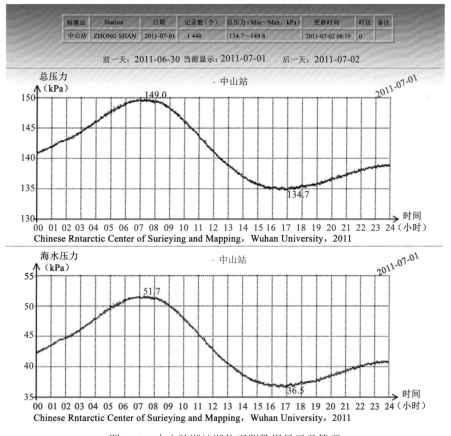

图 2.10　中山验潮站潮位观测数据显示及管理

2.2.2　长城站验潮站建设

依托中国南极科学考察第 28 次队，武汉大学中国南极测绘研究中心在长城站长城湾内建立了我国在南极的第二个永久性自动验潮站观测系统。

1．验潮站系统设计

同中山站验潮站系统类似，在长城站长城湾，采用了同样的验潮系统设计模式。验潮仪放置于半球型锚系框架之中，安放于平坦的海底，保证仪器的稳固。通过数据传输电缆进行外部供电和实时的数据传输，电缆接至岸边科研栋气象观测室内的工作室。

2．仪器设备和技术指标

验潮系统采用挪威安德拉仪器公司生产的 WLR7 型验潮仪，使用的主要仪器设备有：高精度水位记录仪、350 m 数据传输及供电电缆、SD 存储卡以及配重铅块。

3．验潮站系统建设

1）验潮仪选址

原计划验潮仪投放位置有两种方案，一是在长城湾内，二是在望龙岩外，经过实地选址，从科研栋到长城湾内的布设方案较优，因为科研栋提供了电力、网络等基础设施，长城湾内海流较小，因此，选取了长城湾内较平坦的区域作为投放地点。

2）水准点埋设及水准测量

在长城站站区内建设了 4 个基准点，分别是 TGBM1、GW01、GW02、GW03。每年必须对基准点系统实施精密水准测量。从上述 4 个基准点中选择离验潮仪最近的基准点 GW01 作为验潮仪基准，即海平面观测值的起算点。

基准点的水准测量（图 2.11）根据国家三等水准测量规范进行。最终测量闭合差为 1 mm，达到三等水准测量精度要求。

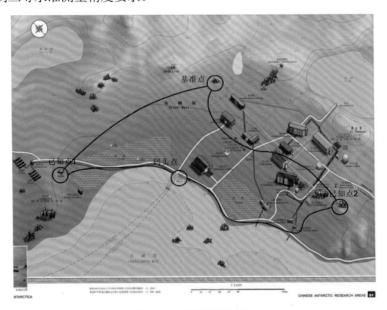

图 2.11　水准测量路线

3）水准点的 GPS 网观测

为获取 4 个水准点的准确坐标，利用站上的 TOPCON GPS 接收机进行了水准点的 GPS 观测，并和长城站的 GPS 常年跟踪站进行联测。GPS 接收机在每个水准点上的观测时间都为 2 h。图 2.12 给出了码头点进行 GPS 观测时的情况。

图 2.12 码头点的 GPS 观测

4）验潮仪投放

验潮仪投放如图 2.13 所示。

图 2.13 现场验潮仪投放

5）采集软件的安装和运行

室内电脑上安装 Aanderaa 公司数据接收软件 3710，采集数据为温度和总压力，以 1 天为一个文件保存数据，以 1 min 为采样率。然后通过自编软件将每天的文件通过 VSAT（very small aperture terminal）网络传回国内，在 astServer 软件原有实时回传 GPS 数据的基础上，增加其实时回传验潮数据的功能，如图 2.14 所示。

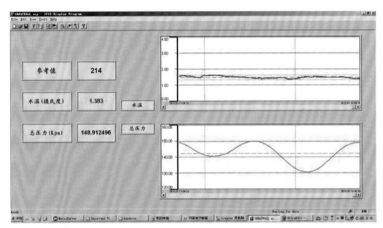

（a）3710 数据采集软件

（b）室内验潮仪工作站

图 2.14　3710 数据采集软件及室内验潮仪工作站

6）验潮仪零点确定

验潮仪零点的确定即把验潮仪零点和验潮仪基准联系起来。采用水准法测量，在码头处选取水下临时点，固定水准尺后，在高潮和低潮期间分别读数，时段为 2 h，每 1 min 读一次数。同时，验潮仪为 1 min 的采样率获取水下压力值，扣除大气压力后，可得到任一时刻水面到验潮仪的深度值，即验潮仪和水下临时点的高差。在固定水准尺读数前后，分别进行水下临时点和码头上 GW01 水准点的水准观测，一方面确定水下临时点是否有沉降，另一方面获得水下临时点和 GW01 的高差。这样，便将验潮仪位置和 GW01 水准点之间建立了高程联系，如图 2.15 所示。

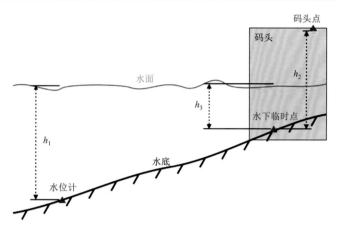

图 2.15　验潮仪零点的测量原理

4. 验潮站运行及数据管理

1）大气压改正

由于验潮仪的压力传感器测量的是海水和大气压的总压力，必须减去大气压才能得到正确的海面高，气压计并不是安装在海面高度，因此，必须得到气压计到海面的高度。

查找海平面气压计算公式：

$$P_0 = P_k \times 10^{h[18400 \times (1+t_m/273)]} \tag{2.2}$$

式中：P_0 为海平面气压（hPa）；P_k 为本站气压（hPa）；h 为气压传感器海拔高度（m）；t_m 为气柱平均温度（℃）。

计算气柱平均温度的公式为

$$t_m = \frac{t + t_{12}}{2} + \frac{\gamma h}{2} = \frac{t + t_{12}}{2} + \frac{h}{400} \tag{2.3}$$

式中：t 为观测时的气温（℃）；t_{12} 为观测前 12 小时的气温（℃）；γ 为气温垂直梯度或称为气温直减率，规定采用 0.5℃/100 m；h 为气压传感器海拔高度（m），对于一个测站来说，h 是一个定值，故 $h/400$ 为一常数。

上述未知数中，P_k 由长城站自动气象站的气压传感器给出，t 和 t_{12} 由温度计给出，h 为 10 m，进而可以计算出不同时刻的海平面气压 P_0。

2）数据传送

制订验潮系统运转管理规范、现场维护措施等，建立数据实时向国内传输等规章制度。移交验潮系统给卫星跟踪站的越冬队员，实现验潮正常业务化运转。

2.3　南极重力基准

地球重力场是地球的重要物理特性之一，是反映地球物质分布与运动的基本物理场，并制约地球本身及其相邻空间的一切物理事件。大地水准面是与地球重力场紧密相关并与全球各地平均海水面最接近的重力等位面，也是全球的高程基准面。在地球物理学中，一个重要的信息来源是把可观测的外部重力场作为地表质量分布函数。由于给定点的离心加速度可以计算出来，因而可以用重力测量方法根据引力场来测定密度函数。在地球动力学中，当除去短波分量后，重力场可显示出地球深部区域的横向密度差；反之，该密度差又表示了与流体静力均衡状态的偏离。外部重力场是地球动力学模型计算最主要的约束条件之一。长波重力场由岩石圈密度差效应和地幔区密度差效应两分量组成。重复重力测量资料可以提供地球形状随时间变化的信息。确定地球重力场，主要是建立全球重力场模型和确定大地水准面，特别是确定区域性高分辨率和高精度的大地水准面模型。中、长波（低于 100 km 分辨率的波段）厘米级大地水准面可通过新一代卫星重力计划实现，高于 100 km 分辨率的厘米级大地水准面，必须由各国家和地区利用地面或航空重力测量。

高程系统起算面是大地水准面，各国通常以某一验潮站的平均海平面代替大地水准面而建立各自独立的高程系统。由于这些起算面不在同一个重力等位面上，相互间的高程系统存在着差异。统一高程基准是 21 世纪南极大地测量要解决的一个基本问题，它取决于建立一个高分辨率的全南极大地水准面模型。在南极地区进行重力测量是建立高程基准的基础，当前世界上已有不少国家致力于用重力测量技术在南极地区开展有关地壳垂直运动、海平面变化、气候变化与大地水准面变化等地球动力学的研究。

自 20 世纪 90 年代以来，世界发达国家先后在南极地区开展了各种方式的重力测量工作。2004～2005 年南极夏季期间，中国第 21 次南极科学考察队建立了我国南极长城站地区的绝对重力基准；2008～2009 年南极夏季期间，中国第 25 次南极科学考察队在中山站及附近拉斯曼丘陵地区建立了高精度重力基准网。

2.3.1　长城站重力基准建立

我国在长城站建站初期采用 LCR 型重力仪进行了长城站重力基准点国际联测，测得长城站重力基准点重力值及精度为 982 208.682±0.021 mGal（1 Gal = 1 cm/s^2），受当时测量仪器的限制，重力测量精度较低。2004～2005 年南极夏季期间，我国第 21 次南极科学考察队利用 FG5 绝对重力仪在长城站进行了高精度绝对重力测量，并利用 LCR 相对重力仪进行了相对重力测量（空间分布图如图 2.16 所示），建立了我国南极长城站地区的绝对重力基准。

1. 绝对重力测量

1）绝对重力测量仪器 FG5

我国第21次南极科学考察南极绝对重力测量采用的仪器是FG5。FG5是自由落体型绝对重力仪，采用了无阻力下落装置，通过记录干涉条纹数可得到自由落体距离。在记录干涉条纹同时，又经过标准授时台校正过的高稳定石英振荡器测定下落时间，并对重力观测数据实时作光束传播时间改正、地球潮汐改正、气压改正、仪器有效高度改正、极移改正、海潮改正等，从而得到高精度的绝对重力测量值。

2）现场观测

长城站绝对重力观测站设在 GPS 观测站附近的一块基岩上。由于绝对重力测量对温度、风力及气压等周边环境要求很高,而南极长城站区气候恶劣多变,风力较大,为此专门建造了绝对重力观测房。FG5 重力仪工作的标称温度是 15～25℃,变化幅度不应超过±2.5℃,长城站区即使在夏天也温度较低,为 0℃左右,因此,对观测房应配备恒温设备。

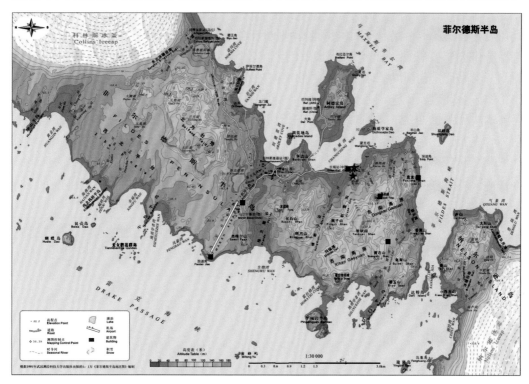

图 2.16　长城站绝对重力点及相对重力网点分布图

★为绝对重力点;■为相对重力点

绝对重力测量点的观测时间应不少于 12 h,重力测量分组进行,组与组间的间隔为0.5 h。全部观测的合格组数不少于 24 组,每组观测的下落次数为 120 次。单组下落次数的删除率不得大于 25 %,合格的下落次数不少于 2 400 次。单次下落的测量时间设置为10 s。每组的观测起始时间设置在整点或整 30 min。每次下落的距离和时间对采样数量一般为 120 对,组成观测方程后解算出观测高度处的观测重力值,并进行固体潮改正。由于该仪器计算软件包只能处理连续观测组的观测数据,将这些连续的观测组称为一时段,当观测由于仪器本身原因或人为干预而被中断时,应分时段进行处理。综合该点所测全部时段的各组均值计算平均值,以获得总均值和总均值标准差,获得观测高度处的观测结果。同时绘制以时间为横轴(x),以组均值为纵轴(y)的组均值(含标准误差)变化图以及组均值标准误差直方图。必要时进行观测高度改正,归算至标志面后获得墩面的观测重力值。

3)数据处理

绝对重力测量数据处理采用厂家随机软件 Micro2g Solutions "g" Absolute Gravity Processing Software 进行后处理。在使用该软件处理时,首先是设置用于计算的参数(包括站名、站号、站坐标、仪器高、基准高、初始重力梯度值、气压、气压因子、极移坐标和固体潮模型的选择等）；然后是初次处理，得到一个绝对重力测量点的第一次的重力值，用相同的方法得到另外一个绝对重力测量点的重力值。因为不知道测量点的重力垂直梯度，以这样处理得到的并非测量点的真实绝对重力值，而且比例因子也未知，所以在处理得到点的绝对重力值时，使用相对重力测量得到的结果。采用迭代计算方法，其具体过程如下：两个绝对重力测量点分别使用初始垂直梯度值，得到两点的绝对重力差值，与相对重力测量两点得到的重力值比较可以得到第一次比例因子。由该比例因子值，得到一个重力垂直梯度值，重复前面的重力处理，直到前后两次两点的垂直段差的差值小于 10^{-8} ms^{-2}。

本次处理了 FG5-214 绝对重力仪在长城站基准点 C001 上所观测的 49 组数据，合格落体数 5 700 个，合格落体数占所采用数据的 96.9%；处理了长城基准点 C002 上所观测的 62 组数据，合格落体数 7 196 个，合格落体数占所采用数据的 96.7%；采用了 ETGTAB 固体潮模型进行潮汐改正，并进行了极移改正，其绝对重力测量结果如表 2.5 所示。

表 2.5　长城站基准点绝对重力测量结果

点名/点号	日期	绝对重力值/（$\times 10^{-5} ms^{-2}$）	中误差/（$\times 10^{-5} ms^{-2}$）
长城站 1/C001	2005.2.6～2005.2.7	982 208.080	±0.001
长城站 2/C002	2005.2.8～2005.2.9	982 207.370	±0.001

2. 相对重力测量

1）测量实施

此次南极相对重力测量采用的是 LCR 型相对重力仪，它根据带有零长弹簧的长周期垂直地震仪的概念设计，从原理、构造、性能等方面都较其他厂商各类重力仪为优，且其零点漂移小、测量精度高，搬运和操作也简单方便。相对重力联测采取往返对称观测，仪器台数为2，其中韩国、智利站每台仪器合格成果数不少于3个。法尔兹半岛地区5个点的相对重力点测量每台仪器合格成果数不少于1个，在时间允许时，进行了加测。各点位的位置信息依据点之记，没有点之记的采用手持 GPS 现场实测值，并绘制点之记。成果超限时，用相应成果超限的仪器加测相应的测段，也可多余观测，最后整体综合取舍。

2）数据处理

此次相对重力联测采取往返对称观测，就是 A→B→A 型测量方式，在没有零漂以及其他各种改正的情况下，A 站点开始测量得到的读数和返回测得的读数应该一样，但实际并不相同。由于零漂与时间存在着关系，则会影响到 B 站点的读数。因此，在处理相对重力测量数据时，具体的操作是：首先把读数按仪器出厂格值转化为重力值，然后进行潮汐、高度、气压改正，根据改正后的结果进行漂移改正，这样就得到一个段差的相对重力值。对两站点进行几组段差测量，按相同的方法计算，取平均即得到了最后两站点的相对重力差值（表 2.6）。

3. 长城站重力垂直与水平梯度的测量及其比例因子的确定

1）测量实施

每个绝对重力点必须同时测定重力垂直梯度，使用 LCR-G 型重力仪，仪器台数不得少于两台，每台仪器的合格成果不少于 3 个。重力垂直梯度在墩面与 1.0 m 高度之间进行测定,架设观测平板时,应严格按规定高度安置,并精确量出平板面至墩面的高度,按高点(平板)→低点(墩面)→高点或低点→高点→低点的顺序观测为一个独立测线,观测方法按相对重力联测的要求进行。计算重力差,并经潮汐改正和零漂改正后,得出一个独立观测值,求独立观测值的平均值及计算测量精度 m,m 不得大于 $\pm 3 \times 10^{-8}\,\mathrm{ms}^{-2}$。

表 2.6 相对重力测量结果及精度统计

测线名称	日期	段差/($\times 10^{-5}\mathrm{ms}^{-2}$)	中误差/($\times 10^{-5}\mathrm{ms}^{-2}$)
长城站/C001-山海关/shhg	2004.12.29	−33.858 2	6.423
长城站/C001-智利机场 1/zhl1	2004.12.29	−13.762 2	5.078
长城站/C001-半边山/bbsh	2004.12.30	−12.559 6	6.528
长城站/C001-韩国站/hgzh	2005.1.16 2005.1.26	−5.056 7	−7.501
长城站/C001-盘龙山/plsh	2005.1.16	−12.090 7	0.818
长城站/C001-智利机场 2/zhl2	2005.1.31	−16.406 4	7.686
长城站/C001-香蕉山/xjsh	2005.2.3～2005.2.4	−19.849 8	6.425

重力水平梯度联测时从中心标志开始,依次联测角点 1、角点 2、角点 3、角点 4、角点 3、角点 2、角点 1、标志,此为一个测回。各点位的点名依次为角点 1、角点 2、角点 3、角点 4;各角点编号方法为:标志点名的拼音的声母加序号,或取其标志点名英文名称的词首加序号。垂直梯度高点点名为高点;编号为标志点名的拼音的声母加序号。使用两台 LCR-G 型重力仪,每台仪器的合格成果不少于两个。

2)数据处理

长城站 2(C002)和长城站 1(C001)绝对重力测量在数据后处理过程中,采用垂直梯度时,因为垂直梯度计算没有相对重力仪的比例因子(相对重力仪器的比例因子要在长城站 2(C002)和长城站 1(C001)之间标定,而长城站 2(C002)和长城站 1(C001)以前没有实测重力值,故以−3.02 μGal/cm 为起始垂直梯度值),垂直梯度的段差采用相对重力仪比例因子为 1.000 000 计算值,从而计算该点和长城站 1(C001)重力值。以重力值计算相对重力仪的比例因子,称此为第一次比例因子数据处理。相对重力仪 LCR-G-796 第一次比例因子数据处理的结果为 1.025 654,而相对重力仪 LCR-G-800 第一次比例因子数据处理的结果却为 1.024 920。然后进行第二次比例因子数据处理。以第一次比例因子数据处理的结果,第二次计算垂直梯度值,以第二次计算的垂直梯度值第二次计算长城站 2(C002)和长城站 1(C001)重力值。以第二次计算长城站 2(C002)和长城站 1(C001)重力值第二次计算比例因子,称此为第二次比例因子数据处理。相对重力仪 LCR-G-796 第二次比例因子数据处理的结果为 1.026 297,相对重力仪 LCR-G-800 第二次比例因子数据处理的结果为 1.025 563。以第二次比例因子数据处理的结果计算两点的垂直段差,与第一次计算的结果比较,差值小于 $1 \times 10^{-8}\,\mathrm{ms}^{-2}$。

具体操作过程在前面绝对重力值处理时已阐述过,这里只给出处理后得到的结果(表 2.7～表 2.9)。

表 2.7　垂直梯度测量结果及精度统计

点名/点号	日期	段差名	段差/($\times 10^{-5}$ ms^{-2})	中误差/($\times 10^{-8}$ ms^{-2})	测定高度/m	垂直梯度/($\times 10^{-5}$ ms^{-2})
长城站 1/C001	2005.2.12	C001-ccz5	−0.402 0	±1.553	1.137	−0.3536
长城站 2/C002	2005.2.10	C002-ccz5	−0.368 7	±1.104	1.104	−0.3340

表 2.8　相对重力仪器比例因子

仪器名称	日期	重力场/($\times 10^{-8}$ ms^{-2})	实测段差/($\times 10^{-8}$ ms^{-2})	比例因子
LCR-G-800	2005.2.14	−716.560 7	−698.7	1.025 563
LCR-G-796	2005.2.14		−689.2	1.026 297

表 2.9　水平梯度测量结果及精度统计

点名/点号	日期	段差名	段差/($\times 10^{-5}$ ms^{-2})	中误差/($\times 10^{-8}$ ms^{-2})	距离/m	水平梯度/($\times 10^{-8}$ ms^{-2})
长城站 1/C001	2005.1.1	C001-ccz1	−0.031 8	1.864	0.652	−48.8
		C001-ccz2	−0.017 7	1.896	0.633	−28.0
		C001-ccz3	−0.014 6	1.542	0.642	−22.7
		C001-ccz4	−0.016 9	1.980	0.641	−26.4
长城站 2/C002	2005.1.1	C002-cch1	0.015 2	1.085	0.348	−43.7
		C002-cch2	−0.005 5	1.738	0.365	−15.0
		C002-cch3	−0.009 0	0.965	0.372	−24.2
		C002-cch4	−0.006 9	1.926	0.370	−18.6

4. 结论与讨论

利用 FG5 绝对重力仪首次在我国南极长城站两个站点进行了绝对重力测量，其精度约为 ±1×10^{-8}ms^{-2}；并利用 LCR 相对重力仪在长城站附近地区 7 个站点进行了相对重力测量，精度约为 ±10×10^{-8}ms^{-2}，建立了我国长城站地区的绝对重力基准。南极长城站绝对重力测量的实施，对于提高全球重力场模型中南极地区的精度，对于新一代卫星重力计划如 CHAMP（Challenging Minisatellite Payload）、GRACE（Gravity Recovery And Climate Experiment）和 GOCE（Gravity field and steady-state Ocean Circulation Explorer）的地面校准及建立南极地区的高精度、高分辨率的大地水准面模型都具有重要意义。

另外，在南极夏季期间，绝对重力测量不可避免地会受到周边人为噪声的影响，因此，建议今后能够在越冬期间进行绝对重力测量。

2.3.2　拉斯曼丘陵重力基准建立

2008～2009 年南极夏季期间，中国第 25 次南极科学考察队利用 A-10 便携式绝对重力仪和 LaCoste & Romberg G 相对重力仪在南极中山站及附近拉斯曼丘陵地区进行了高精度的绝对和相对重力测量，填补了该地区无重力基准的空白，并为开展此地区加密重力测量（如航空重力测量）和相关地球动力学研究奠定了基础。

1.重力基准网的布设与观测

1) 重力基准网的布设

考虑到南极中山站及附近拉斯曼丘陵地区的地理环境和观测条件,该重力基准网由3 个绝对重力点和 10 个相对重力点组成,其分布见图 2.17。图 2.17 中,Z001、Z002 和Z003 为 3 个室外绝对重力点,其中,Z001 位于中山站电离层观测栋的南面,Z002 位于进步 1 站,Z003 位于天鹅岭卫星跟踪站天线墩旁,绝对重力点都修筑了混凝土观测墩;lsm01~lsm10 为 10 个相对重力点,其中水准验潮站、中山站大地基准点、劳基地、珠海半岛、熊猫岛和牛头半岛各一个点,斯图尔内斯半岛和布洛克尼斯半岛各两个点。

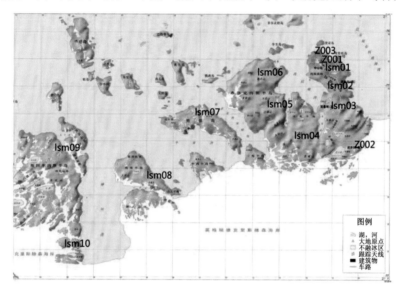

图 2.17 南极拉斯曼丘陵重力点位分布图

2) 重力基准网的观测

(1) 绝对重力测量。绝对重力测量仪器为 A-10 便携式绝对重力仪,其标称精度为10 μGal。A-10 绝对重力仪到达中山站后,在室内进行了安装和调试,多次测试结果表明该仪器运行正常、稳定。采用该仪器和野外测量参数(6 组、100 次下落/组、采样间隔 1 s)完成了 3 个绝对重力点 Z001、Z002 和 Z003 的野外数据采集,测量结果满足规范要求。DROP 图是一组 N(100)次下落测量的结果相对于平均值的偏差分布图,图2.18 是各测站的典型 DROP 图,表明各测站的观测环境较好。

(2) 相对重力测量。相对重力仪在中山站经检验和调整符合要求后开始相对重力测量,其中 lsm01、lsm02 和 lsm03 相对重力点采用雪地车为交通工具,其余 7 个位于岛屿上的点采用直升飞机为交通工具。陆路联测的相对重力点与 3 个绝对重力点联结,分次进行测量并构成网。由于时间的关系,7 个飞机联测的点采用以 Z001 为控制点的环线测量方式进行测量。重力测量定位以天鹅岭卫星跟踪站为参考站,采用 TOPCON Hiper 和Leica 1200Pro 两种 GPS 接收机进行静态观测,观测时间不少于 15 min。利用 Trimble 公司的 TGOffice 软件以静态差分算法对 GPS 观测数据进行处理,获得了平面坐标最大误差小于 13 mm、垂直坐标最大误差小于 32 mm 的相对重力点坐标。

（3）重力梯度测量。采用两台 LaCoste & Romberg G 型重力仪分别对 3 个绝对重力点进行水平重力梯度和垂直重力梯度观测，其中水平重力梯度测量为 2 个循环，垂直重力梯度测量是测定观测墩中心点高度差为 1 m 的两点重力差，每台重力仪观测不少于 5 个合格的独立结果。根据重力段差和高度差计算垂直重力梯度，其结果见表 2.10，该结果用于改正绝对重力观测值。结果表明，3 个绝对重力点的观测结果均满足规范要求，Z003 的观测结果稍差。

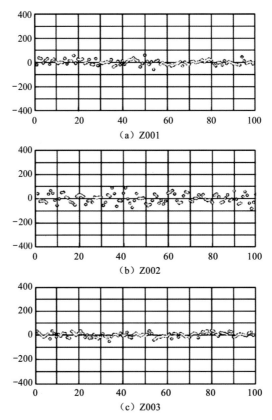

图 2.18　绝对重力点 Z001、Z002 和 Z003 的 Drop 图

横坐标为 Drop 数；纵坐标为一组 N（100）次下落测量的结果相对于平均值的偏差（μGal）

表 2.10　垂直重力梯度观测结果

测站	垂直梯度/（mGal·m^{-1}）	精度/μGal
Z001	−0.3522	1.46
Z002	−0.3295	1.33
Z003	−0.3942	2.83

2. 数据处理方法

1）迭代处理

由于计算绝对重力需要观测点的垂直梯度值，而计算垂直梯度值需要各相对重力仪的格值，相对重力仪的格值标定又需要绝对重力点的重力差，南极中山站及附近拉斯曼

丘陵地区还没有已知绝对重力点，因此各参数形成了循环。为了解决这一问题，采用迭代处理的方法，即依据初始格值、绝对重力测量和相对重力测量数据进行迭代计算，迭代直至结果稳定且变化小于阈值为止。

2）绝对重力测量数据处理

绝对重力测量数据处理采用 Microg 公司的 g 专用软件进行数据处理。根据测量的干涉条纹过零的时间 $\tilde{t}_i$ 和条纹计数对应的距离 x_i 形成的数据对，考虑均匀梯度重力场和相对论效应，按式（2.4）拟合计算待解参数 x_0、v_0 和 g_0：

$$\begin{cases} x_i = x_0 + v_0\tilde{t}_i + \dfrac{g_0\tilde{t}_i^2}{2} + \dfrac{\gamma x_0\tilde{t}_i^2}{2} + \dfrac{\gamma v_0\tilde{t}_i^3}{6} + \dfrac{\gamma g_0\tilde{t}_i^4}{24} \\ \tilde{t}_i = t_i - \dfrac{x_i - x_0}{c} \end{cases} \quad (2.4)$$

式中：γ 为垂直梯度；x_0、v_0 和 g_0 分别为初始位置、初始速度和初始重力值；c 为真空中光速。

计算待测点的绝对重力值：

$$g_d = g_0 + \delta g_t + \delta g_a + \delta g_p + \delta g_h \quad (2.5)$$

式中：δg_t 为固体潮改正或海洋负荷潮改正；δg_a 为大气压改正；δg_p 为极移改正；δg_h 为高度改正。

大气压改正为

$$\delta g_a = A[P(o) - P(n)] \quad (2.6)$$

式中：A 为气压导纳系数；$P(o)$ 为气压测量值；$P(n)$ 为正常气压值。

极移改正为

$$\delta g_p = -1.164 \times 10^8 \omega^2 a^2 \sin\varphi\cos\varphi \cdot (x\cos\lambda - y\sin\lambda) \quad (2.7)$$

式中：ω 为地球旋转速度；a 为参考椭球长半轴；λ 和 φ 为大地经纬度；x 和 y 为极点坐标。

δg_t 采用 ETGTAB 或 Berger 两种模型与海洋负荷潮组合进行改正。

3）相对重力测量数据处理

相对重力测量数据处理采用自编软件 Gloop 进行解算，各测站重力观测值的计算模型为

$$g_p = g_R + \delta g_t + \delta g_a + \delta g_h + \delta g_k \quad (2.8)$$

式中：g_R 是根据相对重力仪的格值表和格值校准因子由测量读数转换得到的毫伽值；δg_t 是固体潮改正和海洋负荷潮改正；δg_a 为大气压改正；δg_h 为高度改正；δg_k 为各测站的零点漂移改正。

各测站重力观测值经以上各项改正后，可以计算测站间的重力段差，作为联合平差的观测值。

4）联合平差处理

将绝对重力与相对重力的观测值进行联合平差，求解重力基准网各测站的重力值。

因为在迭代处理时已求解了相对重力仪的格值,联合平差时不考虑格值和周期项的影响。

绝对重力观测误差方程为

$$v_i = g_i - g_i^0 \tag{2.9}$$

式中:g_i 为 i 点的重力平差值;g_i^0 为 i 点的绝对重力观测值。

相对重力观测误差方程为

$$v_{ij} = g_j - g_i - (g_{rj} - g_{ri}) \tag{2.10}$$

式中:g_i 和 g_j 分别为 i、j 点的重力平差值;g_{rj} 和 g_{ri} 分别为 i、j 点按式(2.8)计算的观测值。

综合式(2.9)、式(2.10),形成联合平差的误差方程为

$$V = AX - L \tag{2.11}$$

根据最小二乘原理,联合平差的求解结果为

$$X = (A^T P A)^{-1} A^T P L \tag{2.12}$$

式中的权阵 P 按如下方法确定。

绝对重力观测值的权为

$$p_{绝} = \frac{\sigma_0^2}{m_{绝}^2} \tag{2.13}$$

相对重力观测值的权为

$$p_{相} = \frac{\sigma_0^2}{2m_{相}^2} \tag{2.14}$$

式中:$m_{相}$ 为相对重力仪单仪器、单测回观测段差的中误差;$m_{绝}$ 为绝对重力观测值的中误差;σ_0 为单位权中误差。

单位权中误差为

$$\sigma_0 = \pm \sqrt{\frac{V^T P V}{n - t}} \tag{2.15}$$

式中:n 为观测值的总个数;t 为必要观测量的总个数。

未知数的协因数阵为

$$Q_{xx} = (A^T P A)^{-1} \tag{2.16}$$

未知数中误差为

$$M_i = \sigma_0 \sqrt{\frac{\sum Q_{ii}}{T}} \tag{2.17}$$

式中:Q_{ii} 为待定点的协因数;T 为待定点的个数。

3. 结果分析

根据上述联合平差模型,以 Z001 和 Z002 为绝对重力点,其他重力点作为待定点,对南极拉斯曼丘陵重力基准网进行平差计算,求解结果见表 2.11。表中 g 为绝对重力值,其中,Z001~Z003、lsm01~lsm03 的重力值为平差结果,lsm04~lsm10 的重力值为非

平差结果。从表 2.11 可以看出：①绝对重力测量精度优于 7.5 μGal（$7.5\times10^{-8}\,\mathrm{ms^{-2}}$），完全达到了设计精度指标（$10\times10^{-8}\,\mathrm{ms^{-2}}$）；②与其他两个绝对重力点比较，Z003 的平差结果较差，其原因有待进一步分析和核实；③相对重力测量精度优于设计精度指标25 μGal（$25\times10^{-8}\,\mathrm{ms^{-2}}$），1sm05 和 lsm06 的精度相对较差。

表 2.11　南极拉斯曼丘陵重力基准网的平差结果　（单位：μGal）

点号	g	RMS	点号	g	RMS
Z001	982 571 735.62	0.30	lsm05	982 572 344.92	18.80
Z002	982 559 646.28	0.15	lsm06	982 574 368.02	19.20
Z003	982 572 282.51	7.38	lsm07	982 571 127.47	13.75
lsm01	982 570 682.10	7.22	lsm08	982 566 038.32	3.70
lsm02	982 571 302.94	6.49	lsm09	982 568 721.52	2.40
lsm03	982 567 381.47	6.04	lsm10	982 568 024.97	9.55
lsm04	982 566 702.27	6.45			

绝对重力点 Z003 与 GPS 跟踪站并址，如果将其观测墩改造成室内环境，将有利于开展周期性的绝对重力测量，进行地壳垂直形变监测。此外，如果固体潮观测栋可以提供同址观测环境，还可以利用绝对重力仪进行固体潮重力观测设备的标定。

2.4　基于空间大地测量技术的南极参考框架

18 世纪以来，随着社会经济和科学技术的提高，世界上大多数的国家和地区，为了满足自身的发展需要，利用大地测量手段实现了不同的大地测量系统，即大地测量参考框架。经典的大地测量系统主要包括坐标参考系统、高程（深度）参考系统和重力参考系统，对应的大地测量参考框架为坐标参考框架、高程（深度）参考框架和重力参考框架。其中，基于空间大地测量技术的参考框架主要指坐标参考框架和高程参考框架。随着现代观测技术的提高，经典的大地测量参考框架已经不能满足现代科技发展的需要，建立并维持一个高精度、基于地心、三维的动态全球大地测量参考框架已成必然趋势。近几十年来，一些国家和组织先后建立了不同的地心大地参考框架，如美国 GPS 所采用的全球大地测量系统（World Geodetic System，WGS）系列，国际地球自转服务（International Earth Rotation Service，IERS）建立的国际地球参考框架（International Terrestrial Rreference Frame，ITRF）系列，以及中国的国家大地坐标系（China Geodetic Coordinate System 2000，CGCS2000）等。本节首先对基于空间大地测量技术的参考框架进行简要说明；然后以 ITRF 框架为例对其具体实现与下一步计划进行介绍；最后对南极地区参考框架的建立，特别是我国的相关工作（包括验潮站和绝对重力测定）进行总结。

2.4.1　参考框架概述

地球参考系统主要分为参心坐标系和地心坐标系两种。前者以参考椭球为基准，原点与参考椭球中心重合；后者以总地球椭球为基准，原点与地球质心重合。参心坐标系和地心坐标系都属于地固坐标系，与地球固连在一起做同步运动。无论是参心坐标系还是地心坐标系均可以分为空间直角坐标系和大地坐标系两种形式，并且可以互相转换。

建立参心坐标系的计算量小、成本低、使用方便，并且能够保证某一地区位置的相对精度，因此，早期的地球参考系统大多以参心坐标系为主。通常用参考椭球参数和大地原点上的起算数据作为一个参心大地坐标系建成的标志。

新中国成立后，我国大地测量进入全面发展时期，迫切需要建立一个参心大地坐标系。鉴于当时的历史条件，暂时采用了克拉索夫斯基椭球参数，并与苏联 1942 年坐标系进行了联测，通过计算建立了我国大地坐标系，定名为 1954 年北京坐标系，高程异常则是以苏联 1955 年大地水准面差距重新平差为依据，按我国的天文水准路线换算得到。1954 年北京坐标系可以认为是苏联 1942 年坐标系的延伸。它的原点不在北京，而在苏联的普尔科沃。1954 年北京坐标系建立以来，我国依据这个坐标系建成了全国天文大地网，完成了大量的测绘任务。但由于该坐标系所用椭球参数与现代精确的椭球参数有较大误差、参考椭球面与我国大地水准面存在着自西向东明显的系统性倾斜、几何大地测量和物理大地测量应用的参考面不统一、定向不明确等缺陷，迫切需要建立一个新的坐标系统。

1978 年 4 月，在西安召开了全国天文大地网整体平差会议，到会专家普遍认为建立我国的大地坐标系是必要的，并对建立新的大地坐标系统提出了如下原则。

（1）全国天文大地网整体平差要在新的坐标系的参考椭球面上进行。为此，首先建立一个新的参心大地坐标系，并命名为 1980 年国家大地坐标系。

（2）1980 年国家大地坐标系的大地原点定在我国中部，具体选址是陕西省泾阳县永乐镇。

（3）采用国际大地测量与地球物理联合会 1975 年推荐的 4 个地球椭球基本参数并根据这 4 个参数求解椭球扁率和其他参数。

（4）1980 年国家大地坐标系的椭球短半轴平行于地球质心指向我国地极原点 $JYD_{1968.0}$ 方向，大地起始子午面平行于格林尼治平均天文台的子午面。

（5）椭球定位参数以我国范围内高程异常值平方和最小为条件求解。

1980 年国家大地坐标系 GDZ80 就是根据以上原则在 1954 年北京坐标系基础上建立起来的。其主要特点如下。

（1）采用 1975 年国际大地测量与地球物理联合会（The International Union of Geodesy and Geophysics，IUGG）第 16 届大会上推荐的 4 个椭球基本参数。地球椭球长半径 $a=6\,378\,140$ m，地心引力常数 $GM=3.986\,005\times10^{14}$ m³/s²，地球重力场二阶带球谐系数 $J_2=1.082\,63\times10^{-3}$，地球自转角速度 $\omega=7.292\,115\times10^{-5}$ rad/s。根据物理大地测量学中的有关公式，可由上述 4 个参数算得地球椭球扁率 $\alpha=1/298.257$，赤道的正常重力值 $\gamma_0=9.780\,32$ m/s²。

（2）参心大地坐标系是在 1954 年北京坐标系基础上建立起来的。

（3）椭球面同似大地水准面在我国境内最为密合，是多点定位。

（4）定向明确。椭球短轴平行于地球质心指向地极原点 $JYD_{1968.0}$ 的方向，起始大地子午面平行于我国起始天文子午面，$\varepsilon_X = \varepsilon_Y = \varepsilon_Z = 0$。

（5）大地原点地处我国中部，位于西安市以北 60 km 处的泾阳县永乐镇，简称西安原点。

（6）大地高程基准采用 1956 年黄海高程系。

在全国以 GDC80 为基准的测绘成果建立以前，1954 年北京坐标系的测绘成果仍将存在较长的时间，两者之间差距较大，给成果使用带来了不便，所以又建立了 BJ54$_新$ 作为过渡坐标系，原北京坐标系则称为 BJ54$_旧$。BJ54$_新$ 是在 GDZ80 的基础上，改变 GDZ80 相对应的 IUGG1975 椭球几何参数为克拉索夫斯基椭球参数，并将坐标原点（椭球中心）平移，使坐标轴保持平行而建立起来的。BJ54$_旧$ 和 BJ54$_新$ 之间无全国统一的转换参数，只能进行局部转换。

随着观测技术的提高，全球性观测数据的累积，以及科学发展的需要，20 世纪 60 年代起，美国和苏联开展了建立地心坐标系的工作。地心坐标系不仅具有参心坐标系的所有功能，更重要的是可以应用到地球科学领域等大尺度问题，为全球性的科学问题，例如同震和/或震后形变、全球水文、海平面变化等提供必要的支持。

地心系统主要由地心及地心运动两者定义，其中地心的定义决定了框架的类型，而对地心运动监测则确定了系统的精度与稳定性。图 2.19（a）和图 2.19（b）展示了 4 种不同的地心定义：包括海洋、大气、地表水等在内的整个地球系统的质量中心（center of mass，CM），固体地球的质量中心（center of earth，CE），固体地球外表面几何中心（center of figure，CF），以及地面监测网络确定的几何中心（center of network，CN）。目前所使用的地心系统大多数以 CM 作为地球中心，称为 CM 参考系。4 种定义中，CF 和 CE 的区别主要是地面监测网络分布不均匀造成的，两者间相对运动小于 1 mm。假如整个地球系统稳定不变，那么 CM 在确定的参考系内保持不变。实际上，地球由于受到外部负荷作用的影响（图 2.19（c）上部蓝色块体），地球表面及内部的物质重组引起质量重新分布，从而导致 CM 位置会发生变化，主要体现在 CF 相对于 CM 的变化上（CF-CM），即地心运动（也有人将 CM 相对于 CF 的变化称为地心运动。两个定义的实质概念相同，仅在数值符号上相反）。引起地心运动的原因主要有：冰川均衡调整（glacial isostatic adjustment，GIA），地幔动力学（mantle dynamics），大陆质量的重新分布（主要为板块构造运动），以及大尺度的气候变化（包括地球表面水/冰质量的重新分布）等。最后，CF 与 CE 的相对运动（CF-CE）量级仅为（CF-CM）的 2%，因此，参考系统的实现主要由精确确定地心 CM 位置及相应的地心运动（CF-CM）构成。

目前国际上使用较多的 CM 参考框架主要有美国的世界大地坐标系 WGS 系列、中国的 CGCS2000 国家大地坐标系，以及国际地球自转服务 IERS 建立和维持的 ITRF 系列。

美国国防部曾先后建立过大地坐标系 WGS-60、WGS-66 和 WGS-72，并于 1984 年开始，经过多年修正和完善，建立起更为精确的地心坐标系统，称为 WGS-84。WGS-84 是一个协议地球参考系（conventional terrestrial system，CTS），坐标系的原点是地球的

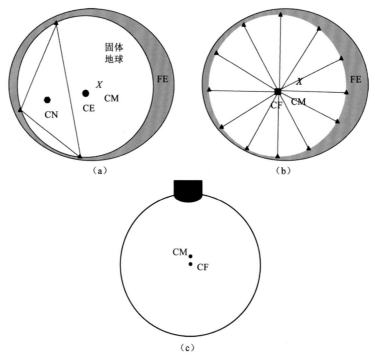

图 2.19 CM、CN、CF、CE 及地心运动示意图

质心，Z 轴指向 $\text{BIH}_{1984.0}$ 定义的协议地球极（conventional terrestrial pole，CTP）方向，X 轴指向 $\text{BIH}_{1984.0}$ 零度子午面和 CTP 对应的赤道的交点，Y 轴和 Z 轴、X 轴构成右手坐标系。WGS-84 坐标系统最初是由美国国防部根据 TRANSIT 导航卫星系统的多普勒观测数据所建立的，从 1987 年 1 月开始作为 GPS 卫星所发布的广播星历的坐标参照基准。经过多年的修改、更新和精化，WGS-84（G1150）是其最新的版本。

CGCS2000 是全球地心坐标系在我国的具体体现，其原点为包括海洋和大气的整个地球的质量中心，Z 轴指向 $\text{BIH}_{1984.0}$ 定义的协议地球极 CTP，X 轴 IERS 参考子午面与通过原点且同 Z 轴正交的赤道面的交线，Y 轴与 X 轴、Z 轴构成右手地心地固直角坐标系。

CGCS2000 对应的椭球为一等位旋转椭球，其几何中心与坐标系的原点重合，旋转轴与坐标轴的 Z 轴一致，采用的地球椭球参数为：①长半轴 $a = 6\,378\,137$ m；②扁率 $\alpha = 1/298.257\,222\,101$；③地心引力常数 $GM = 3.986\,004\,418 \times 10^{14}$ m^3/s^2；④自转角速度 $\omega = 7.292\,115 \times 10^{-5}$ rad/s。

CGCS2000 由 2000 国家 GPS 大地网在历元 2000.0 的点位坐标和速度具体实现。实现的实质是使 CGCS2000 框架与 ITRF97 在 2000.0 参考历元相一致，因此，已建立的 GPS 控制点可以采用以 ITRF1997（2000.0）为参考框架重新解算得到与 CGCS2000 相一致的坐标成果。2008 年 7 月 1 日后新生产的各类测绘成果应采用 CGCS2000 国家大地坐标系。

国际地球参考系统（International Terrestrial Reference System，ITRS）是一种协议地球参考系统，它的定义为：①原点为地心，并且是包括海洋和大气在内的整个地球的质心；②长度单位为 m，并且是在广义相对论框架下的定义；③Z 轴从地心指向 $\text{BIH}_{1984.0}$

（Bureau International de l'Heure，国际时间局）定义的协议地球极 CTP；④*Y* 轴从地心指向格林尼治平均子午面与 CTP 赤道的交点；⑤*Y* 轴与 XOZ 平面垂直而构成右手坐标系；⑥时间演变基准是使用满足无整体旋转（no net rotation，NNR）条件的板块运动模型，用于描述地球各块体随时间的变化。

ITRS 的建立和维持是由 IERS 全球观测网，以及观测数据经综合分析后得到的站坐标和速度场来具体实现的，即国际地球参考框架 ITRF。ITRF 系列自 ITRF88 起总共发布了 13 个版本，最近版本为 ITRF2014，该框架的具体定义见 2.4.2 小节。

2.4.2　参考框架的实现与可靠性

经典的大地测量参考框架只考虑了长期的线性项变化，虽然在实现及应用上较为简单，但不能够满足当下高精度科学研究的要求。因此，建立一个顾及长周期、短周期，以及非线性项的、时间分辨率在观测历元级别（与实现框架所使用的数据时间分辨率有关，可以为天、周、月等）的高精度参考框架势在必行。这样的参考框架必须保证使用数据在位置（positions）、轨道（orbits）、地球定向参数（earth orientation parameter，EOP）、经验模型等的一致性，实现难度大、使用较为复杂，但能够在时间域和空间域上获得较高的精度。根据参考框架的大小可将其分为如下 3 类：全球（global）参考框架，由最优秀的科学家采用当前空间观测技术的最高标准建立，但可能缺少区域或局域细节；区域/大陆（regional/continental，$N \times 1000$ km）参考框架，通常得到国家的支持，但可能缺少用来进行长期维护的稳定区域；局域（local，$N \times 100$ km）参考框架，基础设施成本较低，但在高度发展地区可能较难维护。参考框架的稳定性主要通过监测地心运动来进行评估，主要的方法有网移动法（network shift）和形变法（deformation）。以 ITRF2008 为例，其表面位置的标称精度在垂向（径向）为 0.9 mm/a，在切向为 0.5 mm/a，原点的标称精度在几个 mm/a 的量级。

ITRF 系列框架的目标为原点监测精度达 0.1 mm/a，要达到该目标，需要满足 3 个方面的需求。

（1）周期项。日周期的水平精度需要在 2～3 mm，垂直精度在 5～7 mm；由该精度的每日解组成的时间序列中的其他周期项满足亚 mm/a 精度。这就需要观测时间长于2.5 a。

（2）非线性项。包括设备改变、同震/震后形变、各种自然突发事件等。对非线性项的测量精度应该在几个 mm 量级。

（3）长期项。最主要的是地心运动等的长期运动趋势，需要通过评估方案的改进，使得其监测精度在亚 mm 量级。

为了尽可能地达到上述目标，IERS 在 ITRF2008 框架的基础上，通过对时间序列足够的测站进行了周年和半周年项的估计，并使用 GNSS（global navigation satellite system）测站确定的震后形变模型（post-seismic deformation，PSD）对 VLBI（very long baseline interferometry）、SLR（satellite laser ranging）和 DORIS（doppler orbitography and radio-positioning integrated by satellite）测站进行位移改正等手段，推出了最新的 ITRF2014 框架。

　　图 2.20 是建立 ITRF2014 所使用到的 4 种数据跟踪站的全球分布图。其中五角星为 VLBI 跟踪站，菱形为 SLR 跟踪站，圆形为 DORIS 跟踪站，圆点为 GNSS 跟踪站。总站址为 975 个，大约 10%的站址中并置了 2～4 种不同的大地测量技术，因此，总跟踪站数量达 1 499 个。由于南半球的大部分区域被海洋或冰雪覆盖，陆地和人类生活大多集中在北半球，站址大多数分布于北半球，这也是造成上节所述 CF 和 CN 差异的因素。并置站间不同类型跟踪站之间的相对位置关系，即连系向量，有可能精确得到，从而为不同技术的数据融合归算提供了可能。

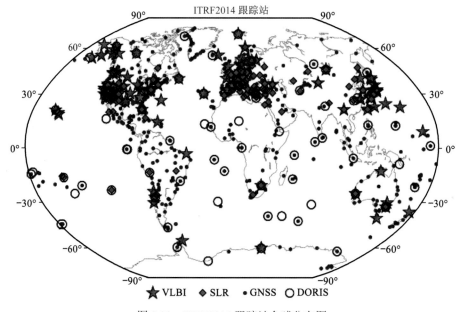

图 2.20　ITRF2014 跟踪站全球分布图

　　表 2.12 为建立 ITRF2014 所用到的数据汇总。其中 VLBI、SLR 和 DORIS 技术使用了各技术服役以来的所有数据，而 GNSS 仅使用了 1994～2015 年的数据。除 VLBI 的解类型为法方程外，其余都为方差-协方差形式。由于 VLBI 的精度在 4 种技术中相对最高，数据量稀少，没有对它使用任何的约束；SLR 技术精度相对次之，数据量也较少，因此，使用松弛约束；GNSS 和 DORIS 技术虽然精度不及上述两种技术，但有足够的数据冗余，因此，使用了最小二乘约束。

表 2.12　ITRF2014 所用数据汇总

数据中心	数据跨度	解类型	约束	EOPs
IVS	1980.0～2015.0	法方程	自由约束	极移和速率, LOD, UT1-UTC
ILRS	1983.0～2015.0	方差-协方差矩阵	松弛约束	极移, LOD
IGS	1994.0～2015.1	方差-协方差矩阵	最小二乘	极移和速率, LOD
IDS	1993.0～2015.0	方差-协方差矩阵	最小二乘	极移和速率, LOD

为了使数据的质量能够满足具体框架的精度要求，需要对原始观测数据进行各项改正，其中包括：①作用于卫星的各种力：重力，非重力（太阳/地球辐射）；②GNSS 距离测量的各种效应：卫星和接收机的相位中心偏差及变化，差分码偏差，广义/狭义相对论；③大气层的影响：电离层，对流层，以及大气负荷效应；④地球定向参数的确定：空间大地测量参考框架的基础；⑤固体地球和海洋潮汐：负荷效应导致质量的重新分布；⑥地球物理/水文过程：地球形变。

将考虑了上述各项改正后得到的不同技术观测数据组合成时间序列；每种技术分别计算各自跟踪站的位置 X 和速度 V，以及地球定向参数 EOPs；根据并置站的本地连接参数，即连接向量（tie-vector），以及并置站上不同跟踪站的速度参数相等的条件，对不同数据得到的不同参数进行数据组合，计算得到 ITRF 框架下各跟踪站的位置和速度参数，以及该框架下的 EOPs 信息；最后根据上述信息得到框架的坐标原点、尺度和定向参数，其中参考框架原点仅使用 SLR 技术确定，尺度组合使用 SLR 和 VLBI 技术确定，GNSS 和 DORIS 技术主要用来组合提供不同技术的连接信息，而定向参数则约定对齐到上个版本某个历元时刻。目前最新的 ITRF2014 框架具体定义如下。

（1）原点：在历元 2010.0，相对于 SLR 的长时间序列无平移参数，也无旋转速率。

（2）尺度：在历元 2010.0，ITRF2014 的尺度与变化率，相对于 VLBI 和 SLR 时间序列得到的平均尺度和变化率为 0。

（3）定向：在历元 2010.0，ITRF2014 的旋转参数及旋转速率，相对于 ITRF2008 的旋转参数及旋转速率为 0。

ITRF 系列框架不同版本之间可以通过 3 个平移参数 T，3 个旋转参数 R，以及 1 个尺度参数 D 进行。这 7 个参数可以通过版本间共同、可靠的跟踪站计算得到。图 2.21 是 ITRF2014 与 ITRF2008 进行转换参数计算所使用的核心站分布图，通过转换公式（2.18），得到了表 2.13 中的转换参数、变化率及误差。

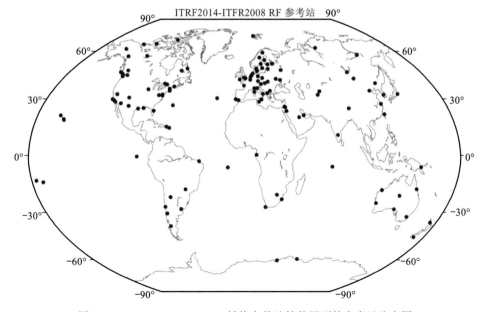

图 2.21　ITRF2014/ITRF2008 转换参数计算使用到的参考站分布图

$$\begin{pmatrix} x \\ y \\ z \end{pmatrix}_{i05} = \begin{pmatrix} x \\ y \\ z \end{pmatrix}_{i08} + \boldsymbol{T} + \boldsymbol{D} \begin{pmatrix} x \\ y \\ z \end{pmatrix}_{i08} + \boldsymbol{R} \begin{pmatrix} x \\ y \\ z \end{pmatrix}_{i08}$$

$$\begin{pmatrix} \dot{x} \\ \dot{y} \\ \dot{z} \end{pmatrix}_{i05} = \begin{pmatrix} \dot{x} \\ \dot{y} \\ \dot{z} \end{pmatrix}_{i08} + \dot{\boldsymbol{T}} + \dot{\boldsymbol{D}} \begin{pmatrix} \dot{x} \\ \dot{y} \\ \dot{z} \end{pmatrix}_{i08} + \boldsymbol{R} \begin{pmatrix} \dot{x} \\ \dot{y} \\ \dot{z} \end{pmatrix}_{i08} \qquad (2.18)$$

$$\boldsymbol{R} = \begin{pmatrix} 0 & -R_z & R_y \\ R_z & 0 & -R_x \\ -R_y & R_x & 0 \end{pmatrix}$$

式中：$\boldsymbol{T}$ 为平移参数；$\boldsymbol{D}$ 为尺度参数；$\boldsymbol{R}$ 为旋转参数。$\dot{\boldsymbol{T}}$ 为平移参数对时间的导数，其他参数类似。

表2.13　历元 2010.0 下 ITRF2014 向 ITRF2008 转换的参数及速率

项目	T_x/mm	T_y/mm	T_z/mm	D/ppb	R_x/mas	R_y/mas	R_z/mas
+/−	1.6	1.9	2.4	−0.02	0.000	0.000	0.000
	0.2	0.1	0.1	0.02	0.006	0.006	0.006
速率+/−	0.0	0.0	−0.1	0.03	0.000	0.000	0.000
	0.2	0.1	0.1	0.02	0.006	0.006	0.006

2.4.3　南极地区参考框架

南极地区由于其特殊的地理位置，历史上所采用的参考框架大多基于地区建立，而不是整个南极大陆，更没有与全球联测。由于有多个国家在同一个地区进行考察活动，经常会出现同一地区有多个不同参考系统。各个国家往往根据自己需要，采用任意的参考椭球建立参考基准。例如东南极拉斯曼丘陵地区就存在中国、俄罗斯和澳大利亚 3 国的大地测量基准。在高程方面，南极各国通常以某一验潮站平均海面代替大地水准面作为高程起算面而建立各自独立的高程系统，分属不同的高程基准。它们不在同一个重力等位面上、相互间存在高程差异。统一全南极高程基准是南极大地测量需要解决的一个基本问题，它取决于建立一个高分辨率的全南极大地水准面模型。而构建南极地区精确的大地测量参考框架的工作主要由国际南极研究科学委员会组织开展。我国于 1986 年成为国际南极研究科学委员会正式成员国。

1. 南极参考框架的构建历史

南极大陆首次与全球参考框架相连接始于 1966 年的主动式大地测量地球轨道卫星计划（Passive Geodetic Earth Orbiting Satellite，PAGEOS）。1969 年，Mcmurdo、Mawson、Palmer 和 Casey 站进行了 PAGEOS 观测，产生了不错的效果。但这项观测很耗时，因此，不久后它就被全天候的多普勒卫星技术所替代。20 世纪 70 年代，南极地区参考框架的建立主要依靠多普勒技术。随着 GPS 技术的发展，直到 20 世纪 80 年代末期，南极地区大地测量才真正纳入全球参考框架。1988 年，在霍巴特国际南极研究科学委员会大会上，澳大利亚建议采用 GPS 技术进行南极制图和大地测量。该计划分两步实施：1990 年 1 月开展可行性观测，1991 年 1 月进行实验观测。

（1）SCAR90：SCAR90 项目使 GPS 技术首次在南极地区得到大规模应用。南极地区有 McMurdo、Mawson、Davis 及 Law Base 4 个测站参与了这项先导性的工作，连续进行了 7 天的观测。另外，还有澳大利亚的 Hobart、Orioral 及 Yaragadee 和新西兰的 Wellington 4 个测站也参加了这项观测活动。由于 McMurdo 和 Mawson 站采用 Magnavox WM02 接收机时，接收 L2 载波遇到了问题，精度较差，其他测站的精度均达到了 0.3 m。

（2）GIG91：1991 年 1 月 22 日～2 月 13 日，全球展开了当时规模最大的 GPS 观测运动——1991 年首次 IERS 及地球动力学 GPS 观测运动（first GPS IERS and geodynamics experiment-1991，GIG91），总计约有 120 个 GPS 站参加，其中有 80 多个测站为并置站。GIG91 使南极地区的空间大地测量数据能够在全球框架中统一处理。由于卫星定轨精度的提高及 GPS 双差技术的采用，使得南极地区 GPS 测站的精度得到了极大的提高。同时，这项活动对大地测量学界也产生了巨大的影响，促成了日后国际 GPS 服务中心（International GPS Service，IGS）的成立。

（3）SCAR91：1991 年 1 月 23 日～28 日进行的 SCAR91 活动，是 SCAR90 活动的延续，同时也是 GIG91 的一部分。南极地区共有 McMurdo、Mawson、Dover、O'Higgins、Terra Nova Bay 及 Georg Beumayer 6 个测站参与，同时还有南美洲、大洋洲、非洲及南大洋诸海岛上的大量南半球的 GPS 测站参与。南极的 7 个测站中，McMurdo、O'Higgins 及 Terra Nova Bay 建于南极大陆沿岸的基岩上，而 Dover 站位于相对稳定的冰盖上，Georg Beumayer 站则位于冰架上。大部分测站在当时都受到 L1 载波跟踪问题的困扰，与 GIG91 重叠期间的南极地区 GPS 数据处理后的精度为 10 cm。

（4）国际南极 GPS 联测会战：经过早期的两次 GPS 观测活动之后，国际南极研究科学委员会地球科学常设科学组（Geoscience Standing Scientific Group，GSSG），即原大地测量与地理信息工作组（Working Group on Geodesy and Geographic Information，WGGGI）于 1994 年在罗马召开的第 III 届 SCAR 科学大会上决定进行国际南极 GPS 联测会战（the SCAR Epoch GPS Campaigns）。会战是南极大地测量基础设施（Geodetic Infrastructure of Antarctic，GIANT）的组成部分，主要目标是：①在 ITRF 下建立一个三维的、高精度的南极大地测量观测网；②确定南极板块相对相邻板块及微板块的运动速率及方向；③确定南极岩石圈由于冰、海负荷变化而引起的垂向运动；④建立南极验潮站与 ITRF 的连接。

南极大地测量学最重要的进展则是 20 世纪 90 年代以来，在南极大陆边缘及亚南极地区建立了 Casey、Davis、McMurdo、Mawson、Syowa、Sanae 及 O'Higgins 等共计 12 个 IGS 跟踪站，对建立和统一全球性的大地测量参考框架起了积极的作用。近年来，随着现代大地测量技术在南极地区的广泛应用，许多 GPS 观测站都发展成为集成 GPS、VLBI、DORIS、验潮及绝对重力等大地测量观测技术的并置站。

2. 中国对构建南极大地参考框架的贡献

GNSS 观测站作为高精度的测量手段，对于构建大地参考框架、测定卫星轨道、监测板块运动、研究空间天气等均具有重要意义。而极区 GNSS 观测站的建立，对于我国极地科考事业有着举足轻重的支撑作用，同时也是我国唯一能在境外自主设立的卫星常年跟踪固定站。当前中国南极测绘研究中心已在南极建立了中山站、长城站 2 个常年跟踪站和昆仑站 1 个度夏跟踪站，并在菲尔德斯半岛、拉斯曼丘陵地区和格罗夫山地区建立了区域性监测站。其中中国南极长城站和中山站分别于 1995 年和 1997 年开始加入 SCAR 组织的国际 GPS 联测会战，随后改建成 GPS 常年跟踪站，成为南极地区少数几个 GPS 常年跟踪站之一。中山站、长城站 GPS 卫星跟踪站的建立，为构建南极大地参考框架提供了基础数据，同时也大大增强了我国参与国际南极合作的能力，提高了我国在国际南极地学研究中的地位。

全球 20 多个国家于 2007～2008 年第 4 次国际极地年（International Polar Year，IPY），联合开展了一项空前规模的极地地球观测网络行动（Polar Earth Observing Network，POLENET）。POLENET 协会科学项目将进行极地地球动力学、地球磁场、地壳、地幔和地核结构与动态变化、固体地球系统交互作用、冰冻圈、海洋和大气等方面的调查研究。POLENET 行动将配合跟踪站和卫星观测，重点进行内陆和海岸难以到达地区的自动观测。观测包括全球导航卫星系统，绝对重力和相对重力，地磁，验潮（海岸站）、海洋学及化学观测（近海）等。POLENET 13 项预期研究成果中第 2 项即为改进全球尤其是南北极地区大地测量参考框架。中国南极测绘研究中心积极地参与到 POLENET 计划中，期望通过对南极大陆的位置、重力等数据进行大规模、高精度的联测，可以进一步提高南极地区参考框架的稳定性，并增强与全球参考框架的联系。

3. 其他技术的参考框架建立

1999 年我国与澳大利亚国家南极局合作，在东南极拉斯曼丘陵地区的中山站建立了自动验潮站，实现海洋潮汐信息、数据自动化观测。由于南极地区恶劣严酷的气候条件及海冰的存在，在南极海区维持验潮站的正常工作相当艰难。因此，应将南极地区现有的各个验潮站组织 GPS 联测及重力测量，精密确定各验潮站水位标尺零点的大地高，为建立高精度的南极地区大地水准面，统一陆海高程基准做出贡献。随后，中国南极测绘研究中心依托中国南极科学考察第 26 次和第 28 次队，分别在我国中山站和长城站建立了永久潮位自动观测站，成为国内率先对南极海域潮汐情况进行实时监测和分析的科研教学单位，为南极海域海平面变化研究提供了宝贵的数据资料。

2004～2005 年南极夏季期间，我国第 21 次南极科学考察队利用 FG5 绝对重力仪在长城站两个站点（C001 和 C002）进行了 A 级绝对重力点及相对重力网测量。在站点 C001 和 C002 进行了绝对重力测量，精度在 $3 \times 10^{-8} \mathrm{ms}^{-2}$ 以内，并同时进行了重力垂直梯度测量和水平梯度测量，利用这 2 个点的绝对重力测量确定了比例因子。2008～2009 年南极夏季期间，我国第 25 次南极科学考察队利用 A-10 便携式绝对重力仪和 LaCoaste&Romberg G 相对重力仪南极中山站及附近拉斯曼丘陵地区建立了高精度重力基准网。该网由 3 个绝对重力点（Z001、Z002 和 Z003）和 10 个相对重力点（lsm02、lsm03、lsm04、lsm05、lsm06、lsm07、lsm08、lsm09、lsm10 和 lsm01）组成，绝对重力点精度优于 $7.5 \times 10^{-8} \mathrm{ms}^{-2}$，并应用 LaCoste & Romberg G 型相对重力仪测量绝对重力点 Z001、Z002 和 Z003 观测墩中心的垂直梯度和水平梯度。在 A-10 的周围采取了防风措施，开始进行测试，测试正常后，开始正式的观测。绝对重力测量数据处理采用 Microg 公司的 g 专用软件进行数据处理，数据处理进行测量数据的抛物线拟合，求解最佳参数，并进行气压、固体潮、海洋负荷潮、极移、零点高度、参考高度改正，并进行结果的统计。应用 LaCoste & Romberg G 型相对重力仪分别联测 Z001、Z003 和 lsm01；联测 Z001、Z003、lsm02、lsm03 和 Z002，重力测量前，先进行 GPS 观测；联测 Z001、lsm04、lsm05、lsm06、lsm07、lsm08、lsm09 和 lsm10，在 GPS 观测的同时进行重力测量。相对重力数据处理采用自编的软件 Gloop 进行，计算零点漂移，进行固体潮改正，零点漂移改正，高度改正。计算段差，根据已知重力点的绝对重力计算绝对重力值。相对重力测量精度优于 $20 \times 10^{-8} ms^{-2}$。2012～2013 年南极夏季期间，我国第 29 次南极科学考察队利用 ZLS 型相对重力仪在南极中山站进行了 A 级绝对重力点及相对重力网测量，拓展了原有重力网，首先实施了 Z001 与船测重力之间的重力观测，重力观测方案为 Z001—雪龙船—Z001；其次联测 lsm01、Z001、水准点 zs05 和水准原点。观测过程中，严格按相对重力测量规范实施，记录点位、时间、气压、温度和重力观测量等。经过数据平差处理，lsm01、Z001、zs05 和水准原点这 4 个观测点，最好精度为大地原点的 0.004 4 μGal，最差精度为水准原点的 0.011 9 μGal。

参 考 文 献

陈春明, 鄂栋臣, 徐绍铨, 1990. 南极长城站地区卫星多普勒定位的数据处理及精度分析. 南极研究, 2(4): 57-63.

陈春明, 鄂栋臣, 桑吉章, 1995. 南极拉斯曼丘陵地区大地测量控制网. 南极研究(中文版), 7(3): 95-100.

鄂栋臣, 黄继锋, 2008. 南极验潮进展及中山站验潮策略. 极地研究, 20(4): 363-370.

鄂栋臣, 张胜凯, 2011. 中国南极地区坐标系统的建设. 极地研究, 23(3): 226-231.

鄂栋臣, 何志堂, 张胜凯, 等, 2007. 利用 FG5 绝对重力仪进行南极长城站绝对重力测定. 极地研究, 19(3): 213-220.

鄂栋臣, 何志堂, 王泽民, 等, 2008. 中国南极长城站绝对重力基准的建立. 武汉大学学报(信息科学版), 33(8): 688-691.

鄂栋臣, 赵珞成, 王泽民, 等, 2011. 南极拉斯曼丘陵重力基准的建立. 武汉大学学报(信息科学版), 36(12): 1466-1469.

黄继锋, 鄂栋臣, 张胜凯, 等, 2012. 南极中山验潮站的数据处理与分析. 大地测量与地球动力学(5): 63-67.

孔祥元, 郭际明, 刘宗泉, 2010. 大地测量学基础. 武汉: 武汉大学出版社.

吕纯操, 鄂栋臣, 1988. 南极菲尔德斯地区重力观测研究. 南极研究(1): 37-42.

张胜凯, 鄂栋臣, 黄继锋, 等, 2008. 中国南极中山验潮站记录到的 2004 年印度洋海啸事件. 测绘科学(4): 106-108.

COLLILIEUX X, ALTAMIMI Z, RAY J, et al., 2009. Effect of the satellite laser ranging network distribution on geocenter motion estimation. J. Geophys.Res, 114: B04402.

E D C, LIU Y N, GUO X G, 1985. Survey-ing in Antarctica. Acta Geodaetica Et Cartographic Sinica, 14(4): 305-314.

FANG P, 2015. Reference Frame: Realization and Reliability. 2015 年第六届中国卫星导航学术年会. 西安: 曲江国际会议中心.

HUANG J F, E D C, ZHANG S K, 2012. Zero calibration of bottom pressure gauge in Antarctic: a case study at Chinese Zhongshan Station using GPS techniques. International Conference on Geoinformatics, IEEE: 1-4.

HUANG J F, E D C, ZHANG S K, 2013. Tidal characteristics near the Chinese Zhongshan Station in Prydz Bay, East Antarctica. Geodesy and Geodynamics, 4(1): 7-15.

KLEMANN V, MARTINEC Z, 2011. Contribution of glacial-isostatic adjustment to the geocenter motion. Tectonophysics, 511(3): 99-108.

WU X, RAY J, VAN DAM T, 2012. Geocenter motion and its geodetic and geophysical implications. Journal of Geodynamics, 58: 44-61.

ZHANG S K, E D C, 2012. Development of the geodetic coordinate system in Antarctica. Advances in Polar Science, 23(3): 181-186.

ZHANG S K, E D C, HE Z T, et al., 2007. The absolute gravity measurement by FG5 gravimeter at Great Wall Station, Antarctica. Advances in Polar Science, 18(2): 155-160.

第3章　南极地球动力学

3.1　南极大地构造与板块运动

3.1.1　板块构造学基础

大地构造学是研究地球，特别是地球表层（地壳和上地幔）的结构、运动和发展规律的科学。它的主要目的在于揭示和解释各种构造现象的本质，建立地球和岩石圈演化的基本理论。根据苏联构造学家哈因的意见，可以将大地构造概念或地球动力学概念的发展划分为三个主要阶段。

第一阶段指18世纪晚期以前，大地构造概念的萌芽阶段。人们对于地震、火山、海岸线变动等地壳运动和地球内部活动性的表现，只有一些粗浅而朴素的认识，例如将构造活动解释为地下洞穴的坍塌。

第二阶段从18世纪晚期到20世纪中叶，大地构造学发展的假说阶段。在这一阶段，随着对地质现象及其规律的认识不断深化，一个又一个大地构造假说被提出。这些构造假说本质上是抽象的、定性的，缺少定量的计算和精确的预测能力。这个时期是地质学基本理论不断提高和发展的阶段。

第三阶段指20世纪60年代至今，是大地构造学发展的科学理论阶段。海底扩张和板块构造说的兴起标志了这一阶段的开始。特别是板块构造说，它集大陆漂移、地幔对流、海底扩张等构造学说之精髓，在一定程度上具备了定量和预测的性质。板块构造说第一次以纵观全球的气魄和高度的概括能力，成功地解释了地球上众多的构造现象和地质作用，可以把它认为是第一个大地构造理论。

20世纪60年代中期，由于海底磁异常等一系列振奋人心的发现，海底扩张说取得了稳固的地位。可是，活动论的发展并没有停步不前。作为海底扩张说的自然隐身，1969年又进一步提出了板块构造说。板块构造归纳了大陆漂移和海底扩张的论点，还囊括了岩石圈和软流圈、转换断层、板块划分、板块俯冲和大陆碰撞等一系列概念。在更广泛的基础上，板块构造说阐明了地球活动和演化的许多重大问题，因而也被称为新全球构造。

板块构造的基本原理可归纳为以下四点。

（1）固体地球上层在垂向上可划分为物理性质截然不同的两个圈层——上部的刚性岩石圈和下垫的塑性软流圈。

（2）岩石圈在侧向上又可分为若干大小不一的板块。板块是运动的，其边界性质有三种类型：分离扩张型，伴随着洋壳新生和海底扩张；俯冲汇聚型，伴随着洋壳消亡或大陆碰撞；平移剪切型，沿着转换断层发生。地震、火山和构造活动主要集中在板块边界。

（3）岩石圈板块横跨地球表面的大规模水平运动，可用欧拉定律描绘为一种球面上的绕轴旋转运动。在全球范围内，板块沿分离型边界的扩张增生，与沿汇聚型边界的压缩消亡相互补偿抵消，从而使地球半径保持不变。

（4）岩石圈板块运动的驱动力来自地球内部，最可能是地幔中的物质对流。

3.1.2　南极地质构造与板块运动

1 亿 7 千万年以前，南极是冈瓦纳大陆的一部分。随着时间的推移，冈瓦纳大陆解体，人们今天所知道的南极洲，就是大约 3500 万年前形成的。

1. 南极洲地质构造历史

1）太古宙与元古宙

东南极和澳大利亚的莫森克拉通提供了从太古宙到中元古代在特雷阿德利、英王乔治五世地和中央横断山脉的米勒山脉的地质活动的证据。东南极太古宙中的紫苏花岗岩、辉石闪长岩、角闪岩及某些麻粒岩可能代表了该区最老的岩浆活动。在晚太古宙因塞尔杂岩中曾经发生过强烈的混合岩化及花岗岩化作用，其年龄可达 31 亿年。元古宙时，在毛德皇后地西部有年龄约 17 亿年的暗色岩发育，在查尔斯王子山脉南坡见有年龄为 10 亿年的角闪岩，在东南极中部有晚古生带的花岗岩及花岗片麻岩发育。在彭萨科拉山，在 13 亿～5 亿年前曾有玄武岩、辉绿岩及酸性火山岩喷出。

2）古生代（5.4 亿～2.5 亿年前）

在寒武纪，冈瓦纳古陆的气候比较温和。西南极的一部分在北半球，这期间发生了大量的砂岩、灰岩和页岩的沉积。东南极在赤道上，那里的海底无脊椎动物三叶虫在热带海洋空前繁荣。从泥盆纪开始（4.16 亿年前），冈瓦纳大陆大部分在南半球，气候凉爽，不过陆生植物化石从这个时间开始为人所知。沙子和淤泥堆积在现在的 Ellsworth、霍利克、彭萨科拉山脉。冰期始于泥盆纪末（3.6 亿年前），因此，冈瓦纳开始围绕南极点并且气候变冷。随着时间的推移，这些沼泽变成横断山脉煤炭矿床。二叠纪末持续升温导致冈瓦纳大陆大部分地区的气候干燥、炎热。

早古生代的岩浆活动主要发育在横贯南极山脉，以中酸性为主，其同位素年龄大约为 5.2 亿～4.8 亿年。在 Ellsworth 山的寒武系中也见有玄武岩集块岩及凝灰岩。晚古生代的岩浆活动以中性及中酸性为主，主要发生在横贯南极山脉及南极半岛，横贯南极山脉年龄值主要为 3.6 亿年左右。晚古生代，南极半岛是冈瓦纳大陆活动边缘，在石炭纪可能为一地槽。

3）中生代（2.5 亿～0.65 亿年前）

由于持续变暖，南极冰盖融化，冈瓦纳大陆变成了沙漠。在侏罗纪时期（2.06 亿～1.46 亿年前），南极半岛开始形成，岛屿逐渐从海洋中升起。南极大陆中生代的岩浆活动范围很广，以南极半岛最为强烈。大规模火山喷发，南极半岛地区火山活动、岛弧已具雏形。火山作用发育于侏罗纪至早白垩世，以中酸性为主。早白垩世，南极半岛火山弧发展壮大；晚白垩世，阿留克脊开始向南极半岛下俯冲，发生大规模安第斯型花岗闪长岩、花岗岩侵入，该区域隆升。侵入作用主要有两期：①1.85 亿～1.5 亿年，以花岗岩为主；②1.2 亿～0.9 亿年，以石英闪长岩为主。除南极半岛外，在横贯南极山脉及东南极部分地区还见有早、中侏罗世的粒玄岩床及岩脉，厚达 1 500～2 000 m；而在彭萨科拉山北坡则有巨大的杜费克层状辉长岩体侵入，其面积达 $3.4 \times 10^4 \text{ km}^2$，厚达 6 000～9 000 m，是仅次于南非布什维尔德的世界第二大层状基性杂岩。此外，在东南极比弗湖区，尚有白垩纪的超基性——碱性岩浆作用。

在约 1.6 亿年前，由于太平洋–法拉隆和太平洋–菲尼克斯板块海底扩张和俯冲，冈瓦纳大陆开始解体。由于大陆扩散改变了洋流，从赤道到极点的经向温度均衡洋流变为纬向洋流，纬度温差逐渐增大，作为冈瓦纳大陆中心的南极洲也在逐步变冷。非洲首先与南极洲分离（约 1.6 亿年前），其次是白垩纪（约 1.25 亿年前）早期的印度次大陆。

4）新生代（约 6 500 万年前至今）

新生代的岩浆岩见于南极半岛，主要为橄榄玄武岩、安山玄武岩及凝灰岩，局部为亚碱性岩石，最厚的达 1 000～1 200 m，喷出始于古近纪，至上新世及更新世时最强烈，在罗斯海东岸还有活火山。大约 0.4 亿年前，澳大利亚、新几内亚脱离南极洲，所以纬向洋流可以将南极洲和澳大利亚隔开，南极第一块冰开始出现。大约在 2 300 万年前，南美洲与南极洲分离，德雷克通道打开，导致南极洲被极流环绕，变成完全孤立的大陆。冰开始在南极大陆蔓延，取代了当时覆盖大陆的森林。从约 1 500 万年前开始，南极大陆大部分已经被冰覆盖。

2. 现今南极基本构造格架

南极大陆 98%的区域被平均厚度约为 1.6 km 的冰盖所覆盖，基岩出露面积仅占 2%，主要分布在横贯南极山脉、南极半岛和大陆周边。南极冰下基岩测深已经可以得到南极洲冰下的基岩地形，英国南极调查局（British Antarctic Survey，BAS）2001 年发布了 BEDMAP1 南极基岩地形，2013 年更新了 BEDMAP2 基岩地形，如图 3.1 所示，这将为了解南极地质构造特征提供帮助。从自然地理特征以及地质构造角度出发，南极大陆可以分为东南极地盾、横贯南极褶皱带和西南极褶皱带 3 个大地构造单元。

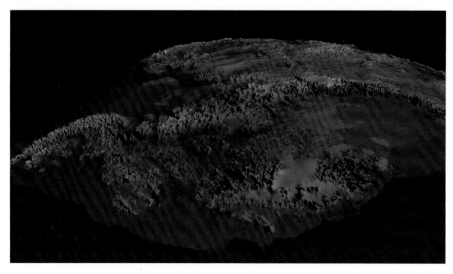

图 3.1　南极洲的基岩地形（BEDMAP2）

1）东南极地盾

东南极非常古老，可以追溯到前寒武纪，一些岩石形成于 3 亿年前。东南极由变质岩和火成岩的平台组成，它们是大陆地盾的基底。泥盆系和侏罗纪时期在此基底之上形成各种更现代的岩石，如砂岩、石灰石、煤和页岩等，形成了横断山脉。在沿海地区如沙克尔顿区域和维多利亚地有一些断层发生。横贯山脉及局部沿海地区出露古生界平缓层状碎屑岩，时代从泥盆至二叠纪，称为 Beacon 超群。上覆侏罗系 Feirar 群基性火山岩，以及少量中、新生代中–基性侵入岩（含浅成岩）。与印度半岛类似，东南极的 Beacon 超群和 Farrar 群也合称为冈瓦纳建造。

东南极地盾又可进一步划分为 Gumbertzev 冰下隆起（含恩德比地和查尔斯王子山等）、兰伯特–艾默里坳拉谷、克拉通冰下盆地（含极点盆地和威尔克斯盆地）、横贯山前缘带（含彭萨科拉山和 Thiel 山等）。在东部的查尔斯王子山脉等地也发育有限的显生宙的沉积岩。

2）横贯南极山脉褶皱带

横贯南极山脉作为东、西南极分界带，主体属于古生代碰撞造山带（即罗斯造山带），基底由前寒武系及下古生界两个构造层组成，其间常为不整合接触，盖层由泥盆系至侏罗系构成，几乎水平地覆于基底岩系之上。盖层发育期间在石炭纪及二叠纪初，该区出现了长时间的冰期，冰碛岩分布广泛。盖层除初期有少量浅海相沉积外，大都以陆相沉积为主。奥陶纪、志留纪时该区曾经发生过强烈的褶皱运动，称为罗斯造山运动，造成一广泛的区域性不整合。但沿山脉走向又各具不同地质特征，如在维多利亚地北部表现为早古生代缝合线，叠加新生代火山活动及隆起作用。在维多利亚地南部则是中生代裂陷带，又叠加了新生代裂谷、隆起及火山活动。在罗斯冰架一带的地质特征与维多利亚地南部相近，但缺失新生代火山建造。而在 Hor-lick 山、彭萨科拉山和 Thiel 山则主要出露元古界中–深变质岩系和寒武系碎屑岩，并经历早古生代变形变质作用。

3）西南极褶皱带

西南极包括南极半岛（含南设得兰群岛）和 Byrd 冰下盆地（含 Ellsworth-WMtmore 山陆块、MarieByrd 陆块及其间的边缘裂陷带）。其地质构造类似于美国南部的安第斯山脉。南极半岛的构造景观主要表现为中、新生代太平洋边缘岛弧，属南美洲安第斯造山带的南延部分，由古生代变质岩基底和中、新生代岩装岩两个构造层组成。而 Ellsworth-Wliitmore 山陆块、MarieByrd 陆块则先后伴随威德尔梅和罗斯海扩张发生转动，并形成可能比贝加尔湖还要深的陆内裂谷。西南极褶皱带由两个构造层构成。下构造层下部为晚元古代至早古生代的绿片岩相及绿帘角闪岩相变质岩，上部为强烈褶皱的晚古生代板岩、硬砂岩或沉积–火山岩。上构造层由侏罗系和白垩系构成，与下构造层为不整合接触关系。西南极最常见的岩石是侏罗纪时期形成的安山岩和流纹岩火山岩。在 MarieByrd 地和 Alexander 岛也有火山活动，甚至是冰盖形成的证据。西南极地区唯一的异常区是 Ellsworth 山地区，那里的地层更类似于东南极地区。Ellsworth 山脉是组成西南极的 5 个外来地块之一 Ellsworth-Wliitmore 山地块体的一部分。古生代岩石的地层学和古地磁研究表明，中生代冈瓦纳大陆分裂期间发生了逆时针旋转和走向滑动而威德尔海的开放则导致了 Ellsworth 山脉从邻近地区移至南极西部的科茨地。

　　南极半岛是由晚古生代和早中生代时期海底沉积物隆起和变质形成,并且这种沉积物抬升伴随着岩浆侵入和火山作用。该地区与南美大陆隔德雷克海峡相望,是南美板块、太平洋板块和南极板块的交汇处,其地质构造活动较为活跃,存在着年变量为厘米级的相对运动。半岛中部主要发育为北西西向走滑断层,如风谷断层、侏罗纪断层,南端又有菲尔德斯海峡断层,另外在南极半岛与横贯南极山脉之间,晚古生代至新生代还形成了罗斯海盆、阿蒙森海盆、威德尔海盆以及一些裂谷和横贯南极的断层。西南极裂谷,一个主要的活动裂谷,位于西与东南极之间,伴随着西南极缓慢地远离东南极,该裂谷依然活跃。

3.2　南极 GPS 观测活动与数据处理

3.2.1　南极 GPS 观测活动

1. 国际南极研究科学委员会

1)国际南极研究科学委员会简介

　　国际南极研究科学委员会是国际科学理事会(ICSU)下属的一个多学科科学委员会。它是国际南极科学的最高学术权威机构,负责高水平的南极(包括南大洋)国际研究计划的制定、启动、推进和协调。固定科学小组(Standing Scientific Groups,SSG)具体负责组织和实施国际南极研究科学委员会的科学研究。SCAR 通过每两年一次的 SCAR代表大会来制定相关的政策与策略,并由位于剑桥大学史葛极地研究所的秘书处选举执行委员会来对日常事务进行管理。国际南极研究科学委员会还组织一系列的公开科学会议、学术研讨会等,定期发布国际南极研究的最新发现,并提出南极科学研究新的前沿领域,为其成员国指明研究方向。

　　除了执行主要的科学任务,国际南极研究科学委员会还就如何科学管理保护南极(包括南大洋)以及南极在地球系统中扮演的角色等议题,向南极条约协商会议(Antarctic Treaty Consultative Meetings,ATCM)、联合国气候变化框架公约(United Nations Framework Conventional on Climate Change,UNFCCC)、政府间气候变化专门委员会(Intergovernmental Panel on Climate Change,IPCC)等组织提供客观独立的建议。国际南极研究科学委员会提出的许多建议都被纳入到南极条约(Antarctic Treaty,AT)文书之中,其中大多数与南极的生态和环境保护相关。

　　2)南极观测

　　由国际南极研究科学委员会组织的全南极国际 GPS 联测(The SCAR GPS Campaigns)是南极大地测量基础设施 GIANT(Geodetic Infrastructure)的一部分。其主要目的是监理和维护一个高精度的测量参考框架,并研究南极板块内部及其与相邻板块之间的运动。从 1995 年开始,国际南极研究科学委员会下属的大地测量基础设施专家组(Group of Experts on Geodetic Infrastructure,GoE on GIANT)承担了该项任务。该任务不仅为南极地区地球参考框架 ITRF 的定义提供了必要的观测数据,联测结果也被用来进行精密定位、精密观测和检验。另外,通过得到的测站速度数据,确定了南极大陆板块的运动(其中包括布兰斯菲尔德海峡的一个 7 mm/a 的主动裂谷）和可用于验证 GIA 模型的垂直运动。

一致的全球地面参考系统（Terrestrial Reference System，TRS）是全球性大地测量和地球动力学研究的基础。符合国际大地测量协会（International Association of Geodesy，IAG）和国际大地测量与地球物理联合会（International Union of Geodesy and Geophysics，IUGG）协议的国际地球参考系统 ITRS，其主要目的就是提供地球上坐标的基本参照。大地测量空间技术的观测值，例如全球定位系统、卫星激光测距、甚长基线干涉测量和多普勒卫星测轨和无线电定位 DORIS 等技术被用来具体实现 ITRS，即为给定的物理参照物赋予坐标和速度。该实现即为国际地球参考框架 ITRF，最近的版本为 ITRF2014。从 ITRF2000 开始，对于全球框架的区域加密工作首次成了 ITRF 正式工作的一部分。IAG 为此专门成立了相关的工作小组来提供区域加密数据。对于南极大陆，国际南极研究科学委员会的 GoE on GIANT 小组承担了该项任务。

从 1995 年起，全南极国际 GPS 联测每年进行一次，历时约 3 个星期，每年的 1 月 20 日 0 时 0 分（协调世界时，Coordinated Universal Time，UTC）开始观测，2 月 10 日 24 时 0 分（UTC 时）结束观测，德国德累斯顿大学大地测量研究所负责维护全南极 GPS 联测数据库，数据提供给所有项目参与者进行相关的科学研究。中国的长城站、中山站分别参加了其中的 12 期（1995～2006 年）和 9 期（1997～2006 年）观测。随着南极地区 IGS 等常年 GNSS 跟踪站的设立、POLENET 计划的实施，该联测逐渐被上述两者取代。表 3.1 列出了参加联测的国家及相关负责人。

表 3.1 全南极 GPS 联测参与国及相关负责人

国家	负责人	国家	负责人
中国	E. Dongchen	挪威	T. Eiken
阿根廷	A. Zakrajsek	波兰	J. Cisak
巴西	J. Manning， G. Johnston	俄罗斯	A. Yuskevich
保加利亚	——	南非	R. Wonnacott
智利	C. Iturrieta， R. Barriga Vargas	西班牙	M. Berrocoso
法国	C. Vigny	瑞典	E. Asenjo
德国	R. Dietrich	英国	A. Fox
印度	E.C. Malaimani	美国	L. Hothem
意大利	A. Capra	乌克兰	K. Tretyak， G. Milinevski
日本	K. Shibuya	乌拉圭	H. Rovera

德国德累斯顿大学大地测量研究所使用 Bernese 软件，定期对数据进行处理分析，并将数据提供给 ITRF 整合中心进行数据整合。数据的分析策略逐年改进，并引入新的改正模型：例如 2 阶 3 阶电离层改正和基于数值气象数据的等静压映射函数用来对电离层进行改正、使用绝对相位中心模型来对卫星和接收机天线的天线相位中心变化（phase center variations，PCVs）进行改正，并且在处理全球 GPS 网络中引入卫星轨道和地球定向参数来提高解算的一致性。从而计算得到了国际南极研究科学委员会联测中各测站精确的坐标和速度，日重复性水平为 2～4 mm、高程为 5～8 mm。此外，全南极国际 GPS 联测还为南极地区航空测量、卫星测高任务，以及验潮站等提供了精确的参考和控制。

更多关于 SCAR 及全南极国际 GPS 联测的相关信息，请参阅 SCAR 官方网站：http://www.scar.org/。

2. 国际 GNSS 服务组织

1）国际 GNSS 服务组织简介

国际 GNSS 服务组织（International GNSS Service，IGS），前身为国际 GPS 服务组织（International GPS Service，IGS），隶属于国际大地测量协会 IAG，主要为科学、教育及商业应用提供开放的、高质量的 GNSS 数据产品。表 3.2 汇总了 IAG 提供的服务内容。

表 3.2　国际大地测量协会（IAG）服务一览

项目	服务
几何	IERS：International Earth Rotation and Reference Systems Service（1987）
	IGS：International GNSS Service（1991,1994）
	IVS：International VLBI Service（1999）
	ILRS：International Laser Ranging Service（1998）
	IDS：International Doris Service（2003）
重力	IGFS：International Gravity Field Service（2004）
	BGI：International Gravimetric Bureau（1951）
	IGoS：International Geoid Service（1992）
	ICET：International Center for Earth Tides（1956）
	ICGEM：International Centre for Global Earth Models（2003）
	IDEMS：International DEM Service（1999）
海洋	PSMSL：Permanent Service for Mean Sea Level（1933）
	LAS：International Altimetry Service（2008）
	BIPM：Time Section of the International Bureau of Weights and Measures（1875）

国际 GNSS 服务组织的成员包括了 100 多个国家的超过 200 个的独立机构、院校和研究所，它们共同为全世界提供高质量的 GNSS 数据、产品和服务，主要用来支持地球参考框架的建立，以及提供定位、导航、授时等有益于科学和社会的应用。国际 GNSS 服务组织通过全球超 400 个参考站的跟踪数据来实现 ITRF 框架，并通过工作组和试点项目来持续开发新的应用和产品。国际 GNSS 服务组织作为全球测量观测系统（Global Geodetic Observing System，GGOS）的一部分运行，同时也是世界数据系统（World Data System，WDS）的成员，主要由美国宇航局（National Aeronautics and Space Administration，NASA）赞助。

国际 GNSS 服务组织的产品主要包括：IGS 网的全球跟踪数据，精确的 GPS 和 GLONASS 轨道星历，跟踪站的坐标和速度等。此外还有许多的衍生产品：卫星和跟踪站的时钟信息，每日的地球旋转参数，全球电离层数据，测站的对流层参数，GNSS 系统的检测数据等。这些产品主要用来支持地球科学的分析及研究，例如：改进和拓展 ITRF、监测地球形变、监测地球旋转、监测对流层和电离层、确定科学卫星的轨道等。表 3.3 汇总了国际 GNSS 服务组织各工作组及正在实施的计划等。

国际 GNSS 服务组织正在实施的两个重要计划，一个为 GNSS 多系统联合试验计划（The Multi-GNSS Experiment，MGEX），该计划跟踪、整合、分析所有的 GNSS 信号，除了现代化的 GPS 和 GLONASS 卫星，还包括 BeiDou，Galileo，QZSS（Quasi-Zenith Satellite System），IRNSS（Indian Regional Navigation Satellite System），以及所有的空基增强系统（space-based augmentation system，SBAS）等。同时，MGEX 的分析中心将研究新卫星和信号的特征，比较设备的性能，进一步研发能够处理多 GNSS 观测数据的处理软件，以求 IGS 产品可以囊括所有卫星星座的精密星历数据以及偏差信息。

表 3.3　IGS 工作组和计划一览

项目	计划	负责人	年份
工作组	Antenna	Ralf Schmid，Chair	Since 2008
	Bias and Calibration	Strfan Schaer，Chair	Since 2008
	Clock Products	Michael Coleman，Chair	Since 2003
	Data Center	Carey Noll，Chair	Since 2002
	Ionosphere	Andrzej Krankowski，Chair	Since 1998
	Multi-GNSS	Ollver Montenbruck，Chair	Since 2003
	Reference Frame	Bruno Garayt，Chair	Since 1999
	Real-time	Mark Caissy，Acting Chair	Since 2001
	RINEX	Ken Macleod，Chair	Since 2011
	Space Vehicle Orbit Dynamics	Marek Zieart，Chair	Since 2011
	Tide Gauge（TIGA）	Tilo Schone，Chair	Since 2011
	Troposphere	Christine Hackman，Chair	Since 1998
正在实施的计划	Multi-GNSS（MGEX）		Since 2011
	Real-time（RTS）		Since 2001
前工作组	Low Earth Orbiters（LEO）		[2002～2010]
已完成的计划	International GLONASS Service（IGLOS-PP）		[2000～2005]
	Tide Gauge（TIGA）		[2001～2010]

另一个为实时服务（real-time service，RTS）。国际 GNSS 服务组织为了满足用户对实时 IGS 产品的需求，特别实施了 RTS 服务。RTS 主要提供精密单点定位（precise point positioning，PPP）及相关应用，其中包括全球性的时间同步，灾害监测，以及基本的卫星轨道和钟差改正信息等。RTS 在其全球性的基础设施（跟踪站网络，数据中心和分析中心）帮助下，向全世界提供高精度 GNSS 数据产品。目前 RTS 还处在试运营阶段，仅提供 GPS 相关的服务，2015 年末会加入 GLONASS 相关服务，其他 GNSS 星座也会陆续加入到该服务之中。该服务主要的参与者有加拿大自然资源部（Natural Resources Canada，NRCan），德国的制图与大地测量局 BKG（the German Federal Agency for Cartography and Geodesy）以及位于德国达姆施塔特的欧空局空间作战中心（European Space Agency's Space Operations Centre，ESA/ESOC）支持，在全世界范围内拥有约 160 个测站，多个数据中心和 10 个分析中心。RTS 的开放性允许用户通过订阅来获得该服务。

2）南极观测

图 3.2 为南极地区 IGS 跟踪站的分布，表 3.4 给出了南极地区 IGS 跟踪站的详细信息。南极地区 IGS 跟踪站与其他跟踪站一致，主要提供三种不同解算速度的产品，包括最终产品（IGS final products）、快速产品（IGS rapid products）和超快速产品（IGS ultra-rapid products）。

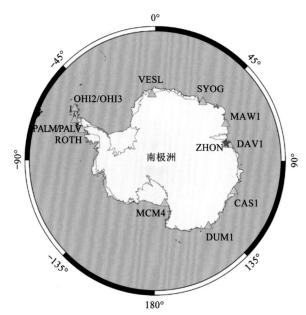

图 3.2　南极地区 IGS 连续运行跟踪站分布图（三角形）

最终产品拥有最高的质量，并且保证所有产品的内部一致性。该产品每周五更新，发布延迟为 13（处理周的最后一天）～20（处理周的第一天）天。IGS 最终产品是 IGS 参考框架的基础，满足需求高度一致性和质量的研究与应用。快速产品拥有近似于最终产品的质量，每日更新，发布延迟大约为处理天之后的 17 h，即在第二天的 17:00（UTC）进行发布。对于大多数 IGS 产品的用户，几乎可以忽略快速产品与最终产品之间的差异。超快速产品的提供是为了改善早前预测轨道的不连续性，并提高预测精度。国际 GNSS 服务组织于 2000 年 11 月（GPS 周 1087）开始提供超快速产品，主要用于实时和近实时使用。超快速产品于每天的 03:00，09:00，15:00 和 21:00 发布（GPS 周 1267 之前为每天两次）。因此，预测的平均时间缩短为 6 h（相比于老式 IGS 预测产品的 36 h 和每天两次超快速产品的 9 h）。更短的延迟能够显著提高轨道的预测精度，并降低用户使用的误差。与其他的 IGS 轨道产品不同的是，超快速轨道文件包含了 48 h 格式化的轨道星历，每次更新的开始/结束历元相隔为 6 h，而其他轨道产品则严格包含 24 h 的星历数据（从 00:00～23:45）。超快速轨道文件的头 24 h 数据基于最近的国际 GNSS 服务组织每小时的跟踪网络的 GPS 观测数据。发布时，观测轨道需要 3 h 的初始化时间。后 24 h 则为预测轨道，由观测轨道进行外插得到。并且保证与前 24 h 的轨道的连续性。通常情况下，实际的实时应用主要使用的是预测轨道的第 3～9 h。表 3.5～表 3.7 给出了 IGS 相关产品的一些基本信息。

表 3.4 南极大陆 IGS 站点信息汇总

站点	站名	国家	城市或城镇	纬度 N	经度 E	GNSS 接收机类型	卫星系统	建立时间	地质属性
CAS1	Casey	澳大利亚	Vincennes Bay, Bailey Peninsula	−66.283 4°	110.519 7°	TRIMBLE NETR9	GPS+GLO+GAL+BDS+QZSS	1993/12/14	BEDROCK
DAV1	Davis	澳大利亚	Coast of Cooperation Sea, Princess Elizabeth Land	−68.577 3°	77.972 6°	LEICA GRX1200GGPRO	GPS+GLO	1993/11/18	BEDROCK
DUM1	Dumont d'Urville	法国	Petrel Island, Geologie Archipelago, adelie Land	−66.665 1°	140.001 9°	ASHTECH Z-XII3	GPS	1998/3/2	BEDROCK
MAW1	Mawson	澳大利亚	Holme Bay in Mac Robertson Land	−67.604 8°	62.870 7°	LEICA GRX1200GGPRO	GPS+GLO	1993/1/1	BEDROCK
MCM4	McMurdo	美国	Ross Island, McMurdo Sound	−77.838 3°	166.669 3°	ASHTECH UZ-12	GPS	1995/1/31	GRAVEL
OHI2	O'Higgins	智利	Cape Legoupil, Antarctic Peninsula	−63.321 1°	302.098 7°	JAVAD TRE_G3TH DELTA	GPS+GLO+GAL+SBAS	2002/2/14	BEDROCK
OHI3	O'Higgins	智利	Cape Legoupil, Antarctic Peninsula	−63.321 1°	302.098 7°	LEICA GR25	GPS+GLO+GAL+BDS+SBAS	2002/2/7	BEDROCK
PALM	Palmer	美国	Anvers Island, Antarctic Peninsula	−64.775 1°	295.948 9°	ASHTECH UZ-12	GPS	1997/4/27	BEDROCK
PALV	Palmer	美国	Anvers Island, Antarctic Peninsula	−64.775 1°	295.948 9°	JAVAD TRE_G3TH DELTA	GPS+GLO	1997/4/27	BEDROCK
ROTH	Rothera	英国	Adelaide Island, Antarctic Peninsula	−67.571 4°	291.874 2°	LEICA GRX1200+GNSS	GPS+GLO	2009/12/15	BEDROCK
SYOG	Syowa	日本	East Ongul Island, Queen Maud Land	−69.007 0°	39.583 7°	TRIMBLE NETR9	GPS+GLO	1995/3/15	BEDROCK
VESL	Vesleskarvet	南非	Vesleskarvet, Queen Maud Land	−71.673 9°	357.158 2°	TPS GB-1000	GPS+GLO+GAL+CMP+QZSS+SBAS	1997/12/18	BEDROCK

表 3.5 IGS 提供的 GPS 星历与钟产品参数

类型	精度	时效性	更新时间	采样间隔	类型
广播星历	轨道	~100 cm	实时	——	天
	卫星钟	~5 ns RMS ~2.5 ns SDev			
超快速星历（预测部分）	轨道	~5 cm	实时	每天 03:00, 09:00, 15:00, 21:00	15 min
	卫星钟	~3 ns RMS ~1.5 ns SDev			
超快速星历（观测部分）	轨道	~3 cm	3~9 h	每天 03:00, 09:00, 15:00, 21:00	15 min
	卫星钟	~150 ps RMS ~50 ps SDev			
快速星历	轨道	~2.5 cm	17~41 h	每天 17:00	15 min
	卫星/测站钟	~75 ps RMS ~25 ps SDev			5 min
最终星历	轨道	~2.5 cm	12~18 天	每周四	15 min
	卫星/测站钟	~75 ps RMS ~20 ps SDev			卫星: 30 s 测站: 5 min

表 3.6 IGS 提供的地球自转参数

类型	精度	时效性	更新时间	采样间隔
超快速产品（预测部分）	PM~200 μas	实时	每天 03:00, 09:00, 15:00、21:00	每天 00:00, 06:00, 12:00, 18:00 进行积分计算
	PM rate~300 μas/天			
	LOD~50 μs			
超快速产品（观测部分）	PM~50 μas	3~9 h	每天 03:00, 09:00, 15:00、21:00	每天 00:00, 06:00, 12:00, 18:00 进行积分计算
	PM rate~250 μas/天			
	LOD~10 μs			
快速产品	PM~40 μas	17~41 h	每天 17:00	每天 12:00 进行积分计算
	PM rate~200 μas/天			
	LOD~10 μs			
最终产品	PM~30 μas	11~17 天	每周四	每天 12:00 进行积分计算
	PM rate~150 μas/天			
	LOD~10 μs			

表 3.7　IGS 提供的大气参数

类型	精度	时效性	更新时间	采样间隔
最终天顶对流层路径延迟	4 mm	<4 周	每周	2 h
超快速天顶对流层路径延迟	6 mm	2~3 h	每 3 h	1 h
最终电离层TEC 格网	2~8 TECU	~11 d	每周	2 h5°（经度）×2.5°（纬度）
快速电离层TEC 格网	2~9 TECU	<24 h	每天	2 h5°（经度）×2.5°（纬度）

3. 极地地球观测网络

1）极地地球观测网络简介

极地地球观测网络（POLENET）是一个致力于检测极地变化的全球性观测网络。该项目主要的目标是在自治系统中收集 GPS、地震、以及地磁、潮汐和重力数据等观测数据。该项目的设备主要部署在南极和格林兰冰盖等偏远地区。通过 GPS 和地震数据，分析冰盖在全球变暖中扮演的角色。通过重力、海平面高度和大气数据，可以将冰盖变化与全地球系统联系起来。科学家们认为，虽然冰在不同的地区可能增长或者萎缩，但全球的应满足守恒定律，通过将卫星测高数据与 POLENET 观测值相结合，就可以评估两极地区的冰盖变化，为极地冰盖对全球海平面变化的贡献提供一个深入的认识。POLENET 传感器网络的空前规模能够深入调查整个地球系统尺度下的岩石圈、冰冻圈、水圈和大气圈的相互作用，并用来对地球内部、板块构造、地球磁场、气候和太阳风等研究提供支持。

2）南极观测

由（Ohio State University，OSU）领导的 POLENET 南极网络（Antarctic Network，A-NET）布设于西南极与隔断东西南极的横断山脉区域，主要由无人值守 GPS 和地震观测台站组成（图 3.3），这也是南极 POLENET 独特而有价值的原因之一。GPS 和地震台站组成的网络可以使人们更好地理解冰架及其底部基岩的相互作用。地震数据使人们能够发现地球内部的特性（例如地壳和地幔的力量如何引起基岩变形），GPS 数据则记录了冰质量变化作用下基岩的运动，两者共同为人们全面深入地了解冰架变化对地球的影响提供支持。极地地球观测网络的主要参与组织包括：俄亥俄州立大学、喷气推进实验室/加州技术部、墨西哥新科技（New Mexico Tech）、科罗拉多州立大学、宾夕法尼亚州立大学、中央华盛顿大学、孟菲斯大学、德克萨斯大学地球物理研究所、华盛顿大学和美国地质调查局；主要的设施设备支持组织机构或国家包括：PASSCAL（The IRIS Portable Array Seismic Studies of the Continental Lithosphere）、UNAVCO（A University-Governed Consortium）、加拿大、智利、德国、俄罗斯、新西兰、意大利和英国。

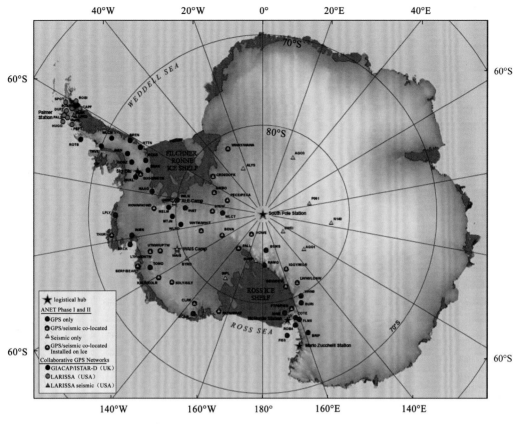

图 3.3　POLENET 南极地区站点分布图

A-NET 有 3 个特别计划：第一个是 CAPGIA（Glacial Isostatic Adjustment Constraints for the Antarctic Peninsula）计划，即南极半岛的冰川均衡调整约束计划。该计划在南极半岛南部布设了 8 台 GPS 接收机进行常年跟踪记录，借此提高冰川均衡调整模型的精度和基于 GRACE 的冰质量变化估计的准确性。参与者主要是英国的 Newcastle Upon Tyne。

第二个是 VLNDEF（Victoria Land Network for DEFormation Control）计划，即维多利亚形变控制网络计划。该计划在维多利亚地的北部布设了 28 个 GPS 台站，主要由非连续运行 GPS 跟踪站组成（其中包括一个位于 Mario Zuchelli 科考站的连续运行跟踪站和 4 个偏远位置准连续跟踪站）。该计划由摩德纳大学的 Alessandro Capra 博士和意大利科学家 Reggio Emilia 领导，并由 PNRA（Progetto Nazionale di Ricerca in Antartide）提供支持，目的是为维多利亚地区提供高精度的控制网，并检测其形变。

第三个是 LARISSA（LARsen Ice Shelf, Antarctica）计划，即拉森冰架计划。由美国汉密尔顿林肯学院的 Eugene Domack 博士领导。美国国家科学基金会资助的 LARISSA 是一个跨学科计划，包括 GPS 和地震台站，主要是为研究拉森冰架动力学等提供实时有效的观测数据。该计划于 2008 年 9 月和 2010 年 11 月在 Larsen B 的前端基岩上布设了 6 个新的 GPS 连续运行跟踪站，用以测量该区域的 GIA 变化。主要参与者包括汉弥尔顿林肯学院、比利时根特大学、阿根廷南极研究所、乌克兰基辅国家南极科学中心和韩国极地研究所。

除了 A-NET，宾夕法尼亚州立大学和圣路易斯华盛顿大学还领导组建了一个 GAMSE（Gamburtsev Antarctic Mountains seismic experiment），即甘布尔采夫山脉地震实验网络。该网络在甘布尔采夫山脉布设了一系列的宽带地震仪，用以构建甘布尔采夫冰下山脉结构图，从而对山脉的抬升力和东南级冰盖的形成提供信息。该网络的参与者包括华盛顿大学、宾夕法尼亚州立大学、日本国家极地研究所、法国 Institut de Physique du Globe de Strasbourg、意大利 Istituto Nazionale di Geofisica e Vulcanologia、中国地质科学院（北京）和澳大利亚塔斯马尼亚大学。

3.2.2 GPS 数据处理

SCAR 联测，IGS 和 POLENET 等项目计划的实施，改变了南极地区缺少 GNSS 数据的历史，为南极研究提供了宝贵的 GNSS 观测资料，为准确、可靠的地壳运动速度场获得等科学研究提供了数据支持。随之而来的任务是 GNSS 数据的处理。现在国际上较为流行的用于高精度科学研究的 GNSS 数据解算软件有 GIPSY、Bernese 和 GAMIT/GLOBK。GIPSY 是由美国喷气推进实验室（Jet Propulsion Laboratory，JPL）研制的 GPS 数据处理软件，它和其他两款软件最大的区别在于可直接处理载波非差观测量；Bernese 是由瑞士 Berne 大学开发研制的 GPS 及 GLONASS 数据处理软件，并在随后的版本中加入了精密单点定位功能；GAMIT 软件是由 MIT（Massachusetts Institute of Technology）和 SIO（Scripps Institution of Oceanography）共同研制的 GPS 综合分析软件，通常与 GLOBK 等平差软件一同使用来获取测站的精确位置。目前国内武汉大学自主研发的 PANDA 软件已逐渐被国际上多家著名研究机构所采用，其解算精度也与上述 3 个软件相当。GAMIT/GLOBK 软件包由于其用户自定义功能强大，非商业性及开源性，使用度广泛。因此，本节将介绍 GAMIT/GLOBK 软件包的使用流程。

1. GAMIT/GLOBK 软件简介

GAMIT/GLOBK 是一款综合性的 GPS 数据处理软件包，由 MIT、哈佛−史密森天体物理中心（the Harvard-Smithsonian Center for Astrophysics，CfA）、斯克里普斯海洋研究所（Scripps Institution of Oceanography，SIO）以及澳大利亚国立大学共同开发。GAMIT/GLOBK 的功能主要是对测站坐标和速度、震后形变的随机或函数表达、大气延迟、卫星轨道和地球定向参数等进行估计。该软件包用来计算理论相位观测值的轨道积分模块源自林肯实验室 Michael Ash、 Irwin Shapiro 和 Bill Smith 在 20 世纪 60 年代编写的行星星历程序（planetary ephemeris program，PEP），随后由 MIT 的 Bob Reasenberg 和 John Chandler 进行修改；GPS 观测值的处理代码由 MIT 的 Chuck Counselman、Sergei Gourevitch、Yehuda Bock、Rick Abbot 和 King 于 20 世纪 80 年代编写；此外，Bock、Danan Dong、Peng Fang（SIO）、Kurt Feigl、Herring、King、McClusky（ANU）、Mike Moore（ANU）、Peter Morgan（Canberra U）、Mark Murray（NM Tech）、 Liz Petrie（U Newcastle）、Berkhard Schraffin（Ohio State）、Seiichi Shimada（NEID）、Paul Tregoning（ANU）和 Chris Watson（U Hobart）等都对本软件提供了帮助。GLOBK 起初是由 CfA 的 Herring 研发，用于融合 VLBI 数据，随后在 MIT 进行了修改，可以处理 GPS 数据。早期的 GAMIT 研

发由空军地球物理实验室进行资助，GLOBK 则由 NASA 资助。当下版本的研发和科学支持主要来自 UNAVCO 的国家科学基金会。

GAMIT/GLOBK 主要由 C-shell 脚本（储存在/com，大多数以 sh_开头）控制软件的进程，并调用/libraries、/gamit、/kf 目录下的 Fortran 或 C 程序进行编译。该软件可以在任何支持 X-Windows 的 UNIX 操作系统下运行，目前版本支持 LINUX、Mac OS-X、HP-UX、Solaris、IBM/RISC 和 DEC。GAMIT/GLOBK 10.6 版本支持最大同时处理 99 个测站数据，但是推荐数量为 60 个测站，并且可将大型网络进行分子网处理，提高运行效率。MIT 处理的 IGS 测站超过了 300 个，墨西哥新科技处理的北美板块边界观测站 NAPBO（North American Plate Boundary Observatory）则超过了 1 000 个。更多的安装建议请参阅软件包中的 README 文件。

GAMIT/GLOBK 软件包括了 GNSS 数据处理中的预处理、处理和后处理的几乎所有功能。GAMIT 负责预处理与处理过程，其中预处理主要由如下模块构成：MAKEXP（数据准备部分的驱动程序模块）、MAKEJ（生成卫星钟差文件模块）、MAKEX（将 RINEX 格式文件转换成为 GAMIT 格式模块）、FIXDRV（数据处理的驱动程序模块）；处理过程主要由如下模块构成：ARC、YAWTAB（轨道积分、确定卫星轨道参数模块），MODEL（几何模型的偏导数计算、生成观测方程模块），AUTCLN、CVIEW（修复周跳、检测数据异常或中断模块），CFMRG（创建观测方式文件、定义和选择有关参数模块），SOLVE（利用双差观测值按最小二乘法求解参数模块）。GLOBK 则主要负责后处理过程，其中 GLRED 命令一次读取一天的数据，生成位置和/或速度的时间序列，而 GLOBK 则堆叠多个历元，获取平均位置和/或速度（表 3.8）。

表 3.8　GAMIT/GLOBK 主要模块示意

功能	模块	软件包
预处理	MAKEXP：数据准备部分的驱动程序	GAMIT
	MAKEJ：生成卫星钟差文件	
	MAKEX：将 RINEX 格式文件转换成为 GAMIT 格式	
	FIXDRV：数据处理的驱动程序	
处理	ARC、YAWTAB：轨道积分、确定卫星轨道参数	
	MODEL：几何模型的偏导数计算、生成观测方程	
	AUTCLN、CVIEW：修复周跳、检测数据异常或中断	
	CFMRG：创建观测方式文件、定义和选择有关参数	
	SOLVE：利用双差观测值按最小二乘法求解参数	
后处理	GLRED：一次读取一天的数据，生成位置和/或速度时间序列	GLOBK
	GLOBK：堆叠多个历元，获得平均位置和/或速度	

下面将 GAMIT/GLOBK 软件包安装、GAMIT 运行与分析，以及 GLOBK 运行与分析等分别进行介绍。本节中所用 GAMIT/GLOBK 软件包版本为 10.6，系统为 UBUNTU 14.40 LTS，并默认读者对于 LINUX 系统有一定的了解，不对简单的 LINUX 命令进行解释。更加具体的安装或运行说明，请参考 GAMIT/GLOBK 软件包指南。

2. GAMIT/GLOBK 软件包安装

要安装 GAMIT/GLOBK 软件包，首先要进行相关系统支持组件的安装，它们包括GNU 编译器套件 gcc，GCC 的 Fortran 编译器 gfortran，C 语言命令解析器（c-shell）csh，csh 的增强版本 tcsh 以及 X-Windows 库 libx11-dev 等。具体的命令如下：

```
apt-get install gcc
apt-get install gfortran
apt-get install csh
apt-get install tcsh
apt-get install libx11-dev
```

在安装完系统组件后，需要将解压后的 GAMIT/GLOBK 软件包转移到/opt 目录下，相应的命令如下：

```
mv~/Desktop/gamit10.6/opt
```

并同时赋予 opt/gamit10.6 目录下的 install_software 执行权限：

```
sudo chmod +x install_software
```

完成上述步骤后即可对软件包进行编译。在该目录下运行

```
./install_software
```

遇到交互选项时，都可选择 Y(es)进行确认。在出现 X11 路径确认时，则需要对Makefile.config 等文件进行修改，具体路径可能随 UBUNTU 系统版本等略有不同。

随后进入 opt/gamit10.6/libraries 中，编辑 Makefile.config 文件，得下述选项：

```
X11LIBPATH/usr/lib/x86_64-linux-gnu
X11INCPATH/usr/include
OS_ID Linux 0001 3900
MAXATM 13
MAXEPC 2880
```

修改为

```
X11LIBPATH/usr/lib
X11INCPATH/usr/include
OS_ID Linux 0001 3900（所用计算机的 LINUX 版本号需在 0001～3900）
MAXATM 25 （最大天顶延迟参数估计数）
MAXEPC 5760 （处理单个文件的最大历元数）
```

由于 GAMIT/GLOBK 软件包在版本 10.5 以后默认的支持操作系统为 64 位，如果所使用的 UBUNTU 系统为 32 位，则还需要对如下两个文件中的系统支持进行修改，具体为

opt/gamit10.6/libraries 中的 Makefile.config，将所有 m64 改为 m32

opt/gamit10.6/gamit/solve 里的 Makefile.generic，将所有 m64 改为 m32

上述修改完成后，在 opt/gamit10.6 目录下重新编译

```
./install_software
```

之后的交互选项都可以输入 Y(es)，最终完成安装程序。

在安装完成后，需要在 Home 目录的.bashrc 中加入 GAMIT/GLOBK 的路径信息。打开.bashrc，在文件末尾加上如下两段路径：

```
export
PATH=$PATH:/opt/gamit10.6/gamit/bin:/opt/gamit10.6/com:/opt/
gamit10.6/kf/bin
export HELP_DIR=/opt/gamit10.6/help/
```

重新加载.bashrc：

```
Source~/.bashrc
```

如此便完成了 GAMIT/GLOBK 软件包的所有安装，可使用相关的命令（如 sh_get_rinex，sh_gamit 等）进行测试，若可显示相应的帮助信息，则安装成功。

3. GAMIT 运行与分析

GAMIT 软件主要包含预处理部分和处理部分，绝大多数 GAMIT 模块都是半自动或自动处理的，需要用户设置的部分并不多，仅包括预处理部分的数据准备工作，以及处理部分的处理参数工作等。因此，本小节主要介绍数据准备和参数设置部分，以及容易出现问题的地方，并通过一个简单的分布处理过程了解 GAMIT 的程序流程，最后则介绍批处理命令，以及结果评估指标。

GAMIT 软件中需要准备的数据主要如表 3.9 所示。

表 3.9　GAMIT 数据准备文件汇总

更新时间	名称
每日或每周	EOP 表：pole.　utl.
每月	P1-C1　P1-P2　码偏差：dcb.dat
	大气表：map.grid　map.list（未支持）
	章动表：nutabl.
每年	太阳表：soltab.
	月亮表：luntab.
	GPST-UTC 跳秒：leap.sec
适时	卫星文件：svnav.dat
	接收机/天线：rcvant.dat　guess_rcvant.dat
	天线相位中心模型：antmod.dat
根据项目	RINEX O 文件
	精密星历 sp3
	导航星历 brdc
	otl.list　otl.grid

其中大多数文件都在 tables 文件下，仅 O 文件、精密星历、导航星历等需要用户自行下载至对应目录下。这些文件提供了 GAMIT 基线解算的各种改正模型或信息，仅需下载对应项目时间的相应文件即可，基本不需要用户修改。

GAMIT 软件中控制解算参数的文件如表 3.10 所示。

表 3.10　GAMIT 参数设置文件

参数	说明
process.defaults	指定计算环境，数据和轨道文件的来源，开始时间和采样间隔，存放计算结果的路径等
Sites. defaults	指定使用的站点，以及相关数据的处理方式
sestble.sittble.	为分析设置适当的选项，确保需要进行严格约束的站点在 apr 文件中都有准确的坐标
autcln.cmd	通常不需要编辑，除非数据太差
coordinate files (.apr lfile.)	两个先验坐标文件。.apr 后缀的文件包含在处理过程中希望不会改变坐标的站点，而 lfile. 包含了所有站点的先验坐标和速度
station.info	包含接收机和天线类型以及仪器高度值等，sh_gamit 会自动生成，但最好先设置并检查

这些文件都包含在 tables 目录下，可根据具体项目的要求进行相应的修改，并且修改后在解算的过程中不会改变（除了 lfile.文件）。lfile.文件中原始的坐标如果和每日解算的坐标差值过大（默认 0.3 m 限差），则会在第二天进行更新。若用户认为该文件中的坐标较为精确而不需修改，则需要将该坐标添加到相应的 .apr 文件中。解算过程出错最可能遇到的问题为 lfile.中没有测站的粗略坐标，或者 station.info 中缺少测站的相关信息。下面将通过一个分步解算的例子，对 GAMIT 基线解算以及最容易遇到的问题解决办法进行介绍。

假设要求解 2015 年，年积日 DoY(Day of Year)为 001 天，BJFS，LHAZ 和 URUM3 个连续运行跟踪站的数据。分步解算的步骤如下：

（1）新建项目 test，连接 tables：sh_setup -yr 2015。

（2）将上述参数设置中列出的文件更新到与项目时间一致。

（3）建立子目录：001（解算子目录）、brdc（导航星历子目录）、igs（精密星历子目录）、rinex（观测 O 文件子目录）。

（4）在 001 下链接 brdc、igs、rinex 和 tables 中的文件，并检查

```
ln-s../brdc/brdc0010.15n./
ln-s../igs/igs18254.sp3./
ln-s../rinex/*0010.15o./
links.day 2015 001 test
```

（5）创建 lfile。rinex 文件夹下运行

```
grep POSITION*0010.15o>lfile.rnx
rx2apr lfile.rnx 2015 001
gapr_to_l lfile.rnx.apr lfile."”2015 001
```

将生成的 lfile.拷贝到 tables 和 001 目录下。

（6）创建 station.info。tables 下新建 sitelist，空格输入 bjfs lhaz urum

```
sh_upd_stnfo -l sitelist
```

将 station.info.new 改为 station.info，并使用 rinex 文件再次更新 station.info：

```
sh_upd_stnfo -files ../rinex/*.15o
```

（7）001 下运行：makexp。根据提示输入工程名 test、轨道 igsf、年份 2015、doy 001、时段 99、I 文件 lfile.、导航文件 brdc0010.15n、采样间隔 30 s、开始时间 00:00、历元数 2880。

（8）由 sp3 文件求导得到 G/T 文件

```
sh_sp3fit -f igs18254.sp3 -o igsf -t
```

（9）生成卫星钟 J 文件

```
makej brdc0010.15n jbrdc5.001
```

（10）可选择检查相应的G、J或sp3文件，确保session.info中含有正确的卫星信息

```
sh_check_sess -sess 001 -type gfile -file gigsf5.002
sh_check_sess -sess 001 -type jfile -file jbrdc5.001
```

（11）生成批处理文件并执行

```
makex test.makex.batch
fixdrv dtest5.001
csh btest5.bat
```

通过上述步骤就能得到 GAMIT 基线解，包括 Q 文件、O 文件和 H 文件。其中 Q 文件为 solve 运行完成的打印文件，包含分析记录；O 文件为 solve 运行完成的结果文件，为 Q 文件的简化形式，可用来进一步绘图和统计等；而 H 文件为方差协方差矩阵文件，用来进行后续的 GLOBK 平差。初步的 GAMIT 解算质量可以查看解算最后 UBUNTU 终端信息中的 NRMS 值，通常值小于 0.23 就说明解算正常。解算过程中遇到最多的问题有两个，分别为 lfile.中的近似坐标太差，或者 station.info 中缺少相关信息，导致解算出错。

对于 lfile.中近似坐标太差，可以检查 autcln.prefit.sum 文件，其上部的 Range rms 值大于默认值 20 m 则解算出错，并且 DATA AMOUNTS 为 0；对于 station.info，则检查文件中是否缺少某一测站信息，或者缺少某一测站的接收机等相关信息。更多的错误信息要查看解算过程日志中的 fatal 和 warning 项。

GAMIT 批量解算命令为

```
sh_gamit -expt test -d 2015 001 002 003 >&! sh_gamit.log
```

该命令批量解算项目 test 中，对应 2015 年年积日 001、002、003 这 3 天的数据，更多的 sh_gamit 解算参数可在终端中直接输入不带参数的 sh_gamit 命令进行查看。如果批量解算命令中包含的参数与之前的文件定义解算参数冲突，则按照如下优先级进行参数选择。

命令行中的参数＞年积日子目录下的参数＞tables 子目录下的参数＞程序默认参数

批量解算命令中的 GAMIT 基线解算流程如下所示：

（1）为程序流指定参数。

（2）创建天目录和/或标准目录（当这些目录不存在时）。

（3）将标准表和相应的 RINEX 文件连接到天目录（/001）下。

（4）运行 sh_get_orbits，由 sp3 文件创建 GAMIT g 文件。

（5）运行 sh_upd_stnfo，调用程序 mstinf 从 RINEX 头文件 station.info（建议自己更新，并在 sites.defaults 设置 xstinfo 跳过这一步）。

（6）运行 makexp 为 makex（test.makex.batch）和 fixdrv（dtest5.001）创建输入文件。

（7）运行 sh_check_sess 确保包含在 RINEX 观测文件的卫星都在导航文件（brdc001.15n）以及 g 文件中。

（8）运行 makej 根据导航文件创建一个卫星钟估计的 j 文件。

（9）运行 makex，利用从 RINEX 观测文件得到的相位和伪距数据，导航文件得到的广播星历，以及 j 文件得到的卫星钟估计，创建 x 文件（观测值）和 k 文件（接收机钟估计）。

makex 的记录写入 test.makex.infor，用以显示发现的数据和遇到的任何有问题的数据。

（10）运行 fixdrv 创建 GAMIT 处理的批处理文件。

虽然没有直接使用，fixdrv 也读取有原子钟值的 k 文件并对它们适配一个一阶多项式作为接收机钟跳和快速漂移的粗略检查（fixdrv.out）。

（11）执行批处理生成一个轨道星历表（arc），相位观测值建模（model），编辑数据（autcln），以及估计参数（solve）。

按顺序执行两次，目的是 autcln 能在平滑后的残差基础上运行从而使得 solve 求出的最终改正在线性范围下较优。

该运行的纪录不写入 sh_gamit.log（节省空间）而被记录在日目录中的 gamit.status，gamit.warning 和 gamit.fatal。

（12）保存清理总结（autcln.post.sum 等），并调用 sh_cleanup 按照-dopt 和-copt 的指定删除或压缩文件。

由批量解算命令运行得到的每日子目录下都会包含一个 sh_gamit*.summary 文件，其中包括了计算的测站数量、卫星和测站的 RMS（root meam square）统计（应小于 15）、NRMS（normalized root mean square）值（小于 0.23）、以及宽巷模糊度和窄巷模糊度固定百分比（前者一般大于 90%，后者大于 80%）等。可以简洁明要地查看解算结果。

4. GLOBK 运行与分析

GLOBK 软件的运行则比较简单，最常用的设置为两个命令参数：globk_comb.cmd（平差的具体命令）和 glorg_comb.cmd（定义平差需要的框架信息等）。GLOBK 平差分为两种形式：①GLRED 一次读取一天的数据，生成位置和/或速度的时间序列；②GLOBK 则堆叠多个历元，获取一段时间内的平均位置和/或速度。

GLOBK 使用手册上建议，若没有特殊的需求，在设置好两个命令参数后，直接使用批处理命令来对数据进行平差。具体的命令为

```
sh_glred -expt test -s 2015 001 2015 003 -yrext -opt H G E >&!
sh_glred.log
```

相关参数的含义或更多参数选项，可以输入 sh_glred 进行查看。

在运行上述批量处理命令后，GLOBK 的具体处理流程如下所示。

（1）在/001 到/003 之间的所有天目录搜索包含子字符串 test 的 GAMIT H 文件，并运行 htoglb 将这些转换为 glred 可以使用的二进制 h 文件。

htoglb 创建两个文件：.glr（GAMIT 松弛自由）和.glx（GAMIT 松弛固定）

储存在/glbf 目录并且以 yy/mm/dd/hr/min 命名，例如：h1501011200_scal.glx。

（2）在/gsoln 子目录下为每一天生成 gdl 文件（h 文件列表）（默认 glx）。

（3）对每一天，运行 glred，例如：

```
Glred 6 globk_test_15001.prt globk_test_15001.log
globk_test_15001.gdl globk_comb.cmd
```

在运行结束时，.prt 和.gdl 文件被移除，.log 和.org 文件提供了一个输出的记录。

（4）运行 sh_plotcrd 从.org 文件中提取每个站点每天的坐标并且调用 GMT 来绘制时间序列（需安装了 GMT）。

如果用户需要对 GLOBK 平差进行特殊的步骤处理，也可以分步运行 GLOBK。可以根据上述批处理流程，调用对应的 GLOBK 命令，即可得到。更详细的信息参见随软件包发布的 GLOBK 参考指南。

对于 GLOBK 运行结果，可以检查每天子目录下的 globk_*.org 文件。其中最重要的指标包括如下三点。

（1）框架建立所用站点应大于 3 个。

（2）框架建立的 post RMS 应小于 5 mm（默认）。

（3）位置/坐标估计中不确定性应满足该项目解算要求。

3.3　南极地壳运动监测

南极大陆是地球上最古老的大陆之一，它曾位于冈瓦纳古陆的中心，而冈瓦纳古陆是地球历史上规模最大、历时最长的超级古陆之一，因而对南极大陆地质特征的研究有助于解释古地质年代以来全球构造格局的形成和演化历史。此外，由于南极地区特殊的地球物理环境，地壳的活动除了受到构造运动的影响，巨大的冰盖质量和历史及现今冰雪质量的变化也可能是重要影响因素。相比于其他地区，南极内陆极少强震，可能是由于冰盖巨大的垂向压力抑制了地壳水平挤压力的作用，从而抑制了地震活动；此外，冰和永久性冻土可能阻止液态水渗透到地壳，使得岩石中的孔隙压力很低，也能抑制地壳的破裂。虽然内陆缺少强震，但在南极部分地区的地壳活动仍然比较明显，尤其是横贯南极山脉、维多利亚地、阿德利地、维尔克斯地等地区，利用布设的地震监测仪器，观测到大量强度较弱的地震。

南极是当前全球受冰川均衡调整（GIA）影响最明显的三个区域之一（另外两个是北美与北欧）。自末次冰盛期（last glacial maximum，LGM）以来，随着冰川消退，地壳质量负荷发生变化，由于固体地球的黏弹性特征，将对历史冰川消融产生滞后响应，即冰川均衡调整。冰川均衡调整将造成地壳的运动，在水平方向速度较小，一般不超过

1mm/a，垂向速度较大，在某些地方可超过 10 mm/a。在部分地区，由冰川均衡调整引起的当前板块水平运动速度已达到甚至超过高精度 GPS 的精度，在解释板块运动驱动机制时必须加以考虑。冰川均衡调整能引起地壳应力的改变，甚至触发地震，1998 年 5 月25 日南极东南沿海发生的 8.1 级地震即被认为是冰川均衡调整诱发的。

GPS 观测可提供高精度、大范围和准实时的地壳运动定量数据，使得在短时间内获取大范围地壳运动速度场成为可能。目前 GPS 技术已成为监测现今地壳运动的一种强有力的工具。

3.3.1　水平运动监测成果

我国南极板块构造运动研究开始于 20 世纪 80 年代，在 1985/1986 年南极夏季考察期间，利用地面红外激光测距技术在菲尔德斯海峡断裂带上布设了地面二维监测网。研究发现，菲尔德斯海峡断层活动比较显著，总的趋势是分离，其年扩张率约为 5 mm。1991 年利用高精度 GPS 测量技术将二维网改造成三维形变监测网，首次在南极开展了利用高精度 GPS 卫星测量手段研究南极地壳运动，获得了水平方向优于 3 mm，垂直方向优于 6 mm 的监测精度。

1. 南极板块水平运动监测

国际南极研究科学委员会地学常设科学组（Geoscience Standing Scientific Group，GSSG），即原大地测量与地理信息工作组（Working Group on Geodesy and Geographic Information，WG-GGI）于 1994 年在罗马召开的第 XXIII 届 SCAR 科学大会上决定进行国际南极 GPS 联测计划（The SCAR Epoch GPS Campaigns），监测南极板块运动。联测计划每年进行一次，从每年的 1 月 20 日世界时 00:00 开始，至 2 月 10 日世界时 24:00结束，最多时有 10 多个国家的 30 多个南极考察站参加。每个测站观测时遵循：24 h 连续观测，采样率为 15 s，高度角为 5°。

为了获得观测数据共享，中国南极长城站和中山站分别于 1995 年和 1997 年开始参加 SCAR 组织的国际 GPS 联测计划，成为国际合作监测南极板块运动项目的主要成员国。中山站于 1997 年建成 GPS 常年运转跟踪站，长城站于 2008 年建成 GPS 常年跟踪站，为构建南极大地参考框架提供了基础数据，同时也大大增强了我国参与国际南极合作的能力，提高了我国在国际南极地学研究中的地位。

GPS 数据处理采用高精度 GAMIT/GLOBK 软件，在一个单独自洽的参考框架下确定测站位置和速度矢量。这一方法不但可以削弱网形随时间变化的影响，而且统一数据处理能够获得更为精确的 GPS 结果。

数据处理主要分为两步。第一步：运用 GAMIT 软件进行单天解算，估计站位置、轨道等参数，其数据源主要有以下 3 类：①SCAR GPS 观测站；②在南极的连续跟踪站；③南极及其周边的 IGS 站。第二步：运用 GLOBK 软件获得时间序列和速度场，见表 3.11。

表 3.11　所有参与解算的 GPS 站的水平方向和高程方向运动速度 （单位：mm/a）

测站名	N	σ_n	E	σ_e	U	σ_u
GRW1	17.18	0.08	5.48	0.06	0.37	0.14
SANT	16.45	0.01	19.00	0.00	5.13	0.04
MCM4	−9.11	0.03	10.60	0.03	0.95	0.07
MAC1	28.70	0.04	−13.00	0.02	0.04	0.05
HOB2	56.80	0.03	14.50	0.02	3.21	0.06
CAS1	−9.62	0.02	3.44	0.03	3.58	0.04
DAV1	−5.89	0.02	−1.30	0.02	2.76	0.04
ZSS3	−6.17	0.03	0.11	0.03	0.82	0.10
KERG	−3.87	0.02	6.42	0.02	1.41	0.08
MAW1	−4.20	0.02	−2.30	0.02	1.75	0.06
SYOG	0.03	0.02	−3.30	0.03	2.32	0.07
LPGS	11.46	0.03	−3.80	0.03	6.69	0.10
DUM1	−9.76	0.04	9.31	0.04	−0.11	0.06
HRAO	14.62	0.08	18.50	0.09	2.51	0.15
VESL	7.43	0.03	−2.00	0.05	3.50	0.08
SUTH	15.83	0.06	15.90	0.09	2.96	0.13
YAR2	58.01	0.05	39.20	0.07	3.59	0.09
OHI2	10.93	0.06	11.10	0.06	8.52	0.15
SUTM	16.36	0.08	14.00	0.11	3.47	0.16
OUS2	34.80	0.07	−33.00	0.07	1.04	0.12
YARR	60.20	0.12	39.50	0.18	4.56	0.25
DAVR	−5.79	0.08	−0.30	0.08	1.08	0.23
OHI3	10.55	0.07	10.50	0.08	6.77	0.14
MOBS	60.52	0.05	19.20	0.05	2.77	0.14
ZHN1	−7.13	0.17	−3.31	0.17	9.58	0.03

　　GPS 结果显示南极板块的欧拉角速度是 0.224°/Ma，旋转极的位置为 58.69° N、128.29° W，这与 NNR-NUVEL-1A 预测的和一些前期 GPS 研究的成果有着较大的不同。相对于澳大利亚板块，本结果同其他模型的旋转角速度相差约 0.01°/Ma，旋转极的位置相差在 4°以内，不同模型之间的差异相对较小。我国利用长期 GPS 观测数据开展了南极地壳运动研究，获取了我国长城站和中山站的时间序列，如图 3.4 和图 3.5 所示，并获得了南极洲 GPS 观测站的水平方向运动速度场，如图 3.6 所示，达到相关研究的国际先进水平。

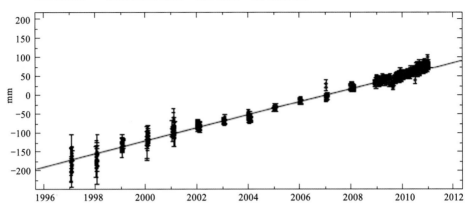

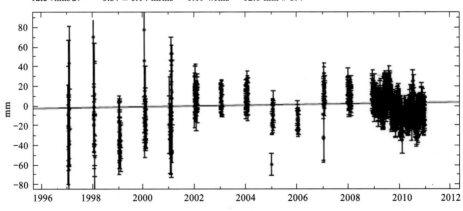

图 3.4 长城站 GPS 坐标时间序列

ZHN1 North Offset -7 722 227. 431 m
rate（mm/a）= -7.13 ± 0.17 nrms= 1.50 wrms= 4.0 mm # 684

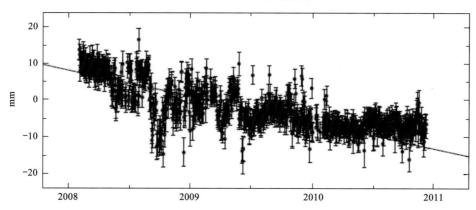

ZHN1 East Offset 2 994 929. 499 m
rate（mm/a）= -3.31 ± 0.17 nrms= 1.19 wrms= 3.1 mm # 684

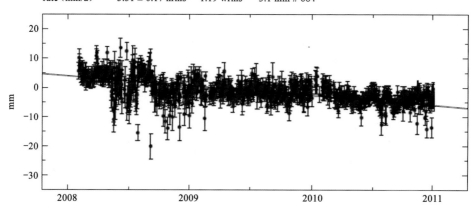

ZHN1 Up Offset 35.717 m
rate（mm/a）= 9.58 ± 0.33 nrms= 1.24 wrms= 10.6 mm # 994

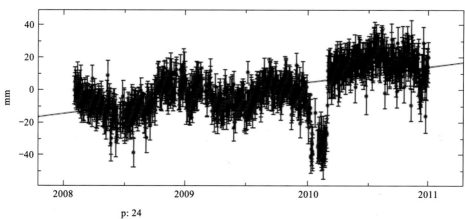

p: 24

图 3.5　中山站 GPS 坐标时间序列

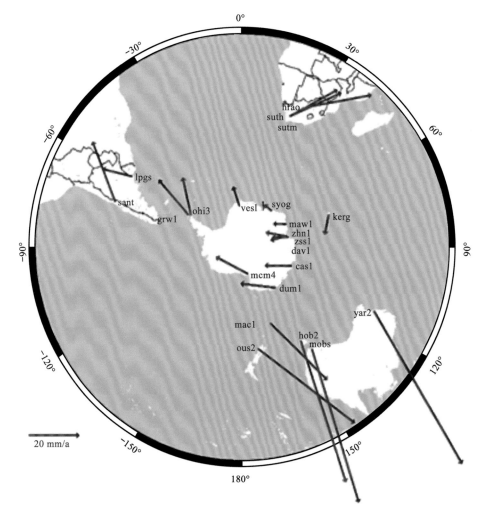

图 3.6　南极及周边地区的 GPS 站在 ITRF00 框架下水平方向上的运动场

　　谢苏锐（2014）使用南极大陆上共计 75 个 GPS 站点 1994～2013 年的数据，分析了南极地区地壳水平运动特征（CACSM14），并与 NNR-NUVEL-1A 板块运动模型预测的各 GPS 跟踪站速度（黑色箭头）进行了比较，如图 3.7 所示，11 种模型的欧拉矢量见表 3.12。图 3.7 中还绘制了包括 CACSM14 在内，共 11 种模型的欧拉旋转极位置。通过分析得出，南极板块整体上在向南美–大西洋方向移动，西南极的运动速度较大，绝大多数 GPS 跟踪站的速度超过了 10 mm/a，东南极的运动速度较小。由 GPS 数据解算的速度场与 NNR-NUVEL-1A 全球板块运动模型的预测值基本相符，N 方向最大差异出现在 BERP 和 BACK 站，分别相差 10.61 mm/a 和 5.50 mm/a，其他站最大差异不超过 3.56 mm/a，全部 GPS 跟踪站在 N 方向差异的中位数和均方根分别为 0.35 mm/a 和 2.16 mm/a；E 方向最大差异出现在 LPLY 和 WHTM 站，分别相差 6.64 mm/a 和 6.12 mm/a，其他站最大差异不超过 5.34 mm/a，全部 GPS 跟踪站在 E 方向差异的中位数和均方根为 0.63 mm/a 和 2.74 mm/a。

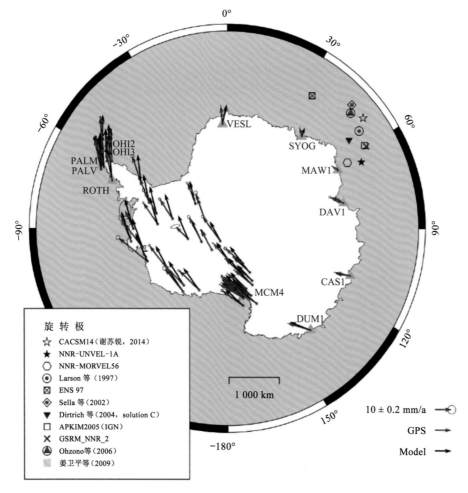

图 3.7 南极 GNSS 跟踪站水平运动速度场

图中箭头长度表示速度大小；红色箭头为通过 GPS 解算的速度场（CACSM14）；误差椭圆置信度为 95%（2σ）；
黑色箭头为 NNR-NUVEL-1A 模型预测的速度场。图中旋转极位置如图例所示

表 3.12 11 种模型的欧拉矢量

模型	极点经度N	极点纬度W	角速度/（°/Ma）
CACSM14（谢苏锐，2014）	58.5°±0.5°	−128.3°±0.5°	0.22±0.003
NNR-NUVEL-1A	63.0°	−115.7°	0.24
NNR-MORVEL56	65.4°	−118.1°	0.25±0.008
Larson等（1997）	60.5°	−125.7°	0.24±0.03
ENS 97	62.0°	−146.7°	0.26
Sella等（2002）	58.5°	−134.0°	0.23±0.01
Dietrich（2004，solution C）	61.1°±0.5°	−120.5°±0.7°	0.24±0.004
GSRM-NNR-2	60.9°	−119.9°	0.23
Ohzono等（2006）	59.7°±0.1°	−132.3°±0.1°	0.21±0.01
姜卫平等（2009）	58.7°	−128.3°	0.22±0.01

2. 菲尔德斯（法尔兹）海峡断层形变网监测

菲尔德斯（法尔兹）海峡位于法尔兹半岛与纳尔逊岛之间，从地质构造上看，属西偏北向规模较大的断裂带。中国南极测绘研究中心在中国第 2 次南极夏季考察期间，建立了第一个监测南极地壳运动的大地形变监测网，并先后在我国第 3 次（1986 年）、第 4 次（1987 年）、第 5 次（1988 年）南极夏季考察期间，使用 DI-20 测距仪对该形变网进行形变监测。为了能同时确定点位的三维坐标，中国第 8 次（1991 年）南极夏季考察期间，将 GPS 卫星网叠加在该地面网上，对该形变网进行首期 GPS 形变监测，1995 年对该网进行了第二期 GPS 监测。在中国第 15 次（1998 年）南极考察期间，对该形变监测网进行了改造、重建和复测。2003/2004 年的第 20 次南极考察度夏期间对改造后的西南极菲尔德斯海峡断层 GPS 地壳形变监测网进行了复测。通过复测，并经过综合数据处理分析，对研究该地区的地壳运动，探索其动力机制，分析菲尔德斯海峡形成及半岛构造运动的规律具有重要的科学意义。

1）菲尔德斯海峡断层形变网复测的实施

2003 年 12 月 10 日～30 日，用两台 LEICA SR530 接收机，采用单基线作业模式对该网进行复测。首先将一台接收机安置在长城站区 GPS 南极国际联测点上，其坐标可通过国际联测网精确测定，且可将该点视为形变监测的一个基准点，另一台接收机流动于其他的 5 个监测点上，为增加检核条件，提高网的可靠性，加测各点之间的基线，以组成闭合环路（图 3.8）。

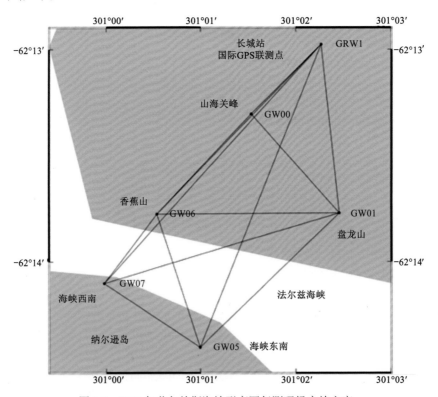

图 3.8　2003 年菲尔德斯海峡形变网复测现场实施方案

2）GPS 数据处理

本书中不仅对 2003 年的 GPS 观测数据进行了处理，还对 1999 年的 GPS 观测数据一并进行了处理，并进行了对比分析。

法尔兹海峡形变监测网的基准点 GRW1 的精确坐标由国际 GPS 联测获取，数据处理中的基线解算采用 GAMIT 软件，并对基准点进行紧约束，再运用 GLOBK 软件以 GRW1 为基准点进行平差。解算结果及质量分析如下。

（1）1999 年数据处理结果。1999 年数据处理结果见表 3.13。

表 3.13　1999 年菲尔德斯海峡形变网点位坐标及精度（WGS84）

测站名	纬度	Sigma/mm	经度	Sigma/mm	高程/m	Sigma/mm	历元/a
GW01	−62.229 508 805°	0.56	301.040 950 316°	4.90	83.388 4	4.60	1 999.201
GRW1	−62.216 277 431°	—	301.037 758 469°	—	34.279 6	—	1 999.201
GW00	−62.221 740 461°	1.22	301.025 558 727°	7.01	172.778 5	6.60	1 999.201
GW05	−62.240 048 717°	1.89	301.016 606 248°	5.79	82.338 2	5.90	1 999.201
GW06	−62.229 593 914°	0.45	301.008 985 594°	5.12	113.618 4	4.40	1 999.201
GW07	−62.235 024 819°	2.12	300.999 626 305°	9.46	43.673 4	9.10	1 999.201

（2）2003 年数据处理结果。2003 年数据处理结果见表 3.14。

表 3.14　2003 年菲尔德斯海峡形变网点位坐标及精度（WGS84）

测站名	纬度	Sigma/mm	经度	Sigma/mm	高程/m	Sigma/mm	历元/a
GW01	−62.229 508 808°	0.89	301.040 950 308°	4.68	83.379 7	4.10	2 003.996
GRW1	−62.216 277 431°	—	301.037 758 469°	—	34.279 6	—	2 003.996
GW00	−62.221 740 486°	1.78	301.025 558 682°	4.23	172.788 0	4.30	2 003.996
GW05	−62.240 048 674°	1.56	301.016 606 282°	5.34	82.330 5	4.10	2 003.996
GW06	−62.229 593 925°	1.67	301.008 985 602°	4.23	113.618 0	4.20	2 003.996
GW07	−62.235 024 842°	1.34	300.999 626 300°	4.45	43.669 5	4.10	2 003.996

（3）坐标年变化率。处理后的坐标变化率见表 3.15。

表 3.15　菲尔德斯海峡形变网点位坐标年变化率　　　　（单位：mm/a）

测站名	北方向	东方向	高程
GW01	−0.08	−0.10	−2.18
GRW1	0.00	0.00	0.00
GW00	−0.70	−0.58	2.37
GW05	1.20	0.44	−1.92
GW06	−0.30	0.11	−0.12
GW07	−0.63	−0.06	−0.96

3）形变分析

从表 3.13～表 3.15 中可知，形变网点位坐标精度均达到了毫米级，说明运用 GPS 高精度定位技术来研究地壳形变是一种可靠的有效的手段。表 3.15 结果表明：菲尔德斯海峡断裂地区存在微小的断裂剪切运动，但位移量不大，处于相对稳定的状态，需要长期监测。

3. 其他监测成果

David 等利用包括 ERS-1（european remote sensing satellite）大地测量和波形数据等卫星测高方法，获得了高解析的地球重力场，这一重力场再现了西南极从罗斯海到威德尔海的整个构造结构，如代表由早期（6 500 万～8 300 万年前）太平洋–南极海底扩张而留下的断裂带的重力构造线，这一扩张将坎贝尔高原和新西兰大陆从西南极洲分离出来。这些构造线制约了板块运动的历史，证实了下述假设：南极洲分属两个性质不同的板块。它们的分离是在大约六百万年前由于阿蒙森海中拉伸的别林斯高晋板块边缘的活动造成的。

王清华等（2001）选取了位于西南极乔治王岛地区的 7 个 GPS 站，并加入 2 个 IGS 站，分别对 1995 年、1996 年、1998 年的同期（GPS 年积日 020～040）观测数据进行了基线处理，相对精度可达 10^{-8}～10^{-9}，并对 GAMIT 软件解算得到的松弛解和强约束解分别进行了网平差处理。结果证明该地区比较稳定，总体上有 10 mm/a 左右向西南方向的运动趋势。

王贵文（2010）利用地震矩张量和 SCAR 国际 GPS 会战数据反演了南极半岛现今的地质构造特征，认为南极半岛地区的应变率状态以拉张为主、压缩为辅，结合地质构造资料认为该地区近期发生大震的可能性不大。

3.3.2 利用 GPS 垂向速度分析 GIA 模型

地球历史上曾出现过多次冰川期，而最近的一次冰川期（末次冰期）始于约 10 万年前，在距今约 2.1 万年前全球冰量达到顶峰，称为末次冰盛期（last glacil maximum，LGM）；之后冰川开始消退，在约 6 000 年前冰退基本结束。冰川均衡调整是黏弹性地球对末次冰期地表冰和海水负荷改变的响应。地幔黏滞度对固体地球调整的响应时间起决定作用，由于地幔黏滞度足够高使得该形变至今仍然可以测量，其中地球表面位移的大地测量值和卫星、地面重力场观测值的变化最为显著。因此，现今这些参数的测量值能够提供过去冰盖结构和海平面变化以及地球结构和流变学的启示。利用空间大地测量结果对目前 GIA 模型的不确定性进行评估和分析，能够为约束末次冰期的冰厚度历史以及改进地球内部的结构特征提供重要的参考。利用连续 GPS 可以获得高精度的地壳运动速度，为 GIA 建模提供外部检核和新的约束。在地表负荷变化不显著且无明显构造运动的区域，GPS 实测地壳垂向速度理论上等于 GIA 模型预测的速度。随着空间大地测量数据的不断更新，对 GIA 模型的约束也在不断增加，新模型是否比之前的模型不确定性更小，是否与最新的空间大地测量观测值相一致还需进一步验证。南极 IGS 连续跟踪站大都依托于各国相应的科学考察站，基本上都分布在南极沿海地区。国际南极研究科学委员会从 20 世纪 90 年代初开始，先后建立了 WAGN（West Antarctica GPS Network）、TAMDEF（Trans Antarctic Mountains Deformation）、VLNDEF（Victoria Land Network for DEFormationn control）以及其他 GPS 会战网络。2007/2008 年国际极地年间，由多国合作开始在南极实施 POLENET 计划，该计划的主要任务是在极地布设 GPS 与地震等应用于地球科学研究的常年连续观测仪器。近年来，随着 POLENET 计划的实施和南极 IGS 测站的不断扩充，南极连续 GPS 测站无论数量还是分布上都有了较大改善，可获得更长时间序列和更高观测精度的南极 GPS 数据，用于检验和约束 GIA 模型。

马超（2016）使用南极大陆上 65 个 GPS 站点（图 3.9）及其周边区域 8 个 GPS 站点，时间跨度为 1996～2014 年的数据，计算得到了各站点的垂向速度，以此来分析 GIA 模型的精度。考虑到引起南极垂向运动的因素不完全是 GIA，还包括现今冰雪负荷变化和地质构造等因素，为了更好地比较和分析这些因素的影响，根据各因素的影响程度和地理位置的不同将南极大陆划分为若干区域，主要包括南极半岛北部、龙尼-菲尔希纳冰架、阿蒙森海沿岸、罗斯冰架、埃里伯斯火山区域、西南极内陆和东南极沿海等区域，对每个区域的垂向运动特征进行讨论和分析。研究所用到的 GIA 模型包括 ICE-6G_C（VM5a）、ICE-5G（VM2_L90）、W12a、Geruo13、IJ05_R2 和 Paulson07 等，其中 Geruo13 和 IJ05_R2 模型由于地球参数不同存在多个版本，马超对 GIA 模型进行了汇总，如表 3.16 所示。

表 3.16　各种 GIA 模型概况汇总

模型名称	建立者	时间	冰模型	地球模型	格网大小	适用区域
ICE-3G	Tushingham 等	1991 年	ICE-3G	/	$1°×1°$	全球
ICE-4G（VM2）	Peltier	1994 年	ICE-4G	VM2 模型	$1°×1°$	全球
ICE-5G（VM2_L90）	Peltier	2004 年	ICE-5G	VM2_L90 模型	$1°×1°$	全球
ICE-6G_C(VM5a)	Peltier 等	2015 年	ICE-6G_C	VM5a 模型	$1°×1°$	全球
Pauson07	Paulson 等	2007 年	ICE-5G	近似 VM2 的四层黏度模型	$1°×1°$	全球
Geruo13	Geruo 等	2013 年	ICE-5G	三维、有限元、可压缩地球模型	$1°×1°$	全球
ICE-4G+RF3L20（β=0.4）	汪汉胜等	2009 年	ICE-4G	RF3L20（β=0.4）模型	$1°×1°$	全球
IJ05	Ivins 等	2005 年	IJ05	真实、球形、可压缩地球模型	/	南极
IJ05_R2	Ivins 等	2013 年	IJ05_R2	简单可压缩地球模型	$0.5°×0.5°$	南极
W12	Whitehouse 等	2012 年	W12	可压缩、球对称、自吸引的 Maxwell 黏弹性体	/	南极
W12a	Whitehouse 等	2012 年	W12a	可压缩、球对称、自吸引的 Maxwell 黏弹性体	$0.5°×0.5°$	南极

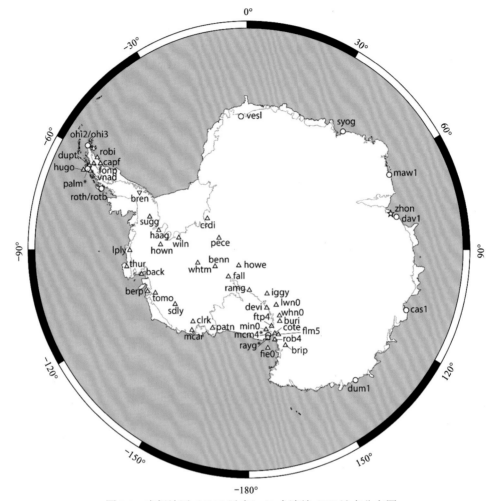

图 3.9　南极地区（60°S 以南）65 个连续 GPS 站点分布图

〇代表 IGS 的测站；△代表 POLENET 的测站；☆代表中山站（ZHON）；□代表南极埃里伯斯火山 GPS 网（Antarctica Erebus，AE）的测站；* 号代表该测站附近还存在其他并址站，例如 palm*代表 palm/ palv/ pal2；mcm4*代表 mcm4/ crar/ mcmc/ mcmd；rayg*代表 rayg/ naus/ lehg/ e1g2/ cong/ hooz/ macg

　　考虑到引起南极垂向运动的因素不完全是 GIA，还包括现今冰雪负荷变化和地质构造等因素，为了更好地比较和分析这些因素的影响，根据各因素的影响程度和地理位置的不同将南极大陆划分为若干区域，主要包括南极半岛北部、龙尼-菲尔希纳冰架、阿蒙森海沿岸、罗斯冰架、埃里伯斯火山区域、西南极内陆和东南极沿海等区域，对每个区域的垂向运动特征进行讨论和分析。图 3.10 给出了得到的 58 个南极 GPS 垂向速度（并址站速度进行了合并）与 Argus 等（2011）、Thomas 等（2011）估计的 GPS 垂向速度以及 9 种 GIA 模型预测结果在南极各区域的比较。Greruo13 模型的三个子版本中（a）代表截断至 100 阶、无高斯平滑的版本，（b）代表截断至 60 阶、200 km 高斯平滑的版本，（c）代表截断至 40 阶、500 km 高斯平滑的版本。IJ05_R2（65 km）代表岩石圈厚度为 65 km、下地幔黏滞度 1.5×1021 Pa.s 的版本，IJ05_R2（115 km）代表岩石圈厚度为 115 km、下地幔黏滞度 4×1021 Pa.s 的版本。

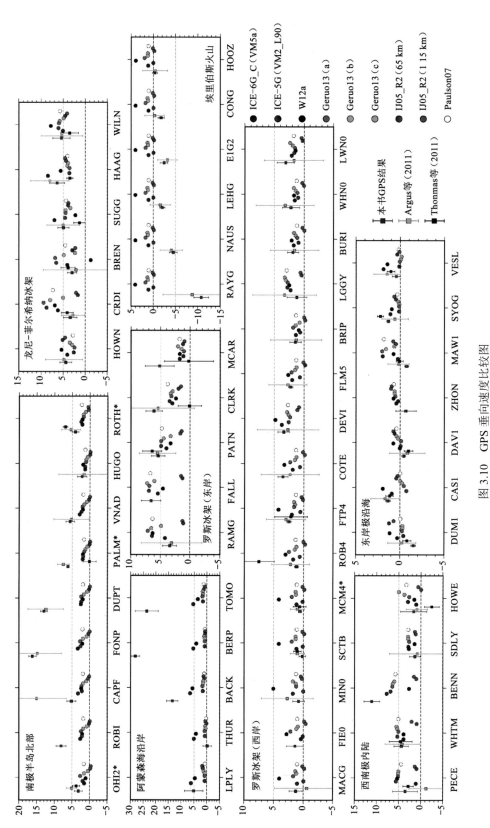

图 3.10　GPS 垂向速度比较图

测站顺序按照经度自西向东排列

1. 南极半岛北部区域

GPS 垂向速度在南极半岛北部起伏较大,普遍大于各 GIA 模型的预测值,其中 FONP 测站垂向速度最大,达到了 16.19 mm/a,而该测站的 GIA 模型预测值最大仅为 3.37 mm/a,这种差距排除了由 GIA 模型误差引起的可能性,说明该区域存在其他因素引起的抬升运动。图 3.11 给出了南极半岛区域 GPS 测站垂向速度分布,测站 FONP 距离拉森 B 冰架崩解区最近,且抬升速度最大,其他较远的测站速度相对较小,从侧面也验证了南极半岛北部存在现今冰雪质量损失引起的弹性抬升。1995 年南极半岛高兹塔王子道（Prince Gustav Channel）、拉森 A 冰架崩解,2002 年拉森 B 冰架崩解。研究表明,由于拉森 B 冰架的崩解,原本处于冰架的包围和阻挡中的冰河开始加速流失,该冰架的主要流入源发生了重大质量亏损。Thomas 等（2011）通过对南极半岛 OHI2、PALM 和 ROTH 等站点的坐标时间序列进行分析,发现坐标时间序列在 2002 年前后存在明显不同的斜率,特别是 PALM 站点 2002 年以前抬升速度仅为 0.1 mm/a,2002 年以后达到了 8.8 mm/a。测站 PALM 的抬升速度变化如图 3.12 所示,在 1998~2001 年期间抬升速度为 1.80 mm/a,在 2002~2014 年期间抬升速度为 6.08 mm/a,比 Thomas 等计算的速度量级略小,但速度变大的趋势是一致的。测站 PALM 在 2002 年以前的垂向速度（1.8 mm/a）与各 GIA 模型预测速度吻合较好,说明 2002 年以前该测站垂向速度受现今冰雪负荷变化的影响较小,主要是受到 GIA 的影响。

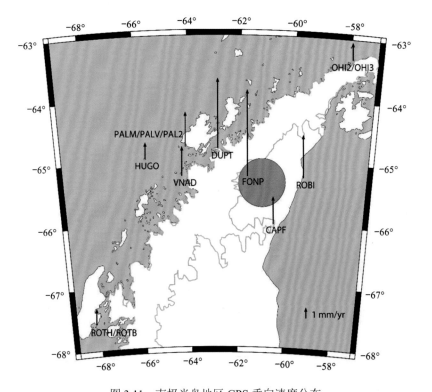

图 3.11　南极半岛地区 GPS 垂向速度分布

箭头方向代表抬升或下降,大小代表速度量级；红线表示南极半岛陆地边界线（不包括冰架）；
灰色圆形区域表示 2002 年崩解的拉森 B 冰架近似范围

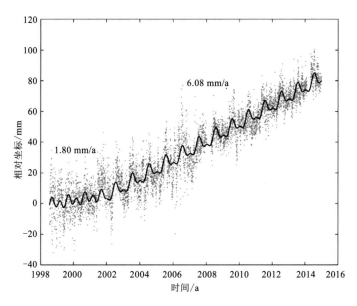

图 3.12　测站 PALM 在 2002 年前后的速度变化

2. 龙尼-菲尔希纳冰架区域

龙尼-菲尔希纳冰架区域的测站包括南极半岛南部的 1 个测站（BREN）和龙尼-菲尔希纳冰架南部沿岸的 5 个测站。该区域结果与 Argus 等十分相近，而与 Thomas 等的结果在 SUGG、HAAG 等测站上有较大差别，原因可能与所使用的数据时间跨度不同有关，Thomas 等采用了测站 SUGG 和 HAAG 2003～2006 年的 GPS 数据，而本书和 Argus 等都采用 2006 年之后的 GPS 数据。该区域 GIA 垂向速度预测值基本都在 GPS 测站垂向速度处上下浮动，本书的 GPS 结果与大多数 GIA 模型预测值整体吻合较好，因此本书认为龙尼-菲尔希纳冰架沿岸区域地壳抬升的主要原因是 GIA，而不是现今冰雪负荷变化，与 Argus 等得到的结论一致。部分 GIA 模型的预测速度在该区域存在较大分歧，在 BREN 测站位置处可达约 8 mm/a。在 CRDI、BERN 等测站上 W12a、ICE-5G（VM2_L90）和 Geruo13（a）模型预测值与 GPS 结果相差较大，说明这些 GIA 模型在该区域存在较大的不确定性。

3. 阿蒙森海沿岸区域

由于在阿蒙森海沿岸区域的 5 个测站均为 2011 年之后建立，所以 Argus 等（2011）和 Thomas 等（2011）的分析中均未引入这些测站，采用这些测站的数据时间跨度为 3～4 年，能够满足地壳运动速度估计的要求。在阿蒙森海沿岸区域 GPS 测站垂向速度范围为 -0.17（THUR）～28.13（BERP）mm/a，不同 GPS 测站垂向速度之间存在较大差异，而各 GIA 模型预测值在该区域较为稳定，其中 ICE-6G_C（VM5a）和 W12a 模型预测相对偏大，在 5 mm/a 左右，其他 GIA 模型预测值相对较小，在 0～2 mm/a。LPLY 和 THUR 测站与各 GIA 模型整体吻合较好，说明其垂向速度主要与 GIA 有关；BACK、BERP 和 TOMO 三个测站的抬升速度远远大于所有 GIA 模型预测值，可能与该区域明显的现今冰雪负荷变化有关。

　　测站 BACK、BERP 和 TOMO 均处于派恩艾兰湾区域，研究表明该区域的两大冰川派恩艾兰冰川和思韦茨冰川都在经历快速的冰雪质量损失。派恩艾兰冰川是南极众多冰川中最大、移动速度最快的冰川，2004 年卫星探测结果显示表面的冰块流入阿蒙森海沿岸（Amundsen Sea）的速度比 30 年前要快 25%。思韦茨冰川底部隐藏着庞大的快速流动低洼水道网络，是西南极最大的冰流之一。该区域是整个南极冰质量损失最大的区域，这三个测站异常大的速度较好地反映了该区域现今冰质量损失引起的弹性抬升。

　　为了更为直观地给出各测站弹性响应的大小和分布，取各 GIA 模型的平均值作为改正值，对各测站垂向速度进行 GIA 改正。由于各 GIA 模型预测值在该区域较为稳定，对不同测站的影响可以看作某一系统差常数，GIA 改正对于不同测站垂向速度量级之间的差异影响不大。图 3.13 给出了派恩艾兰湾 GPS 测站 GIA 改正后的垂向速度和 2003～2013 年 GRACE 卫星数据估计的南极质量损失速率分布，可以看出在质量损失的峰值区域，改正后抬升速度的量级也是最大的，距离峰值中心越远，抬升速度量级越小，在最远的 THUR 站变为下沉运动，与 Wilson 等（2015）结果一致。测站 THUR 在下沉，而弹性模型和 GIA 模型预测结果均为抬升，说明弹性模型和 GIA 模型在该测站位置都具有较大不确定性。由于该测站距离派恩艾兰湾抬升中心相对较远，下沉的原因可能与弹性抬升引起的外围地壳均衡下沉有关。

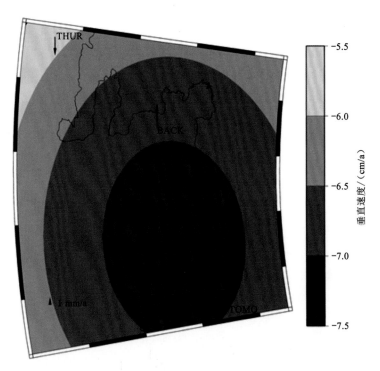

图 3.13　派恩艾兰湾区域 GPS 测站 GIA 改正后的垂向速度和 GRACE 卫星数据
估计的质量损失速率分布
箭头方向代表抬升或下降；大小代表速度量级

4. 埃里伯斯火山区域

埃里伯斯火山位于罗斯冰架西南部的罗斯岛，是一座活火山。火山口底部是一个小熔岩湖，1984 年 9 月 17 日喷发，把火山熔岩抛出主火山口，该区域地震台站曾纪录到许多小型的地震，至今该火山仍然是研究强地质现象的对象。研究发现，地震或可导致火山下沉。Takada 等（2013）利用卫星数据分别分析了由 2011 年日本东北 9.0 级地震和 2010 年智利莫莱 8.8 级地震所造成的地表形变，在两次地震后，在断层附近的火山下沉最高达到 150 mm，其中日本火山的下沉很可能是由于火山下面的岩浆储存区以及一些较脆热岩的下沉所导致，而智利火山的下沉则可能是因为火山下面热流体的释放所导致。由于埃里伯斯火山附近的测站可能受到地下岩浆作用的影响，将火山附近 3 km 内的 RAYG、NAUS、LEGH、E1G2、CONG 和 HOOZ 6 个测站从罗斯冰架区域提取出来单独进行分析，而其他较近的测站如 MCMC4 则距离 Erebus 火山 28 km，可认为距离足够远以至于受火山活动影响较小。由图 3.10 可知，该区域 GPS 测站均在下沉，其中位于火山口的测站 RAYG 下沉最为严重，速度达（-10.80 ± 1.62）mm/a，下沉速度随着到火山口的距离增大而减小，在距火山口约 3 km 的 HOOZ 站垂向速度为（-0.32 ± 0.57）mm/a，在距离火山口约 28 km 的 MCM4*站变为抬升，速度为（0.24 ± 0.26）mm/a。该区域各 GIA 模型预测结果均为抬升运动，W12a 模型预测值量级偏大，平均在 4 mm/a 左右，其他模型预测值在 0～2 mm/a。该区域不存在较大的现今冰雪负荷变化，三种弹性响应模型预测的弹性抬升速度仅为 0.2～0.4 mm/a。该区域 GPS 实测垂向速度（负值）与 GIA 预测速度（正值）相差较大，再加上不存在较大的现今冰雪负荷变化，说明该区域的下沉并非 GIA 和现今冰雪负荷变化引起，而是火山底部岩浆活动的结果。

5. 罗斯冰架区域

除去火山附近的 6 个测站，罗斯冰架西岸其余 GPS 测站均为抬升，其最大速度为 3.53 mm/a（COTE），与大部分 GIA 模型预测值总体吻合较好，说明该区域的抬升运动主要受到 GIA 的影响。罗斯冰架东岸的 GPS 测站抬升较为平稳且速度平均比西岸稍大，在 5 mm/a 左右，测站 RAMG、FALL 和 PATN 垂向速度与 GIA 模型预测值吻合较好，可认为这三个测站所在位置的抬升主要由 GIA 引起。对于测站 CLRK 和 MCAR，使用 5 年和 7 年的 GPS 数据估计垂向速度和误差分别为（6.11 ± 1.40）mm/a 和（5.16 ± 2.44）mm/a，分别比 GIA 模型最大预测值大 2.32 mm/a 和 3.35 mm/a，也超出了 GPS 测站垂向速度估计的误差范围，因此，不应该简单认为是 GPS 速度估计的误差。Thomas 等估计的这两个测站的速度接近于 0 mm/a，与本书和 Argus 等的结果相差较大，原因可能是由于估计所使用的数据时间跨度不同，前者采用 1998～2002 年不到 200 天的会战 GPS 数据，而后两者均采用 2010 年之后的连续 GPS 测站数据。测站 CLRK 和 MCAR 分别位于玛丽伯德地西北部的 Clarke 山脉和 Carbone 山，该地区地质构造稳定且尚未发现明显的现今冰雪负荷变化，因此，有可能是 GIA 模型系统性地低估了该地区的 GIA 抬升。两种 IJ05_R2 模型对罗斯冰架西岸的地壳垂向速度预测值普遍低于本书 GPS 测站垂向速度和其他 GIA 模型，说明它们在该区域可能存在较大的不确定性。

6. 西南极内陆区域

处于西南极内陆的 PECE、WHTM、SDLY 和 HOWE 测站抬升速度都小于 5 mm/a，与大多数 GIA 模型吻合较好。而在 BENN 测站位置上各 GIA 模型差别较大，最大差别可达 7 mm/a，表明在该位置上不同 GIA 模型预测之间存在较大的不确定性。该测站位于班尼特冰原岛峰，于 2010 年 12 月建立，数据时间跨度较短，因此，之前有关 GIA 建模的研究中都未曾使用该测站的数据来约束和检验 GIA 模型，本书利用 2010～2014 年的 GPS 数据估计其垂向速度为（11.09±1.75）mm/a，比所有 GIA 模型预测速度偏大的多，与 GIA 模型预测值的最小不符值为 3.35 mm/a（ICE6G_C（VM5a）），最大为 10.07 mm/a。三种弹性响应模型估计该测站位置的弹性抬升速度为 0.07～0.7 mm/a，相比 GPS 抬升速度和 GIA 模型预测速度都十分微小，说明在该区域由现今冰雪负荷变化引起的抬升速度较小，因此，GPS 抬升速度与 GIA 模型预测速度的差异有可能是因为各 GIA 模型低估了该位置的 GIA 抬升量级。

7. 东南极沿海区域

东南极沿海区域 GPS 测站垂向速度在−1.5～1.35 mm/a，速度误差除了 ZHON 站在 1.14 mm/a，其他都在 0.5 mm/a 以下，相比西南绝大多数测站来说，东南极沿海测站的垂向运动量级较小。东南极基底是古老的克拉通，地质构造十分稳定，所以该区域基本不存在地质构造因素引起的垂向运动。GRACE 重力数据表明从 2009 年 1 月～2013 年 2 月毛德皇后地东部和恩德比地的冰雪积累速度约为 150 Gt/a，总计约 600 Gt。沉积数据也表明 2009～2012 年该区域冰雪快速积累，但测得 1980～2008 年总积累量约为 0 Gt，说明最近的冰雪积累速度相比 2008 年以前是十分反常的。2009～2012 年冰雪负荷积累会引起海岸下沉，前面提到的三种弹性响应模型中只有 Thomas2011（ICE-Sat）模型在该区域存在下沉现象，可能与该模型使用的 ICE-Sat 测高数据分辨率较高有关。位于恩德比地东部沿海的 MAW1 测站很好地反映了该区域的下沉，速度为（−0.72±0.23）mm/a，能够反映该区域冰雪积累引起的下沉现象。位于拉斯曼丘陵的 ZHON 和 DAV1 站以及位于迪蒙迪维尔海边的 DUM1 站也存在轻微下沉，速度略小于各 GIA 模型的预测值，具体原因还有待于进一步调查。位于毛德皇后地北部的 VESL 和 SYOG 站以及位于温森斯湾的 CAS1 站的 GPS 速度均为正值，VESL 和 SYOG 站速度与各 GIA 模型预测值吻合较好，CAS1 站速度与 ICE-6G（VM5a）和 W12a 模型吻合较好，与其他模型的一致性较差。总体来说，东南极沿海区域测站垂向运动并不显著，受 GIA 和现今冰雪负荷变化的影响都比较小。

参 考 文 献

陈春明, 鄂栋臣, 1998. 西南极菲尔德斯地壳形变监测的数据处理与分析. 冰川冻土, 20(4): 301-305.

陈圣源, 刘方兰, 1997. 南极布兰斯菲尔德海域地球物理场与地质构造. 海洋地质与第四纪地质, 17(1): 77-86.

陈廷愚, 1986. 南极横断山脉地质特征及其大地构造性质. 地质论评, 3: 10.

鄂栋臣, 张小红, 陈春明, 等, 1999. 西南极菲尔德斯海峡断层 GPS 卫星地壳形变监测网的重建和数据分析. 极地研究, 11(4): 285-290.

鄂栋臣, 张胜凯, 2006. 国际南极大地参考框架的构建与进展. 大地测量与地球动力学, 26(2): 104-108.

郭俊义, 2001. 地球物理学基础. 北京: 测绘出版社.

胡健民, 刘晓春, 赵越, 等, 2008. 南极普里兹造山带性质及构造变形过程. 地球学报, 29(3): 343-354.

姜卫平, 鄂栋臣, 詹必伟, 等, 2009. 南极板块运动新模型的确定与分析. 地球物理学报, 52(1): 41-49.

金性春, 1984. 板块构造学基础. 上海: 上海科学技术出版社.

马超, 2016. 应用 GPS 观测数据检核南极地区的 GIA 模型. 武汉: 武汉大学.

刘小汉, 郑祥身, 鄂莫岚, 1991. 南极洲大地构造区划和冈瓦纳运动. 南极研究, 3(2): 1-9.

束沛镒, 朱碚定, 1992. 南极洲东南极中山站附近深部构造初探. 华北地震科学(4): 31-38.

束沛镒, 张钊, 1994. 南极点和罗斯海滨壳幔结构. 极地研究, 6(3): 15-22.

王贵文, 2010. 利用地震矩张量和 GPS 速度反演南极半岛现今构造运动特征. 山西师范大学学报(自然科学版), 24(3): 84-88.

王清华, 鄂栋臣, 陈春明, 2001. 用 GPS 技术监测南极半岛地区形变的结果初步分析. 极地研究, 13(1): 32-41.

王公念, 陶军, 吴宣志, 1997. 南极布兰斯菲尔德海峡海磁异常和深部地质. 极地研究, 9(2): 145-151.

汪汉胜, 许厚泽, 2009a. 冰川均衡调整(GIA)的研究. 地球物理学进展(6): 1958-1967.

汪汉胜, 贾路路, 胡波, 等. 2009b. 大地测量观测和相对海平面联合约束的冰川均衡调整模型. 地球物理学报(10): 2450-2460.

谢苏锐, 2014. 利用 GPS 研究南极地区构造运动及冰雪质量负荷变化引起的地壳形变. 武汉: 武汉大学.

ALTAMIMI Z, COLLILIEUX X, MÉTIVIER L, 2011. ITRF2008: an improved solution of the international terrestrial reference frame. Journal of Geodesy, 85(8): 457-473.

ARGUS D F, BLEWITT G, PELTIER W R, et al., 2011. Rise of the Ellsworth mountains and parts of the East Antarctic coast observed with GPS. Geophysical Research Letters, 38(16): 1-5.

BIRD P, 2003. An updated digital model of plate boundaries. Geochemistry Geophysics Geosystems, 4: 1027.

CHAPUT J, ASTER R C, HUERTA A, et al., 2014. The crustal thickness of West Antarctica. Journal of Geophysical Research: Solid Earth, 119(1): 378-395.

DIETRICH R, RÜLKE A, 2008. A precise reference frame for Antarctica from SCAR GPS campaign data and some geophysical implications. Geodetic and Geophysical Observations in Antarctica. Berlin: Springer: 1-10.

DIETRICH R, RÜLKE A, IHDE J, et al., 2004. Plate kinematics and deformation status of the Antarctic Peninsula based on GPS. Global Planet Change, 42, 313-321.

GERUO A, WAHR J, ZHONG S, 2013. Computations of the viscoelastic response of a 3-D compressible Earth to surface loading: an application to Glacial Isostatic Adjustment in Antarctica and Canada. Geophysical Journal International, 192(2): 557-572.

IVINS E R, JAMES T S, 2005. Antarctic glacial isostatic adjustment: a new assessment. Antarctic Science, 17(4): 541-553.

IVINS E R, JAMES T S, WAHR J, et al., 2013. Antarctic contribution to sea level rise observed by GRACE with improved GIA correction. Journal of Geophysical Research: Solid Earth, 118(6): 3126-3141.

KING M A, ALTAMIMI Z, BOEHM J, et al., 2010. Improved constraints on models of glacial isostatic adjustment: a review of the contribution of ground-based geodetic observations. Surveys in Geophysics, 31(5): 465-507.

LARSON K M, FREYMUELLER J T, PHILIPSEN S, 1997. Global plate velocities from the Global Positioning System. Journal of Geophysical Research: Solid Earth, 102: 9961-9981.

MCADOO D C, LAXON S W, 1996. Marine gravity from Geosat and ERS-1 altimetry in the Weddell Sea. Geological Society London Special Publications, 108(1):155-164.

MCADOO D C, LAXON S W, 1997. Antarctic tectonics: constraints from an ERS-1 satellite marine gravity field. Science, 276(5312): 556-561.

OHZONO M, TABEI T, DOI K, et al., 2006. Crustal movement of Antarctica and Syowa Station based on GPS measurements. Earth, Planets and Space, 58(7): 795-804.

PAULSON A, ZHONG S, WAHR J, 2007. Inference of mantle viscosity from GRACE and relative sea level data. Geophysical Journal International, 171(2): 497-508.

PELTIER W R, 1994. Ice age paleotopography. Science-NEW YORK Then Washington: 195-195.

PELTIER W R, 2004. Global glacial isostasy and the surface of the ice-age Earth: the ICE-5G (VM2) model and GRACE. Annu. Rev. Earth Planet. Sci.,32: 111-149.

PELTIER W R, ARGUS D F, Drummond R, 2015. Space geodesy constrains ice age terminal deglaciation: the global ICE‐6G_C (VM5a) model. Journal of Geophysical Research: Solid Earth, 120(1): 450-487.

PRITCHARD M, 2010. Deformation Explained. Nature Geoscience, 3(8): 515-515.

RUELKE A, DIETRICH R, SJÖBERG L E, 2013. The Antarctic Regional GPS Network Densification-Status and Results. IAG 2013 Conference, Perth, 1-3 July 2013.

SASGEN I, KONRAD H, IVINS E R, et al., 2013. Antarctic ice-mass balance 2003 to 2012: regional reanalysis of GRACE satellite gravimetry measurements with improved estimate of glacial-isostatic adjustment based on GPS uplift rates. The Cryosphere, 7: 1499-1512.

SELLA G F, DIXON T H, MAO A, 2002. REVEL: a model for Recent plate velocities from space geodesy. Journal of Geophysical Research: Solid Earth, 107: 11.

TAKADA Y, FUKUSHIMA Y, 2013. Volcanic subsidence triggered by the 2011 Tohoku earthquake in Japan. Nature Geoscience, 6(8): 637-641.

THOMAS I D, KING M A, BENTLEY M J, et al., 2011. Widespread low rates of Antarctic glacial isostatic adjustment revealed by GPS observations. Geophysical Research Letters, 38(22): 1-6.

TUSHINGHAM A M, PELTIER W R, 1991. Ice‐3G: A new global model of late Pleistocene deglaciation based upon geophysical predictions of post‐glacial relative sea level change. Journal of Geophysical Research: Solid Earth, 96(B3): 4497-4523.

WHITEHOUSE P L, BENTLEY M J, LE BROCQ A M, 2012. A deglacial model for Antarctica: geological constraints and glaciological modelling as a basis for a new model of Antarctic glacial isostatic adjustment. Quaternary Science Reviews, 32: 1-24.

WHITEHOUSE P L, BENTLEY M J, MILNE G A, et al., 2012. A new glacial isostatic adjustment model for Antarctica: calibrated and tested using observations of relative sea-level change and present-day uplift rates. Geophysical Journal International, 190(3): 1464-1482.

WILSON T J, BEVIS M, KONFAL S, et al., 2015. Understanding Glacial Isostatic Adjustment and Ice Mass Change in Antarctica using Integrated GPS and Seismology Observations//EGU General Assembly Conference Abstracts. 17: 7762.

WU P, STEFFEN H, WANG H, 2010. Optimal locations for GPS measurements in North America and northern Europe for constraining Glacial Isostatic Adjustment. Geophysical Journal International, 181(2): 653-664.

第 4 章　GPS 在极区大气环境中的应用

4.1　基于 GPS 技术的极区电离层

4.1.1　概述

电离层是日地空间环境的重要组成部分，与人类的生产、生活密切相关。当电磁波入射电离层时，电磁波会受到反射、折射、延迟的影响。为了研究电离层物理特性、提高电离层延迟改正的精度，需要获取电子密度、电子总含量的时空分布等电离层信息。为此，国内外众多学者先后采用了电离层垂测仪、探空火箭、相干雷达和非相干雷达等技术手段对电离层进行研究，但是，由于上述观测设备的时空精度和成本的限制，难以形成大尺度的电离层监测网络。1957 年人造卫星上天后，空间探测进入新纪元，而 GPS 的出现，更是为大尺度电离层时空分布监测提供了非常难得的发展机遇。

而极区是地理极点和地磁极点的所在地，是研究各种大气物理现象和日地关系的理想场所，最适宜进行有关电离层、磁层、对流层及相互作用的探测研究，也可进行太阳活动及其变化对极区大气的影响研究。与中低纬电离层相比，极区电离层有两个特殊的过程，一是从磁层沉降的高能粒子变为主要电离源，在冬季极夜地区则是唯一的电离源，另一个是极区内等离子体的输运过程，使极区电离层处在一种大规模的对流运动中。因为地球高纬电离层通过地磁场与外磁层以及发生在那里的各种动态过程相联系并受太阳风与行星际磁场的直接控制，其空间环境远较中低纬地区复杂，所以它具有与其他地区电离层不同的特点。从太阳活动和磁层对极区电离层的影响来看，主要是：①极区太阳高度角很低，其日变化很小，季节变化缓慢，在极夜期间甚至完全照射不到极区；②极区电离层与磁层及其各种动态过程相联系，并受太阳风和行星际磁场的直接控制。其中，磁层极隙区，也称极尖区，是太阳风、磁层、电离层、大气层耦合的关键区域。所谓极隙区，就是磁层日侧开放磁力线与闭合磁力线之间的区域，太阳风的能量、质量可以通过极隙区直接进入磁层并到达近地空间。同时，太阳风的能量还可以在行星际磁场南向时的磁重联机制进入磁层，然后沿磁力线输运至极区电离层。极区地球磁场具有较为特殊的构型，极区电离层通过对流电场、粒子沉降和场向电流与磁层紧密耦合在一起，在太阳风−磁层−电离层以及热层耦合过程中，起着重要作用。因此，对极区电离层的研究可以获得在其他地区无法获得的有关太阳风−电离层−热层耦合过程的重要信息。起源于磁层的电场能够引起高纬电离层的大尺度运动，进而影响电离层电子密度的分布状态。等离子体在中性大气中漂移，离子和中性大气粒子间的摩擦加热使得离子温度升高，进而改变离子化学反应率、等离子层顶高度以及离子成分的组成；同时，极光卵粒子沉降使得电离层的电离率升高，提升电子温度，从而影响离子和电子的密度以及温度。电离层的这些变化对热层结构、环流和成分组成也会产生显著影响。在 F 层高度，中性大气受到电离层等离子体对流运动的影响会产生一些滞后的效应，离子和中性大气粒子摩擦加热的结果会导致垂直风和[O]/[N2]成分比的改变，这些大气的变化也会影响电离层的密度和温度。电离层－热层系统也能影响磁层，极光粒子沉降能使电导率增长，从而影响电流电场、大尺度电流体系，甚至整个磁层－电离层电动力学系统；同时，对流电场引起热层运动，而大尺度的中性大气惯性运动会导致电场发电机效应，进而影响到整个系统的电动力学状态。在极盖区和极光带中存在着更加复杂的附加反馈机制，电离层等离子体流能够被激发注入到磁层中。

应用在高纬地区的电离层成像技术主要有两种，非相干散射雷达（incoherent scatter radar，ISR）和超级双极光雷达观测网（super dual auroral radar network，SuperDARN）。ISR 接收来自视线方向上的等离子体的回波，可以观测跨度达数百千米的电离层区域。ISR 对电离层物理研究非常有用，因为提供了密度、温度、速度等信息，而这些数据对于电离层图像的解释非常有意义，可以用来区分改变电子密度的不同进程，如沉降和对流。SuperDARN 是由高频背向散射雷达组成的网络，用来研究极区等离子体对流的速度图。SuperDARN 对电离层成像很有用，因为可以确定等离子体的大尺度运动。极区电离层结构的研究充分开展，包括极光 E 层，软粒子沉降导致的夜侧场向不规则体的形成，日侧和夜侧极光弧，极盖云块等。早期的结果获得了斯瓦尔巴德上空高密度的等离子体结构。Walker 等（1999）的研究表明，日侧极隙区的粒子沉降使得等离子体密度增加到足以生成极区云块，并在极盖区内出对流运动。Watermann 等（2002）发现极盖区云块的对流可以穿过极区。Sims 等（2005）用多种观测手段的结果显示，等离子体可以从亚极光区所在的纬度开始出现。Bust 等（2007）结合轨道分析，用极盖区对流模型揭示了太阳辐射导致日侧等离子体密度的增加从而形成极区云块。

Heaton 等（1996）利用西南极的两台电离层垂测仪给出了南极的第一幅层析图像，在南半球发现了谷区。Pryse 等（1997）用两周的数据获得层析图像，在对流单元的边缘发现了日侧谷区。Yizengaw 等（2005）发现在层析图像中谷区和等离子体层顶在同一位置。Vasicek 等（1995）对主要的谷区进行了统计分析，发现不同地磁活动下，IMF（interplanetary magnetic field）在谷区的出现里有重要作用，并证实了谷区的位置与季节密切相关。Shagimuratov 等（2005）利用 GPS 信号的相位波动研究了磁暴期极区云块的分布。Krankowski 等（2006）讨论了南极地区 GPS TEC（total electron content）相位波动及其对定位的影响。Stolle 等（2005）用 GPS 成像研究了北极地区电离层的结构和动力学特征。

从 20 世纪 80 年代我国开始南极科考以来，与极区大气物理相关的电离层和极光研究就陆续开展，主要由中国极地研究中心、武汉大学、中国科学院地质与地理物理研究所、中国电波传播研究所、西安电子科技大学等单位承担。通过国家支持和国际合作的方式，中山站建造了高空大气综合观测系统，由专门的高空大气物理观测栋和 8 台对电离层、极光和地磁活动等空间物理现象进行系统监测的仪器组成。在中山站、长城站、黄河站建立了常年 GPS 跟踪站，在昆仑站建立了夏季 GPS 跟踪站。刘瑞源等（1994）分析了磁暴期间长城站出现的扩展 F 层，以及极光型 Es 层和夜间 E 层。甄卫民等（1994）分析了长城站的两个电离层异常特征。刘顺林（2005）利用中山站 DPS-4 分析了极隙区软电子沉降、等离子体对流等诸多效应引起的磁中午异常现象。张北辰等（2001）对极区电子沉降对电离层的影响进行了模拟研究。黄德宏发现中山站的地磁共轭点位置存在明显的漂移特征。蔡红涛等（2005）基于 ISR 研究了 F 层 Ne，重建极光沉降粒子能谱。张清和等（2008）研究了极区磁通量传输事件。孟泱等（2008）利用 GPS TEC 分析了磁暴期间极区云块的数量和运动特征。Liu 等（2011）利用 SCHA 和北极地区的 IGS 站分析了 TEC 的时空分布。

极区相对于中低纬地区有更大的难度，主要体现为以下两方面：①由于受太阳等外层空间的影响更直接，与中纬度电离层相比，极区电离层的各种物理过程都具有更大的时空变化；②南极极区的地基 GPS 跟踪站分布几何构图较差，大部分分布在极区周围，而广大的极地内陆地区站点稀少，不利于模型的建立。随着极地科考的深入，我国已在南极内陆 DOME-A 地区建立了第三个南极考察站——昆仑站，该站正好弥补了南极内陆地区 GPS 跟踪站稀少的不足，明显地改善了南极地基 GPS 观测站网络的几何构图。而第三次国际极地年（IPY）2007～2008 年计划的实施，以及随着国际极区对地观测网络（POLENET）的建立，不断加密极区地基 GPS 观测资料的空间覆盖，为利用 GPS 研究极区电离层特征提供更多且几何构图更好的观测数据。同时，空基 GPS 掩星观测计划正如火如荼地展开，COSMIC（the Constellation Observing System for Meteorology, Ionosphere and Climate）的发射和运行将掩星探测推进到一个新的高度，掩星观测可以获得电子密度廓线，而且其覆盖范围涵盖极盖区、海洋等传统观测手段无法到达的区域。另外，利用南极现有的电离层垂测仪数据，可以获得精确的 F2 层以下的电子密度。所以，联合多源数据可以对极区电离层进行充分的研究。

1. 地基 GPS 手段

1）单层模型

为了计算的方便，在实际的研究中通常采用单层电离层模型（single layer model, SLM），即假定电离层中所有自由电子都集中在一个厚度为无限薄的单层上。一般认为，单层高度 H 的理想值应该与最大电子密度层高度尽可能接近，电离层中总电子含量的大部分来自 F2 层，这一层电子密度最大，并且其变化最显著。F2 层的高度大约为 200～500 km，因此，利用电离层单层模型计算 VTEC（vertical total electron content）时，H 通常取值为 300 km、350 km 或 400 km 等。单层电离层模型不会对利用地基 GPS 双频数据确定整个电离层延迟造成严重影响，但是单层高度的选择对 TEC 的计算影响较大，主要原因在于单层高度与投影函数的合理选择关系比较密切。

按照采用的参数化模型的形式，电离层模型可以分为格网模型和非格网模型（也就是函数模型）。

格网模型主要应用在广域差分 GPS（wide area DGPS，WADGPS）中，利用 GPS 观测值估算出规则格网点上的 VTEC，并将其实时播发给 GPS 用户，然后 GPS 用户针对信号路径的 IPP（ionospheric pierce point）的位置，利用 IPP 所在格网的格网点（ionospheric grid point, IGP）上的 VTEC 内插出 IPP 处的 VTEC，进而获得信号路径上的 STEC（slant TEC），以改正 GPS 信号的电离层延迟误差。

袁运斌等（2002）提出了站际分区格网法，在整个区域内依基准站的位置划分为若干小的区域，每个小区域内由一个或若干个基准站提供服务，在每个基准站上，利用 GPS 观测值获得三角级数电离层模型，然后按照就近选取的原则，由基准站为格网点提供电离层延迟值，构建格网电离层模型。并且用中国地壳运动网络连续 6 天的计算结果表明，站际分区法的精度明显高于综合模型法和综合格网法，电离层延迟改正精度从米级提高到亚分米级。

JPL 用统一的三角格网描述全球电离层 VTEC 的分布和变化，以 800 km 左右为空间间隔，将单层电离层分成 642 个格网点，对应于 1280 个球面三角形。在格网点上，采用随机游走的方法来描述 VTEC 随时间的变化。另外，在电离层短时间内不变的假设下，利用日固地磁系填补采样空间的区域。依据穿刺点 VTEC 与格网点 VTEC 之间距离的相关性，将 IPP-VTEC 作为观测值，IGP-VTEC 作为待估参数，采用线性内插的方式建立观测方程。实际处理中，采用分解卡尔曼滤波器算法（factorized kalman filter algorithm）实现三角格网的逐步更新。

非格网模型中的未知数为模型拟合系数，相对于格网模型，未知数大大减少。当观测区域范围较小时，常用的区域电离层模型有多项式模型、三角级数模型、低阶球模型、球冠谐模型等。

多项式模型是将 VTEC 构造为纬度差和太阳时角差的多项式函数：

$$VTEC = \sum_{i=0}^{n} \sum_{k=0}^{m} E_{ik} (\varphi - \varphi_0)^i (S - S_0)^k \tag{4.1}$$

式中：n 和 m 为多项式的阶数；E_{ik} 为待求解的多项式模型系数；φ_0 为测区中心点的地理纬度；φ 为测站的地理纬度；S_0 为测区中心点（φ_0, λ_0）在该时段中央时刻 t_0 的太阳时角；S 为测站的太阳时角。

Georgiadiou（1994）只是在地理参考系下用三角级数模型拟合电离层，袁运斌等（2002）将其拓展为地理、地磁参考系下参数可调的广义三角级数模型，并给出了各类系数表征的 TEC 的物理意义，其形式如下：

$$VTEC = A_1 + \sum_{i=1}^{N_2} (A_i \phi_m^i) + \sum_{i=1}^{N_3} (A_{i+N_2+1} h^i) + \sum_{i=1, j=2}^{N_I, N_j} (A_{i+N_2+N_3+1} \phi_m^i h^j)$$
$$+ \sum_{i=1}^{N_4} \left[A_{2i+N_2+N_3+1} \cos(ih) + A_{2i+N_2+N_3+N_I+1} \sin(ih) \right] \tag{4.2}$$

式中：A_i 为待估的参数变量；ϕ_i 为 SIP 的地理纬度；ϕ_m 为卫星电离层星下点 SIP 的地磁纬度，$\phi_m = \varphi_i + 0.064 \times \cos(\lambda_i - 1.617)$；$\lambda_i$ 为地理经度；$h = 2\pi(t_{SIP} - 14) / 24$，其中 t_{SIP} 是 SIP 的地方时，可取 $N_2 = 0$，$N_1 = N_J = 1$，$N_3 = 2$，$N_4 = 6$。

Wilson 等（1995）的研究表明，球谐分析（spherical harmonic analysis）可以用来模拟全球或区域的电离层延迟的时空分布，其形式如下：

$$VTEC = \sum_{n=0}^{N} \sum_{k=0}^{n} \left[A_n^k \cos(k\lambda') + B_n^k \sin(k\lambda') \right] P_n^k (\cos\phi_m) \tag{4.3}$$

式中：N 为低阶球的阶数；A_n^k、B_n^k 为待估系数；$P_n^k(\cos\phi_m)$ 为缔合勒让德函数；λ' 为过穿刺点的经线与过地心太阳连线的经线之间的夹角。

因为球谐函数是在一个球面上的展开式，而区域性的数据不具备此性质，通过一定的坐标转换，将区域性的坐标投影到全球。首先要计算穿刺点经纬度在球冠坐标系下的坐标。建立起球冠坐标系的过程是将所选区域的中心设置为极点，将坐标转换到以区域中心为极点的坐标系中，通过新极点和地理南极点的经线作为起始经线。球冠坐标系极点的地理经度纬度为 (λ_0, φ_0)，相应的穿刺点的地理经纬度表示为 (λ, φ)，这里假设该穿刺点在球冠坐标系下的地理经纬度是 (λ_c, φ_c)。由于所选择的数据区域为南极地区，中心点位 $(0°, -90°)$，所以 $\varphi_c = -\varphi$，$\lambda_c = \lambda$。假设球冠的半角为 $\theta_{\max}$，穿刺点在球冠坐标系下的余纬为 θ_c，那么其取值范围就是 $(0, \theta_{\max})$，$\theta_c = \pi/2 - \varphi_c$。穿刺点处的经度维持和原来一样，将纬度根据区域半角的大小按照一定比例关系放大投影到一个假想的球面上。

$$\phi' = \frac{\pi}{2} - \theta' , \quad \lambda' = \lambda_c , \quad \theta' = \frac{\pi}{\theta_{\max}} \theta_c \tag{4.4}$$

通过这样的转换，就把区域性的穿刺点坐标投影到一个假想的球面上，满足了球谐函数对于拟合变量的要求。将转换后的坐标代入式（4.3）即可进行相关计算。

由于球谐函数的基函数在局部区域内不再具有正交性，引入球冠谐函数。球冠谐函数的基函数在球冠区域内具有正交性，球冠谐系数的零阶项表征的是区域内的平均电离层 TEC。球冠谐与低阶球谐和改进的球谐的主要区别在于，用非整阶的勒让德函数代替整阶的勒让德函数。基于球冠谐函数建立电离层模型的公式如下：

$$\mathrm{VTEC} = \sum_{k=0}^{K_{\max}} \sum_{m=0}^{M} \left[\tilde{C}_{km} \cos(m\lambda_c) + \tilde{S}_{km} \sin(m\lambda_c) \right] \tilde{P}_{n_k(m),m}(\cos\theta) \tag{4.5}$$

式中：$\tilde{C}_{km}$、$\tilde{S}_{km}$ 为完全正则化的球冠谐系数；$\tilde{P}_{n_k(m),m}(\cos\theta)$ 为完全正则化的非整阶勒让德函数。

2）层析模型

像素基层析模型是基于像素的层析模型，将待反演的电离层区域离散为一组像素（格网），然后用重构算法获得像素的电子密度，重构算法包括迭代重构算法和非迭代重构算法。

代数重构算法（algebraic reconstruction technique，ART），首先对每个像素赋先验值，然后用迭代算法逐步更新像素值。每次迭代对应于一个实测的 TEC 数据，利用第 k 次迭代计算的 TEC 与实测 TEC 之差来修正电子密度：

$$x^{(k+1)} = x^{(k)} + \gamma_0 \frac{y_i - \boldsymbol{a}_i x^{(k)}}{\|\boldsymbol{a}_i\|^2} \boldsymbol{a}_i^{\mathrm{T}} \tag{4.6}$$

式中：$\boldsymbol{a}_i$ 为矩阵 $\boldsymbol{A}$ 的第 i 行；$x^{(k)}$ 为第 k 次迭代时的像素的电子密度；y_i 为实测 TEC；γ_0 为松弛因子，取值范围 $(0, 1)$，其选取原则是使得迭代误差最小。

同时迭代重构算法（simultaneous iterative reconstruction technique，SIRT），与 ART 的不同点在于，不是对每条射线上的电子密度进行逐一修正，而是根据每次迭代的修正量对电子密度做整体修正，即

$$x_j^{(k+1)} = x_j^{(k)} + \frac{\gamma_0}{\sum\limits_{i=1}^{I} a_{ij}} \sum_{i=1}^{I} \frac{a_{ij}}{\sum\limits_{j=1}^{J} a_{ij}} \left[y_i - \sum_{j=1}^{J} a_{ij} x_j^{(k)} \right] \tag{4.7}$$

乘法代数重构算法（multiplicative ART，MART），与 ART 的不同点在于，不是对图像做加法迭代，而是以乘法迭代的形式进行：

$$x_j^{(k+1)} = x_j^{(k)} \left[\frac{y_i}{\left\langle \boldsymbol{a}_i, x^{(k)} \right\rangle} \right]^{\gamma_0 a_{ij} / \max a_j} \tag{4.8}$$

式中：$\boldsymbol{a}_i$ 为矩阵 $\boldsymbol{A}$ 的第 i 行；a_{ij} 为矩阵 $\boldsymbol{A}$ 的第 i 行第 j 列的元素；$\max a_j$ 为矩阵 $\boldsymbol{A}$ 的第 i 行中值最大的元素。

截断奇异值分解法（truncated singular value decomposition，TSVD）的基本原理是，通过施加约束条件，克服解的不唯一性问题，但是，原来一部分奇异值由零变为非零，使得反演问题病态，所以需要将其中较小的奇异值截断。Kunitake 等（1995）提出了 MTSVD（modified TSVD），Bhuyan 等（2002）提出了 GSVD（generalized SVD），针对 TSVD 进行了改进。

函数基层析模型是基于函数的层析模型，是利用一组待定系数的电离层模型，采用最小二乘或卡尔滤波等算法来求解模型系数。

在诸多函数基层析模型中，球谐函数与经验正交函数张量积模型，是用球谐分析表示电离层水平结构，用经验正交函数表示电离层垂直结构，进而通过两者相乘表示整个电离层的三维结构。

2. 空基 GPS 手段

空基 GPS 利用掩星技术反演电子密度，电离层中的弯曲角很小，可以将信号传播路径近似为直线，利用 TEC 可以直接反演电子含量。严格地说，忽略信号路径弯曲角在 E 层可能产生一定的模型误差，但其误差小于电离层球对称假设的误差。

碰撞参数

$$p = r_{\text{LEO}} \cos E \tag{4.9}$$

式中：r_{LEO} 为 LEO（low earth orbit）卫星的地心矢径；E 为 LEO 卫星到 GPS 卫星的高度角。

GPS 信号从 l_{GPS} 到 l_{GEO} 的传播路径上的 TEC 在球对称的假设下可积分得

$$\text{TEC}(p) = \left(\int_{l_0}^{l_{\text{GPS}}} + \int_{l_0}^{l_{\text{LEO}}} \right) N_e(r) \mathrm{d}l \tag{4.10}$$

式中：N_e 为电子密度，利用 $l = \sqrt{r^2 + p^2}$，可将上式变换为

$$\text{TEC}(p) = \left(\int_{l_0}^{l_{\text{GPS}}} + \int_{l_0}^{l_{\text{LEO}}} \right) \frac{N_e(r) r}{\sqrt{r^2 - p^2}} \mathrm{d}r \tag{4.11}$$

利用球对称假设可将上式变换为

$$\text{TEC}(p) = 2 \int_{l_0}^{l_{\text{LEO}}} \frac{N_e(r) r}{\sqrt{r^2 - p^2}} \mathrm{d}r \tag{4.12}$$

对上式进行 Abel 变换，可以直接得到以碰撞参数 p 为函数的电子密度。

$$N_e(r) = -\frac{1}{\pi} \int_r^{r_{\text{LEO}}} \frac{\mathrm{dTEC}(p) / \mathrm{d}p}{\sqrt{p^2 - r^2}} \mathrm{d}p \tag{4.13}$$

在上式中，忽略了 LEO 卫星轨道高度以上的电子密度。

另外，要指出的是，两种反演方法中的积分形式都是广义积分，也就是说积分的上下限中存在奇点，需要采取相应的方法处理。

4.1.2　极区电离层基本特征

1. 极区电离层概况

1）极光区和极区亚暴

极光是高纬地区一种雄伟的自然现象。极光是由于太阳的粒子辐射在磁层的作用下进入极光区高层大气，引起大气中的分子和原子的电离，而产生的一种光学现象。

早在 1881 年，德国科学家 Fritz 就曾研究过极光出现的频率和区域，发现极光主要出现在地球磁极 67° 左右的环带状区域内，可以称为极光卵（auroral oval）、极光卵形环，或是极光椭圆。由于其在向日的一侧稍微被压扁，在背日的一侧稍微被拉伸，所以形似卵而非圆。

图 4.1 给出了 2008 年 5 月 5 日南北极极光卵分布位置，所用数据来自国防气象卫星计划（Defense Meteorological Satellites Program，DMSP）、PHOTOMETER、RADAR 等观测设备，不含 UVI（ultra violet index）数据。图 4.1（a）对应的时间是 16:28 UT，图 4.1（b）对应的时间是 14:58 UT。可以明显地看出极光卵所对应的中心为地磁极附近。

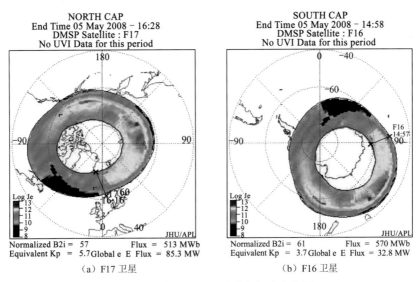

（a）F17 卫星　　　　　　　　　　　（b）F16 卫星

图 4.1　2008 年 5 月 5 日南北极极光卵位置

Feldstein 等（1967）研究发现，极光卵的变化并不固联在地球的自转，而是地球在极光卵下做周日运动，所以，极光卵的形状及其与地球的相对位置，随着地磁时间和地磁纬度而变化。

测定极光高度的方法是挪威 Stormer 发明的，在 3~4 个观测站，同时用照相方法观测极光某点，从拍照的方向和仰角，以及观测站的距离，可以算出极光某点的高度。利用照片上已知恒星的位置，可以检查方位的准确性。

磁暴扰动原因之一的极区电流系产生的扰动，也称为极区亚暴（polar substorm），出现在磁暴的主相和恢复相，这些电流主要在极区流动。在极区亚暴时，电子贯穿到 100 km 的高度时能产生大量的自由电子在 E 层形成极光 Es 层，对无线电信号产生吸收，这种现象叫极光吸收，当吸收足够强时能导致无线电信号的中断，这种现象称为极光无线电中断。尽管这些表现与极盖吸收事件类似，但差别在于其沿着极光卵的形态变化，不是在整个极盖区均匀出现。当地面观测到磁亚暴时，对行星际磁场的测量表明，平行于地球偶极子轴的行星际磁场分量的方向由北向南变化时，往往发生这种暴。

2）极盖区与极盖吸收事件

极盖区是极光卵所包围的内部区域，如图 4.1 所示，与较低纬度的极光区相比，极盖区出现极光的机会反而要少。但是，太阳耀斑期间，会出现特殊的极盖吸收事件。耀斑出现时，太阳释放出大量能量在 5～20 MeV 的质子，这些高能质子的回转半径远小于地球磁场的特征尺度，所以沿着磁力线沉降到极盖区上层大气中，使得 50～100 km 高度范围内的电子密度增加，在 D 区产生附加电离。由于早期的太阳质子事件是通过宇宙噪声接收机得到的，宇宙射电噪声信号的强弱可以表明电离层无线电波吸收的程度，相关研究已经证明，无线电吸收仅局限于高纬地区，主要是在极盖区上空，所以太阳质子事件又称为极盖吸收事件。

典型的太阳耀斑只持续几十分钟，而典型的极盖吸收事件要持续好几天。事实上，大多数极盖吸收事件滞后太阳耀斑几个小时。这说明质子从太阳到地球的运动不是直线，而是在其到达地球附近时被磁场偏转。因此，无论是在日侧还是夜侧，太阳质子都能进入到底部电离层，使 D 层充分电离。

2. 北极电离层

北极黄河站——中国首个北极科考站，2004 年 7 月 28 日成立。位于 78°55′ N，11°56′ E，在实际的地理位置上，它处于挪威斯匹次卑尔根群岛的新奥尔松地区，是我国继南极长城、中山两站后的第三座极地科考站。中国也成为第八个在挪威的斯匹次卑尔根群岛建立北极科考站的国家。中国北极科考站的建立，为我国在北极地区创造了一个永久性的科研平台，这为解开空间物理、空间环境探测等众多学科的谜团提供了极其有利的条件。

北极自动化全球卫星定位系统卫星跟踪站是建立中国北极黄河站科学考察项目中的一个，是运用现代测绘手段来监测地球板块运动。目前已经建立了永久性卫星跟踪站，通过站区的国际互联网络，并采用软件实现国内实时远程控制北极 GPS 观测，可在中国南极测绘研究中心直接下载数据。极地 GPS 卫星观测跟踪站的建立，特别是北极站的地理位置，对我国建立自己独立的卫星观测定轨系统，都会是有益的补充，有着重要的现实意义。这将提高我国航天监测、地震监测、导航定位和卫星定轨的精度，构建中国北极站考察区的初始基础服务地理信息共享平台，为科学考察服务。

由于北极黄河站是 2004 年建成的，站上的 GPS 常年跟踪站系统也是随后逐步建成并完善的，开始阶段所采集的 GPS 数据为系统试验运行阶段并不适合直接用来科学研究，因此，黄河站提供的 GPS 数据是 2005 年之后的。黄河站所在的斯瓦尔巴群岛在 2000 年以前就有了 IGS 跟踪站，其中 NAYL 站就在中国的 GPS 跟踪站附近，为了和中山站计算的电离层 TEC 做比较，需要计算出黄河站 2000～2006 年的 TEC 结果，因此，在 2005 年之前将 NAYL 站的 TEC 作为黄河站的 TEC 结果。因为两站距离较近，电离层特征几乎完全相同，将 2005 年和 2006 年期间的两站 TEC 结果比较也证明了这一点，TEC 值绝大多数完全相同，即便偶尔存在差异，也在 0.2 TECU 之内。

　　图 4.2 给出了 2000～2006 年北极黄河站 TEC 变化曲线，其中绿色方体标记的曲线为白天 TEC 值，蓝色菱形标记的曲线为夜间 TEC 值，红色曲线为日均 TEC 值的平滑曲线。黄河站 TEC 值也呈现出了太阳活动相关性，在太阳活动高年 2000 年和 2001 年的电离层 TEC 较大且起伏变化非常大，随后 TEC 逐年减小且平稳；同样，因为太阳天顶角和黄赤交角的存在，黄河站 TEC 也表现出了季节特性，每年的 TEC 最大值出现在夏季 6～7 月，最小值在冬季。与南极中山站相比，通常情况同时期的北极黄河站电离层 TEC 值稍小，尤其是白天 TEC 值较为明显。

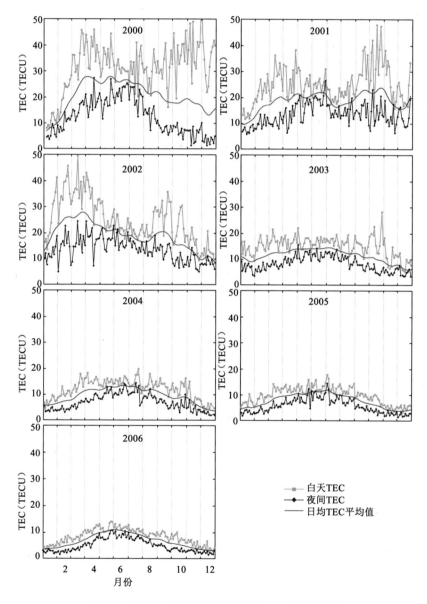

图 4.2　2000～2006 年北极黄河站 TEC 变化曲线

3. 南极电离层

利用南极地区的 IGS 站和中国南极中山站 GPS 常年跟踪站 GPS 常年连续观测数据，计算了南极地区上空的电离层 TEC 值。由于南极地区内陆的环境比较恶劣，世界各国在内陆建立的考察站较少，目前有美国在南极点建立的 Amudenson Sccot 站和法国在南极磁极点附近建立的 Dumont D'Urville 站，这两个站从 2007 年也成了国际 IGS 站。表 4.1 列出了南极地区的 IGS 站和中山站的地理、地磁坐标和磁正午时，地磁坐标和磁地方时是空间物理学研究中常用的坐标和时间参考系统。

表 4.1　南极地区的 IGS 站和中山站的地理、地磁坐标和磁正午时

站名	站名缩写	地理坐标		地磁坐标		MLT mid-night
		纬度	经度	纬度	经度	
Casey	CAS1	−66.28°	110.52°	−80.66°	159.10°	18:19
Davis	DAV1	−68.58°	77.97°	−74.91°	101.92°	21:56
McMurdo	MCM4	−77.84°	166.67°	−79.95°	325.00°	07:07
Mason	MAW1	−67.60°	62.87°	−70.68°	91.49°	22:39
O'Higgins	OHIG	−63.32°	−57.90°	−48.93°	12.23°	03:47
Syowa	SYOG	−69.01°	39.58°	−66.65°	72.51°	23:55
Vesleskarvet	VESL	−71.67°	−2.84°	−61.67°	43.56°	01:46
Zhonshan	ZHON/ZSS3	−69.44°	76.44°	−77.03°	124.49°	21:28

数据处理采用了国际常用的电离层单层模型，即把电离层近似成一个高度为 h 的无限薄的球壳，用此来代替整个电离层，高度 h 通常设为 300 km、350 km、400 km，基本上和最大电子密度的高度相当，本书将 h 设为 350 km。所用 GPS 观测数据是双频码和载波相位观测值，采样间隔为 30 s，截止高度角设为 15°。使用的时间系统为协调世界时（UTC）。使用相位平滑码几何无关观测值，通过最小二乘参数估计 TEC 的方法求得 TEC 参数。GPS 卫星和接收机硬件延迟的精确估计是提取高精度 TEC 的关键，直接使用欧洲 CODE（The Center for Orbit Determination in Europe）中心每月发布的 GPS 卫星硬件延迟量，并采用单站法对接收机应延迟进行参数估计。

利用 2000～2006 年的 GPS 数据，计算了地磁南纬 50°～90°、地磁经度 0°～310° 的南极地区的电离层 TEC 值，包括各站日均 TEC 值的年际变化和整个南极地区的 TEC 值的周日变化。

首先，选取极区的 4 个有代表性的 GPS 观测站为例观察年际变化，包括中国中山站（ZHON）、澳大利亚的凯西站（Casey，CAS1）、日本的昭和站（Syowa，SYOG）和智利的奥伊金斯站（Ohiggins，OHIG），后三者均为国际 IGS 站，中国中山站是 GPS 常年跟踪站。依据表 4.1 中给出的各站位置参数可知，CAS1 站位于极盖区，ZHON 站位于极盖区边缘，夜间在极盖区内，每一昼夜两次进入极光带，SYOG 位于极光区中心位置，OHIG 站位于极光区外。这样对观测站的选取更加有利于分析极区的空间分布。

图 4.3 给出了 4 个站在 2000～2006 年的电离层日均 TEC 的变化曲线，从图中看出：①电离层 TEC 值在半个太阳活动周期内的变化明显，太阳活动高年（2000～2002 年）

TEC 值要明显大于活动低年，这主要是受太阳活动和强烈的地磁活动影响；②各站 TEC 均值周年变化明显，都是在南半球的夏季出现峰值，冬季出现谷值，也就是说，南极地区没有出现冬季异常；③各站的 TEC 均值的大小不同，OHIG 站的日均 TEC 值大于其他站，SYOG 站次之，CAS1 和 ZHON 站相对较小，这一特征尤其在太阳活动平静年（2003～2006 年）更为明显，因此，从长时间尺度来看，电离层 TEC 日均值在极光区外大于极光区内的区域，其中磁纬最高的极盖区 TEC 相对最小。

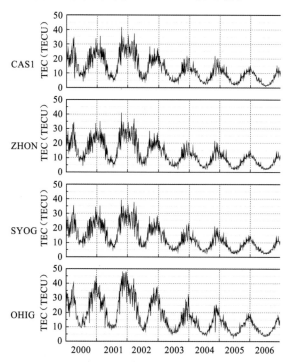

图 4.3　2000～2006 年不同南极 GPS 观测站的日均 TEC 变化曲线

同时，从短时间尺度研究了地磁环境和太阳活动相对平静期间的南极地区电离层 TEC 空间分布特征。由于 2000～2006 年电离层 TEC 计算成果量巨大，无法对单日电离层 TEC 的空间分布特征都予以展示，在对大量太阳活动和地磁环境平静日的 TEC 成果进行统计分析的基础上，选取 2000 年 3 月 21 日的电离层 TEC 为例予以分析，该天没有发生任何磁暴或太阳耀斑事件，地磁环境和太阳活动相对稳定。

图 4.4 绘出了间隔 4 h 的全天电离层 TEC 时序等值线图，图中可以明显看出，在昼半球区域，极光区外的 TEC 峰值要大于极光区内，极光区内的 TEC 峰值又大于极盖区，而在夜半球区域，每日 TEC 谷值（即最小值）则相差并不明显，极盖区内的 TEC 值甚至还略大于极光区内。因此，可以得出结论，极区范围内，白天电离层 TEC 值随着磁纬的增大而明显减小，而夜间 TEC 值则随着磁纬的增大略微增大。进而也可以看出，在极光区和极光区外的全天 TEC 起伏相对于更高纬的极盖区表现的十分剧烈。这一空间分布特征与不同位置的不同太阳入射角以及地球磁场在高纬地区具有的特殊构型有关。

极区是地球的地理极点和地磁极点的所在地，在日地空间系统中扮演了特殊、复杂的角色，该区域的磁层、电离层等空间物理科学的研究具有无可替代的价值，是空间物理科学家研究的重点区域。利用南极区域内的国际 GPS 服务站和中国中山站 GPS 常年跟踪站 GPS 观测数据，计算出了南极地区上空的电离层 TEC 值，分别对极光区内、极光区外、极隙、极盖区的电离层 TEC 进行了单日、常年的比较，并进行了简要的物理机制分析。结果表明，极光区外的电离层 TEC 值大于极光区，而极光区 TEC 又大于极盖区，尤其在太阳活动平静年则更为明显，这一空间分布特征，除了是因为不同位置的不同太阳入射角，更重要的是与地球磁场在高纬地区具有的特殊、复杂的构型有关。

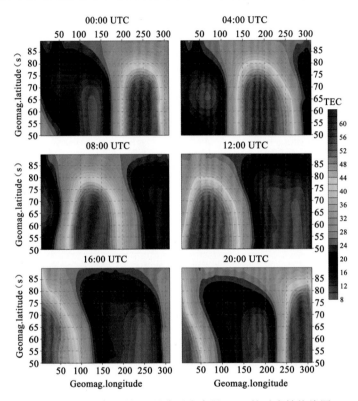

图 4.4　2000 年 3 月 21 日全天电离层 TEC 的时序等值线图

4.1.3　极区电离层异常特征

1. 极区云块及舌状电离特征

在高纬地区，磁层中的电场一直存在，是极区电离层复杂多变的主要因素，但是，电场的幅度和形态有很大的不同，即便是处于稳态场时，也会造成等离子体流各异的路径。同时，电场还对离子和中性成分有动力学耦合作用，形成大规模的热层环流，引起电离层中纬谷区（或称中纬槽）的出现，以及等离子体的不稳定性和电离层不均匀体。

极区云块（polar patches）是极区电离层上空电离层增强、结构不规则的区域，其平面尺度约 100～1 000 km，运动速度约 1 000 m/s，形成于极隙区，以背对太阳的方向穿过极盖区并向夜侧极光卵移动。因为这种现象主要发生在极盖区，所以也称极盖云块（polar cap patches）。极区云块中的电子密度高于背景电离层 2～10 倍。从 20 世纪 80 年代开始，诸多学者利用各种探测手段分析极区云块的形态和动力学特征，主要观测手段如电离层垂测仪、非相干散射雷达、DMSP 等。

　　1）空间天气背景介绍

　　如图 4.5 所示，在 2010 年 10 月 10～11 日，发生一次中等强度的磁暴，Dst（disturbance storm time）指数达-80 nT，Kp 指数达 4 以上。

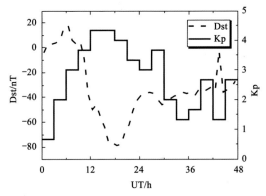

图 4.5　2010 年 10 月 10~11 日的地磁指数

　　图 4.6 给出了 10 月 11 日当天的行星际磁场分量的变化情况，其数据由 ACE（Advance Composition Enplorer）卫星沿轨采集，可以看出，B_y 分量在 10:00～13:00 UT 期间出现了明显的负值，行星际磁场分量 B_z 分量在此期间出现了连续的突变（B_z 负值为南向突变）。IMF 指向对极区电离层等离子体对流有重要影响，当 B_z 分量南向时，典型的对流图像为双单元模式，在极盖区等离子体背向太阳流动，在极光区则朝向太阳流动，当 B_z 分量北向时，对流图像复杂，可能有多个单元结构，而 B_y 分量与双单元模式的对称性及磁通量管边界的位置有关。

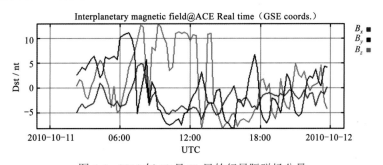

图 4.6　2010 年 10 月 11 日的行星际磁场分量

　　当 IMF 南向时，在高纬地区，增强的夜侧对流将驱动日侧产生的等离子体向极盖方向运动，这一特征被称为舌状电离（tongue of ionization，TOI）。TOI 对极区空间天气产生重要影响，因为等离子不规则体及其周围的结构对于极区通信、导航等产生闪烁效应。当 IMF 的方向变化时日侧对流模式重定向，或是磁层重联的瞬间爆发，都会导致 TOI 在完全进入夜侧半球之前，破裂为离散的极盖云块。但是在磁暴期间，TOI 有时会穿过中央极盖区，深入夜侧极光区所在的纬度，形态为拉长的羽状电离增强区域。所以，为了分析此次南极区域舌状电离的变化特征，选择的研究时段为 10:15～15:45 UT。

　　图 4.7 分别给出了 2010 年 10 月 11 日 11:15～11:45 UT 和 14:38～15:08 UT 的 F17 号 DMSP 卫星采集的沿轨粒子沉降信息，其中，黑色坐标纵轴是电子信息，红色坐标纵轴是离子信息。DMSP 为极轨卫星，经过极盖区和极光区上空，图中的横坐标轴给出了卫星的地磁坐标，从图中可以清晰地看出其粒子沉降的差别，在极光区上空，出现了较明显的粒子沉降，无论是电子还是粒子，与极盖区和极光区外相比，其数值都较高，而在极光带之间的极盖区，其数值出现明显的谷值。这一差异也说明高能粒子沉降到大气中，是极区电离层的重要电离源之一。

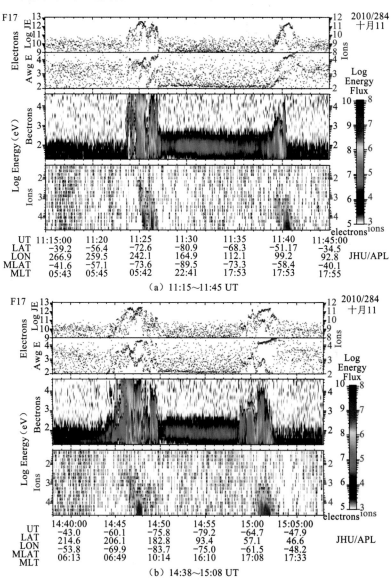

图 4.7　2010 年 10 月 11 日的 DMSP 卫星粒子沉降的比较

2）舌状电离演化分析

　　图 4.8 分为（a），（b），（c），（d）四组图，每组图由三个时刻的 TEC 图和相应的对

流图组成，其中对流图的阴影部分表明是处于夜侧，相对的是日侧。从图中的 TEC 分布的变化可以看出，一个明显的舌状电离区域在南极形成、发展、运动、并逐渐消散的过程。图 4.8（a）显示了 10:15 UT、10:45 UT、11:15 UT 时刻的 TEC 图，在 70° S，45° E 附近，一个类云块体逐渐形成；图 4.8（b）显示了 11:45 UT、12:15 UT、12:45 UT 时刻的 TEC 图，该类云块体不断发展壮大，表现出了舌状电离的特征；图 4.8（c）显示了 13:15 UT、13:45 UT、14:15 UT 时刻的 TEC 图，该舌状电离发展到最大程度，并明显向极盖区方向运动，图中用五角形表示地磁极的位置；图 4.8（d）显示了 14:45 UT、15:15 UT、15:45 UT 时刻的 TEC 图，舌状电离穿过极盖区并逐渐消失。图 4.8 中的单位是 TECU。这里要说明的是，对流图的南极底图与 TEC 图的南极底图相比是镜像，所以在与 TEC 图进行类比时，要注意判断日侧和夜侧的位置。

　　TOI 的演化可能是由于等离子体的对流。Bust 等（2007）发现，极区云块在有连续光照的区域生成，并且日侧电离层产生的极盖等离子体会进一步加强极区云块。但是，Schunk 等（2005）进行的模拟研究表明极区云块以相当快的速度消失在夜侧极盖区边缘，当 IMF 分量 B_z 向南时，因为夜侧的云块变得扭曲且无法探测，Pinnock 等（1995）用 3 个垂测仪在南极观测到一个类似的增强 F 层等离子体的岭，出现在对流模式朝向赤道的边缘。Yin 等（2009）虽然分析了 2004 年一次磁暴期间南极地区的层析图像，但因采用的地基/空基 GPS 过少，虽然观测到 TOI 的出现，但未能获得其演化、消散的整个过程。

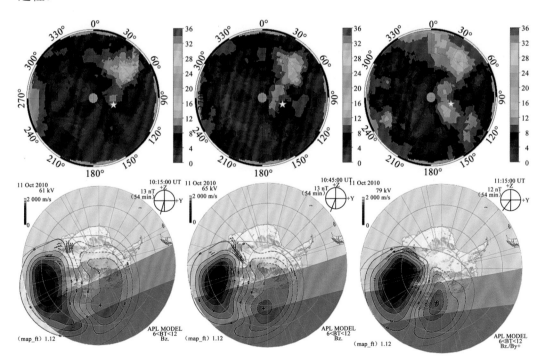

（a）10:15 UT、10:45 UT、11:15 UT 时刻的 TEC 图

图 4.8　2010 年 10 月 11 日舌状电离演化图

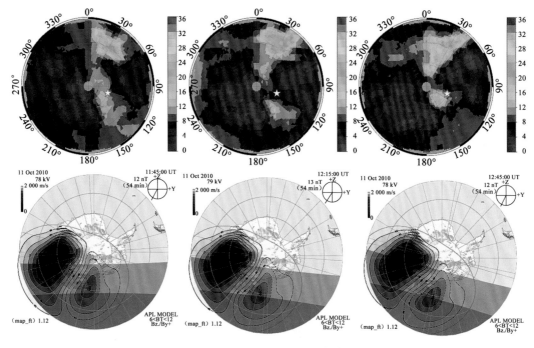

（b）11:45 UT、12:15 UT、12:45 UT 时刻的 TEC 图

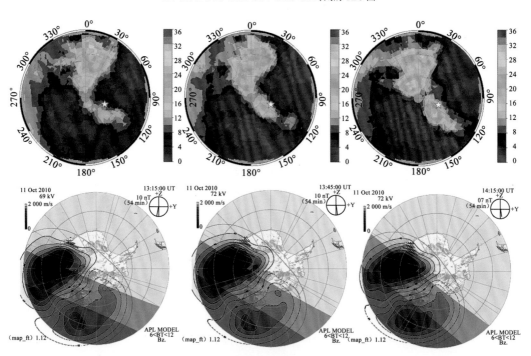

（c）13:15 UT、13:45 UT、14:15 UT 时刻的 TEC 图

图 4.8　2010 年 10 月 11 日舌状电离演化图（续）

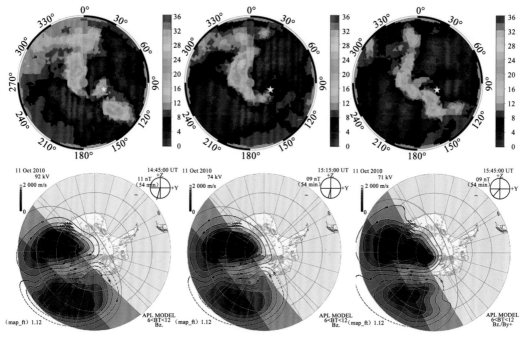

(d) 14:45 UT、15:15 UT、15:45 UT 时刻的 TEC 图

图 4.8　2010 年 10 月 11 日舌状电离演化图（续）

　　电离层不规则体是 SuperDARN 相干高频雷达的主要反射信号源。雷达观测表明，大尺度的不规则体，如云块或 TOI，会导致数十米尺度的不规则体的形成。为了验证 TEC 图所获得的结果，选择了同一时刻相应的 SuperDARN 对流图，如图 4.8 所示。SuperDARN 数据给出了反向散射的区域，包括了整个昏侧对流单元。而晨侧单元没有足够的反向散射，因此，主要研究昏侧单元。虽然采用了多源数据来构建层析模型，但在远离大陆的海洋区域，依然缺乏足够的观测数据，所以主要的研究区域还是限定在大陆内部。在昏侧单元地方时正午部分，可以观测到更多的反向散射在对流模式朝向赤道的边缘，并且变得以更快的速度被向极点运输。等离子体的运动和重构的南极电离层的演化相一致。来源于极光区的等离子体变得更加密集，然后在对流模式的约束下向极点运动。可以说，SuperDARN 雷达所观测到的反向散射的发生及运动证实了所观测到的电离层极区舌状电离的形成和演化。

2. 西南极威德尔海异常

　　威德尔海异常（Weddell Sea anomaly，WSA），主要表现为夜晚电子密度增强，使得每日的电子密度峰值出现在子夜前后，亦称为中纬夏季夜晚异常（mid-latitude summer night anomaly，MSNA）。最早是在西南极的南极半岛和威德尔海发现存在 f0F2 异常现象，夏季时，f0F2 的最高值出现在地方时 22～4 h，最低值出现在地方时 12～18 h。其余季节 f0F2 变化正常，在夏季的交替时段，f0F2 的正常和异常在数天内迅速变化。在 1957 年的国际地球物理年期间，在南极半岛的 Faraday 站，利用地基电离层垂测仪（ionosonde）观测到威德尔海异常，将这一现象命名为威德尔海异常。Dudeney 等（1978）

对威德尔海异常做出了初步的解释，认为威德尔海异常是太阳极紫外辐射和热层中性风共同作用的结果。随后，Clilverd 等（1991）用甚低频多普勒仪器（very low frequency doppler）研究了威德尔海异常，Heaton 等（1996）用 NNSS(navy navigation satellite system) 构建二维层析研究了南极半岛上的 Faraday 站和 Halley 站的中纬谷区等特征。Jarvis 等（1998）用 38 年的垂测仪数据研究了南极半岛附近 F 层的下降趋势及其与热层的关系。国内的相关研究集中在中国南极考察站长城站，曹冲等（1992）以及甄卫民等（1994）利用垂测仪讨论了长城站的威德尔海异常现象，并进行了模拟计算，还讨论了磁暴期间的情况，也表明中性风对长城站的电离层变化有重要影响。但是，上述手段都只局限于局部测站上空，且时间不连续，因此，受观测手段的限制，威德尔海异常的研究有所放缓。

Horvath 等（2003）用 TOPEX 数据对威德尔海异常的研究将其范围大大增加，并重新引起业界的兴趣，其研究结果表明，夜晚时，威德尔海异常起源于南半球的太平洋区域。随后，Horvath（2006）继续用 TOPEX 数据详细分析了海洋上空的 WSA 的不同小时内、不同地磁坐标下、不同经度上的 TEC 变化。Burns 等（2008）以及 He 等（2009）用 COSMIC(constellation observing system for meteorology ionosphere and climate)数据研究了 NmF2 和 hmF2 在威德尔海异常中的变化特征。其中 Burns 的研究表明，傍晚时分威德尔海异常和印度尼西亚附近的赤道异常有着重要的联系。Jee 等（2009）用 13 年的 TOPEX 数据分析了威德尔海异常在不同季节和不同太阳活动强度下的变化特征。Lin 等（2009）用 COSMIC 数据研究了威德尔海异常的三维结构特征。随后，Lin 等（2010）继续用 COSMIC 研究了全球范围内的中纬夏季夜晚异常（MSNA），表明在北半球也存在类威德尔海异常（WSA-like）的现象。Thampi 等（2011）用 SUPIM 模型对 MSNA 进行了仿真，结果表明，MSNA 和中性风的周日变化密切相关，与电场的变化关系很小。与此类似，Chen 等（2011）用 SAMI2 模型对威德尔海异常进行了理论研究，也表明朝向赤道的中性风是产生威德尔海异常的主要原因。随后，Ren 等（2012）用 TIME3D-IGGCAS 三维物理电离层模型分析了 MSNA 在全球的特征，结果表明 MSNA 主要出现在东亚地区、大西洋欧洲地区、南太平洋地区，其中在南太平洋地区量级最大、变化最复杂。

虽然 Lin（2009）分析了 GPS-TEC 数据，但其来源是 IGS 发布的 GIM(global ionosphere map)，所使用的 IGS 站数据在极区非常缺乏，只是利用 GIM 分析了东亚地区的类威德尔海异常结构。TOPEX 虽然覆盖了南大洋的广阔区域，但只能提供海上的电离层变化特征。COSMIC 由其原理决定了其不存在严格的空间分辨率，所得的大范围结果为统计结果。垂测仪只提供了一点上的变化特征，且由于 D 层吸收和偶发 E 层等现象使得 F 层的回波减少，其运行时间不连续。相比之下，西南极和南美洲的地基 GPS，可以提供大范围、高精度、全天时的 GPS-TEC（total electron content）结果，进而提供西南极地区的威德尔海异常在不同时空尺度下的详细分析，促进识别威德尔海异常形成机制的研究。

本书使用了南极地区共 7 个 GPS 常年跟踪站，分布在西南极和南美南端，如图 4.9 所示，所选站点尽量覆盖研究区域，也就是别林斯高晋海和威德尔海。随着 GPS 现代化的开展，任一时刻极区测站可见卫星数可达 10～12 颗，这也为研究提供了充分的数据支撑。

图 4.9 中，GRW1 站为武汉大学中国南极测绘研究中心在乔治王岛建立的 GPS 连续跟踪站，于 2008 年底建成；OHI2、RIO2、VESL 为 IGS 跟踪站；HOWN、MCAR 为第四次（2007~2008 年）国际极地年期间开始建立的 POLENET 中的 GPS 跟踪站。各测站有着较高的地理纬度，却较低的地磁纬度。

从太阳活动来看，不同于 2009 年、2010 年太阳活动较低的情况，2011 年太阳活动迅速增强。太阳极紫外辐射是电离层

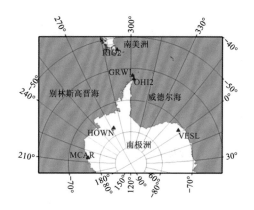

图 4.9　区域及测站分布图

产生的主要原因，太阳活动的变化对于电离层的变化有着直接的影响，2011 年开始急剧增强的太阳黑子数势必会对威德尔海异常产生重要影响。

利用自编程序分别处理各 GPS 测站长时间尺度的数据，可以得到各 GPS 测站 TEC 结果的时间序列，为了将大量的结果进行有效的分析。在图 4.10 中，各子图均包含 3 种信息，不同 UT 时和不同年积日对应的 TEC 等值线图、LT 时正午和子夜对应的 UT 时、不同年积日对应的 TEC 峰值时刻。横坐标对应的是年积日，纵坐标对应的是每天的 UT 时，不同颜色对应不同的 TEC 值，图例中的 TEC 数值单位为 TECU（1 TECU＝1016 个电子/m²）。图中红色实线为 LT 时 12 时对应的 UT 时间，黑色虚线为 LT 时 0 时对应的 UT 时间。图中白色三角形为各年积日对应的 TEC 峰值时刻。

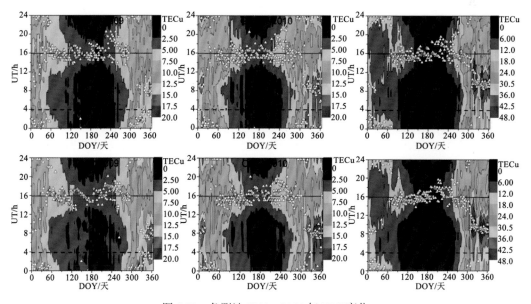

图 4.10　各测站 2009~2011 年 TEC 变化

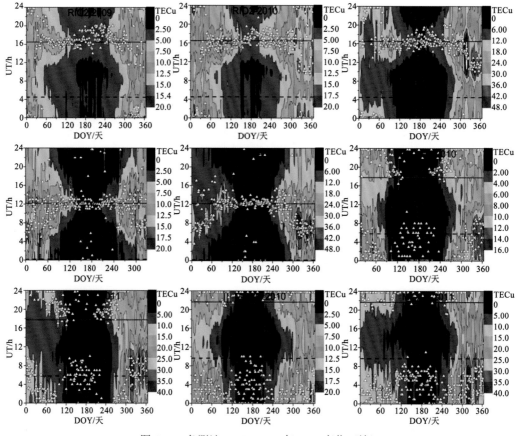

图 4.10　各测站 2009~2011 年 TEC 变化（续）

从 TEC 的整体变化来看，除了 GRW1、OHI2、RIO2、VESL 这 4 个站在夏季期间的每日峰值时刻集中在 LT 时 12 h，其余测站和时刻的极区电离层的每日峰值时刻并不像中低纬那样集中在 LT 时 12~14 h，说明极区电离层除了太阳，受到其他因素的影响很大，包括粒子沉降、对流运动等。从 2009~2011 年的 TEC 变化趋势来看，2009 年和2010 年这两年的 TEC 数值相对较低，随着太阳黑子数在 2011 年的急剧攀升，TEC 的变化也明显更加剧烈，与 2009 和 2010 年相比，TEC 数值达到 2 倍以上。南极地区基本遵循 TEC 夏季高冬季低的特征，不存在北半球的冬季异常现象。当然，这并不表示不存在其他异常现象，比如研究的威德尔海异常，亦称 MSNA，其在南半球表现明显，但在北半球就很弱。

从单个测站的威德尔海异常来看，无论是在变化时间还是变化幅度上，GRW1 和OHI2 的变化基本一致，这一方面说明 2 个测站相距很近、空间相关，另一方面说明解算方法正确有效。从 2 个站的 TEC 变化可以看出，威德尔海异常非常明显，从春夏交替开始，每日 TEC 峰值迅速离天 LT 时正午，向子夜方向偏移，在盛夏期间，每日 TEC 峰值集中在 LT 时子夜以后，为 0~4 h，随后在夏秋交替时，每日 TEC 峰值重新向正午方向回移，到了秋季期间，每日 TEC 峰值已完全出现在 LT 时正午。RIO2 也存在威德尔海异常，虽然相对较弱，但变化更加复杂，从 2009 年和 2010 年来看，在夏季，每日 TEC

极值时刻有时出现在 LT 午时，有时出现在 LT 子夜之前，这说明，子夜的 TEC 增幅不足，正午的 TEC 下降亦不足，也就是说，每日的 TEC 出现两个峰值，其极值既可能在午时也可能在子夜。但是在 2011 年，由于太阳活动非常剧烈，其每日 TEC 峰值时刻与 GRW1 和 OHI2 的变化几乎一致。VESL 在 2010 年和 2011 年的变化特点基本一致，确实存在威德尔海异常，但相对更弱。尤其要注意的有两点，一是在春夏交替和夏秋交替时刻，每日 TEC 峰值时刻是逐渐向 LT 正午前变化，没有出现 GRW1 和 OHI2 那样的跳变，其变化特点同 2011 年下半年的 GRW1、OHI2、RIO2 站都是一致的；二是在夏季，VESL 的 LT 与 GRW1、OHI2 的 LT 相比差了 4 个小时，但每日 TEC 峰值时刻却基本同时，说明威德尔海异常可能是同时出现在广大区域内。HOWN 和 MCAR 的变化与其他测站差别较大，相对来说一年四季中 TEC 峰值一直是零散地分布在 LT 正午到子夜的时段内。这是因为 HOWN 和 MCAR 有着较高的地理纬度和地磁纬度，较高的地理纬度决定了其受太阳直射的影响更小，较高的地磁纬度决定了其受粒子沉降等极区现象的影响更大，所以，在 HOWN 和 MCAR 测站，除了威德尔海异常，更多表现出极区电离层的复杂变化。

从整个区域的威德尔海异常来看，在威德尔海异常的分布范围上，与之前的观测相一致，威德尔海异常并不局限在威德尔海区域，而是在威德尔海和别林斯高晋海区域普遍存在，甚至包括南美南端地区，这与 Horvath 以及 He 用 TOPEX 和 COSMIC 数据得出的结论一致。从威德尔海异常的传播方式来看，这 6 个 GPS 站无论冬季时当日的峰值在何时，到了夏天，其峰值时刻的变化非常有规律，集中在 UT 时 4~8 时，其先后顺序为 MCAR，HOWN，GRW1，OHI2，VESL，RIO2，也就是说，虽然这些测站的 LT 时相差可达 9 个小时，但威德尔海异常期间的 TEC 峰值时刻相差不过 4 个小时，说明威德尔海异常的出现是集中在一段时间内。从威德尔海异常在全年的发生时间来看，各 GPS 站都表现出其时间段主要集中在 11 月、12 月、1 月这 3 个月，这也正是南半球的夏季期间。

威德海异常的成因非常复杂。从地理位置来看，威德尔海区域有着较高的地理纬度，却较低的地磁纬度，如表 4.1 所示，地理纬度和地磁纬度的偏离很大，而且，磁力线在这里相当的开阔。夏季时，由于高纬地区日照时间长，使得光致电离作用也更突出，夜晚期间，朝向赤道的中性风驱动电子沿磁力线向上运动，与缺乏中性风的区域相比，电子存在的时间更长。等离子体的飘移与磁倾角 I 相关，与 $\sin(2I)$ 成正比，那么，当 $I=45°$ 时，中性风驱动等离子体漂移的作用最为强烈。在南极半岛附近的威德尔海和别林斯高晋海，磁倾角在威德尔海的磁倾角在 50°~60° S，中性风的作用很强。所以，朝向赤道的中性风在夜晚期间仍然使等离子体向高处抬升，在持续的电子生成作用下，F 层的高度不断增加。相反，在白天，朝向极区的中性风驱动电子沿着磁力线向低处运动，与缺乏中性风的区域相比，电子消失的更快。换句话说，白天电子数据的减少，是由于从赤道朝向极区的中性风的作用，使得 F 层的电子沿着磁力线向低处运动，加快了电子和离子的复合。其他的解释还有，该地区磁场较弱，$[O]/[N_2]$ 的比率变化，与高纬对流相关的背向太阳风的作用，等离子体向下扩散等。

从以上分析可以看出，与 COSMIC 和 TOPEX 等的结果相比，地基 GPS 最大的优点是提供连续时间尺度的观测结果，所以可以发现一些有趣的现象，比如双峰现象和正午电离减弱现象。另外，虽然 Horvath 将该异常称为别林斯高晋海异常，但该异常同样出现在威德尔海区域，而威德尔海异常作为一个历史名称，应该被保留。又有一些学者将该异常称为中纬夏季夜晚异常，但必须要强调的是，威德尔海异常包括两部分，夜晚电子密度的升高和白天电子密度的降低，所以，这一异常表现为全天的电子密度异常，并不仅是夜晚。Horvath 等（2003）以及 Burns 等（2008）发现威德尔异常与发源于印度尼西亚地区的赤道异常有相关性，但是，这不足以解释威德尔海异常表现出的白天电子密度的降低。所以，这些可能的机制及其相关性，都需要进一步的研究。

3. 对太阳耀斑的响应

太阳耀斑爆发是太阳大气中最剧烈的等离子体不稳定引起的动力学过程。太阳耀斑产生的 X 光辐射增强将引起电离层突然骚扰，它能立即导致电离层电离度急剧增大和高度降低，这些现象将直接影响电磁波在大气中的传播，影响空间探测、卫星的发射和安全飞行，因此，多年来，研究和预报太阳耀斑一直被人们所关注。近年来，由于 GPS 应用领域的不断拓展，人们开始利用 GPS 来研究太阳耀斑期间的电离层响应，研究得出大耀斑的日面位置是影响 TEC 的一个重要参数，当 X 射线最大辐射通量相近时，耀斑距日面中线的经度越小，耀斑对电离层的影响越大。利用南极地区的 IGS 站和中国南极中山站 GPS 常年跟踪站的 GPS 连续观测数据，计算了太阳耀斑期间的南极地区电离层 TEC，分别从空间、时间上分析了电离层 TEC 对太阳耀斑的响应，并进行了简要的物理分析。

1）太阳耀斑爆事件背景

2006 年 12 月，太阳活动区 10930 发生了一系列强烈耀斑事件。从 12 月 5 日 10930 进入日面开始，接连发生了几次较大的太阳耀斑爆发，其中在 12 月 5 日 10:35 UT 爆发了 X9.0 级大耀斑，12 月 6 日 18:47 UT 爆发了 X6.5 级大耀斑，12 月 13 日 10:40 UT 爆发了 X3 级大耀斑，15 日 6:15 UT 爆发了 X1 级大耀斑，期间另有几次 M 级耀斑。由于近几年太阳处于活动极小期附近，出现这样强烈的太阳活动比较少见，统计数据显示为 1957 年以来太阳活动低年中最剧烈的一次。以 2006 年 12 月 4～8 日 GOES-12 太阳 1～8A X 射线通量为例，X 射线通量在耀斑发生时刻相应地产生了急剧变化，最大值达到了近 10^{-3} W·m^{-2}。当耀斑辐射出的高速粒子流到达地球磁层后，造成强烈的地磁暴，从而形成了强烈的电离层暴。

2）数据来源及处理方法

利用南极地区的 IGS 站和中国南极中山站 GPS 常年跟踪站 GPS 常年连续观测数据，计算了南极地区上空的电离层 TEC 值。由于南极地区内陆的环境比较恶劣，IGS 站主要分布在沿海地区，世界各国在内陆建立的考察站较少，目前有美国在南极点建立的 Amudenson Sccot 站和法国在南极磁极点附近建立的 Dumont D'Urville 站，这两个站从 2007 年也成了国际 IGS 站。

数据处理采用了国际常用的电离层单层模型，即把电离层近似成一个高度为 h 的无限薄的球壳，用此来代替整个电离层，高度 h 通常设为 300 km、350 km、400 km，基本上和最大电子密度的高度相当，本书将 h 设为 350 km。所用 GPS 观测数据是双频码和载波相位观测值，采样间隔为 30 s，截止高度角设为 15°。

由于极区电离层闪烁时常发生，GPS 原始观测数据中存在大量周跳和粗差，因此，数据的预处理尤其重要。首先通过形成 MW（melbourne-wubbena）组合值，消除站星几何距离项、电离层延迟、钟差和对流层延迟等影响，使剩余信号仅包含宽巷模糊度和噪声，确保任何低于半个宽巷周（43 cm）误差，都不影响检测周跳和粗差，这不仅使粗差容易监测，也使得几个历元就可以估计宽巷模糊度，如果检测到粗差，将相应两频率上的观测值剔除，对检测到的周跳，再利用 L4 几何无关组合进行数据筛选，首先尽量修正周跳，恢复观测的连续性，如果无法修正，则引入新的模糊度参数。利用筛选后的相位观测值 L4 平滑码观测值 P4，提高码观测精度。参数估计过程中，对接收机硬件延迟进行了误差估计，精度均优于 10^{-1} ns，卫星硬件延迟直接使用了欧洲 CODE 中心每月发布的 GPS 卫星硬件延迟量，最终计算得到的 TEC 值精度均优于 0.8 TECU。

3）电离层 TEC 对太阳耀斑的响应

计算了 2006 年 12 月这一系列太阳耀斑事件期间的南极地区电离层 TEC，时间间隔为 10 min。从计算结果来看，在 X 级别耀斑爆发后的十多分钟后，TEC 会出现急剧增加，M 级别及其以下的耀斑活动时 TEC 相应则并不十分明显，这与 2006 年属于太阳平静年有关，也和 TEC 的计算精度有一定的关系。限于篇幅，选取 12 月 4~8 日时间段的两次耀斑事件来进行分析，这两次耀斑也是本月最大的两次（X9.0 和 X6.5）。

为了研究耀斑期间南极不同区域的 TEC 异常响应，分别选取极盖区的 CAS1 站、极盖边缘的 ZHON 站、极光区的 SYOG 站和极光区以外的 OHIG 站为研究对象，分别计算了 12 月 4~8 日期间的电离层 TEC 变化情况，如图 4.11 所示，两红色虚线对标注了两次耀斑引起电离层 TEC 抖动的时间段，箭头所标注的是两次太阳耀斑事件的级别。

两次耀斑事件中，其中 12 月 5 日爆发的 X9.0 耀斑开始于 10:28 UT，结束于 11:00 UT，峰值出现在 10:38 UT，耀斑爆发之后约 8 min 到达地球空间，十多分钟之后便会引起电离层扰动。从图 4.11 可以看出，4 个 GPS 观测站上空的电离层 TEC 均出现了不同程度的急剧增加，其中极盖区的 CAS1 站和 ZHON 站增幅较大，增幅达 60% 以上，其次是极光区内的 SYOG 站，增幅近 50%，OHIG 站的增幅则为 20% 左右，这是因为位于高磁纬的极盖区和极光区更易引发剧烈

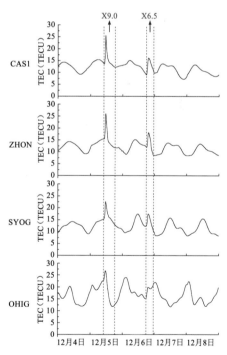

图 4.11　2006 年 12 月 4 日至 8 日不同测站的 TEC 变化曲线

等离子体对流和能量粒子沉降，且这些区域在一天中的一些时间段内处于极隙内，通过磁力线直接与地球磁层相连，更加容易受到太阳、行星际空间环境的骚扰。12 月 6 日爆发的 X6.5 级耀斑开始于 18:32 UT，结束于 19:05 UT，峰值出现在 18:45 UT，4 个测站

的 TEC 出现了不同程度的强烈抖动，也呈现出了相似的空间位置特性，TEC 增幅略小于前一天爆发的耀斑。

从时域上分析，在耀斑爆发的十多分钟后各个测站的 TEC 基本同步出现了剧增现象，在迅速达到最大值之后又逐渐下降，各个测站的 TEC 变化趋势在事件上基本一致。太阳耀斑爆发与电子总量出现抖动的时间和太阳耀斑辐射出的远紫外和 X 光辐射到达地球的时间基本一致，这是因为电离层电子总量迅速增加是耀斑发射出的电磁辐射到达电离层，使电离层的电离增强所致。从图 4.11 可知，如果没有耀斑爆发，测站所观测到的 TEC 主要随各自的地方时周期性而变化，不存在突然"抖动"的现象。

4.1.4　极区电离层监测及预报

1. 极区电离层监测及发布

中国南极测绘研究中心是国内重要的南北极科学研究机构，承担了中国南北极四站（长城站、中山站、黄河站、昆仑站）的 GPS 数据采集工作，多年来积累了大量的 GPS 原始观测数据，主要应用在南极大陆板块运动、极地冰川动力学、极区电离层监测等研究领域。中山站 GPS 卫星跟踪站始建于 1994 年底，并自 1997 年起参加每年的国际南极 GPS 联测，并于 1998 年底将该站进行改造，建成了中国在南极的第一个 GPS 卫星常年跟踪站。长城站 GPS 卫星跟踪站始建于 1995 年初，在该点进行一年一度的国际南极 GPS 联测。该站自 2008 年底改造成为 GPS 常年跟踪站，也可以实时将数据传回国内。在 2004 年的首次北极黄河站科考时，建立了北极 GPS 卫星跟踪站，在 2005 年的第二次黄河站科考时，将 GPS 卫星跟踪站进行了升级改造，跟踪站每天将接收的卫星数据自动传回国内，亦可在互联网上实时查看北极实验室室内的情况。2009 年初，在南极内陆冰穹最高点 DOME-A 地区建立了昆仑站 GPS 跟踪站，在度夏期间执行无人值守的自动观测。

除昆仑站之外，其他南北极三个常年跟踪站（黄河站、长城站、中山站）具备了实时向国内传输数据的能力。利用极区电离层监测和发布系统，可以及时观测极区电离层的活动情况。

1）数据实时获取

要想做到极区电离层信息实时发布，首先要解决 GPS 观测数据源的问题。笔者利用我国多年极地考察建立的南北极 GPS 跟踪站，借助卫星通信网络先后实现了北极黄河站、南极长城站、南极中山站的 GPS 数据自动回传。

具体来说，数据回传包含了南北极现场跟踪站、卫星通信、国内服务器三个部分。跟踪站数据回传是通过一个后台服务程序来自动控制，借助卫星通信网络，将每日数据上传到国内的 ftp 服务器。为此，笔者基于 Visual C++6.0 专门开发了后台服务程序"astServer.exe"，通过调整程序参数，可以针对不同跟踪站的数据特点实现数据自动回传。

目前，南北极的跟踪站都是 Leica GRX1200pro 型的 GPS 接收机，但是由于不同的 GPS 跟踪站采用的工作模式不一致，现场获取的数据格式也不一样，北极黄河站、南极长城站保存的是 Leica 接收机原始观测文件（m 文件）；南极中山站保存的是 RINEX（receiver independent exchange format）文件压缩包（zip 文件）；还有的跟踪站记录的是标准 RINEX 文件（o 文件、n 文件）等。不论采用哪一种数据格式，首先要解决的是把观测数据回传到国内, 只要其中一种格式的数据回传即可, 之后可以通过数据预处理统一到 VTEC 计算所需的 RINEX 数据文件格式。

有了各个跟踪站回传到国内的 GPS 数据, 还需要对回传的 GPS 数据文件的格式进行检查, 统一到 VTEC 计算所需的标准 RINEX 数据格式。为了不影响 ftp 服务器上的数据, 以及便于服务器清理维护, 进行 VTEC 计算所需的数据和生成的数据都必须在指定的目录中存放。

2) 数据处理和方法

各 GPS 跟踪站在每天的 UTC 时刻 0 时开始回传前一天的数据, 数据完整回传至本地服务器后, 立刻调用笔者基于 Visual C++6.0 开发的软件 "PolarTEC.exe", 通过读取测站观测值文件和广播星历文件, 针对不同跟踪站实现数据自动处理。下面介绍数据处理的流程和难点。

由于是实时处理, 无法使用精密星历, 只能使用广播星历, 广播星历所给出的卫星点位中误差约为 5~7 m, 精密星历的误差小于 5 cm, 考虑到 TEC 解算精度, 广播星历的轨道精度可以满足要求。轨道拟合采用切比雪夫多项式, 该多项式即使在时间段的两端也有很好的近似性。

利用双频 GPS 观测数据建立电离层模型, 通常采用几何无关组合 (伪距: $P_4 = P_2 - P_1$, 载波相位: $L_4 = \lambda_1 L_1 - \lambda_2 L_2$) 来作为建立模型的观测值。采用 P_4 可以得到绝对 TEC, 但是由于伪距较大的观测噪声, 模型反演得到的 TEC 精度不高。L_4 有较高的观测精度, 但得到的是相对 TEC。所以, 利用载波相位平滑伪距, 获得每条视线上的 STEC。

由于 P_4 是伪距观测值的组合, 伪距 P_1、P_2 本身就有较大的噪声, 同时还可能带有粗差, 组合之后, 组合观测值的噪声被放大, 为了剔除观测数据里面的粗差, 项目采用对连续的 P_4 进行多项式拟合, 如果 P_4 与拟合值相差超过 1 m, 则将该观测值视为粗差, 采用拟合的伪距差代替当前的伪距差 P_4。

极区的伪距观测值的精度较低, 与伪距相关的周跳探测方式都不能很好地探测出周跳, 在实际处理时, 单纯地采用连续两个历元间的 L_4 之差 $\Delta L_4 > 0.1$ 作为周跳的判断条件, 由于 ΔL_4 包含电离层两个历元之间的增量信息和周跳信息, 这样处理可以判断一周以上的周跳。实际上, 未能探测出来的周跳在伪距的噪声范围内, 对精度的影响不大。

获得每条视线上的 STEC 后, 利用投影函数将其转化到指定高度单层模型上穿刺点 (IPP) 处的 VTEC。单层高度一般设为 300~400 km, 和最大电子密度的高度相当, 选为 350 km。投影函数选择为 SLM 投影函数。图 4.12 给出了南北极三站测站上空的 IPP 分布图, 时间为 2010 年 7 月 6 日, 测站数据采样间隔为 15 s, 截止高度角为 10°。随着 GPS 现代化的开展, 任一时刻极区可见卫星数可达 10~12 颗, 从图 4.12 也可看出 IPP 分布的密度较好地满足了单站解算 VTEC 的要求。

建立电离层延迟模型, 要综合考虑 TEC 的短时变化特性和硬件延迟的稳定变化特性。要得到比较稳定的硬件延迟解, 需要达到一定长度的观测时段, 同时由于时段长度加大, TEC 的变化变得更为复杂。由于硬件延迟是求解 TEC 中的最大误差源, 首先要剔除硬件延迟, 采用 2 h 的多项式模型和全天固定值的接收机硬件延迟和卫星硬件延迟, 共同建立法方程, 再用最小二乘求解。

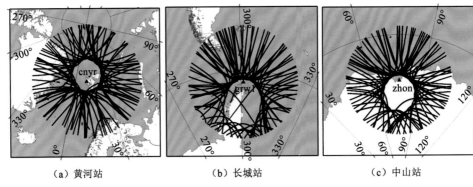

|（a）黄河站|（b）长城站|（c）中山站|

图 4.12　南北极三站 2010 年 7 月 6 日测站上空穿刺点分布曲线

3）结果发布和分析

计算测站上空 VTEC 之后，需要通过网络实时发布，才能为感兴趣的研究人员所用。所设计的极区电离层信息实时发布系统，总体来说包含数据回传、数据处理、数据发布三个部分。各个部分都是独立的程序模块，互相依存实现全自动协同工作。其中，数据回传是本系统的基础，没有数据回传就不可能开展后续的工作；数据处理是关键，只有通过数据处理得到极区电离层的信息才能发布共享；数据发布是最后一步，实现数据共享之目的。

中国极地科学考察管理信息系统（http://polar.chinare.gov.cn/）包括考察管理、地理信息、科学数据、历史资料、用户日志、极地论坛等板块，还实时发布极地气象、影像、数字全景、地图服务等。现在初步完成的极区电离层 TEC 实时监测和发布系统为其添加了更多更有价值的信息服务。

对于每天回传的 GPS 数据，自动计算得到 VTEC 值并将其录入数据库，以便对 VTEC 的长期变化分析提供历史数据。在查询和浏览 GPS 数据及其 VTEC 值时，调用画图模块将电离层变化曲线图呈现给网络用户，如图 4.13 和图 4.14 所示。

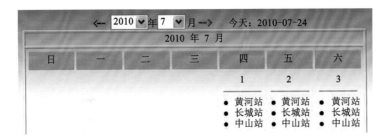

图 4.13　极区电离层 TEC 查询界面

图 4.13 给出了登录后的界面，按年月日确定时间，再分别查看黄河站、长城站和中山站，也可直接选择查看近期电离层变化趋势，给出近一周的三站电离层 VTEC 变化情况，如图 4.14 所示，图中的横坐标是北京时间。另外，连续两天结果的交界处，读取前一天结果后再用平滑模型，但当数据不是按时间顺序回传时，可能有间断点。

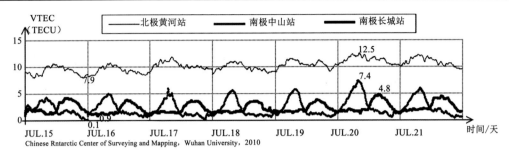

图 4.14　2010 年 7 月 15 日到 21 日三站电离层 VTEC 变化趋势

为验证计算的 VTEC 的准确性,引入国际 GNSS 服务(IGS)公布的全球电离层 TEC 图(global ionospheric map, GIM)结果作为比较。IGS 在全球有数百个连续运行的 GNSS 跟踪站,从 1998 年以来,IGS 各数据分析中心开始给出电离层研究产品,如以 IONEX 格式发布的 GIM 图,以 2 h 为时段长,按经纬度格网给出 VTEC 值,经度方向间隔为 5°,纬度方向间隔为 2.5°。利用各数据分析中心加权得到的结果,再内插得到南北极三个站所在位置的 VTEC 值。图 4.15 给出的是与图 4.14 相同时段的 GIM 内插图,横纵坐标也与图 4.14 一致。从图 4.15 和图 4.14 的比较中可以看出,两者吻合的较好,变化趋势相同,同一时刻较差均小于 1TECU,说明计算的结果较好地反映了极区电离层 TEC 数值和变化特征。

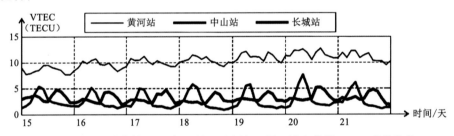

图 4.15　IGS 公布的 2010 年 7 月 15 日到 21 日三站电离层 VTEC 变化趋势

通过数据回传、数据处理、数据发布三个子系统,实现了极区电离层 TEC 监测和发布。数据回传保证了数据完整、及时的记录。数据处理利用 GPS 双频观测值建立电离层延迟模型,对硬件延迟进行了事先估计,再分时段进行多项式重建模型,进而求解测站上空 VTEC 值,获得了极区电离层 TEC 信息,并验证和分析了结果的可靠性和有效性。数据发布由中国极地科学考察管理信息系统提供,查询界面友好,图形显示直观。

除了精化电离层模型、预报电离层参数、分析极区电离层闪烁等后续数据处理工作,笔者还将进一步完善数据发布功能,对感兴趣的科研人员开放极区珍贵的 GPS 观测数据,实现注册用户的授权与数据集的下载。

2. 极区电离层预报

与中低纬度相比,两极地区特殊的地理和地磁位置决定了该区域的电离层具有特殊的物理形态和机理,是空间物理学研究的重点区域。利用南极区域的 GPS 观测资料可以提取出高精度的电离层总电子含量,进而可以进行南极区域电离层的相关研究。而电离层预报一直是电离层研究中的重要研究领域之一。国内外学者利用时间序列、神经网络、小波分析、自相关分析法、相似预报法等方法，对电离层 F2 层临界频率、电子总含量等进行预报研究。利用球冠谐函数模型拟合南极区域电离层，并结合时间序列分析对模型参数进行预报。将每个模型系数分为趋势项和随机信号两部分。趋势项的处理方法是利用谱分析对模型系数的周期进行提取，并且利用傅里叶三角级数进行建模，利用最小二乘的方法计算得到傅里叶三角级数的模型系数并对模型系数的趋势项进行预报。对模型系数的随机信号部分，根据随机信号的相关性，再利用 ARMA（p, q）（autoregressive moving average）对随机信号进行预报分析。因为随着预报时间的延长，随机信号的自相关性会大大降低，所以此处对电离层的预报主要集中在短期的预报，中长期的预报只是对趋势项进行了相关预报分析。由于是对电离层模型参数的预报，与直接预报 TEC 相比，该方法可以实现大范围的极区电离层的预报。

1）模型的建立

球冠谐模型是用非整阶的勒让德函数代替整阶的勒让德函数，其基函数在球冠区域内具有正交性。使用的观测数据是 2010 年南极地区 40 多个 GPS 跟踪站的实测数据，包括 IGS 站数据、POLENET 数据，以及我国的南极科学考察站长城站和中山站数据。利用球冠谐模型进行建模，每两小时设定一组模型系数，每天 12 组，获得了 2010 年全年时间的模型系数值。统计得到的模型的每日残差均值和均方根误差，如图 4.16 所示。

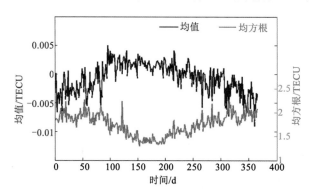

图 4.16　2010 年南极地区球冠谐函数模型的残差均值和方差

从图 4.16 中可以看出，其每日残差均值非常小，接近于零，并且基本上是无偏的。在极区的冬季期间，电离层模型拟合的效果要好一些，这与极区电离层在冬季的值较小，有一定的关系。南极的电离层在冬季期间每日均值可以达到 1TECU 左右，相对于中低纬度非常小，所以每日残差均值较小不只说明了模型的适用性问题，也与极区特殊的电离层特征有一定的关系。

根据分析，模型参数达到 9 阶以后 TEC 值变化不大，14 阶以后 TEC 值变化已经很小，综合考虑拟合精度和复杂度，选取了 9 参数模型，其对原始总电子含量的拟合精度较高，每日残差均值可以达到 ±0.005 TECU，而均方根误差也可以达到 1.7 TECU 左右。

下面建立 ARMA 模型，剔除了趋势项的球冠谐各阶次系数构成的时间序列设为 $\{x_i\}$，满足如下的方程：

$$x_t = \varphi_1 x_{t-1} + \varphi_2 x_{t-2} + \cdots + \varphi_p x_{t-p} + a_t - \theta_1 a_{t-1} - \cdots - \theta_q a_{t-q} \tag{4.14}$$

式中：$\{a_t\}$ 为白噪声；p 和 q 为模型的阶数。引入线性推移算子可得到模型的简单化普遍形式。线性推移算子 B 的定义式为：$Bx_t = x_{t-1}, B_k x_t = x_{t-k}$。并令：$\varphi(B) = 1 - \varphi_1 B - \varphi_2 B_2 - \cdots - \varphi_p B_p$，$\theta(B) = 1 - \theta_1 B - \theta_2 B_2 - \cdots - \theta_q B_q$。这样公式就变为：$\Phi(B)x_t = \theta(B)a_t$。当 $\theta_i = 0$ 时，模型可以转化为自回归 AR(p)（autoregressive）模型，当 $\varphi_i = 0$ 时，模型转化为滑动平均 MA(q)（moving average）模型。ARMA 模型要求数据是平稳、正态、零均值的时间序列，采用差分处理以及零均值化的方法来对数据进行处理。模型阶数的确定采用的是 AIC（Akaike information criterion）和 BIC（Bayesian information criterion）准则。

2）谱分析及趋势项提取

以球冠谐函数的零阶项 C00 为例，说明谱分析及趋势项提取的方法。球冠谐函数的零阶项表征着区域内的电离层 TEC 值的平均含量。根据计算得到的 2010 年南极地区电离层均值以及零阶项一年的时间序列，发现两者之间的相关系数达到 0.994 5，两者之间的差异均值为 0.876 0 TECU。零阶项的谱分析结果包括了年及半年相关幅度谱、月相关幅度谱、周日相关幅度谱、半日相关幅度谱、1/3 日相关幅度谱、1/4 日相关幅度谱、1/5 日相关幅度谱、1/6 日相关幅度谱。受太阳的季节性变化引起的周期项，包括一年、半年和三分之一年周期，这些周期项对应的幅度值很大，所以对球冠谐函数的第一个系数的影响也相应较大，特别是周年周期大致决定了 C00 的整体趋势。放大幅度谱图，可以发现在 30 天左右有较强的周期项，主要包括 36.5 天、33.18 天、30.41 天、28 天、26 天（由于分辨率的原因，反映到图中分别为 365/10、365/11、365/12、365/13、365/14）这些周期项。继续放大幅度谱，可以看到在一天处有一个相对较大的幅度，其他的时间段如 1/2、1/3、1/4、1/5、1/6 处也有较强的幅度。

根据以上分析，建立电离层球冠谐模型系数的傅里叶三角级数，如式（4.15）所示，其中 A 为傅里叶三角级数的系数，ω 为频率。

$$\text{RTEC}_i(t) = A_{i,0} + \sum_{k=1}^{k_i}\left[A_{i,2k-1}\cos(2\pi\omega_{i,k}t) + A_{i,2k}\sin(2\pi\omega_{i,k}t)\right] \quad (4.15)$$

利用前 300 天的数据根据最小二乘原理进行模型参数的估计，利用后 65 天作为傅里叶三角级数模型计算出来的预测值，结果如图 4.17 所示。

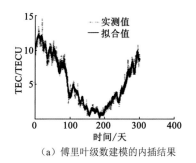
（a）傅里叶级数建模的内插结果

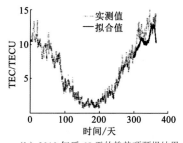
（b）2010 年后 65 天的趋势项预报结果

图 4.17　参数拟合及预报的结果

图 4.17（a）表示的是利用傅里叶级数建模的内插结果，图 4.17（b）表示对 2010 年后 65 天的趋势项预报结果，趋势项预报值与实测值差值的均方差 RMS 值为 2.2 TECU。可以看到，构建的趋势项预报模型可以基本反映模型系数的周期性和整体变化趋势，在

振幅上与实际值较为吻合，说明其具有良好的趋势项预报能力。对于其他 8 个模型参数，也采用同样的方法进行谱分析，并提取周期项进行趋势项的模拟。

3）ARMA 模型对随机信号建模分析

利用傅里叶三角级数进行谱分析建立了趋势项之后，剩下的是随机信号部分。为了兼顾参数解算的效率和效果，选取了 2010 年年积日第 271 天到第 300 天共计 30 天的数据来进行模型参数的解算，预报未来 3 天的电离层信息，这段时间南极地区为春季，电离层活动已经比较频繁，如图 4.17 和图 4.18 所示。通过对剔除了趋势项的模型系数的分析发现，随机信号仍有周日变化的周期特性，所以在利用 ARMA 模型进行建模前，还要对随机信号进行两次差分处理以消除剩余的趋势项和周期项部分。图 4.19 是利用 ARMA 模型对 9 个模型系数进行预报的结果。

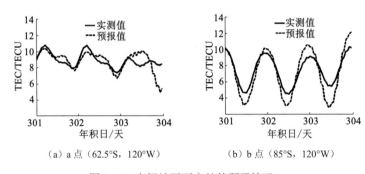

(a) a 点（62.5°S, 120°W）　　　　　　(b) b 点（85°S, 120°W）

图 4.18　南极地区两点处的预报情况

从图 4.19 中可以看出，结合傅里叶三角级数和 ARMA 模型来对模型参数进行预报可以得到很好的结果。

4）预报 TEC 精度评定

利用预报的球冠谐模型系数计算出整个南极区域的 TEC 值，再对预报的 TEC 值分别随着预报时间变化以及纬度变化进行精度评定。

图 4.18 和表 4.2 给出了选取的两个点（a 为点（62.5°S, 120°W），b 为点（85°S, 120°W））在 3 天时间内的精度变化。可以看出，随着预报时间的增加，预报的误差值会逐渐变大，第一天的预报精度最高，第三天的精度也在 1.5 TECU。

表 4.2　两点处的 RMS 均值统计信息（TECU）

点位置	第一天	第二天	第三天
a 点	0.448	0.582	1.550
b 点	0.861	1.086	1.570

下面选取不同纬度结果进一步分析预报精度，分别用实测模型值和预报模型值来计算不同纬度带上的经度范围为−180°～180°的电离层 TEC 值，并与 IGS 公布的 GIM 模型进行比对，时间为 2010 年年积日第 301 天 UT18 时。

从表 4.3 可以看出，对于预报值与 GIM 的比较，随着纬度的升高，预报模型与 GIM 之间的差值均值增大，而均方根是先减小后增大，在−65°处精度相对最高。这与 IGS 站在南极的分布有一定的关系，南极地区只有 8 个 IGS 站，且基本分布在纬度−65°左右，

表 4.3 南极地区不同纬度精度统计信息

南纬	预报与 GIM 比较		预报与实测比较	
	均值	RMS	均值	RMS
60.0°	−1.333	2.593	0.093	0.430
62.5°	−1.614	2.250	0.004	0.440
65.0°	−1.832	2.125	−0.101	0.481
67.5°	−2.012	2.165	−0.219	0.548
70.0°	−2.182	2.286	−0.345	0.632
72.5°	−2.398	2.479	−0.476	0.722
75.0°	−2.636	2.703	−0.604	0.810
77.5°	−2.937	2.998	−0.724	0.889
80.0°	−3.327	3.391	−0.829	0.955
82.5°	−3.788	3.868	−0.909	0.999
85.0°	−4.213	4.331	−0.963	1.027
87.5°	−4.546	4.727	−0.989	1.041

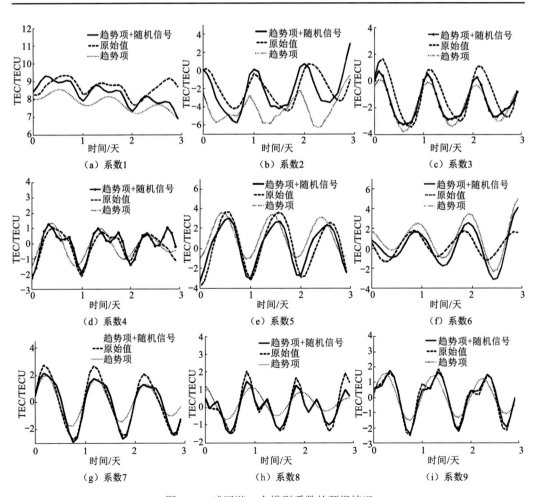

图 4.19 球冠谐 9 个模型系数的预报情况

而使用了南极地区 40 多个 GPS 跟踪站数据，相对较好地分布在南极内陆和沿海。对于预报模型与实测模型之间的比较，预报模型能够提供残差均值为−0.43 TECU、均方根为 0.73 TECU 左右精度的预报值，说明预报模型是适用的。

5）小结

选取了 9 参数的球冠谐函数模型进行谱分析得到各个系数的周期，利用傅里叶三角级数来拟合并预报趋势项，之后将系数剔除掉趋势项部分，得到随机项时间序列，运用时间序列建模分析方法 ARMA（p，q）模型对随机项进行预报，预报出短时间的时间序列，之后再与趋势项叠加得到预报值。通过与实测模型进行对比，这种预报方法可以用较少的参数实现较大范围内电离层 TEC 的预报，一天内的预报精度在 1 TECU，三天内的预报精度在 1.5 TECU 以内。由于南极地区的 GPS 连续跟踪站分布不均匀，且东南极内陆区域缺少数据，会造成电离层模型拟合过程中出现某些地区穿刺点信息较少的情况，使得预报的精度降低。另外，主要是用南极地区 2010 年的地基数据进行了相关分析，由于电离层的时空不确定性，在太阳活动高年或是其他区域的适用性，还需进一步的分析。

4.2　极区 GPS 气象学

4.2.1　概述

1. GPS 气象学的定义与分类

为了提高 GPS 的定位精度，消除 GPS 信号误差，科研人员做了很多尝试，如进行差分计算、提高卫星钟和接收机钟的精度、提供快速精密星历等，这些方法确实取得了很好的效果，消除或减弱了噪声的影响，提高了导航定位精度。在消除这些噪声的过程中，有一种特殊的误差，就是 GPS 信号在穿过中性大气时所造成的延时，其中最主要的延迟就是对流层延迟和电离层延迟。为了消除大气延时这一误差，可以采用模型改正和组合观测值的方法，但反向解读这一"消噪"问题，便可以得出一种全新的探测大气水汽的新技术——GPS 气象学。

根据 GPS 接收机的位置，GPS 气象学又分为地基 GPS 气象学和空基 GPS 气象学。地基 GPS 气象学是利用地面的 GPS 接收机来测量卫星信号在大气中的延迟量，从中分离出湿延迟量，然后转换为测站上空的水汽含量。空基 GPS 气象学是利用搭载在低轨卫星上的 GPS 接收机测量 GPS 卫星信号，当 GPS 信号与低轨卫星上的 GPS 接收机的连线经过地球上空的对流层大气时（称为一次掩星事件），GPS 信号会发生折射，从而可以反演出折射指数、温度、气压等大气参数。空基 GPS 掩星法具有垂直分辨率高、覆盖面广、数据获取速度快等优点，可以获得地基 GPS 方法所不易获取的广大海洋上的资料，对于改善全球和局地数值天气预报模型具有重要作用。地基 GPS 气象学目前已经发展得较为成熟，形成了一套完善的理论方法，在高精度 GPS 数据处理软件平台的支撑下，地基 GPS 气象学在全球范围内得到了广泛应用，包括地球的南北极地区，目前地基 GPS 反演大气可降水量的产品已经投入到常规天气预报的业务运营中，并对天气预报的初始场精化做出了积极的贡献。

2. GPS 气象学的起源与发展

GPS 气象学的研究始于 20 世纪 80 年代后期，最先在美国起步。1992 年，美国夏威夷大学的 Bevis 教授首先提出 GPS 气象学这一概念时，主要是针对地基 GPS 气象学而言。地基 GPS 气象学的主要研究任务是利用地面 GPS 观测探测大气可降水量，为天气预报和气象应用服务。经过多年发展，地基 GPS 气象学的理论研究已趋于成熟。基于事后 GPS 数据分析，并采用精确的后处理 GPS 卫星星历的水汽含量研究，展现了地基 GPS 技术探测毫米级水汽含量的可行性。这一领域较有影响的项目有：国际 GPS 服务（IGS）的全球永久性跟踪网、美国 SuomiNet 网、欧盟区域水汽监测计划和日本的 GPS 气象学计划等。我国有关部门也已进行这方面的研究和实验，例如：上海天文台与气象部门合作建立了上海地区实时监测水汽变化的地基 GPS 网，整个上海市和长江三角洲共布设了 19 个 GPS 观测站，上海市区实现了半小时天气预报。通过将 GPS 计算结果与传统大气监测手段成果进行比较，表明 GPS 测量大气可降水量的精度为 1～2 mm，进一步验证了地基 GPS 技术在气象预报、气候研究应用中具有广阔前景。

继 1995 年 4 月美国实施 GPS/MET 气象学计划以来，空基 GPS 遥感技术已发展到一个新的水平。目前世界上主要的掩星计划有两个，一个是我国台湾地区与美国合作的 COSMIC 计划，一个是丹麦牵头的由欧盟、加拿大等参加的 ACE+计划。1997 年我国台湾与美国签订的 COSMIC 合作计划，旨在利用掩星星座，测量和研究大气气象、气候和电离层。实际上是美国 UCAR 计划长期支持的又一轮 GPS 气象探测计划。它将发射 6 颗小卫星组成一个掩星星座，用以获取 0～60 km 高度范围中性大气资料和 90～800 km 高度范围电子密度场。届时，每天可获取 4 000 个全球分布的垂直剖面。该计划的实施，可以使美国和我国台湾及时掌握全球大气参量的数据资料。ACE+计划是在丹麦 Orsted 掩星卫星的基础上，发射 6 颗卫星组成掩星星座，其总投资约 1 亿欧元。Orsted 卫星是丹麦在 1999 年 2 月发射的一个小卫星，卫星上搭载了两个 GPS 接收机，一个用于掩星观测，另一个用于卫星的自主定位。其目的在于增进对掩星观测的理解和进一步发展掩星技术。此外，与 Orsted 卫星一起发射的还有南非的 SUNSAT 卫星，用于大气和电离层参量剖面的全球观测。德国的 CHAMP 计划也在开展掩星观测试验，其特点是改进了 GPS 接收机天线，使接收机的信噪比得到了提高。同时掩星观测也是阿根廷 SAC-C 卫星计划的重要内容。日本和澳大利亚等国家也正在计划或实施掩星观测试验。估计今后将有更多的这类低轨卫星进入轨道。我国有关部门也已进行这方面的研究和实验，如高精度 GPS 接收机的研制、掩星卫星轨道设计、掩星反演技术和仿真技术研究、掩星观测与其他观测技术的比较等。对于数据缺乏的极地与海洋，空基 GPS 气象学具有广阔的应用前景。由于地基 GPS 气象学与空基 GPS 气象学各自的局限性，利用它们各自的优点，将两者相结合共同探测地球大气是今后发展的重点。

3. 传统大气探测手段与 GPS 气象方法

传统气象测量大气水汽的手段主要包括无线电探空仪（radiosonde）、微波辐射计（microwave radiometer）和气象卫星等。无线电气象探空仪是气象预报系统的基础，它可以将气温、气压和湿度数据实时地传输到地面，其主要优点是可以为这些大气参数提供较高的垂直分辨率，但是当相对湿度小于 20%时，它将不能提供有效的数据。另外无线电气象探空仪采集的数据存在时间和空间分辨率不高的缺点，从时间分辨率上看，无线电探空仪比较昂贵，为了减少仪器损耗，节省发射费用，在一个台站上一般是每 12 h 将其升空一次，由探空仪采集的数据不能代表一天的水汽变化；从空间分辨率来看，台站的数量是有限的。由于这些方面的限制，无线电探空仪不能充分地解出水汽的时空变化量，也无法满足短期天气预报的需要。

地基上倾式水汽辐射计（ground-based, upward-looking WER）可以测量大气水汽所引起的微波辐射，而且还可以估计出给定的视线方向上的综合水汽含量（integrated water vapor，WVR）和综合液态水量。WVR 实际上是以两个或多个频率来测定天空的温度。地基微波辐射计（ground-based microwave radiometer）可以在多云和小雨的天气下进行测量，并能提供连续的时间序列的测量数据。地基 WVR 不受少量云层覆盖的影响，但在云层较厚时测量精度会大大降低，且在雨天会受到严重的影响，不能提供有效数据。地基和空基水汽辐射计可以相互补充，地基水汽辐射计有较好的时间覆盖性，但空间覆盖性较差，空基水汽辐射计则正好相反。探测水汽的最好方法就是使用水汽辐射计，但 WVR 费用昂贵，难以广泛使用，不同类型的 WVR 具有不同的反演公式而且受天气限制，使得 WVR 的使用有很大的局限性。更常见的是空基下倾式水汽辐射计（space-based microwave radiometer），上倾式 WVR 是测量相对于空间冷背景的水汽放射谱线；下倾式 WVR 是测定与地球的热背景辐射相应的吸收线，由于热背景的温度非常易变而且很难测定，在陆地从空基的 WVR 推算 IWV 是非常复杂的。在有云的情况下，也存在着类似的问题，背景的温度可能会在 220～290 K 变化，这种变化是很大的，虽然理论上可以模拟，但在大多数情况下确定这种变化是很困难也很费时的，因此，空基水汽辐射计更适用于海洋上空的水汽监测。

气象卫星具有较好的全球覆盖性和较高的水平分辨率，但垂直分辨率和时间分辨率较差。利用太阳辐射计（solar radiometer）采集数据是一种新的有应用前景的测定大气参数的方法，它可以通过测量太阳透射、辐射而测得大气综合水汽含量。但因为受技术设施等条件的限制还未广泛使用。由于上述各种方法的局限性，这些数据采集技术已不能满足今天各种天气和气候应用的需要。

GPS 气象遥感技术给气象部门测定大气参数提供了新的数据源，由于它具有全天候、高精度、高时空分辨率和成本低等优点，可以补充现有的无线电探空仪及水汽辐射计所传输的气象数据的不足，改善测定大气中水汽参数的时空分辨率。

综上所述，GPS 气象遥感技术是对传统大气探测手段的有力补充，其发展能够弥补无线电探空仪、水汽辐射计和气象卫星的不足，具有推动天气预报、气候和全球变化等领域进步的潜力。

4. 南北极 GPS 气象研究的背景

南极天气变化反复无常，狂风暴雪是南极天气的主要特征之一。冬季月最低平均气温可达-59.8℃，极端最低气温为-89.3℃。要准确快速获取南极地区的天气变化的信息仅靠传统的气象测量仪器是不够的，如今随着南极 GPS 跟踪站的逐步建立与完善，发挥其长期连续观测的优势，可以很好地开展 GPS 气象学的研究，更好地服务于极地考察，使 GPS 不仅成为野外考察队员的"指南针"，也成为一张极好的"晴雨表"。

全南极 GPS 国际联测是由国际南极研究科学委员会下属的大地测量与地理信息工作组（Scientific Committee on Antarctic Research-Working Group on Geodesy and Geographic Information，SCAR-WGGGI）组织实施的一项国际大型合作科研项目。从 1992 年开始，SCAR 组织协调十几个国家 30 多个南极站参加每年一度的连续 22 天的全南极 GPS 会战联测。我国自 1994 年参加该项国际合作研究，获得数据共享，为 GPS 在南极气象中的应用打下了良好的基础，而且我国在南极地区已经建立了长城站和中山站两个常年 GPS 跟踪站。

中国南极长城站建成于 1985 年 2 月，位于南极半岛地区南设得兰群岛乔治王岛的菲尔德斯半岛上（62°13′ S，58°58′ W）。中国南极中山站于 1989 年 2 月建成，位于东南极大陆拉斯曼丘陵（69°22′ S，76°22′ E），如图 4.20 所示。长城站受频繁过境的极地气旋的影响，天气变化十分激烈，大风及降水是该地区的主要天气现象，也是影响该地区科学考察活动的主要天气。中山站纬度较长城站高，除了受到较强极地气旋影响以外，还受到南极大陆冷高压影响。大风是中山站地区的主要天气现象；降水较少，强度较弱。

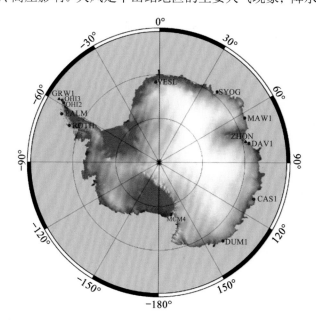

图 4.20 中国南极长城站（GRW1）和中山站（ZHON）及南极的 IGS 站点位置

与南极不同，北极是大陆包围的冰雪海洋，其冰雪总量约为南极的 1/10，大部分集中在格陵兰岛的大陆性冰盖中。作为地球上三大敏感地区之一，北极独特的地理位置、气候条件、自然环境和生态特点决定了其在全球气候变化研究中占有重要地位。

北极黄河站位于挪威斯匹次卑尔群岛的新奥尔松，是我国在北极唯一的科学考察站。黄河站常年 GPS 跟踪站是我国北极黄河站科学考察中的一个建设项目，利用黄河站的 GPS 观测数据可以进行大气水汽的研究工作，以期对黄河站区的气候变化研究做出相应的贡献，同时也可以为科考人员提供天气方面的参考。

4.2.2　GPS 气象学基本原理

1. 地基 GPS 气象学原理

GPS 信号在穿过地球大气层时，要受到电离层和大气层的折射影响，使信号的传播速度和传播路径发生变化，从而造成时间上的延迟。这种延时等效于传播路径的增长，成为 GPS 导航定位中的一项误差源。其中电离层延迟与电磁波频率的平方成反比，可以通过双频线性组合的方法予以消除，而对流层延迟则包含了湿延迟分量和干延迟分量，由于湿延迟分量变化较为复杂，目前还不能对其精确地模型化，湿延迟的估计精度在很大程度上决定了导航定位的精度。

在 GPS 导航定位中，将对流层延迟作为影响 GPS 定位精度的误差源予以剔除，进行一个"逆运算"，即设法利用 GPS 定位中的对流层延迟来反演大气水汽含量。假设地面 GPS 接收机的精确三维坐标可以通过其他方法获得，则可以在 GPS 测得的卫星信号中提取对流层总延迟，从而得到水汽造成的湿延迟，进而反演出信号路径上的水汽含量。这便是地基 GPS 气象学的基本原理。

1）中性大气延迟的模型化

假设大气是各向同性的，则 GPS 信号传播路径上的中性大气延迟可采用如下公式表示：

$$\Delta L_{\text{neutro}}(e) = \Delta L_z^d \cdot M_d(e) + \Delta L_z^w \cdot M_w(e) \tag{4.16}$$

式中：ΔL_{neutro}、ΔL_z^d、ΔL_z^w 分别为传播路径上的天顶总延迟、天顶干延迟与天顶湿延迟；$M_d(e)$ 与 $M_w(e)$ 分别为天顶干延迟和天顶湿延迟投影到传播路径上的映射函数，与卫星高度角 e 有关。

在实际情况中，GPS 信号的传播还受到大气各向异性的影响，在式（4.16）的基础上进一步考虑大气水平梯度，有

$$\Delta L_{\text{neutro}}(e) = \Delta L_z^d \cdot M_d(e) + \Delta L_z^w \cdot M_w(e) + \Delta L_{\text{gradient}}(e, \alpha) \tag{4.17}$$

式（4.17）右边第三项是大气水平梯度引起的延迟，其有着不同的表现形式。地基 GPS 气象学是在 GPS 相位观测值的基础上，利用式（4.17）计算天顶方向的大气总延迟，简单表示为

$$\Delta L_z^{\text{total}} = \Delta L_z^d + \Delta L_z^w \tag{4.18}$$

干大气比较稳定，符合理想气体状态方程，因此，干延迟 ΔL_z^d 可由实测的地面气象元素经对流层延迟经验模型估算而得，大气总延迟减去大气干延迟即为大气湿延迟 ΔL_z^w。可降水量（precipitable water vapor，PWV）由湿延迟与转换因子的乘积而得，其中转换因子 Π 是大气加权平均温度 T_m 的函数。由此可见，在地基 GPS 可降水量的计算中，水平梯度、映射函数、大气总延迟、大气干延迟及加权平均温度的确定都会影响到 PWV 的精度。

2）梯度模型

在大气是球对称的假定条件下，对流层延迟改正量的大小仅仅是高度角的函数，但实际上对流层是非常复杂的，折射率在水平方向上还存在着不对称性。这就导致对流层

延迟改正与高度角和方位角都相关, 在高精度 GPS 数据处理中必须考虑对流层水平梯度的影响。

目前, 梯度模型主要存在于高精度 GPS 数据处理软件中, 不同软件的梯度项具体形式有所不同。

GIPSY 软件中的梯度模型为

$$\Delta L_{\text{gradient}}(e, \alpha) = M_G(e) \cot e \cdot (G_N \cdot \cos \alpha + G_E \cdot \sin \alpha) \tag{4.19}$$

式中: $M_G(e)$ 为梯度的映射函数; G_N 与 G_E 分别为南北方向与东西方向的大气水平梯度; e, α 分别为高度角与方位角。

GAMIT 软件中的梯度模型为

$$\Delta L_{\text{gradient}}(e, \alpha) = \frac{1}{\sin e \tan e + C} \cdot (G_N \cdot \cos \alpha + G_E \cdot \sin \alpha) \tag{4.20}$$

式中: C 为常数, 且 C = 0.003。

大气水平梯度受水汽的影响很大, 水汽含量的复杂变化使得水平梯度的时变特征更加明显, 因此, 通用模型无法满足区域性水平梯度的精度需求。高精度 GPS 数据处理软件中考虑了全球性的因素引起的水平梯度变化, 但梯度模型精度的提高有赖于对区域性因素的精确模型化, 目前为止, 还没有较为成熟的区域性梯度模型。

3) 映射函数

在 GPS 气象学的研究中, 映射函数的主要作用是进行天顶路径延迟和斜路径延迟的相互转换, 而这两者的精确确定影响着 GPS 遥感水汽的精度。可以说只有准确计算出了天顶延迟和斜延迟, 才能进行后续的高精度 GPS 遥感水汽工作, 而在实际的 GPS 数据处理过程中, 由于未知数个数的限制, 一般是把测站的天顶路径延迟作为未知参数进行解算, 再通过映射函数投影到斜路径方向上。

映射函数是在假设球对称的基础上, 利用探空资料得到的气压、温度和相对湿度的垂直廓线计算出来的。

对流层受地面气象元素影响较大, 静力地图函数和湿地图函数也需要考虑地理和气象因素, 因此, 早期的映射函数是建立在地面气象要素基础之上的, 如 Davis 映射函数即考虑了地面气象要素, 其映射函数表达式为

$$M_d(e) = \frac{1}{\sin e + \dfrac{a}{\tan e + \dfrac{b}{\sin e + c}}} \tag{4.21}$$

其中

$$a = 0.001185[1 + 0.607\,1 \times 10^{-4}(P_0 - 1000) - 0.147\,1 \times 10^{-3} e_0 + 0.307\,2 \times 10^{-2}(T_0 - 20)$$
$$\quad + 0.196\,5 \times 10^{-1}(\beta + 6.5) - 0.564\,5 \times 10^{-2}(h_t - 11.231)]$$

$$b = 0.001144[1 + 0.116\,4 \times 10^{-4}(P_0 - 1000) + 0.279\,5 \times 10^{-3} e_0 + 0.310\,9 \times 10^{-2}(T_0 - 20)$$
$$\quad + 0.303\,8 \times 10^{-1}(\beta + 6.5) - 0.121\,7 \times 10^{-2}(h_t - 11.231)]$$

$$c = -0.009\,0$$

式中: P_0 为地面气压 (hPa); e_0 为地面水汽压 (hPa); T_0 为地面温度 (K); β 为温度垂直递减率 (K·km⁻¹); h_t 为对流层顶高度 (km)。

　　由于 Davis 映射函数取决于地面气象元素，而地面气象元素与高层大气相关性不大，它影响到了计算结果的精度，有必要采用新的不依赖地面气象元素的映射函数。1996 年，Niell 采用美国标准大气模型，考虑大气层分布随时间的周期性变化，发展了新的映射函数，使其中的系数与气象元素无关，只与地理位置有关，是全球性的普适模型，它的表达式为

$$m(e) = \cfrac{1 + \cfrac{a}{1 + \cfrac{b}{1 + c}}}{\sin e + \cfrac{a}{\sin e + \cfrac{b}{\sin e + c}}} \tag{4.22}$$

式中：e 为卫星的仰角。对于静力映射函数 $M_d(e)$，每个系数 a，b，c 由平均值 a_{avg} 和幅值 a_{amp} 季节订正组成

$$a(\varphi, t) = a_{avg}(\varphi) - a_{amp}(\varphi)\cos\left(2\pi\frac{t - T_0}{365.25}\right) \tag{4.23}$$

式中：φ 为测站的地理纬度；t 为年积日；$T_0 = 28$；平均值系数和幅值系数 a_{avg}，a_{amp}，b_{avg}，b_{amp}，c_{avg}，c_{amp}，Niell 地图投影函数模型的干项系数及湿项系数见表 4.4 和表 4.5。

表 4.4　Niell 地图投影函数模型的干项系数

系数		纬度				
		15°	30°	45°	60°	75°
平均值系数	a_{avg}	1.277×10^{-3}	1.268×10^{-3}	1.247×10^{-3}	1.220×10^{-3}	1.205×10^{-3}
	b_{avg}	2.915×10^{-3}	2.915×10^{-3}	2.929×10^{-3}	2.902×10^{-3}	2.902×10^{-3}
	c_{avg}	6.261×10^{-4}	6.284×10^{-4}	6.372×10^{-4}	6.372×10^{-4}	6.426×10^{-4}
幅值系数	a_{amp}	0	1.271×10^{-5}	2.652×10^{-5}	3.400×10^{-5}	4.120×10^{-5}
	b_{amp}	0	2.141×10^{-5}	3.016×10^{-5}	7.256×10^{-5}	1.172×10^{-6}
	c_{amp}	0	9.013×10^{-5}	4.350×10^{-5}	8.480×10^{-6}	1.704×10^{-7}
高度订正	a_{ht}	2.53×10^{-5}				
	b_{ht}	5.49×10^{-3}				
	c_{ht}	1.14×10^{-3}				

　　另外，考虑测站高度与地球曲率半径有关，再加上高度订正项

$$\Delta M_d(e) = \frac{\mathrm{d}(e)}{\mathrm{d}h}H = \left[\frac{1}{\sin e} - f(e, a_{ht}, b_{ht}, c_{ht})\right]H \tag{4.24}$$

式中：a_{ht}，b_{ht}，c_{ht} 由表 4.4 给出；$f(e, a_{ht}, b_{ht}, c_{ht})$ 为括号内的系数代入式中计算得到。H 为测站的海拔高度（km）。

　　从 Niell 映射函数的公式来看，其除了考虑纬度因素，还考虑了对流层的季节性变化、南北半球的非对称性及测站高程的影响。Niell 映射函数不包含地面气象元素，不会受到地面气象元素误差的影响，多次实验均证明 Niell 映射函数与无线电探空的结果吻合的很好，使之在 GPS 和 VLBI 中得到了广泛应用。

但 Niell 映射函数仅仅依赖于测站的纬度和时间，导致其在不同纬度地区偏差较大，特别是南半球的高纬地区，且对经度缺少敏感性，也会产生系统性的偏差。计算结果表明 Niell 映射函数的高度订正公式不仅在理论上有缺点，与实际结果相比也存在较大的偏差，它所引入的误差已经远远大于气象参数所带来的误差（严豪健，1999）。Niell 映射函数的模型偏差已难以满足高精度 GPS 数据处理的要求，因此迫切需要构建高精度的动态映射函数。

表 4.5　Niell 地图投影函数模型的湿项系数

系数	纬度				
	$15°$	$30°$	$45°$	$60°$	$75°$
a	5.802×10^{-4}	5.679×10^{-4}	5.812×10^{-4}	5.973×10^{-4}	6.164×10^{-4}
b	1.428×10^{-3}	1.514×10^{-3}	1.457×10^{-3}	1.501×10^{-3}	1.760×10^{-3}
c	4.347×10^{-2}	4.673×10^{-2}	4.391×10^{-2}	4.463×10^{-2}	5.474×10^{-2}

2004 年，Boehm 等利用 ECMWF（European Centre for Medium-Range Weather Forecasts）资料 6 h 分辨率的等压面数据，采用射线跟踪的方法构建了近实时动态映射函数 VMF1（vienna mapping function）。VMF1 的参数可近实时从奥地利维也纳理工大学大地测量研究所网址下载（http://mars.hg.tuwien.ac.at/~ecmwf1），用户可以利用全球格网点的 a_{dry} 和 a_{wet} 值通过内插算法求得测站的 a_{dry} 和 a_{wet} 值，b_{wet}、b_{dry} 和 c_{wet} 分别取常数 0.001 46、0.002 90 和 0.043 91，c_{dry} 由下式计算而得

$$c_{dry} = c_0 + \left\{ \left[\cos\left(\frac{doy - 28}{365} \cdot 2\pi + \varphi\right) + 1 \right] \cdot \frac{c_{11}}{2} + c_{10} \right\} \cdot (1 - \cos\varphi) \tag{4.25}$$

式中：doy 为年积日，c_0、c_{10}、c_{11} 和 φ 的值如表 4.6 所示。

表 4.6　VMF1 干映射项系数的值

南北半球	c_0	c_{10}	c_{11}	φ
北半球	0.062	0.001	0.005	0
南半球	0.062	0.002	0.007	π

VMF1 被认为是目前精度最高、可靠性最好的映射函数模型，而实验结果也表明：相比 Niell 映射函数，VMF1 不仅可以提高基线的重复性精度，还可以在一定程度上改善测站高程方向上的精度。

4）天顶总延迟

对流层总延迟的估算方法有很多，目前通常是采用高精度 GPS 数据处理软件直接计算而得，其结果的精度经过实验验证足以满足 GPS 水汽的相关研究工作。但在数据处理过程中，由于对流层延迟不再具有区域相关的特性，无法利用差分的方法来完全消除对流层延迟误差的影响。对流层总延迟由干延迟和湿延迟两部分组成，干延迟相对来说比较稳定，湿分量虽然量级小却变化大，这是大气水汽的不确定性所导致的，利用经验模型估算湿延迟的结果不理想。国内外学者经过多年研究探索，提出了在经验模型的基础

上对对流层湿延迟附加改正参数的方法，主要有单参数法、多参数法、随机过程法和分段线性法。

（1）单参数法。单参数法的思路是假定每个测站天顶方向的对流层延迟模型改正值与实际值之间存在一个固定的常数偏差。利用该方法进行短时间的 GPS 数据处理可以得到较为理想的结果，但时间序列增加之后精度会大幅下降，因此，该方法应用范围有限。

（2）多参数法。为了改正单参数法的缺陷，多参数法是在横坐标时间轴上以固定的时间间隔引入一个天顶延迟参数，从而消除改正值与实际值之间的固定偏差。但实验结果表明该方法还是存在不足，一是时间间隔不好准确确定，导致估计参数没有代表性或者产生病态方程组；二是离散的不规则改正参数无法反映出对流层延迟随时间的变化特征。

（3）随机过程法。大量研究表明，天顶方向的湿延迟变化可以通过一阶高斯马尔科夫过程模拟，因此，可以将待估的附加参数看作随时间变化的随机变量。实验结果也证明随机过程法求得的天顶湿延迟与水汽辐射计的结果没有明显差异，因而随机过程法被认为是模拟大气延迟的最佳方法。

（4）分段线性法。分段线性法是假定两个节点之间的时间段内，测站天顶方向的对流层延迟随时间线性变化，因此，可以用一定步长的离散随机过程来表示对流层延迟随时间的变化过程。实际上，分段线性法是一阶高斯马尔科夫过程的近似表达，因此，该方法得到了广泛应用，目前常用的高精度 GPS 数据处理软件（如 GAMIT、BERNESE、EPOS 等）都是采用分段线性法来估算天顶总延迟的。

5）斜路径延迟

水汽的三维分布信息与各种天气现象联系紧密，但利用地基 GPS 技术获得的 PWV 反映的是天顶方向的水汽总含量，并不能提供水汽的垂直剖面信息，与 PWV 相比，信号路径方向的斜路径水汽含量（slant water vapor，SWV）包含了水汽的垂直廓线信息，有利于研究三维水汽分布。将斜路径水汽含量同化到数值天气预报模式的初始场中可以重构水汽三维分布场，对数值预报有重要的改进作用。

PWV 和 SWV 都反映了单位面积上空气柱中的水汽含量，只不过 PWV 表征的是垂直方向的空气柱，而 SWV 反映的是倾斜方向的空气柱。SWV 中除了包含各项同性部分，即天顶方向的总水汽 PWV，也包含了各向异性部分，即 SWV 对各向同性部分的偏离，SWV 与 PWV 的关系式为

$$SWV = M_w \cdot PWV + \delta \tag{4.26}$$

式中：M_w 为湿投影函数；δ 为大气各向异性对 SWV 的影响。δ 的计算是精确确定 SWV 的关键。如果 GPS 数据处理过程中各项参数已经很好地模型化，那么残差项部分就反映了大气各项异性和观测噪声的影响。

6）层析三维水汽场

SWV 中包含了水汽的垂直剖面信息，对于一个密集的 GPS 网，如果获取了各历元所有信号路径上的 SWV，采用层析原理可以得到研究区域上空水汽的三维分布信息。将 GPS 网上空的区域划分为多个格网并假设每个格网内的水汽密度均匀分布，就可以实现对水汽三维分布的离散化表达。层析模型中的观测值为沿信号传播方向的 SWV，未知数为各格

网内的水汽密度，根据 GPS 信号在格网内穿过的长度建立观测方程。未知数的个数与所划分的网格个数紧密相关。一般情况下，非均匀分布的地面 GPS 监测网会导致观测值的缺失，从而使方程组无法得到唯一解。此时在原始观测值的基础上需要提供其他先验信息对方程组进行约束，通常情况下采用无线电探空资料或数值天气预报（numerical weather prediction，NWP）模式提供的大气垂直廓线资料对水汽在天顶方向的分布进行约束。

目前层析三维水汽技术的发展已经逐步趋于成熟，层析出来的三维图像信息可以更好地揭示不同高度大气层中的水汽含量，从而可以深入分析中小尺度降水发生过程中水汽的变化情况。层析技术的进一步研究有利于发掘可降水量与实际降水的关系，从而改善天气预报的初始场，更好地服务于天气预报业务。而目前层析技术的重点和难点就在于病态层析方程组的求解问题，如何合理地加入先验条件约束使得方程组可解，这是目前层析三维水汽亟待解决的问题。

2．空基 GPS 气象学原理

1）GPS 掩星技术的基本原理

GPS 掩星技术就是 GPS 卫星所发出的无线电信号，在地球遮挡之前，穿过大气层，由一个安装在低轨卫星平台上的 GPS 接收机接收，从而反演得到中性大气参数（如对流层温度、湿度、气压等）和电离层电子密度等，见图 4.21 中的掩星示意图。

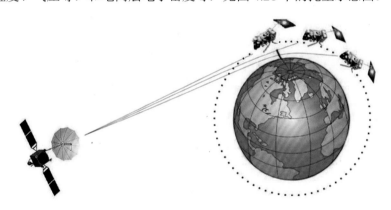

图 4.21　掩星示意图

2）电离层影响改正

GPS 信号在到达 LEO 卫星上的接收机之前，所经过的射线路经不仅受到中性大气层的影响，还受到电离层的影响。由美国 1995 年 GPS/MET 掩星实验可知：在 30 km 以下，电离层影响比中性层的影响小 1～2 个数量级，随着高度的增加，电离层影响呈指数增长趋势，45 km 以上已经超过中性大气层的影响。显然在反演的过程中必须进行电离层影响的改正。改正方法有传统的相位组合法（LC 方法）和折射角线性组合法等。

3）GPS 掩星测量的垂直分辨率与水平分辨率

（1）垂直分辨率。一次掩星事件可以用由高到低或者由低到高的无数条射线路径描述。对于每条射线路径而言，反演的大气参数被认为是射线路径近地点高度处的大气参数。垂直分辨率是指射线路径近地点高度和总折射累积到一半的高度之间的高度差。它受到测量噪声、衍射、水平大气各向异性的影响。对于每一条射线路径，其垂直分辨率取决于沿射线路径上的各大气层对于该射线路径的总折射角的影响大小。理论研究发现，掩星事件的垂直分辨率等于信号传播中第一费涅尔带的直径：

$$Z_F = 2\sqrt{\frac{\lambda D}{1 - D\dfrac{\mathrm{d}\alpha}{\mathrm{d}h}}} \tag{4.27}$$

式中：λ 为无线电信号的波长；$D = (1/D_L + 1/D_G)^{-1}$，其中 D_L 与 D_G 分别为近地点到 LEO 和 GPS 卫星的距离；Z_F 在中性大气层中的变化范围约为 1.5～0.5 km。

（2）水平分辨率。虽然掩星观测中的观测量是大气在整个射线路径上的总延迟，但是大气的折射影响主要发生在以近地点为中心的约 700 km 长的射线路径上。在一次掩星事件中，近地点的水平位置会随着卫星的运动而移动，因此，不同高度处的近地点水平位置也不同。

某近地点位置的水平分辨率与该近地点高度处的垂直分辨率的关系为

$$D_F = 2\sqrt{2RZ_F} \tag{4.28}$$

式中：D_F 为水平分辨率；Z_F 为第一费涅尔带的直径定义的垂直分辨率；R 为射线近地点高度处的地心向径。若取 $R = 6\,400$ km，当 $Z_F = 0.5$ km 时，$D_F = 160$ km；当 $Z_F = 1.5$ km 时，$D_F = 277$ km。

4）反演折射角的上边界优化

（1）反演折射角的改正。大气折射角随着高度增加呈指数规律减小，由大气折射带来的附加相位延迟量在 50 km 以上已经小于 10 cm，而残余电离层误差的影响越来越大；同时由于 GPS 接收机的热噪声、钟差和轨道误差等导致测量精度本身受到限制。此时需要利用 MSISE-90 大气模型数据对反演折射角的上边界进行改正。可以写为

$$n(a) \approx \mathrm{Exp}\left[\frac{1}{\pi}\int_a^{\xi_U}\frac{\alpha(\xi)}{\sqrt{\xi^2 - a^2}}\mathrm{d}\xi + \frac{1}{\pi}\int_{\xi_U}^{\infty}\frac{\alpha_m(\xi)}{\sqrt{\xi^2 - a^2}}\mathrm{d}\xi\right] \tag{4.29}$$

采用式（4.29）在利用 Abel 变换由折射角廓线反演折射率廓线的过程中，可在一定高度上采用大气模型折射角 $\alpha_m(\xi)$ 代替反演折射角 $\alpha(\xi)$，这个高度 h_U 对应的影响参数用式中的 ξ_U 表示。实际计算时大气模型计算的折射角是有上限的，一般将这个上限对应的高度设为 110 km 左右，在此高度之上的大气折射率则被忽略不计。所以式（4.29）可写为

$$n(a) \approx \mathrm{Exp}\left[\frac{1}{\pi}\int_a^{\xi_U}\frac{\alpha(\xi)}{\sqrt{\xi^2 - a^2}}\mathrm{d}\xi + \frac{1}{\pi}\int_{\xi_U}^{r_E+110}\frac{\alpha_m(\xi)}{\sqrt{\xi^2 - a^2}}\mathrm{d}\xi\right] \tag{4.30}$$

式中：r_E 为掩星平面内的地球半径。一般情况下，$r_E + 45$ km $\leqslant \xi_U \leqslant r_E + 60$ km。在进行大气反演时，采用上述 h_U 高度处对应的大气模型温度作为温度反演上边界条件，即 $T_U = T_{\mathrm{MSISE-90}}(h_U)$，对应的气压为

$$P_U = \frac{R^*}{m_d}\rho(h_U)T_U \tag{4.31}$$

当 $h \leqslant h_U$ 时，则写为

$$P(h) = P_{h_U} + g(h)\int_h^{h_U} \rho(h')\mathrm{d}h' \tag{4.32}$$

此外，可知任意高度 h 处折射指数与折射率的关系为

$$N(h) = 10^6 \left[n(h) - 1 \right] \tag{4.33}$$

可得

$$T(h) = T_U \frac{\rho(h_U)}{\rho(h)} + \frac{m_d}{R^*} g(h) \frac{\int_h^{h_U} \rho(h')\mathrm{d}h'}{\rho(h)} = T_h \frac{N(h_U)}{N(h)} + \frac{m_d}{R^*} g(h) \frac{\int_h^{h_U} N(h')\mathrm{d}h'}{N(h)} \tag{4.34}$$

对于同一掩星事件选择不同的 h_U，所反演的温度廓线在 20 km 左右的差异达到 2 K，随着高度的增加，差异值逐渐增大；在 40 km 附近同温层顶部温度反演结果的差异已超过了 10 km。这种差别主要是由于这个区域的电离层残余误差较大，所选的 h_U 所处的区间折射角误差较大而给该高度以下带来明显的温度误差。若利用统计优化法，可以减弱 h_U 的具体值给反演结果带来的影响。

（2）统计优化法。统计优化法的思想是不要求 h_U 取确定值，而是给出一个由反演折射角到模型折射角过渡的区间，在此区间内，根据反演折射角相对于模型折射角的偏离值确定反演折射角的权系数。权系数定义式为

$$C = \frac{1}{1 + \left| \dfrac{\alpha - \alpha_m}{20\%\alpha_m} \right|} \tag{4.35}$$

式中：α 为反演折射角；α_m 是由大气模型得到的折射角；20% 是根据经验确定的一个值，代表模型折射角可能的最大误差范围。利用模型折射角对反演折射角进行改正后得到的折射角序列为

$$\bar{\alpha} = (1-C)\alpha_m + C\alpha = \alpha_m + C(\alpha - \alpha_m) \tag{4.36}$$

高度区间的选取是利用式（4.36）改正折射角问题的关键。利用权系数 C 随高度变化的曲线可以确定该高度区间。从总的趋势上看，C 随着高度的增加而减小。若选择的高度太低，模型折射角的权重可能过大。根据经验，C 值为 0.3～0.5 对应的高度较合适。

在高度较低的区域，α 与 α_m 的差值远小于 $20\%\alpha_m$，C 接近于 1，因此，$\bar{\alpha}$ 更接近于 α；高度越高，α 与 α_m 的差值越大，C 接近于 0，因此，$\bar{\alpha}$ 更接近于 α_m。从测量折射角廓线 α 到模型折射角廓线 α_m 的转换是平滑的。一般此高度区间确定为 40～65 km，折射角廓线在该高度区间以下完全采用反演折射角；在该高度区间以内，逐渐由反演折射角过渡到模型折射角；而在该高度区间以上则采用模型折射角。

5）地球扁率影响改正

当考虑地球扁率影响时，地球大气不再呈球对称分布，大气折射中心与地球椭球中心并不重合，为了改正由于地球扁率带来的偏差，折射角与影响参数的计算应该相对于折射中心。虽然一次掩星事件中各条射线路径的折射中心事实上并不完全重合，但在应用 Abel 变换时，需要确定一个固定点作为平均折射中心。对于地球而言，平均折射中心可以用在掩星地点与地球椭球相切，半径为掩星平面内的曲率半径的一个球的球心来逼近。这种情况下，不同掩星事件的折射中心不同。反演计算不再基于纯粹的球对称大气假设，而是采用局部大气球对称假设。如图 4.22 所示，当用椭球中心 O' 作为折射中心时，

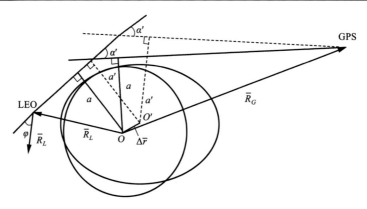

图 4.22　地球扁率对折射中心的影响

所计算的影响参数 a' 和折射角 α' 与真实的 a 和 α 相比存在着较大的偏差。在反演过程中进行地球扁率改正的目的就是计算折射中心相对于椭球球心的偏移量 $\Delta\bar{r}$ 以及掩星平面内的曲率半径,并且将卫星的位置和速度改正到以折射中心为原点的空间直角坐标系中。$\Delta\bar{r}$ 的计算方法如下。

　　定义 T 为整个掩星事件的近地点,T_0 为 T 在椭球面上的投影,对应的地心向径为 $\boldsymbol{r}=(x,y,z)$,其中 x,y,z 为 T_0 在地心空间直角坐标系中的坐标,该方向的单位向量用 $\hat{\boldsymbol{r}}=(\tilde{x},\tilde{y},\tilde{z})$ 表示。过 T_0 的椭球法线向量用 $\boldsymbol{n}_s$ 表示,根据微分几何的知识有

$$\boldsymbol{n}_s = \hat{\boldsymbol{r}} - 2fz\begin{pmatrix}\tilde{x}\tilde{z}\\ \tilde{y}\tilde{z}\\ \tilde{z}^2-1\end{pmatrix} \tag{4.37}$$

式中:f 为椭球的扁率。定义 $\hat{\boldsymbol{n}}_p$ 为在掩星过程中当 GPS 与 LEO 卫星之间的直线连线在椭球外且与椭球面最接近时,从 GPS 到 LEO 卫星的单位向量,其值可以从卫星的位置和速度采样序中计算得到。与椭球相切于 T_0 点,半径为掩星平面内的曲率半径的圆球的球心就是折射中心。曲率半径的计算可以近似采用下式:

$$\boldsymbol{R}_C \approx \frac{\boldsymbol{n}_s}{\left|\boldsymbol{J}_s \cdot \hat{\boldsymbol{n}}_p\right|} \tag{4.38}$$

式中

$$\boldsymbol{J}_s = \frac{1}{R_{\text{eq}}}\begin{Bmatrix} 1-\tilde{x}^2-f\,\tilde{z}^2(1-7\tilde{x}^2) & -\tilde{x}\tilde{y}(1-7f\,\tilde{z}^2) & -\tilde{x}\tilde{z}\left[1+f(4-7\tilde{z}^2)\right]\\ -\tilde{x}\tilde{y}(1-7f\,\tilde{z}^2) & 1-\tilde{y}^2-f\,\tilde{z}^2(1-7\tilde{y}^2) & -\tilde{y}\tilde{z}\left[1+f(4-7\tilde{z}^2)\right]\\ -\tilde{x}\tilde{z}\left[1+f(4-7\tilde{z}^2)\right] & -\tilde{y}\tilde{z}\left[1+f(4-7\tilde{z}^2)\right] & (1-\tilde{z}^2)\left[1+f(4-7\tilde{z}^2)\right]\end{Bmatrix} \tag{4.39}$$

式中:R_{eq} 为地球赤道半径,于是折射中心 O 相对于地心 O' 的偏移量为

$$\Delta\boldsymbol{r} = R_{\text{eq}}(1-f\cdot\frac{z^2}{x^2+y^2+z^2})\cdot\hat{\boldsymbol{r}} - \boldsymbol{R}_C \tag{4.40}$$

　　6)最佳估计反演法

　　在掩星数据处理中,若从数值天气预报模型中给出先验估值和误差协方差阵,则利用最佳估计反演方法可反演出具有统计最佳的温度和湿度廓线。

最佳估计的基本原理是使泛函数 $J(x)$ 最小即解算 $\nabla_x J(x) = 0$。也就是确定大气状态估值对测量数据、某些先验数据和其他实际或动态的约束的拟合度。为了讨论简便，观测噪声、跟先验模拟参数有关的误差和先验模型（包括样本误差）用一个矢量 ε 表示，它的整体特征由协方差阵 E 描述。在此条件下，泛函数 $J(x)$ 可写为

$$J(x) = \left[y^0 - y(x) \right]^{\mathrm{T}} E^{-1} \left[y^0 - y(x) \right] + (x - x^b)^{\mathrm{T}} C^{-1} (x - x^b) \tag{4.41}$$

式中：x^b 和 x 分别为背景和更新状态矢量；y^0 和 $y(x)$ 分别为观测矢量和由状态矢量计算的估计观测矢量。C 为背景误差的协方差阵。

使用 Levenberg-Marquardt 迭代法可得

$$x_{i+1} = x^b + \left[(1+\gamma)C^{-1} + K^{\mathrm{T}} E^{-1} K \right]^{-1} \left\{ K^{\mathrm{T}} E^{-1} K \left[y^0 - y(x_i) \right] \right\} + \left[\gamma C^{-1} + K^{\mathrm{T}} E^{-1} K(x - x^b) \right] \tag{4.42}$$

式中：K 为 $\nabla_{x_i} y(x_i)$；γ 为无维加权因数；γ 若增加的值，这种最小化的方法就退化为最快下降法。

利用最佳估计理论，可以得到反演结果的误差协方差阵 $\hat{S}$，在线性条件下，它可由下式近似得出

$$\hat{S} = (C^{-1} + K^{\mathrm{T}} E^{-1} K)^{-1} \tag{4.43}$$

然后把解算的误差协方差与先验误差协方差进行比较，则可以确定反演结果对大气状态先验数据的改进情况。

4.2.3　基于 GPS 技术的北极遥感大气水汽研究

北极黄河站位于挪威斯匹次卑尔群岛的新奥尔松地区，是我国在北极地区建立的唯一的科学考察站，由于受到流经群岛的北大西洋暖流影响，考察站区全年的降雨降雪较为频繁，为科考活动带来了很大的不便。为了进一步研究可降水量的时变特性及其在雨雪天气中的变化特征，结合黄河站气象数据、实际降水降雪数据及 GPS 可降水量，从三者的对比分析中得出可降水量与地面气象元素及实际降水、降雪的关系，从而为短时天气预报和户外科学考察提供必要的参考。

由于 GPS 观测具有全天候、近实时和不受天气影响等优点，其观测的长周期 GPS 数据可以很好地用于 GPS 气象学的研究。采用了黄河站 2010 年 GPS 数据与周边 9 个 IGS 站（RESO、THU3、SCOR、HOFN、MORP、NYAL、TRO1、NRIL、TIXI）进行联测解算。

使用的数据处理软件为美国麻省理工学院研制的 GAMIT/GLOBK 软件。解算完成后，为了验证黄河站（CNYR）可降水量解算结果的可靠性，计算了距离黄河站 1 700 m 的 IGS 站 NYAL 的可降水量，同时也收集了距离黄河站 414 m 处的 Koldwey 气象站的数据，计算得到了无线电探空的可降水值（图 4.23）。

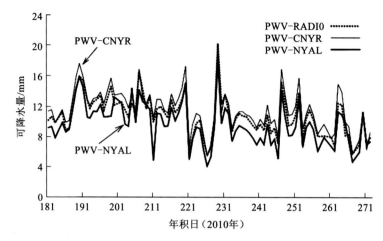

图 4.23   2010 年 7～9 月 CNYR、Koldwey 气象站和 NYAL 可降水量的比较

从整体趋势上看，三者的走势保持一致，但黄河站计算的可降水量总体上大于探空计算值，而 NYAL 站计算的可降水量则小于探空计算值。将无线电探空计算的可降水值视为真值，则黄河站和 NYAL 与探空的误差统计结果如表 4.7 所示。

表 4.7   CNYR、NYAL 和探空计算 PWV 值的对比分析

测站 PWV	样本数	平均绝对误差/mm	标准差/mm	相关系数
PWV_CNYR-Radio	85	0.865 5	1.025 2	0.969 8
PWV_NYAL-Radio	85	1.282 4	1.497 8	0.936 3

从统计结果可知，CNYR 与 NYAL 计算 PWV 值均达到了较高的精度，其标准差优于 2 mm。

4.2.4   基于 GPS 技术的南极遥感大气水汽研究

选取我国南极长城站和中山站、参加"全南极 GPS 国际联测"的南极站点(西南极的 DAL1、ESP1、PAL1，东南极的 DAV1、MAW1)，以及几个 IGS 站：SANT、OHIG、MCM4、VESL、PALM 等。数据分析处理采用麻省理工学院研制的 GAMIT 和 GLOBK 软件包。

1. 长城站和中山站转换系数 K 的确定

由于 K 值随着季节、气候和经纬度的变化而变化，必须针对特定的地点、特定的气候时间段来推求适合当时当地的 K 值。从本次解算数据的需要出发，数据基本上集中在每年的 1～2 月，气候状况变化不大，故分别选取了两站 1996～2000 三年的 020～041 日气象数据来进行回归计算，分别得到一个 K 值作为两站在 1 月 20 日至 2 月 10 日时段的转换系数（注：020、041 表示年积日，020 即当年的 1 月 20 日）。

采用中国气象科学研究院提供的历年气象资料，计算得到两站的 K 值分别为：长城站 $K = 0.152\,237\,93$；中山站 $K = 0.150\,865\,63$。在数值上，长城站的 K 值较中山站略大。

2. 各年可降水量结果分析

从图 4.24 可以看出,虽然地面气象资料较少,但是从 GPS 反演出的可降水量还是可以较好地反映出降水的趋势。022 日有降雨,在 021 日傍晚有可降水量的突增现象,而 023 日 5:00 和 17:00 的可降水量变大也有了 023、024 日的降水结果。图中仅有两处有较大的偏离,而在其他时刻都能够较好地符合实际。

中山站的可降水量很小,这与中山站地区降水少的气候特征是相吻合的,而使用 Hopfield 模型计算后得到了负值,主要是因为可降水量的值原本就小,再由于模型的原因,产生了负值。

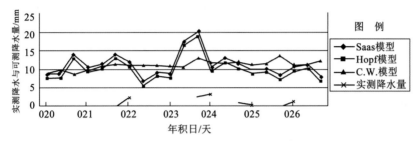

图 4.24　1999 年 1～2 月长城站可降水量变化趋势图

图 4.25 中体现出几种模型计算出的可降水量的变化趋势是一致的,虽然在数值上有一点微小的差别,因为中山站地区没有降水量观测记录,所以图中未有反映。

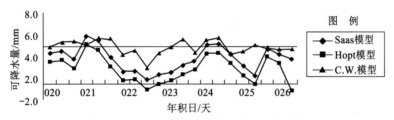

图 4.25　1999 年中山站可降水量变化趋势图

3. 小结

用 GPS 技术可以精确测量大气层中的可降水量,可降水量的变化与降水密切相关,可降水量增大是降雨的必要条件,可降水量连续递增是降水孕育的过程,可降水量的连续递减将结束降雨。可降水量的增大,只是产生降水的必要条件,不是充分条件,可降水量与降水的关系还有待于进一步研究。

地基 GPS 气象技术将是气象预报困难或对于短期、实时预报要求高的地区的有力补充,其相比于释放探空仪或使用水汽辐射仪的成本要低廉许多。随着数据实时传输和精密星历问题的解决,地基 GPS 气象技术将会成为现行气象方法的有力补充,也是一种可以广泛应用的气象研究技术。

4.2.5　基于掩星事件反演极区对流层顶基本特征

全球气候变化是当前人类研究的热点问题,而两极地区由于其特殊的地理位置更是成为关注的焦点,如全球气候变暖导致两极冰川融化、两极地区臭氧层空洞等。无线电掩星探测技术作为一种新型的气象探测手段，具有全球覆盖、高精度、高垂直分辨率、全天候观测、自校准性等优点，非常适合于气象、气候方面的研究。COSMIC 是一个包含 6 颗卫星的掩星星座，对全球具有较好的覆盖性，尤其是能覆盖极区内陆、海洋等缺乏观测数据的区域。

1. 掩星事件定义

随着 GNSS 和 LEO 卫星的相对运动，无线电信号扫过地球表面至大约 120 km 高度之间的大气层，实现对电离层和中性大气自上而下或自下而上的扫描，称为一次掩星事件。如果是自上而下的扫描过程，则称为下降掩星事件，反之则称为上升掩星事件。一次掩星事件大约持续 80～120 s，直至 GNSS 卫星消失在掩星接收机的观测范围之外。

图 4.26 是掩星观测瞬间的几何关系示意图。O' 为地球椭球中心，O 为局部曲率中心；r_G' 和 r_L' 分别为地心 O' 至 GNSS 和 LEO 卫星的径向矢量，Ω 为 r_G' 和 r_L' 在地心 O' 处的夹角；r_G 和 r_L 分别为局部曲率中心 O 至 GNSS 和 LEO 卫星的径向矢量；θ 为 r_G 和 r_L 在局部曲率中心 O 处的夹角；U_G 和 U_L 分别为信号的入射和出射方向上的单位矢量；η 为信号入射方向 U_G 与 r_G 之间的夹角，ϕ 为信号出射方向 U_L 与 r_L 之间的夹角，而 η_1 为 GNSS 至 LEO 卫星的矢量方向与 r_G 之间的夹角，ϕ_1 为 GNSS 至 LEO 卫星的矢量方向与 r_L 之间的夹角；V_G 和 V_L 分别为 GNSS 卫星和 LEO 卫星在掩星平面内的速度矢量。

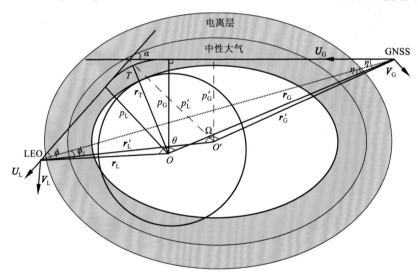

图 4.26　掩星观测瞬间的几何关系示意图

（1）掩星平面。由局部曲率中心 O、GNSS 和 LEO 卫星位置所组成的平面，也即是由 r_G 和 r_L 所确定的平面。在图 4.26 中，假定射线传播路径也位于掩星平面内，但实际中由于大气折射率水平梯度的存在，射线路经与 r_G 和 r_L 并不共面。

（2）掩星发生地。在一次掩星事件的所有的掩星射线中找到近地点离地球椭球表面最近的那条射线，并定义该近地点对应的星下点作为本次掩星事件的发生位置。

（3）局部曲率中心 O。由于地球的椭球形状，地球大气并不严格满足 Abel 积分反演中的球对称假设，为降低球对称假设引入的反演误差，一般定义掩星发生处的曲率中心作为本次掩星事件的局部曲率中心。

（4）近地点 T。射线路径上离地球表面最近的点，也是射线路经上受到大气折射率影响从而弯曲程度最大的地方，r_T 为曲率中心至近地点的距离。

（5）方位角。掩星近地点 T 处的真北方向与 GNSS 至 LEO 方向的夹角，顺时针方向为正。当掩星平面位于子午圈上，且 GNSS 卫星信号自北向南传播时，则掩星方位角为 180°，反之则为 0°。

（6）弯曲角 a。信号入射方向 U_G 与 U_L 出射方向 U_L 之间的夹角，在地球表面处大约是 1°～2°。

（7）碰撞参数 p_G 和 p_L。分别为局部曲率中心至信号入射和出射方向的渐近线上的垂直距离，在球对称假设下，p_G 与 p_L 相等。而图 4.26 中的 p'_G 和 p'_L 分别为地心至信号入射和出射方向的渐近线上的垂直距离。从图中可以看出，由于地球椭球形状的缘故，p'_G 和 p'_L 并不相等，若以地球椭球中心 O' 为折射中心，那么在掩星反演中会引入球对称假设所造成的误差。

2. 掩星反演算法

无线电掩星探测技术是利用搭载在 LEO 上的接收机接收来自 GNSS 卫星的掩星信号，采集地球大气引起的信号相位变化信息，利用载波相位观测值，依次计算出附加相位观测值、弯曲角、大气折射率、大气参数。

1）计算附加相位观测值

要想获得附加相位观测值（$\delta\rho_{neu}+\delta\rho_{ion}$），必须从载波相位观测值中消去各项误差，如接收机钟差（$\delta t_i + \delta t_{i,rel}$）、以及 GNSS 和 LEO 卫星之间的几何距离 $\rho_i^s(t)$ 等。其中，局部多路径效应 $(\delta\rho_{mul})_i^s$ 与接收机相关，它和热噪声 ε_i 一样，难以模型化，一般通过提高接收机的性能以及相应的数据处理方法来降低其影响。目前，GNSS 和 LEO 卫星的精密定轨的精度较高，$\delta\rho_i^s$ 的影响量级较小。忽略卫星星历误差 $\delta\rho_i^s$、局部多路径效应 $(\delta\rho_{mul})_i^s$ 和测量噪声 ε_i 三项，并利用 GNSS 卫星精密位置和速度对 δt_{rel}^s 进行改正，给出下式：

$$L_i^s(t)=\rho_i^s(t)+c\cdot\delta t_i(t)+c\cdot\delta t_{i,rel}(t)+c\cdot\delta t^s(t-\Delta t)$$
$$+(\delta\rho_{neu})_i^s(t)+(\delta\rho_{ion})_i^s(t) \tag{4.44}$$

计算附加相位观测值（$\delta\rho_{neu}+\delta\rho_{ion}$）可以采用三种差分方式：非差、单差和双差。目前，COSMIC 的数据处理中心 CDAAC（COSMIC Data Analysis and Archive Center）主要采用单差方式来计算附加相位观测值。

令 a、b、c 分别表示 LEO 卫星、GNSS 掩星卫星、参考卫星，由于低轨卫星轨道高度一般为数百千米，可忽略 LEO 卫星至 GNSS 参考星的观测链上的观测值 $L_a^c(t)_j$ 中的中性大气延迟 $(\delta\rho_{neu})_a^c$，对观测链上的 L_1 和 L_2 载波相位观测值进行线性组合，得到无电离层组合观测值 $L3_a^c(t)$：

$$L3_a^c(t)=\left[f_1^2 L_a^c(t)_1-f_2^2 L3_a^c(t)_2\right]/(f_1^2-f_2^2)$$
$$=\rho_a^c(t)+c\cdot\delta t_a(t)+c\cdot\delta t_{a,rel}(t)+c\cdot\delta t^c(t-\Delta t_a^c) \tag{4.45}$$

最后，$L3_a^c(t)$ 与 $L_a^b(t)_j$ 组合以消除 LEO 卫星的钟差项 $\left[\delta t_a(t)+\delta t_{a,rel}(t)\right]$，并计算 L_1 和 L_2 的附加相位观测值 $\Delta t_1(t)$ 和 $\Delta t_2(t)$：

$$\Delta t_j(t) = (\delta \rho_{neu})_a^b(t) + (\delta \rho_{ion})_a^b(t)_j$$
$$= L_a^b(t)_j - L3_a^c(t) - \left[\rho_a^b(t) - \rho_a^c(t) + c \cdot \delta t^b(t - \Delta t_a^b) - c \cdot \delta t^c(t - \Delta t_a^c) \right] \quad (4.46)$$

式中：中括号中的相应项可以通过 GNSS 卫星和 LEO 卫星的精密轨道，以及精密钟差内插到对应时刻计算出来。

2）计算弯曲角

附加多普勒频移 Δf 与附加相位观测值 ΔL 有如下关系式：

$$\frac{d(\Delta L_j)}{dt} = c \cdot \frac{\Delta f_j}{f_j}, \qquad j = 1, 2 \quad (4.47)$$

（1）进行数据预处理。LEO 卫星接收机在接收 GNSS 信号的过程中，由于一些原因使得 GNSS 信号极易发生跳变和粗差，比如：电离层的小尺度结构使得信号发生闪烁，大气折射率梯度的急剧变化会导致信号出现散焦，接收机热噪声会导致附加相位观测值中出现高频噪声。因此，需要对附加相位观测值进行预处理，以剔除跳变和粗差，并降低高频噪声的影响，获得一组"干净"的附加相位观测值来反演大气参数。数据的预处理主要包含两个部分：数据跟踪误差的剔除和数据的滤波。在无线电掩星观测中，LEO 卫星所接收的 GNSS 信号的多普勒频移的相对变化量远小于大气折射率的相对变化量，即不管大气状态如何变化，掩星观测中的多普勒频移的相对变化量总是稳定的。以此为基础，可以利用 GNSS 和 LEO 卫星的精密位置和速度，以及大气模型计算出模式多普勒频移，并与观测数据所计算的多普勒频移进行比较，当两者差值超过阈值时，则认为观测数据出现跟踪误差，予以剔除。由于附加相位观测值 ΔL 中受到高频噪声的影响，为降低高频噪声对大气参数反演精度的影响，在计算附加多普勒频移 Δf 之前还需对观测值 ΔL 进行低通滤波以降噪。低通滤波主要分为两个步骤（宫晓艳，2008）：首先采用三次样条函数拟合附加相位观测值 ΔL 以获得 ΔL 的主趋势项 $\overline{\Delta L}$，然后采用滑动多项式或傅里叶滤波的方法对残差数据 $\Delta L - \overline{\Delta L}$ 进行滤波，滑动窗口或傅里叶滤波的频宽大小可采用固定窗口，也可以采用可变窗口。最后把滤波后的残差项与主趋势项相加，并采用式（4.47）以求得附加多普勒频移 Δf。

（2）进行局部曲率中心改正。由于地球的椭球性质，若以地球质心作为掩星事件的折射中心，那么在大多数掩星事件的反演中，地球大气并不满足局部球对称假设，由此所造成的 10 km 处的温度反演误差可能会达到 3 K，而地球表面的温度反演误差则会达到 6 K。为降低地球扁率引入的反演误差，需要对该误差进行修正。目前，普遍的做法是定义一个曲率中心作为本次掩星事件的折射中心，然后将 GNSS 和 LEO 卫星的位置都平移至以该曲率中心为原点的坐标系下，接下来弯曲角、碰撞参数、折射率等参数的反演都在该坐标系下进行。经曲率中心改正后，地球大气则基本上满足掩星反演所要求的局部球对称假设，此时地球扁率所引起的温度反演误差基本可降至 0.25 K 以内。

（3）进行弯曲角的计算。如图 4.26 所示。弯曲角 α 与 GNSS 和 LEO 卫星在地心的夹角 θ 之间满足如下关系式：

$$\alpha = \theta + \phi + \eta - \pi \quad (4.48)$$

附加多普勒频移 Δf_j 与卫星速度、位置以及射线方向之间的关系可以表示为

$$c \cdot \frac{\Delta f_j}{f_j} = (V_L \cdot U_L - V_G \cdot U_G) - (V_L \cdot r_{GL} - V_G \cdot r_{GL}) \tag{4.49}$$
$$= (V_L^r \cos\phi - V_L^t \sin\phi + V_G^r \cos\eta + V_G^t \sin\eta) - (V_L \cdot r_{GL} - V_G \cdot r_{GL})$$

式中：V_G^r 和 V_G^t 分别为 GNSS 卫星在掩星平面内的径向和切向速度分量；V_L^r 和 V_L^t 分别为 LEO 卫星在掩星平面内的径向和切向速度分量；$r_{GL} = (r_L - r_G)/|r_L - r_G|$ 为 GNSS 卫星至 LEO 卫星方向上的单位矢量；它们都可以由已知的 GNSS 和 LEO 卫星的精密位置和速度计算出来。式（4.49）中最右边一项 $(V_L \cdot r_{GL} - V_G \cdot r_{GL})$ 是信号在真空中传播时由于卫星之间的相对运动而引起的多普勒频移。

此外，光线在球对称大气中传播时所满足的 Bouguer 定理：

$$nr \sin\beta = \text{constant} \tag{4.50}$$

式中：n 为大气折射指数；r 为光线的径向位置，是光线上任意一点到球对称中心的距离；β 为光线传播方向与径向矢量之间的夹角。实际上，Bouguer 定理中的常量就是图 4.26 中的碰撞参数 p_L 和 p_G，在球对称大气中，p_L 和 p_G 是相等的。

由于 GNSS 和 LEO 卫星离地球较远，大气含量稀薄，可以近似认为在 GNSS 和 LEO 卫星处的大气折射指数为 1，那么由式（4.50）可得

$$|r_L| \sin\phi = |r_G| \sin\eta = p_L = p_G \tag{4.51}$$

式（4.48）、式（4.49）和式（4.51）中包含三个未知数 a、ϕ 和 η，因而在给定的 GNSS 和 LEO 卫星精密位置和速度数据，以及局部曲率中心 O 的情况下，三个参数 a、ϕ 和 η 有唯一解。最后代入公式（4.51）中计算出碰撞参数 p_L 和 p_G。那么就从附加多普勒频移、GNSS 卫星和 LEO 卫星位置和速度计算得到了碰撞参数 p 和弯曲角 a。

（4）进行电离层误差改正。计算的附加相位观测值 ΔL 中不仅包含中性大气延迟 $\delta\rho_{neu}$，同时还包括了电离层延迟 $\delta\rho_{ion}$。在中性大气掩星反演中，电离层延迟为误差项。为反演精确的中性大气参数，需要进行电离层延迟改正。由于电离层的色散特性，可以采用双频无电离层线性组合来消除电离层的一阶项。与地面观测站上的载波相位观测值一样，可以形成附加相位观测值的双频无电离层组合 ΔL_c：

$$\Delta L_c = \frac{f_1^2}{f_1^2 - f_2^2} \Delta L_1(t) - \frac{f_2^2}{f_1^2 - f_2^2} \Delta L_2(t) \tag{4.52}$$

式中：ΔL_1 和 ΔL_2 分别为 L$_1$ 和 L$_2$ 载波对应的附加相位观测值。由于电离层是一个色散介质，L$_1$ 和 L$_2$ 载波在电离层中的传播路径并不完全相同，传播路径上的电子密度含量也不相同，采用式（4.52）来消除电离层一阶项延迟时，ΔL_c 中会含有较大的电离层残余误差，该误差主要是由 L$_1$ 和 L$_2$ 载波的传播路径的差异所引起。由于式（4.52）仅考虑消除电离层一阶项延迟的影响，而诸如电离层二阶项、三阶项等高阶项延迟依然存在。

在无线电掩星反演中，通常是采用弯曲角的无电离层组合来消除或削弱电离层一阶项延迟的影响，即把 L$_1$ 和 L$_2$ 载波的弯曲角 a_1 和 a_2 在同一碰撞参数 P 处进行线性组合：

$$\alpha(p) = \frac{f_1^2}{f_1^2 - f_2^2} \alpha_1(p) - \frac{f_2^2}{f_1^2 - f_2^2} \alpha_2(p) \tag{4.53}$$

在球对称大气中，若两条射线的碰撞参数相同，那么这两条射线是等效相同的，从而这两条射线传播路径上的电子密度分布可认为是基本相同的。这将极大地削弱由于 L_1 和 L_2 载波的路径差异所引起的误差，因此式（4.53）的改正效果明显优于式（4.52），尤其是当太阳活动水平较高时。但是，由于地球大气并不严格满足球对称假设，式（4.53）所计算的弯曲角 α 依然受到 L_1 和 L_2 载波的路径差异的影响。另外，同式（4.52）中的附加相位无电离层线性组合一样，弯曲角无电离层线性组合并未消除诸如电离层二阶项等高阶项延迟的影响。这些残余误差仍然制约着高层大气的反演精度。

在 L_1 和 L_2 载波的观测噪声基本相当的情况下，式（4.53）所计算的弯曲角 $\alpha(p)$ 的噪声会放大近 3 倍。为降低观测噪声对反演精度的影响，Hajj 等（2002）把式（4.53）修改为

$$\alpha(p) = \alpha_1(p) + \frac{f_2^2}{f_1^2 - f_2^2}\left[\overline{\alpha}_1(p) - \overline{\alpha}_2(p)\right] \tag{4.54}$$

式中：$\overline{\alpha}_1(p)$ 和 $\overline{\alpha}_2(p)$ 是经过低通滤波处理过后得到的高度平滑（2s 窗口）的弯曲角剖面。式（4.54）较好地降低了观测噪声对反演精度的影响。

（5）进行弯曲角统计优化。虽然经过载波相位观测值的预处理，以及电离层改正等步骤，反演得到的弯曲角 $a(p)$ 中依然会受到一些误差的影响，如电离层残余误差、观测噪声等，尤其是高层大气较为稀薄，引起的弯曲角很小，中性大气的信号完全被这些误差所掩盖。为避免误差向下传播，一般采用最优估计的方法来获得弯曲角剖面的最优解 α_{opt}。所谓弯曲角统计优化就是在给定观测弯曲角 α_{obs} 和背景场弯曲角 α_{guess} 以及各自误差的方差协方差阵情况下的求解弯曲角的最小二乘解 α_{opt}。实际上，弯曲角统计优化就是观测弯曲角 α_{ops} 和背景场弯曲角 α_{guess} 按照一定权比进行组合。因此，求解 α_{opt} 的关键是如何计算弯曲角误差的方差协方差阵 $\boldsymbol{B}_{obs}$ 和 $\boldsymbol{B}_{guess}$。目前主要有三种弯曲角统计优化方式：逆方差加权法（inverse variance weighting）、启发式加权法（heuristic weighting）和逆方差协方差加权法（inverse convariance weighting）。本书采用的是逆方差加权法。

经过上述电离层改正、弯曲角统计优化等步骤后，就可以得到高精度的弯曲角剖面数据，为接下来的折射率、气压、温度等参数的反演做好准备。

3）弯曲角 α 计算大气折射率 N

当地球大气满足局部球对称假设时，折射指数 n 与弯曲角 α 满足 Abel 积分变换式：

$$n(p_0) = \exp\left\{\frac{1}{\pi}\int_{p_0}^{\infty}\frac{\alpha_{opt}(x)\mathrm{d}x}{\sqrt{x^2 - p_0^2}}\right\} \tag{4.55}$$

因此，从上一步骤反演得到最优弯曲角剖面 $\boldsymbol{\alpha}_{opt}$ 后，就可以用 Abel 积分变换式来计算大气折射指数 n。由于 Abel 积分变换的上限为无穷远，但实际中弯曲角剖面数据总是有限的，故一般在一定高度上进行截断（如 120 km），忽略该高度以上的大气的影响，那么就可以利用式（4.55）计算出大气折射指数 n。根据碰撞参数 p_0 和折射指数 $n(p_0)$ 计算参数的反演高度

$$h_0 = \frac{p_0}{n(p_0)} - r_{curve} \tag{4.56}$$

式中：r_{curve} 为掩星事件的曲率半径。最后进一步计算大气折射率

$$N = 10^6(n-1) \tag{4.57}$$

4）大气折射率 N 计算大气参数 (P, T, P_ω)

这里给出 Smith-Weintraub 方程：

$$N = k_1 \frac{P}{T} + k_2 \frac{P_w}{T^2} \tag{4.58}$$

根据 Abel 积分变换反演得到折射率剖面 N 后，还需联合其他方程来计算温度、气压等参数。

在大气参数反演中，引入理想气体状态方程：

$$PV = \frac{m}{M} R_0 T \tag{4.59}$$

式中：P 为大气压强（Pa）；m 和 V 分别为混合气体的质量（kg）和体积（m³）；R_0 为普适气体常数，等于 8.314 472 J/(mol·K)；M 为混合气体的平均摩尔质量（kg/mol）；T 为温度（K）。根据道尔顿分压原理，混合气体中干空气和湿空气分别满足理想气体状态方程：

$$\begin{cases} P_d V = \dfrac{m_d}{M_d} R_0 T \\[2mm] P_w V = \dfrac{m_w}{M_w} R_0 T \end{cases} \tag{4.60}$$

式中：P_d 和 P_w 分别为干空气和湿空气的气压；m_d 和 m_w 分别为干空气和湿空气的质量；M_d 为干空气的气体摩尔质量，为 28.964 8×10³ kg/mol，M_w 为湿空气的气体摩尔质量，为 18.015 28×10³ kg/mol；V 和 T 为混合气体的体积和温度。

在混合气体中，比湿 q 表示为水汽质量 m_w 与混合气体总质量 $(m_d + m_w)$ 的比值（g/kg），它反映混合气体中水汽所占的比重。从而可以推导出比湿 q 与水汽压 P_w 之间的关系：

$$P_w = \frac{Pq}{\left[\dfrac{M_w}{M_d} + q \left(1 - \dfrac{M_w}{M_d} \right) \right]} \tag{4.61}$$

根据空气密度的定义和式（4.61）可得

$$\rho = \frac{m}{V} = \frac{P}{R_0 T} M = \frac{P}{R_0 T} \cdot \frac{m_d + m_w}{\dfrac{m_d}{M_d} + \dfrac{m_w}{M_w}} = \frac{P}{T} \cdot \frac{1}{R_d \left[1 + q \left(\dfrac{M_d}{M_w} - 1 \right) \right]} \tag{4.62}$$

式中：$R_d = R_0/M_d$ 为干空气的普适气体常数，其余参数含义同前。

在无线电掩星反演中，同时引入流体静力学平衡方程：

$$P(h) = \int_h^\infty \rho g \mathrm{d}z \tag{4.63}$$

式中：g 为重力加速度（m/s²），其余参数含义同前。式（4.63）中的积分上限为无穷远，同 Abel 积分变换式一样，引入一个上边界高度 h_{max}，并从大气模型中引入此高度上的气压值作为式（4.63）积分的初始值 $P_{initial} = P(h_{max})$。由于中间层的温度变化远小于气压变化，为避免模型误差影响大气的反演精度，通常是引入模型温度 $T(h_{max})$，再转成气压初始值 $P_{initial} = P(h_{max})N(h_{max})/k_1$，$N(h_{max})$ 由反演的折射率剖面内插得到。故式（4.63）变为

$$P(h) = P_{\mathrm{initial}} + \int_h^{h_{\max}} \rho g \mathrm{d}z \qquad (4.64)$$

由于在反演中引入了模型温度，而模型温度与大气的真实温度存在差异，为避免初始值误差向下传播，$h_{\max}$ 的选择尤为关键。当初始值选择过高的话，折射率剖面中的误差会通过流体静力学积分向下传播，而当初始值高度选择过低的话，温度初始值中的误差也会向下传播，对初始高度的选择尤为谨慎。

当温度小于 250 K 时，可以忽略水汽的影响，此时比湿 q 为 0，于是式（4.64）变为干空气的密度

$$\rho_d = \frac{P}{T} \cdot \frac{1}{R_d} = \frac{N}{k_1} \cdot \frac{1}{R_d} \qquad (4.65)$$

把式（4.65）代入（4.64）式即可反演得到干空气的气压剖面，再根据式(4.59)即可反演出干空气的温度剖面。

在水汽含量丰富的地区，尤其是热带亚热带地区的低对流层部分，水汽对折射率的贡献占绝对优势，是无法忽略的。在低对流层，忽略水汽后所反演的温度与实际温度相比要偏小，此时需要从气候模型、气象分析，或者其他独立的观测资料中获得辅助信息（温度 T、气 P 或者水汽压 P_w）来反演湿空气的大气参数。

南极地区由于温度极低、气候干燥，所以在此可以不用考虑湿空气压 P_w 的影响。

3．极区对流层概况

对流层顶作为对流层和平流层之间的过渡层，是地球上物质和能量交换的重要纽带，在气候变化研究中的作用日益突出。很多学者对全球温度变化、对流层顶的变化等方面做了大量的研究工作。但对流层顶的研究工作更多集中在热带、亚热带地区，两极地区的研究相对较少，主要是限于观测资料的匮乏。Zangl 等（2001）用 ECMWF 再分析数据和无线电探空仪分析了两极地区的对流层顶特征。Bian（2011）用无线电探空仪和臭氧探空仪分析了南极中山站对流层顶变化特征，Alexander 等（2001）又引入了甚高频雷达探测南极戴维斯站对流层顶变化特征。上述工作更侧重于具体点位的对流层顶研究。利用掩星资料，有学者分别从对流层顶定义和特性等方面进行了相关研究。

4．极区对流层顶基本特征

对流层顶是地球大气对流层和平流层之间明显的过渡层，在对流层和平流层的物质和能量的交换中具有重要作用。从不同角度出发，对流层的定义也不相同，有按温度递减率定义的对流层顶（lapse rate tropopause，LRT），有最冷点对流层顶（cold point tropopause，CPT），有动力学对流层顶，有臭氧对流层顶等。无论哪一种对流层顶的定义，其物理本质是相同的，都是将对流层顶看作不连续面。目前比较常用的是热力学定义的对流层顶。1957 年 WMO（World Meteorological Organization）定义热力学对流层顶为：500 hPa 等压面之上温度递减率小于 2℃/km 的最低高度，在此高度向上 2 km 的范围内温度平均不超过 2℃/km。如果任意高度与其上 1 km 所有高度之间的平均温度递减率超过 3℃/km，则定义为第二对流层顶。最冷点对流层顶的定义很明确，为垂直温度廓线上温度最低点所对应的高度。臭氧对流层顶的定义是臭氧梯度大于 60 ppbv·km^{-1}，且

臭氧体积混合比大于 80 ppbv 时的最低高度。本书利用掩星数据反演出温度剖面，主要讨论这两种热力学对流层顶定义方式在南极地区的效果。

共选取了 2011 年南极极区近 6 万次 COSMIC 掩星事件，空间范围是 60°～90° S，−180°～180° E，具体掩星事件次数见表 4.8。

表 4.8　2011 年南极地区每月的 COSMIC 掩星次数

月份	掩星次数	月份	掩星次数
1	3860	7	5341
2	3687	8	4986
3	5062	9	4527
4	5008	10	3927
5	4344	11	4629
6	4975	12	6230

为了说明给出掩星事件的空间覆盖效果，以掩星次数较少的 1 月为例给出其空间分布。图 4.27 所示的便是 2011 年 1 月全南极地区的掩星事件分布图。可以看出，掩星事件较为均匀的覆盖了南极地区，无论是在南极大陆内陆区域，还是南大洋的广阔水域，其分布密度基本一致。

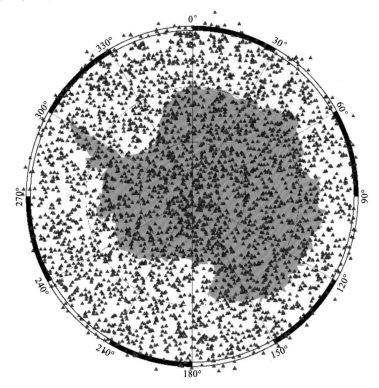

图 4.27　2011 年 1 月南极地区 COSMIC 掩星事件分布图

利用掩星数据，按天统计了全南极地区的对流层顶温度和高度的变化，图 4.28（a）是按 CPT 定义的对流层顶参数，图 4.28（b）是按 LRT 定义的对流层顶参数。从图 4.28

中可见，对流层顶温度的最低点出现在南半球的冬季，最高点出现在南半球的夏季，变化范围从 200～230 K。这一变化称为位相相反的一波结构。但是，对流层顶的高度差别很大，图 4.28（b）中高度的季节变化不明显，冬季略高，变化范围从 9～11 km，而图 4.28（a）中高度在 6～11 月出现明显升高。因此，需要进一步分析。

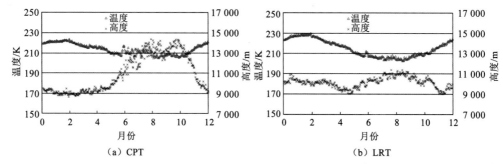

图 4.28　按 CPT 和 LRT 定义的 2011 年全南极对流层顶的温度和高度变化

选取了南极点附近（限定范围是掩星事件的纬度值大于 88° S）的 12 次掩星事件，掩星发生时间分布在 2011 年全年的 12 个月，具体年积日分别是 18、45、75、104、137、166、200、216、270、292、311、346。绘制了相应的温度剖面，如图 4.29 所示。

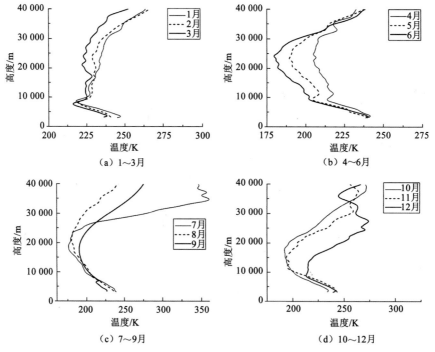

图 4.29　南极点附近 2011 年 12 个月的温度剖面

从图 4.29 可看出，在对流层（10 km 以下）中，各月份温度均是随高度升高而逐渐降低，其变化规律一致。在约 10 km 的对流层顶处，1～5 月和 12 月，温度值达到极小值，而在 6～11 月，温度值在对流层顶往上仍持续降温，直到 20 km 以上才开始出现增温。这说明温度的垂直结构在下平流层有显著的季节变化。正是由于下平流层的季节变化，使得温度剖面的温度极小值出现在下平流层中，从而导致按 CPT 定义的对流层顶参数出现偏差，如图 4.28（a）中所示，对流层顶高度在冬季和春季显著抬升，不符合真实情况。温度垂直分布在对流层顶没有明显的转折点，这一现象也被称为南极地区的对流层顶"消失"。在南极地区冬季期间，伴随着极夜等现象，太阳辐射加热很少，对流很弱，因此，缺乏维持常规对流层顶的必要条件。所以，本书后续的分析均是以 LRT 的定义来确定对流层顶参数。另外，南极夏季和秋季（1～5 月）出现了明显的逆温层（tropopause inversion layer，TIL），对流层顶往上 2～3 km 范围内温度迅速增加达 8～10 K。极区对流层顶逆温层的出现与极区夏季水汽含量增加和臭氧变化有相关性，也可能与温带对流层顶过渡层（extratropical tropopause transition layer，ExTL）有关联。

掩星发生时间分布在 2011 年全年的 12 个月，具体年积日分别是 19、49、74、110、142、168、197、227、259、292、321、348，选取了南极半岛附近（限定范围是掩星事件的纬度值在 62° S～66° S，经度值在 53° W～61° W）的 12 次掩星事件，绘制了相应的温度剖面，如图 4.30 所示。

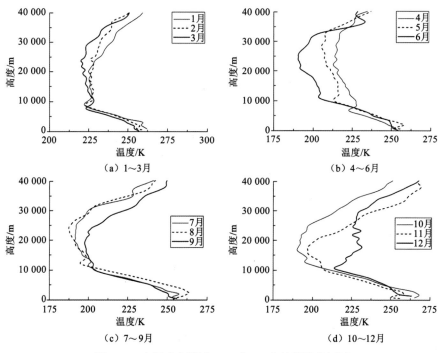

图 4.30　南极半岛附近 2011 年 12 个月的温度剖面

从图 4.30 可以看出，同样是在 6～11 月，温度值在对流层顶处微小增温后，往上仍持续降温，直到 20 km 以上才开始出现增温，在 1～5 月期间，对流层顶往上 2～3 km 范围内温度迅速增加 5～7 K。结合图 4.28 来看，表明了对流层顶"消失"的现象以及对流层顶逆温层的现象在南极地区是大范围出现的。

为了进一步验证和分析对流层顶特征，这里引入南极半岛的 MARAMBIO 站（64.263° S，56.653° W）的臭氧观测数据和无线电探空仪观测数进行比较，所选取的时段与掩星反演数据的时段基本一致，具体年积日分别是 19、47、76、110、140、167、

197、228、257、291、320、348。这里要说明的是，臭氧和无线电探空仪的数据不是每天连续观测的，共收集到该站 2011 年 66 天的观测数据。用于对比分析的掩星结果和地面站结果的年积日尽可能相差在 2 d 之内。图 4.31 给出了 MARAMBIO 站的臭氧剖面，图 4.32 给出了该站无线电探空仪观测的温度剖面。

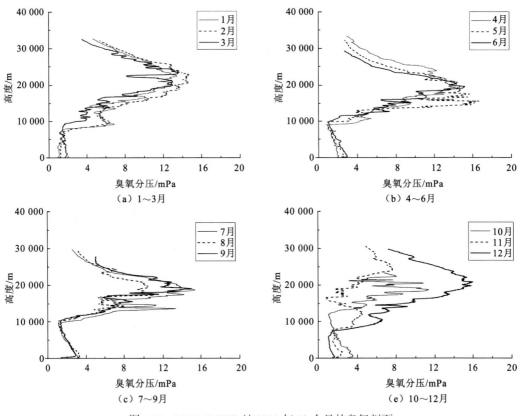

图 4.31　MARAMBIO 站 2011 年 12 个月的臭氧剖面

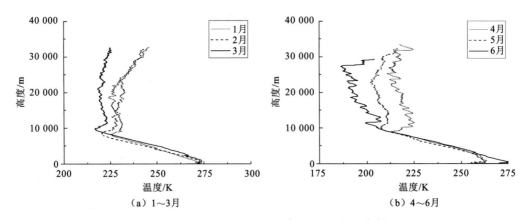

图 4.32　MARAMBIO 站 2011 年 12 个月的温度剖面

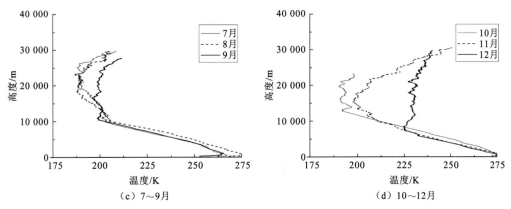

（c）7~9月　　　　　　　　　　　（d）10~12月

图 4.32　MARAMBIO 站 2011 年 12 个月的温度剖面（续）

从图 4.30~图 4.32 可以看出，三种方法表征的对流层顶的高度和温度基本一致。臭氧对流层顶是根据梯度变化来定义，探空仪获得的是观测点上空的垂直温度剖面，而掩星反演的温度剖面其水平方向跨度达 200 km。但是顾及对流层顶的时空变化特征相对平稳，可以认为，本书的掩星温度剖面反演是有效的。另外，图 4.31 中的 10 月臭氧数值的下降主要是由南极地区春季的臭氧空洞现象导致的。

图 4.33 和图 4.34 分别给出了按纬度和按经度统计的南极地区对流层顶的温度和高度年变化特征。其中，时间尺度上，都是按月统计，空间尺度上，纬度方向从 60°~90° S，每 5°一组，经度方向上从 180° E~180° W，每 30°一组。

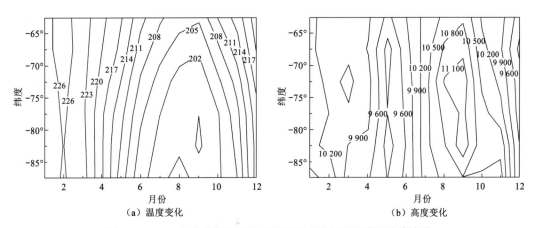

（a）温度变化　　　　　　　　　　（b）高度变化

图 4.33　2011 年按纬度统计的南极地区对流层顶温度和高度变化

从图 4.33 可以看出，纬度方向上，对流层顶温度在冬季和春季出现了较大的梯度，极点附近低，四周较高。从图 4.34 可以看出，经度方向上在冬季和春季也出现了梯度，主要是在 60° W 到 60° E 之间，也就是西南极地区，对流层顶温度较低，这可能是由于西南极地区陆地较少、海域较广。从时间上来看，梯度最大值出现的月份是 8 月底 9 月初，比每年南极地区 6 月 22 日的仲冬节要迟 2 个月，说明南极地区对流层顶的气候响应要滞后 2 个月。从图 4.33 和图 4.34 还可以看出，对流层顶高度的变化相对复杂，这主要是由于对流层顶高度的确定比较困难。

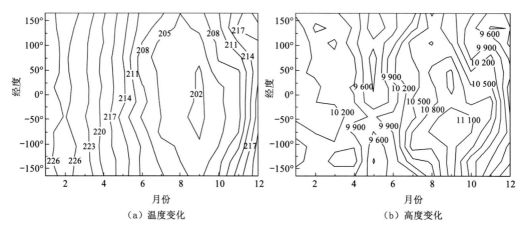

（a）温度变化　　　　　　　　　　　　（b）高度变化

图 4.34　2011 年按经度统计的南极地区对流层顶温度和高度变化

图 4.35 给出了 2011 年全年按月统计的对流层顶温度变化图，12 幅子图依次是 12 个月。空间尺度上划分为 71 个区域，其中纬度方向从 60° S～85° S，每 5°一组，经度方向上从 180° E～180° W，每 30°一组，这样分为 70 个区域，还有 85° S～90° S 的为 1 个区域。时间尺度上，都是按月统计所有掩星事件。

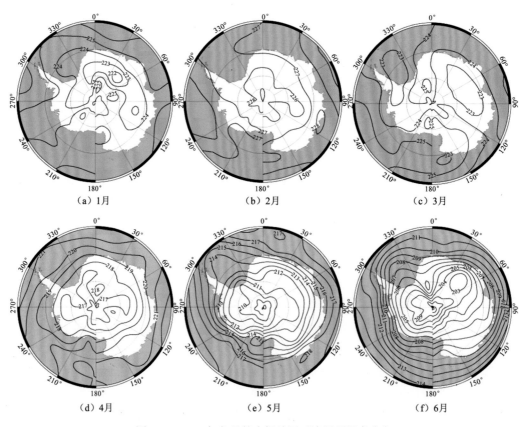

（a）1月　　　　　　　　　　（b）2月　　　　　　　　　　（c）3月

（d）4月　　　　　　　　　　（e）5月　　　　　　　　　　（f）6月

图 4.35　2011 年各月的南极地区对流层顶温度分布

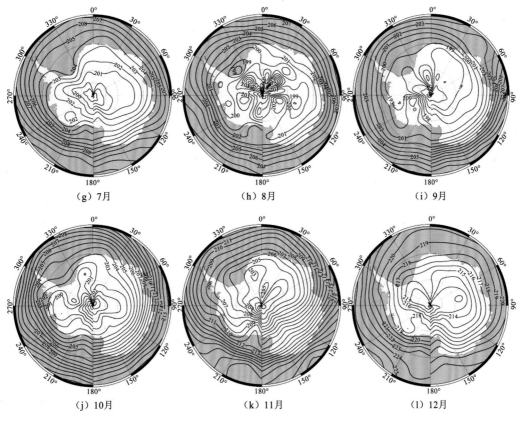

図 4.35　2011 年各月的南极地区对流层顶温度分布（续）

　　从图 4.35 结合图 4.28 可以看出, 全南极区域的对流层顶温度都出现位相相反的一波结构, 温度的最低点出现在南半球的冬季, 最高点出现在南半球的夏季。除了 1～3 月, 其余月份时, 对流层顶温度的分布都呈现出南极点最低, 四周逐渐升高的特点。1～3 月为南极地区夏季期间, 对流层顶活动相对剧烈。其余月份时, 对流层顶活动较小, 温度分布表现出明显的梯度特征, 在冬季和春季表现尤其明显, 温度梯度达到极值, 这与南极地区冬季期间缺乏太阳辐射相关。经度方向上在冬季和春季也出现了梯度, 主要是在西经 60° W～60° E 的西南极地区, 对流层顶温度较低, 这可能是由于西南极地区陆地较少、海域较广。另外, 对流层顶高度的变化相对复杂, 这主要是由于对流层顶高度的确定比较困难。对流层顶温度梯度的变化在极区对流层和平流层耦合中扮演重要角色, 而温度梯度的增大又与平流层极地涡旋增强（polar vortex intensification）等现象密切联系。

参 考 文 献

安家春, 2011. 极区电离层层析模型及应用研究. 武汉: 武汉大学.

安家春, 艾松涛, 王泽民, 2010. 极区电离层 TEC 监测和发布系统. 极地研究, 22(4): 433-440.

安家春, 王泽民, 李斐, 等, 2014. 基于地基 GPS 技术的威德尔海异常研究. 地球物理学进展, 29(3): 993-998.

安家春, 章迪, 杜玉军, 等, 2014. 极区电离层梯度的特性分析. 武汉大学学报(信息科学版), 39(1):

75-79.

蔡红涛, 马淑英, Schlegel K, 2005. 高纬电离层气候学特征研究: EISCAT 雷达观测及与 IRI 模式的比较. 地球物理学报, 48(3): 471-479.

曹冲, 王胜利, 奚迪龙, 1992. 中国南极长城站 1986~1988 年电离层资料分析及其结果. 电波科学学报, 7(2): 39-46.

鄂栋臣, 路志越, 艾松涛, 2010. 极地空间信息平台的设计与实现. 测绘通报, 4: 49-51.

宫晓艳, 2008. 大气无线电 GNSS 掩星探测技术研究. 北京: 中国科学院.

桂质廷, 1986. 地磁及电离层电波传播. 武汉: 武汉大学出版社.

胡红桥, 刘瑞源, 杨惠根, 等, 2006. 南极中山站与北极地磁活动相关性研究. 地球物理学报, 49(5): 1321-1328.

黄德宏, Moen J, Brekke A, et al., 2004. 极光亚暴期间的南极中山站地磁共轭点位量研究. 地球物理学报, 47(1): 54-60.

拉特克利夫, 1980. 电离层与磁层引论 // 吴雷, 宋笑亭译. 北京: 科学出版社.

李志刚, 程宗颐, 冯初刚, 等, 2007. 电离层预报模型研究. 地球物理学报, 50(2): 327-337.

刘瑞源, 刘顺林, 温波, 等, 1994. 1989 年 3 月 13 日磁暴的亚极光区电离层效应. 极地研究, 6(1): 17-24.

刘顺林, 2005. 南极中山站电离层 F 区特性. 武汉: 武汉大学.

孟泱, 王泽民, 鄂栋臣, 等, 2008. 利用 GPS 对磁暴期间极区 TEC 变化与极区碎片(Polar Patches)的研究. 地球物理学报, 51(1): 17-24.

屈小川, 安家春, 刘根, 2014. 利用 COSMIC 掩星资料分析南极地区对流层顶的变化特性. 武汉大学学报(信息科学版), 39(5): 605-610.

施闯, 耿长江, 章红平, 等, 2010. 基于 EOF 的实时三维电离层模型精度分析. 武汉大学学报(信息科学版), 35(10), 1143-1146.

王泽民, 安家春, 孙伟, 等, 2011. 利用掩星和地基 GPS 研究日食电离层效应. 武汉大学学报(信息科学版), 31(1): 144-148.

严豪键, 林钦畅, 1999. 全球大气折射延迟映射出数的可能性问题. 中国科学院上海天文台年刊, 20: 61-70.

袁运斌, 欧吉坤, 2002. 建立 GPS 格网电离层模型的站际分区法. 科学通报, 47(8): 636-639.

张北辰, 刘瑞源, 刘顺林, 2001. 极区电子沉降对电离层影响的模拟研究. 地球物理学报, 44(3): 311-319.

张东和, 萧佐, 常青, 2002. 电离层对耀斑响应的 GPS 观测研究. 自然科学进展(2): 166-169.

张清和, 刘瑞源, 黄际英, 等, 2008. 2004 年 2 月 11 日 Cluster 卫星和 CUTLASS 雷达同时观测的磁通量传输事件. 地球物理学报, 51(1): 1-9.

章红平, 施闯, 唐卫明, 2008. 地基 GPS 区域电离层多项式模型与硬件延迟统一解算分析. 武汉大学学报(信息科学版), 33(8): 805-809.

甄卫民, 曹冲, 吴健, 1994. 南极长城站电离层异常的模拟计算和分析. 南极研究, 6(3): 33-37.

ALEXANDER S P, MURPHY D J, Klekociuk A R, 2013. High resolution VHF radar measurements of tropopause structure and variability at Davis, Antarctica (69°S, 78°E). Atmos. Chem. Phys.,13: 3121-3132.

BELLCHAMBERS W H, PIGGOTT W R, 1958. Ionospheric measurements made at Halley Bay. Nature, 188: 1596-1597.

BHUYAN K, SINGH S B, BHUYAN P K, 2002. Tomographic reconstruction of the ionosphere using generalized singular value decomposition. Curr Sci India, 83(9): 1117-1120.

BIAN L G, LIN Z, ZHANG D Q, et al., 2011. The vertical structure and seasonal changes of atmosphere ozone and temperature at Zhongshan station over east Antarctica. Sci China Earth Sci, 41(12): 1762-1770.

BURNS A G, ZENG Z, WANG W, et al., 2008. Behavior of the F2 peak ionosphere over the South Pacific at dusk during quiet summer condition from COSMIC data. J Geophys Res, 113, A12305.

BUST G S, CROWLEY G, 2007. Tracking of polar cap ionospheric patches using data assimilation. J Geophys Res-Space, 112(A5): A05307.

CHEN C H, HUBA J D, SAITO A, et al., 2011. Theoretical study of the ionospheric Weddell Sea Anomaly using SAMI2. J Geophys Res, 116: A04305.

CLILVERD M A, SMITH A J, THOMSON N R, 1991. The annual variation in quiet time plasmaspheric electron density, determined from whistler mode group delays. Planetary Space Science, 39: 1059-1067.

COLEY W R, HEELIS R A, 1998. Seasonal and universal time distribution of patches in the northern and southern polar caps. J. Geophys. Res, 103(A12): 29229-29237.

CRYER J D, CHAN K S, 2011. 时间序列分析及应用: R 语言. 2 版 // 潘红宇, 等译. 北京: 机械工业出版社.

DUDENEY J R, PIGGOTT W R, 1978. Antarctic Ionospheric Research//Lanzerotti L J, Park C G, eds. Upper Atmospheric Research in Antarctica. Antarctic Research Series. 29: 200-235.

FELDSTEIN Y I, STARKOV G V, 1967. Dynamics of auroral belt and polar geomagnetic disturbances. Planet Space Sci, 15(2): 209-229.

GEORGIADIOU Y, 1994. Modelling the ionosphere for an active control network of GPS station, LGR-Series(7). Delft, The Netherlands: Delft Geodetic Computing Centre.

GREENWALD R A, 1995. DARN/SuperDARN: a global view of the dynamics of high-latitude convection, Space Science Reviews, 71(1): 761-796.

GURTNER W, ESTEY L, 2007. RINEX-The Receiver Independent Exchange Format Version 3. 00. ftp. unibe. ch/aiub.

HAJJ G A, KURSINSKI E R, ROMANS L J, et al., 2002. A technical description of atmospheric sounding by GPS occultation. J. Atmos. Sol-Terr. Phys., 64(4): 451-469.

HE M, LIU L, WAN W, et al., 2009. A study of the Weddell Sea Anomaly observed by FORMOSAT-3/COSMIC. J Geophys Res, 114: A12309.

HEATON J A T, JONES G O L, Kersley L, 1996. Toward ionospheric tomography in Antarctica: First steps and comparison with dynasonde observations . Antarctic Science, 8 (3): 297-302.

HEGGLIN M I, BOONE C D, Manney G L, et al., 2009. A global view of the extratropical tropopause transition layer from Atmospheric Chemistry Experiment Fourier Transform Spectrometer O_3, H_2O, and CO. J. Geophys. Res, 114: D00B11.

HOINKA, 1998. Statistics of the global tropopause pressure. Monthly Weather Review, 126: 3303-3325.

Horvath I, 2006. A total electron content space weather study of the nighttime Weddell Sea Anomaly of 1996/1997 southern summer with TOPEX/Poseidon radar altimetry . J Geophys Res, 111, A12317.

HORVATH I, ESSEX E A, 2003. The Weddell Sea anomaly observed with the Topex satellite data. Journal of Atmospheric and Solar-Terrestrial Physics, 65: 693-706.

JARVIS M J, JENKINS B, ROGERS G A, 1998. Southern hemisphere observations of a long-term decrease in F region altitude and thermospheric wind providing possible evidence for global thermospheric cooling. J Geophys Res, 103 (A9): 20774-20787.

JEE G, BURNS A G, KIM Y H, et al., 2009. Seasonal and solar activity variations of the Weddell Sea Anomaly observed in the TOPEX total electron content measurements. J Geophys Res, 114, A04307.

KIVELSON M G, RUSSELL C T, 2001. 太空物理学导论 // 曹晋滨, 李磊, 吴季, 等译, 北京: 科学出版社.

KRANKOWSKI A, SHAGIMURATOV I I, BARAN L W, et al., 2006. The occurrence of polar cap patches in TEC fluctuations detected using GPS measurements in southern hemisphere. Adv Space Res, 38(11): 2601-2609.

KUNITAKE M, OHTAKA K, MARUYAMA T, et al., 1995. Tomographic imaging of the ionosphere over Japan by the modified truncated SVD. method, International Beacon Satellite Symposium, Aberystwyth , ROYAUME-UNI (11/06/1995), Copernicus, Gottingen, ALLEMAGNE.

KUO Y H, WEE T K, SOKOLOVSKIY S V, et al., 2004. Inversion and error estimation of GPS radio occultation data, Journal of The Meteorological Society of Japan, 82(1B): 507-537.

KURSINSKI E R, HAJJ G A, SCHOFIELD J T, et al., 1997. Observing earth's atmosphere with radio occultation measurement use Global Positioning System. J. Geophys. Res, 120 (D19): 23429-23465.

LIMPASUVAN V, HARTMANN D L, THOMPSON D W J, et al., 2005. Stratosphere-troposphere evolution during polar vortex intensification. J. Geophys. Res. 110: D24101.

LIN C H, LIU C H, LIU J Y, et al., 2010. Midlatitude summer nighttime anomaly of the ionospheric electron density observed by FORMOSAT-3/COSMIC. J Geophys Res, 115: A03308.

LIN C H, LIU J Y, CHENG C Z, et al., 2009. Three-dimensional ionospheric electron density structure of the Weddell Sea Anomaly. J Geophys Res, 114: A02312.

LIU J B, CHEN R Z, WANG Z M, et al., 2011. Spherical cap harmonic model for mapping and predicting regional TEC. GPS Solut.,15(2): 109-119.

LIU R Y, LIU S L, XU Z H, et al., 2006. Application of autocorrelation method on ionospheric short-term forecasting in China. Chinese Science Bulletin, 51(3): 352-357.

MEGGS R W, MITCHELL C N, HOWELLS V S C, 2005. Simultaneous observations of the main trough using GPS imaging and the EISCAT radar. Ann Geophys-Germany, 23(3): 753-757.

MEHTA S K, RATNAM M V, MURTHY B V K, 2011. Characteristics of the tropical tropopause over different longitudes. Journal of Atmospheric and Solar-Terrestrial Physics, 73: 2462-2473.

MELBOURNE W G, DAVIS E S, DUNCAN C B, et al., 1994. The application of spaceborne GPS to atmospheric limb sounding and global change monitoring. NASA and JPL Publication: 94-147(1): 1-26.

MITCHELL C N, WALKER I K, PRYSE S E, et al., 1998. First complementary observations by ionospheric tomography. The EISCAT Svalbard Radar and the CUTLASS HF Radar, Ann Geophys-Germany, 16(11): 1519-1522.

OYEYEMI E O, MCKINNELL L A, POOLE A W V, 2006. Near-real time f0F2 predictions using neural networks. J. Atmos. Sol-Terr. Phys. , 68: 1807-1818.

PENNDORF R, 1965. The Average Ionospheric Conditions Over the Antarctic, in Geomagnetism and Aeronomy: Studies in the Ionosphere, Geomagnetism and Atmospheric Radio Noise, Antarct. Res. Ser. vol. 4, edited by A. H. Waynick Aheds. , Washington D C: AGU, 1-45.

PERRONE L, PIETRELLA M, ZOLESI B, 2007. A prediction model of f0F2 over periods of severe geomagnetic activity. Adv. Space Res., 39: 674-680.

PI X, MANUCCI A J, LINDQWISTER U J, et al., 1997. Monitoring of global ionospheric irregularities using the worldwide GPS network. Geophys. Res. Lett., 24: 2283-2286.

PINNOCK M, RODGER A S, BERKEY F T, 1995. High-latitude F region electron concentration measurements near noon: a case study. J. Geophys. Res. , 100(A5): 7723-7729.

PRYSE S E, KERSLEY L, WILLIAMS M J, et al., 1997. Tomographic imaging of the polar-cap ionosphere over svalbard. J Atmos Sol-Terr Phy, 59(15): 1953-1959.

RANDEL W J, WU F, 2010. The polar summer tropopause inversion layer. J. Atmos. Sci., 67: 2572-2581.

REIFF P H, 1999. The Sun-Earth Connection, the "Live from the Sun" program, part of the Passport to Knowledge" series, spring .

REN Z, WAN W, LIU L, et al., 2012. Simulated midlatitude summer nighttime anomaly in realistic geomagnetic fields. J Geophys Res, 117: A03323.

ROCKEN C, KUO Y H, SOKOLOVSKIY S V, et al., 2004. The ROCSAT-3/COSMIC mission and applications of GPS radio occultation data to weather and climate. Proc. SPIE 5661, Remote Sensing Applications of the Global Positioning System, 1, December 22, 2004.

ROSCOE H K, 2004. Possible descent across the 'tropopause' in Antarctic winter. Adv. Space Res., 33(7): 1048-1052.

RUBIN M J, 1953. Seasonal variations of the Antarctic tropopause. J. Meteor.,10(2): 127-134.

SANTER BD, WEHNER M F, WIGLEY T M, et al., 2003. Contributions of anthropogenic and natural forcing to recent tropopause height changes. Science, 301(5632): 479-483.

SCHAER S, 1999. Mapping and Predicting the Earth's Ionosphere Using the Global Positioning System. Berne: University of Berne.

SCHRÖDER W, 1998. Hermann Fritz and the foundation of auroral research. Planet Space Sci, 46(4): 461-463.

SCHUNK R W, DEMARS H G, SOJKA J J, 2005. Propagating polar wind jets. J Atmos Sol-Terr Phy, 67(4): 357-364.

SHAGIMURATOV I I, EFISHOVE I I, RADIEVSKY A V, 2005. Analysis of the phase fluctuations of GPS signals in the polar ionosphere during stroms. Physics of Auroral Phenomena, Proc. XXVIII Annual Seminar, Apatity: 178-181.

SIMS R W, PRYSE S E, DENIG W F, 2005. Spatial structure of summertime ionospheric plasma near magnetic noon. Ann Geophys-Germany, 23(1): 25-37.

SOKOLOVSKIY S V, 2001. Tracking tropospheric radio occultation signals from low Earth orbit. Radio Science, 36(3): 441-458.

STATEN P W, REICHLER T, 2008. Use of radio occultation for long-term tropopause studies: Uncertainties, biases, and instabilitie. J. Geophys. Res.,113: D00B05.

STEINER A K, KIRCHENGAST G, FOELSCHE U, et al., 2001. GNSS occultation sounding for climate monitoring. Physics and Chemistry of the Earth, Part A: Solid Earth and Geodesy, 26(3): 113-124.

STEINER A K, LACKNER B C, LADSTÄDTER F, et al., 2011. GPS radio occultation for climate monitoring and change detection. Radio Science, 46: RS0D24.

STOLLE C, SCHLUTER S, HEISE S, et al., 2005. GPS ionospheric imaging of the polar ionosphere on 30 October 2003. Adv. Space Res, 36: 2201-2206.

STOLLE C, SCHLUTER S, HEISE S, et al., 2005. GPS ionospheric imaging of the north polar ionosphere on 30 October 2003. Planetary Atmospheres, Ionospheres, and Magnetospheres, 36(11): 2201-2206.

SYNDERGAARD S, 2000. On the ionosphere calibration in GPS radio occultation measurements, Radio Science, 35(3): 865-884.

SYNDERGAARD S, 1998. Modeling the impact of the Earth's oblateness on the retrieval of temperature and pressure profiles from limb sounding. Journal of Atmospheric and Solar-Terrestrial Physics, 60(2): 171-180.

SYNDERGAARD S, 1999. Retrieval Analysis and Methodologies in Atmospheric Limb Sounding Using the GNSS Radio Occultation Technique. DMI Scient. Report 99-6. Copenhagen: Danish Meteorol. Institute: 131.

THAMPI S V, BALAN N, LIN C, et al., 2011. Mid-latitude Summer Nighttime Anomaly (MSNA) observations and model simulations . Ann Geophys, 29: 157-165.

TOMIKAWA Y, NISHIMURA Y, YAMANOUCHI T, 2009. Characteristics of tropopause and tropopause inversion layer in the polar region. SOLA, 5: 141-144.

VASICEK C J, KRONSCHNABL G R, 1995. Ionospheric tomography: an algorithm enhancement. J Atmos Terr Phys, 57(8): 875-888.

VOROB'EV V V, KRASIL'NIKOVA T G, 1994. Estimation of the accuracy of the atmospheric refractive index recovery from Doppler shift measurements at frequencies used in the NAVSTAR system. Physics of the Atmosphere and Ocean, 29: 602-609.

WALKER I K, MOEN J, KERSLEY L, et al., 1999. On the possible role of cusp/cleft precipitation in the formation of polar-cap patches. Ann Geophys-Atm Hydr, 17(10): 1298-1305.

WANNINGER L, 1995. Monitoring Ionospheric Disturbances Using IGS Network // Gendt G Dick G Eds. IGS Workshop Proceedings, Special Topics and New Direction, Potsdam, May 15-18,: 57-66.

WATERMANN J, BUST G S, THAYER J P, et al., 2002. Mapping plasma structures in the high-latitude ionosphere using beacon satellite, incoherent scatter radar and ground-based magnetometer observations. Ann Geophys-Italy, 45(1): 177-189.

WILSON B D, MANNUCCI A J, EDWARDS C D, 1995. Subdaily northern hemisphere ionospheric maps using an extensive network of GPS receivers. Radio Sci., 30(3): 639-648.

YIN P, MITCHELL CN, ALFONSI L, et al., 2009. Imaging of the Antarctic ionosphere: experimental results. J Atmos Sol-Terr Phy, 71(17-18): 1757-1765.

YIZENGAW E, MOLDWIN M B, 2005. The altitude extension of the mid-latitude trough and its correlation with plasmapause position. Geophys. Res. Lett., 32(9): L09105.

ZANG L G, HOINKA K P, 2001. The tropopause in the polar regions. Journal of Climate, 14: 3117-3119.

ZHANG X H, GAO P, XU X H, 2013. Variations of the tropopause over different latitude bands observed using COSMIC radio occultation bending angles. IEEE Transactions on Geoscience and Remote Sensing, 52(5): 2339-2349.

第 5 章　极地地球物理大地测量

5.1　极区地球形状特征与精细大地水准面

5.1.1　概述

地球重力场是地球的重要物理特性之一，反映地球物质分布与运动的基本物理场，并制约地球本身及其相邻空间的一切物理事件。大地水准面是与地球重力场紧密相关并与全球各地平均海水面最接近的重力等位面，也是全球的高程基准面。在地球物理学中，一个重要的信息来源是把可观测的外部重力场作为地表质量分布函数。由于给定点的离心加速度可以计算出来，可以用重力测量方法根据引力场来测定密度函数。外部重力场是地球动力学模型计算最主要的约束条件之一。在地球动力学中，当除去短波分量后，重力场可显示出地球深部区域的横向密度差，反之，该密度差又表示了与流体静力均衡状态的偏离。重力场长波分量由岩石圈密度差效应和地幔区密度差效应两分量组成。

确定地球重力场，主要是建立全球重力场模型和确定大地水准面，特别是确定区域性高分辨率和高精度的大地水准面模型。中、长波（低于100 km分辨率的波段）厘米级大地水准面可通过新一代卫星重力计划实现，而短波厘米级大地水准面，必须由各个国家和地区利用地面重力观测或航空重力测量获得。高程系统起算面是大地水准面，各国通常以某一验潮站的平均海平面代替大地水准面而建立各自独立的高程系统。由于这些起算面不在同一个重力等位面上，相互间的高程系统存在着差异。对于南极，统一高程基准及传递高程基准是21世纪南极大地测量要解决的一个基本问题，它取决于高分辨率的南极大地水准面模型的建立。

20 世纪 80 年代之前，地球重力场在理论上领先于技术，而观测数据的缺乏制约了人们对地球重力场的研究和认识。在 20 世纪中期，随着自然科学技术的发展，重力测量技术步入了跨越式发展阶段。首先，现代"自由落体重力仪"取代摆仪绝对和相对重力测量，重力测量的准确度从毫伽提高到微伽；其次，微伽级便携弹簧相对重力测量仪被广泛应用于大范围重力测量；超导相对重力仪研制成功，能用于重力场时变的监测，但难以追踪大范围的重力场变化及时空迁移过程。20 世纪后期，重力测量技术进入了卫星重力探测时代，表现为低轨卫星轨道跟踪确定重力场模型低阶位系数、卫星测高确定海洋大地水准面和 GPS/水准确定陆地大地水准面。重力观测技术的重大突破为全球覆盖重复采集重力场信息提供了高效率的技术手段。地球重力场模型的确定主要依靠地面重力测量、卫星测高和低轨卫星跟踪三种资料的综合这一经典模式，其中重力场的低频信息主要由地面对空间多颗不同倾角人造卫星的跟踪资料恢复提取，重力场的高中频信息则来自地面重力观测和卫星测高资料。

在南极地区进行重力测量是建立高程基准的基础，当前世界上已有不少国家致力于用重力测量技术在南极地区开展有关地壳垂直运动、海平面变化、气候变化与大地水准面变化等地球动力学的研究，并开展了广泛的国际合作。根据测量载体分类，重力观测可分为陆地重力测量（车载）、海洋重力测量（船载）、航空重力测量（机载）和卫星重力测量（星载）。

5.1.2　主要测量仪器介绍

1. 相对重力仪

1913 年德国科学家 Madsen 建立了以弹簧的弹力来平衡重力的理论，并制造了首台弹簧重力仪，开创了弹簧重力仪的先河。这种单纯垂直弹簧的重力仪，敏感度太小，限制了测量精度的提高。1932 年，美国 Lucien LaCoste 提出了零长弹簧的概念，并申请了发明专利。零长弹簧是一种具有特殊工艺的金属弹簧，通过非常复杂和特殊的制作工艺，使得这种弹簧具有一定的预应力并且刚好等于弹簧刚度与原始长度乘积，这种特性使零长弹簧具有无限长自振周期，从而使弹簧对重力变化的灵敏度在理论上达到无穷大。这一理论在重力仪的发展史上具有重要意义，它对提高重力仪的灵敏度、使仪器结构小型化，进而在节省能源、操作方便、结果准确可靠等方面都具有重要的意义。此后，随着弹簧重力仪研发的深入，弹簧重力仪成为了相对重力仪的主流仪器，时至今日仍是如此。

根据弹簧重力仪使用的传感器类型，弹簧重力仪可分为金属弹簧重力仪和石英弹簧重力仪两类。金属弹簧重力仪主要是 LaCoste&Romberg（简称：L&R 公司）系列重力仪，石英弹簧重力仪则种类繁多。1937～1938 年，LaCoste 和 Romberg 根据零长弹簧的思想共同完成了最初的两台零长弹簧重力仪的制造。经过多年的改进，1956 年第一台 LaCoste G 型重力仪问世，其测程达到 $1\,000\times10^{-5}\,\mathrm{ms^{-2}}$，精度约为 $10\times10^{-8}\,\mathrm{ms^{-2}}$。这台重力仪标志着 LCR 弹簧重力仪的完善和基本定型，此后的发展主要体现在改善读数精度、扩大应用领域、推进商品化等方面。在 G 型仪器的基础上，通过提高杠杆系统的缩减比例、减小仪器量程从而提高观测精度，开发了 LCR-D 型重力仪，精度达 $5\times10^{-8}\,\mathrm{ms^{-2}}$。为了提高读数精度，G 型和 D 型重力仪都增添了线性静电反馈调零功能和电子读数装置。近年来为了满足高精度连续重力固体潮观测的需要，在 G 型仪器的基础上陆续开发了 LCR-ET 及 gPhone 重力仪，gPhone 重力仪通过双层恒温及密封技术保证了传感器不受环境因素变化的影响，同时采用了 24 位的数据采集、GPS 及铷钟等技术，使得 gPhone 重力仪成为目前精度最高的弹簧连续观测重力仪，被广泛用于火山、气候、地震及地球动力学研究。

石英弹簧重力仪是另一种类型的零长弹簧重力仪，其弹性系统的核心部分采用石英材料制作，与金属弹簧重力仪相比，仪器漂移线性程度好，但漂移量较大。1947 年美国的 Worden 首次研制成功 Worden 型石英弹簧重力仪，并在勘探工作中得到广泛的应用。之后，加拿大 Scintrex 公司参照 Worden 型重力仪开发了 CG-X 系列重力仪，包括 CG-2、CG-3、CG-5。CG-3 是 Scintrex 公司在 1987 年推出的第一款自动重力仪，结合了当时最先进的电子技术、微型计算机技术，其最大测量范围达到 $1\,000\times10^{-5}\,\mathrm{ms^{-2}}$，读数分辨率达到 $10\times10^{-8}\,\mathrm{ms^{-2}}$。CG-5 是 CG-X 系列重力仪的最新型号，相比早期型号，自动化程度更高、可操作型更好。此外，世界上其他国家和地区也进行了石英弹簧重力仪的研发工作，如苏联于 1951 年研制与生产了 rKA 型石英弹簧重力仪，并在苏联、中国等国家得到了广泛应用和仿制。据统计，全世界石英弹簧重力仪有数十种之多。

国内地质仪器企业在 20 世纪 60 年代后期至 70 年代初期曾仿制加拿大和苏联的石英弹簧和金属弹簧重力仪，并投入小批量生产，因精度较低，未大量投入生产。20 世纪 80 年代中国地震局地震研究所研究成功 DZW 型微伽重力仪，是我国第一台自行设计与生产的高精度潮汐重力仪，填补了我国这类仪器生产的空白。20 世纪 70 年代北京地质仪器厂开始大量生产 ZSM-3 型重力仪（灵敏度 10 μGal）和 ZSM-5 型恒温重力仪。到 80 年代后期，共生产千余台。目前，北京地质仪器厂仍在生产 Z400 石英弹簧重力仪。

自 1939 年以来，LaCoste&Romberg 技术占据了陆地型重力仪生产的主导地位，gPhone 重力仪则是其最新的产品，由于其低漂移特性，被广泛用于长时间周期（数年）的整合周期信号（例如固体潮）观测。如图 5.1 所示，gPhone 同时具备优异的高频响应特性，因此，也可用于诸如地震等高频非潮汐事件的监测。gPhone 重力仪的粗调测程是 7 000 mGal，保证了其在全球任意位置的观测，同时它具备 100 mGal 的直接动态测量范围，确保其可长时间观测而不用调整量程。

多用途的 gPhone 重力仪具备一套高精度的数据采集系统，被 GPS 锁定后的铷钟可为数据采集系统提供精密的时间同步，因此，gPhone 重力仪阵列可用于提供大范围的地震图像或由地下密度变化所造成的长周期重力变化。

CG-5 石英弹簧重力仪是目前在物探、地震监测和科学研究领域应用最广泛的陆地流动观测重力仪，（图 5.2），由加拿大 SCINTREX 公司生产，其分辨率为 1 μGal，标准偏差小于 5 μGal，是目前市场上最快、最轻、最有效的重力测量仪器。其技术指标见表 5.1。

图 5.1　gPhone 重力仪

图 5.2　CG-5 石英弹簧重力仪

表 5.1　CG-5 重力仪技术指标

参数	说明
传感器类型/μGal	利用静电反馈的熔融石英
读数分辨率/μGal	1
标准偏差/μGal	小于 5
操作量程	全球（8 000 mGal 无需重置）
残差长时间漂移（静态）	小于 0.02 mGal/d
自动倾斜补偿范围	±200″

续表

参数	说明
掉格	在 20 G 的冲击下小于 5 mGal
自动改正	潮汐、仪器倾斜、温度、噪声采样滤波器
GPS 精度	标准：小于 15 m，DGPS（WAAS）：小于 3 m
免接触操作	目视距离 30 m 的无线遥控开关
电池容量	2×6.6 AH（11.1 V）可充电智能锂电池
功耗/W	4.5（25℃）
工作温度/℃	−40～+45，高温版本到+55
数据输出	U 盘、RS-232C 和 USB 接口
尺寸	30 cm(H)×21 cm×22 cm
重量/kg	8（带电池）

图 5.3　DZW 重力仪

DZW 型微伽重力仪由中国地震局地震研究所研制，是我国第一台自行设计与生产的高精度潮汐重力仪，主要是用来进行长期连续观测固体潮的潮汐重力仪，如图 5.3 所示。

主要技术指标：①分辨率为 1 μGal；直接量程为 2 μGal；②气压变化影响为 75 μGal/mmHg；③仪器日漂移小于 25 μGal；④环境温度变化影响为 3.3 μGal/℃；⑤调和分析主要结果：全日波单位权中误差为 4.2 μGal，半日波单位权中误差为 1.9 μGal；⑥仪器水准气泡倾斜灵敏度呈线性变化，其灵敏度分别为：水准气泡 I 20 μGal/（"）；水准气泡 II 7 μGal/（"）。

2. 绝对重力仪

意大利物理学家伽利略（Galieo）在 1590 年通过从比萨斜塔上投掷铅球的实验，使人们初步认识到重力的存在，并在后期实验中给出了重力加速度的初步结果（9.8 ms^{-2}），标志着绝对重力观测技术的开始。17 世纪和 18 世纪是科学变革的兴盛时期，重力观测的理论基础伴随着引力理论、刚体力学的发展而建立起来。1673 年，荷兰物理学家惠更斯（Huygens）给出了摆的周期和摆长、重力加速度的方程，提出利用测量摆的周期和长度的方法计算重力加速度，并研制出世界上第一台钟摆。此后的 200 多年间，重力观测的唯一手段就是摆。1811 年德国天文学家鲍年倍格（Bohnenberger）阐明了可倒摆原理，并由英国人卡特（Kater）在 1818 年研制出第一台可供野外观测的可倒摆仪器，测量误差约为 350×10^{-8} ms^{-2}。1828 年前后贝塞尔（Bessil）根据可倒摆的原理研制出线摆，并用其进行了绝对重力观测，观测误差降低到 100×10^{-8} ms^{-2}。在之后的 100 多年中，由于没有取得技术上的突破，绝对重力仪的发展一直止步不前，直到 20 世纪 50 年代干涉技术的出现，才让绝对重力观测技术得到进一步的发展。20 世纪 60 年代末至 70 年代初，美国天体物理研究所 Faller 和 Hammond 与美国国家标准局合作，在 Wesleyan 大学研制成功第一台自由落体绝对重力仪，开创了激光干涉技术在绝对重力仪上应用的先河，其单次落体实验的误差大于 $100 \times 10^{-8} \, \mathrm{ms}^{-2}$。目前，利用原子干涉技术进行绝对重力测量的关键技术也已经展开。

从最早的摆仪到目前正在展开研究的原子干涉重力仪，绝对重力仪的发展总共经历了四代发展历程。第一代摆仪通过摆的周期和摆长来计算绝对重力值，误差较大。第二代绝对重力仪利用白光干涉技术进行绝对重力测量，由于普通白光源的信噪比不高，在出现后不久就被第三代激光干涉绝对重力仪所取代。FG5 绝对重力仪作为第三代绝对重力仪中精度最高、商品化程度最好的仪器，采用铷（或铯）原子频标作为测量时间的标准，用高稳定度的激光作为测量长度的标准，用长周期弹簧悬挂参考棱镜来隔离地面震动，采用落体在高真空中多次下落测量多点位法，极大地提高了观测精确度，被世界各国广泛采用。目前第四代利用原子干涉测量重力加速度成了高精度绝对重力观测研发的热点，但由于其体积巨大，不便于移动，还达不到产业化开发的要求。

自由落体绝对重力仪主要部件是激光干涉仪，用于跟踪自由下落的三棱反射镜的运动。整套仪器操作很不方便，总重量约 800 kg，单次落体实验的误差大于 $100 \times 10^{-8} \, \mathrm{ms}^{-2}$。由于残余系统误差（测量误差、对垂线的偏差、大气拖曳、静电力和磁力误差）存在，由 20～30 组（约 50 次/组）观测的重力值的精度为 $50 \times 10^{-8} \, \mathrm{ms}^{-2}$。单台仪器架设拆卸和观测时间约需 1～2 个星期。

20 世纪 70 年代，Hammond 和 Faller 的重力仪研制工作在空军地球物理实验室继续进行，期间主要的改进工作包括：采用了落体室内套落体室技术，以减小大气影响至 1/100～1/200；仪器体积和重量大大减小，并在自动化方面取得了进展。

20 世纪 80 年代，由美国科罗拉多大学和美国国家标准局联合天体物理研究所的 Faller 和 Zamberge 对自由下落式重力仪做了重大改进，研制成功 JILA 型可移动式绝对重力仪。该仪器主要为地球动力学研究提供快速经济和高精度的重力测量结果。JILA 型绝对重力仪的最主要部件是迈克尔干涉仪、三棱镜落体以及基准棱镜。稳频激光光源给出稳定的长度标准。为了减少残余大气影响，使用了"双源同步下落式技术"，并采用了具有 30～60 s 长周期超长弹簧系统来减小微震干扰以提高观测精度。JILA 型绝对重力仪的设计精度达到 $5 \times 10^{-8} \sim 10 \times 10^{-8} \, \mathrm{ms}^{-2}$。

之后，美国标准与科技研究所和 AXIS 仪器公司在对 JILA 型绝对重力仪改进的基础上，研制出新一代商业化可移动式 FG5 绝对重力仪，精度可达到 $1 \times 10^{-8} \sim 2 \times 10^{-8} \, \mathrm{ms}^{-2}$。该仪器及附属设备总重量约为 320 kg，体积仅为 1.5 m^3，架设时间只需要 1～2 h。目前 FG5 绝对重力仪的最新改进型为 FG5-X 绝对重力仪，相比早期的 FG5 绝对重力仪（图 5.4），新仪器主要在落体仓和驱动系统方面做了改进，同时减小了仪器控制单元的体积。近年来，针对不同的应用，美国 Micro-g & LaCoste 公司还开发了简化版的 FG-L 绝对重力仪，以及能用于野外流动观测的小型化 A-10 绝对重力仪。FG5 绝对重力仪和 A-10 绝对重力仪是目前应用最为广泛的绝对重力仪。

国内包括中国地震局地震研究所、中国地震局地球物理研究所、中国计量科学研究院和中国科学院测量与地球物理研究所等单位都在进行绝对重力仪的研制，中国地震局地震研究所通过科技部重大仪器专项正在进行新型 AGW-5 双落体激光干涉绝对重力仪的研制及其产业化，仪器设计指标为 5 μGal，中国地震局地球物理研究所研制的实验样机准确度达 30 μGal 水平。1975 年中国计量科学研究院研制成功我国第一台自由下落法固定式绝对重力仪，准确度为 $100 \times 10^{-8} \mathrm{ms}^{-2}$，在此基础上不断进行改进，使它成为中国第一代可移绝对重力仪（NIM-I），其测量不确定度为 $20 \times 10^{-8} \mathrm{ms}^{-2}$。该仪器重约 800 kg，测定一个绝对重力点约需一周时间，工作效率低，测量存在一些不稳定因素。1985 年该院研制成功中国第二代可移激光绝对重力仪（NIM-II 型）的实验装置。该装置采用自由下落多位置法原理，直接用国际长度咨询委员会通过的长度基准-碘稳定 0.633 μm 波长的氦氖激光作为测量落体下落的距离标准，采用铷原子钟作为测量下落时间标准，采用长周期地震仪悬挂参考棱镜隔离地面微震。该仪器参加了 1985 年在法国巴黎举行的第二次国际绝对重力仪对比观测，该装置的测量结果不确定度为 $14 \times 10^{-8} \mathrm{ms}^{-2}$，后对仪器进一步改进后，不确定度可达 $10 \times 10^{-8} \mathrm{ms}^{-2}$。NIM-3 型在 NIM-2 型的基础上进行了小型化改进，其测量不确定度优于 $10 \times 10^{-8} \mathrm{ms}^{-2}$。

　　　　（a）FG5 重力仪　　　　　　　　　　（b）A10 重力仪

图 5.4　FG5 与 A10 重力仪

FG5-X 利用自由落体原理测量测点的绝对重力值，它主要是利用激光干涉仪高精度的监测真空仓中的物体下落。2004 年 BIPM（Bureau International de Poids et Mesures）正式宣布将轨道自由下落方法作为重力测量的主要方法。落体自由下落轨道参考超级弹簧（一个非常稳定的活动弹簧系统），超级弹簧为参考光学系统提供震动隔离以提高 FG5-X 在噪声环境下的性能。

激光干涉仪中产生的光学条纹提供了能跟踪标准波长的精确地距离测量系统，同时通过铷原子钟能够非常精确地对光学条纹发生的间隔进行计时。

主要技术指标：①准确度：2 μGal；②精度：在静止站点 15 μGal（大约 3.75 min 1 μGal，6.25 h 0.1 μGal）；③动态测量范围：全球；④工作温度：10～30℃；⑤运输总重：320 kg（6 个包装箱）；⑥总体积：1.5 m³；⑦安装面积：3 m²；⑧输入电压：交流 110～240 V，50～60 Hz；⑨功耗：500 W。

自从 2000 年第一台 A-10 问世以来，A-10 逐步成为便携式野外绝对重力测量的首选仪器，它提供了野外恶劣环境下的高精度绝对重力测量。

A-10 操作简便，能够进行快速数据采集，同时能够在阳光、雪地和有风等野外恶劣环境下进行观测。主要技术指标：①准确度：10 μGal（绝对）；②精度：在静止站点 10 min 达到 10 μGal；③输入电源：12～14 V 直流（包括 100～240 V 交流）；④总负载：25 A（300 W）；⑤平均负载：16 A（200 W）；⑥总重量：105 kg；⑦上单元 19 kg、下单元 21 kg、电子箱和计算机 23 kg、电缆 7 kg/件、运输箱：35 kg/件；⑧工作温度：−18～+38℃ 连续工作。

3. 超导重力仪

超导重力仪（superconducting gravimeter，SG），由加州大学圣地亚哥分校的 Goodkind 和 Prothero 在 1960 年中期发明。1979 年，Goodkind，Warburton 和 Reineman 作为合作伙伴关系形成 GWR。多年来 SG 不断演进，包括增加杜瓦效率、减少体积和提高信号的稳定性和精度；但是其核心工作原理保持不变，即悬浮在超导磁场中的一个超导感应球体。目前，GWR 的台站式超导重力仪（observatory superconducting gravimeter，OSG）提供了跨越宽广频段的 nano-Gal 分辨率和低于几个 μGal/年的稳定性。在世界各地的地球动力学研究项目中，OSG 超导重力仪已被广泛地用来测量各种重力信号，从地壳构造运动到长周期地震（1 000 s），时间段从几年到几十年不等。为了推动 SG 在火山活动、地热、水库和水文方面的测量应用，GWR 在 2010 年推出了新的 iGrav 系统，它保持了传统台站式超导重力仪的操作功能。整个 iGrav 杜瓦只有 OSG 的一半大小，杜瓦的顶端部分包含了重新设计的电子和数据采集系统。较小的杜瓦可在几天内自动冷却到工作温度。模块化的设计也简化了仪器的安装，使迁移到新的测量站点更容易。有两个改进大大简化了 iGrav 操作。第一是磁力梯度（相当于"弹簧常数"）在出厂前已经永久性地设置，通过调整上下两个磁线圈的匝数比，把两个线圈串联。因此，在用户安装使用现场，只需要调整一个电流的大小，直到总悬浮力的大小精确地平衡使用现场当地的重力 g；第二是引入一小线圈，专用于超导球体在电容位移传感器的中心点的最终定位。这两个改进，消除了早期超导重力仪的操作中不可避免的困难，即调整磁力梯度和把超导铌球定位在中心点。

GWR 公司最新推出简单易用的 iGrav 便携式超导重力仪，如图 5.5 所示。与广泛用于世界各地地球动力学研究项目的 OSG 台站式超导重力仪相比，iGrav 设计简化，价格便宜。iGrav 具有小于 0.5 μGal/月的超低漂移和几乎恒定的比例因子。iGrav 的传感器处在超低温环境中，完全不受当地的温度、相对湿度和压力变化的影响。正是因为这些特殊属性，iGrav 能够在几天、几个月、几年，甚至几十年间提供精确和连续的重力变化的记录，其稳定性和精度都达到了目前业内的最高标准。iGrav 主要技术指标：

图 5.5　iGrav 便携式超导重力仪

①仪器零漂：小于 0.5 μGal/月；②仪器精度：在频域内为 1 nGal（10^{-3} μGal），在时截域内 1 min 平均值为 0.05 μGal；③噪声水平：0.3 μGal/（Hz）$^{1/2}$；④杜瓦：高（包括冷头 Coldhead）：102 cm，直径 36 cm，重量（带传感器）30 kg（65 磅），体积：16 L（液态

氦）；⑤制冷：冷头 Coldhead，住友 SRDK-101D（在 4 K 为 0.1 W）；⑥压缩机：住友
CAN-11 C，室内，空气冷却；⑦工作温度范围：4~38℃；⑧功率：1.2/1.3 kW 的单相
50/60 Hz，100/120/220 V。

5.1.3　卫星重力

随着 1957 年 10 月 4 日第一颗命名为斯普特尼克 1 号（Sputnik-1）人造地球卫星的
发射，大地测量学科由此进入卫星大地测量时代。这种利用人造地球卫星作为地球重力
场的传感器和探测器，从全球角度多侧面获取重力场多种特征量的技术手段，大大拓宽
了重力探测的"视角"，开创了卫星重力探测理论，形成了卫星重力学这一学科分支。卫
星重力探测技术的发展历程，可大致分为如下三个阶段。

（1）光学阶段（1958~1970 年）。此阶段为卫星观测的基本方法、计算和卫星轨道
的研究阶段。该阶段的研究主要为用摄影机进行光学照相测定方位。即以恒星为背景对
卫星进行光学照相，测定卫星在天球坐标系中的方向，以已知地心坐标的地面站为基线
用方向交会法测定卫星的位置。这一时期的主要成果有：史密松天体物理台（Smithonian
Astrophysical Observation，SAO）推出了第一批地球重力场模型 SE I 至 SE III；美国宇
航局（NASA）推出了戈达德地球模型（Goddard Earth Model，GEM）。这一时期的重力
场模型虽然多为低阶次（8 阶），对应大地水准面精度为几米至十几米量级，但在建立初
期全球地心坐标系中发挥了巨大作用。

（2）地面跟踪卫星和卫星对地观测技术（1970 年至今）。这一阶段的技术手段，包
括卫星激光测距（satellite laser rangings，SLR）、多普勒定位（Doppler）、海洋卫星雷达
测高等。通过这些技术手段，进一步完善了全球大地水准面和坐标的测定，得出了改进
的地球模型（GEM 10、GRIM 等）；基于多普勒测量建立和运行全球范围的大地测量控
制网；卫星测高技术得到了迅猛发展，陆续实施了多个海洋测高计划，成为监测海洋动
力现象极为重要的工具，其提供的丰富海洋重力异常数据填补了海洋重力测量的空白，
极大地推动了多个相关学科领域的发展。

（3）新一代卫星重力探测技术（2000 年至今）。这一阶段以卫星跟踪卫星技术
（satellite-satellite tracking，SST）和卫星重力梯度技术（satellite gravity gradiometry，SGG）
为特征。其间空间科学技术得到迅猛发展，出现了一系列更完善、更精密的传感技术，
包括星载加速度计、星载 GPS 定轨、星间 K 波段测距和星载重力梯度仪等。这些新技
术使得实施专用重力卫星计划成为可能。21 世纪初陆续实施的 CHAMP、GRACE 和
GOCE 三大重力卫星任务即是新一代卫星重力探测技术的代表。

随着卫星重力计划的实施和发展，世界各国基于 CHAMP、GRACE 和 GOCE 卫星
观测数据，相继研制了 EIGEN（European Improved Gravity Field of the Earth by New
Techniques）系列、GGM（Global Geopotential Model）系列、TUM（Technische Universität
München）系列和 DEOS（Delft Institute of Earth Observation and Space Systems，Faculty of
Aerospace Engineering，Delft University of Technology）系列等重力场模型，其典型代表
包括德国 GFZ 研制的 EIGEN 系列和美国 CSR 研制的 GGM 系列重力场模型。例如，基
于 CHAMP 数据研制的 EIGEN-CHAMP03S 完全阶次 120 阶，400 km 分辨率的大地水准

面和重力异常的精度达到 5 cm 和 0.5 mGal。GGM02S 利用 GRACE 数据，在解算中未加任何约束，到 70 阶的大地水准面精度为 1 cm。基于 GOCE 数据的 GO_CONS_GCF_2_DIR_R3 模型，其 200 阶次的大地水准面和重力异常精度达到 4.6 cm 和 1.3 mGal。

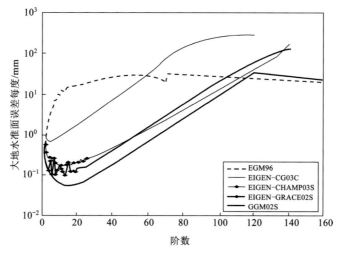

图 5.6 CHAMP 和 GRACE 重力场模型与 EGM96 比较

CHAMP 和 GRACE 代表性卫星重力场模型与 EGM96 模型的大地水准面阶次误差如图 5.6 所示。从图中可以看出，CHAMP 和 GRACE 的卫星重力场模型在大地水准面的中长波部分对 EGM96 有较大提高，如 EIGEN-CHAMP03S 和 GGM02S 在中长波部分比 EGM96 分别提高了约 1 个和 2 个量级。EGM2008 模型是美国国家地理空间情报局 （National Geospatial-Intelligence Agency，NGA）研制的新一代地球重力场模型，其阶和次分别为 2 190 和 2 159，相应空间分辨率为 5′，数据源主要包括地面重力（数据覆盖率达 83.8%）、卫星测高、卫星重力（主要为 GRACE）等，而 ENGIN-6C 基于 Lagoes、GRACE、GOCE 和地面重力数据获得。GO_CONS_GCF_2_DIR_R3（基于 GOCE 卫星重力资料）与 EGM2008 到 200 阶的全球大地水准面和重力异常差异分布如图 5.7 所示，结果表明 GOCE 对地面重力稀少区域的重力场具有明显的改善，如南极与非洲。不同重力场模型大地水准面与 GPS 水准之差的 RMS 如表 5.2 所示，从表中可以看出，新的卫星重力观测数据提高了重力场模型精度，如 EIGEN-CG03C、EGM2008 和 EIGEN-6C 的精度均比 EGM96 模型有一定程度的提高。

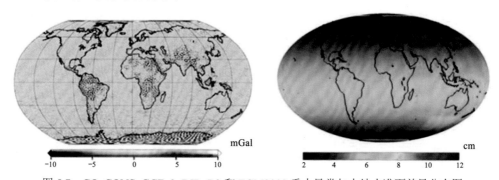

图 5.7 GO_CONS_GCF_2_DIR_R3 和 EGM2008 重力异常与大地水准面差异分布图

表 5.2　　不同重力场模型大地水准面与 GPS 水准之差的 RMS　　（单位：cm）

重力场模型	最高阶	美国（6169）	加拿大（1930）	欧洲（1235）	澳大利亚(201)
EGM96	360	37.9	35.7	47.8	29.7
EIGEN-CG03C	360	34.6	30.6	35.5	26.0
EGM2008	2190	24.8	12.6	20.8	21.7
GO_CONS_GCF_2_DIR_R3	240	43.1	34.7	42.3	35.5
EIGEN-6C	1420	24.7	13.6	21.4	21.9

图 5.7 和表 5.2 表明重力场模型在不同区域的重力场精度并不一致，由于南极数据稀少，很难在南极冰盖进行大范围的重力场精度评估。Morga 等（2009）研究指出，EGM2008 在南极完全依赖 GRACE 得到的地球重力场模型。通过采用 Mawson、Davis、Casey&Scott、McMurdo 4 个南极考察站的数据，对 EGM2008 模型精度评估，发现 EGM2008 在南极的精度约为 1 m。

5.1.4　航空重力测量

1. 航空重力测量原理

空间技术的进步极大地促进了航空重力测量技术的发展。航空重力测量是以飞机为载体，以航空重力测量系统测定近地空间重力加速度的重力测量方法。较之经典的地面重力测量技术，无论是测量设备、运载工具、测量方法，还是资料获取方式、资料归算理论等，都截然不同。航空重力测量由于测量速度快、范围广和效费比高，且几乎任何地区均可到达，所以能快速精确测定大面积的地球重力场。在大地测量学、地球物理学和海洋学中具有十分广阔的应用前景。

由于航空重力是将重力测量设备搭载在飞机平台上进行重力测量，根据爱因斯坦广义相对论中的等效原理，在飞机内的重力仪所接收到的信号同时包含了惯性力和引力，并且自身无法区分。因此，为了获取引力数据，必须将两者进行分离。

$$g = q - f \tag{5.1}$$

式中：g 为引力；q 表示惯性力；f 为相对重力仪的读数。

目前航空重力测量所使用的重力仪均为相对重力仪，通过改正，完整的重力变化表示形式为

$$\delta g = g_b + f - \dot{v}_U + \delta a_E + \delta a_H + \delta a_F - \gamma_0 \tag{5.2}$$

式中：g_b 为停机坪处的重力值；f 为相对重力仪的读数；$\dot{v}_U$ 为垂直加速度改正值；δa_E 为厄缶改正；δa_H 称为水平加速度改正；δa_F 为空间改正；γ_0 为椭球面上的正常重力值。为获取重力异常，除了重力仪/加速度计读数外还需要得到 $\dot{v}_U$、δa_E、δa_H 以及 δa_F。由于 GPS 的高速发展，飞行平台的位置、速度及加速度均可由飞机搭载的 GNSS 平台获取。

航空重力测量系统主要由航空重力仪、航空器姿态与定位测量系统、重力测量数据实时处理系统组成。重力仪控制和平台姿态控制输出进入第一台计算机处理，由 GPS/INS 组合导航系统给出姿态、经度、纬度、高度确定重力仪的地理坐标，给出速度和方向、

解算厄特弗斯改正。为校正高程可能还需要精密气压测高和激光测高系统,全部信息送入第二个计算机中处理,将两台计算机联网后处理航线剖面重力值和航区的重力异常图。

经过各项改正和滤波后的重力数据还需要进行平差。实际航空重力测量中主、副测线的(近似)交叉点处的重力值会出现差异,该值被称为交叉点不符值。产生交叉点不符值的原因可能是系统误差也可能是偶然误差。其中,系统误差可以采用 t 检验法检验显著性,如果存在系统误差,则需要通过最小二乘平差,求得各测线系统误差模型中的系数,对所有采样值进行系统误差补偿。经过系统误差补偿后可认为只存在偶然误差。

同时,航空重力测量所得的是航线高度的重力异常值,而在实际应用中需要将其格网化并归算到平均地形面或大地水准面上。而空中重力数据向下延拓在理论上是个不适定问题,常采用的方法是求解泊松方程的逆泊松方法,此外还有梯度法、迭代法、倒锥法等。科勒提出了利用重力场先验信息联合处理地面和空中重力测量数据的配置法。由于延拓问题自身不适定,这些方法都在一些方面存在不足,例如当测区内没有先验重力数据,配置法就无法使用,倒锥法也需要测区内有标志性的重力测量点;当测区较小时,迭代法的边界效应十分明显。对于具体问题需要根据实际情况选择合适的延拓方法。

2. 南极航空重力测量计划

航空重力仪的技术含量高,造价昂贵,因此,世界上仅有美国和德国拥有生产航空重力仪的能力,如美国 L&R 公司出产的航空重力仪,利用这些重力仪和航空平台,在南极地区开展了重力测量。在南极地区开展的主要航空重力计划:①1987 年,NRL(Naval Research Laboratory)联合阿根廷和智利开展航空地球物理计划对南极威德尔海及别林斯高晋海的海冰进行了航空重力测量;②1996~1997 年英国的 BAS(British Antarctic Survey)对南极半岛 2/3 的区域进行了航空重力测量;③2000/2001 年 UTIG(University of Texas Institute for Geophysics)对东南极麦克默多站和沃斯托克湖区域进行了 2 期航空重力测量;④2002~2003 年德国和澳大利亚对兰伯特冰川和查尔斯王子山脉附近区域进行了高精度的航空重力测量;⑤2003 年 IAG 大会上提出了 AGP(Antarctic Geoid Project),于 2003~2007 年对南极的大部分沿海区域进行了航空重力测量;⑥2007~2009 年 AGAP(Antarctica's Gamburtsev Province Project)对甘布尔泽夫山脉区域进行了航空重力测量;⑦2009~2013 年 NASA 联合 UTA(University of Texas,Austin)和 NRL 开始 Ice-Bridge 计划,对南极部分沿海区域进行了高密度的航空重力测量;⑧未来 ESA(European Space Agency)计划继续对各个欧盟国家的科考站及附近区域进行航空重力测量;NASA 也计划继续 Ice-Bridge 计划,扩大测量的覆盖区域。

5.1.5 地面重力测量

1. 绝对重力测量

地球表面上任何一点的重力值是可以用仪器实际测量出来的。如果测定出来的是该测点的重力绝对数值,则称其为绝对重力测量。绝对重力测量的方法、手段很多,凡是与重力有关的一切物理现象都可以用来测量重力,如摆、自由落体、斜面法等。但是不论用什么原理，有两个基本量必须要精确地测量出来，一个是长度，一个是时间，这两个量的测量精度决定了重力的测量精度。

（1）摆仪法。早期绝对重力测量多是利用摆的原理制造的摆仪来实现的。根据摆的运动周期与摆长和重力加速度的关系，观测摆仪的摆动周期，再测出摆长，即可求得重力值。但是，为了保证重力值精度达到 1 mGal，周期的测定精度应达到 0.5×10^{-6} s。实测过程中影响周期的因素很多，如：①支持摆的刀口不是一条严格的棱线，而是一圆柱形，这称为刀口曲率的影响；②摆在摆动过程中的弹性弯曲，温度变化使金属摆产生伸长和缩短；③摆周围的空气阻力的影响；④用来测定摆的周期的表的误差问题等。由于影响只能给出粗略的改正，使得周期的测定精度不能满足要求。因此，直至 20 世纪，用摆仪测定重力值的精度一直停留在毫伽级，致使摆仪在实际应用中逐渐被淘汰。

（2）自由落体法。所谓自由落体运动是指物体在只受重力的作用下，沿垂线所做的加速直线运动。由运动学可知，假定在运动过程中的重力加速度 g 为常数，则运动距离为重力加速度和运动时间的函数。如果能够精确测定运动距离和运动时间，即可获得重力加速度值。运用物体的自由运动测定重力值可以有两种方法来实现：自由下落和对称自由运动。下落法又称为自由落体，让物体从高处静止开始自由落体到地面处，记录运动过程中的运动行程和运动行程所对应的时间，由此来测定重力加速度值。为了求得重力加速度值，需要物体运动途径上先取两个位置，分别测定落体两次通过每一个位置时的时间间隔，由此来获得重力加速度值。以此方法为代表的仪器有：NIM 型绝对重力仪、FG5 型绝对重力仪、A10 型绝对重力仪。

（3）上抛下落法。对称自由运动又称上抛下落法，它是将物体垂直上抛然后再自由下落。由于无法保证上抛路径的垂直，此方法目前很少采用。对于实时的重力观测值，由于它不仅包括地球质量的引力，还包含有日月引力及其产生的地球形变的潮汐效应、环境变化以及仪器系统误差等，这些因素影响到重力观测值。因此，需要对实时重力观测值可能产生的误差作分析及必要的改正，消除已知的各种影响因素引起的实时重力观测值变化。

2．相对重力测量

1）基础条件

（1）重力网布设满足覆盖范围、网型结构、空间分辨率要求。首先，重力网布设应考虑重力网覆盖范围和测点空间密度；其次，应充分考虑交通条件，以易于观测，并尽量成环，减少观测数据误差传递的影响。

（2）观测仪器性能稳定，数量充足。相对重力观测应在尽可能短的时限内完成全网观测，因此，需要配备足够的观测仪器，保证相邻测区同步观测和同一测区仪器稳定不变；观测仪器应细心维护，定期标定，保证仪器性能稳定可靠。

（3）严格的操作技术规范。根据各类型仪器特性，制定严格的操作技术规程和质量监控体系，保证观测数据质量。

2）重力观测

（1）至少采用 2 台组合重力仪。

（2）相对重力仪器检验与调整。①日常检验：每天测量前，应对重力仪进行光学灵敏度和纵横气泡的检验；②定期检验：约 1 个月或大跨度转移测区时应对重力仪进行光学灵敏度、纵横水准气泡、正确读数线三项检验。

（3）联测方式。①采用串式对称观测，即 A→B→C→……→C→B→A，或三程推进式对称观测 A→B→A→B→C→B→C→D……；②一条测线应在 3 d 内闭合，条件不允许时可延长到 5 d；③一条测线中仪器静置超过 2 h，应测定静态零漂并记录；④每期联测的点应尽可能相同，点位变更时应重做点之记。

（4）绝对点的相对重力联测。①本项目设置的绝对重力点必须进行联测；其他绝对重力点，在条件许可时，应进行联测；②联测方式可采用环线或支线联测；③每期联测的点应尽可能相同，点位变更时应重做点之记。

（5）观测记录与野外验算。①观测记录采用电子记簿方式；②电子记录采用专用的记簿软件；③一条测线结束后，及时进行验算，验算时应加入格值、潮汐改正、气压改正、仪器高改正和零漂改正，进行数据备份。

5.1.6 海洋重力测量

海洋重力测量是将重力仪安置于舰船上进行重力测量的一种动态重力测量。海洋重力测量可进行高效率、大范围的海洋重力测量，提供高精度的重力数据，在资源勘探、军事、大地测量与地球物理等领域有着重要的应用。资源勘探方面，为石油、天然气和矿物等资源勘探提供大范围、深尺度重力信息，提高资源勘探效率。在地球科学领域，完善精确的重力信息，有利于研究地球内部构造、精化大地水准面。在军事领域，可辅助惯性导航系统（inertial navigation system，INS）实现潜艇的水下无源导航；为远程武器发射提供重力异常和垂线偏差数据，提高远程导弹的命中精度。

在海洋重力测量中，重力仪观测值需要经过一系列的改正才能计算得到真正的重力异常值。主要的改正包括以下几方面内容。

（1）水平加速度改正。重力仪工作于陀螺稳定平台之上，由于误差存在，陀螺稳定平台不可能处于完全水平状态，这会给重力观测值带来两种误差，一是重力传感器只测得重力矢量的一部分，二是水平加速度的垂直分量影响。两者的联合影响称之为水平加速度改正。

（2）厄特弗斯改正。重力是地球质量引力与地球自转所产生的离心力的合力，重力方向是重力力线的切线方向。海洋重力测量时，由于载体的运动而使海空重力仪除受到地球自转影响外，还受到载体速度产生的附加离心力影响，这种影响就是所谓的厄特弗斯改正。这项改正的数学模型首先是由匈牙利学者厄特弗斯（Eotvos）推出的，并于 1919 年用实验方法证实，所以称为厄特弗斯改正。

（3）偏心改正。实际作业中，动态 GPS 天线一般安装在载体上部，而重力仪在载体内部，显然重力传感器中心与 GPS 天线相位中心并不一致。当载体保持水平运动时，重力传感器中心的位置可由 GPS 定位结果加上相应的距离改正获得，其速度和加速度可视为与 GPS 天线相位中心相同。然而载体在运动状态下，不可避免地会产生俯仰和横滚运动，此时重力传感器中心与 GPS 天线相位中心除了位置不同外，其速度和加速度也存在差异。因此，为计算重力传感器中心处的各种扰动加速度，需在 GPS 确定的相应量中顾及上述差异，即进行偏心改正。由于偏心改正除固有的偏心因素外，主要源于载体姿态变化，故也称之为姿态改正。

（4）空间改正以及正常重力改正。空间改正又称之为自由空气改正，使重力观测值首先归算到了大地水准面，然后再经过正常重力改正，计算得到测线重力异常。

（5）时间同步改正。海洋重力测量系统由不同的子系统组成，每个系统都有各白的时间标准。由于海洋重力测量的实质是不同子系统数据的差值，如果不同系统时间存在误差，则可能会对最后的解算结果造成影响。重力仪传感器带有铷钟时标，GPS 系统同时也具有十分精确的时标。一般来说，应该通过两组数据的相关算法，进而确定数据的时间差，并进行改正。

国外的海洋/航空重力仪都是从地面重力仪改进而来，大部分仪器可以海洋、航空测量通用，称之为海空重力仪。国外有代表性的海空重力仪有美国 L&R 研制的 Air-Sea Gravity System II 型海空重力仪、ZLS 研制的动态海空重力仪、Bell 公司研制的 BGM-5 型海空重力仪、德国 Bodenseewerk 公司研制的 GSS-20 海洋重力仪、俄罗斯莫斯科重力技术公司研制的 GT-1A 航空重力仪。目前，国内外较常用的海空重力仪为美国的 Air-Sea Gravity System II 型海空重力仪以及俄罗斯的 GT-1A 航空重力仪。

5.1.7　南极地球形状与大地水准面精化

1. 国外南极地面重力观测

南极重力场作为全球重力场的重要组成部分，一直受到地球物理学家与大地测量学家共同关注，但观测资料的不足，使得南极地区成为人类对重力场认识最缺乏的区域。为此，各国在南极科考采集野外观测资料，如采用现场观测和航空重力手段获取南极区域点和面的重力资料。早在 1957～1958 年的国际地球物理年上，各国达成共识开始在南极开展系统的重力资料收集。2003 年，德国科学家 Scheinert 主持召开国际大地测量学会 IAG 时，在 Commission 2 组织推动 "南极大地水准面计划"（Antarctic Geoid Project，AntGP)，该计划最主要工作是收集已有南极重力资料，并实施新的测量工作，用于大地测量学和地球物理学等学科的发展和研究。AntGP 与南极相关机构建立了密切的联系，如国际南极研究科学委员会（SCAR）、SSG-GS 和 GIANT。国际极地年 IPY 期间（2007～2009 年），通过国际合作的方式，在南极开展了新的重力测量。目前，南极已进行的重力测量并不多，世界上只有为数不多的机构在南极沿海少数区域进行了地面重力测量，其点位分布如图 5.8 所示，表 5.3 收集了南极主要的绝对重力测量。

2. 我国南极重力测量

2004/2005 年南极夏季期间，我国第 21 次南极科学考察队利用 FG5 绝对重力仪在长城站两个站点（C001 和 C002）进行了 A 级绝对重力点及相对重力网测量，空间分布如图 5.9 所示。在站点 C001 和 C002 进行了绝对重力测量，精度在 $3\times10^{-8}\,\mathrm{ms^{-2}}$ 以内，同时进行了重力垂直梯度测量和水平梯度测量，利用这 2 个点的绝对重力测量确定了比例因子。

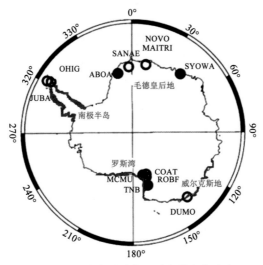

图 5.8 部分绝对重力测量点的点位分布

表 5.3 国际上南极绝对重力测量

#	考察站	仪器	考察队	机构	时间
1	Terra Nova Bay IAGS（Italy）	IMGC	CNR，ENEA	IMGC	1990/1991 年
2	Syowa（Japan）	GA60	JARE-33	GSI	1991/1992 年
3	Syowa	NAOM2	JARE-34	NAOM	1992/1993 年
4	Syowa	AGVRP	JARE-34	NAOM	1992/1993 年
5	Aboa（Finland）	JILAg#5	FINNARE 1993	FGI	1993/1994 年
6	Syowa	FG5#104	JARE-36	GSI	1994/1995 年
7	MeMurda（United States）	FG5#102	USGS	NOAA	1995/1996 年
8	Terra Nova Bay AB	FG5#102	USGS	NOAA	1995/1996 年
9	MeMurda	FG5#102	USGS	NOAA	1997/1998 年
10	Terra Nova Bay AB	FG5#102	USGS	NOAA	1997/1998 年
11	Cape Roberts（United States）	FG5#102	USGS	NOAA	1997/1998 年
12	Mount Costes（United States）	FG5#102	USGS	NOAA	1997/1998 年
13	General Bemardo O'Higgins（Chile）	FG5#101	CAE	BKG	1997/1998 年
14	Jubary（Argentina）	FG5#101	AAE	BKG	1997/1998 年
15	Dumont d'Urville（France）	FG5#206	IPEV	IPGS/EOST	1999/2000 年
16	Syowa	FG5#203	JARE-42	GSI	2000/2001 年
17	Aboa	JILAg#5	FINNARE2000	FGI	2000/2001 年
18	Syowa	FG5#203	JARE-45	GSI	2003/2004 年
19	Syowa	FG5#210	JARE-45	Kyoto University	2003/2004 年
20	Sanue IV（South Africa）	FG5#221	FINNARE 2003	FGI	2003/2004 年
21	Aboa	FG5#221	FINNARE 2003	FGI	2003/2004 年
22	Novolazarevskaya（Russia）	FG5#221	FINNARE 2003	FGI	2003/2004 年
23	Maitri（India）	FG5	23rd IAE	NGRI	2003/2004 年

　　具体观测时，测量观测时间不少于 12 h，分组进行、组之间的时间间隔为 0.5 h。全部观测的合格组数不少于 24 组，每组观测的下落次数为 120 次。单组下落次数的删除率不得大于 25%。由于仪器计算软件包只能处理连续观测组的观测数据，将这些连续的观测组称为一时段。综合该点所测全部时段的各组组均值计算平均值，得到总均值和总均值标准差，从而获得观测高度处的观测结果。必要时进行观测高度改正，归算得到墩面的观测重力值。相对重力联测采取往返对称观测，就是 A→B→A 型测量方式，采用仪器台数为 2。各点位的位置信息依据点之记，没有点之记的采用手持 GPS 现场实测值，并绘制点之记。当观测成果超限时，加测相应的测段。数据处理时，进行潮汐改正、气压改正和仪器高度改正，将各台仪器的零漂率作为未知数在平差中一并解算。

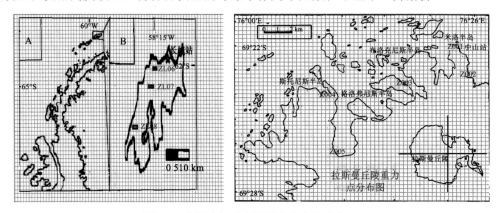

图 5.9　我国南极重力测量点的点位分布

　　韩国站、智利机场（2 点）和菲尔德斯半岛地区的山海关、盘龙山、香蕉山、半边山等 7 个站点重力值是利用 2 台 LCR 相对重力仪与 C001 站点进行高精度相对重力测量获得，相对重力测量精度达 1×10^{-8} ms^{-2}，并进行了相对重力仪比例因子的标定，建立了我国南极长城站地区的绝对重力基准。

　　2008～2009 年南极夏季期间，我国第 25 次南极科学考察队利用 A-10 便携式绝对重力仪和 LCR G 相对重力仪在南极中山站及附近拉斯曼丘陵地区建立了高精度重力基准网。该网由 3 个绝对重力点（Z001、Z002 和 Z003）和 10 个相对重力点（lsm02、lsm03、lsm04、lsm05、lsm06、lsm07、lsm08、lsm09、lsm10 和 lsm01）组成，绝对重力点精度优于 7.5×10^{-8} ms^{-2}，并应用 LCR G 型相对重力仪测量绝对重力点 Z001、Z002 和 Z003 观测墩中心的垂直梯度和水平梯度。在 A-10 的周围采取了防风措施，开始进行测试，测试正常后，开始正式的观测。绝对重力测量数据处理采用 Microg 公司的 g 专用软件进行数据处理，数据处理进行测量数据的抛物线拟合，求解最佳参数，并进行气压、固体潮、海洋负荷潮、极移、零点高度、参考高度改正，并进行结果的统计。

　　应用 LCR G 型相对重力仪分别联测 Z001、Z003 和 lsm01；联测 Z001、Z003、lsm02、lsm03 和 Z002，重力测量前，先进行 GPS 观测；联测 Z001、lsm04、lsm05、lsm06、lsm07、lsm08、lsm09 和 lsm10，在 GPS 观测同时进行重力测量。相对重力数据处理采用自编的软件 Gloop 进行，计算零点漂移，进行固体潮改正、零点漂移改正、高度改正。计算段差，根据已知重力点的绝对重力计算绝对重力值。相对重力测量精度优于 20×10^{-8} ms^{-2}。

2012～2013 年南极夏季期间，我国第 29 次南极科学考察队利用 ZLS 型相对重力仪在南极中山站进行了 A 级绝对重力点及相对重力网测量，拓展了原有重力网，首先实施了 Z001 与船测重力之间的重力观测，重力观测方案为 Z001—雪龙船—Z001；其次联测 lsm01、Z001、水准点 zs05 和水准原点。观测过程中，严格按相对重力测量规范实施，记录点位、时间、气压、温度和重力观测量等。经过数据平差处理，lsm01、Z001、zs05 和水准原点这 4 个观测点，最高精度为大地原点的 0.004 4 mGal，最差精度为水准原点的 0.011 9 mGal。

3．地面重力测量数据处理

1）平差模型

通常采用间接平差的数学模型，即平差的基本元素是重力段差的观测值，而段差值又为各相邻重力点上观测值之差。以 LCR 重力仪为例，用数学模型来模拟重力仪在各测站上的观测值。

$$F(Z_i) = \sum_{k=1}^{m} g_i^k \cdot E_h + \sum_{n=1}^{p} A_m \cos(\omega_n Z_i - \varphi_n) \tag{5.3}$$

式中：右边第一项是用厂家提供的格值表将观测值转换成重力值后再分别乘以多项式各次的系数并求和，所用的高次多项式主要是模拟 LCR－重力仪测量系统中双杠杆传动的线性和非线性误差；第二项是用三角多项式来模拟传动螺杆和齿轮组系统的轴线偏心和刻度不均匀引起的周期误差。其中，Z_i 为第 i 号重力点上重力仪的原始读数；g_i 表示由厂家格值表把重力仪读数转换成重力值，并做了固体潮和其他已知系统误差的改正；k 为高次多项式的系数序号；m 为实际需要顾及的多项系数的序号，通常取 2；E_k 为仪器被标定的多项式的系数；n 为周期项的序号；p 为实际需要顾及的周期误差的周期个数；A_m、$\omega_n = a\pi / T_n$、φ_n 和 T_n 分别为第 n 项周期误差的幅值、角频率、初始相位和周期值。此外，在整个一期观测资料中，设各台重力仪都有一个最或然漂移率 D_n，在平差过程中把它当作未知数和其他未知数一并求解。

由于选择的是各台仪器单程观测段差为平差元素，则第 N 台重力仪在 i, j 两测点间的段差观测值的误差方式可写成

$$V_{ij} = (\bar{g}_i - \bar{g}_j) - E_1(g_i - g_j) - E_2(g_i^2 - g_j^2) - E_3(g_i^3 - g_j^3) - \sum_{n=1}^{p} X_n \left(\cos \frac{Z_i \cdot 2\pi}{T_n} - \cos \frac{Z_j \cdot 2\pi}{T_n} \right)$$
$$- \sum_{n=1}^{p} y_n \left(\cos \frac{Z_i \cdot 2\pi}{T_n} - \sin \frac{Z_j \cdot 2\pi}{T_n} \right) - D_N(t_i - t_j) \tag{5.4}$$

即

$$V_i = \tilde{G}_i - G_i \tag{5.5}$$

$$V = A\tilde{X} + L \tag{5.6}$$

式中：$\tilde{G}_i$ 和 G_i 分别为已知点的平差值和观测值；V 为改正数向量；$\tilde{X}$ 为未知数向量；A 为未知数系数矩阵；L 为观测值向量。组成了这些基本的误差方程（观测方程）后，需确定段差观测值的权，通常设每台仪器为等精度测量，其中误差为 m_g。

2）平差计算

对重力网的平差，通常是根据网中所选参考基准的不同而分别采取经典间接平差，自由网平差和自由网拟稳平差。本书从重力网平差各参考系之间的关系出发，根据自由监测网的平差原则利用伪观测法消除秩亏的平差方法解算自由网的原理和解题思路，给出了重力网拟稳平差的伪观测解法。为一致起见，在经典平差时虚设一伪观测方程，从而使得自由监测网在三种不同基准下的解法达到统一。增加一伪观测方程：

$$\begin{cases} V' = BX \\ P' = P_0 \end{cases} \tag{5.7}$$

式中：B 为伪观测方程的系数。对于以段差为元素的重力网，B 可设为

$$B = \left(000 \cdots \underbrace{11 \cdots 1}_{k} \right) \tag{5.8}$$

当 $K = 0$，M，N 分别为经典平差、拟稳平差（M 为拟稳点个数）和自由网平差（N 为未知数总数）。用最小二乘原理，得到

$$\begin{cases} X = \bar{N}^{-1}\bar{W} \\ D(X) = Q_{zz}\mu^2 \\ \mu^2 = \dfrac{V^T \cdot PV}{N - T} \end{cases} \tag{5.9}$$

式中：V 为改正数向量；X 为未知数的向量；$D(X)$ 为观测向量的方差阵；Q_{zz} 为观测向量协固数阵；T 为自由度；μ^2 为单位权方差；P 为观测值权阵；N 为残差平方和；$\bar{W}$ 为 $V^T PL$。

5.1.8　南极地区大地水准面精化

EGM2008 分辨率达到 5′，图 5.10 给出了东南极部分区域大地水准面分布。在南极大陆，EGM2008 其贡献主要来自于 GRACE，显然其分辨率无法达到 5′。因此，需要利用分辨率更高的地面重力和航空重力等资料。根据我国和欧美先进国家的经验，陆地大地水准面精化通常采用以下步骤。

（1）地面重力数据重采样。主要是根据航空重力和地面重力分辨率，确定最终格网分辨率；然后联合可靠的高阶全球重力场模型和高分辨率 DTM（digital terrain model），有效恢复短波信号。

（2）采用地形均衡模型进行重力归算。根据南极重力数据分辨率，重力归算可以采

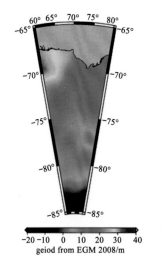

图 5.10　东南极部分区域大地水准面分布图

用经典的 Airy-Heiskanen 地形均衡模型。对于分辨率较低的重力数据，该方法是合适的，而对于分辨率较高的重力数据，则无须均衡归算。

（3）采用 Stokes 公式计算大地水准面。主要采用快速傅里叶算法直接计算，目前该算法是国际上重力计算大地水准面的首选公式。

（4）采用移去-恢复法形成大地水准面。通常采用这种方式计算，首先由全球模型计算长波长模型大地水准面和模型重力异常，然后由地面重力异常移去模型重力异常，得到残差重力异常，由此计算残差大地水准面。具体计算时，采用以上步骤（1）～（3）计算残差大地水准面，然后恢复模型大地水准面，得到最后结果。

对于南大洋大地水准面的反演，主要是在卫星测高海洋重力异常反演的基础上，融合海洋重力异常，得到高精度高分辨率的南大洋重力异常，具体计算过程在第 5.4 节进行详细介绍。对于海洋与陆地大地水准面，通常认为两者存在着系统偏差，主要来源包括海洋重力异常在近岸误差较大、高程基准不一致、重力数据观测误差、内插误差及计算模型误差等，计算时通常忽略这种系统误差。实际上目前主要是将卫星测高反演海洋重力异常与陆地重力异常直接代入 Stokes 积分进行计算。

针对海陆大地水准面的拼接问题，目前有三种不同的方案：①扩展法，对于数据空白区，用模型结果填充，然后直接采用 Stokes 公式计算；②拟合拼接法，该方法是将海洋大地水准面和陆地大地水准面进行拼接；③最小二乘算法，该方法是直接将不同类型的重力观测量代入，如海洋测高的垂线偏差、海洋重力、陆地重力等，然后进行最小二乘配置解。该方法通常更具稳定性，不存在奇异问题。

5.2 极区卫星重力应用

5.2.1 概述

南极在全球气候系统中扮演着重要的角色，全球最大的冰盖面积达 $1\,400 \times 10^4\ \text{km}^2$，其质量平衡研究对认识和了解全球平均海平面变化、全球水循环、全球温盐度、大气变化以及其他相关问题起着关键性的作用。目前，研究南极冰盖质量变化的主要方法包括：质量平衡法、测量高程变化及测定南极质量变化等。

质量平衡法无法大面积精确确定冰雪的积累量和融化量，该方法主要用于小范围的质量变化研究；利用卫星测高等测量高程变化的方法，由于大坡度引起较大的坡度误差，边缘区域等坡度较大区域无法准确确定，该方法主要用于南极内部区域，且冰雪密度变化引起的体积变化并不一定和冰盖质量变化有关。随着重力卫星的出现，可以确定全球中长波静态重力场及其随时间变化，极大地改进了对地球时变重力场的认识，地球重力场反映地球的物质分布与运动，地球内部或地表的任何质量改变均可引起重力场的改变，进而通过重力场的变化反演出地球系统的季节性和年际时间尺度的质量变化，为测定南极冰盖质量变化提供现势条件。

5.2.2 重力卫星的发展

卫星重力测量技术是继美国 GPS 系统成功构建后在大地测量领域的又一项创新，引起了测绘学、地球物理学等一系列学科的革命，21 世纪以来，尤其是卫星跟踪卫星技术和卫星重力梯度测量技术的实现，使得卫星重力探测技术得到了极大发展。目前，重力卫星共有 CHAMP、GRACE、GOCE 三种。

（1）CHAMP——"挑战性小型卫星有效载荷"（CHAllenging Mini-satellite Payload）。CHAMP 卫星是 2000 年 7 月 15 日德国地球科学研究中心 GFZ（Geoforschungszentrum）独立研制发射的一颗首次采用高低卫–卫跟踪（high-low satellite-satellite tracking, HL-SST）技术的地球物理研究与应用卫星，是一颗重、磁两用卫星。该任务由德国空间局和德国地球科学研究中心负责实施，预期寿命 5 年。采用圆形近极轨道，倾角 87°，偏心率 0.004，近地点轨道高度约 470 km，其科学目标是：确定全球中长波静态重力场及其随时间变化，测定全球电场和磁场，对地球内部结构建模，监测海平面和海洋循环，测定中性大气层温度垂直变化剖面，监测宇宙天气（图 5.11）。

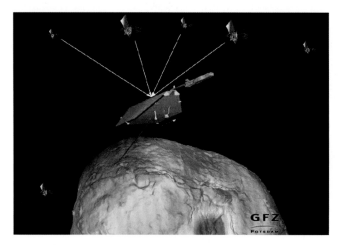

图 5.11　CHAMP 卫星

CHAMP 卫星上搭载有三套重要设备：一是星载 GPS 双频接收机，用来接收高轨 GPS 卫星信号以精密确定 CHAMP 卫星轨道，用轨道摄动的数据推算引力异常；二是放置在整个卫星系统重心处的法国航空和航天研究中心设计制造的一台静电 STAR 加速度计，用来直接测量卫星的非保守力摄动，如空气阻力、地球反照和太阳辐射等，以获得仅仅由地球引力异常导致的轨道偏移；三是卫星姿态传感器，用来测定卫星的姿态信息。此外，卫星上还安装有磁力仪等监测磁场及大气、电离层的设备。数据实验表明，CHAMP 卫星反演地球重力场的空间分辨率可以达到 500 km，即 1 000 km 波长以上中波长大地水准面精度可达到 1 cm。CHAMP 任务所致力研究的问题主要有三个方面。①重力，高精度的星载 GPS 可以提供高密度、连续的轨道变化情况，同时，星载高灵敏度加速度计提供的加速度资料，可用于分离作用在卫星上的保守力和非保守力。完成了 4 个全球地球重力场模型，包括基于 33 个月 CHAMP 数据的 EIGEN-CHAMP03S 模型和基于 3 年 CHAMP 数据的 EIGEN-3p 模型；以及较早的 EIGEN-2 模型和 EIGEN-1S 模型。②磁力，高性能的磁力计可用于测量地球磁场的三维分量，建立电磁场模型 POMME，将岩石圈磁场扩展到 90 阶。③大气（对流层和电离层），星载设备在提供高精度的重力场和磁场信息的同时可以对地球大气进行观测，其中 GPS/ CHAMP 无线电掩星观测资料可以用于定量研究大气的温度、水汽分布以及全球大气电子密度分布的情况，这也是第一次结合 GPS 无线电掩星测量。

（2）GRACE 卫星。GRACE（Gravity Recovery and Climate Explorer）重力卫星是一颗用于观测地球重力场变化的卫星，它是由 NASA 和 DLR 合作共同研发的，其目的在于高精度地获取地球重力场的中长波信息和全球时变重力场信息。GRACE 重力卫星于 2002 年 3 月 17 日成功发射，设计寿命为 5 年，但到目前为止一直处于正常运行阶段。GRACE 卫星由两颗相同的卫星组成，两者相距约 220 km，在同一近地轨道（轨道高度约 300～500 km）上飞行，轨道倾角为 89°，通过卫星上的微波测距系统精密测量两星之间的距离随时间的变化。

GRACE 卫星系统是由两颗相距 220 km 完全一模一样的卫星组成的双星测量系统，每颗卫星上除了搭载有 GPS 接收机用于精密定轨，还有 K 波段测距系统用于实时测量两星之间的距离以保证两星距离保持在 220 km 左右，S 波段天线用于把卫星上的测量数据传输到地面，质心调节仪用于测量并调整卫星质心的位置，恒星照相仪用于测定卫星姿态等，如图 5.12 所示。

图 5.12　GRACE 重力卫星观测示意图（来源 CSR）

GRACE 卫星计划最重要的科学任务有三个方面：①测量时变地球重力场信息期望大地水准面年变化精度达到 0.01 mm/a；②测量地球重力场的中长波信息，期望 5 000 km 波长大地水准面精度达到 0.01 cm，500 km 波长大地水准面精度达到 0.01 mm；③探测大气和电离层的信息。

除了上述三个主要期望目标，GRACE 观测数据还在监测地表水和地下水变化、两极冰川和全球海平面变化、海洋环流和固体地球内部变化方面有所突破。

（3）GOCE 卫星。GOCE 卫星——"地球重力场和稳态海洋环流探测计划"（Gravity Field and Steady-State Ocean Circulation Explorer），GOCE 卫星是欧洲空间局经过多年研究确定的高精度、高分辨率地球重力场的探测卫星，2009 年 3 月发射升空，卫星轨道设计为太阳同步晨昏轨道，初始轨道高度约为 280 km，轨道倾角为 96.7°，偏心率小于 0.001，靠近两极的纬度 7°范围以内无观测数据，计划运行时间为 20 个月，2013 年 11 月 10 日回落。GOCE 装载有高精度的静电重力梯度仪（exploration gravity gradiometer，EGG），测量带宽内精度为 3.2 mE，并采用了与 SST-hl 技术相结合的测量模式。其中，SGG 测量的引力位二阶导数在一定程度上可以有效补偿重力场信号随卫星高度上升而产生的衰减，能够以高精度测定重力场的中短波长部分信息，而 SST-hl 技术能够高精度恢复重力场的长波部分信息，两者结合有望实现厘米级大地水准面这一宏伟目标。同时，GOCE 是 ESA 首颗采用无阻力控制的卫星，卫星围绕地球做"自由下落"运动，也是第一颗使用电离子推进器（electric ion thruster apparatus，ITA）持续抵偿大气阻力的卫星。GOCE 任务的科学目标是建立全球高精度高分辨率的地球重力场模型和大地水准面模型（预期大地水准面精度为 1～2 cm，重力异常精度为 1 mGal，相应空间分辨率优于 100 km），如表 5.4 所示，以满足：GPS 大地高到正高转换以及全球高程系统的统一研究、地球内部构造及其变化研究、大洋环流和海平面变化研究、大气研究等。

表 5.4 基于三种重力卫星建立的重力场系列模型

模型	年份	阶数	数据
GO_CONS_GCF_2_TIM_R5	2014	280	S（Goce）
EIGEN-6S2	2014	260	S（Goce，Grace，Lageos）
GGM05S	2014	180	S（Grace）
EIGEN-6C3stat	2014	1949	S（Goce，Grace，Lageos），G，A
GO_CONS_GCF_2_TIM_R4	2013	250	S(Goce)
EIGEN-6C2	2012	1949	S（Goce，Grace，Lageos），G，A
GO_CONS_GCF_2_TIM_R3	2011	250	S（Goce）
EIGEN-6C	2011	1420	S（Goce，Grace，Lageos），G，A
EIGEN-6S	2011	240	S（Goce，Grace，Lageos）
GO_CONS_GCF_2_TIM_R2	2011	250	S（Goce）
GO_CONS_GCF_2_TIM_R1	2010	224	S（Goce）
EIGEN-51C	2010	359	S（Grace，Champ），G，A
EIGEN-CHAMP05S	2010	150	S（Champ）
GGM03C	2009	360	S（Grace），G，A
GGM03S	2008	180	S（Grace）
EIGEN-5S	2008	150	S（Grace，Lageos）
EIGEN-5C	2008	360	S（Grace，Lageos），G，A
EIGEN-GL04S1	2006	150	S（Grace，Lageos）
EIGEN-GL04C	2006	360	S（Grace，Lageos），G，A
EIGEN-CG03C	2005	360	S（Champ，Grace），G，A
GGM02C	2004	200	S（Grace），G，A
GGM02S	2004	160	S（Grace）

续表

模型	年份	阶数	数据
EIGEN-CG01C	2004	360	S（Champ，Grace），G，A
EIGEN-CHAMP03S	2004	140	S（Champ）
EIGEN-GRACE02S	2004	150	S（Grace）
GGM01C	2003	200	TEG4，S（Grace）
GGM01S	2003	120	S（Grace）
EIGEN-GRACE01S	2003	140	S（Grace）
EIGEN-CHAMP03Sp	2003	140	S（Champ）
EIGEN-2	2003	140	S（Champ）
EIGEN-1	2002	119	S（Champ）

综上所述，重力卫星主要采用的卫星重力技术如下所示。

（1）卫星跟踪卫星技术（SST）。主要有两种模式，高−低卫星跟踪卫星（H-SST）和低−低卫星跟踪卫星技术（low-low satellite-satellite tracking，LL-SST），前者由若干高轨卫星跟踪低轨卫星的轨道摄动来确定扰动引力场，其测量原理如图 5.13 所示；后者是通过测定同一轨道上两颗卫星之间的相对速率变化所求得的引力位变化来确定位系数，其测量原理如图 5.14 所示。其中 HL-SST 主要是采用高轨地球同步卫星，如 GPS 全球定位系统，跟踪低轨卫星的轨道摄动。GPS 卫星等高轨卫星受到短波部分的影响较小，大气阻力的影响也非常小，因而 GPS 卫星的定位相对比较精确，低轨卫星对于地球重力场对卫星轨道的摄动比较敏感，则利用高轨卫星来跟踪低轨卫星的轨道摄动会得到一个精度较高的结果。LL-SST 则是利用在同一低轨道上的两颗卫星之间的距离变化来进行测定。

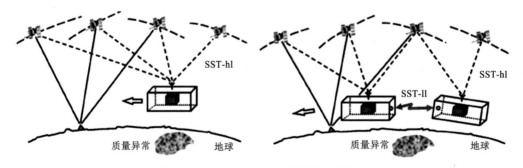

图 5.13　SST-hl 与 SST-ll 测量的基本原理

（2）卫星重力梯度测量（SGG）。该技术是利用低轨卫星对地球重力场敏感的特点，在卫星上搭载重力梯度仪，利用一个或多个固定基线上的差分加速度计直接测定卫星轨道位置的重力位的二阶导数，即直接测定地球重力场球谐级数的二次微分，可以将地球重力场恢复到更高分辨率和更高的精度。基本原理如图 5.14 所示。

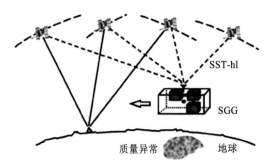

图 5.14　SSG 测量的基本原理

5.2.3　利用卫星时变重力场反演南极区域质量变化

1. 地球表面质量变化与重力场球谐系数的关系

John Wahr 认为地球重力场随时间变化的主要原因是地球表面质量变化,包括海洋、水文以及大气质量变化的贡献,而且大多数的时变质量变化的来源是局限在地球表面一个薄层,所以在垂直层面可以近似把水和冰的质量整合作为表面质量密度,并在薄层假设的前提下发展了利用时变重力场系数推求地球表面质量变化的理论和方法。John Wahr 球谐方法可以进行全球范围或者局部范围的质量反演,主要集中在水文方面,在大陆和海洋水质量迁移、南极和格陵兰岛冰盖消融等方面发挥了很大作用。

大地水准面就是地球重力场模型的一种表现形式,同时大地水准面形状反映了地球内部物质结构及密度分布等信息,可用球谐系数表示,于是得到大地水准面高的球谐系数展开形式为

$$N(\theta,\lambda) = a\sum_{l=0}^{\infty}\sum_{m=0}^{l}\big[C_{lm}\cos(m\lambda) + S_{lm}\sin(m\lambda)\big]\tilde{P}_{lm}(\cos\theta) \qquad (5.10)$$

式中:a 为地球平均半径;θ,λ 分别为地心纬度与地心经度;l 和 m 分别为球谐系数的阶和次;C_{lm} 和 S_{lm} 为完全规格化的球谐系数,即位系数;$\tilde{P}_{lm}(\cos\theta)$ 为完全规格化勒让德缔合函数。最高阶 l 和空间分辨率的关系为 20 000/l km,因此,阶数 60 对应于约 330 km。

地球是一个不断变化的动力系统,当某一区域的物质重新分布时,引起密度分布的变化,则该区域内大地水准面也产生变化。这种变化可以是一个时间相对于另一个时间的大地水准面高变化,可以为某一时间的大地水准面高相对于平均大地水准面高的变化,也可以是一个正在发生变化的大地水准面高 ΔN ,表示为

$$\Delta N(\theta,\lambda) = a\sum_{l=0}^{\infty}\sum_{m=0}^{l}\big[\Delta C_{lm}\cos(m\lambda) + \Delta S_{lm}\sin(m\lambda)\big]\tilde{P}_{lm}(\cos\theta) \qquad (5.11)$$

式中:ΔC_{lm} 和 ΔS_{lm} 为相应的重力场球谐系数变化。面密度变化 $\Delta\sigma$ 与大地水准面的球谐系数的关系如下:

$$\Delta\sigma(\theta,\lambda,t) = \frac{a\rho_a}{3}\sum_{l=0}^{\infty}\sum_{m=0}^{l}\frac{2l+1}{1+k_l}\big[\Delta C_{lm}\cos(m\lambda) + \Delta S_{lm}\sin(m\lambda)\big]\tilde{P}_{lm}(\cos\theta) \qquad (5.12)$$

式中:ρ_a 为地球平均密度;k_l 为地球响应表面负荷勒夫数,本书采用 Wahr 提供的勒夫数。根据等效水量的定义 $\Delta h(\theta,\lambda,t) = \Delta\sigma(\theta,\lambda,t)/\rho_w$,可求得等效水量;ρ_w 为水的密

度。地球重力场模型零阶项与地球各圈层的总质量是相对应的，这不仅包括固体地球也包含了其他迁移运动较为剧烈的圈层（例如大气和海洋等）。地球各圈层的总质量是不随时间变化的，因此，可以认为 GRACE 月重力场模型的零阶变化项为零。

在研究一个区域时，通常称该区域为流域，假定流域内为 1，流域外为 0，即确切平均核函数 $\vartheta(\theta, \lambda)$ 的定义为

$$\vartheta(\theta, \lambda) = \begin{cases} 1 & （流域内） \\ 0 & （流域外） \end{cases} \tag{5.13}$$

假定确切平均核函数是不随时间变化的，将确切平均核函数 $\vartheta(\theta, \lambda)$ 写成球谐系数 ϑ_{lm}^C 与 ϑ_{lm}^S，有

$$\vartheta(\theta, \lambda) = a \sum_{l=0}^{\infty} \sum_{m=0}^{l} \left[\vartheta_{lm}^C \cos(m\lambda) + \vartheta_{lm}^S \sin(m\lambda) \right] \tilde{P}_{lm}(\cos\theta) \tag{5.14}$$

流域平均面密度变化 $\overline{\Delta\sigma}_{\text{region}}$ 为

$$\overline{\Delta\sigma}_{\text{region}}(t) = \frac{1}{\Omega_{\text{region}}} \int \Delta\sigma(\theta, \lambda, t) \vartheta(\theta, \lambda) d\Omega \tag{5.15}$$

式中：$\overline{\Delta\sigma}_{\text{region}}$ 为流域的固体角，其大小为该流域的面积 S_{region} / a^2。公式化简得到

$$\overline{\Delta\sigma}_{\text{region}}(t) = \frac{4\pi a \rho_{\text{ave}}}{\Omega_{\text{region}}} \sum_{l=1}^{\infty} \sum_{m=0}^{l} \frac{2l+1}{1+k_l} (\Delta C_{lm} \vartheta_{lm}^c + \Delta S_{lm} \vartheta_{lm}^s) \tag{5.16}$$

由平均面密度变化可以得到平均等效水量，则等效体积为

$$\Delta\Psi(t) = \overline{\Delta\sigma}_{\text{region}}(t) S_{\text{region}} / \rho_{\text{w}} \tag{5.17}$$

根据 $\rho_{\text{ave}} = \dfrac{3M}{4\pi a^3}$，其中 M 为地球质量，化简得

$$\Delta\Psi(t) = \frac{M}{\rho_{\text{w}}} \sum_{l=0}^{\infty} \sum_{m=0}^{l} \frac{2l+1}{1+k_l} (\Delta C_{lm} \vartheta_{lm}^C + \Delta S_{lm} \vartheta_{lm}^S) \tag{5.18}$$

在考虑流域变化对海平面变化影响时，将等效体积及其误差除上整个海平面的面积，可以得到相应的海平面变化的贡献。

大地水准面高的位系数阶方差随着阶数的增加而增大，由误差传播定律，随着球谐系数阶数增加，地球表面质量异常的方差也迅速增大。因此，如果忽视 GRACE 的误差，直接计算地球表面质量异常，球谐系数的阶数越高，GRACE观测误差的影响就越大，而高阶项球谐系数对计算地球表面质量异常具有重要贡献。

为了减少 GRACE 高阶误差的影响，通常在计算过程中，需引入空间平均函数来减小高阶系数的权重，使解算结果与重力场实际变化更为符合。空间平均的实质是对不同阶次的位系数赋以不同的权值以消除重力场高频误差。此外，地球物理感兴趣的通常不是某一点的质量变化，而是某一流域乃至全球的质量变化，应对时变重力场进行滤波处理。

通常引入高斯滤波函数进行滤波处理，Jekeli（1981）提出一个迭代方式计算得到滤波函数，其递推关系如下：

$$\begin{cases} W_0 = 1 \\ W_1 = \dfrac{1 + \mathrm{e}^{-2b}}{1 - \mathrm{e}^{-2b}} - \dfrac{1}{b} \\ W_{l+1} = -\dfrac{2l+1}{b}W_l + W_{l-1} \end{cases} \qquad (5.19)$$

式中：b 为滤波半径。

图 5.15 给出了不同滤波半径 W_l 随 l 的变化曲线。可以看到在 60 阶以内，滤波半径越大，曲线的收敛速度越快，高阶项所占的权重越小，从而可以很好抑制 GRACE 时变重力场信号中的高频成分，提高信噪比。

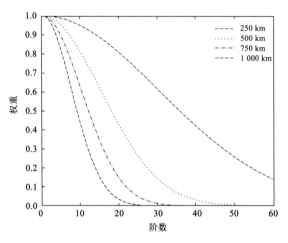

图 5.15　不同滤波半径下权重随阶数变化曲线

当采用高斯滤波时，面密度变为

$$\Delta\sigma(\theta,\lambda,t) = \frac{a\rho_a}{3}\sum_{l=0}^{\infty}\sum_{m=0}^{l}\frac{2l+1}{1+k_l}\big[\Delta C_{lm}\cos(m\lambda) + \Delta S_{lm}\sin(m\lambda)\big]W_l\tilde{P}_{lm}(\cos\theta) \qquad (5.20)$$

流域平均面密度变化变为

$$\begin{aligned} \Delta\bar{\sigma}_{\text{region}} &= \frac{1}{\Omega_{\text{region}}}\int \Delta\sigma(\theta,\lambda)\bar{W}(\theta,\lambda)\mathrm{d}\Omega \\ &= \frac{2R\rho_{\text{ave}}\pi}{3}\sum_{l=0}^{l_t}\sum_{m=0}^{l}\frac{2l+1}{1+k_l}W_l\Big[\Delta\bar{C}_{lm}\cos(m\lambda) + \Delta\bar{S}_{lm}\sin(m\lambda)\Big]\bar{P}_{lm}(\cos\theta) \end{aligned} \qquad (5.21)$$

等效体积为

$$\Delta\Psi(t) = \frac{M}{\rho_w}\sum_{l=0}^{\infty}\sum_{m=0}^{l}\frac{2l+1}{1+k_l}W_l(\Delta C_{lm}\vartheta_{lm}^{C} + \Delta S_{lm}\vartheta_{lm}^{S}) \qquad (5.22)$$

式（5.20）～式（5.22）是假定球谐系数之间并不相关，但在实际数据处理时发现，当选取较小的滤波半径时，质量异常图中出现了南北向的条纹质量变化信号。而地球实际的质量变化并不会出现这种现象。研究发现条纹信号的另一个重要原因是 GRACE 重力场球谐系数相关，而这种相关性并不能依靠高斯滤波消除。研究发现，同一次 m，奇数阶和偶数阶之间分别相关，这种相关性可以采用多项式拟合减轻。通常称这种方法为去条带滤波，即从 m 次开始采用 n 次多项式，通过尝试和比较不同的多项式。

2. 负荷勒夫数的选择

表 5.5 给出了 200 阶以下的负荷勒夫数数值，采用的是 Han 等（1995）利用地球参考模型 PREM 计算的数值，对于表中未给出的数值可以用线性内插的方法得到，表中 l 为阶数。

虽然计算目的是为了推求地球各圈层内某一质量源的迁移变化，例如海洋不断地与大气和陆地等其他圈层存在着水的循环，海洋的总质量是不断变化的，因此，海洋对零阶项的变化 ΔC_{00} 的贡献不为零。但是这种非零性不会引起整个固体地球质量的变化，故而 $k_0 = 0$。$l = 1$ 的数值是在假定地球坐标系中心位于地球中心得到的。

表 5.5　负荷勒夫数

l	K_l	l	K_l
0	+0.000	10	−0.069
1	+0.027	12	−0.064
2	−0.303	15	−0.058
3	−0.194	20	−0.051
4	−0.132	30	−0.040
5	−0.104	40	−0.033
6	−0.089	50	−0.027
7	−0.081	70	−0.020
8	−0.076	100	−0.014
9	−0.072	150	−0.010

3. 滤波算法

用地球重力场模型球谐系数的变化可以求出地球表面质量变化，但利用重力卫星每月观测资料得到的地球重力场受到卫星轨道误差、卫星 K 波段测距误差、加速度计测量误差以及卫星姿态测量误差等的影响。斯托克斯系数变化量里包含着测量误差。根据误差传播定律，由地球重力场模型恢复地表质量异常的基本公式，可得地表质量异常反演的误差为

$$\delta(\Delta\sigma(\theta,\lambda,t)) = \frac{a\rho_a}{3}\sum_{l=0}^{\infty}\sum_{m=0}^{l}\frac{2l+1}{1+k_l}\left[\delta C_{lm}\cos(m\lambda)+\delta S_{lm}\sin(m\lambda)\right]\tilde{P}_{lm}(\cos\theta)$$

$$= \sum_{l=0}^{\infty}\sum_{m=0}^{l}aK_l\left[\delta C_{lm}\cos(m\lambda)+\delta S_{lm}\sin(m\lambda)\right]\tilde{P}_{lm}(\cos\theta)$$

（5.23）

其中：$K_l = \dfrac{\rho_a(2l+1)}{3(1+k_l)}$，全球范围内地表质量异常误差的方差为

$$\mathrm{Var} = \sum_{l=0}^{\infty}\sum_{m=0}^{l}a^2K_l^2(\delta C_{lm}^2+\delta S_{lm}^2)$$

（5.24）

随着球谐阶数的增高，地球表面质量异常计算误差的方差 Var 也迅速增大。因此，如果直接恢复地球表面质量异常，球谐系数的阶数越高，重力卫星观测误差的影响就越大，而高阶项球谐系数对计算地球表面质量异常具有重要贡献。

　　因此，需引入空间平均函数来减小高阶系数的权重，从而达到减小高阶项球谐系数中重力卫星观测误差的影响，使解算结果与真实的平均重力场更符合。空间平均实际上是对不同阶次的位系数赋以不同的权值以消除重力场高频误差，其实质是牺牲空间分辨率来提高解的精度。除了前面介绍的高斯滤波外，另一种常用的滤波算法称为去相关滤波。

　　在利用空间滤波推求地球表面质量变化时，随着平滑半径的减小，质量异常图中出现越来越多的南北向的条纹质量变化信号。Swenson（2006）研究发现条纹信号的另一个重要原因是参与反演的 GRACE 重力场球谐系数 ΔC_{lm} 和 ΔS_{lm} 存在系统性相关误差，单纯依靠空间滤波无法有效消除其影响。

　　分别把球谐系数的奇数阶和偶数阶绘制为阶数 l 的函数，当次数 m 增大时，球谐系数就表现出明显的系统相关性。选取 $m=2$，3，4，8，9，10，15，16，17 得到球谐系数残差 ΔC_{lm} 曲线（图 5.16）。

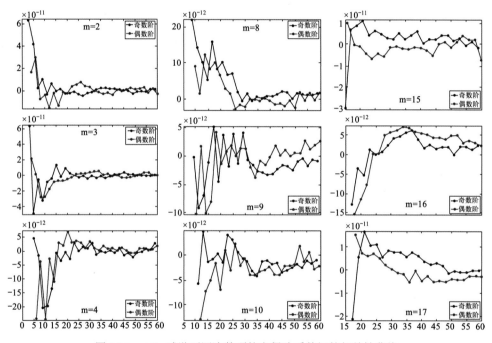

图 5.16　ΔC_{lm} 球谐不同次数项的奇偶阶系数间的相关性曲线

　　其基本思想是：保持阶次较低的部分 GRACE 球谐系数残差不变，对剩余的每个次数 $m > N$ 的系数残差按阶数进行高阶多项式拟合，奇数阶系数和偶数阶系数各拟合一条曲线，并将多项式拟合值视为相关误差，扣除拟合值即可消除相关误差，这种滤波方法称为相关误差滤波，又称为去条纹滤波。

　　采用以 l 阶为中心，宽度为 ω 的二次多项式，对一个 m 次的斯托克斯系数进行平滑：

$$C_{lm} = \sum_{i=0}^{P} Q_{lm}^i l^i \qquad (5.25)$$

式中：C_{lm} 为光滑 Stokes 系数；Q_{lm}^i 为多项式拟合的 i 阶系数；并且 P 是多项式的次数，这里定义 $P=2$，对于计算 S_{lm}，方法一样。窗口大小为 $\omega = \max(Ae^{-(m/k)}+1,5)$，$m$ 为球谐系数的次数，A、K 经验值分别为 $A=30$、$K=10$。可以看出随着次数 m 增大，窗口宽度减小，这有利于减小高阶次的球谐系数中的条带误差。为了保证被去条带的球谐系数 C_{lm} 位于窗口的中间，窗口宽度 ω 始终取奇数。

通过最小二乘获取多项式系数

$$Q_{lm}^i = \sum_{j=0}^{P} \sum_{n=l-\omega/2}^{l+\omega/2} C_{lm} L_{ij}^{-1} n^j, \quad L_{ij} = \sum_{n=l-\omega/2}^{l+\omega/2} n^i n^j \tag{5.26}$$

需要注意的是对 n 阶的总和仅包含相同的奇偶项 l，如果 l 为奇数，则把所有奇数阶 n 相加。

4. GIA 模型影响

虽然 GRACE 时变重力场数据能够直接反演地表质量变化，但是 GRACE 数据反演的是多种物理过程引起的总质量变化，就南极冰盖质量变化的反演结果来说，必须在反演结果中扣除冰后回弹的影响，才能使结果更加逼近南极冰盖质量的真实变化。以三种 GIA 模型（Geruo13，IJ05_R2 和 W12a）为例，首先由 GIA 模型计算得到对应的球谐系数变化，然后采用和 GRACE 相同的数据处理方法得到相应模型的等效水量时空变化空间分布，比较分析不同 GIA 模型对于南极冰盖质量变化的贡献，结果如图 5.17 所示。

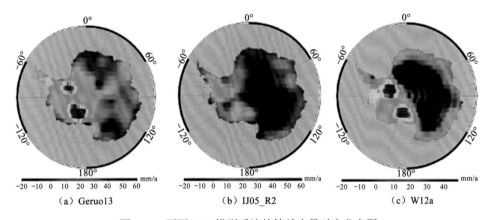

图 5.17 不同 GIA 模型反演的等效水量时空分布图

从图 5.17 可以发现，不同 GIA 模型之间反演得到的南极冰盖质量变化存在着很大差异，尤其在毛德皇后山脉、龙尼冰架和东南极差异明显。在毛德皇后山脉区域，Geruo13 模型和 W12a 模型反演结果分别显示出该地区有着 50 mm/a 和 30 mm/a 的冰盖质量积累，而 IJ05_R2 模型反演结果显示出该地区的冰盖质量积累率为 8 mm/a；在龙尼冰架地区，Geruo13 模型和 IJ05_R2 模型结果显示该地区冰盖质量处于大致均衡状态，而 W12a 模型的结果则显示龙尼冰架处于近 20 mm/a 速率的冰盖质量削减状态；在整个东南极地区，Geruo13 模型和 IJ05_R2 模型均显示轻微的冰盖质量减少，而 W12a 模型则显示出非常明显的冰盖质量减少。

5.3　南极航空重力测量

图 5.18　L&R Ⅱ 型海/空重力仪（平台式）

重力测量在地球物理、大地测量、物资勘探等领域起着重要的作用，人类尝试将重力仪搭载在各种平台（如卫星、船舶、飞机等）上对各个区域进行重力测量。而航空重力测量由于其平台的运动状态极度不稳定，需要对平台的运动状态进行多项修正。随着 GPS 高速发展，航空重力测量取得了突破性的进展，如图 5.18 是目前常用的 L&R 重力仪。借由 GPS 提供的位置信息以及差分后得到的速度、加速度信息可以为飞行平台提供足够精确的改正，使得航空重力测量成为可能。

5.3.1　航空重力原理

1. 平台式海/空重力仪

将重力仪搭载在一个水平稳定平台上，使得重力仪保持水平状态，因此，重力变化的表示形式为

$$\delta g = f_U - q_U$$
$$= f_U - \dot{v}_U + \delta a_E - \gamma \tag{5.27}$$

式中：下标 U 表示当地水平坐标系的天方向；δa_E 为厄缶改正。而在实际使用中，飞机的飞行状态非常差，稳定平台不可能一直保持水平，因此，重力仪的测量值表示为 f_Z，稳定平台的两个水平加速度计的读数为 f_X、f_Z，则可以推出下式：

$$\delta g = \sqrt{f_X^2 + f_Y^2 + f_Z^2 - q_E^2 - q_N^2} - \dot{v}_U + \delta a_E - \gamma$$
$$= f_Z - \dot{v}_U + \delta a_E - \gamma + \left(\sqrt{f_X^2 + f_Y^2 + f_Z^2 - q_E^2 - q_N^2} - f_Z \right) \tag{5.28}$$
$$= f_Z - \dot{v}_U + \delta a_E - \gamma + \delta a_H$$

式中：下标 U、E、N 表示当地水平坐标系的天、东、北方向；δa_H 称为水平加速度改正。

2. 旋转不变式航空重力仪

旋转不变式重力仪相对于平台式重力仪省去了沉重的稳定平台，使得系统更为简单和经济，如图 5.19 所示。

使用稳定平台也无法仅依靠重力仪读数获取最终的重力数据，还需要另外两个垂直方

图 5.19　GT-2A 航空重力仪（旋转不变式）

向的加速度计读数。因此，在稳定平台的技术上发展出旋转不变式，即将三个加速度计互相垂直放置，其读数计为 f_1、f_2、f_3，则重力变化可表示为

$$\delta g = \sqrt{f_1^2 + f_2^2 + f_3^2 - q_E^2 - q_N^2} - \dot{v}_U + \delta a_E - \gamma \qquad (5.29)$$

5.3.2　模型中各项改正

1. 偏心改正

如图 5.20 所示，在飞行平台上，重力传感器（重力仪及稳定平台等）和 GPS 接收机并不在同一位置；而飞机不可避免地有俯仰和横滚运动，此时重力传感器中心与 GPS 接收机除了位置不同外，速度和加速度也存在差异。

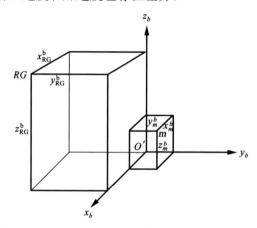

图 5.20　载体坐标系中重力传感器 GPS 接收机

在载体坐标系内偏心改正表示为

$$\Delta r^b = r_m^b - r_{RG}^b \qquad (5.30)$$

在计算中，需要在当地水平坐标系中计算，因此，偏心改正变为

$$\Delta r^l = \boldsymbol{R}_b^l \cdot \Delta r^b = \begin{bmatrix} \Delta x \\ \Delta y \\ \Delta h \end{bmatrix} \qquad (5.31)$$

式中：$\boldsymbol{R}_b^l$ 为转换矩阵。其一阶导数为速度的偏心改正，二阶导数为加速度的偏心改正，实际计算中一般直接采用差分计算。

2. 厄缶改正

厄缶改正是由匈牙利学者厄缶推导并验证，其表示形式为

$$\delta a_E = 2\omega v_E \cos\varphi + \frac{v_E^2}{N+h} + \frac{v_N^2}{M+h} \qquad (5.32)$$

式中：ω 为地球自转角速度；φ 为纬度；N、M 分别为卯酉圈和子午圈曲率半径；h 为大地高。

由于 GPS 能够直接给出飞机在当地坐标系的速度的各项分量，可改用如下公式进行直接计算：

$$\delta a_E = \left(1 + \frac{h}{a}\right)\left(2\omega v_E \cos\varphi + \frac{v^2}{r}\right) - \frac{f}{a}\left[v^2 - \cos^2\varphi(3v^2 - 2v_E^2)\right] \qquad (5.33)$$

式中：a 为椭球长半轴；f 为椭球第一扁率；$v^2 = v_E^2 + v_N^2$ 为水平速度。

3．水平加速度改正

在当地水平坐标系中，重力在东、北方向均没有分量，因此，有

$$\begin{cases} q_E = a_E \\ q_N = a_N \end{cases} \qquad (5.34)$$

式中：a_E 和 a_N 分别为通过 GPS 位置信息差分计算出的东向加速度与北向加速度。对于平台式而言，水平加速度改正为 $\delta a_H = \sqrt{f_X^2 + f_Y^2 + f_Z^2 - a_E^2 - a_N^2} - f_Z$，其中 f_Z 为重力仪值，f_X、f_Y 分别为两个水平敏感轴方向上加速度计的值。

4．空间改正

与自由空气异常改正一样，将测量点的重力值归算到大地水准面上：

$$\delta a_F = 0.308\,6 \times \left[1 + 0.000\,7\cos(2\varphi)\right](h - \Delta h - N) - 0.72 \times 10^{-7} \times (h - \Delta h - N)^2 \qquad (5.35)$$

式中：Δh 为偏心改正的垂直项。

5.3.3　滤波

航空重力测量飞行平台本身的稳定性较差，各类观测数据包含了大量噪声；同时，航空重力测量需要多套不同的传感器共同作用，各个传感器的采样率、测量精度均不同，也会产生测量噪声。消除这些噪声需要使用滤波器进行处理。

最初航空重力的滤波器沿用了海洋重力测量所使用的 6×20 s RC 滤波器，但由于飞行平台比船侧平台更不稳定，RC 滤波器并不能很好地满足测量需求。随着数字滤波器技术的发展，航空重力测量中更倾向于根据每条测线数据特性自行设计滤波器。因此，数字滤波器的各项参数的选择决定了航空重力测量最终数据产品的质量。

航空重力测量中，原始重力异常功率谱主要集中在极低的频率（<0.033 Hz）。垂直加速度、摆杆速度、水平加速度改正集中在高频部分，厄特弗斯改正表现为长波特性。因此，在航空重力测量中使用低通数字滤波器。常用的数字滤波器有 FIR 窗函数滤波器、巴沃斯通滤波器以及卡尔曼滤波器。

5.3.4　平差及延拓

1．平差

经过各项改正和滤波后的重力数据还需要进行平差。实际航空重力测量中主、副测线的（近似）交叉点处的重力值会出现差异，该值被称为交叉点不符值。产生交叉点不符值的原因可能是系统误差也可能是偶然误差。其中，系统误差可以采用 t 检验法检验显著性，如果存在系统误差，则需要通过最小二乘平差，求得各测线系统误差模型中的系数，对所有采样值进行系统误差补偿。经过系统误差补偿后可认为只存在偶然误差。偶然误差则使用通常的测网平差方式进行平差。

2. 向下延拓

航空重力测量所得的是航线高度的重力异常值，而在实际应用中需要将其格网化并归算到平均地形面或大地水准面上。而空中重力数据向下延拓在理论上是个不适定问题，常采用的方法是求解泊松方程的逆泊松方法，此外还有梯度法、迭代法、倒锥法等。科勒提出了利用重力场先验信息联合处理地面和空中重力测量数据的配置法。

由于延拓问题自身不适定，这些方法都在一些方面存在不足，例如当测区内没有先验重力数据，配置法就无法使用，倒锥法也需要测区内有标志性的重力测量点；当测区较小时，迭代法的边界效应十分明显。因此，对于具体问题需要根据实际情况选择合适的延拓方法。

5.3.5　南极航空重力异常

1. 航空重力异常

GRACE、GOCE 以及 CHAMP 在极区都存在盲区，并且由于其所在高度，分辨率较差；而大规模的地面重力测量在极地难以展开，航空重力测量则是兼有较高分辨率和全南极区域覆盖（目前还未能覆盖）的特点。

图 5.21 是 AGP 计划中所有测线数据的汇总，与 GOCE 获得的重力异常相比较，重力异常的分布和大小非常相似，但航空重力测量分辨率更高，能反映更细致的重力异常。

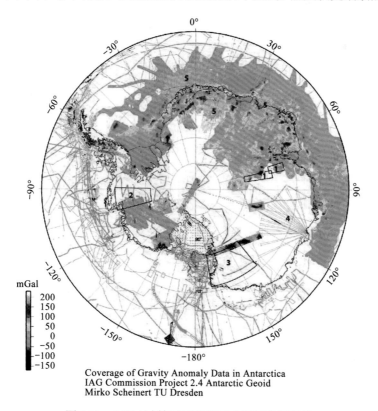

Coverage of Gravity Anomaly Data in Antarctica
IAG Commission Project 2.4 Antarctic Geoid
Mirko Scheinert TU Dresden

图 5.21　AGP 计划航空及海洋重力测量数据汇总

从航空重力测量及海洋重力测量的结果来看，在南极半岛有带状分布的重力异常，而在东南极沿海区域则有斑状分布的重力异常，在格罗夫山区域可以观察到明显重力正异常。

显然，AGP 计划未能完全覆盖全南极，尤其是 GOCE、GRACE 和 CHAMP 的盲区，暂时还未能起到弥补卫星测量不足区域的要求。最新的 Ice-bridge 计划也仅覆盖了南极半岛至罗斯海一带，另外 UTA 在麦克默多站和凯西站附近也进行了测量。

2. 局部区域航空重力异常

图 5.22 中负异常区域即为 Vostok 湖的大致区域，而重力异常快速变化的区域则是 Vostok 湖大致边界，与其他手段探测到的结果相吻合。

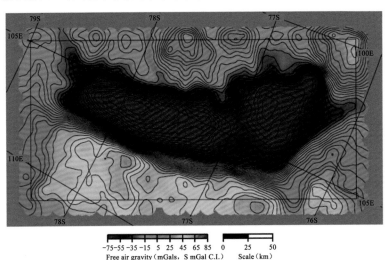

图 5.22　Vostok 湖区域的航空重力异常

图 5.23 是利用 Ice-bridge 计划在 Thwaites 冰川区域的数据所解算的自由空气异常，负异常表征相对于其他区域冰川深度较大，结合水深数据可以反演出冰川下地形的大致形状。

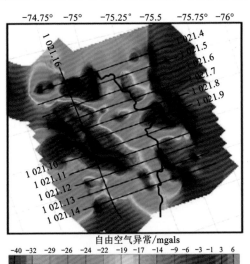

图 5.23　Thwaites 冰川区域航空重力异常

5.4　南极海洋重力测量

5.4.1　引言

海洋重力异常是海洋基本物理量，高精度高分辨率的南极海洋重力异常将有助于提高人们对该海域地球内部构造和海洋资源勘探等方面的认识。船载重力测量和卫星测高是获取海洋重力异常的两种常用手段，其中船载重力测量具有空间分辨率高和精度高等优点，在卫星观测技术出现前，该方法是获取海洋重力场的唯一手段。而船载重力测量花费大，实施周期长，采样数量和所测范围十分有限。

出于认识海洋海面形状的目的，出现了卫星测高的概念，直到 Seasat（Sea Satellite）卫星测高计划，开始获得有用的海洋观测信息。随着卫星测高仪器的改进和轨道精度的提高，卫星测高技术从海洋学的一种定性观测手段成长为精确认识海洋的测量工具，成为获取海洋重力异常的重要手段。卫星高度计反射接收信号得到卫星测高回波波形，经星载处理器分析处理，精确测定信号发射到接收所花的时间间隔 Δt，由此得到测高卫星到地面星下点瞬时海面的平均距离 R，然后通过各项改正获得大地水准面起伏 N 反演重力异常，研究海洋重力场。为了提高对海洋重力异常的认识，卫星测高先后执行了 ERS-1/GM、Geosat/GM 和 Jason-1/GM 任务，使获得高分辨率的海洋重力异常成为可能。

海面高是卫星测高应用的基本物理量，卫星测高在开阔海域的回波信号符合 Brown 模型，其测距和海面高精度较高，直接采用 GDR 数据反演的海洋重力异常精度较高。而季节性海冰因受多种因素的影响，非开阔海域（尤其是南极海域）的海面高精度偏低，限制了测高在这些区域的应用，也导致南极海域测高海洋重力异常精度偏低。为获得高精度高分辨率南极海域海洋重力异常，需要在波形重定、海面高数据处理等方面进行研究，在此基础上联合船载重力测量，联合反演高精度高分辨率的南极海洋重力异常。

5.4.2　卫星测高反演重力异常的原理

卫星测高海洋重力异常的反演算法有多种，如最小二乘配置法、逆斯托克斯算法、逆维宁·曼尼兹算法和霍廷积分法等，这几种算法的区别在于效率与起算数据。除最小二乘算法外，其他几种算法作为解析法，都可化为卷积运算形式利用 FFT 求解，计算效率高，适用于确定全球海洋重力异常，但无法计算得到结果的精度信息。而最小二乘配置法是一种统计法，求解过程解算大型矩阵，所需计算时间更多，该特点决定了该算法主要用于局部海洋重力异常反演，但最小二乘配置法具有两大优点，其一为能够融合各种不同类型的重力数据，其二，可以根据输入数据的精度估算出结果的精度信息。

由分析可知，由卫星测高得到的大地水准面高或垂线偏差，均可用于反演海洋重力异常。已有研究结果表明，相对于大地水准面高，垂线偏差的求取过程能够消除大地水准面高的部分系统误差，其精度更高，目前，国内外主要以垂线偏差作为起算数据。因此，本书选取垂线偏差作为起算数据，此时的反演算法有两种选择，逆维宁·曼尼兹算法和最小二乘配置算法，在实际计算过程中，考虑到南极海域卫星测高的数据密度较高，逆维宁·曼尼兹算法和最小二乘配置在计算结果精度上无明显差异，而逆维宁·曼尼兹算法的效率更高，因此，本书选取逆维宁·曼尼兹算法作为反演算法。下面具体介绍以垂线偏差作为起算数据和逆维宁·曼尼兹算法作为反演算法，卫星测高反演重力异常的公式。

由格网或沿轨迹海面高可计算得到格网垂线偏差，而沿轨迹海面高得到的垂线偏差信噪比较高，通常采用沿轨迹海面高计算垂线偏差。

1. 逆维宁·曼尼兹公式

扰动位 T 球谐展开可写成

$$T(r,\theta,\lambda) = \frac{GM}{r} \sum_{n=0}^{\infty} \left(\frac{R}{r}\right)^n \sum_{m=0}^{n} \sum_{a=0}^{l} C_{nm}^a Y_{nm}^\alpha(\theta,\lambda) \tag{5.36}$$

式中：GM 为常量；r 为距离；R 为地球半径；C_{nm}^α 表示完全正则化的球谐系数；$Y_{nm}^\alpha(\theta,\lambda)$ 则与完全正则化连带勒让德函数 $\bar{P}_{nm}(\cos\theta)$ 有关。

$$Y_{nm}^\alpha(\theta,\lambda) = \begin{cases} \bar{P}_{nm}(\cos\theta)\cos(m\lambda) & (\alpha=0) \\ \bar{P}_{nm}(\cos\theta)\sin(m\lambda) & (\alpha=1) \end{cases} \tag{5.37}$$

在半径为 R 的球面，重力异常 Δg 为

$$\Delta g = \gamma_0 \sum_{n=2}^{\infty} (n-1) \sum_{m=1}^{n} \sum_{a=0}^{1} C_{nm}^a Y_{nm}^\alpha(\theta,\lambda) \tag{5.38}$$

式中：$\gamma_0 = GM / R^2$。

Hwang 引入核函数 $H(\psi_{PQ})$，其表达式为

$$H(\psi_{PQ}) = \sum_{n=2}^{\infty} \frac{(2n+1)(n-1)}{n(n+1)} P_n(\cos\psi_{PQ}) \tag{5.39}$$

利用一个 Green 变形公式，得

$$\iint_\sigma \nabla_q H(\psi_{PQ}) \cdot \nabla_q N(Q) \mathrm{d}\sigma_Q = 4\pi R \sum_{n=2}^{\infty} (n-1) \sum_{m=0}^{n} \sum_{\alpha=0}^{l} C_{nm}^\alpha Y_{nm}^\alpha(\theta,\lambda) \tag{5.40}$$

对比式（5.38）和式（5.40），有

$$\Delta g_P = \frac{\gamma_0}{4\pi R} \iint_\sigma \nabla_q H(\psi_{PQ}) \cdot \nabla_q N(Q) \mathrm{d}\sigma_Q \tag{5.41}$$

将式（5.41）化简得到逆维宁·曼尼兹公式：

$$\Delta g_P = \frac{\gamma_0}{4\pi} \iint_\sigma H'(\xi_Q \cos\alpha_{QP} + \eta_Q \sin\alpha_{QP}) \mathrm{d}\sigma_Q \tag{5.42}$$

式中：P 为计算点；Q 为流动点；γ_0 为正常重力，由 GRS80 计算得到；ξ 与 η 分别表示垂线偏差的子午圈方向分量和卯酉圈方向分量；α_{QP} 表示 QP 的方位角；σ 为单位圆；H' 表示核函数，具体见图 5.24，其定义为

$$H' = -\frac{\cos\dfrac{\psi_{PQ}}{2}}{2\sin\dfrac{\psi_{PQ}}{2}} + \frac{\cos\dfrac{\psi_{PQ}}{2}\left(3 + 2\sin\dfrac{\psi_{PQ}}{2}\right)}{2\sin\dfrac{\psi_{PQ}}{2}\left(1 + \sin\dfrac{\psi_{PQ}}{2}\right)} \tag{5.43}$$

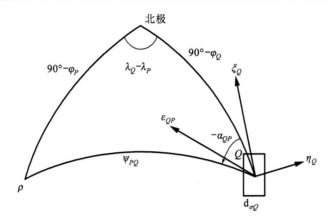

图 5.24　PQ 两点的球面距离 ψ_{PQ}

当球面距离 ψ 很小时，H' 可近似为

$$H' \approx -2/\psi^2 \qquad (5.44)$$

由式（5.44），利用逆维宁·曼尼兹公式法反演海洋重力异常，需要知道垂线偏差的分量 ξ 与 η。下面介绍如何由垂线偏差求得 ξ 与 η，垂线偏差 ε 与任意方位角 α、ξ 与 η 的关系为

$$-\varepsilon = \xi\cos\alpha + \eta\sin\alpha \qquad (5.45)$$

在两轨迹地面交叉点，升弧轨道方位角 α_a 与降弧轨道的方位角 α_d 的关系为

$$\alpha_a = \pi - \alpha_d \qquad (5.46)$$

在交叉点，升弧轨道和降弧轨道的垂线偏差 ε_a 和 ε_d 可分别表示成

$$\begin{cases} -\varepsilon_a = \xi\cos\alpha_a + \eta\sin\alpha_a \\ -\varepsilon_d = \xi\cos\alpha_d + \eta\sin\alpha_d \end{cases} \qquad (5.47)$$

联合式（5.46）与式（5.47），得

$$\begin{cases} \xi = (\varepsilon_a - \varepsilon_d)/2\cos\alpha_a \\ \eta = (\varepsilon_a + \varepsilon_d)/2\sin\alpha_a \end{cases} \qquad (5.48)$$

当存在多颗测高卫星时，不同测高卫星的方位角通常不一致。在求取某个格网的 ξ 与 η，假设该格网内有 n 组垂线偏差观测值，每组垂线偏差均包含升弧轨道和降弧轨道，可利用这 n 组垂线偏差求解 ξ 与 η。由这 n 组垂线偏差观测值，列出 n 组与式（5.47）类似的方程，然后根据升弧轨道垂线偏差、降弧轨道垂线偏差及相应的权，由最小二乘平差求解 ξ 与 η 的格网值。

根据垂线偏差得到 ξ 与 η 格网数据后，然后利用式（5.42），可计算出每个点的重力异常。实际计算时通常采用严格精密的一维傅里叶变换，同时求取同一纬度的海洋重力异常。

2. 卫星测高重力异常反演

已知垂线偏差 ξ 与 η 分量的格网数据，采用一维傅里叶变换重力异常时，式（5.42）可写成

$$\Delta g_P = \frac{\gamma_0 \Delta\theta \cdot \Delta\lambda}{4\pi} F_1^{-1} \left\{ \sum_{\theta_Q=\theta_1}^{\theta_n} F_1(H'(\Delta\lambda_{QP})\cos\alpha_{QP})F_1(\xi_{\cos}) + F_1(H'(\Delta\lambda_{QP})\sin\alpha_{QP})F_1(\eta_{\cos}) \right\} \quad (5.49)$$

式中：$\xi_{\cos} = \xi\cos\theta$；$\eta_{\cos} = \eta\cos\theta$；$\Delta\lambda_{QP} = \lambda_Q - \lambda_P$；$\Delta\theta$ 与 $\Delta\lambda$ 分别为纬度和经度方向的格网间隔；F_1 表示一维傅里叶变换运算符；F_1^{-1} 为 F_1 的逆变换。注意：实型数据也可利用复型傅里叶 r 变换，经虚部和实部分离得实数变换结果。

采用一维傅里叶变换，利用 FFT 技术可同时快速计算得到同一纬度的所有经度方向的重力异常，因此，一维傅里叶变换比直接求和快得多。

3. 奇异积分区效应

利用垂线偏差反演海洋重力异常，需要在全球范围内积分。实际计算则由计算点周围区域内的垂线偏差数据计算该区域的贡献，而区域外的贡献由模型计算得到。采用逆维宁·曼尼兹公式反演海洋重力异常时，称以计算点为中心的积分区为内区。当计算点与流动点的球面距离为 0 时，核函数 H' 奇异。核函数发生奇异的面积达到几平方千米到几十平方千米，称为奇异积分区，反演重力异常时必须考虑内区的奇异性效应。利用傅里叶变换计算，必须将对垂线偏差按一定分辨率格网化，格网的尺寸决定分辨率，也影响计算精度。作傅里叶变换时，通常先忽略奇异积分区，并单独计算奇异积分效应。假定奇异积分区为球面，只保留线性项，则奇异积分区效应

$$\Delta g_i = \frac{1}{2} s_0 \gamma (\xi_y + \eta_x) \quad (5.50)$$

式中：γ 为正常重力；ξ_y 为重力偏差子午圈分量沿 y 方向的分量；η_x 为垂线偏差卯酉圈分量沿 x 方向的分量；s_0 表示奇异积分区的半径；设其为一个 Δx 和 Δy 的网格，则有

$$s_0 = \sqrt{\frac{\Delta x \Delta y}{\pi}} \quad (5.51)$$

5.4.3　船载重力与卫星测高联合反演

1. 船测重力数据处理

船载重力测量属于相对重力测量，为获取采样点的绝对重力异常值，需要利用陆地绝对重力点。在实施测量过程中，海洋重力仪受海浪起伏、航行速度变化、海风及海流等多种因素的影响，使得重力观测值通常受垂直加速度、交叉耦合效应和厄特弗斯效应等扰动加速度的影响，而这些扰动加速度的变化有时比重力加速度的实际变化还大，必须采用恰当的处理方式消除这些因素的影响。

一般情况下，海洋重力加速度变化很小，重力仪受海浪影响在垂直方向上产生的干扰加速度比重力加速度实际变化大得多。而海浪等因素引起的垂直加速度频率非常高，通常利用磁场、空气和黏滞性液体等物理方式，使重力仪传感器置于强阻尼状态下，利用强阻尼的方法抑制垂直方向干扰加速度的影响。

当重力仪受到的水平加速度和垂直加速度频率相同而相位不同时，重力仪产生交叉耦合效应（cross-coupling 效应），该效应可通过仪器本身或增加附加装置消除或减弱。随着重力仪的发展，该效应不需另行改正。在测线上进行重力测量时，重力仪向东运动

重力读数减少，向西运动读数增加，这是由科里奥利力（简称科氏力）引起的。通常将科氏力对运动的重力仪产生的影响称为厄特弗斯效应。可采用公式计算得到该效应，该计算公式包含的参数包括航向、船速和纬度等。将重力仪的观测读数转换成重力异常需要正常重力场模型，而不同时期不同机构采用不同的正常重力场模型，使得不同时期的船载重力异常有所差异。此外，重力仪还存在着零点漂移等问题。

船的定位精度影响厄特弗斯效应精度，长期以来一直影响船载重力异常精度。假定船在赤道以 5 m/s 的速度航行，要使船载重力异常精度优于 1 mGal，航向精度需要优于 1°，船速的精度则需要优于 0.1 m/s。1967 年之前，绝大部分船均采用天文导航，船载重力异常精度很低。1967 年后，随着美国子午卫星系统的出现和使用，导航精度有所提高，但对处于运动状态的船舶，其定位精度仍然偏低。直到 GPS 的出现和广泛采用，大幅提高船的定位精度，且随着重力仪的发展，计算厄特弗斯效应的误差已大幅度减弱。

各种因素使得船载重力异常存在误差，通常采用交叉点误差分析评估船载重力异常的内部精度。船载重力测线一般布设成纵横相交的网线，使得测线交叉点出现重复观测，考虑到重力仪的零点漂移和多因素引起的偏移项，对于两条测线 i 和 j，这两条测线交叉点处的重力异常 Δg_x，可分别表示成

$$\begin{cases} l_{ir} + v_{ir} + a_i + b_i t_{ir} = \Delta g_x \\ l_{jr} + v_{jr} + a_j + b_j t_{jr} = \Delta g_x \end{cases} \tag{5.52}$$

式中：l_{ir} 与 l_{jr} 分别为测线 i 和测线 j 交叉点 r 的重力异常观测量；v_{ir} 与 v_{jr} 分别为测线 i 和 j 交叉点 r 的残差；t_{ir} 与 t_{jr} 分别为测线 i 和 j 交叉点 r 相对于测线 i 和 j 起点的时间，a_i 与 b_i 分别为测线 i 的平移项（bias）和漂移项（drift）；a_j 与 b_j 分别为测线 j 的平移项和漂移项。由式（5.52）得

$$dv_{ijr} = v_{ir} - v_{jr} = (a_i + b_i t_{ir} - a_j - b_j t_{jr}) - (l_{ir} - l_{jr}) \tag{5.53}$$

Wessel 等（1988）对全球海洋的船测重力进行分析，发现中纬度典型区域的交叉点误差中，20%由漂移和平移引起，40%由不完全的厄特弗斯效应改正引起，其余 40%由其他因素如交叉耦合效应等引起。他们的研究结果也显示 1964～1985 年约 20 年间，交叉点误差逐渐减小，表明这些年间仪器和定位精度均在提高，使得船载重力异常的精度逐渐提高。考虑到 GPS 和重力仪的发展，Denker 等（2003）认为最新实施的船载重力测量中厄特弗斯效应误差和零点漂移问题已基本解决。他们对 1993~2003 年欧洲海域的船载重力异常进行交叉点平差，认为每条测线只存在平移项。Wessel 等（1988）、Hwang 等（2010）和 Denker 等（2003）等将测高海洋重力异常与船载重力异常相互比较和验证精度时，均发现这两类重力异常数据之间存在着系统偏差 δg。为解决该系统偏差问题，Hwang 等（2010）给出了该系统偏差 δg 的形式：

$$\delta g = a_0 + a_1 t + a_2 t^2 \tag{5.54}$$

式中：a_0、a_1 和 a_2 为时间间隔 t 的二次多项式系数，其中 a_0 为平移项。Hwang 等（2010）采用二次多项式对每个航次的船载重力异常进行处理，发现当航次的采样点数少于 100 时，平差后的结果不好。对船载重力异常数据处理时，只对采样点超过 100 的航次进行二次多项式平差，而少于 100 个采样点的航次并不进行平差。具体处理时，利用测高海

洋重力异常格网数据内插船载采样点的测高海洋重力异常，与船载重力异常比较得到重力异常余差，采用最小二乘法平差求解式（5.54）的未知参数，计算得到 a_0，a_1 和 a_2，从船载重力异常中消除系统偏差 δg 的影响。

评估船载重力异常的内部精度 σ_{ship} 时，实用精度估算公式为

$$\sigma_{\mathrm{ship}} = \sqrt{\frac{\sum_{i=1}^{N} \Delta g_i^2}{2N}} \tag{5.55}$$

式中：N 为交叉点的个数；Δg_i 为第 i 个交叉点船载重力异常的不符值。该公式也可用于评估卫星测高海洋重力异常精度，利用测高海洋重力异常内插出船载的卫星测高重力异常，与实测重力异常比较，由此获得海洋重力异常余差，代入式（5.55），计算得到卫星测高重力异常精度。

2. 不同重力数据融合

研究海域通常存在多种类型的重力数据，如卫星测高资料、船测重力、航空重力、CHAMP 卫星跟踪数据、GRACE 卫星跟踪数据和 GOCE 卫星梯度等，这些数据具有不同的误差特性和空间分布，如何利用这些重力数据获取高精度高分辨率的海洋重力异常，是一个待研究的问题。目前普遍的做法是由 SLR、CHAMP、GRACE、GOCE、地面重力数据和卫星测高数据联合得到高精度的中长波全球参考重力场，然后以该中长波全球参考重力场作为基准，对短波重力残差进行数据处理。

为了利用多种类型的重力数据反演区域高精度高分辨率海洋重力异常，国内外学者提出不同的方法解决该问题，常见的方法包括最小二乘配置法和 Draping 算法等。

1）最小二乘配置法

最小二乘配置法属于统计算法，该算法的思想是在保持地球重力场结构一致的前提下，考虑各观测资料的误差，以最小二乘准则为基础，确定参数的最佳估计及相应的精度。

利用最小二乘配置法对卫星测高数据与船载重力异常数据进行数据融合，卫星测高的输入数据为垂线偏差残差，船载重力异常数据的输入数据为船载重力异常残差，融合后海洋重力异常的计算公式如下：

$$\begin{cases} \Delta g = \begin{pmatrix} C_{\Delta ge} & C_{\Delta g \Delta g_S} \end{pmatrix} \begin{pmatrix} C_{ee} + \boldsymbol{D}_e & C_{e\Delta g} \\ C_{\Delta ge} & C_{\Delta g_S \Delta g_S} + \boldsymbol{D}_{\Delta g_S} \end{pmatrix}^{-1} \begin{pmatrix} e - e_{\mathrm{ref}} \\ \Delta g_S - \Delta g_{\mathrm{ref}} \end{pmatrix} + \Delta g_{\mathrm{ref}} \\ \sigma_{\Delta g}^2 = C_0 - \begin{pmatrix} C_{\Delta ge} & C_{\Delta g \Delta g_S} \end{pmatrix} \begin{pmatrix} C_{ee} + \boldsymbol{D}_e & C_{e\Delta g} \\ C_{\Delta ge} & C_{\Delta g_S \Delta g_S} + \boldsymbol{D}_{\Delta g_S} \end{pmatrix}^{-1} \begin{pmatrix} C_{\Delta ge} \\ C_{\Delta g \Delta g_S} \end{pmatrix} \end{cases} \tag{5.56}$$

式中：C_{ee} 为大地水准面梯度残差协方差；$C_{\Delta ge}$ 为重力异常残差与大地水准面梯度残差之间的协方差；$C_{\Delta g_S \Delta g_S}$ 为海面重力异常残差的协方差；$C_{e\Delta g}$ 为大地水准面梯度残差与重力异常残差之间的协方差；$C_{\Delta g \Delta g_S}$ 为重力异常残差与海面观测重力异常残差之间的协方差；Δg 为融合后海洋重力异常；$\sigma_{\Delta g}^2$ 为方差；Δg_S 为卫星测高重力异常数据；Δg_{ref} 为船载重力异常数据；e 为卫星大地水准面梯度；e_{ref} 为船载大地水准面梯度；$\boldsymbol{D}_e$ 与 $\boldsymbol{D}_{\Delta g_S}$ 分别表示 e 与海面观测重力异常的误差协方差矩阵。

2）Draping 算法

Draping 算法通常是将精度较高的一种数据，挂到精度相对较低的另一种数据上。该算法属于解析法，计算简单有效，不需考虑不同类型数据的权重，如 Forsberg 等（1984）和 Kriby（1997）等均采用该算法将地面重力数据挂在测高重力异常格网上。但当高精度数据不占优，利用该算法进行数据融合，高精度数据被低精度数据污染，降低其应有贡献。

将 Draping 算法用于船载重力异常数据与测高海洋重力数据的数据融合时，由船载重力异常 Δg_{ship} 和内插出相应的测高海洋重力异常 Δg_{alt}，得到了相应的重力异常余差 $\dot\varepsilon$（为与移去恢复过程的重力异常残差区分）

$$\dot\varepsilon = \Delta g_{\text{ship}} - \Delta g_{\text{alt}} \tag{5.57}$$

由重力异常余差 $\dot\varepsilon$ 形成格网数据 $\Delta g_{\dot\varepsilon}$，然后将该格网数据叠加到测高海洋重力格网数据上，得到数据融合后的结果，具体流程见图 5.25，Draping 的具体计算流程为：①采用 GMT 命令将船载重力异常重采样成 $2'\times2'$ 船载重力异常；②由船载重力异常与 $2'\times2'$ 测高重力异常格网数据，得到重力异常余差 $\dot\varepsilon$；③将 $\dot\varepsilon$ 格网化，得到相应的 $2'\times2'$ 格网数据，格网化的方法很多，如最小二乘配置法和 GMT 的格网法等，本书采用 GMT 的 surface 命令；④由 $2'\times2'$ 测高重力异常与 $2'\times2'$ 重力异常余差 $\dot\varepsilon$ 格网数据叠加，得到 Draping 后的 $2'\times2'$ 海洋重力异常格网数据。

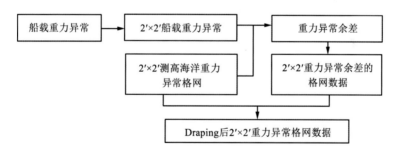

图 5.25　Draping 测高重力与船载重力数据融合的流程图

5.4.4　南大洋海域重力异常

卫星测高海洋重力异常反演采用移去恢复过程，该过程采用一个有限截止阶的全球参考重力场控制重力场的中长波，目前有多种全球参考重力场模型可供选择。EGM2008 作为目前精度和分辨率都比较突出的重力场模型，选取该重力场模型作为参考重力场。

1. 数据的选取

根据测高卫星的运行特点，测高数据分为重复周期和非重复周期两类，其中重复周期数据包括 T/P、Geosat/ERM、ERS-1/35d 和 ERS-2/35d，而非重复周期数据则为 Geosat/GM 和 ERS-1/GM，采用这些数据进行南大洋海域重力异常反演。

南极海域实施过海洋重力测量，这些数据可公开从 NOAA（National Oceanic and Atmospheric Administration）下载，考虑到卫星测高重力异常和海洋重力之间的互补关系，将这些海洋重力测量数据作为控制点，以改善卫星测高重力异常的精度。经数据处理后的船载重力异常，其空间分布见图5.26。

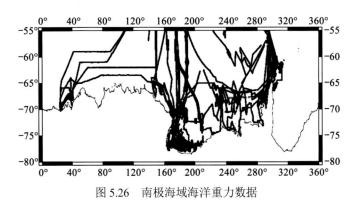

图 5.26　南极海域海洋重力数据

2. 卫星测高重力异常的反演

卫星测高波形重定是提高海面高和重力异常精度的关键，卫星测高重力异常的反演分为波形重定算法的选取、海面高和垂线偏差数据处理、重力异常反演与精度评估等。

对于波形重定算法的选取，采用 ERS-1 数据验证。ERS-1 为欧洲第一颗遥感卫星，1991 年发射，1996 年结束任务。ERS-1/GM 由它的 2 个 168 天大地测量任务采集，在赤道附近的轨道间间距约 8 km。直接采用 ERS-1 提供的地球潮、极潮、大气改正等，海潮根据 NAO99b 模型计算得到。采用的实验区包括 $55°\,S<\lambda<82°\,S$，$225°\,E<\varphi<270°\,E$ 和 $51°\,S<\lambda<52°\,S$，$301°\,E<\varphi<303°\,E$。第一个区域是地球最南的海洋之一，位于西南极，包含了 Belling-shausen 和 Amundsen 海的大部分。精细的海洋重力异常有助于了解这个区域的板块历史活动。为了比较和选取波形重定算法，选取了验潮站数据，该验潮站为 Port 站，位于 $51.45°\,S$，$302.066\,7°\,E$。将不同波形重定算法的海面高与潮汐数据进行比较，该数据从 UHSLC（University of Hawaii Sea Level Center）下载获得，采样率为小时，时间为 1992~2011 年。而在 Port 站附近可用的 ERS-1/ERM 数据仅包括 19 444，19 945，20 446，20 947，21 448 和 21 949。由于卫星测高和验潮站数据的基准不一样，从各自数据中消除平均值，得到海平面异常。受陆地的影响，利用 β-5 算法对回波波形进行波形重定时，大部分都是失败的。图 5.27 给出了原始和不同波形重定算法的结果。结果表明，子波形阈值法总是优于阈值法。

下面采用其他参数对各算法进行间接比较。首先计算波形重定后海面高 N 与 EGM2008 的大地水准面高 N_{long} 之差，称为剩余海面高

$$N_{\text{res}} = N - N_{\text{long}} \tag{5.58}$$

其次，为了减少卫星测高测距及海洋海面地形的长波误差，计算得到沿轨相邻的剩余海面高 N_{res2}、N_{res1}：

$$\Delta N_{\text{res}} = N_{\text{res2}} - N_{\text{res1}} \tag{5.59}$$

为了评估波形重定算法在海冰和海洋上的效果，首先根据回波波形确定反射面的反射性质：

$$PP = \frac{31.5 \times P_{\max}}{\sum_{i=5}^{64} P(i)} \tag{5.60}$$

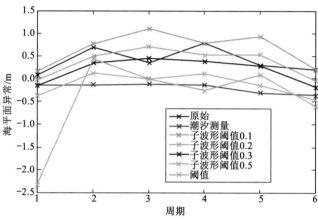

图 5.27　不同波形重定算法与验潮数据比较

然后以 ΔN_{res} 的标准差 $S_{\Delta N}$ 作为衡量波形重定算法的指标，首先选取 14 501 作为比较对象（其空间分布见图 5.28），表 5.6 给出了不同波形重定算法相应的 $S_{\Delta N}$，结果表明子波形阈值法在海冰和海洋均优于其他两种算法。对于子波形阈值法，表 5.6 表明阈值水平选取 0.1 时结果最优。然后在整个研究区域，比较和选取海洋和海冰的最佳波形重定算法。统计结果见表 5.7，表 5.7 和表 5.6 显示类似的结果，阈值水平选取 0.1 的子波形阈值法结果最优。

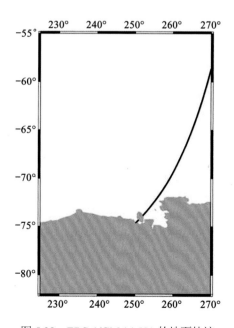

图 5.28　ERS-1/GM 14 501 的地面轨迹

表 5.6　轨迹 14501 不同波形重定算法 $S_{\Delta N}$ 统计结果

海洋	β_5	阈值法	子波阈值法			
			0.1	0.2	0.3	0.5
无冰	0.100	0.100	0.059	0.062	0.067	0.088
有冰	NA	0.404	0.192	0.229	0.261	0.368

表 5.7　研究区域不同波形重定算法 $S_{\Delta N}$ 统计结果

海洋	β_5	阈值法	子波阈值法			
			0.1	0.2	0.3	0.5
无冰	0.118	0.124	0.070	0.074	0.083	0.110
有冰	NA	0.349	0.220	0.232	0.253	0.322

因此，反演南极海洋重力异常时，选取 0.1 阈值水平的子波形阈值法作为波形重定算法。为了评估波形重定算法的效果，利用海洋实测重力值，进行其效果的精度评估。计算时，将 20 Hz 的海面高数据采用多项式拟合和平滑等重采样成 2 Hz，然后由沿轨迹海面高计算得到大地水准面梯度，在此基础上得到 2′×2′ 垂线偏差的东西和南北分量，采用移去恢复过程，由逆维宁·曼尼兹公式估算得到实验区域的重力异常。图 5.29 给出了两者之间的差异，表明波形重定效果很明显。表 5.8 给出了相应的统计量，两者之间差值的标准差由波形重定之前的 15.038 mGal 大幅减小到 8.028 mGal。

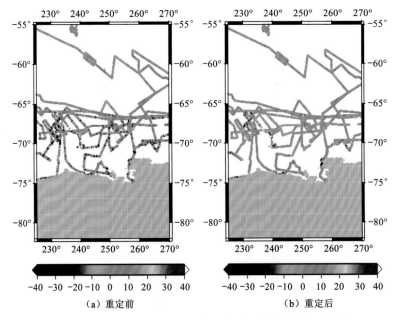

（a）重定前　　　　　　　　　（b）重定后

图 5.29　波形重定前后卫星测高与海洋重力异常差值分布图

表 5.8　波形重定前后卫星测高与海洋重力异常比较　　　　（单位：mGal）

海洋重力	最大值	最小值	均值	标准差
（波形重定前）原始	117.526	−81.525	1.052	15.038
波形重定后	50.045	−47.567	0.147	8.028

将以上计算流程反演得到整个南极海域重力异常，其分布见图 5.30。将卫星测高重力异常与海洋实测重力进行比较，其差值的空间分布见图 5.31。从图 5.31 可以看出，在南极半岛附近，两者差值较大，这可能与该海域海潮模型误差有关。将整个南极海域按 45°间隔分成 8 个区域，经度范围分别为 0°～45° E、45°～90° E、90°～135° E、135°～180° E、180°～225° E、225°～270° E、270°～315° E 及 315°～360° E，分别记为 area1、area2、area3、area4、area5、area6、area7 和 area8。在有海洋实测重力海域，将两者差值进行了统计，结果见表 5.9。结果表明，在不同区域，两者差值统计结果并不一致，在一些区域，两者差值的标准差达到 3 mGal，而在另外一些区域，则差值较大，这可能与卫星测高海洋重力异常的反演过程和海洋实测重力的精度有关。

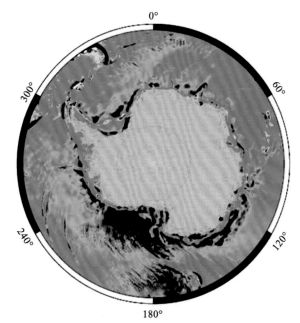

图 5.30　南极海域重力异常分布

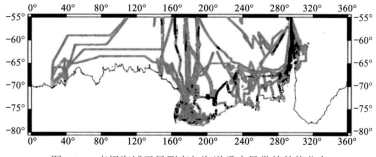

图 5.31　南极海域卫星测高与海洋重力异常的差值分布

表 5.9　波形重定前后卫星测高与海洋重力异常比较　　　　（单位：mGal）

海域	最大值	最小值	平均值	标准差
area1	54.810	−57.831	1.780	±8.536
area2	27.604	−21.988	0.554	±3.317
area3	20.436	−19.619	−1.206	±3.379
area4	51.988	−48.004	−0.254	±7.648
area5	72.771	−71.240	−0.976	±7.105
area6	50.663	−46.266	0.157	±7.951
area7	62.660	−61.718	−0.991	±11.226

3. 卫星测高重力异常与船载重力的联合反演

南大洋的测高海洋重力异常精度偏低，与精度较高的船测重力进行数据融合，可提高南极海域海洋重力异常的精度。数据融合研究指出，采用分布不均匀的船测重力进行较大区域的数据融合时，可能导致无船测重力数据区域反演的海洋重力异常出现错误，因此，南大洋多源重力数据的数据融合在各区域内进行，利用各区域已有的船测重力改善各区域海洋重力异常整体精度。Draping 算法本质上是利用高精度的点、线或小区域的船测重力对大面积的测高海洋重力进行修正，其中高精度的船测重力数据起到质量控制作用，而测高重力异常为精度水平略低的大面积采样数据，这两者精度数据融合结果的精度有贡献，其结果的好坏主要受船测重力和测高重力异常精度等因素的影响。

采用 Draping 算法进行数据融合前，仅利用测高海洋得到 $2' \times 2'$ 空间分辨率的南大洋重力异常 Gra_{alt}，然后将船测重力重采样成 $2' \times 2'$，最后采用 Draping 算法进行数据融合。由 Draping 算法计算得到数据融合后的南极海域最新的海洋重力异常模型 Gra_{com}，由该模型与船测重力得到重力异常余差，其分布见图 5.32。与图 5.31 结果相比，图 5.32 表明 Gra_{com} 的整体精度较高，但 area7 重力异常余差的统计结果仍较差，该结果可能与船测重力精度偏低及其他区域船测数据分布特征有关。

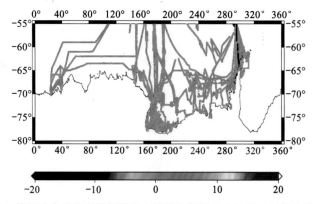

图 5.32　数据融合后的南极海域重力异常与船测重力的重力异常余差分布图

由 Gra_{alt}、Gra_{com} 分别与船测重力数据，得到相应的重力异常余差，其统计结果见表 5.10。结果显示，Draping 数据融合算法大幅提高了南极海域海洋重力异常精度，Gracom 与船测重力的重力异常余差精度最小仅约 0.4 mGal，最大约 4.7 mGal。

表 5.10　重力数据融合前后海洋重力异常精度比较　　　　（单位：mGal）

船测数据	海洋重力异常	最大值	最小值	平均值	标准差
area1	Gra$_{alt}$	54.810	−57.831	1.780	±8.536
	Gra$_{com}$	50.128	−37.007	−0.056	±3.841
area2	Gra$_{alt}$	27.604	−21.988	0.554	±3.317
	Gra$_{com}$	4.838	−7.262	−0.011	±0.401
area3	Gra$_{alt}$	20.436	−19.619	−1.206	±3.379
	Gra$_{com}$	6.486	−4.205	−0.021	±0.412
area4	Gra$_{alt}$	51.988	−48.004	−0.254	±7.648
	Gra$_{com}$	48.714	−127.987	0.030	±2.579
area5	Gra$_{alt}$	72.771	−71.240	−0.976	±7.105
	Gra$_{com}$	80.031	−67.375	0.018	±2.247
area6	Gra$_{alt}$	50.663	−46.266	0.157	±7.951
	Gra$_{com}$	45.083	−45.901	0.116	±2.842
area7	Gra$_{alt}$	62.660	−61.718	−0.991	±11.226
	Gra$_{com}$	48.301	−55.007	0.175	±4.661

5.5　地震观测在南极地球物理大地测量学中的应用

5.5.1　南极地震学发展现状

地震学作为现今探测地球内部结构的有力手段，在全球范围内得以广泛应用。但南极极端的地理、气候条件给地震观测带来了很大的限制。庆幸的是，近二十年来，随着仪器技术水平不断发展，仪器连续工作的稳定性及人员后勤供给保障能力不断提升，部署在南极区域的地震观测台阵不断增多，这对于促进南极大陆内部构造的认识，揭示冈瓦纳古陆的形成和演化规律，探索全球构造性问题提供线索有重要意义。与此同时，南极拥有全球最大的冰盖，是全球气候变化的放大器和驱动器。利用地震学方法揭示冰盖内部结构及冰岩界面构造环境也成为近年来的热点，这将为分析冰盖与大陆间相互作用、冰川动力学规律、冰盖物质平衡提供重要依据。

1. 地震仪工作原理

地震仪是一种可以接收地面震动，并将其以某种方式记录下来的装置，地面运动可以是位移、速度或加速度，一般由三个相互独立的分量来表示这样一个三维时间序列。

由于发生的震动有不同的频率，因此，根据不同的需求，地震仪有不同频带宽度（短周期、中长周期、长周期，宽频带等）的差异，也就需要设计不同需求的地震仪。但就地震仪的基本原理而言，现今的地震仪基本都是在弹簧-摆为拾震器基础上设计的，即俗称为摆式地震仪。

常见的地震仪一般都是由拾震器（传感器）、放大器及记录系统三部分组成。拾震器是接收地面运动的一种传感器，它是通过弹簧将一个质量为 M 的摆锤拴在一个能与地面一起运动的固定支架上（图 5.33）。

（a）垂直摆　　　　　　　　　　（b）水平摆

图 5.33　垂直摆和水平摆示例

令地面相对于惯性参考系的运动位移用时间函数 $u(t)$ 表示，而重锤 M 相对于支架的运动用 $y(t)$ 表示，这里 $y(t)$ 是重锤质心离开其平衡位置 y_0 的位移量。于是，重锤相对于惯性系的绝对运动位移可表示为 $u(t)+y(t)$。重锤离开平衡位置运动后将受到弹簧的附加作用力 $-ky(t)$，即当位移不大时该力的大小与位移 $y(t)$ 成正比（k 是比例系数，负号表示力的方向与位移方向相反），此外，重锤运动时还受到一个阻尼器阻碍运动的力，该阻力通常与重锤运动的速度成正比，可表示为 $-D(\mathrm{d}y/\mathrm{d}t)$，$D$ 是比例系数，负号表示力的方向与运动方向相反，于是，在惯性参考系中重锤的运动方程可表示为

$$M \frac{\mathrm{d}^2}{\mathrm{d}t^2}\big[y(t)+u(t)\big] + D\frac{\mathrm{d}y(t)}{\mathrm{d}t} + ky(t) = 0 \tag{5.61}$$

化简为：

$$\ddot{y} + 2\varepsilon\dot{y} + w_0^2 y = -\ddot{u}$$

式中：$2\varepsilon = D/M$；$w_0^2 = k/M$；ε 为阻尼系数。

可以看到，地面相对于惯性系的加速度运动可以由悬挂的摆相对于拾震器支架运动的相对加速度、速度及位移的线性组合来表达。

现代地震仪采用电子放大器来提高地震仪的灵敏度，通过采用能量转换装置，将机械信号转换成电信号，目前广泛应用的是电磁性能量转换器，其工作原理可以简述为：通过在拾震器的锤摆前装一个线圈，中心是环形磁钢，周围是环形软铁，从而形成均匀的环形辐射式磁场。当摆锤运动时，带动线圈与磁钢发生相对运动，引起线圈中磁通量的变化，产生感应电动势。根据法拉第电磁感应定律可以得到由摆运动产生的感应电动 $e(t)$ 与摆运动速度 $y(t)$ 之间的关系：

$$e(t) = C\frac{\mathrm{d}y(t)}{\mathrm{d}t} \tag{5.62}$$

式中：C 为能量转换系数，由线圈中磁感应强度、线圈的半径及线圈的匝数等决定的常量。C 越大，显然地震仪的放大倍数越大，灵敏度越高。

地震仪的记录系统由 20 世纪的模拟记录发展到了现今的数字记录。模拟记录主要是通过传感器接收到的信号再放大后，将信号传输给电流计进行照相记录或传输给记录笔进行笔绘记录或磁带记录。这种记录方式存在一定误差，且为了在计算机上进行处理，还需要进行数字化处理，同时也不便于保存、传输和交换。

数字记录则将地面运动信号转换输出为一种可以保存、分析和复制的记录。输出的记录可以是与地面运动输入量存在某种线性关系的电压、电流或光强度等物理量。数字记录便应用一个转换器，将输出的物理量采用一定的规则在时间序列上进行采样测量、计数，并保存在存储器上。

2. 南极地震仪器与主要台阵分布

一套完整的地震观测仪器除了包括拾震器（传感器）与记录器，还需要 GPS 天线用以计时和定位。由于南极极端的地理、气候条件，为保障仪器连续、稳定的工作，对仪器本身的特性及其工作环境提出了很高的要求。目前在南极区域广泛使用的传感器是能在−55℃极端低温环境下能稳定工作的 Guralp 3T 和 Trillium T240 三分量传感器（图5.34），记录器则采用 Quanterra Q-330 数据记录器（图 5.35）。

在台站实地部署之前，还需对上述仪器分别进行封装，数据记录器和电池及其他电子设备置于保温箱中，传感器则放置在特制底座上，并由硬质塑料圆顶遮盖。传感器和数据记录器之间通过特制传输线进行数据通信及电量供应，在仪器工作时，供电策略有季节性差异，夏季由太阳能电池板对可充电电池进行充电供电，冬季则使用锂电池供电。这样就能保证仪器在极夜期间能持续稳定工作（图 5.36）。

　　　　（a）Guralp 3T 传感器　　　　　　　　　　（b）Trillium T240 传感器

图 5.34　南极用 Guralp 3T 传感器和 Trillium T240 传感器

图 5.35　Quanterra Q-330 数据记录器

图 5.36　南极地震仪现场部署图

南极洲最早的地震探测可以追溯到 1903 年，英国科学家斯科特在南极放置了第一个地震针。从 1957 年开始，地震探测作为各国科学考察的重要部分在南极展开，相继部署了 12 个地震台，随后，其中的部分台站被列入全球地震台网（global seismic network，GSN）中。早期部署的台站数量少且分布稀疏，台站间相距数百千米，主要分布在各国科考站周边及容易到达的陆缘区域。进入 21 世纪，随着国际极地年计划的陆续实施，多个国家已经独立或联合部署了多个地震台阵列。美国科学家围绕横断山脉下方结构及其隆起成因的科学问题于 2000～2003 年在横断山脉部署了横断山脉地震实验（TransAntarctic Mountains Seismic Experiment）首个大型台阵，该台阵包括在横断山脉、罗斯海海岸线区区域沿东西、南北及沿海岸线三个方向的 42 个台站。自 2007 年开启的第四个国际极地年计划，中、美、日三国合作在东南极甘布尔采夫山区域部署了甘布尔采夫山地震实验台阵（Gamburtsev Antarctic Mountains Seismic Experiment）（GAMSEIS，2007～2009 年），该台阵包括 26 个宽频带台站。GAMSEIS 计划结束后，美国又将 GAMSEIS 所用的部分仪器迁移至西南极断裂系和玛丽伯德地区域作为 POLENET/ANET 的主干台阵（图 5.37）。此外，其他台阵还包括横断山脉北侧台阵（TAMSEIS Northern Network）（TAMNNET，2012～2018 年）。

3. 南极地震活动性

迄今，利用已有地震观测台站数据，科学家首先对地震事件进行了定位、分类、发震机制分析，并对台站下方或从大陆、区域和局部尺度上的台阵区域的地震波速度，间断面构造特征及壳幔、岩石圈结构演化历史进行了研究。

对南极的地震活动性分析能确定区域内的构造活动活跃程度，进而揭示南极大陆冈瓦纳古陆裂解汇聚原因及相关地球动力学机制。但南极区域巨厚的冰盖对地壳应力的释放具有较大限制，早期记录到的为数不多的地震多发生在南极冰盖消失的陆缘，因此，南极地震活动性一度认为较低。实际上，南极地震活动性的观测一直缺乏客观的估计，主要原因是台站个数稀少特别是内陆台站分布稀疏致使早前的地震活动性估计只能基于远震观测数据和沿海陆缘的几个 GSN 台站。直到 1982 年，南极大陆第一个板内地震才得以准确定位。

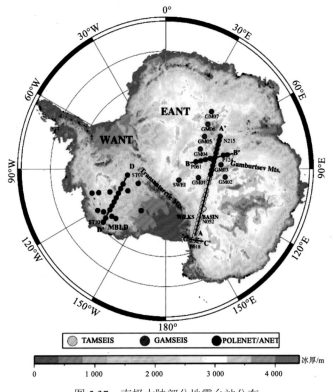

图 5.37　南极大陆部分地震台站分布

Reading 分别于 2002 年和 2007 年利用有限而宝贵的地震观测记录对南极板块的地震活动性进行了分析（Reading，2007，2002）。随着现有台站个数的增多和分布范围的不断扩大，所记录的地方地震事件不断增多，这对于认识南极地震活动性特别是发生在南极内陆的地震活动性意义非凡（图 5.38）。总体而言，南极地震活动性有两大特征：第一个特征是地震活动性以横断山脉为界，西南极活动性要明显高于东南极；第二个是大陆陆缘的地震活动性要高于内陆地区，当然这一结论还受到当前内陆区域稀疏台站数量和分布范围的限制。从地震事件类型来看，南极地震事件主要包括构造地震及多种成因产生的冰震。构造地震主要分布在横断山脉及西南极的火山分布区域，冰震则发生在西南极断裂系的多个冰川和东南极部分区域。

4. 南极区域壳幔结构

南极地震学研究的另一侧重点是对不同尺度的壳幔结构的揭示，这包括不同深度的间断面和速度结构以及介质各项异性。远震接收函数方法是壳幔深度范围内获取间断面结构的重要手段，研究者利用现有台站记录的远震事件，获取了台站分布区域下方的莫霍面（Moho）和岩石圈-软流圈分界面（lithosphere-asthenosphere boundary）信息。莫霍面作为壳幔深度内最重要的分界面，对其厚度和成分的获取是分析地壳起源与演化的基础。从南极区域的地壳厚度和组成成分来看，从西南极到东南极，地壳厚度逐渐增厚，西南极的平均地壳厚度为 20 km，横断山脉的厚度在 40 km，东南极厚度在 35～40 km（图 5.39），结合地质构造背景，东南极是稳定的克拉通，西南极则是拉张而又汇聚形成的多个地壳块体，地壳厚度结果与之相适应。南极大陆岩石圈厚度分布与 Moho 面变化趋势相似，东南极岩石圈厚度明显高于西南极，东南极的岩石圈厚度在 150～250 km，Dome A 和 Dome C 之间区域的厚度最大约 250 km，西南极岩石圈厚度在 60～110 km，60 km 厚度的区域为火山和热点下方（图 5.40）。同样，地震层析成像结果显示东西南极的地震波速差异明显，以克拉通地盾为主体的东南极区域的地震波速结果显示为高速区，西南极则存在多个低速区，如西南极断裂系下方及玛丽伯德地部分区域下方存在低速带，罗斯岛下方也存在地震波低速带，该低速带一直延伸至横断山脉前沿，这暗示了这些区域下方的温度较高，进一步结合热流数据研究表明其下方存在热异常，说明该区域下方构造活跃。

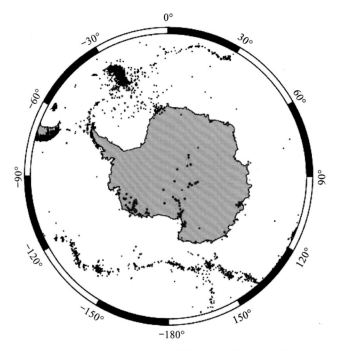

图 5.38　截至 2014 年南极板块地震活动性分布图

5. 各向异性

介质各项异性是指岩石、矿物在不同结晶方向或矿物优势方向上表现出的物理性质（如弹性、强度、热传导、导电性质等）的不同及其差异程度。介质中的这一差异会对地震波在其中的传播产生重要影响：如纵波（P 波）随方位发生变化，剪切波（S 波）分裂成快波（SV 波）和慢波（SH 波）。各向异性研究对于解释地质构造、地壳运动及深部地球动力学特征有重要意义。

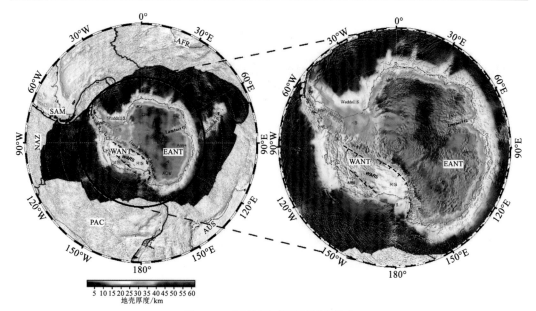

图 5.39　南极板块莫霍面厚度分布

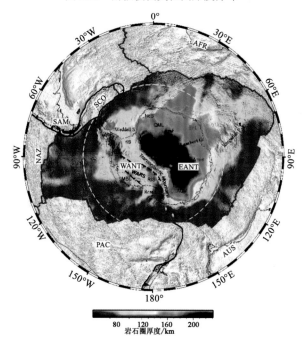

图 5.40　南极板块岩石圈厚度分布

在南极区域，有大量地壳和上地幔各向异性研究的成果（图 5.41）。Müller（2001）综合运用了 SKS、SKKS、PKS 及直达 S 波研究了南极大陆及斯科舍海地区 13 个台站下方的各向异性结构。其结果表明在南极半岛地区剪切波分裂延时最大，达到 1.8 s。同样，在维多利亚地中部的浅层和深层也存在着不同特征的各向异性，在浅层剪切波快波方向为 N-S 向，深部为 NNW-SSE 向。Barklage 等（2009）利用 TAMSEIS 台阵及其周边的固定台站，得到了该区域的地壳及上地幔各向异性结果。

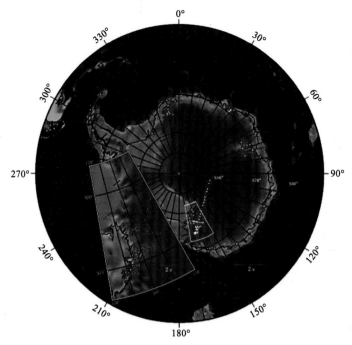

图 5.41　南极大陆剪切波分裂结果

　　总体而言，现有的台站数据研究结果表明南极区域上地幔各向异性较为明显并普遍存在。上地幔顶部径向各向异性（即（Vsh-Vsv/Vsv））强度约 4%，并且在岩石圈较薄的西南极各向异性强度反而大于东南极克拉通。在罗斯海-横贯南极山脉区域面波各向异性研究结果与剪切波分裂方法所得结果基本一致，预示着在上地幔存在厚度约 150 km 的各向异性层，其各向异性强度约为 3%。而在南极其他地区剪切波分裂结果显示各向异性快轴方向大多与海岸线平行，这可能与整个南极板块边界中发散边界多达 92%有关。

5.5.2　南极地震研究前沿——冰冻圈地震学

　　南极拥有地球上最大的冰盖，广袤的冰雪覆盖区域分布着冰川、冰溪、冰架。由于全球变暖升温及海浪的周期性潮水涨落，对不同区域的冰盖产生了不同的影响：如冰川表面破裂，沿海的冰架崩塌坠海，冰溪与岩石基底的滑动等，这都将产生不同周期的能被地震仪观测到的震动。这些震动特征的揭示将对冰冻圈的基本过程提供前所未有的认识，包括对冰山崩解、冰川、冰山、海冰动力学、不稳定冰川和冰结构变化的前兆的新的认识。对于理解环境变化及对全球范围内的冰体的监测提供宝贵的基础。

　　已有研究表明南极存在多种成因产生的冰震（图 5.42）：有因应变率变化超过所能承受的限度引起的表面裂隙（surface crevasses）；有因基底孔隙压降低不足以抵抗冰盖而产生的黏滑（stick-slip），此类冰震在 Whillans Ice Stream，David Glacier 多有发生；也有因底部消融或潮水拍击引发的冰山崩塌等。对此类地震事件的分析是认识冰川运动的物理本质及监测不稳定冰川的重要手段。此外，还有大量的与南极冰盖相关的震动信号未有确定的成因机制解释，部分信号与火山事件和长周期蠕动和黏滑有相似之处，部分信号又与传统的构造地震事件及全球其他区域内的高山冰川产生的信号不同，这就给地球物理研究带来了新的挑战同时又开辟了新的领域。

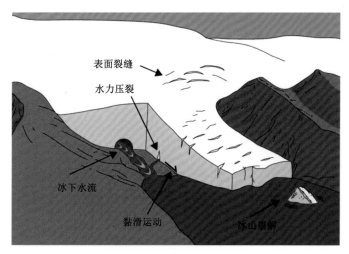

图 5.42　冰川地震类型示意图

参 考 文 献

陈春明, 李建成, 2000. 利用地球重力场模型确定南极大地水准面. 极地研究, 12(1): 10-17.

褚永海, 卫星测高波形处理理论研究及应用. 武汉: 武汉大学.

鄂栋臣, 张胜凯, 2011. 中国南极地区坐标系统的建设. 极地研究, 23(3): 226-231.

管泽霖, 宁津生, 1981. 地球形状及外部重力场. 北京: 测绘出版社.

黄强, 范东明, 王莉君, 2013. 利用 GOCE 轨道数据反演南极冰盖质量变化. 大地测量与地球动力学, 33(5): 67-70.

黄谟涛, 翟国军, 管铮, 2005. 海洋重力场测定及其应用. 北京: 测绘出版社.

黄志洲, 钟金宁, 周卫, 2004. 区域性大地水准面的确定. 测绘科学, 29(2): 16-18.

李建成, 宁津生, 1999. 局部大地水准面精化的理论和方法: 大地测量学论文专辑. 北京: 测绘出版社.

李建成, 陈俊勇, 宁津生等, 2003. 地球重力场逼近理论与中国 2000 似大地水准面的确定. 武汉: 武汉大学出版社.

李军海, 李军海, 刘焕玲, 2011. 基于 GRACE 时变重力场反演南极冰盖质量变化. 大地测量与地球动力学, 31(3): 42-46.

李骏元, 程传录, 郭春喜, 2005. 大地水准面确定的几种方法和比较. 测绘技术装备, 7(2): 14-16.

宁津生, 2002. 卫星重力探测技术与地球重力场研究. 大地测量与地球动力学, 22(1): 1-5.

宁津生, 邱卫根, 陶本藻, 1990. 地球重力场模型理论. 武汉: 武汉测绘科技大学出版社.

苏子, 王广才, 王林, 2015. 利用 GRACE 重力卫星求解南极洲冰川质量变化的精度研究. 地学前缘, 22(4): 239-246.

孙中苗, 2004. 航空重力测量理论, 方法及应用研究. 郑州: 解放军信息工程大学: 29-30.

王兴涛, 夏哲仁, 石磐, 2004. 航空重力测量数据向下延拓方法比较. 地球物理学报, 47(6): 1017-1022.

田宝峰, 杨建思, 刘莎, 等, 2012. 南极地震学研究进展. 地震学报, 34(2): 267-279.

王海瑛, 1999. 中国近海卫星测高数据处理与应用研究. 武汉: 中国科学院测量与地球物理研究所.

王静波, 熊盛青, 周锡华, 2009. 航空重力测量系统研究进展. 物探与化探, 33(4): 368-373.

徐建桥, 孙和平, 吕纯操, 2003. 南极地区的重力固体潮观测与研究. 武汉大学学报(信息科学版), S1: 129-132.

徐绍铨, 1989. 中国南极长城站测绘基准系统的建立. 极地研究, 1(4): 57-64.

许厚泽, 陆仲连, 杨元喜, 1997. 中国地球重力场与大地水准面.

杨元德, 2010. 应用卫星测高技术确定南极海域重力场研究. 武汉: 武汉大学.

杨元德, 鄂栋臣, 晁定波, 2009. 卫星重力用于南极冰盖物质消融评估. 极地研究, 21(2): 109-115.

於宗俦, 于正林, 1989. 测量平差原理. 武汉: 武汉测绘科技大学出版社.

翟宁, 王泽民, 鄂栋臣, 2009. 基于 GRACE 反演南极物质平衡的研究. 极地研究, 21(1): 43-47.

翟国君, 黄漠涛, 谢锡君等, 2000. 卫星测高数据处理的理论与方法, 北京: 测绘出版社.

翟振和, 魏子卿, 吴富梅, 2011. 利用 EGM2008 位模型计算中国高程基准与大地水准面间的垂直偏差. 大地测量与地球动力学, 31(4): 116-118.

张昌达, 2005. 航空重力测量和航空重力梯度测量问题. 工程地球物理学报, 2(4): 282-291.

张赤军, 蒋福珍, 方剑, 1996. 南极重力场特征及界面的计算与解释. 极地研究, 8(2): 62-67.

张子占, 陆洋, 许厚泽, 2008. 联合卫星重力和卫星测高确定南极绕极流. 极地研究, 20(1):14-22.

郑秋月, 陈石, 2015. 应用 GRACE 卫星重力数据计算陆地水变化的相关进展评述. 地球物理学进展, 6: 2603-2615.

周仕勇, 许忠淮, 2010. 现代地震学教程. 北京: 北京大学出版社.

ADAMS R D, HUGHES A A, ZHANG B M, 1985. A confirmed earthquake in continental Antarctica. Geophysics Journal of the Royal Astrological Society, 81: 489-492.

AN M J, WIENS D A, ZHAO Y, et al., 2015. Temperature, lithosphere‐asthenosphere boundary, and heat flux beneath the Antarctic Plate inferred from seismic velocities. Journal of Geophysical Research: Solid Earth, 120(12): 8720-8742.

AN M J, DOUGLAS W, ZHAO Y, et al., 2015. S-velocity Model and Inferred Moho Topography beneath the Antarctic Plate from Rayleigh Waves. J. Geophys. Res., 120(1): 359-383.

ANDERSON O B, KNUDSEN P, BERRY A M, 2010. The DNSC08GRA global marine gravity field from double retracked satellite altimetry. Journal of Geodesy, 84: 191-199.

ANZENHOFER M, SHUM C K, RENSTCH M, 1999. Coastal Altimetry and Applications. Ohio: the Ohio State University.

BAMBER J L, 1994. Ice sheet altimeter processing scheme. International Journal of Remote Sensing, 15(4): 925-938.

BARKLAGE M, WIENS D A, NYBLADE A, et al., 2009. Upper mantle seismic anisotropy of South Victoria Land and the Ross Sea coast, Antarctica from SKS and SKKS splitting analysis. Geophysical Journal International, 178(2): 729-741.

BERRY P A M, JASPER A, BRACKE H, 1997. Retracking ERS-1 altimeter waveforms over land for topographic height determination: an expert system approach. ESA Pub. SP-414(1): 403-408.

BRENNER A C, KOBLINSKY C J, ZWALLY H J, 1993. Postprocessing of satellite altimeter return signals for improved sea surface topography accuracy. Journal of Geophysical Research, 98 (C1): 933-944.

BROWN G S, 1997. The average impulse response of a rough surface and its application. IEEE Transactions on antennas and propagation, 25(1): 67-74.

BROZENA J, LABRECQUE J, PETERS M, et al., 1990. Airborne gravity measurement over sea–ice: The Western Weddell Sea. Geophysical Research Letters, 17(11): 1941-1944.

CHAPUT J, ASTER R C, HUERTA A, et al., 2014. The crustal thickness of West Antarctica. Journal of Geophysical Research: Solid Earth, 119(1): 378-395.

CHELTON D B, RIES J C, HAINES B J, et al., 2001. Satellite Altimetry// FU L L, CAZENAVE A, eds.

Satellite altimetry and earth sciences: A handbook of techniques and applications: 1-132.

CHEN J L, WILSON C R, TAPLEY B D, et al., 2008. Antarctic regional ice loss rates from GRACE. Earth and Planetary Science Letters 266(1): 140-148.

DAVIS C H, 1997. A robust threshold retracking algorithm for measuring ice-sheet surface elevation change from satellite radar altimeter. IEEE Transactions on Geoscience and Remote Sensing, 35(4): 974-979.

DAVIS C H, 1993. A surface and volume scattering retracking algorithm for ice sheet satellite altimetry. IEEE Transactions on Geoscience and Remote Sensing, 31(4): 811-818.

DAVIS C H, MOORE R K, 1993. A combined surface-and volume-scattering model for ice-sheet radar altimetry. Journal of Glaciology, 39(133): 675-686.

DENG X, FEATHERSTONE W E, 2006. A coastal retracking system for satellite radar altimeter waveforms: application to ERS-2 around Australia. Journal of Geophysical Research, 111(c6): C06012-1-C06012-16.

DENKER H, RONALD M, 2003. Compilation and evaluation of a consistent marine gravity data set surrounding Europe. Proc IUUG, Soporo, Japan.

FEATHERSTONE, WILL, 2010. Satellite and airborne gravimetry: their role in geoid determination and some suggestions. Airborne gravity 2010, Geoscience Australia, 58-70.

FERRARO E J, SWIFT C T, 1995. Comparision of retracking algorithms using airborne radar and laser altimeter measurements of the greenland ice sheet. Transactions on Geosciences and Remote Sensing, 33(3): 700-707.

FORSBERG R, 1984. A Study of Terrain Reductions, Density Anomalies and Geophysical Inversion Methods in Gravity Field Modelling. Columbus: The Ohio State University.

FORSBERG R, SOLHEIM D, KAMINSKIS J, 1996. Geoid of the Nordic and Baltic region from gravimetry and satellite altimetry// Sagawa J, Fujimoto H, Okubo S. Proc Int Symp gravity, geoid and marine geodesy (GRAGEOMAR), IAG proceedings series, Springer, Berlin:117: 540-547.

FORSBERG, RENE, ARNE V O, 2010. Airborne gravity field determination. Sciences of Geodesy-I. Berlin Springer: 83-104.

HAN D, WAHR J, 1995. The viscoelastic relaxation of a realistically stratified earth, and a further analysis of postglacial rebound. Geophysical Journal International, 287-311.

HANSEN S E, JULIA J, NYBLADE A A, et al., 2009. Using S wave receiver functions to estimate crustal structure beneath ice sheets: An application to the Transantarctic Mountains and East Antarctic craton. Geochemistry, Geophysics, Geosystems, 10, Q08014.

HANSEN S E, REUSCH A M, PARKER T, et al., 2015. The Transantarctic Mountains Northern Network (TAMNNET): deployment and performance of a seismic array in antarctica. seismological research letters, 86(6): 1636-1644.

HAYNE G S, 1980. Radar altimeter mean return waveform from near-normal-incidence ocean surface scattering. IEEE Transactions on Antennas and Propagation, 28(5): 687-692.

HEESZEL D S, WIENS D A, NYBLADE A A, et al., 2013. Rayleigh wave constraints on the structure and tectonic history of the Gamburtsev Subglacial Mountains, East Antarctica. Journal of Geophysical Research: Solid Earth, 118(5): 2138-2153.

HOLT, J W, RICHTER T G, KEMPF S D, et al., 2006. Airborne gravity over Lake Vostok and adjacent highlands of East Antarctica.　Geochemistry, Geophysics, Geosystems, 7, Q11012.

HWANG C, GUO J, DENG X, et al., 2006. Coastal gravity anomalies from retracked Geosat/GM altimetry: improvement, limitation and the role of airborne gravity data. Journal of Geodesy, 80: 204-216.

HWANG C, 1998. Inverse vening meinesz formula and deflection-geoid formula: applications to the predictions of gravity and geoid over the south china sea. Journal of Geodesy, 72: 304-312.

HWANG C, PARSONS B, 2010. Gravity anomalies derived from Seasat, Geosat, ERS-1 and TOPEX/POSEIDON altimetry and ship gravity: a case study over the Reykjanes Ridge. Geophysical Journal of the Royal Astronomical Society, 122(2): 551-568.

JEKELI C, 1981. Alternative methods to smooth the Earth's gravity field. Columbus: Ohio State University.

KIRBY J F, FORSBERG R, 1997. A Comparison of Techniques for the Integration of Satellite Altimeter and Surface Gravity Data for Geoid Determination// Forsberg R, Feissel M, Dietrich R, eds. Geodesy on the Move: 207-212.

JOHNSTON A C, 1987. Suppression of earthquakes by large continental ice sheets. Nature, 330: 467-469.

LAXON S, 1994. Sea ice altimeter processing scheme at the EODC. International Journal of Remote Sensing, 15: 915-924.

MANTRIPP D, 1996. Radar Altimetr// Fancey N E, Gardiner I D, Gardiner R A, eds, The Determination of Geophysical Parameters from Space, 119-171.

MARTIN T V, ZWALLY H J, BRENNER A C, et al., 1983. Analysis and retracking of continental ice sheet radar altimeter waveforms. Journal of Geophysical Research, 88(C3): 1608-1616.

MAUS S, GREEN C M, FAIRHEAD J D, 1998. Improved ocean-geoid resolution from retracked ERS-1 satellite altimeter waveforms. Geophysical Journal International, 134: 243-253.

MORGAN P J, FEATHERSTONE W E, 2009.Evaluating EGM2008 over Eats Antarctica. Newtons Bulletin, 4.

MÜLLER C, 2001. Upper mantle seismic anisotropy beneath Antarctica and the Scotia Sea region. Geophysical Journal International, 147(1): 105-122.

OLGIATI A, BALMINO G, SARRAILH M, et al., 1995. Gravity anomalies from satellite altimetry: comparison between computation via geoid heights and via deflections of the vertical. Bulletin Geodesique, 69(4): 252-260.

PEACOCK N R, LAXON S, 2004. Sea surface height determination in the Arctic Ocean from ERS altimetry. Journal of Geophysical Research, 109(C07): 1-14.

RAMILLIEN G, LOMBARD A, CAZENAVE A, et al., 2006. Interannual variations of the mass balance of the Antarctica and Greenland ice sheets from GRACE. Global and Planetary Change, 53(3): 198-208.

RAPP R H, 1983. Detailed gravity anomalies and sea surface height derived from Geos3/Seasat altimeter data. Journal of Geophysical Research, 88(C3): 1552-1562.

READING A M, 2002. Antarctic Seismicity and Neotectonics . The Royal Society of New Zealand Bulletin, 35: 479-484.

READING A M, 2007. The seismicity of the Antarctic plate. Geological Society of America Special Papers, 425: 285-298.

RICHTER T G, HOLT J W, BLANKENSHIP D D, 2001. Airborne Gravimetry Over The Antarctic Ice Sheet. International Symposium on Kinematic Systems in Geodesy, Geomatics and Navigation, Banff, Canada.

RIDLEY J K, PARTINGTON K C, 1988. A model of satellite radar altimeter return from ice sheets. International Journal of Remote Sensing, 9(4): 601-624.

RODRIGUEZ E, CHAPMAN B, 1989. Extracting ocean surface information from altimeter returns: the deconvolution method. Journal of Geophysical Research, 94(C7): 9761-9778.

RODRIGUEZ E, MARTIN M, 1994. Assessment of the TOPEX altimeter performance using waveform retracking. Journal of Geophysical Research, 99(C12): 24 957-24, 969.

SANDWELL D T, SMITH W H F, 2005. Retracking ERS-1 altimeter waveforms for optimal gravity field recovery. Geophysical Journal International, 163(1): 79-89.

SCHEINERT M, FERRACCIOLI F, SCHWABE J, et al., 2016. New Antarctic gravity anomaly grid for enhanced geodetic and geophysical studies in Antarctica. Geophysical Research Letters, 43(2): 600-610.

SCOTT RF, BAKER SG, BIRKETT CM, et al.,1994. A Comparison of The Performance of the Ice And Ocean Tracking Modes of the ERS-1 Radar Altimeter over Non-Ocean Surface, Geophysical Research Letters, 21(7): 553-556.

SWENSON S, WAHR J, 2006. Post-processing removal of correlated errors in GRACE data. Geophysical Research Letters, 33: L08402.

TAPLEY B D, KIM M C, 2001. Applications to Geodesy// FU L L, CAZENAVE A, eds. Satellite Altimetry and Earth Sciences, 371-406.

TSCHERNING C C, RAPP R H, 1974. Closed Covariance Expressions for Gravity Anomalies, Geoid Undulations, and Deflections of the Vertical Implied by Anomaly Degree Variance Models. Ohio: The Ohio State University.

WESSEL P, WATTS A B, 1988. On the Accuracy of Marine Gravity Measurements. Journal of Geophysical Research, 93(B1): 393-413.

ZWALLY HJ, BRENNER AC, 2001. Ice Sheet Dynamics and Mass Balance// FU LL, CAZENAVE A, eds. Satellite Altimetry and Earth Sciences: A Handbook of Techniques and Applications: 351-370.

第6章 极地冰雪遥感

6.1 极地光学遥感

6.1.1 遥感原理及相关卫星介绍

1. 定义

光学遥感是指传感器工作波段限于可见光波段范围（0.38～0.76 μm）之间的遥感技术。电磁波谱的可见光区波长范围约在 0.38～0.76 μm，是传统航空摄影侦察和航空摄影测绘中最常用的工作波段。

2. 原理

各种地物（例如某种土壤、岩石和作物）都具有不同的原子和分子结构，它们吸收、反射光的能力也不一样，也就是说它们对不同的光谱波长具有各不相同的吸收率和反射率。此外，高于绝对温度零度的物体自身要辐射，它的发射率与波长的关系也各不相同，由此而感知成形、像、谱、色。把遥感所获得的地物光谱信息与已知地物的光谱数据比较，就可预测地物的种类和群体地物的组合。图 6.1 为光学遥感的工作波段和大气透射的特征曲线。

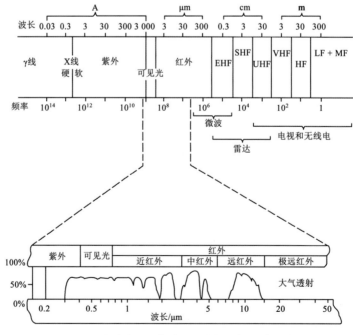

图 6.1 光学遥感的工作波段和大气透射的特征曲线

3. 相关卫星

包括 Landsat 系列（美国）、EOS/MODIS（Earth Observing System/ Moderate Resolution Imaging Spectroradiometer）（美国）、SPOT（Systeme Probatoire d'Observation de la Terre）（法国）系列、资源三号卫星（中国）、IRS（Indian Remote Sensing Satellite）（印度）、ALOS（Advanced Land Observing Satellite）系列（日本）、RESURS-O1 系列（俄罗斯）等。

1）Landsat 系列卫星

1972 年 7 月 23 日美国发射第一颗气象卫星 TIROS-1（Television Infrared Observation Satellite），后来又发射了 Nimbus（雨云号），在此基础上设计了第一颗地球资源技术卫星（Earth Resources Technology Satellite，ERTS-1），后改名为 Landsat-1。从 1972 年至今美国共发射了 8 颗 Landsat 系列卫星。Landsat 系列卫星发射时间见表 6.1。

表 6.1　Lands 系列卫星发射时间表

LANDSAT	1	2	3	4	5	6	7	8
发射日期	1972-7-23	1975-1-22	1978-3-5	1982-7-16	1985-3-1	1993-10	1999-4-15	2013-2-11
终止日期	1978-1-6	1982-2-5	1983-3-31	1987-7	运行	失败	运行	运行
探测器	RBVMSS	RBVMSS	RBVMSS	MSSTM	MSSTM	ETM	ETM+	OLI/TIRS

目前针对极地地区使用较多的是 Landsat-7 卫星数据以及 Landsat-8 卫星数据。

（1）Landsat-7 卫星。Landsat-7 卫星于 1999 年 4 月 15 日发射，是美国陆地探测系列卫星。Landsat-7 卫星装备有增强型专题制图仪（Enhanced Thematic Mapper Plus，"ETM+"），ETM+被动感应地表反射的太阳辐射和散发的热辐射，有 8 个波段的感应器，覆盖了从红外到可见光的不同波长范围。与 Landsat-5 卫星的 TM 传感器相比，ETM+增加了 15 m 分辨率的一个波段，在红外波段的分辨率更高，因此有更高的准确性。2003 年 5 月 31 日起，Landsat-7 的扫描仪校正器出现异常，只能采用 SLC-off 模型对数据进行校正。Landsat-7 的卫星参数、成像传感器、产品级别说明见表 6.2～表 6.4。

表 6.2　Landsat-7 的卫星参数

项目	说明	项目	说明
所属国家	美国	运行周期/min	98.9
设计寿命/a	5	每天绕地球圈数	15
发射时间	1999-4-15	降交点地方时	10:00
预期失效时间	—	轨道重复周期/d	16
轨道类型	近极地太阳同步轨道	传感器数量	1
轨道高度/km	705	下行速率/Mbps	150
轨道倾角/(°)	98.2		

表 6.3　Landsat-7 成像传感器

波段	波长范围/μm	分辨率/m	波段	波长范围/μm	分辨率/m
1	0.45～0.53	30	5	1.55～1.75	30
2	0.52～0.60	30	6	10.40～12.50	60
3	0.63～0.69	30	7	2.09～2.35	30
4	0.76～0.90	30	8	0.52～0.90	15

表 6.4　Landsat-7 产品级别

级别	说明
1 级	经过辐射校正，并将卫星下行扫描行数据反转后按标称位置排列，但没有经过几何校正的产品数据。1 级产品也被称为辐射校正产品
2 级	经过辐射校正和几何校正的产品数据，并将校正后的图像数据映射到指定的地图投影坐标下。2 级产品也被称为系统校正产品
3 级	经过辐射校正和几何校正的产品数据，同时采用地面控制点改进产品的几何精度。3 级产品也被称为几何精校正产品。几何精校正产品的几何精度取决于地面控制点的精度
4 级	经过辐射校正、几何校正和几何精校正的产品数据，同时采用 DEM 纠正地势起伏造成的视差。4 级产品也称为高程校正产品。高程校正产品的几何精度取决于地面控制点的可用性和 DEM 数据的分辨率

（2）Landsat-8 卫星。Landsat-8 卫星于 2013 年 2 月 11 日发射，是美国陆地探测卫星系列的后续卫星。Landsat-8 卫星装备有陆地成像仪（Operational Land Imager，OLI）和热红外传感器（Thermal Infrared Sensor，TIRS）。OLI 被动感应地表反射的太阳辐射和散发的热辐射，有 9 个波段的感应器，覆盖了从红外到可见光的不同波长范围。与 Landsat-7 卫星的 ETM+ 传感器相比，OLI 增加了一个蓝色波段（0.433～0.453 μm）和一个短波红外波段（波段 9；1.360～1.390 μm），蓝色波段主要用于海岸带观测，短波红外波段包括水汽强吸收特征，可用于云检测。TIRS 是有史以来最先进、性能最好的热红外传感器。TIRS 将收集地球热量流失，目标是了解所观测地带水分消耗，特别是干旱地区水分消耗。Landsat-8 的卫星参数、成像传感器说明见表 6.5～表 6.6。

表 6.5　Landsat-8 卫星参数

项目	参数	项目	参数
所属国家	美国	每天绕地球圈数	15
发射时间	2013-2-11	降交点地方时	10:00
轨道类型	近极地太阳同步轨道	轨道重复周期/天	16
轨道高度/km	705	传感器数量	1
轨道倾角	98.2°	下行速率/Mbps	330
运行周期/min	98.9		

表 6.6　Landsat-8 成像传感器（OLI）

波段	波长范围/μm	分辨率/m	波段	波长范围/μm	分辨率/m
1	0.43~0.45	30	6	1.57~1.65	30
2	0.45~0.51	30	7	2.11~2.29	30
3	0.53~0.59	30	8	0.50~0.68	15
4	0.64~0.67	30	9	1.36~1.38	30
5	0.85~0.88	30			

2）SPOT 系列卫星

SPOT 是法国空间研究中心（Centre national d'études spatiales，CNES）研制的地球观测卫星系统。SPOT 卫星系统包括一系列卫星及用于卫星控制、数据处理和分发的地面系统。自 1986 年 2 月起，SPOT 系列卫星陆续发射。SPOT 系列卫星有着相同的卫星轨道和相似的传感器，均采用电荷耦合器件线阵（charge-coupled device，CCD）的推帚式光电扫描仪，并可以在左右 27°范围内侧视观测。SPOT 卫星及传感器说明见表 6.7。

表 6.7　SPOT 卫星及传感器

卫星及传感器		波段数量						重访周期/天		分辨率/m		扫描幅宽/km
卫星	传感器	全色	可见光	近红外	短波红外	热红外	雷达	最小	最大	最高	最低	垂直轨道方向
SPOT-1	HRV1	1	2	1	—	—	—	2	3	10	20	60
	HRV2	1	2	1	—	—	—	2	3	10	20	60
SPOT-2	HRV1	1	2	1	—	—	—	2	3	10	20	60
	HRV2	1	2	1	—	—	—	2	3	10	20	60
SPOT-4	HRVIR1	—	3	1	1	—	—	2	3	10	20	60
	HRVIR2	—	3	1	1	—	—	2	3	10	20	60
SPOT-5	HRG1	2	2	1	1	—	—	2	3	2.5	10	60
	HRG2	2	2	1	1	—	—	2	3	2.5	10	60
SPOT-6	NAOMI	1	3	1	0	—	—	2	3	1.5	6	60

注：HRV（high resolution visible cameras）

（1）SPOT-5 卫星。SPOT-5 卫星于 2002 年 5 月 3 日发射，SPOT-5 卫星与前期 SPOT 卫星类似，运行于同一轨道，以继续保持对地观测的高重复周期。但是 SPOT-5 卫星的传感器与其他 SPOT 卫星相比，有了较大的提高。SPOT-5 卫星用 HRG（high resolution geometry）传感器，替代 SPOT-4 的 HRVIR 传感器。HRG 具有新的特征：①更高分辨率的卫星影像，2.5 m 分辨率全色波段和 10 m 分辨率多光谱波段；②采用 12 000 像元的 CCD 探测器，以维持 60 km 的地面数据宽度；③采用了新的技术来实现以上特征，例如采用新的数据压缩方法、并利用 150 Mbit/s 的速率传输下行数据。SPOT-5 的卫星参数、成像传感器说明见表 6.8～表 6.9。

表 6.8　SPOT-5 卫星参数

项目	参数	项目	参数
所属国家	法国	轨道倾角	98.7°
设计寿命/a	5	运行周期/min	101.4
发射时间	2002-5-4	每天绕地球圈数	14.2
预计失效时间	—	降交点地方时	10:30
卫星重量/kg	3 000	轨道重复周期/d	26
轨道类型	近极地太阳同步轨道	传感器数量	2
轨道高度/km	832	下行速率/Mbps	150

表 6.9　SPOT-5 成像传感器参数

波段	成像模式	波长范围/μm	分辨率/m
1	J	0.49~0.61	10
2	J	0.61~0.68	10
3	J	0.78~0.89	10
4	J	1.58~1.75	10
全色	A	0.48~0.71	5
全色	B	0.48~0.71	5
全色	T	0.48~0.71	2.5

注：T 模式图像有 A 模式与 B 模式合成

（2）SPOT-6 卫星。SPOT-6 卫星由欧洲领先的空间技术公司 Astrium 制造，并搭载印度 PSLV 运载火箭于 2012 年 9 月 9 日成功发射。它将加入由 Astrium Services 分发的极高分辨率卫星 Pleiades-1A 的轨道。这两颗卫星将共同提供服务并最终在 2014 年与 Pléiades-1B 和 SPOT-7 一起构成完整的 Astrium Services 光学卫星星座，以继续保持对地观测的高重复周期。SPOT-6 是一颗提供高分辨率光学影像的对地观测卫星，和既定于 2014 年初发射的 SPOT-7 一样，SPOT-6 具有 60 km 大幅宽和高至 1.5 m 分辨率的优势。SPOT-6/7 能够确保从 1998 年和 2002 年就已投入运营的 SPOT-4/5 卫星的连续性。另外，相比于之前的 SPOT 计划，新卫星无论空间部分还是地面系统都经过了优化设计，特别是在从卫星编程到产品提交的反应能力和数据获取能力方面。SPOT-6 和 SPOT-7 星群以每天 $6 \times 10^{6} \, km^{2}$ 的覆盖能力提供地球上任何地方的每日重访。SPOT-6 的卫星参数、成像传感器说明见表 6.10~表 6.11。

3）MODIS

美国航空航天局于 1999 年 12 月和 2002 年 5 月成功地发射了 Terra 和 Aqua 两颗极轨卫星，MODIS（moderate-resolution imaging spectroradiometer，中等分辨率成像光谱仪）是这两颗卫星上都装载有的重要传感器，是地球观测系统（Earth Observing System，EOS）计划中用于观测全球物理和生物过程的仪器。MODIS 沿用的是传统的成像辐射计的思想，由横向扫描镜、光收集器件、一组线性探测器阵列和位于 4 个焦平面上的光谱干涉滤色镜组成。这种光学设计可为地学应用提供可见光至热红外波谱在 400~1400 nm 的 36 个离散并相互配准的光谱波段上的图像，其星下点空间分辨率可达 250 m、500 m 与 1 000 m 三种，视场宽度为 2 330 km。Terra 和 Aqua 卫星都是太阳同步极轨卫星，Terra 在地方时上午过境，Aqua 在地方时下午过境；两颗卫星上的 MODIS 数据在时间更新频率上相配合，再加上晚间过境数据，每天最少可以得到 MODIS 的 2 次白天和 2 次黑夜的更新数据；这样的数据更新频率，对实时地球观测有极大的实用价值。

表 6.10　SPOT-6 卫星参数

项目	参数	项目	参数
所属国家	法国	轨道倾角	98.2°
设计寿命/a	10	运行周期/min	98.79
发射时间	2012-9-9	每天绕地球圈数	14.6
预计失效时间	—	降交点地方时	10:30
卫星重量/kg	712	轨道重复周期/天	26
轨道类型	近极地太阳同步轨道	传感器数量	1
轨道高度/km	695	下行速率/Mbps	300

表 6.11　SPOT-6 成像传感器

波段	波长范围/μm	分辨率/m
1	0.45~0.52	6
2	0.53~0.59	6
3	0.625~0.695	6
4	0.76~0.89	6
全色	0.45~0.745	1.5

MODIS 多波段的数据可以同时反映陆地、云边界、云特性、海洋水色、浮游植物、生物地理、生物化学、大气中水汽、地表、云顶温度、大气温度、臭氧和云顶高度等特征的信息，用于对陆表、生物圈、固态地球、大气和海洋进行长期的全球观测。近十年来，MODIS 数据对生态环境与自然灾害监测、全球环境和气候变化研究以及全球变化的综合性研究等方面都做出了重要贡献。并且，鉴于 MODIS 波谱范围广、光谱通道多、时间分辨率高的诸多优势，它在极地研究的许多领域都有重要的应用。MODIS 主要技术指标、仪器特性和主要用途见表 6.12~表 6.13。

表 6.12　MODIS 主要技术指标

探测器	MODIS		
卫星	EOS-AM1（1999 年）		EOS-PM1（2000 年）
降交点时	10:30		13:30
空间分辨率/m	250（波段 1~波段 2）	500（波段 3~波段 7）	1 000（波段 8~波段 36）
刈幅/km	2 330（变轨）		
覆盖天数/天	1~2		

探测器	MODIS			
量化/bit	12			
波段	36（含陆地波段 13 个）			
陆地波段	波宽/μm	Wm-2μm-1sr-1	S/N	
1	0.620～0.670	21.80	128	
2	0.841～0.817 6	24.70	201	
3	0.459～0.479	35.30	243	
4	0.545～0.565	29.00	228	
5	1.230～1.250	5.40	74	
6	1.628～1.652	7.30	275	
7	2.105～2.155	1.00	110	
20	3.660～3.840	0.45	0.05（NEΔt）	
21	3.929～3.989	2.38	2.00（NEΔt）	
22	3.929～3.989	0.67	0.07（NEΔt）	
23	4.020～4.080	0.79	0.07（NEΔt）	
31	4.780～11.280	9.55	0.05（NEΔt）	
32	11.770～12.270	8.94	0.05（NEΔt）	

表 6.13　MODIS 仪器特性和主要用途

通道	光谱范围/nm	信噪比（NEΔt）	主要用途	分辨率/m
1	620～670	128	陆地、云边界	250
2	841～876	201		250
3	459～479	243	陆地、云特性	500
4	545～565	228		500
5	1 230～1 250	74		500
6	1 628～1 652	275		500
7	2 105～2 135	110		500
8	405～420	880	海洋水色、浮游植物、生物地理、化学	1 000
9	438～448	8 380		1 000
10	483～493	802		1 000
11	526～536	754		1 000
12	546～556	750		1 000
13	662～672	910		1 000
14	673～683	1 087		1 000
15	743～753	586		1 000
16	862～877	516		1 000

通道	光谱范围/nm	信噪比（NEΔt）	主要用途	分辨率/m
17	890~920	167		1 000
18	931~941	57	大气水汽	1 000
19	915~965	250		1 000
20	3 660~3 840	0.05		1 000
21	3 929~3 989	2.00		1 000
22	3 929~3 989	0.07	地球表面和云顶温度	1 000
23	4 020~4 080	0.07		1 000
24	4 433~4 498	0.25		1 000
25	4 482~4 549	0.25	大气温度	1 000
26	1 360~1 390	1 504		1 000
27	6 535~6 895	0.25		1 000
28	7 175~7 475	0.25	卷云、水汽	1 000
29	8 400~8 700	0.05		1 000
30	9 580~9 880	0.25	—	1 000
31	10 780~11 280	0.05	臭氧	1 000
32	11 770~12 270	0.05	地球表面和云顶温度	1 000
33	13 185~13 485	0.25		1 000
34	13 485~13 785	0.25		1 000
35	13 785~14 085	0.25	云顶高度	1 000
36	14 085~14 385	0.35		1 000

6.1.2　遥感影像预处理

1. 遥感图像的几何处理

1）遥感图像的粗加工处理

遥感图像的粗加工处理也称为粗纠正，它仅做系统误差改正。当已知图像的构像方式时，就可以把与传感器有关的测定的校正数据，如传感器的外方位元素等代入构像公式对原始图像进行几何校正，如多光谱扫描仪，其成像公式为

$$\begin{bmatrix} X \\ Y \\ Z \end{bmatrix}_P = \begin{bmatrix} X \\ Y \\ Z \end{bmatrix}_S + \lambda A_t R_\theta \begin{bmatrix} 0 \\ 0 \\ -f \end{bmatrix} \tag{6.1}$$

对其图像的纠正就需要得到成像时投影中心的大地坐标[X Y Z]，扫描仪姿态角以确定旋转矩阵 A_t，扫描角 θ 以及焦距 f。

（1）投影中心坐标的测定和解算。为了确定投影中心的坐标，首先要确定卫星的坐标，卫星与传感器之间的相对位置是固定的，可以在地面测得。测定卫星坐标的方法有

卫星星历表解算和全球定位系统测定两种方法。①卫星星历表解算的依据是卫星轨道的
6 个轨道参数。当 6 个轨道参数确定后，根据坐标系之间的变换关系，可以预先编制成
卫星星历表，当已知卫星的运行时刻时，就可以通过星历表查找卫星的地球坐标。②全
球定位系统测定卫星坐标，是利用 GPS 接收机在卫星上直接测定卫星的地球坐标。用全
球定位系统测定卫星坐标的精度要优于星历表解算。

（2）传感器姿态角的测定。卫星姿态角的测定可以用姿态测量仪器测定，如红外姿
态测量仪、星相机、陀螺仪等，也可以通过 3 个安装在卫星上 3 个不同位置的 GPS 接收
机测得的数据来解求姿态角。

（3）扫描角 θ 的测定。根据传感器扫描周期 T 和扫描视场 α，可以计算平均扫描角
速度

$$\bar{W} = \alpha / \left(\frac{T}{2} \right) \tag{6.2}$$

则平均扫描角

$$\bar{\theta} = W \times t \tag{6.3}$$

式中：t 为扫描时刻。

由于扫描仪速度的不均匀性，按下式计算扫描角的误差：

$$\Delta\theta = k_1 \sin(k_2 t) \tag{6.4}$$

式中：k_1，k_2 分别为地面上对仪器测定的已知常数。

因此，扫描角可用下式求得

$$\theta = \bar{\theta} + \Delta\theta \tag{6.5}$$

扫描仪的焦距可以在地面测定，是已知值。

粗加工处理对传感器内部畸变的改正很有效。但处理后图像仍有较大的残差（偶然
误差和系统误差）。因此，必须对遥感图像做进一步的处理即精加工处理。

2）遥感图像的精纠正处理

遥感图像的精纠正是指消除图像中的几何变形，产生一幅符合某种地图投影或图形
表达要求的新图像。它包括两个环节：一是像素坐标的变换，即将图像坐标转变为地图
或地面坐标；二是对坐标变换后的像素亮度值进行重采样。数字图像纠正主要处理过程
为：①根据图像的成像方式确定影像坐标和地面坐标之间的数学模型；②根据所采用的
数字模型确定纠正公式；③根据地面控制点和对应像点坐标进行平差计算变换参数，评
定精度；④对原始影像进行几何变换计算，像素亮度值重采样。

目前的纠正方法有多项式法，共线方程法和随机场插值法等。

2. 遥感图像的辐射校正

辐射校正是指消除或改正遥感图像成像过程中附加在传感器输出的辐射能量中的
各种噪声的过程。由于遥感图像成像过程的复杂性，传感器接收到的电磁波能量与目标
本身辐射的能量是不一致的。传感器输出的能量还包含了由于太阳位置和角度条件、大
气条件、地形影响和传感器本身的性能等所引起的各种失真，这些失真不是地面目标本
身的辐射，因此，对图像的使用和理解造成影响，必须加以校正或消除。一般情况下，

用户得到的遥感图像在地面接收站处理中心已经做了系统辐射校正。

1）辐射误差

从辐射传输方程可以看出，传感器接收的电磁波能量包含三部分：①太阳经大气衰减后照射到地面，经地面反射后，又经大气第二次衰减进入传感器的能量；②地面本身辐射的能量经大气后进入传感器的能量；③大气散射、反射和辐射的能量。

传感器输出的能量还与传感器的光谱响应系数有关。因此，遥感图像的辐射误差主要包括：①传感器本身的性能引起的辐射误差；②地形影响和光照条件的变化引起的辐射误差；③大气的散射和吸收引起的辐射误差。

2）传感器本身的性能引起的辐射误差校正

由于制造工艺的限制，传感器的性能（主要指传感器的光谱响应系数）对传感器的能量输出有直接影响，在扫描类传感器中，电磁波能量在传感器系统能量转换过程中会产生辐射误差。由于能量转换系统的灵敏度特性有很好的重复性，可以在地面定期测量其特性，根据测量值对其进行辐射误差校正。而在摄影类传感器中，由于光学镜头的非均匀性，成像时图像边缘会比中间部分暗。可以通过测定镜头边缘与中心的角度加以改正。

传感器本身辐射误差校正公式为

$$V_C = \frac{K_S}{\hat{b}_s(n)} \left[V_r - \hat{a}_s(n) \right] \tag{6.6}$$

式中：V_r 为校正前的辐射值；V_C 为校正后的辐射值；K_S 为太阳校正系数，是常数；$\hat{a}_s(n)$ 为滤波偏移值，是大气散射影响或其他原因产生的附加辐射值，决定于检测系统的大气的干扰；$\hat{b}_s(n)$ 为滤波增益，决定于检测系统的波谱响应因素。计算 $\hat{a}_s(n)$，$\hat{b}_s(n)$ 的过程为滤波。当卫星上的传感器对地面正向扫描时，传感器接收目标的辐射光谱，而当传感器回归扫描时，则传感器不接收目标辐射能量，而是接收系统内的人工辐射光源发出的标准信号（校正锲，随时间而改变辐射的强弱），此时传感器对标准锲

$$\hat{a}_s(n) = \sum_{i=1}^{6} C_i V_i \tag{6.7}$$

$$\hat{a}_s(n) = \sum_{i=1}^{6} D_i V_i \tag{6.8}$$

进行取样，输出 V_i 值，该值和遥感图像数据一起传至地面站进行处理。地面站进行校正处理时，对 V_i 值作回归运算得到 $\hat{a}_s(n)$，$\hat{b}_s(n)$。C_i，D_i 为回归系数，它们决定于检测器、波段和高增益等因素。这些因素不同，其差别也较大。通过事先对各个传感器进行大量的测试实验来确定。

$$\hat{a}_s(n) = \hat{a}_s(n-1) + \frac{1}{n} \left[\hat{a}_n - \hat{a}_s(n-1) \right] \tag{6.9}$$

$$\hat{b}_s(n) = \hat{b}_s(n-1) + \frac{1}{n} \left[\hat{b}_n - \hat{b}_s(n-1) \right] \tag{6.10}$$

式中：$\hat{a}_s(n)$，$\hat{b}_s(n)$ 为随机变量，可以通过对 $\hat{a}_s(n)$，$\hat{b}_s(n)$ 的逐次估计进行统计运算，以求得接近于实际的估计量。当进行第 n 次观测时，得到观测量 $\hat{a}_n$，$\hat{b}_n$，用 $\hat{a}_s(n)$，$\hat{b}_s(n)$ 来修改第 $(n-1)$ 次的估计量 $\hat{a}_s(n-1)$，$\hat{b}_s(n-1)$，得到第 n 次的估计量 $\hat{a}_s(n)$、$\hat{b}_s(n)$，第 n 次估

计量比第 $n-1$ 次估计量更接近正确值。$\hat{a}_s(n)$、$\hat{b}_s(n)$ 计算采用逐次估计：$\hat{a}_s(n)$、$\hat{b}_s(n)$、$\hat{a}_s(n-1)$、$\hat{b}_s(n-1)$ 分别为第 n 和 $n-1$ 次观测的估计值，$\hat{a}_n$、$\hat{b}_n$ 为第 n 次的观测值，n 为观测次数，一般取值 32。

3. 太阳高度角和地形影响引起的辐射误差校正

太阳高度角引起的辐射畸变校正是将太阳光线倾斜照射时获取的图像校正为太阳光垂直照射时获取的图像，因此，在做辐射校正时，需要知道成像时刻的太阳高度角。太阳高度角可以根据成像时刻的时间、季节和地理位置确定。由于太阳高度角的影响，在图像上会产生阴影现象，阴影会覆盖斜坡地物，对图像的定量分析和自动识别产生影响。一般情况下阴影是难以消除的，但对多光谱图像可以用两个波段图像的比值产生一个新图像以消除地形的影响。在多光谱图像上，产生阴影区的图像亮度值是无阴影时的亮度和阴影亮度值之和，通过两个波段的比值可以基本消除。

具有地形坡度的地面，对进入传感器的太阳光线的辐射亮度有影响，但是地形坡度引起的辐射亮度校正需要知道成像地区的数字地面模型，校正不方便。同样也可以用比值图像来消除其影响。

6.1.3　极地光学遥感应用

1. 海冰提取

1）MODIS 多波段数据提取南极海冰

南极海冰是全球冰冻圈的重要组成部分，它的存在与变化是南极海洋环境的最显著特征。在近年间的南极海冰变化研究中，认为南极海冰有少量的增加。MODIS 遥感影像数据是进行极区海冰变化监测的有效手段，作为典型的光学传感器数据，MODIS 在晴空下进行海冰提取是最为有效的。

MODIS 第 4 波段（0.555 μm）与第 6 波段（1.640 μm） 的归一化雪被指数（normalized-difference snow index，NDSI）被较为广泛地使用于冰雪地物的区分。但 NDSI 方法必须在云被标识的前提下才能实现，否则会造成部分云像元与海冰像元的误分与混分。这主要是由云像元的反射率在 0.555～1.640 μm 的不规则变化造成的。

因此，可以另外选取 MODIS 的 0.865 μm 处的第 2 波段与 1.240 μm 处的第 5 波段进行海冰识别实验。在此波段范围内，海冰反射率的下降幅度依然很大，特别是被雪覆盖的海冰像元在 0.865 μm 处达到了反射率最大值约 0.80，在 1.240 μm 约达 0.25。水的反射率在此范围只是略微减小；云的反射率总体上从 0.60 升高为 0.70，少数大半径云粒子的反射率基本也在 0.30 以上，较易同海冰进行区分。使用两波段的比值取代 NDSI 进行地物区分，海冰识别的方法如下：

$$\left(\frac{\text{Ref}_2}{\text{Ref}_5} > R_{\frac{2}{5}}\right) \bigcap \left(\text{Ref}_1 > R_1\right) \bigcap \left(\text{Ref}_2 > R_2\right) \tag{6.11}$$

式中：Ref_1、Ref_2、Ref_5 表示第 1、2、5 波段的反射率；$R_{\frac{2}{5}}$、R_1、R_2 表示 2、5 两波段比值的阈值和 1、2 两波段的阈值。阈值确定也是在实验区域进行采样分析，得出最佳的分类值。确定 $R_{\frac{2}{5}}=1.57$，$R_1=0.1$，$R_2=0.11$；改进后的方法可以在不需要做单独的云识别的情况下提取海冰。

　　图 6.2 为 11 月东南极区域性的影像图及海冰提取结果。其中图 6.2（a）为 MODIS 的第 1、2、5 三个波段定标后的图像显示，图中高反射率的海冰基本显示为黄色，低反射率的海水显示为黑色，而云则显示为白色。图 6.2（b）为直接用 NDSI 方法进行海冰提取的结果图，图中对海冰像元赋以较高的灰度值，显示为白色；未提取的像元显示为黑色。由图 6.2（a）和图 6.2（b）比较可知，原始影像上方的团状云，中部的部分条状云及右下部南极大陆区域的部分云被误分作了海冰像元。图 6.2（c）为使用改进后的海冰提取方法得到的结果图，图中地物灰度显示与图 6.2（b）一致。比较图 6.2（a）与图 6.2（c）可知，目视可见的海冰像元被充分提取，而可分辨的云像元也被过滤掉了，海冰提取效果明显优于 NDSI 方法。

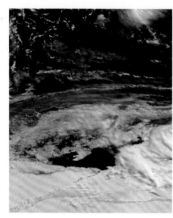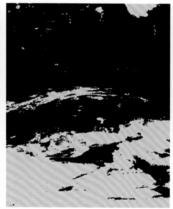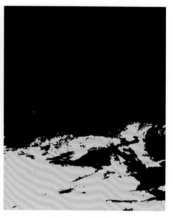

　　　（a）MODIS 三波段原始图像　　　　　　（b）　NDSI 海冰提取　　　　　　（c）第 2、5 波段海冰提取

图 6.2　MODIS L1B 数据的海冰提取

2）新冰提取

　　海冰覆盖范围是最直观体现北极海冰变化的参数，也是北极海冰研究的重要任务之一。近二十年来，北极海冰的范围变化十分显著。对海冰范围变化的研究主要集中在海冰总体覆盖范围的变化，而对多年冰和季节性海冰的研究则较少。新冰是厚度小于 30 cm 的冰，属于季节性海冰的一种，是海冰重要的组成部分。新冰具有重要的研究价值，其重要性主要体现在两个方面：①从地球物理学的角度分析，它与热盐环流的触发密不可分，并且能够让更多的热量从相对温暖的海水传递到冰冷的大气中，这种热盐环流和热量传递对北极地区气候系统产生举足轻重的影响；②从生物学的角度分析，它与藻类、无脊椎动物等海洋初级生产力也有着千丝万缕的联系，这种海洋初级生产力对北极地区环境系统产生深远的影响。因此，研究北极新冰覆盖范围的时序变化，可为研究北半球甚至全球气候变化提供可靠的数据支撑，具有重要的研究意义。

　　根据不同类型的海冰在反照率上的差异，以及薄冰与海水在温度上的差异，提出结合宽波段大气顶层反照率和温度两个参数，实现基于阈值分割的北极区域新冰提取算法。具体的算法流程如图 6.3 所示。

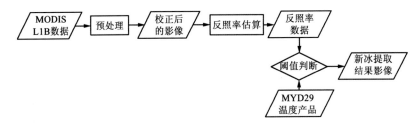

图 6.3　新冰提取流程图

根据 Cavalieri 等（2006）的研究，反照率的估算可利用 MODIS 数据的第 1、3 和 4 波段完成，方法如下：

$$\text{Reflectance} = \text{B1} \cdot 0.3265 + \text{B4} \cdot 0.2366 + \text{B3} \cdot 0.4364 \qquad (6.12)$$

式中：Reflectance 表示宽波段大气顶层反照率，B1、B3、B4 表示校正后 MODIS 影像中 1、3 和 4 波段相应的反射率值。Cavalieri 等（2006）利用 Landsat-7 ETM+ 的全色波段完成了基于反照率阈值的新冰提取，并进一步验证了该阈值用于 MODIS 数据的有效性。本节利用该阈值完成了新冰的提取，具体的阈值设定如下：

$$0.1 < \text{Reflectance}_{\text{新冰}} < 0.6 \qquad (6.13)$$

当反照率（$\text{Reflectance}_{\text{新冰}}$）介于 0.1～0.6 时，该海冰的类型定义为新冰。

由于薄冰和水体的光谱具有一定的相似性，而反照率的估算又依赖于光谱信息，因此仅利用反照率无法准确地区分薄冰和水体。本节利用冰和水体表面温度的差异性，结合 MYD29 温度产品数据，通过设定阈值，进一步区分薄冰和水体，具体阈值设定如下：

$$\text{水体：} T > 271.4\,\text{K} \qquad (6.14)$$

当表面温度 T 大于 271.4 K 时，该地物类型为水体。

2. 冰川流速

冰川流速的提取主要分为五步进行，以下分别介绍具体的实现流程，如图 6.4 所示。

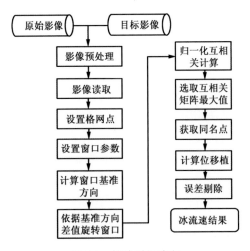

图 6.4　算法详细流程

提取结果如图 6.5 所示。

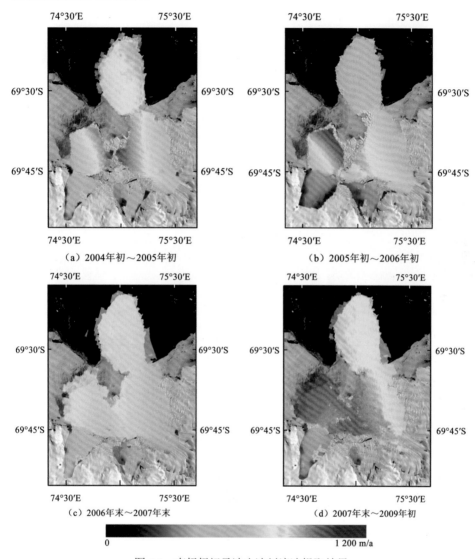

（a）2004年初～2005年初　　　　　　　（b）2005年初～2006年初

（c）2006年末～2007年末　　　　　　　（d）2007年末～2009年初

0　　　　　　　　　　　　　　　　　　1 200 m/a

图 6.5　南极极记录冰山冰川流速提取结果

3. 蓝冰

将 Landsat 影像用假彩色合成显示时，蓝冰、雪与岩石等各地物显示为不同颜色，可清晰地目视辨别；并且，陆地卫星影像的分辨率较高，可充分体现地物细节。因此，在提取蓝冰地物信息时，使用了监督分类与目视判别相结合的方法。应用监督分类方法时，首先定义分类模板，具体是在 Landsat 影像上分别采集各地物的样本，获取分类模板信息。在采样过程中，需考虑到同类地物颜色的差异，如山体阴阳面上的地物颜色深浅不同等。因此，每一类地物的采样点都要全面覆盖，之后再进行多个样本值的合并，得到每类地物的综合光谱特征值。再利用可能性矩阵进行分类模板的精度评价，修改精度不够的分类类别，直到建立一个满足分类要求的模板。分类后再利用影像分类后重编码将相同属性的类别进行合并，将小图斑合并到相邻的图斑中。但影像数据中存在个别的同物异谱和同谱异物的情况，单纯依靠监督分类难以达到理想的分类精度要求。因此，采用目视修改的方法来对分类处理后的图像进行像元修正，使误分和混分的像元归到正确的类别中。具体操作时是在同一窗口先后加载分类处理后的影像和原始影像，采用闪烁的方法观察误分、混分地物。使用采样工具对误分、混分地物进行颜色填充，使其归属到正确的类别中，最后得到只有蓝冰地物的影像，如图6.6所示。

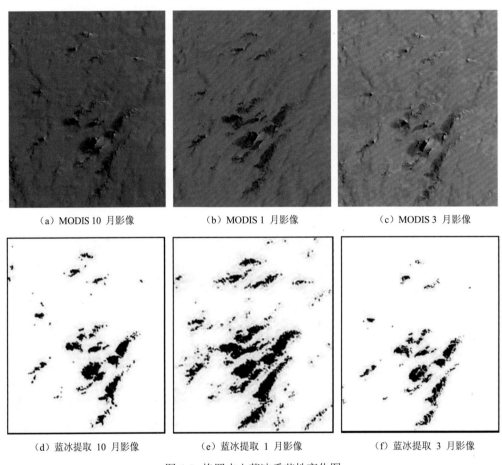

（a）MODIS 10 月影像　　　　（b）MODIS 1 月影像　　　　（c）MODIS 3 月影像

（d）蓝冰提取 10 月影像　　　（e）蓝冰提取 1 月影像　　　（f）蓝冰提取 3 月影像

图 6.6　格罗夫山蓝冰季节性变化图

4. 积雪

目前发展成熟的雪盖产品，大多是利用积雪网格对积雪进行"无积雪"或"全覆盖"两极简化处理，因此，其精度仅适合大陆尺度，不适合做区域性尺度的研究。MODIS逐日雪盖产品属于二值图像，其空间分辨率为 500 m，由于积雪的空间异质性，传感器观测到的一个像元可能是积雪、岩石、土壤、植被的混合体，为了减少混合像元造成的误差，需要确切地知道一个像元内包含的积雪覆盖率。尤其在山区，积雪深度较浅且地形影响使雪盖分布支离破碎，空间破碎化比较严重。单纯的"无积雪"或"全覆盖"的两极简化处理，是山区积雪面积监测精度较低的最主要原因之一。许多气候模型、水文模型对积雪覆盖面积参数精度的要求日益提高，传统意义的二值雪盖图像已经难以满足应用，而积雪亚像元制图则可以很好地弥补山区雪盖面积监测精度较差的缺点。国外许多学者对于积雪亚像元分解都进行了广泛的研究，并发展了许多雪覆盖比例图算法。目前亚像元制图主要有线性光谱混合模型和统计两种方法。线性光谱混合模型法通过确定不同地物类型在混合像元中的类比例或类丰富度来确定混合像元的类型。国外学者通过在训练样区手工选择组分，将组分光谱反射率平均值作为组分的光谱，利用线性分解法制作了 AVIRIS（airborne visible infrared imaging spectrometer）、Landsat-TM 的积雪比例覆盖图。Painter 等（1998）研究认为，利用高光谱影像 AVIRIS 采用线性光谱混合像元分解技术制作雪覆盖比例图时，不同雪粒径对反演精度有一定影响，利用线性光谱混合像元分解模型，选择不同粒径积雪、土壤、岩石、植被和湖冰作为基本组分，通过最优化算法得到雪覆盖比例图。线性光谱分解法虽然准确，但是由于该方法需要了解研究区的组分和各组分光谱特性，获取难度大且操作起来比较复杂。同时针对较大数据量遥感影像光谱线性分解模型的计算量很大，制作大尺度的雪覆盖比例图有一定的困难。统计法是基于雪被指数与雪覆盖比例存在着某种统计关系（一般来说雪被指数越高则雪覆盖比例也越大），利用高分辨率的影像对低分辨率影像叠合分析，建立雪被指数与雪覆盖比例之间的回归曲线，从而获取雪覆盖比例图，该方法简单迅捷，具有很强的操作性，适合发展大尺度遥感资料雪覆盖比例图。目前，美国国家宇航局冰雪数据中心（National Snow and Ice Data Center，NSIDC）发布的 MODIS 雪盖产品从 V005 版本以后，MODIS 逐日雪盖图中除雪盖二值图外，也包含了雪覆盖比例图。该亚像元雪盖产品是基于 Salomonson 发展的统计模型建立的。但是，和 MODIS 雪盖产品算法类似，该模型算法是在阿拉斯加、加拿大和俄罗斯积雪区发展的，代表了不同类型的积雪，包括冰川、平坦积雪及泰加森林积雪，这些地区积雪覆盖范围较大，雪深较厚，而我国大部分地区积雪较薄，空间破碎性较大，积雪特性有明显不同，该模型是否适合还有待进一步研究。国内也有部分学者开始了积雪亚像元制图研究。延昊等（2004）利用 NOAA16-AVHRR 的多光谱数据进行像元分解提取积雪盖度和积雪边界线，发现像元分解法是提取积雪盖度和积雪边界参数的有效方法。曹云刚等（2006）利用 MODIS 影像和 TM 匹配，建立 NDSI、NDVI（normalized-difference vegetation index）及雪覆盖比例之间的回归曲线，制作了青藏高原雪覆盖比例图，但是这种统计关系物理基础薄弱，因此，还需要进一步验证。金翠 等（2008）在东北地区利用 MODIS 雪盖产品和中巴卫星得到的雪盖图进行匹配，建立了 NDSI 与雪覆盖比例的回归曲线，获取了雪覆盖比例图，但其制图精度并未验证。周强 等（2009）利用 MODIS 资料发展了一套改进的基于统计模型的 MODIS 亚像元积雪覆盖率提取方法，并利用 Landsat-ETM+数据对模型估算结果进行了验证，表明分段模型可以有效提取亚像元尺度的信息，并且对 NDSI 高值区的雪盖率反演有一定的改善。陈晓娜（2010）通过线性光谱混合模型对天山中段 MODIS 影像进行像元分解，从中提取积雪面积信息，并进行精度评价，发现线性光谱混合模型的分类精度较高，具有较强的适用性。

5. 雪盖制图去云算法

由于积雪和云的反射光谱特性，使用光学遥感资料监测积雪受天气状况的限制极大。自 1999 年美国发射 Terra 和 Aqua 卫星以来，国内外针对 MODIS 和 AMSR-E（the advanced microwave scanning radiometer-earth observing system）的积雪分类及融合算法等消除云污染研究方面，研发出一系列算法和专利产品。AMSR-E 被动微波积雪产品不受天气状况的影响，但空间分辨率低，主要用于全球雪深、积雪覆盖范围和雪水当量的研究，在区域性的积雪动态监测中还存在较大偏差。虽然对光学积雪产品进行多日合成可以有效去除大部分云的污染，合成周期越长，去云效果越明显，但是时间分辨率也随之降低，难以满足对积雪区进行实时动态监测的需要；光学积雪产品与被动微波数据的合成可以完全消除云的污染，但是微波数据空间分辨率太低，造成合成积雪产品雪盖面积监测精度降低。SNOWL（snowline）去云算法是基于高程对云像素重新分类，以期达到去云效果的新算法。经过重分类，云像素被定义成积雪、非积雪和片雪，但是被分类成片雪的像素具有一定的不确定性，无法对雪盖面积进行有效统计。依据微波数据不受云干扰的特点，可以对合成后的 MODIS 积雪资料片雪区和被动微波数据 AMSR-E 每日雪水当量产品进行对比分析，利用被动微波数据提供的信息，对片雪区进行判断，从而生成每日无云积雪图像，可以有效提高积雪面积监测精度。

6. 海冰厚度图

当船在有冰海域行驶时，冰层被破冰船压碎，破碎的冰块沿船外侧滑动，并随船体宽度增加在船中部的外侧位置发生翻转，破碎冰层完整断面可以露出水面，如果拍摄到这样的断面，就可从中提取海冰厚度信息。中国第二次北极科考为了获得走航过程中的海冰断面厚度特征，在船侧安装了数码摄像机 SONY 18E，捕捉考察船通过冰层时破碎冰块的横断面（图 6.7），所得信号通过 1394 数据线直接传输到计算机存储。整个考察期间录像观测范围 74.11°～78.14° N、169.17°～149.33° W，全部录像 3 052 s。为了能够获取冰厚度的绝对值，在船侧水线附近放置了一个已知直径的红球作为参照物。摄像的场景包含破碎冰块横断面和参照球。提取海冰厚度的具体方法是首先在图像中标示出冰横截面厚度和参照球的直径线段，如图 6.8 中 AB 为冰厚度，BC 为冰上积雪厚度，DE 为参照球直径；同时记录参照球直径两端点的坐标值，横断面上雪层、冰层厚度线上三点的坐标值。然后根据端点坐标值计算它们的图上距离，已知参照球实际直径为 d，则冰和雪的实际厚度分别为 $AB \cdot d \cdot D / E$ 和 $BC \cdot d \cdot D / E$。

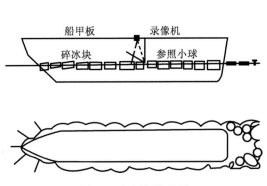

图 6.7　船侧摄像装置

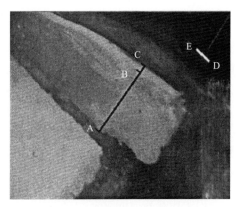

图 6.8　记录冰厚信息的图像

为了提高该方法的可靠性，在现场测试时，将参照球放置在水线附近，离出现破碎冰层断面的位置很近，缩短冰层横断面和参照球与摄像头的差距。另外，选用的摄像头视角较小，防止拍摄的图像发生变形。在图像分析时，将采集的 16 Hz 的图像逐帧分析，由于同一破碎冰层断面能采集到多帧图像，对多帧图像分别提取不同位置的厚度值，再取平均值作为该冰层的厚度，这样做减小了冰层底面和表面局部不平和破碎冰层断面不平整造成的影响，从而提高了数据的准确性。从船侧录像中分析得到的冰厚度结果优于传统的裸眼观测，其结果不会受观测人员的主观影响，所以能够给出可靠数据并消除人为判断的随机性，作为走航期间冰厚度的直观资料。

6.2　极地微波遥感

6.2.1　辐射计

1. 微波辐射计工作原理

自然界任何温度高于绝对零度以上的物体都存在着热辐射，这种辐射是由于物体内部大量分子作无规则的热运动引起的。辐射计通过探测物体的微波辐射能量来监测目标物体的特性。微波的波长较长，其波长范围在 1～30 cm，由于不依赖于太阳作为辐射源，辐射计在白天和黑夜都可以工作。此外，辐射计具有穿透云层和在一定程度上穿透雨区的能力，受天气的影响较小，因此，被动微波遥感可以实现全天时、全天候的对地观测。与其他可见光\近红外遥感手段相比，被动微波遥感能穿透一定深度的地表或植被，从而可以获取地表以下一定深度目标的信息。所有这些特点使得被动微波遥感在遥感领域占有特别重要的地位。

微波辐射计是一种被动式的微波遥感设备，它本身不发射电磁波，而是通过被动地接收被观测场景辐射的微波能量来探测目标的特性。辐射计测量地物的亮度温度，亮度温度并不是物体本身的实际温度，而是物体辐射强度的代名词。同一波长下，若实际物体与黑体的光谱辐射强度相等，则此时黑体的温度被称为实际物体在该波长下的亮度温度。亮度温度的大小由地物实际温度和发射率决定。

$$T_b = \varepsilon \cdot T \tag{6.15}$$

式中：T_b 为辐射计所接收到的亮度温度；ε 为地物发射率；T 是物体的实际温度。地物表面和内部的结构、导电率、介电常数以及温度的分布不同，其发射、散射和吸收的电磁波谱、极化情况都存在差异。由于微波的穿透性以及介质的异质性，穿透深度以上这部分地物的对外辐射受体散射的影响［图 6.9（a）］，辐射能量以一定规律在各方向重新分布。如若散射表面具备一定的粗糙度，微波辐射还会受到表散射的影响［图 6.9（b）］，最终沿观测角度的这一部分能量被辐射计所接收。

由于太阳辐射和大气的影响，星载传感器所接收的并不完全是地物的辐射能量。太阳辐射和大气下行辐射会被地表吸收及反射，连同地物辐射一起在大气层传播过程中会被大气不同程度地吸收。最终进入太空的这部分由微波辐射计所接收，图 6.10 为微波辐射计所接收的辐射示意图。

辐射分辨率和空间分辨率是微波辐射计的主要技术指标。微波辐射计的灵敏度一般用仪器可探测的最小亮度温度差来定义，它取决于系统噪声，积分时间和波段宽度。辐射计的辐射分辨率一般在 1 K 以下。辐射计的空间分辨率 W 由天线口径 D，观测距离 H 以及工作波长 λ 决定，其计算公式为

$$W = \lambda \cdot H / D \qquad (6.16)$$

由于微波波长较长，天线口径受实际条件制约，限制了空间分辨率的提高。被动微波影像的空间分辨率远远低于可见光/近红外影像。

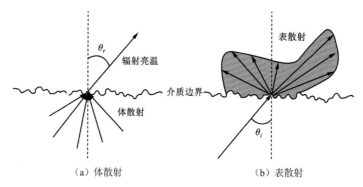

（a）体散射　　　　　　　（b）表散射

图 6.9　地物微波辐射中的体散射与表散射

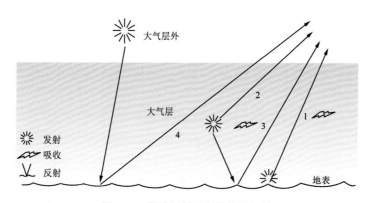

图 6.10　微波辐射计所接收的辐射

1、2、3 和 4 分别代表地物辐射、大气的下行辐射、地表反射的下行辐射和空间辐射

2. 星载微波辐射计介绍

星载微波辐射计应用领域非常宽广，具有功耗低、体积小、质量轻和工作稳定可靠等优点。星载微波辐射计主要应用于海洋观测、大气探测、对地观测三个方面，从具体探测目标来说，微波辐射计主要服务于农林、地质、气象、环境监测和军事侦察等。

1962 年，美国 Mariner-2 装载有 2 个通道（15.8 GHz，22.2 GHz）微波辐射计进行金星飞行计划，揭开了星载微波辐射计的序幕。1962～1978 年，随着微波辐射计技术的不断更新，美国星载卫星平台性能不断提高，被动微波数据处理和应用方面逐步提升，但仍然处于初期技术发展和试用阶段。典型的有 1972 年发射的 Nimbus-5 卫星以及 1975 年的 Nimbus-6 卫星，两个卫星装载的微波辐射计 ESMR（electrically scanning microwave radiometer）有 6 个通道（19.3 GHz、22.2 GHz、31.4 GHz、53.6 GHz、54.9 GHz、58.8 GHz），可用于探测大气降水率、大气垂直温度和水汽。1978 年发射的 Nimbus-7 卫星装载的微波辐射计 SMMR 可以测量海表风速、海表温度、大气水汽、降雨，并能为两极冰盖和海冰提供长期有效的监测。自 1987 年起，美国国防气象卫星计划（Defence Meteorological Satellite Program，DMSP）系列卫星所装载的 SSM/I（special sensor microwave/image）和 SSMIS（special sensor microwave imager/sounder）微波辐射计实现了不间断的地表观测，为两极地区科研工作者提供了最连续可靠的被动微波遥感数据。日本于 2002 年发射的 ADEOS-II（the advanced earth observing satellite）卫星所携带的 AMSR 微波扫描辐射计是另一可靠数据源，该卫星停止运行后，继任者 AMSR-E 和 AMSR-2 辐射计以类似的技术参数提供持续的观测数据。

1）SSM/I 专用成像仪

SSM/I 于 1987 年首次由美国国防气象卫星计划中 Block 5D-/F8 卫星搭载升空。DMSP 卫星为近极地太阳同步轨道，卫星高度约 833 km，轨道倾角为 98.8°，轨道周期 102.2 min，24 h 覆盖一次全球。SSM/I 波段中心频率分别为 19.35 GHz、22.24 GHz、37.05 GHz 和 85.50 GHz，除 22.24 GHz 频率外，其他频率均同时具有水平（H）和垂直（V）两种极化状态（表 6.14）。该仪器实际上由 7 个互相独立的全功率型被动微波辐射计系统构成，可以同时测量来自地球和大气系统的微波辐射。

表 6.14　SSM/I 参数

波段/GHz	极化	空间分辨率/（km×km）
19.35	V，H	69×43
23.24	V	50×40
37.05	V，H	37×28
85.50	V，H	15×13

自 Block 5D-/F8 起，DMSP 连续发射了多颗卫星搭载 SSM/I 和 SSMIS 传感器执行计划。2003 年 10 月 1 日，美国国防气象卫星计划成功发射搭载 SSMIS 传感器，该传感器通道与 SSM/I 基本一致。SSMIS 首次实现中层大气的探测，能够提供低大气温度和湿度阈线，高层大气温度阈线以及 12 个附加的环境参数，这其中包括海洋风速、降水量、海冰和陆地类型等。该系列卫星目前在轨运行的有 F15、F16、F17 和 F18。具体的卫星发射和停止运行时间见表 6.15。

表 6.15　DMSP 系列卫星运行时间

卫星传感器	发射时间	停止运行时间	卫星传感器	发射时间	停止运行时间
F08 SSM/I	1987-7	1991-12	F15 SSM/I	1999-12	在轨运行
F10 SSM/I	1990-7	1997-11	F16 SSMIS	2003-10	在轨运行
F11 SSM/I	1991-12	2000-5	F17 SSMIS	2006-12	在轨运行
F13 SSM/I	1995-5	2009-11	F18 SSMIS	2009-10	在轨运行
F14 SSM/I	1997-5	2008-8	F19 SSMIS	2014-4	2016-2

2）AMSR-E 先进微波扫描辐射计

AMSR 是改进型多频率、双极化的被动微波辐射计。2001 年 AMSR 搭载在日本的对地观测卫星 ADEOS-II 上升空。AMSR-E 微波辐射计是在 AMSR 传感器的基础上改进设计的，它搭载的 NASA 对地观测卫星 Aqua 于 2002 年发射升空。AMSR 和 AMSR-E 这两个传感器的仪器参数基本一致。最大区别在于 AMSR 是在上午 10:30 左右穿过赤道，而 AMSR-E 则是在下午 1:30 左右，AMSR-E 的具体参数见表 6.16。

表 6.16　AMSR-E 参数

波段/GHz	极化	空间分辨率/（km × km）
6.93	V，H	75×43
10.65	V，H	51×29
18.7	V，H	27×16
23.8	V	32×18
36.5	V，H	14×8
89.0	V，H	6×4

继 AMSR-E 使命的新型传感器 AMSR2 搭载在日本 GCOM-W1 卫星上于 2012 年 5 月发射升空，是目前国际上最先进的传感器之一。与 AMSR-E 相比，该传感器增加了 7.3 GHz 水平垂直极化两个通道，空间分辨率也有所提升。该系列传感器的具体参数见表 6.17。

表 6.17　AMSR 系列传感器参数

传感器	AMSR-2	AMSR-E	AMSR
卫星平台	GCOM-W1	AQUA	ADEOS-II
轨道高度/ km	700	705	802.9
过赤道时间（地方时）	13:30 升轨；1:30 降轨	13:30 升轨；1:30 降轨	22:30 升轨；10:30 降轨
天线尺寸/m	2	1.6	2
刈幅/km	1450	1450	1600

3. 微波辐射计在极区的应用

1972 年 12 月 Nimbus-5 卫星携带的 ESMR 传感器获得了第一幅极区被动微波影像。自此以后，被动微波遥感就成了监测两极地区的重要监测手段。两极地区受云雾覆盖和极夜影响较大，微波辐射计恰好能克服这些困难。由于微波辐射亮度温度对地表物理特性的变化高度敏感，而表层温度和地表特征正是极地研究中的重要参数，可以将极地辐射亮度温度数据应用于极地气候变化研究。除了表面温度外，冰面和无冰水面发射率上的差别，冰盖表层积雪湿度的变化等，使得地表发射和反射特性发生的变化也能在微波辐射能量中得到体现。

星载微波辐射计在极地海洋观测方面可用于观测海洋温度、海面风速、降水、海水盐度、海面油污染、海冰厚度、海冰密集度、海冰面积、冰山运动、冰龄、冰上积雪等关键因子。同时也可用于监测南极冰盖和格陵兰冰盖表面冰雪温度、冰盖冻融以及冰架崩解。由于监测对象的不同，所使用的波段也不同，具体情况见表 6.18。

表 6.18　微波辐射计各波段在极区的主要监测对象

频率/GHz	监测对象	频率/GHz	监测对象
6 附近	海面温度	22~23.5	水蒸气、水滴
11 附近	雨、雪、海面状态	30 附近	海冰、水蒸气、水滴、云、油污染
15 附近	水蒸气、雨	37 附近	雨、云、海冰、水蒸气
18 附近	雨、海面状态、海冰、水蒸气	55 附近	气温
21 附近	水蒸气、水滴	90 附近	云、油污染、冰、雪

6.2.2　散射计

1. 散射计工作原理

星载微波散射计是主动、非成像雷达系统，通过向有起伏的海表、陆面发射微波脉冲信号并测量其表面反射或散射回来的回波信号来探测有关目标的信息。微波散射计一般由天线、微波发射计、微波接收机、数据积分器和检波器组成，其本质上是一个微波雷达。散射计所接收的回波信号能量的强弱取决于目标物体表面的粗糙度以及物质本身的介电常数。散射计将接收的回波能量转换为目标的归一化雷达散射截面（radar cross section，一般用 δ^0 来表示，见图 6.11）。

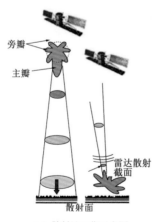

（a）散射计工作示意图　　　　（b）NASA QuikSCAT 散射计

图 6.11　雷达散射计

雷达散射截面是度量目标在雷达波照射下所产生的回波信号强度的一种物理量，它是目标的假想面积，用各向均匀的等效反射器的投影面积表示，当这个面积范围内所截获的雷达照射能量各向同性地向周围散射时，在单位立体角内的散射功率，恰好等于目标向接收天线方向单位立体角内散射的功率。δ^0 用于描述目标物的散射特性，是雷达基本方程中的一个因子。δ^0 可以从雷达方程中获取，公式如下：

$$P_r = \frac{\lambda^2}{(4\pi)^3} \int_A \frac{P_t \delta^0 G^2}{R^4} \, \mathrm{d}A \tag{6.17}$$

式中：R 为散射计到表面的距离；λ 为发射脉冲的波长；P_r 为散射计所接收的回波信号的功率；G 为天线增益；P_t 为发射功率；A 为有效照射面积。通常假设 δ^0 在 A 上为一个常数，所以有

$$\delta^0 = \frac{P_r(4\pi)^3 R^4}{A\lambda^2 P_t G^2} \tag{6.18}$$

雷达散射截面既与目标的尺寸、形状、材料及结构有关，也与入射电磁波的极化方式、入射角和频率等有关。当电磁波垂直射入局部光滑目标表面时，在其后向方向上产生很强的散射回波，强散射源的这种散射为镜面反射。当地物表面较粗糙，电磁波入射到地物边缘棱线时，散射回波主要来自于目标边缘对入射电磁波的绕射，它与反射不同之处在于入射波可以在目标边缘上发生绕射从而构成散射。表面散射的强度随介质表面复介电常数的增加而增加，散射角度由地物表面的粗糙度决定。

2. 星载散射计介绍

星载微波散射计的使用始于 1978 年 6 月美国 Seasat 装载 SASS（SEASAT-a scatterometer system）散射计的发射升空。SASS 散射计是具有 4 根天线的扇形波束的双极化散射计，4 个主动波束分别沿±45°和±135°方位角指向卫星轨迹，入射角变化范围为 25°～55°，扫描刈幅为 500 km，空间分辨率为 50 km。SASS 的风速观测范围为 4～26 m/s，风速精度为 2 m/s，重复观测周期为 3 天，由于 SASS 大部分时间都是单边的两根垂直天线在工作，所以无法剔除风向模糊，最终因为故障而只运行了 3 个多月。所幸的是，这在短短的 3 个多月时间里，这颗卫星返回了大量的独一无二的地球海洋数据，为散射计模型函数的建立和修正提供了丰富而宝贵的数据来源。

作为 SASS 的后继者，NASA 于 1996 年在 ADEOS-I 上搭载了喷气实验室研制的散射计 NSCAT（NASA scatterometer），提高了空间分辨率，解决了风向模糊问题。该散射计的每一边都采用三根扇形波束天线（中间天线具有双极化），分别在 45°、115°、135° 三个方位角向地表发射 8 个波束，前、后视波束采用 V 极化，入射角处于 22°～63°，中间波束采用双极化，入射角处于 18°～51°。NSCAT 在进行了 9 个多月的观测后由于太阳能帆板故障而停止了运行，取而代之的是 SeaWinds。NASA 于 1999 年和 2002 年分别在 QuickSCAT 和 ADEOS-2 卫星上装载了两部 SeaWinds 散射计。SeaWinds 不同于以往任何散射计，因为它采用的是双极化笔形圆锥扫描天线，入射角减少到两个，分别是 46°和 54°。提供的扫描刈幅高达 1 800 km，每天可以覆盖全球海洋面积的 90%，空间分辨率为 25 km。SeaWinds 是迄今为止最为先进的散射计系统。

欧洲宇航局（European Space Agency，ESA）分别于 1991 年和 1995 年发射 ERS-1 和 ERS-2 两颗卫星。这是个集散射计、高度计、辐射计和合成孔径侧视雷达等多种功能于一体的空间平台，其中主动微波遥感器 AMI（active microwave instrument）集合了散射计和合成孔径侧视雷达两种工作模式。AMI 工作在 C 波段（5.33 GHz），使用了垂直极化三根扇形波束天线，三个波束的方位角分别为 45°、90°、135°，前后波束入射角变化范围为 22°～59°，中间波束入射角变化范围为 18°～51°，扫描刈幅为 500 km，空间分辨

率为 50 km。AMI 风速测量范围为 4～24 m/ s，风速精度为 2 m/s，风向精度为±20°。随后 ESA 于 2006 年 10 月将代表了欧洲散射计的最高水准的 ASCAT（advanced scatterometer）散射计搭载于 Metop-1 卫星送入太空。ASCAT 借鉴以往 AMI 散射计的研发经验，因散射计左右两边都采用了三根扇形波束天线，扫描刈幅增加到 1 100 km，入射角变化范围为 25°～65°。

下面主要介绍 SeaWinds 和 ASCAT 散射计的信息。

1）SeaWinds

NASA 于 1999 年 6 月发射 QuikSCAT/SeaWinds 散射计。此后于 2002 年 12 月，日本国家航天发展局（National Space Development Agency，NASDA）发射的 ADEOS-II 卫星也成功搭载着 SeaWinds 散射计。SeaWinds 散射计是一种新型 Ku 波段星载微波散射计，接替 NSCAT 未完成的使命，弥补了 NSCAT 故障引起的海面风场数据空缺。与 SASS、NSCAT 和 AMI 不同的是它第一次实现了圆锥形扫描方式，这使得 SeaWinds 散射计成为飞行于太空中的第一个扫描式铅笔状波束的散射计。每个波束对于整个地面轨道上的每个单元至少观测两次，在地面轨道中部的单元则可得到两个波束的四次不同观测，从而能够解决星下点附近风向空白问题。虽然 Ku 波段对大气几乎是透明的，但大气水汽含量对微波的衰减和降雨对海面粗糙度的增加都能引起实测海 δ^0 的变化，所以 SeaWinds 散射计需要进行大气校正。在 QuickSCAT 同步搭载着高级多波段微波辐射计 AMSR，它通过不同的波段对海面的辐射温度同步地监测推算出 Ku 波段受到水汽与云雨的影响，从而能有效对 SeaWinds 散射计实测 δ^0 大气校正以提高风场反演精度，这也正是 SeaWinds 散射计在大气校正方面优于 SASS 和 NSCAT 等散射计的地方。SeaWinds 散射计的主要参数见表 6.19。

表 6.19　SeaWinds 参数

参数	说明
雷达频率	Ku 波段（13.402 GHz）
雷达发射功率/W	110
脉冲持续时间/ms	1.5
脉冲重复频率/ Hz	192
天线孔径/ m	1
天线增益/ db	>39（单向）
侧视角	40°，46°
地面入射角	47°，55°
极化方式	水平极化（内侧波束），垂直极化（外侧波束）
扫描速率/ rpm	16～20
扫描方式	圆锥形扫描方式
波束照射面积/（km×km）	30×35
刈幅/ km	1 414（内侧波束），1 800（外侧波束）

2）ASCAT

欧空局于 2006 年和 2012 年分别发射了 Metop-A 和 Metop-B 卫星，它们搭载的

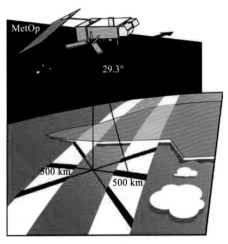

ASCAT 散射计代表了当前欧洲散射计的最高水准（图 6.12），由欧洲气象卫星组织运营。ASCAT 卫星运行在倾角为 98.59°、高度为 800 km 的太阳同步轨道上，工作频率为 C 波段（5.25 GHz），受降雨影响相对较小。ASCAT 采用垂直极化雷达，它上面有两组天线，分别在沿卫星轨迹两侧产生相对卫星飞行方向前倾 45°、侧向，后倾 45°的三个雷达波束，每组波束扫过的范围大约有550 km 宽，两组波束之间相距 700 km，且每个波束都能提供网格为 25 km 或 12.5 km 的海面雷达后向散射测量值，能够在 2 天

图 6.12　ASCAT 散射计

之内覆盖全球一次。ASCAT 通过发射微波经海面散射后获取海面后向散射系数，再根据地球物理模型计算得到海面风场。ASCAT 的设计指标为，风速在 4～24 m/s 时，误差小于 2 m/s 或 10%，风向误差 ±20°以内。

3. 散射计在极区的应用

微波散射计属于主动雷达系统，它利用不同下垫面粗糙度的雷达后向散射系数的响应以及多角度观测间接反演地表信息。与微波散射计一样，散射计也具有全天候、全天时、高覆盖度的观测能力，因而微波散射计在极区环境的监测中同样也起着不可替代的作用。

在极区海洋研究方面，散射计向海面发射和接收微波脉冲信号，海洋上的风浪改变了海面的形状，因而其雷达散射截面发生变化。而通过散射计测量的后向散射系数可以估算海面风速，从不同方位获取的同一地区风速则可推算出海面风向。目前，微波散射计所获取的风场信息已广泛应用于天气预报、灾害监测等领域。

海冰的分布及状态影响全球气候的变化。首先，海冰的厚度和密集度影响着海水与大气之间的热量交换；其次，海冰的分布范围及表面特征调节地表辐射和反射能量，影响着全球热量的收支平衡；最后，海冰作为一种淡水储存形式影响着海水盐度并进一步影响全球水循环。微波散射计受大气作用影响较小，不依赖于太阳光照，非常适合海冰观测，自从 SASS 成功运行以来，散射计数据陆续应用于海冰边界制图、海冰分类、海冰参数反演、浮冰漂移监测等方面的研究。

格陵兰冰盖的大部以及南极地区周围的冰架每年都会经历融化，雪层中液态水的出现会大大降低冰盖表面的反照率，因此，冰盖冻融的探测和监测对于极区气候变化以及冰盖物质能量平衡研究非常重要。由于水的介电常数远大于冰和空气，少量液态水的出现也会增加雪层的吸收率，从而导致后向散射系数的急剧减小。因而，微波散射计可用于进行冰盖冻融的监测。南极下降风会压实或侵蚀表层积雪，这些表面特征也可以由散射计获取，通过建立散射模型，可以获取下降风的强度以及风向。

6.2.3　成像雷达

1. 成像雷达工作原理

术语"雷达"是"无线电探测和测距"的简称，其基于"回波定位"的原理发射一个信号，并在晚些时候接收回波，只要电磁波的速度是已知的，通过测量回波的返回时刻就可以估计距离。成像雷达是向飞行平台行进的垂直方向的一侧或两侧发射微波，把从观测目标返回的后向散射波以图像的形式记录下来的雷达。它可以分为真实孔径雷达（real aperture radar，RAR）和合成孔径雷达（synthetic aperture radar，SAR）。

成像雷达最初是真实孔径方式。随着"多普勒波束锐化"技术的出现，小天线可以合成较大的合成天线（孔径），于是合成孔径雷达问世了。其特点是：在距离向上与真实孔径雷达相同，采用脉冲压缩来实现高分辨率，在方位向上则通过合成孔径原理来提高分辨率。合成孔径雷达可以安装在飞机、卫星、宇宙飞船等飞行平台上，不依赖于太阳辐射能量，不受天气条件限制，具有全天时、全天候的对地观测能力。因为其强大的穿透力，合成孔径雷达可以透过植被和地表获取地表以下信息，具有其他遥感手段难以发挥的独特优势，被广泛地应用于灾害监测、环境监测、海洋监测、资源勘查、农作物估产、测绘和军事等方面。图 6.13 为星载 SAR 系统的工作原理示意图。

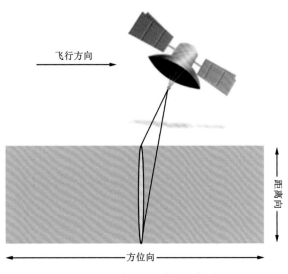

图 6.13　星载 SAR 系统工作原理

SAR 成像原理与干涉测量技术相结合催生了合成孔径雷达干涉测量（interferometric synthetic aperture radar，InSAR）技术，提供了精确测量地表某一点的三维空间位置及微小变化的全新方法。InSAR 技术充分利用了 SAR 影像中包含地面目标高度的相位信息，结合传感器的系统参数、姿态参数和轨道之间的几何关系等，能够精确地获取地表高程。除了可以用于大面积地形成图以外，InSAR 发展而来的差分干涉测量技术（differential InSAR，DInSAR）可以监测地表微小变形。DInSAR 这一技术的监测精度、连续空间覆盖能力和较高自动化处理特征表明了它具有很强吸引力的技术优势。在遥感对地观测技术的发展中，不论是从吸取全天候操作的优点，还是从拓展电磁波谱范围，各国都把发展高分辨率成像雷达作为新型遥感技术研究与发展的重要内容。

2. 星载 SAR 系统介绍

1978 年 6 月 28 日，NASA 发射了世界上第一颗搭载 SAR 传感器进行海洋监测的海洋卫星（Seasat），开创了星载 SAR 研究的历史。该卫星搭载的 SAR 系统工作波段为 L 波段，固定入射角为 22°，采用水平（HH）极化方式，主要用于海洋和海冰观测。Seasat SAR 第一次获取了海洋和陆地的高分辨雷达图像，尽管只运行了 105 d，但其在轨期间获取了覆盖地表近 $100 \times 10^4 \, \text{km}^2$ 的 SAR 数据，这些数据被广泛应用于冰川、地球物理等研究领域，取得了许多有意义的研究。

1991 年 7 月，由德国、英国、法国等 12 个成员国组成的欧洲空间局发射了欧洲遥感卫星 ERS-1（European resource satellite-1）。ERS-1 搭载了 C 波段、垂直（VV）极化的 SAR 系统，该系统运行稳定，成像质量高，运行期间获取了大量数据。1995 年 4 月，ESA 又发射了 ERS-2 SAR，其系统参数基本与 ERS-1 相同，能够与 ERS-1 形成时间间隔一天的 Tandem 模式串接飞行，实现高相干 SAR 干涉测量研究。继 ERS-1/2 之后，2002 年 3 月，ESA 发射了 Envisat 环境遥感卫星，其上搭载了 C 波段高级 SAR（advanced SAR，ASAR），该系统具有多极化、多角度、多模式成像能力，分辨率最高可达 5 m。ESA 发射的 C 波段 ERS 系列卫星和 Envisat 卫星提供了长达二十年的数据，极大地促进了 SAR 技术的发展。

加拿大于 1995 年 11 月发射了一颗兼商业及科学实验用途的雷达卫星 Radarsat-1，其携带了 C 波段、HH 极化的 SAR 传感器，该系统具有 25 种不同的成像模式、能以 8～100 m 分辨率对 50～500 km 测带宽度的区域成像，为海洋观测、海冰监测等领域应用研究提供了大量数据。2007 年 12 月，加拿大又发射了第二代雷达卫星 Radarsat-2，可以为用户提供全极化方式的高分辨率星载 SAR 图像。由于加拿大独特的地理位置，Radarsat 卫星在极地测绘与冰川流速监测方面的应用最为显著。

2006 年之后，星载 SAR 卫星进入一个发射高峰，日本、意大利和德国等研究机构，先后发射了 ALOS 系列、COSMO-SkyMED 系列、TerraSAR 等卫星。2006 年 1 月，日本宇航开发局发射了先进陆地观测卫星（ALOS），其携带有 L 波段相控阵型 SAR（PALSAR），是全球第一个能都提供全极化 SAR 数据的卫星。意大利于 2007 年 6 月 8 日发射了首颗侦察卫星"宇宙－天空地中海"（COSMO-SkyMed），该卫星具备军民两用的雷达成像能力，其星座由 4 颗太阳同步轨道卫星组成，每颗卫星都搭载具有多个成像模式的 X 波段 SAR。TerraSAR-X 卫星是德国宇航中心研制的新一代高分辨率多极化雷达卫星，于 2007 年 6 月 15 日发射，重复观测周期为 11 d，可以有效地提高雷达干涉数据的相干性。

3. 成像雷达在极区的应用

合成孔径雷达干涉测量作为一种极具潜力的空间对地观测技术，能全天候、全天时工作，不受云雾干扰；能进行大规模、大面积的成像；更重要的是差分干涉测量能监测厘米甚至毫米级的形变，彻底改变了传统监测冰盖、冰川表面冰流速的模式，为监测南极冰盖、冰架、冰川的变化，探求整个南极的动态变化提供了途径。利用星载 SAR 影像特点以及雷达干涉测量等技术，是当前国际研究监测南极冰面地形地貌及其变化的重要手段之一。SAR 对于冰盖表层雪特性的变化非常敏感，可以利用多时相 SAR 数据进行雪盖的分类和变化监测。利用 SAR 数据可以获取南极大范围的数字高程模型，Bamber 等（2009）联合 ERS-1 和 ICESat 测高数据发布了 1 km 分辨率的南极 DEM-Bamber DEM。SAR 干涉测量技术可以提供南极冰盖冰川地形、流速、位移和位置的测量，是研究冰川和冰原的重要工具。Goldstein 等（1993）利用间隔 6 d 的 ERS-1 卫星影像，首次在无任何地面控制点的情况下测定了南极 Rutford 冰流的速度，而且提出可以用于探测接地线。Rignot 等（2011）利用加拿大 RADARSAT-1/2、欧空局 ERS-1/2 和 Envisat 以及日本的 ALOS 等 SAR 数据，首次获取了南极冰盖完整冰流速图，于 2012 年通过美国冰雪数据中心发布了南极地区 900 m 分辨率冰流速图，并于 2013 年对其进行更新，发布了 450 m 分辨率冰流速图。总而言之，基于 InSAR 和 D-InSAR 技术的星载 SAR 数据为研究南极冰川、冰架的运动特征，南极冰貌变化和冰雪消融提供了有力的支持。

我国的极地遥感研究也已经取得了大量的研究成果。鄂栋臣等（2011）就提出利用 InSAR 技术获取南极地形，随后利用此技术实现格罗夫山地区 DEM 生成，并和实测数据进行比较分析；程晓等（2006）在格罗夫山架设了 11 台卫星地面角反射器系统，辅助冰流速监测。利用 L/C 双波段卫星雷达干涉组合，首次成功获得南极内陆格罗夫山地区的复杂冰流速形变条纹图。周春霞等（2014）利用 ERS-1/2、Envisat、ALOS 等多源 SAR 数据，采用差分干涉测量、偏移量跟踪、单方向转换模型、基线组合等技术手段，提取了东南极格罗夫山、Amery 冰架、Dalk 冰川、极记录冰川及 PANDA 断面高分辨率、高精度的冰流速；并对溢出冰川的季节和年际变化进行了分析，获得了极记录冰川流速的年际、季节特征及边缘时空变化。

6.3　卫星高度计

6.3.1　卫星测高的发展过程

1969 年美国学者 Kaula 在 Williamstown 的研讨会上首次提出了卫星测高的概念，20 世纪 70 年代先后发射了 Skylab（Sky Laboratory）、Geos-3（Geodynamics Experimental Ocean Satellite）和 Seasat 等测高卫星，其中 Seasat 首次采用高压缩比的脉冲压缩技术，增加了卫星测高的回波波形采样频率，使得获取回波波形数据成为可能，为卫星测高在非开阔海域不同区域的应用奠定了基础。Seasat 的成功对测高计后期的发展具有决定性的作用，标志着卫星测高进入实用阶段。Seasat 搭载了许多科学仪器设备，主要包括了高度计、合成孔径雷达、多波段微波辐射计和雷达散射计。

为了获得海洋大地水准面、海况和风速等信息，满足美国海军的需要，1985 年发射了 Geosat（Geodetic satellite）测高卫星。Geosat 携带 Ku 波段的高度计，首先执行大地测量任务（geodetic mission，GM），该阶段所获取的数据保密了很多年，直到 ERS-1/GM 数据公开，才公开该数据。之后，Geosat 开始执行 17 天周期的精确重复任务（exact repeat mission，ERM），其地面轨迹与 Seasat 卫星相同。Geosat 卫星先后工作了 5 年，首次提供了长期具有重复周期高质量的全球海面高数据，能为相关研究提供实用数据，标志着卫星测高技术进入成熟阶段。

1998 年美国军方发射了 Geosat 的后续卫星 GFO（Geosat follow-on），其重复周期为17 天，其主要设备为高度计，目前 GFO 已完成使命，最初 GFO 数据未公开，科学和商业用户须向美国国家海洋大气局（National Oceanic and Atmospheric Administration，NOAA）申请，获得批准才有权使用。目前该数据已对公众开放，用户可免费下载。

到 20 世纪 90 年代，美国和欧空局研制了高精度的高度计，目前形成了两大系列测高卫星，即 T/P（Topex/Poseidon）系列（包括已发射的 T/P、Jason-1/2 及未来拟发射的Jason-3 测高卫星）和 ERS（European Remote Sensing Satellite）系列（包括已发射的 ERS-1/2 和 Envisat 测高卫星），其中 T/P 系列主要用于海洋的长期监测，进行海洋现象的研究，而 ERS 系列则用于长期监测地球表面。

1991 年欧空局发射了欧洲第一颗遥感卫星 ERS-1，该卫星还携带了包含高度计的多种仪器，执行不同科学任务，先后使用了 3 天、35 天和 168 天三种不同的重复周期轨道，其中 3 天周期用于极地冰盖和海冰监测等；35 天用于多学科地面观测，该周期采用多手段对全球海洋（尤其是北大西洋环境）进行监测；168 天任务（也称 GM 任务）的轨道与 Geosat/GM 的轨道类似，主要用于获取全球海洋大地水准面信息，该任务先后执行了两次，第二次任务的地面轨迹刚好位于第一次任务的中间，提高了其空间分辨率。受PRAR 跟踪系统失败的影响，ERS-1 的轨道精度低于预期。1995 年欧空局发射了 ERS-1的后续卫星 ERS-2，该卫星采用 35 天重复周期轨道，执行多学科地面观测。运行期间形成了 ERS-1/2 两颗卫星一前一后的卫星星座，但轨道相差 1 天。2002 年 3 月，欧空局发射了 ERS-1/2 的后续卫星即环境卫星 Envisat。该卫星携带了十种科学仪器，主要包括高度计（radar altimeter，RA2）、微波辐射计（microwave radiometer，MWR）、DORIS 系统和 LRA（laser retroreflector array）系统，用于获取大地水准面和监测高分辨率气体排放量等参数。

1992 年发射的 T/P 测高卫星是迄今为止定轨精度和测距精度最高的卫星，用于观测和监测海洋环流，其轨道重复周期约为 10 天，赤道区相邻地面轨迹间距约为 316 km，每个周期绕地球飞行 127 圈，覆盖全球 90% 以上的海洋面积。该卫星携带了两个高度计、GPS、DORIS 和 SLR（satellite laser ranging）等，采用新的重力场模型及多种跟踪系统，其轨道径向精度达到 2～3 cm，而卫星首次携带的双频微波仪消除了电离层误差。这些改进使得 T/P 获取了大尺度高精度的全球海洋信息，奠定了 T/P 在海洋监测中的地位，实现了对中长尺度海洋变化的准实时监测。2001 年 T/P 的后续卫星 Jason-1 发射升空，其仪器、轨道和精度等与 T/P 接近，携带的仪器包括高度计、MWR、LRA、DORIS 和 TRSR（turbo rogue space receiver）定位系统，其早期的轨道与 T/P 相同，共同飞行一段时间后，其地面轨迹调整到 T/P 两相邻地面轨迹的中间位置。2008 年 Jason-2 发射升空，携带的仪器和轨道与 Jason-1 相同，采用新的算法使该卫星在陆地和冰面也能跟踪，而其噪声更小，测距精度优于 2.5 cm。Jason-3 于 2016 年发射，其基本情况与 Jason-2 相同。

尽管测高卫星在开阔海域的应用取得了重大的进展，考虑到正在运行测高卫星的设计寿命，并鉴于这些测高卫星的不足和非开阔海域不同区域（尤其是极地冰盖和海冰）的重要性，国际上已经和计划发射已有测高卫星的后续卫星和新一代测高卫星。

鉴于雷达高度计在极地冰盖受冰面坡度、冰面反射率变化及雷达信号穿透冰雪面等影响，导致测距精度下降的问题，美国宇航局设计了新的高度计即地球科学激光高度计系统（geoscience laser altimeter system，GLAS），该高度计于 2003 年搭载在冰、云和陆地高程卫星上发射升空。该卫星是美国宇航局"地球观测系统"EOS 计划中的一颗，也是世界上首颗激光高度计卫星，其主要任务是监测极地冰盖的高程变化、确定极地冰盖冰雪总量的年际和长期变化、估算其对全球海平面变化的影响、测量全球范围的云层高度及陆地的表面地形等。GLAS 地面激光脚点直径仅约 60 m，相邻脚点间距约 170 m，远小于雷达高度计的相关参数，能直接测量冰盖面的倾斜度，其在冰面的测距精度较高。

欧空局设计了专门用于极地观测的测高卫星 Cryosat，其设计寿命 3 年半，主要任务是精确测定极地冰盖和海冰的高程与厚度变化，以量化全球变暖引起冰雪质量的变化。第一颗 Cryosat 于 2005 年发射，由于发射次序失误导致发射失败，2006 年开始重新建造第二颗 Cryosat-2 卫星，于 2010 年发射。搭载的仪器包括合成孔径雷达 SAR/干涉雷达测高计（SAR/interferometric radar altimeter，SIRAL）、DORIS 和小激光反射器。与传统的雷达高度计不同，Cryosat-2 采用 SAR 模式，这种模式下 SIRAL 发射的脉冲时间间隔为 50 ms，远低于传统雷达高度计的 500 ms，得到的回波波形之间存在相关性，经过处理可获得相关信息。为了测定入射角，需要激活高度计上的第二个接收天线，两个天线均接收回波，当回波不是从星下点直接返回时，根据观测的两路程之差，计算得到入射角。

我国海洋系列卫星分为海洋一号（包括 A/B 卫星）、海洋二号和海洋三号系列，其中海洋一号系列分别采用可见光和红外波段监测海洋水色和温度，而海洋二号系列为海洋动力环境卫星，计划于 2010 年发射，采用微波传感器，探测海洋风场、海面高和海面温度，携带的仪器包括 Ku 和 C 波段的双频高度计、散射计和微波成像仪，海洋三号系列则携带可见/红外和微波等不同波段的传感器。

印度于 2010 年发射由法国空间局和印度空间研究所（Indian Space Research Organization，ISRO）联合研发的测高卫星（satellite with ARgos and ATlika，Saral）。搭载的仪器包括法国空间局研制的双频 ATlika 高度计、星载数据采集与 Argos 定位仪器、激光反射器和 DORIS，其中 ATlika 采用全新 Ka 频率波段，该波段能更好地观测冰、雪、近海区域和海浪等，其特点使其成为 Jason-2 卫星的有效补充。Saral 包含三大目标，分别为对海面高、有效波高和风速的重复精确观测，进一步加强海洋学和气象学业务化、提高对气候的认识及预报能力；进一步扩展 Jason-2 和 Saral 卫星的相关服务；满足国际海洋和气候研究的各种要求，构建全球海洋观测系统。

除以上已设计和实施的高度计划外，未来的高度计发展方向包括卫星测高星座、全球导航卫星系统测高和测高/干涉等，这里不具体叙述。

6.3.2　卫星测高的应用

卫星测高目前已在许多地球学科取得了大量的应用成果。以反射面划分，卫星测高已用于海洋、极地冰盖、内陆湖泊、陆地和沙漠等的研究；从学科划分，测高已用于大地测量学、地球物理学、海洋学、水文学和极地冰川学等。测高的应用目前主要集中在大地测量学和海洋学，随着仪器性能的改善和数据处理算法的提高，国内外学者们开始将其用于陆地动态监测、近海和内陆湖泊监测等，如冰后回弹和地层下陷等。

1. 在大地测量学与地球物理学中的应用

大地水准面和重力异常是大地测量学的重要和基本物理量，而海洋卫星测高能够获得这两个基本物理量，使得大地测量学成为卫星测高的重要应用领域。利用卫星测高对高精度全球海面高的长期观测，可得到全球平均海平面（mean sea level，MSL）。平均海平面是大地水准面起伏和海面地形之和，受模型精度的影响，目前分离出的大地水准面和海面地形精度偏低，但随着卫星重力计划 CHAMP、GRACE 和 GOCE 的顺利实施，有望解决该问题。

海洋重力异常与地球内部构造等密切相关，它是地球物理学研究的重要约束条件。为了提高对海洋重力异常的认识，卫星测高先后执行了 ERS-1/GM、Geosat/GM 和 Cryosat-2 任务，使得获得高分辨率的海洋重力异常成为可能。

通常根据海深与海洋重力异常的关系反演海深，使得卫星测高成为获取高分辨率海洋深度信息的有效途径。尽管目前测高反演得到海深的精度偏低，但其结果在大洋环流中障碍物及浅海山的定位等应用中，仍然起着十分重要的作用。

2. 在监测海平面变化中的应用

近海和海岛分布着大量人口，海平面变化产生重要的经济和社会影响。卫星测高出现之前，通常采用验潮数据估算海平面变化，验潮站的观测时间长短和分布影响全球海平面变化的估算结果，而验潮数据存在以下不足：①验潮数据得到了海平面相对陆地变化的结果，因此，陆地的升降影响其海平面变化的结果；②大部分验潮站分布在近海。

不同于验潮，卫星测高直接获得全球覆盖的海面高，开阔海域其测高精度更高。1993年开始的 T/P 系列卫星，形成对海面高的长期观测，获得了全球和区域海面高变化信息，为研究海平面变化及原因提供强有力的支撑。但需要注意的是，海面高精度受轨道、测距和多项改正项的影响。联合验潮与测高是进行海平面变化研究的有效手段。

3. 在潮汐中的应用

潮汐是海洋最显著的现象之一，与其他海洋现象相比，进行潮汐研究的时间更早，过去通常利用近海验潮站获取的验潮资料进行潮汐分析，但该方式受近岸形状和水深的影响。

潮汐最初只是测高的一项地球物理改正，成为 T/P 卫星的研究目标之一。目前现有的潮汐模型在反演时均以某种形式加入了测高数据，大幅提高了其精度，开阔海域潮汐模型精度可达 2 cm。

4. 在洋流中的应用

海洋是卫星测高设计的观测对象和主要研究对象之一，卫星测高可用于洋流研究。从全球尺度看，卫星测高提高了人们对大洋环流的认识，但目前大地水准面的精度水平限制了人们对大洋环流细节的认识；在中尺度，卫星测高将有助于厄尔尼诺（El Niño）

等现象的研究；在短波部分，漩涡和曲流是海洋环流模型的主要形式，也是卫星测高海洋学应用关注的焦点之一，利用卫星测高获取漩涡和曲流甚至成为一项业务，有利于船舶航行。

5．在极地中的应用

极地冰盖拥有全球约 77%的淡水和 99%的冰川，如果极地冰雪全部融化，全球海平面将上升约 80 m，给人类带来巨大的灾难。而极地冰盖起着温度变化放大器的作用，因此，它在全球气候研究中具有十分重要的地位。

卫星测高技术是研究极地冰盖的重要手段，首先它能直接获取极地冰盖的冰面地形，而冰面地形包含了十分重要的气候、动力学、局部异常或一般性趋势等信息，对预测冰盖的未来演化和提高冰盖动力学的认识非常关键；其次，卫星测高的长期监测可用于极地冰盖的质量平衡研究；第三，卫星测高获取的后向散射系数和回波波形，可得到冰盖表面粗糙度及冰雪层化等有关参数。

Geosat 卫星首次获取到 72.2° S～72.2° N 的极地冰盖的详细地形图。ERS-1/2 加密并拓展到 81.5°，而 ICESat 进一步拓展到 86°。非测高手段获得的高程图的高程误差通常超过 100 m，而卫星测高得到的高程精度高很多，提高了人们对极地冰盖地形的认识。

受冰面坡度的影响，尽管卫星测高得到冰面的绝对高程精度通常为几米，但重复观测得到的冰面的相对高程的精度可提高约一个数量级。Wingham 等（1986）对 ERS-1 和 ERS-2 资料进行交叉点分析发现，1992～1996 年南极内陆冰盖下降了 9±5 mm/a。

除极地冰盖反射面外，卫星测高还受冰盖地形和冰雪反射系数（back scatter coefficient）等因素的影响。冰盖倾斜面的存在使得测高的测距并不是卫星到地面星下点的距离，Bamber 等（2009）提出了相应的解决方案。而 Wingham（1993）、Davis 等（1993）研究发现，冰盖高程变化与反射系数变化之间强相关，因此，利用卫星测高监测两极冰盖变化需要考虑两者之间的相关性并进行相应的改正。

南极海域存在南极绕极流，主流为自西向东运动的西风漂流，西风漂流特点为宽广、深厚而强劲，其南北跨度在 35°～65° S，深度从海面到海底，但西风并不稳定，海峡、海底地形及地球偏向力作用，使得环流并非绕纬度运动。南极绕极流平均流速约 15 cm/s，最大流速出现在德雷克海峡处，约 15～100 cm/s，德雷克海峡处流速基本不随深度减弱，导致南极绕极流流量巨大。南极绕极流促进了南极海域、太平洋、大西洋和印度洋之间的水体交换、大气和海洋的热量和动能的交换。卫星测高是研究南极绕极流（Antarctic circumpolar current）的重要手段，尽管卫星测高能获得南极绕极流信息，但南极海域海面的测高精度偏低，使得导出的海流结果精度不高。

海冰由海水结冰生成，盐分较少，其结晶形状通常与盐不同。海冰的形成过程，往往增加南极海域和北冰洋的盐度，这对海洋循环和海洋物种意义重大。海冰是地球表层的重要组成部分，它具有很强的反射率，将入射海冰表面的 80%阳光反射到大气，直接影响地球热量的收支平衡。如果海冰覆盖面积减少，反射的太阳辐射减弱，海冰吸收的热量增强，海冰融化速度加快。在冬季，海冰的存在阻碍了海洋与寒冷空气的热量、动能及其他化学成分的交换。海冰在全球气候系统中具有举足轻重的作用，反映并影响全球的气候状况。

　　海冰是海洋和大气环流研究的重要参数之一，而海冰也影响极地船运的安全运行和南极科学考察的实施，对其研究具有现实意义。海冰是卫星测高的应用领域之一，但目前其研究水平受到限制。描述海冰的参数通常包括海冰密集度、海冰空间分布和海冰厚度等，通常利用遥感传感器获取海冰密集度和海冰空间分布等参数，而卫星测高是目前直接提供海冰厚度的唯一传感器。尽管过去已经建立一些海冰模型，由于缺乏准确的海冰厚度等参数还无法准确量化海冰对气候的影响，需要获取更多的海冰信息以改善人们对此问题的认识。发射 Icesat 与 Cryosat 的目的之一是提高人们了解海冰对全球变暖的响应。

6.3.3　卫星测高基本测量原理

　　开阔海域是卫星测高的理想观测对象，下面以开阔海域为例，给出卫星测高的基本测量原理。卫星高度计由天线沿垂直方向以一定频率向海面发射脉冲信号，脉冲信号到达海面发生反射，反射信号由高度计接收，处理得到了回波波形（图 6.14）。测高卫星上的星载处理器对回波波形进行分析处理（图 6.15），精确测定信号发射到接收整个传播过程所花的时间间隔 Δt，已知信号在真空中的传播速度为 c，采用下式可计算出测高卫星到地面星下点瞬时海面的平均距离：

$$R = c \cdot \Delta t / 2 \qquad\qquad (6.19)$$

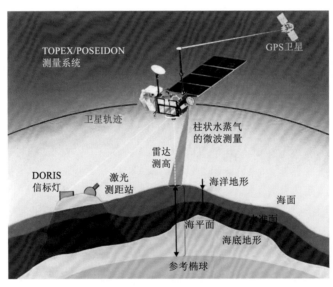

图 6.14　卫星测高的基本测量原理

　　要获得海面相对于某一参考椭球的海面高，需要确定测高卫星的轨道位置，通常由几种跟踪手段精确求得，常见的手段包括 DORIS、PRAPE（precise range and range rate equipment）、GPS 和 SLR 等，其中 DORIS 和 PRAPE 由测定多普勒频移来确定卫星速度，而 SLR 主要用于校正其他手段的结果。由跟踪手段获得测高卫星相对于参考椭球的高度 H，卫星到海面距离 R，并考虑信号在传播过程中所受的大气折射和仪器偏差等改正项 ΔR_{cor}，可计算出卫星测高的海面高 h（简称测高海面高）：

$$h = H - R - \Delta R_{\text{cor}} \qquad (6.20)$$

此外,卫星测高在观测时,反射点受各种时变效应影响,比如受到潮汐影响,如海潮和固体潮等;在海面,还受逆气压影响。卫星测高数据产品中,会给出各项改正量。

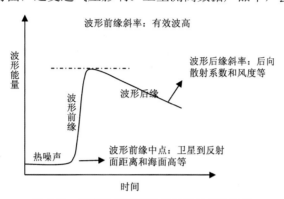

图 6.15 测高回波波形及其导出的相关信息

自从 1978 年以来,卫星测高就一直在冰盖上广泛使用。卫星测高应用于冰盖时,需要进行另一项改正即坡度改正。当高度计向地面发射雷达脉冲之后,最先返回的脉冲是视场内离卫星最近的地面回波,如果地面水平,最先返回的信号即为星下点的返回信号,但是当地面存在倾斜时,就不是星下点的信号最先返回,而是离卫星最近的地面先返回信号,所得的距离仍然是一个倾斜距离,并不是星下点的距离,这时就必须进行地面坡度改正。该项改正是卫星雷达测高应用于冰盖的最大改正量。坡度改正与高度计的地面足迹大小有关,一般足迹越大,导致的坡度改正越大,雷达高度计的地面足迹一般在 3～8 km,其改正量可达 150 m。为了减小坡度改正量,设计了新的雷达高度计 ICESat,其地面足迹约 70 m,通常 ICESat 并不需要考虑该项改正。

开阔海域的卫星测高回波波形符合 Brown 模型,但在非开阔海域,其回波波形在一定程度上偏离 Brown 模型,影响星载处理器得到的卫星到反射面垂距的精度。为提高卫星测高的测距精度,需要估算出波形前缘中点与星载处理器采样窗口中点的偏差,利用该偏差对卫星测高的测距进行改正,该过程称为波形重定,目前波形重定已成为卫星测高研究的热点和难点。

参 考 文 献

保铮, 2005. 雷达成像技术. 北京: 电子工业出版社.

毕海波, 2013. 北极拉普捷夫海域海冰体积通量遥感估算研究. 北京: 中国科学院大学.

曹云刚, 刘闯, 2006. 一种简化的 MODIS 亚像元积雪信息提取方法. 冰川冻土, 28(4): 562-567.

陈晓娜, 包安明, 张红利, 等, 2010. 基于混合像元分解的 MODIS 积雪面积信息提取及其精度评价: 以天山中段为例. 资源科学, 32(9): 1761-1768.

程晓, 2004. 基于星载微波遥感数据的南极冰盖信息提取与变化监测研究. 北京: 中国科学院遥感应用研究所.

程晓, 李小文, 邵芸, 等, 2006. 南极格罗夫山地区冰川运动规律 DINSAR 遥感研究. 科学通报, 51(17): 2060-2067.

邓方慧, 周春霞, 王泽民, 等, 2015. 利用偏移量跟踪测定 Amery 冰架冰流汇合区的冰流速.武汉大学学报(信息科学版), 40(7): 901-906.

董慧杰, 秦正坤, 2016. SSM/I 极地亮温资料中的 4 个月振荡现象.遥感学报, 20(3): 502-512.

鄂栋臣, 张辛, 王泽民, 等, 2011. 利用卫星影像进行南极格罗夫山蓝冰变化监测. 武汉大学学报(信息科学版), 36(9): 1009-1011.

黄晓东, 郝晓华, 杨永顺, 等, 2012. 光学积雪遥感研究进展. 草业科学, 1:35-43.

解学通, 方裕, 陈克海, 等, 2008. 用 SeaWinds 散射计数据反演海面风矢量的神经网络模型. 高技术通讯, 18(2): 184-189.

金翠, 张柏, 刘殿伟, 等, 2008. 东北地区 MODIS 亚像元积雪覆盖率反演及验证. 遥感技术与应用, 23(2): 195-201.

廖明生, 2003. 雷达干涉测量. 北京: 测绘出版社.

廖明生, 2014. 时间序列 InSAR 技术与应用. 北京: 科学出版社.

刘良明, 2005. 卫星海洋遥感导论. 武汉: 武汉大学出版社.

刘婷婷, 刘一君, 王泽民, 等, 2015.基于多源遥感数据的北极新冰提取及范围时序变化分析. 武汉大学学报(信息科学版), 40(11): 1473-1478.

卢鹏, 李志军, 董西路, 等, 2004. 基于遥感影像的北极海冰厚度和密集度分析方法. 极地研究, 4: 317-323.

陆登柏, 邱家稳, 蒋炳军, 2009. 星载微波辐射计的应用与发展. 真空与低温, 15(2):70-75.

牛牧野, 周春霞, 刘婷婷, 等, 2016. 基于改进 NCC 算法的东南极极记录冰川流速提取研究. 极地研究, 28(2): 243-249.

沈强, 鄂栋臣, 周春霞, 2005. ASTER 卫星影像自动生成南极格罗夫山地区相对 DEM. 测绘地理信息, 30(3): 47-49.

孙家炳, 2011. 遥感原理与方法. 武汉: 武汉大学出版社.

延昊, 2004. NOAAl6 卫星积雪识别和参数提取. 冰川冻土, 26(3): 369-373.

游濒, 2013. 中国近海海洋动力参数多源卫星数据融合及应用. 武汉: 武汉理工大学.

张辛, 周春霞, 鄂栋臣, 等, 2014.MODIS 多波段数据对南极海冰变化的监测研究.武汉大学学报(信息科学版), 39(10): 1194-1198.

张毅, 蒋兴伟, 林明森, 等, 2009. 星载微波散射计的研究现状及发展趋势. 遥感信息(6):87-94.

周强, 王世新, 周艺, 等, 2009. MODIS 亚像元积雪覆盖率提取方法. 中国科学院大学学报, 26(3): 383-388.

周春霞, 邓方慧, 艾松涛, 等, 2014. 利用 DInSAR 的东南极极记录和达尔克冰川冰流速提取与分析. 武汉大学学报(信息科学版), 39(8): 940-944.

BAMBER J, GOMEZ-DANS J, GRIGGS J, 2009. A new 1 km digital elevation model of the Antarctic derived from combined satellite radar and laser data-Part 1:Data and methods. The Cryosphere, 3(1): 101-111.

BINDSCHADLER R A, JEZEK K C, CRAWFORD J, 1987. Glaciological investigations using the synthetic aperture radar imaging system. Annals of Glaciology, 9(71): 11-19.

BROWN G S, 1997. The average impulse response of a rough surface and its application. IEEE Transactions on Antennas and Propagation, 25(1): 67-74.

CAVALIERI D J, MARKUS T, HALL D K, et al., 2006. Assessment of EOS Aqua AMSR-E Arctic sea ice concentrations using Landsat-7 and Airborne Microwave imagery. IEEE Transactions on Geoscience and Remote Sensing, 44(11): 3057-3069.

DAVIS C H, 1993. A surface and volume scattering Retracking algorithm for ice sheet satellite altimetry. IEEE Transactions on Geoscience and Remote Sensing, 31(4): 811-818.

DAVIS C H, FERGUSON A C, 2004. Elevation change of the Antarctic ice sheet, 1995-2000, from ERS2 Satellite Radar Altimetry. IEEE Transactions on Geosciences and Remote Sensing, 42(11): 2437-2445.

GOLDSTEIN R M, ENGELHARD T H, KAMB B, et al., 1993. Satellite radar interferometry for monitoring ice sheet motion: application to an Antarctic ice stream. Science, 262(5139): 1525-1530.

GRIGGS J A, BAMBER J L, GOMEZ-DANS J L, 2008. A new 1 km Digital Elevation Model of the Antarctic Derived From Combined Satellite Radar and Laser Data// AGU Fall Meeting. AGU Fall Meeting Abstracts.

HAYNE G S, 1980. Radar altimeter mean return waveform from near-normal-incidence ocean surface scattering. IEEE Transactions on Antennas and Propagation, 28(5): 687-692.

HWANG C, 1998. Inverse vening meinesz formula and deflection-geoid formula: applications to the predictions of gravity and geoid over the South China Sea. Journal of Geodesy, 72(5): 304-312.

MASSOM R, LUBIN D, 2005. Polar Remote Sensing. Berlin: Springer.

Moritz H, 1980. Advanced Physical Geodesy. New York: Abacus Press.

NEREM R S, 1995. Measuring global mean sea level variations using TOPEX/POSEIDON altimeter data. Journal of Geophysical Research, 100(C12): 25135-25151.

PAINTER T H, ROBERTS D A, GREEN R O, et al., 1998. The effect of grain size on spectral mixture analysis of snow-covered area from AVIRIS data. Remote Sensing of Environment, 65(3): 320-332.

REMY F, LEDROIT M, MINSTER J F, 2010. Katabatic wind intensity and direction over antarctica derived from scatterometer data. Geophysical Research Letters, 19(19): 1021-1024.

RIGNOT E, MOUGINOT J, SCHEUCHL B, 2011. Ice flow of the Antarctic ice sheet. Science, 333(6048): 1427-1430.

RODRIGUEZ E, 1988. Altimeter for non-gaussian oceans: height biases and estimation of parameters. Journal of Geophysical Research, 93(C11): 14107-14120.

SANDWELL D T, SMITH W H F, 2009. Global marine gravity from retracked Geosat and ERS-1 altimetry: Ridge Segmentation versus spreading rate. Journal of Geophysical Research Solid Earth, 114(B1): 51-51.

STEINER N, TEDESCO M, 2014. A wavelet melt detection algorithm applied to enhanced-resolution scatterometer data over antarctica (2000-2009). Cryosphere, 8(8): 25-40.

SWAD, 许继武, 1992. 国防气象卫星计划中的微波成像仪/探测器专用传感器(SSMIS). 气象科技(6): 80-83.

WENG F, ZOU X, YAN B, et al., 2011. Applications of special sensor microwave imager and sounder (SSMIS) measurenments in weather and climate studies. Advances in Meteorological Science and Technology, 1(1): 16-26.

WINGHAM D J, RAPLEY C G, GRIFFITHS H, 1986. New techniques in satellite altimeter tracking systems. Proc IGARSS'86 Symp, Zurich, 1339-1344.

WINGHAM D J, RAPLEY C G, MORLEY J G, 1993. Improved resolution ice sheet mapping with satellite altimeters. Eos, 74(10): 113-116.

ZWALLY H J, 1996. GSFC Retracking Algorithms. http://icesat4.gsfc.nasa.gov/, 2017.11.

ZWALLY H J, GLOERSEN P, 1977. Passive microwave images of the polar regions and research applications. Polar Record, 18(116): 431-450.

ZWALLY H J, BRENNER A C, 2001. Ice Sheet Dynamics and Mass Balance//Fu L L, Cazenave A, eds. Satellite Altimetry and Earth Sciences: A Handbook of Techniques and Applications, 351-357.

第7章　极地冰雪变化动态过程

7.1　极地冰盖地形

南极冰盖数字高程模型是从事地学及环境变化研究的重要基础。该数据可以用来确定分水岭、冰流盆地、接地线的位置、计算冰流的大小及方向等，南极冰盖数字高程模型与冰厚数据相结合，能够计算冰体变形的速率及应变。南极地区因其特殊的地理位置及极端的气候环境，使得地面考察及航空测量都极为困难，地形数据较少，限制了南极DEM的发展。从20世纪70年代美国发射第一颗气象卫星之后，人类进入了一个从空间观测地球的新时代，也为南极DEM的研究发展提供了全新的方式。南极地区现存的全南极DEM主要有联合ICESat测高数据和ERS-1卫星测高数据生成的Bamber DEM、ICESat卫星测高数据生成的ICESat DEM、利用多种卫星雷达测高数据生成的RAMP DEM以及采用光学立体像对生成的ASTRE GDEM。RAMP DEM是至今为止最高分辨率的全南极DEM，其最高水平分辨率为200 m，但其真实分辨率根据使用数据源精度不同而不同，在冰架和内陆冰盖地区，水平分辨率约为5 km，在东南极内陆地区和远离山脉地区的垂直精度为±50 m以内。

7.1.1　基于卫星测高的极区数字高程模型建立

卫星测高技术的出现改变了人们对于南极的观测模式，基于高精度的卫星测高观测值使人们有能力并且系统地进行与南极相关的各种科学研究。自GEOSAT卫星首次获取覆盖极地冰盖的详细地形图以来，卫星测高技术便拉开了南极应用的序幕。过去几十年间，卫星测高技术已广泛应用于冰盖地形、物质平衡、冰下湖监测、接地线探测以及冰架崩解机制等各个领域的研究。

1. 卫星脚点构建冰盖数字高程模型

1）基本原理

自20世纪卫星测高被应用于南极区域地形测绘以来，经过数十年的发展，基于卫星脚点提取DEM在理论和算法上已趋于成熟。为了获取测区的DEM信息，该方法往往采用空间插值，即基于已有的卫星脚点高程观测值 $z_i = \varphi(x_i, y_i)$，估计空间上任意一点 (x, y) 的高程值。其算法原理如图7.1所示。

2）DEM的生成

卫星作为一个运动平台，其上的雷达测距仪沿垂线方向向地面发射微波脉冲，并接收从地面反射回来的信号。只要能够测量出雷达脉冲从卫星高度计传播到地球表面并返回的时间延迟 T，便可以确定卫星到地球表面的距离：

$$R = \frac{c \cdot T}{2} \tag{7.1}$$

式中：R 为卫星高度计到地面的距离；T 为雷达脉冲传播时延；c 为电磁波传播速度。结合卫星星历数据，进一步可以推导出测量点高程

$$h_{\mathrm{alt}} = h_{\mathrm{sat}} - R - \Delta R_{\mathrm{cor}} \tag{7.2}$$

式中：h_{alt} 为卫星测量点高程；h_{sat} 为卫星高度；R 为卫星高度计到地面的距离；ΔR_{cor} 为观测距离改正参数。

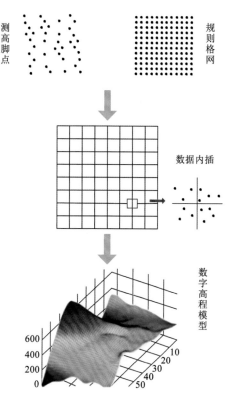

图 7.1　传统方法 DEM 生产流程示意图

基于提取的卫星测高脚点，选择合适的内插方法，便可以构建冰盖数字高程模型。图 7.2 为利用 CryoSat-2 卫星测高数据构建的全南极 DEM。

2."片干涉"　构建冰盖数字高程模型

1）基本原理

相对于传统测高理论，SARIn 模式依托差分相位能够精确地确定回波点的位置，提高雷达高度计对于南极边缘区域的监测精度。这对于后续的 DEM 生产以及物质平衡的估量都有着重要的意义。但它仍没有从根本上解决南极边缘区域 DEM 获取精度差、分辨率低的遗留问题。自 20 世纪 60 年代以来，雷达干涉测量（InSAR）技术具有获取高精度空间三维信息的能力已经得到了证明。不少学者基于此项技术生产了南极部分地区的 DEM。能否基于 InSAR 技术，在 SARIn 模式下直接生成 DEM 是一个非常值得思考的问题。

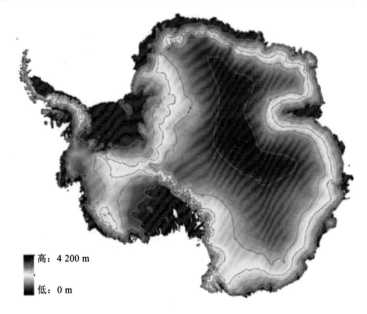

图 7.2　全南极 CryoSat DEM 示意图

究其根本，SARIn 模式不能进行 InSAR 类似测图的关键在于下视条件下引起的信号模糊。图 7.3 为 SARIn 模式在不同地形条件下的信号来源情况。图 7.3（a）为地面为平地时 SARIn 回波信号源，可以明显地看到此时地面回波源于星下点量测，在不考虑脉冲发指向偏差的情况下，两边的回波强度相当。这样就造成了回波信号的模糊，是不可能进行干涉模式测图的。

图 7.3　不同地形条件 SARIn 的信号来源

当地形出现一定的起伏时［图 7.3（b）］，POCA（point of closest approach）会偏离星下点，原本强度相当的左右回波信号强度平衡也将被打破。此时，POCA 的远离端将产生更强的回波信号（图中红色区域所示）。相对地，POCA 靠近端则会出现回波信号的削弱。尽管依旧存在部分信号的混叠，但已出现一方信号占主导的趋势。

继续提升坡度，当到达一定量级时（坡度大于 3 db 宽度一半），POCA 将跳出主瓣的照射范围［图 7.3（c）］。此时，POCA 靠近端的回波信号完全源于旁瓣，在强度上无法与 POCA 远离端的主瓣信号相提并论。因此，在这种情况下可以近似认为信号完全源于 POCA 的远离端。这样便构成了 SARIn 模式干涉测图的基础。

以此种地形条件为前提，两个天线接收到的回波信号呈现整体的高相干性。基于公式 $\alpha = \arcsin\dfrac{\lambda \cdot \Delta\varphi}{2\pi D}$，可以解算每一个地面回波点对应的下视角 θ。再结合星历、测距等信息便可以解算地面系列点的高程，进而内插得到 DEM。

2）DEM 的生成

在数据处理流程中，和传统理论提取 DEM 很大的区别在于数据处理方式的差异。传统方法中，往往直接由 L2 级产品出发进行数据的处理工作。然而，在 SARIn 模式直接提取 DEM 的流程中，需要从 L1b 级数据入手进行处理。

类似于 L2 级数据产品，L1b 级波形数据也并不"干净"。从 CryoSat-2 DBL 文件中读取波形数据，每个回波信号保存有 1 024 个回波强度信息、回波信号相干性以及相位差信息。以图像的形式展示一个条带下的回波强度、相干性以及差分相位等信息（图 7.4），可以明显看到，L1b 级数据中夹杂了许多的噪声。因此，进行高程提取前，需要对 L1b 波形数据进行滤波处理。

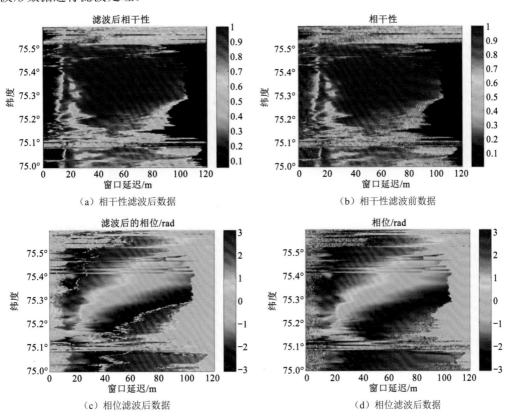

图 7.4　波前/后的相干性及相位

结合滤波后的相干性和差分相位数据的连续性特征，进一步对差分相位进行滤波。具体算法步骤如下。

（1）以相干性 0.8 为阈值，逐行提取相干性大于 0.8 的区域，并获取对应的差分相位数据作为基础数据。

（2）以差分相位的平滑性作为判断基准，将基础差分相位数据中噪声较大或波动剧烈的数据剔除。保留下相干性大于 0.8 的平滑差分相位。图 7.5 为经步骤（1）和步骤（2）后的差分相位结果。其中图 7.5（a）为所有相干性大于 0.8 的区域，图 7.5（b）为平滑性条件判断后的目标差分相位。

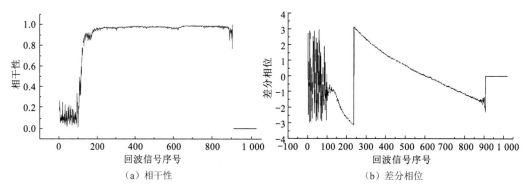

（a）相干性　　　　　　　　　　　　　（b）差分相位

图 7.5　逐行滤波

（3）对条带中所有提取的目标差分相位在整体求最大连通域，最终可得到一块连续有效的差分相位区域，即可以求解的 DEM 覆盖区域，如图 7.6 所示。

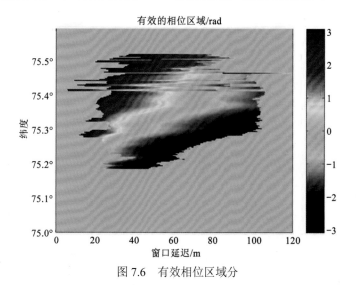

图 7.6　有效相位区域分

经过数据预处理，能够用于 DEM 提取的数据被过滤出来。对于任意有效的差分相位，可以解算对应的回波偏角。再结合卫星星历和测距时间便可以直接解算地面回波点的位置及高程信息。但由于参考坐标系的差异，解算的结果不能直接拿来使用，而是要经过一个复杂的坐标系统转换。

为了更好地描述这个问题，先引入 3 个坐标系统：ITRF（international terrestrial reference frame）、CPRF（cryosat processing reference frame）以及 CRF（cryosat reference frame）。其中，CPRF 为 CryoSat-2 数据处理辅助坐标系。该坐标系以质点为原点，平行于椭球垂线方向为 X 轴，Y 轴处于 X 轴与卫星飞行方向构成的平面内。Z 轴与 X/Y 轴垂

直并构成左手坐标系统。CRF 为 CryoSat-2 本体坐标系，该坐标系原点依然位于质点，X 轴为波束发射方向，Y 轴垂直于 X 轴与基线方向构成的平面，Z 轴与 X/Y 轴垂直并构成左手坐标系统。CRF 与 CRFP 之间的几何关系如图 7.7 所示。

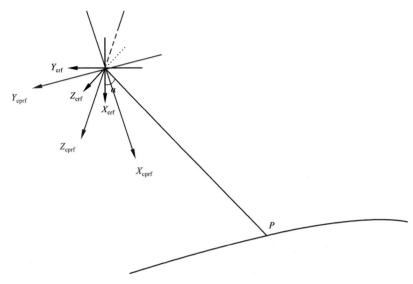

图 7.7　CRF 与 CPRF 坐标几何关系示意图

假设地面 P 点对应的差分相位为 $\mathrm{d}\varphi$，可以解算其对应的回波偏角 $\alpha = \arcsin \dfrac{\lambda \cdot \Delta\varphi}{2\pi D}$。同时，依据差分相位所在波形序列的位置可以解算天线到地面点 P 之间的距离

$$R(n) = \frac{T_w c}{2} - \frac{N_s c}{4B} + \frac{nc}{2B} \qquad (7.3)$$

式中：T_w 为窗口延迟；N_s 为波形采样总数目；B 为测得的调频带宽；c 为光速。

由于特殊的坐标系设定，p 位于 CRF 的 XY 平面内。综合回波偏角 α 与测距值 R，可以解算 p 在 CRF 中的坐标 $(x_{p\_crf},\ y_{p\_crf},\ z_{p\_crf})$。对于 CRF 与 CPRF 两个坐标系而言，它们的差异主要源于 CryoSat-2 运行过程中姿态的摄动。其具体的表现形式为沿 CPRF 坐标发生偏航、俯仰及侧滚。而这一系列的"动作"皆可以利用基线的姿态来描述。基于此，可以构建 CRF 与 CPRF 之间的旋转矩阵 $\boldsymbol{R}_{crf}^{cprf}$。则 CRF 坐标系中的 p 点便可以被转换到 CPRF 坐标系中，即

$$\begin{bmatrix} x_{cprf} \\ y_{cprf} \\ z_{cprf} \end{bmatrix} = \begin{bmatrix} 0 \\ 0 \\ 0 \end{bmatrix} + m \cdot \boldsymbol{R}_{crf}^{cprf} \cdot \begin{bmatrix} x_{crf} \\ y_{crf} \\ z_{crf} \end{bmatrix} \qquad (7.4)$$

式中：m 是尺度因子。

但这依旧不是最终目的，要想得到可用的观测值，需要将 CPRF 坐标系中的值转到 ITRF 坐标系下，进而转换成熟悉的大地坐标。同样的方式，利用坐标系之间的关系构建 CPRF 到 ITRF 的旋转矩阵 $\boldsymbol{R}_{crf}^{cprf}$，将 p 点进一步转换到 ITRF 坐标系中。

$$\begin{bmatrix} x_{\text{itrf}} \\ y_{\text{itrf}} \\ z_{\text{itrf}} \end{bmatrix} = \begin{bmatrix} X_{\text{sat\_itrf}} \\ Y_{\text{sat\_itrf}} \\ Z_{\text{sat\_itrf}} \end{bmatrix} + m \cdot \boldsymbol{R}_{\text{cprf}}^{\text{itrf}} \cdot \begin{bmatrix} x_{\text{cprf}} \\ y_{\text{cprf}} \\ z_{\text{cprf}} \end{bmatrix} \tag{7.5}$$

依据上述内容，算法整体分为 3 个步骤：①数据滤波。基于低通滤波、信号相干性以及相位平滑性降低噪声，同时提取有效差分相位的最大连通区域。②测量值解算。基于滤波后的差分相位解算回波偏角以及天线到回波反射区域的距离值。③坐标转换。将 CRF 坐标系下的地物坐标转换到大地系，并最终生成 DEM。

基于上述流程，实验生成了南极 PIG 地区的 DEM（图 7.8，DEM 与 lima 叠加图，色度条为 0～2 000 m）。其中，DEM 参考基准为 WGS-84 椭球，采用大地坐标系，分辨率约 200 m。

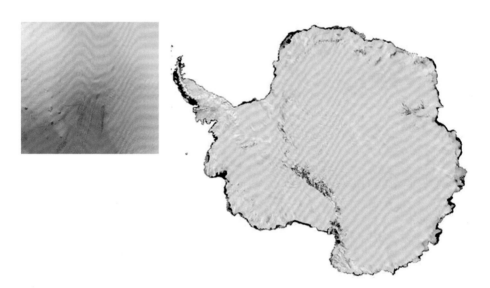

图 7.8　DEM 与 lima 叠加图

7.1.2　基于光学立体的极区数字高程模型建立

随着遥感技术、光电技术、传感器技术的发展，卫星遥感影像正朝着高精度、多光谱、高分辨率的方向发展，利用高分辨率遥感影像数据进行高精度基础地形数据提取已成为可能。卫星立体遥感影像的优势主要表现为：获取周期短，影像覆盖范围大。但是对于极区来说，云层遮挡，纹理缺乏，高山的阴影以及不同时间引起的辐射差异等会为光学立体重建地表地形带来不同程度的困难。下面以 ASTER 立体像对为例，阐述极区 DEM 提取过程。

1. 基本原理

ASTER 采用推扫式成像，通过广泛应用于线阵影像处理中的有理函数模型（rational function model，RFM）直接建立影像坐标与空间坐标之间的关系。有理函数模型是将像点坐标（r，c）表示为以相应地面点空间（P，L，H）为自变量的多项式的比值。针对线阵影像特点，可以建立如下的有理多项式模型：

$$\begin{cases} r_n = \dfrac{\mathrm{NumL}(P_n, L_n, H_n)}{\mathrm{DenL}(P_n, L_n, H_n)} \\[3mm] c_n = \dfrac{\mathrm{NumS}(P_n, L_n, H_n)}{\mathrm{DenS}(P_n, L_n, H_n)} \end{cases} \tag{7.6}$$

式中：NumL，DenL，NumS，DenS 分别用系数 a_i，b_i，c_i（$i=1\sim19$），和（P，L，H）的多项式表示。下面以 NumL 为例，表示形式为

$$\begin{aligned} \mathrm{NumL}(P_n, L_n, H_n) &= a_0 + a_1 L_n + a_2 P_n + a_3 H_n + a_4 L_n P_n + a_5 L_n H_n + a_6 P_n H_n \\ &\quad + a_7 L_n^2 + a_8 P_n^2 + a_9 H_n^2 + a_{10} P_n L_n H_n + a_{11} L_n^3 + a_{12} L_n P_n^2 \\ &\quad + a_{13} L_n H_n^2 + a_{14} L_n^2 P_n + a_{15} P_n^3 + a_{16} P_n H_n^2 + a_{17} L_n^2 H_n \\ &\quad + a_{18} P_n^2 H_n + a_{19} H_n^3 \end{aligned} \tag{7.7}$$

式中：(P_n, L_n, H_n) 为正则化的地面坐标；(r_n, c_n) 为正则化的影像坐标。其他几个多项式的表示形式与此类似。

若立体像对中不包含有理多项式系数（rational polynomial coefficient，RPC）信息，可以根据卫星星历进行计算。在立体左右片 RPC 参数已知的情况下，已知同名像点左右片的像平面坐标，根据前方交会原理，分别对左右片像平面坐标和物方空间坐标列方程，由 4 个方程求解 3 个未知数是可行的。这样可以由立体像对的同名像点计算出对应点的物方空间坐标。

2. 立体模型的建立

由于 ASTER 采用推扫成像方式，处理中需要借助卫星的星历参数恢复卫星在获取影像时的姿态，因此，采用推扫式轨道模型建立像对立体模型进行量测。该模型能很好地针对每个 CCD 传感器进行处理，提高精度，而且可以自动提取影像自带的辅助数据，如平台的位置、离散点的外方位元素、传感器的几何和光学参数等。

3. 控制点量测与连接点生成

由于南极考察区域的特殊性，气候、环境条件极其恶劣，缺乏实测控制点，地面点也不易辨认，没有在影像上直接量测控制点。借助于 ASTER L1A 层数据的头文件中包含的大量高精度的地面点作为平面控制点。本书中，融合外部高精度的 ICESat 测高数据，将其作为高程控制点。使用这些控制点的目的是控制在匹配过程中产生错误和粗差的概率。设定了为求解其他扫描线星历参数而设定的多项式拟合阶次后，为了求解更加理想的外方位元素的拟合值，将立体像对配准到相同地面区域，在两幅影像中查找同名点作为连接点，采用处理平台的自动生成连接点功能，设置参数进行连接点生成。连接点的选取要求尽量在影像对中分布均匀。连接点生成的质量对后续三角测量的精度至关重要。待控制点与连接点生成完成后，执行空间关系解算、三角测量，同时拟合外方位元素的值以及解算连接点的三维坐标，为下一步生成 DEM 提供参考基准点。

4. 空间关系解算和三角测量

建立好立体模型，准备好连接点和控制点，下面需要进行模型空间关系解算。以星历自带参数为初值，结合连接点，执行三角测量，拟合出更加理想的外方位元素值，同时利用空间前方交会，解算出连接点的物方坐标，作为下一步 DEM 提取的种子点。

5．DEM 的生成

（1）同名点获取。利用处理平台的自动匹配功能实现同名像点的收集。先使用兴趣点算子（如 Moravec 算子等）分别对两幅影像进行处理，提取兴趣点。再从兴趣点中寻找对应相同地物点的兴趣点作为同名像点。通常利用互相关系数判断两兴趣点的相关程度。首先在左影像上以某一兴趣点为中心开一个目标窗口，再在右影像的重叠区域开一个搜索窗口。分别以搜索窗口内兴趣点为中心开一个与目标窗口相同大小的窗口，计算兴趣点间的相关性，找到相关性最大且大于一定阈值的两个兴趣点认为是同名像点。

（2）空间前交，确定同名点对应地物的空间三维坐标。利用摄影测量的空间前方交会原理，由左右影像上的像平面坐标可以确定地面点所对应的物方空间坐标。得到生成 DEM 所必需的大量地面点。

（3）不规则三角网（triangulated irregular network，TIN）的构建，以及 DEM 的生成。利用步骤（2）中生成的大量地面点构建 TIN，并利用构建的 TIN，通过内插和重采样的方式生成 DEM。

依照上述数据处理流程，依次对各景数据进行处理。其中，09007 影像有一部分受厚云层遮盖严重，地表信息缺失。如图 7.9 所示，椭圆周围亮色部分经比较验证为厚云层遮盖严重部分。这一部分数据将不被用来提取 DEM。

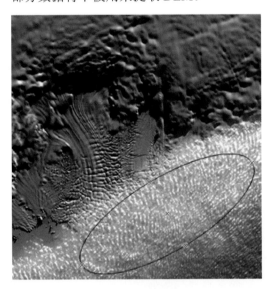

图 7.9　09007 影像

由于实验区域的特殊性，影像质量较差，信息贫乏，在 DEM 生成的过程中会遇到一些问题，默认的参数不能满足 DEM 提取的要求。要得到满意的结果，在自动匹配生成连接点和 DEM 提取的过程中都需要反复调整各类参数的大小，包括搜索窗口大小、相关窗口大小、相关系数阈值大小和滤波函数等。不同的影像需要设置不同参数以提取出质量较好的 DEM。由于无清晰可辨认的地面实测控制点，采用推扫式轨道模型建立立体模型进行立体测图。利用卫星影像自带的星历参数（卫星位置、速度）和姿态参数（phi，omega，kappa）来拟合每条扫描线的方位元素。

由于 ICESat/GLAS 测高数据和 ASTER 立体数据具有融合的可行性，引入 ICESat
测高数据作为高程控制，减少错误匹配，提高 DEM 提取的精度。如图 7.10 所示，为提
取的格罗夫山和 PANDA（The Prydz bay，Amery ice shelf and Dome A）断面区域的 DEM。

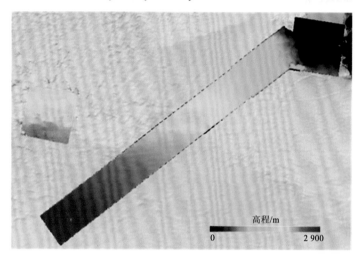

图 7.10　ASTER DEM 结果图

7.1.3　基于雷达干涉测量的极区数字高程模型建立

合成孔径雷达干涉测量技术因其具有全天时、全天候的对地观测能力，被广泛地应
用于大面积地形测量中，尤其是在不可到达的困难区域，为高效地获取大面积地面目标
信息提供了一种全新的测量方法，也为气候环境极端恶劣的南极 DEM 测量带来了全新
的方式。InSAR 继承了普通 SAR 成像优点，与传统的可见光、红外遥感技术相比，它可
以弥补光学传感器在空间和时间上受限造成的观测"盲区"，将其应用到南极高精度的
DEM 生成具有巨大潜力。

1. 单基线 InSAR 构建冰盖数字高程模型

1）基本原理

雷达干涉测量分为单轨双天线干涉测量
和重复轨道干涉测量，目前星载卫星应用的主
要为重复轨道干涉测量。图 7.11 为 InSAR 基
本原理示意图。

图 7.11 中，O_1 和 O_2 分别为两次获取 SAR
信号的天线位置，B 为两天线间的空间距离，
称为空间基线，基线与水平方向的夹角为 α，
H 为卫星平台高度，地面点 P 距两天线的斜

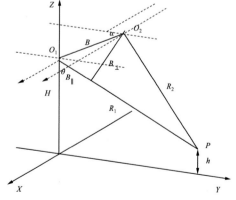

图 7.11　InSAR 原理示意图

距分别为 R_1 和 R_2，θ 为第一副天线的侧视角，P 点高程为 h。将空间基线 B 沿雷达视线
方向分解，垂直于视线方向分量为 $B_\perp$，称为垂直基线，平行于视线方向分量为 $B_{//}$，称为
平行基线。雷达波长为 λ。雷达对地成像时，两次分别接收到 P 点的雷达信号表示为

$$s_1(R_1) = \mu_1(R_1)e^{i\phi(R_1)} \tag{7.8}$$

$$s_2(R_2) = \mu_2(R_2)e^{i\phi(R_2)} \tag{7.9}$$

两复数影像进行复共轭相乘可得

$$s_1(R_1)s_2^*(R_2) = |s_1 s_2^*|\exp[i(\phi_1 - \phi_2)] = |s_1 s_2^*|\exp\left[-i\frac{4\pi}{\lambda}(R_1 - R_2)\right] \tag{7.10}$$

故干涉相位 ϕ 表示为

$$\phi = \phi_1 - \phi_2 = -\frac{4\pi}{\lambda}(R_1 - R_2) \tag{7.11}$$

在三角形 O_1O_2P 中，由余弦定理有

$$\sin(\alpha - \theta) = \frac{R_2^2 - R_1^2 - B^2}{2R_1 B} = \frac{(R_1 - R_2)^2 - B^2 - 2R_1(R_1 - R_2)}{2R_1 B} \tag{7.12}$$

可推求得

$$R_1 = \frac{(R_1 - R_2)^2 - B^2}{2B\sin(\alpha - \theta) + 2(R_1 - R_2)} \tag{7.13}$$

由几何关系可求 P 点高程为

$$h = H - R_1\cos\theta = H - \frac{\left(\frac{\lambda\phi}{4\pi}\right)^2 - B^2}{2B\sin(\theta - \alpha) - \frac{\lambda\phi}{2\pi}}\cos\theta \tag{7.14}$$

由以上推导，建立了干涉相位 ϕ、天线的位置和姿态参数（H，θ，B，α）与地面点 P 的高程 h 之间的关系。因此，由覆盖同一地区的两景 SAR 影像，从干涉图中获取干涉相位，结合卫星星历参数以及基线信息，就可以解算出地面点的高程，从而生成区域内的数字高程模型。

2）InSAR DEM 生成

InSAR 数据处理主要步骤包括：①SAR 影像读取；②影像互配准；③辅影像重采样；④干涉图生成；⑤相位解缠；⑥相位到高程转换；⑦地理编码。在生成干涉图的同时，可以建立 SAR 影像对的相干图。相干图是最直观的干涉质量评价指标，而且可以根据相干系数的变化特性来进行地物的分类。如图 7.12 所示，相干图中亮度越亮表示相干性越好。该区域蓝冰区域相干性最高，而裸岩和角峰区域相干性低。这主要是由于蓝冰表面的覆雪被强风扫除，而角峰区域存在阴影和叠掩现象。

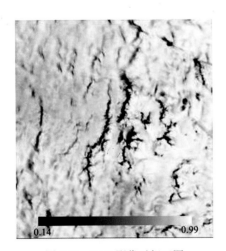

0.14　　　　　　　　　　0.99

图 7.12　SAR 影像对相干图

利用 InSAR 技术结合差分相位误差趋势面去除的方法，生成的沿 PANDA 断面和格罗夫山的较高精度的数字高程模型，DEM 水平分辨率为 20 m，图 7.13 为 InSAR DEM 结果图。

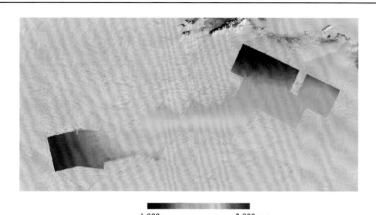

1 000　　　　　　　　　3 800 m

图 7.13　20 m 分辨率 InSAR DEM

2. 基线联合 InSAR 方法构建冰盖数字高程模型

1）基本原理

采用重复轨道干涉测量技术提取地面点高程是假定在两次对地面点成像的时间间隔内地面点未运动。而这在南极冰盖不再完全适用，冰盖表面存在不断向海洋运动的冰流，整体上从冰盖内陆向沿海区域，流速逐渐增大。在重复轨道成像间隔内，运动的冰流会引入形变相位，这是 InSAR 提取冰盖地形的主要误差源，此外还有卫星轨道误差以及大气延迟等的影响。本书中设计基线联合方法，利用两干涉像对来消除或削弱这些影响，以获得精度更高的地形数据。

干涉相位 ϕ 由多部分组成，包括参考相位 ϕ_{ref}、地形相位 ϕ_{top}、形变相位 ϕ_{def}、轨道误差引起的相位 ϕ_{orb}、大气相位延迟 ϕ_{atm} 以及热噪声等引起的相位噪声 ϕ_n，即

$$\phi = \phi_{\text{ref}} + \phi_{\text{top}} + \phi_{\text{def}} + \phi_{\text{orb}} + \phi_{\text{atm}} + \phi_n \tag{7.15}$$

假定地面点未移动，根据基线信息移除参考相位后，就可以利用地形相位恢复地表高程信息，而相位误差主要来自轨道误差，大气相位延迟和热噪声等。轨道误差和大气相位延迟可以利用控制点和模型进行改正或移除，噪声相位可以利用滤波进行抑制。而当地表发生了位移，形变相位将不能被忽略。在南极冰盖，假定流速为 20 m/a，即 5.4 cm/天，若流速方向与雷达视线向平行，对于时间基线仅为 1 天的 ERS tandem 数据也会引入约 3.8 π 的相位误差，这将会引起一个较大的高程误差。利用两不同基线的干涉像对，在顾及以上各相位组成的情况下，将两干涉相位相减，有

$$\phi_1 - \phi_2 = \Delta\phi_{\text{ref}} + \Delta\phi_{\text{top}} + \Delta\phi_{\text{def}} + \Delta\phi_{\text{orb}} + \Delta\phi_{\text{atm}} + \Delta\phi_n + C \tag{7.16}$$

式中：常数 C 为不同的解缠起点引起的相位差异；参考相位差异 $\Delta\phi_{\text{ref}}$ 和地形相位差异 $\Delta\phi_{\text{top}}$ 是由两干涉像对基线不同引起的。形变相位差异 $\Delta\phi_{\text{def}}$ 是由于随时间变化的冰流速引起的，研究中假定在一个特定区域，冰流速大小在一定时间间隔内变化为一常量，则在相同时间基线内，两像对间形变相位差异也为一常数，即 $\Delta\phi_{\text{def}} = C'$。轨道误差引起的相位差异 $\Delta\phi_{\text{orb}}$ 可以利用线性趋势进行模拟：

$$\Delta\phi_{orb} = -\frac{4\pi}{\lambda}(a_0 + a_1 x + a_2 y + a_3 xy) \tag{7.17}$$

式中：x，y 分别为像素点在 WGS-84 参考系统下经、纬度坐标；$a_0 \sim a_3$ 为待估的模型参数。

大气影响的差异 $\Delta\phi_{atm}$ 主要是由不同时间的大气条件差异引起的，采用简单的地形相关模型进行拟合：

$$\Delta\phi_{atm} = -\frac{4\pi}{\lambda}(b_0 + b_1 h) \tag{7.18}$$

式中：h 为地表高程；b_0，b_1 分别为待估模型参数；热噪声差异 $\Delta\phi_n$ 可忽略不计。

为了减小相位梯度和降低相位解缠的难度，在相位解缠前移除参考相位。在以上假设和模型基础上，干涉相位相减可改写为

$$\phi_1 - \phi_2 = -\frac{4\pi}{\lambda}\left[\left(\frac{B_{\perp_1}^0}{R_{1,1}\sin\theta_{0,1}} - \frac{B_{\perp_2}^0}{R_{1,2}\sin\theta_{0,2}}\right)h + a_1 x + a_2 y + a_3 xy + b_1 h + c\right] \tag{7.19}$$

式中：ϕ_1，ϕ_2 分别为两像对去平解缠后相位；λ 为波长；$B_{\perp_1}^0$，$B_{\perp_2}^0$ 为两像对垂直基线；$R_{1,1}$，$R_{1,2}$ 分别为两像对主影像距地面点斜距；$\theta_{0,1}$，$\theta_{0,2}$ 分别为雷达侧视角。x，y，h 为地面点三维坐标。合并所有常数项部分用参数 c 表示，则 a_1，a_2，a_3，b_1 和 c 为待求解系数。

若以上 5 个参数已求解，则地面点高程

$$h = \frac{-\dfrac{\lambda}{4\pi}\cdot(\phi_1 - \phi_2) - (a_1 x + a_2 y + a_3 xy + c)}{\dfrac{B_{\perp_1}^0}{R_{1,1}\sin\theta_{0,1}} - \dfrac{B_{\perp_2}^0}{R_{1,2}\sin\theta_{0,2}} + b_1} \tag{7.20}$$

2）基线联合 InSAR DEM 提取

本书中所用三个实验区数据获取时间和垂直基线信息如表 7.1 所示。可以看到 A、B 实验区两组时间基线均为 35 天的 ASAR（advanced synthetic aperture radar）数据对的垂直基线差均大于 400 m，非常有利于抑制相位误差引起的高程误差，而 C 实验区的两对时间基线为 1 天的 tandem 数据对的垂直基线差仅为 92 m，较小的垂直基线差使相位误差在转换为高程误差的过程中体现得非常明显。

表 7.1　SAR 数据基本信息

实验区	获取时间	时间基线/天	垂直基线天	垂直基线差/m
A	2007-05-02/2007-06-06	35	−302	416
	2006-05-17/2006-06-21	35	114	
B	2008-05-19/2008-06-23	35	−290	695
	2010-06-28/2010-08-02	35	405	
C	1996-02-16/1996-02-17	1	−165	92
	1996-03-22/1996-03-23	1	−73	

图 7.14 为 A、B 实验区利用多基线联合方法获取的冰盖 DEM，图层上箭头长短表示冰流速大小，箭头方向指向冰流的流动方向。DEM 分辨率很高，可以清晰体现冰丘、

7.2.2　接地线

1. 接地线研究意义

接地线是南极内陆固定冰架和漂浮冰架的分界线,是冰流从冰床脱离的地方,从内陆流来的冰经过该区域开始漂浮在海面上,和其周围的海水达到静力学平衡状态。由于受到海洋潮汐的影响,接地线的位置会在接地区域的范围内不断移动。接地区域是从完全接地的固定冰到和海洋处于流体静力学平衡的漂浮冰的冰盖区域,如图 7.19 所示。F 点为受到潮汐影响的冰曲(ice flexure)到陆地的极限点,G 点为接地线位置,I_b 为冰架坡度的陡变点,I_m 为冰架底部局部地形的最低点,而 H 点为冰曲到海洋方向的极限点。在南极地区,接地区域 F-H 通常有数千米或十几千米的宽度。F,G,I_b,I_m 和 H 之间的实际距离由实际冰层厚度和属性以及岩床地形和构造决定。从内陆流来的冰在接地线 G 点开始漂浮在海面上,在 H 点之后受海水浮力处于流体静力学平衡状态。

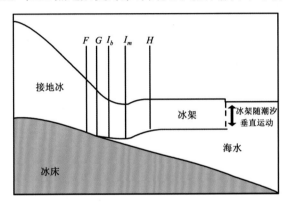

图 7.19　接地区域特征点剖面示意图

监测南极接地线的位置变化,对于南极冰盖物质平衡及其估算、海平面变化、冰川动力学和气候变化等研究具有重大意义。接地线的位置对于物质平衡及其估算至关重要,从南极内陆通过冰川和冰架流失到海洋的冰通量是南极冰盖物质平衡的主要支出项,通常将上述冰通量与内陆降雪增加的冰雪质量之间的差值作为南极物质平衡的变化值,计算南极冰川和冰架流出到海洋的冰通量最准确的方法是计算流过接地线的冰通量的大小,即利用接地线所在位置的冰流速数据和冰厚数据进行计算,因此,不准确的接地线位置会导致冰流速数据与冰厚数据的不准确从而给物质平衡估算引入很大的偏差。同时,接地线的位置对海平面的变化十分敏感,其随着海平面的升降而产生进退,因此,它是全球海平面变化研究的一个重要指示器。最后,因为接地线的位置是冰川变化的一个敏感指示器,冰川厚度变化、冰川崩解等都会引起接地线位置的变化,所以测量获取的接地线位置数据将是冰川动力学模型中极为重要的输入参数。

2. 接地线研究方法

目前接地线的提取方法主要有实地观测和遥感提取。接地线实地观测主要包括无线电回波测厚(radio echo sounding,RES)和 GPS 现场观测法。而使用遥感手段提取接地线主要分为流体静力学平衡法、坡度分析法、卫星激光测高数据重复轨道分析方法和差分雷达干涉测量方法。遥感手段则具有大范围、长时序和可重复观测等巨大优势，而且随着技术手段的发展，遥感提取接地线精度也在不断提高。

1）无线电回波测厚法

在冰架上进行无线电回波测厚时，由于在冰和海水的交界处的反射系数非常强，现场测量时回波信号通常都很强，对回波信号进行处理可以得到冰厚信息。一般来说，每个 RES 数据点包含经纬度、表面高程和冰厚度，结合冰架或冰川底部的海底地形数据，就可以判断接地的地区，从而得到接地线的位置。王清华等（2002）利用澳大利亚和苏联南极考察队在 Amery 冰架及周围区域得到的 RES 数据，对东南极 Amery 冰架与陆地冰的分界线进行了重新划定。

2）GPS 现场观测法

实地布设 GPS 观测点，是利用漂浮冰架受到潮汐作用冰面周期性垂直运动的特征来区分陆地冰和漂浮冰。

3）流体静力学平衡法

假定漂浮的冰处于流体静力学平衡状态，则

$$\rho_i Tg = \rho_w (T-H)g \qquad (7.21)$$

$$T = \frac{H\rho_w}{\rho_w - \rho_i} \qquad (7.22)$$

式中：ρ_i 和 ρ_w 分别为冰和海水的平均密度；T 为冰厚度；H 为出水高度；g 为重力加速度。随着南极地区 DEM 分辨率和精度不断提高，全球的海平面模型也在不断完善，通过公式（7.22）就可以计算得到准确的冰厚信息，结合冰架或冰川底部的冰下地形，从而可以获得接地线的准确位置。

4）坡度分析法

Weertman（1974）早在 1974 年就指出，对于理想的冰床和完全弹性冰盖而言，通过接地线位置处的表面坡度会突然减小，因为冰体脱离冰床开始漂浮后，底部剪应力会突然消失。利用表面坡度的突变可以确定接地线的位置。利用坡度对接地线探测可以分为两种方法：①利用高精度 DEM 生成坡度图提取接地线；②利用坡度突变在可见光影像引起的亮度差异提取接地线。

5）基于测高数据的重复轨道分析方法

在使用 ICESat 测高数据探测接地线位置时，使用的是重复轨道分析方法。它是测高数据处理中常用的方法，其通过同一重复轨道上不同时间获取的地面高程序列来对比分析地面高程的变化情况，又称为共线分析。对于每一条重复轨道，高程内插的方法存在差异。目前主要有沿纬度均匀内插和将高程内插到利用重轨数据拟合的平均轨道两种方法。这两种方法都会得到平均高程面，并将每条轨迹的高程值和高程平均值做差求得高程异常值。由于每一条轨迹的时间不同，潮汐对于高程异常值的影响也是不相同的，可以探测接地区域。

6）雷达差分干涉测量（DInSAR）方法

当不考虑大气、电离层影响和系统噪声时，重复轨道雷达干涉测量得到的一幅干涉

图（single SAR interferogram，SSI）的干涉相位可表示为

$$\phi = \phi_{ref} + \phi_{topo} + \phi_{def} \tag{7.23}$$

式中：ϕ_{ref}、ϕ_{topo} 和 ϕ_{def} 分别为参考椭球相位、地形相位和形变相位。通过引入外部 DEM 采用两轨差分可以得到差分干涉图（differential SAR interferogram，DSI），则 DSI 中只包含由冰流相位和潮汐相位引起的形变相位，即

$$\Delta\phi = \phi_{def} = \phi_{flow} + \phi_{tide} \tag{7.24}$$

Rignot 等（1998）指出直接使用两轨差分提取接地线在绝大多数存在冰流的区域是不适用的，因为无法区分 DSI 中的冰流相位和潮汐相位。而通过对两幅 DSI 再进行差分可以消除冰流相位的影响。故 DDSI（double-differential SAR interferogram）包含的相位可表示为

$$\Delta\phi_{double} = \phi_{tide-1} - \phi_{tide-2} \tag{7.25}$$

DDSI 中内陆接地的固定冰盖是不受潮汐影响的，而浮动冰架或冰川是随潮汐运动的，因此，浮动冰架或冰川和接地冰盖的交界处会在 DDSI 中产生密集条纹。接地线即为 DDSI 中密集条纹区域最靠近内陆一侧的分界线，通过跟踪这个分界线进行接地线提取，即差分干涉测量可以准确提取接地线点 G。图 7.20 为使用四轨差分得到的 Jelbart 冰架 DDSI，白色曲线为提取的接地线。

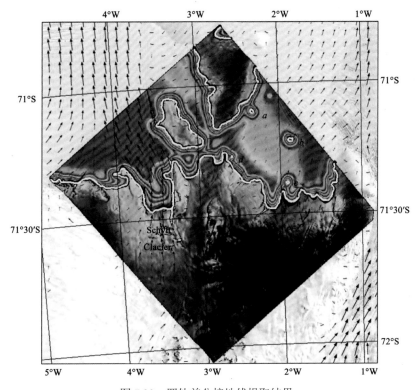

图 7.20　四轨差分接地线提取结果

7.3　南极冰盖冰流运动监测

南极冰盖冰川表面流速作为南极冰盖物质平衡估算的一项重要内容，对于研究全球变暖背景下的海平面上升具有重要意义。从南极地理大发现后，人类对南极的研究逐渐深入，大量研究表明，南极冰盖与全球气候、生态环境及人类社会未来发展等重大问题密切相关。随着全球气候变暖，冰流运动变化对全球气候变化的放大器和指示器作用日益明显，冰川响应气候的变化首先反映在冰川的物质平衡变化上，其次是冰川的温度、运动特征等一系列变化上。认识冰流和溢出冰川冰体流动的物理机制，可为估计冰流流域物质平衡，建立冰盖动力学模型提供依据。同时，冰流速监测对预报冰崩及其对科学考察站区和考察船航行的影响也具有重要意义。

大部分南极冰盖物质的排泄都是通过快速流动、具有高动态性的冰流进行的。定量化评估这些冰流随时间的变化和理解引起变化的原因，是估计南极冰盖对全球海平面贡献的先决条件。基于遥感技术的冰流速测定主要有特征跟踪、差分干涉测量、偏移量跟踪等方法。孙家抦等（2001）采用不同时期的卫星传感器影像，解决东南极人类无法到达的极纪录等冰川长达 17 年的变化过程，在国际上第一次公布了其入海流量，为研究冰川物质平衡提供了依据。随后利用冰纹理作为匹配特征提取冰流速，选用 Landsat7 ETM+及 ASTER 光学遥感资料确定了 Lambert 冰川-Amery 冰架流域的冰流速。2005 年底，武汉大学和北京师范大学在格罗夫山架设了 11 台卫星地面角反射器系统，辅助冰流速监测。利用 L/C 双波段卫星雷达干涉组合，首次成功获得南极内陆格罗夫山地区的复杂冰流速形变条纹图。现阶段由于单景 SAR 数据覆盖面积有限，以及相关算法有待改进优化，国内尚未测定南极冰盖高精度大尺度冰流速。本书采用多源遥感数据，对 SAR 数据进行搜集和选择，完善差分干涉测量和偏移量跟踪方法获取冰流速的关键技术，测定高精度冰盖表面冰流速。

7.3.1　冰流运动检测方法

南极冰流速监测方法主要分为两大类：实地观测法和遥感监测法。实地观测法虽然精度很高，但是观测成本高昂，且南极很多地区自然条件十分恶劣，所以观测数据的获取成为其最大的制约因素。冰川流速测量技术从传统的标志（花杆）测量研究、光学仪器边角测量研究，发展到了先进的 GPS 测量研究和遥感观测研究。当前，多源数据融合以及新方法、新算法不断被引进，又进一步提高了南极冰川流速测量的精度和效率。

1. 实地观测

标志测量法，又叫花杆测量，是最早用于南极冰流速测量的实地观测方法。20 世纪 60 年代，Dorrer 等（1969）对 Ross 冰架的冰流速测量都采用埋设花杆的施测方法，通过量算花杆的位移距离来获取冰架的冰流速数据。随后，经纬仪、水准仪、全站仪等光学仪器被引入花杆测量方法中，使得测量效率和精度获得了极大的提高。运用光学经纬仪采用三角测高法进行远距离测量冰流速的方法，测量精度可达 0.2～0.5 m。花杆测量有使用广泛、操作简单，测量故障率低，能覆盖较大面积区域等优点。但是其缺点是后勤保障（花杆运输、埋设、搜寻）的费用较高。高昂的观测成本和相对较短的复测周期是限制花杆测量的重要因素，因此，该观测法较适合在常年考察区域实施。

GPS 是一种具有全方位、全天候、全时段、高精度的卫星导航系统，能为全球用户提供低成本、高精度的三维位置、速度和精确定时等导航信息，是卫星通信技术在导航领域的应用典范，它极大地提高了地球社会的信息化水平，有力地推动了数字经济的发展。

目前，GPS 被认为是在南极进行定位测量最主要的工具，从 1994 年开始，每年都有一次全南极的 GPS 联合观测，用来监测南极大陆的地壳运动。在过去的 20 年里，随着 GPS 软、硬件及卫星星历等的发展，GPS 技术可以很容易地用来进行冰川流速测量并且能得到高质量的结果，已经成为南极地区冰川动力和冰面地形野外测量的最重要的工具之一。Urbini 等（2008）在 1996~2005 年运用 GPS 重复观测的方法测量出东南极冰穹 C 和 Talos 冰穹的冰流速，并研究冰流速变化与冰雪积累之间的关系。Frezzotti 等（2008）比较研究了 GPS 现场观测法和多时相光学遥感影像特征跟踪两种冰流速监测方法，他们发现在当前技术条件下，GPS 观测法的精度高于遥感监测法。随着解算方法的创新和硬件设备的发展，GPS 技术越来越成为南极冰川流速高精度监测的主要方法。

2. 特征跟踪方法监测冰流速

自从 20 世纪 80 年代以来，光学卫星影像就被广泛地运用于冰川、冰架与冰盖的冰面速度监测。总的来说，量测两幅不同时间成像并配准的图像上同一表面特征点（如冰裂隙、冰碛物等）的位移，即可获得该点的冰面位移和速度。最初，研究人员通过目视追踪两幅卫星影像上的地形特征的位置变化，来得到冰面速度。虽然目视追踪方法测量的冰面流速准确性稍差，但是由于其简单便捷的特性，在早期仍取得了广泛成果。Bindschadler 等（1991）基于最大互相关算法，第一次将两幅卫星影像特征点的匹配过程自动化，从而自动获取冰面流速。自此以后，许多不同的影像匹配算法都被用于冰川学研究。特别是随着越来越多的光学卫星的发射，人们可以得到大量的覆盖全球的高空间分辨率卫星影像。利用这些光学卫星影像，可以对全球的冰川进行监测，这让人们能够方便快捷地获取冰川信息。

特征跟踪（feature tracking）即通过跟踪两幅已配准的遥感影像上冰面可识别的特征（冰裂隙、冰碛物）的位移变化来得到冰面 2 维流速场。首先选择岩石等固定点进行影像的精确配准；然后在原始影像中设定冰流特征点，再基于相关性测度在目标影像上计算，寻找与原始影像中冰流特征相关性最强的位置，即可获得特征点在目标影像中的同名点；最后代入坐标和时间计算即可得到冰川流速结果。

在相关性测度的计算过程中，归一化互相关（normalization cross correlation，NCC）算法是一种较为常见的方法。该算法的主要优点是对光照强度的线性变化不太敏感，抗干扰性能较好，适合光照强度差异不大的数据。基本流程为：首先在原始影像上以特征点为中心开一个窗口，基于特征点坐标在目标影像附近另开一个窗口，分别称为原始窗口和搜索窗口，一般搜索窗口大于原始窗口；然后将原始窗口和搜索窗口的灰度值利用归一化互相关公式计算归一化互相关矩阵。

$$\rho_{(l,s)} = \frac{\sum_{l,s} (r_{(l,s)} - \mu_r)(s_{(l,s)} - \mu_s)}{\left[\sum_{l,s} (r_{(l,s)} - \mu_r)^2\right]^{\frac{1}{2}} \left[\sum_{l,s} (s_{(l,s)} - \mu_s)^2\right]^{\frac{1}{2}}} \tag{7.26}$$

式中：r 为原始窗口；s 为搜索窗口；(l,s) 为原始窗口像素行列值；μ_r 为原始窗口的像素平均值；μ_s 为搜索窗口中当前原始窗口模板下的像素平均值。所有计算结果构成归一化互相关矩阵 $\rho_{(l,s)}$，其大小与搜索窗口相同。在矩阵 $\rho_{(l,s)}$ 中，值为 1 的点表示搜索窗口中该点及其周围像素与原始窗口及中心点完全相同；值为-1 的点表示搜索窗口中该点及周围像素与原始窗口及中心点完全相反。因此，选取 $\rho_{(l,s)}$ 最大的值即可初步获得特征点的同名点，之后依据影像的坐标信息计算关键点的位移，结合影像获取时间即可获得冰川流速。

3．基于 InSAR 技术监测冰流速

合成孔径雷达干涉测量作为一种极具潜力的空间对地观测技术，能全天候、全天时工作，不受云雾干扰；能进行大规模、大面积的成像；更重要的是差分干涉测量能监测厘米甚至毫米级的形变，彻底改变了传统检测冰盖、冰川表面冰流速的模式，为监测南极冰盖、冰架、冰川的变化，探求整个南极的动态变化提供了途径。

1）DInSAR 相位组成

图 7.21 为 DInSAR 几何关系示意图，SAR 卫星为侧视成像，满足中心投影。卫星在 O_1 处获取地表影像数据（主影像），一段时间后（不同卫星重复周期不同）在 O_2 处获取另一幅影像数据（辅影像）。在此期间地表 P 点发生形变运动至 P' 处，O_1 到点 P 的斜距为 R_1，O_2 到点 P' 的斜距为 R_2，B 为基线长度，基线与水平方向的夹角为 α。将基线沿雷达视线方向进行分解，得到平行于视线向分量 $B_{//}$ 和垂直于视线向分量 $B_\perp$。

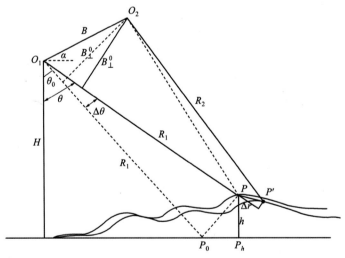

图 7.21　DInSAR 几何关系示意图

主辅影像配准后形成干涉相位，相位组成如下：

$$\phi = -\frac{4\pi}{\lambda}(R_1 - R_2) = -\frac{4\pi}{\lambda}\left(B_{//}^0 + \frac{B_\perp^0}{R_1 \sin\theta_0}h - \Delta r\right) \tag{7.27}$$

式中：$-\dfrac{4\pi}{\lambda}B_{//}^{0}$ 为参考椭球相位 ϕ_{ref}；$-\dfrac{4\pi}{\lambda}\cdot\dfrac{B_{\perp}^{0}}{R_{1}\sin\theta_{0}}h$ 为地形相位 ϕ_{topo}，即地形起伏引起的

干涉相位；$\dfrac{4\pi}{\lambda}\Delta r$ 为形变相位 ϕ_{def}；Δr 是沿视线方向的形变量。式（7.27）可写为

$$\phi=\phi_{\mathrm{ref}}+\phi_{\mathrm{topo}}+\phi_{\mathrm{def}} \tag{7.28}$$

考虑对流层水汽和电离层以及系统噪声的影响，更加完整的干涉相位 ϕ 组成如下：

$$\phi=\phi_{\mathrm{ref}}+\phi_{\mathrm{topo}}+\phi_{\mathrm{def}}+\phi_{\mathrm{atm}}+\phi_{\mathrm{noise}} \tag{7.29}$$

式中：ϕ_{atm} 为大气引起的相位延迟，目前可通过影像获取时的气象数据或结合模型有效改正该部分；ϕ_{noise} 为 SAR 系统噪声引起的随机相位，通常噪声对结果的影响反映在相干性上，噪声越大相干性越低。在不考虑或者削弱这两部分相位后，形变相位 $\phi_{\mathrm{def}}=\phi-\phi_{\mathrm{ref}}-\phi_{\mathrm{topo}}$。

由于雷达侧视成像的特点，DInSAR 方法只能获取距离向形变，但该方法获取的结果分辨率高、精度高。

2）两轨差分

通过差分去除参考相位和地形相位来获取形变相位常用的方式包括两轨差分、三轨差分和四轨差分，最常用的数据处理是两轨差分方法，其技术流程见图 7.22。该方法只需两景 SAR 数据，但需要外部 DEM 数据。主辅影像配准后生成包含参考相位、地形相位和形变相位的干涉图 1。利用基线信息和外部 DEM 生成模拟的干涉图 2，其包含参考相位和地形相位。两幅干涉图相减就可得到只包含形变相位的差分干涉图。对滤波后的相位进行解缠，通常设置相干性阈值使相干性低于阈值的点不参与解缠，保证解缠精度和效率。将解缠后的相位转换为距离向位移，最后对结果进行地理编码，得到带有地理信息的位移结果。

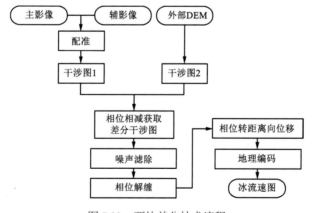

图 7.22　两轨差分技术流程

这里对 DInSAR 数据处理中的影像配准、相位解缠、地理编码这三个关键步骤进行简要说明。

（1）SAR 影像配准。SAR 影像配准的核心是寻找最优多项式来描述主辅影像同名点之间的坐标对应关系。如果配准精度低于一个像元，则两幅影像完全失相干，无法形成

干涉条纹。亚像素的配准精度是 DInSAR 后续处理的基础，实际数据处理中可通过目视判读条纹的清晰程度定性分析配准精度。

（2）相位解缠。生成的差分干涉图是复数影像，相位值范围为 $-\pi$ 到 π。为了将相位值对应到高程值或形变量，必须在原有相位上加上 2π 的整数倍 N，即需求解整周模糊度，这个过程就称为相位解缠。相位解缠是 DInSAR 处理中的一个难题，主要是因为相位不连续（如叠掩现象）和不一致（相位噪声引起的残差），滤波和多视处理均能减小相位噪声。针对不同的干涉图，合适的相位解缠方法可能不尽相同，目前没有一种最优的解缠算法。本书采用了两种相位解缠方法，分别是基于不规则三角网的最小费用流（minimum cost flow）方法和枝切树区域增长法（branch-cut region growing algorithm）。

（3）地理编码。地理编码是 SAR 影像距离-多普勒坐标和正交的地图坐标相互转换的过程。从 SAR 坐标系到地图坐标系的过程称为后向编码，上述的逆过程称为前向编码。利用外部 DEM 数据，结合主影像头文件信息，生成地理编码所需的查询表。

两轨差分法的优势是 SAR 影像需求量小，且目前有多种全南极 DEM 产品可以作为外部 DEM，减小了数据处理的工作量和难度，使两轨差分方法可以更广泛地应用于南极冰流速提取。但对于存在 DEM 空洞的区域，该方法无法应用，且如果 DEM 精度不高将引入新的相位误差，影响最终获取的形变量的精度。

3）单方向转换模型

DInSAR 只能获取雷达视线方向的位移量，为了获取冰面真实冰流速，或者将实测流速分解到单一方向验证或检校结果时，需要将单一方向位移量和真实位移量相互转换。

图 7.23 为单方向转换模型，其中 XY 为水平面，X、Y 分别为雷达影像距离向（地距）和方位向，Z 是垂直于水平面 XY 的天顶方向。雷达视线位于 XZ 平面内，入射角为 θ，即与 Z 轴的夹角，通常为已知量。d 为真实三维位移，与水平面夹角为 β。位移 d 在 XY 平面和 Z 轴的投影分别是 d_h 和 d_z，即

$$d = \frac{d_h}{\cos\beta} = \frac{d_z}{\sin\beta} \tag{7.30}$$

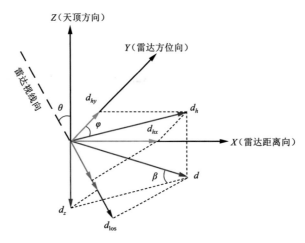

图 7.23　单方向转换模型几何示意图

图 7.23 中：d_h 与 Y 轴夹角为 φ，将 d_h 分别分解到 X、Y 轴，得到距离向和方位向的位移分量 d_{hx} 和 d_{hy}。雷达视线向位移量 d_{los} 可表示为分量 d_z、d_{hx} 和 d_{hy} 在雷达视线向的投影矢量和，而 d_{hy} 与 XZ 平面垂直，即 d_{hy} 在 d_{los} 的投影为零。则有

$$d_{los}=d_{hx}\sin\theta+d_z\cos\theta=d\cos\beta\sin\varphi\sin\theta+d\sin\beta\cos\theta \qquad (7.31)$$

假设冰流沿着冰面最大坡度方向，β 为坡度角，可通过地形数据计算得到。当地表坡度 β 很小时，平面位移 d_h 近似等于冰面位移 d，上式可写为

$$d_{los}=d\sin\varphi\sin\theta=d_h\sin\varphi\sin\theta \qquad (7.32)$$

而南极冰盖除裸露岩石、角峰和冰架边缘外，大部分地区坡度很小。图 7.24 为利用全南极 1 km 分辨率 Bamber DEM 提取的坡度图，可以看出大部分区域坡度不超过 3°，因此，采用单方向转换模型时可以利用公式（7.32）进行简化计算。

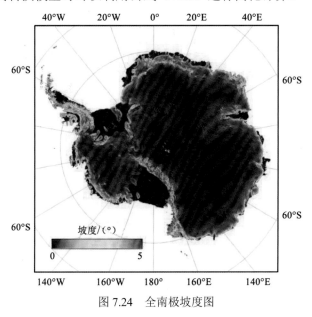

图 7.24　全南极坡度图

平面位移 d_h 与方位向 Y 夹角 φ 通常为未知量，而实测得到的冰流向可以作为先验值推算 φ，然后将实测的流速转换到雷达视线向，或者将雷达视线向冰流速转换为平面冰流速，实现与实测结果的对比分析。

4. 偏移量跟踪方法监测冰流速

1）偏移量跟踪原理

虽然 DInSAR 方法获取的形变结果分辨率高、精度高，但只能得到距离向的形变量，且在低相干区域受到限制（无法得到结果或结果不可靠）。为了弥补 DInSAR 方法的不足，偏移量跟踪方法被用来进行形变提取。该方法分辨率和精度均不如 DInSAR，但能同时获取距离向和方位向的位移量，且不受限于相干性，不涉及相位解缠问题。

偏移量跟踪方法提取冰流速的思路是，先将主辅 SAR 影像进行精确配准，再从总偏移量中分离出距离向和方位向因地表位移产生的偏移量，从而得到冰流速。常用的偏移

量跟踪方法有两种，即基于 SAR 强度影像的强度跟踪和基于相位信息的相干性跟踪。

强度跟踪利用 SAR 影像的强度信息，计算主辅影像一定大小的窗口内强度的互相关性，通过寻找互相关函数的峰值来确定偏移量。这种方法依赖于 SAR 影像特有的斑点特征，因此，也称作斑点跟踪（speckle tracking），它不受限于影像相干性，在低相干性甚至失相干情况也适用。

相干性跟踪同样是通过寻找主辅影像一定窗口内相干性峰值来确定偏移量，不过该方法不仅仅利用 SAR 影像强度信息，还利用了相位信息，因此，同 DInSAR 方法一样，对影像相干性要求高，可以作为强度跟踪的一种互补。

图 7.25 为偏移量跟踪方法提取冰流速的技术流程。在不考虑大气影响，且 SAR 数据对基线较小，研究区域地形起伏不大的情况下，认为强度跟踪方法提取的总偏移量包含轨道偏移量和冰面运动引起的位移量。因此，提取冰流速时，需从总偏移量中移除轨道偏移量，从而得到冰流引起的位移量。

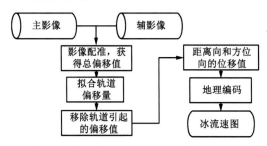

图 7.25　偏移量跟踪方法提取冰流速流程图

在获取主辅影像时，卫星的成像姿态和轨道存在差异，导致同一地物在主辅影像上成像时出现像素偏差，这种偏差称为轨道偏移量。由于欧空局以及其他机构提供的卫星轨道参数精度有限，难以精确估算轨道偏移量，一般可采用双线性多项式函数拟合轨道平面，即

$$\mathrm{off}_R = a_0 + a_1 x + a_2 y + a_3 xy \tag{7.33}$$

$$\mathrm{off}_A = b_0 + b_1 x + b_2 y + b_3 xy \tag{7.34}$$

式中：off_R、off_A 分别为距离向和方位向的轨道偏移量；x，y 为控制点在主影像中的行列号；a_i、b_i 分别为距离向和方位向的待求系数，即 off_R、off_A、x 和 y 为已知量，a_i、b_i 为待求量。数据处理中可利用流速已知的点，如稳定的岩石点（认为流速为零）或 GPS 实测点，作为控制点，采用最小二乘方法求解系数 a_i 和 b_i。

2）最小二乘联合平差

如上所述，偏移量跟踪方法提取冰流速时，需要流速已知的点作为控制点来拟合轨道偏移量，则位移量为总偏移量减去轨道偏移量，如下所示：

$$d_r = \delta_r - (a_0 + a_1 x + a_2 y) \tag{7.35}$$

$$d_a = \delta_a - (b_0 + b_1 x + b_2 y) \tag{7.36}$$

式中：d_r、d_a 分别为距离向和方位向的位移量；δ_r、δ_a 分别为距离向和方位向的总偏移量；x、y 和 a_i、b_i 的含义与式（7.33）和式（7.34）相同，为了简化计算，将 xy 项系数设置为零，试验表明忽略 xy 项对结果影响不大。

南极冰盖裸露岩石和角峰等地物分布极少，且冰流速实测结果又非常有限，因此，对于南极大部分地区几乎无控制点来拟合轨道偏移量。数据处理中充分利用已有的控制点，并在相邻影像重叠区域提取连接点，构建控制点和连接点的方法，采用联合平差的方法同时求解多对数据的轨道偏移量，从而得到绝对位移量。图 7.26 为东南极 Amery 冰架区域同一条轨道上相邻 4 景影像覆盖范围示意图，其中控制点分布在裸露的岩石上，认为岩石区域流速为零。连接点分布在相邻影像的重叠区域，连接点位移量相等。以 Frame i 和 $i+1$ 为例，说明如何构建控制点和连接点的观测方程。

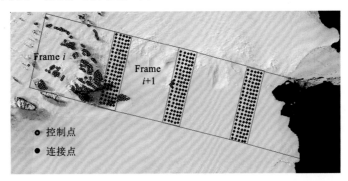

图 7.26　Amery 冰架区域同轨道数据控制点和连接点分布示意图

（1）控制点观测方程

方程（7.37）和（7.38）用来计算距离向和方位向的位移量，a_0、a_1、a_2、b_0、b_1 和 b_2 为 6 个待求未知量，冰流速控制点在求解上述未知量过程中起着至关重要的作用。控制点是位置和流速已知的点，及其距离向和方位向的坐标 x、y 和位移量 D_r、D_a 均为已知量，控制点观测方程可表示如下：

$$a_0 + a_1 x + a_2 y = \delta_r - D_r \tag{7.37}$$
$$b_0 + b_1 x + b_2 y = \delta_a - D_a \tag{7.38}$$

稳定岩石点作为冰流速控制时，认为其表面位移量为零，即 $D_r=0$，$D_a=0$。GPS 实测点作为控制点时，需要通过单方向转换模型，将位移量分解到距离向和方位向，不过南极地区 GPS 实测数据非常有限。需要充足的控制点采用最小二乘的方法来精确求解未知数，理论上至少需要 4 个非线性的冰流速控制点求解式（7.37）和式（7.38）的 6 个待求参数。控制点的质量、数量以及空间分布均会影响参数的估计，进而影响位移量的求解。如果控制点在距离向和方位向均分布良好，利用最小二乘求解的参数将有较好的可靠性和稳定性。

（2）连接点观测方程

为了获取大面积的冰流速结果需要同轨道或相邻轨道的多景 SAR 数据，如果对每对数据单独处理，则每对数据需要至少 4 个非线性的控制点，然而对于南极大部分地区都无足够数量的控制点。即使有足够数量的控制点，由于控制点精度和空间分布的差异，相邻影像重叠区域提取的冰流速结果可能会存在明显差异，在进行结果拼接时，将出现冰流速不连续的现象，影响后续的结果分析和其他应用。为了减小冰流速不连续现象，克服局部区域控制点稀缺的问题，在相邻影像的重叠区域提取连接点，同时求解所有影像的轨道偏移量参数，而不是单对数据独立求解。

连接点的冰流速可以通过它所在的两对或多对数据求出，理论上一对数据连接点处提取的冰流速应该与另一对数据连接点处提取的冰流速相等，这是构建连接点方程的限制条件。下面以同轨道相邻两对数据为例进行说明。

如图 7.26 所示，连接点位于相邻影像 i 和 $i+1$ 的重叠区域，影像 i 上的某个连接点距离向和方位向的位移量方程如下：

$$d_r = \delta_r^i - (a_0^i + a_1^i x^i + a_2^i y^i) \tag{7.39}$$

$$d_a = \delta_a^i - (b_0^i + b_1^i x^i + b_2^i y^i) \tag{7.40}$$

式中：x^i、y^i 分别为连接点在影像 i 上距离向和方位向坐标；δ_r^i、δ_a^i 分别为连接点在影像 i 上距离向和方位向偏移量；a_0^i、a_1^i、a_2^i、b_0^i、b_1^i 和 b_2^i 分别为影像 i 的 6 个待求参数。

类似地，连接点在影像 $i+1$ 上的方程如下：

$$d_r = \delta_r^{i+1} - (a_0^{i+1} + a_1^{i+1} x^{i+1} + a_2^{i+1} y^{i+1}) \tag{7.41}$$

$$d_a = \delta_a^{i+1} - (b_0^{i+1} + b_1^{i+1} x^{i+1} + b_2^{i+1} y^{i+1}) \tag{7.42}$$

式中：x^{i+1}、y^{i+1} 分别为连接点在影像 $i+1$ 上距离向和方位向坐标；δ_r^{i+1}、δ_a^{i+1} 分别为连接点在影像 $i+1$ 上距离向和方位向偏移量；a_0^{i+1}、a_1^{i+1}、a_2^{i+1}、b_0^{i+1}、b_1^{i+1} 和 b_2^{i+1} 分别为影像 $i+1$ 的 6 个待求参数。

通过式（7.39）和式（7.41）相减，式（7.40）和式（7.42）相减，得到以下连接点观测方程：

$$a_0^i + a_1^i x^i + a_2^i y^i - a_0^{i+1} - a_1^{i+1} x^{i+1} - a_2^{i+1} y^{i+1} = \delta_r^i - \delta_r^{i+1} \tag{7.43}$$

$$b_0^i + b_1^i x^i + b_2^i y^i - b_0^{i+1} - b_1^{i+1} x^{i+1} - b_2^{i+1} y^{i+1} = \delta_a^i - \delta_a^{i+1} \tag{7.44}$$

（3）构建观测方程矩阵

综合上述控制点和连接点观测方程，可以构建矩阵方程，采用最小二乘方法同时求解多景影像的未知参数。假设影像 i 和 $i+1$ 分别有 n 和 m 个控制点，在两幅影像重叠区域提取了 p 个连接点，则控制点和连接点的观测方程可写成如下矩阵形式：

$$
\begin{bmatrix}
1 & x_1^i & y_1^i & 0 & 0 & 0 & 0 & 0 & 0 & 0 & 0 & 0 \\
0 & 0 & 0 & 1 & x_1^i & y_1^i & 0 & 0 & 0 & 0 & 0 & 0 \\
\cdot & & & & & & & & & & & \cdot \\
1 & x_n^i & y_n^i & 0 & 0 & 0 & 0 & 0 & 0 & 0 & 0 & 0 \\
0 & 0 & 0 & 1 & x_n^i & x_n^i & 0 & 0 & 0 & 0 & 0 & 0 \\
0 & 0 & 0 & 0 & 0 & 0 & 1 & x_{n+1}^{i+1} & y_{n+1}^{i+1} & 0 & 0 & 0 \\
0 & 0 & 0 & 0 & 0 & 0 & 0 & 0 & 0 & 1 & x_{n+1}^{i+1} & y_{n+1}^{i+1} \\
\cdot & & & & & & & & & & & \cdot \\
0 & 0 & 0 & 0 & 0 & 0 & 1 & x_{n+m}^{i+1} & y_{n+m}^{i+1} & 0 & 0 & 0 \\
0 & 0 & 0 & 0 & 0 & 0 & 0 & 0 & 0 & 1 & x_{n+m}^{i+1} & y_{n+m}^{i+1} \\
1 & x_{n+m+1}^i & y_{n+m+1}^i & 0 & 0 & 0 & -1 & -x_{n+m+1}^{i+1} & -y_{n+m+1}^{i+1} & 0 & 0 & 0 \\
0 & 0 & 0 & 1 & x_{n+m+1}^i & y_{n+m+1}^i & 0 & 0 & 0 & -1 & -x_{n+m+1}^{i+1} & -y_{n+m+1}^{i+1} \\
\cdot & & & & & & & & & & & \cdot \\
1 & x_{n+m+p}^i & y_{n+m+p}^i & 0 & 0 & 0 & -1 & -x_{n+m+p}^{i+1} & -y_{n+m+p}^{i+1} & 0 & 0 & 0 \\
0 & 0 & 0 & 1 & x_{n+m+p}^i & y_{n+m+p}^i & 0 & 0 & 0 & -1 & -x_{n+m+p}^{i+1} & -y_{n+m+p}^{i+1}
\end{bmatrix}
\cdot
\begin{bmatrix}
a_0^i \\ a_1^i \\ a_2^i \\ b_0^i \\ b_1^i \\ b_2^i \\ a_0^{i+1} \\ a_1^{i+1} \\ a_2^{i+1} \\ b_0^{i+1} \\ b_1^{i+1} \\ b_2^{i+1}
\end{bmatrix}
=
\begin{bmatrix}
\delta_{r_1}^i - D_{r_1}^i \\
\delta_{a_1}^i - D_{a_1}^i \\
\cdots \\
\delta_{r_n}^i - D_{r_n}^i \\
\delta_{a_n}^i - D_{a_n}^i \\
\delta_{r_{n+1}}^{i+1} - D_{r_{n+1}}^{i+1} \\
\delta_{a_{n+1}}^{i+1} - D_{a_{n+1}}^{i+1} \\
\cdots \\
\delta_{r_{n+m}}^{i+1} - D_{r_{n+m}}^{i+1} \\
\delta_{a_{n+m}}^{i+1} - D_{a_{n+m}}^{i+1} \\
\delta_{r_{n+m+1}}^i - \delta_{r_{n+m+1}}^{i+1} \\
\delta_{a_{n+m+1}}^i - \delta_{a_{n+m+1}}^{i+1} \\
\cdots \\
\delta_{r_{n+m+p}}^i - \delta_{r_{n+m+p}}^{i+1} \\
\delta_{a_{n+m+p}}^i - \delta_{a_{n+m+p}}^{i+1}
\end{bmatrix}
\tag{7.45}
$$

式（7.45）一共有 $2(n+m+p)$ 个观测方程，将方程等号左边系数矩阵记为矩阵 A，等号右边记为矩阵 b，未知参数记为矩阵 X，则方程（7.45）可表示为以下一般形式：

$$AX = b \qquad (7.46)$$

利用最小二乘方法，求解未知参数方程为

$$X = (A^{\mathrm{T}}A)^{-1}A^{\mathrm{T}}b \qquad (7.47)$$

式中：A^{T} 为矩阵 A 的转置；$(A^{\mathrm{T}}A)^{-1}$ 为矩阵求逆。

7.3.2　冰盖冰流监测研究

1. 极记录冰川实验区

极记录冰川位于东南极普里兹湾地区，距离中国南极中山站以西 50 km，是英格丽德·克里斯泰森海岸最大的冰川。该区域现存三条冰川，由于三条冰川交汇的原因，极记录冰川受到挤压使得移动方向发生由西北向东的偏移。

选取 2005～2015 年的无云 Landsat 全色波段影像，运用特征跟踪的方法，可以得到极记录冰川地区的流速图（图 7.27）。

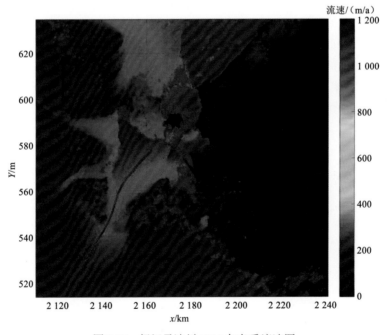

图 7.27　极记录冰川 2014 年冬季流速图

将 2005 年得到的流速图与 2015 年的结果进行比较，可以得到这十年间的年际流速变化（图 7.28）。根据实验结果可知，在极记录冰川上游方向，流速在这十年内基本没有变化；而在下游冰架部分，流速有着明显的提升。

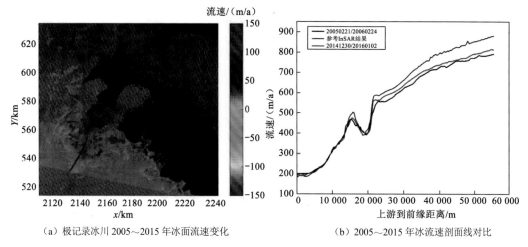

（a）极记录冰川 2005～2015 年冰面流速变化　　　　（b）2005～2015 年冰流速剖面线对比

图 7.28　极记录冰川冰面流速变化和剖面线对比

2. 格罗夫山地区

格罗夫山是中国南极科学考察的核心区域，我国在南极新建的第四个考察站——泰山站的重要任务之一就是支撑格罗夫山地区科学考察。格罗夫山距离中山站以南 400～500 km，整个格罗夫山地区的地理覆盖范围为 73°40′～76°00′ E，72°15′～73°15′ S，面积约 8 000 km²。格罗夫山是中山站-Dome A 地质和地球物理考察的主要地区，也是我国重要的陨石俘获区。因此，将格罗夫山地区作为冰流运动特征提取和分析的实验区（图 7.29）。

采用 35 d 时间间隔 Envisat 数据，利用差分干涉测量方法，获取了格罗夫山地区距离向冰流速，分辨率为 20 m，结果见图 7.30。从图中可以看出，差分干涉测量的方法获取的距离向冰流速图分辨率较高且较准确。图 7.31 显示了实验区干涉相干图和差分干涉条纹图。

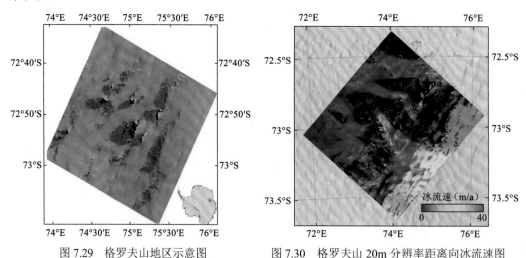

图 7.29　格罗夫山地区示意图　　　　　图 7.30　格罗夫山 20m 分辨率距离向冰流速图

利用偏移量跟踪的方法，同样采用 35 d 时间间隔 Envisat 数据，获取了格罗夫山地区的冰流速，分辨率为 200 m，结果见图 7.32。数据处理中以稳定的角峰等作为控制点，采用双线性模型拟合轨道偏移量，轨道平面拟合误差小于 0.04 个像素。图 7.32（a）和图 7.32（b）分别为偏移量跟踪提取的距离向和方位向冰流速结果。偏移量跟踪距离向结果与 DInSAR 结果很接近，但存在明显噪声，且分辨率低。方位向采样间距是距离向的 5 倍，因此，噪声少于距离向结果。

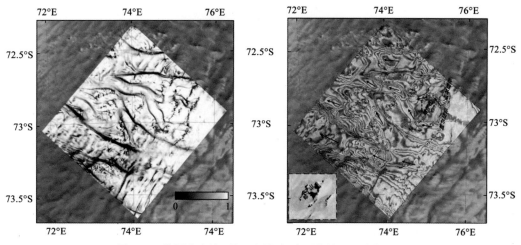

图 7.31 格罗夫山地区相干图与解缠后的差分干涉条纹图

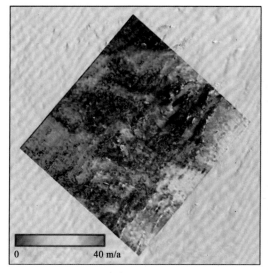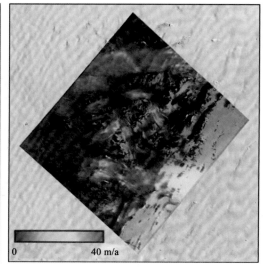

（a）偏移量跟踪距离向   （b）偏移量跟踪方位向

图 7.32 偏移量跟踪获取冰流速结果

差分干涉测量结果分辨率为 20 m，获取的是距离向位移量。偏移量跟踪方法结果分辨率为 200 m，获取的是距离向和方位向位移量。将差分干涉测量距离向结果和偏移量跟踪方位向结果进行融合，得到格罗夫山地区高分辨率、高精度的二维平面冰流速图，并提取了冰流运动方向。

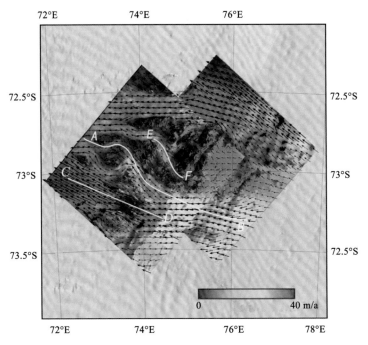

图 7.33 差分干涉测量和偏移量跟踪融合提取格罗夫山二维冰流速

格罗夫山地区内大小角峰纵横，冰流受山体阻挡减速或流向改变，冰流运动错综复杂。在无角峰阻挡的地区形成了两条主冰流速，流速相对较大，局部地区流速最大可达40 m/a。

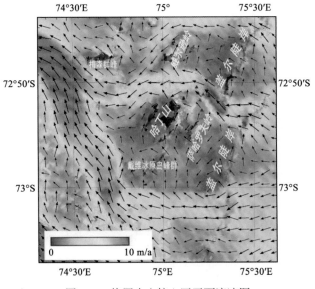

图 7.34 格罗夫山核心区平面流速图

与美国冰雪数据中心发布的全南极 450 m 分辨率冰流速结果相减，计算得到的均方根误差为 2.4 m/a。并与中国南极考察队获取的 GPS 实测结果比较，流速差异最大不超过 2 m/a，说明了提取的冰流速结果的可靠性（表 7.2）。

表 7.2　融合结果与 GPS 结果比较分析

点名	冰流速/（m/a）		$\triangle V$/（m/a）
	GPS	融合结果	融合-GPS
PLE1	3.54	2.82	−0.72
PLE2	1.11	1.39	0.28
PLE3	0.52	1.43	0.91
PLE4	5.98	7.09	1.11
PLE5	7.32	9.19	1.87
PLE6	5.40	5.60	0.20
PLE7	12.34	10.84	−1.50

3. 埃默里冰架

Lambert 冰川-Amery 冰架系统（Lambert-Amery system，LAS）是南极冰盖最大的冰流系统，东南极冰盖约 16%的冰量经 Amery 冰架排泄入海。Amery 冰架是南极第三大冰架，位于东南极北查尔斯王子山和拉斯曼丘陵之间，面积约 71 260 km^2。Fisher 冰川、Mellor 冰川及 Lambert 冰川是注入 Amery 冰架后缘的主要冰川，冰量常年向 Amery 冰架汇聚，通过狭窄的 Amery 冰架流向海洋，且 Amery 冰架入海口长度仅占南极海岸线长度的 1.7%，因而该地区在南极冰盖物质平衡研究中占有重要地位。

Amery 冰架四周分布有一定数量的岩石和角峰，这为偏移量跟踪方法提取南极冰流速提供了宝贵的控制点。图 7.35 为利用 SAR 数据提取冰流速时采用的方法与策略，绿色方框表示数据对仅采用偏移量跟踪方法提取了距离向和方位向位移量，蓝色方框表示数据对分别采用偏移量跟踪方法提取方位向结果和 DInSAR 提取距离向结果。红色点为落在岩石区域的控制点，认为冰流速为零，蓝色点是位于相邻影像重叠部分的连接点，认为连接点在不同影像上冰流速相等。

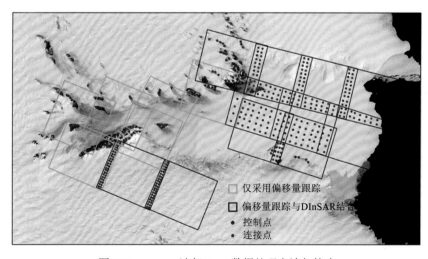

图 7.35　Amery 冰架 SAR 数据处理方法与策略

DInSAR 数据处理时采用 1（距离向）×5（方位向）的多视处理，其结果分辨率为 20 m，偏移量跟踪方法提取冰流速的采样间距为 10×50，结果分辨率为 200 m。将 DInSAR 距离向结果和偏移量跟踪方位向结果进行融合，并利用联合平差方法对结果进行校正，得到二维平面冰流速，结果分辨率为 200 m。图 7.36 为提取的 Amery 冰架冰流速结果。

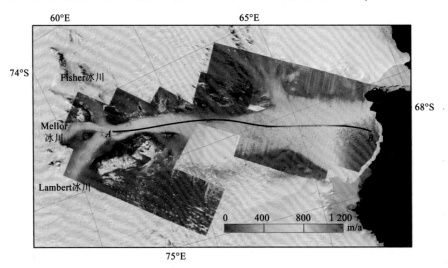

图 7.36 Amery 冰架冰流速图

用已有的 GPS 观测点对提取的冰流速结果进行精度分析，GPS 实测点分布见图 7.37，流速结果与 GPS 实测值吻合较好（表 7.3）。其中，提取的冰流速值均小于 GPS 实测值，可能由两方面的原因造成了该差异。①已有研究表明，1968～1999 年期间 Amery 冰架冰流速存在稳定、微小的下降趋势，约 2.2 m/a。使用的数据获取时间为 2010 年，晚于 GPS 观测时间，从 1999～2010 年，Amery 冰架可能仍存在冰流速下降的趋势。②研究发现北极格陵兰岛和南极冰川都存在冬季流速小于夏季流速的情况。实验采用的是南极冬季数据，Amery 冰架汇合区冰流速可能存在夏季高于冬季的季节性变化。

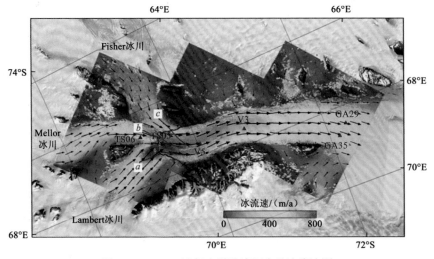

图 7.37 Amery 冰架上游冰流汇合处冰流速图

表 7.3　**Amery 冰架地区冰流速与 GPS 实测、MEaSUREs 流速的比较** 　（单位：m/a）

点名	观测年份	GPS 实测冰流速	MEaSUREs 冰流速	实验冰流速	实验结果与实测差值
TS06	2000/2001	496	483	/	/
TS05	2000/2002	768	750	754	−14
V5	1997/1998	715	684	707	−8
V3	1997/1998	623	604	592	−31
GA29	1991	382	365	370	−12
GA35	1991	395	380	368	−27

Amery 冰架是 Lambert 冰川-Amery 冰架系统冰物质排泄入海的通道，图 7.28 显示来自 Fisher、Mellor 以及 Lambert 冰川的冰流向 Amery 冰架汇集，其流速可达 800 m/a。沿着主冰流方向，冰流速下降为 350 m/a 左右，随后在靠近冰架前缘区域流速急剧上升，冰架前缘冰流速最大可达 1 500 m/a。

图 7.28 中紫色曲线标示了 Amery 冰架后缘冰川汇合区的接地线位置，蓝色曲线为剖面线 a、b 和 c。如图 7.38 所示，对于剖面线 a、b，接地线附近冰流速出现较大幅度的下降，然后上升，在极记录冰川接地线附近也发现冰流速存在类似变化特征；c 处接地线附近冰流速并未发生类似变化。接地线附近冰流速的这种变化可能是由接地线附近地形特征引起的，包括冰面地形和冰下地形。虽然冰流速在接地线附近出现上述变化特征不是绝对的，但利用冰流速的这种变化特征，可以辅助判读接地线的位置。

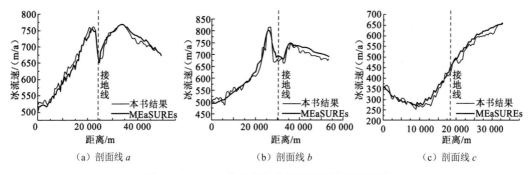

（a）剖面线 a　　　　　　（b）剖面线 b　　　　　　（c）剖面线 c

图 7.38　Amery 冰架接地线附近冰流速剖面线图

4. 中山站到冰穹 A 考察沿线

中山站到冰穹 A 是我国南极科考的重点考察路线，是我国南极科学考察的重要依托，该考察路线不仅涵盖了三个南极科学考察站，而且我国南极科学考察队在该路线上进行了多期的冰雷达探测、高程和冰流速观测等研究，积累了较丰富的实测数据（图 7.39）。1996/1997 到 2004/2005 夏季期间，中国南极科考队员在中山站到冰穹 A 考察路线上利用 GPS 进行了多期冰流速观测，结果显示冰盖边缘区域流速大于内陆，冰流从内陆向边缘流动，表现出向 Amery 冰架汇聚的趋势。

采用 2006～2008 年期间的 25 对 Envisat ASAR 数据，以及 1 对 1996 年的 ERS SAR 数据，结合差分干涉测量、偏移量跟踪等多技术手段进行冰流速提取。冰流速较大区域，如极记录冰川，采用时间基线 1 d 的 C 波段 ERS-1/2 Tandem 数据，而内陆地区的冰流速测图主要基于时间基线 35 d 和 70 d 的 Envisat 数据。通常，对于相干性较好的数据对，采用 DInSAR 提取距离向位移量，并与偏移量跟踪提取的方位向位移量融合得到二维平面冰流速；对于相干性低 DInSAR 无法应用的数据对，仅采用偏移量跟踪方法提取冰流速。采用 DInSAR 提取冰流速时，考虑到短基线数据能很好克服外部 DEM 误差影响，因此，短基线数据直接采用传统 DInSAR 的处理手段，而长基线数据则采用基线组合方法。

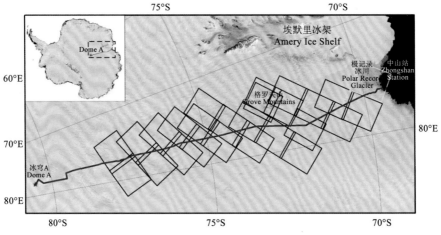

图 7.39　中山站到冰穹 A 考察沿线数据覆盖示意图

　　DInSAR 采用 1:5 多视，获取的冰流速图分辨率为 20 m；偏移量跟踪方法搜索窗口大小采用 128（距离向）×256（方位向），步长采用 10（距离向）×50（方位向），由偏移量跟踪方法获取的冰流速图分辨率为 200 m；由 DInSAR 与偏移量跟踪融合生成的冰流速图分辨率为 200 m。冰流速的绝对校准以及轨道平面的移除利用分布在 PANDA 断面的岩石点作为控制点，以及影像重叠区域的公共点作为连接点采用联合平差策略，最终生成的 PANDA 断面冰流速图，如图 7.40 所示。

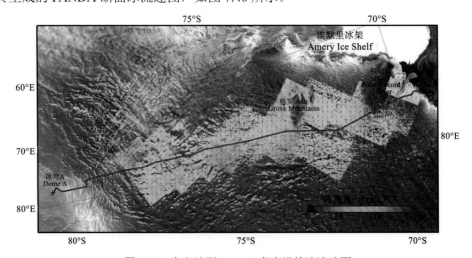

图 7.40　中山站到 DomeA 考察沿线冰流速图

　　南极冰盖表面冰物质运动主要受重力作用影响，PANDA 断面沿考察路线区域冰流总体向西北方向运动，并主要通过极记录冰川流入海洋，冰流速超过 700 m/a，其他地区冰流速不超过 100 m/a，大部分地区冰流速主要集中在 5～40 m/a。冰盖物质在运动过程中受山体阻挡、地形以及冰盖底部结构等因素影响形成快速冰流，以格罗夫山地区尤为明显。

　　将美国冰雪数据中心发布的南极地区 450 m 分辨率 MEaSUREs 冰流速与本实验流速结果进行对比分析。本实验流速结果在靠近 Dome A 的内陆地区，整体流速值比 MEaSUREs 小。而在靠近接地线和海洋的地区，本实验流速结果流速值比 MEaSUREs 大（图 7.41）。

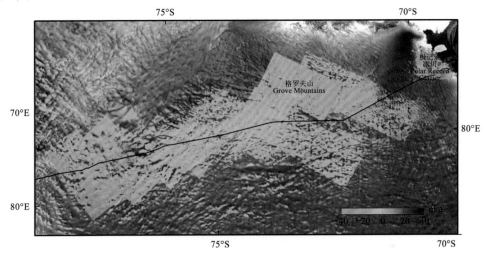

图 7.41　本实验流速结果与 MEaSUREs 冰流速差值图

　　统计分析发现，中山站到冰穹 A 考察沿线区域本实验流速结果冰流速与 MEaSUREs 冰流速差值的均值为 1.03 m/a，均方根误差为 7.6 m/a。经过直方图统计，其差值中值为 0.4 m/a，差值置信水平 95% 以上的置信区间是（−12.9～13.7 m/a）。可见本实验流速结果流速图在整体相对精度上与 MEaSUREs 相当。

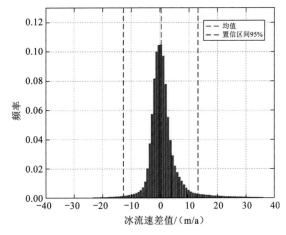

图 7.42　本实验流速结果与 MEaSUREs 冰流速差值统计直方图

7.4　南极冰盖高程变化监测

7.4.1　波形重定算法

卫星测高最初用于海洋学方面的研究，如利用 T/P 卫星监测海平面变化、研究海洋洋流和潮汐等。除了测距，回波波形还可推导出一些其他参数，这些参数与海洋学直接相关。为获得海洋学参数、获取高精度海洋重力异常和大地水准面，需要对开阔海域回波波形重新处理。

非开阔海域不同区域的回波波形在一定程度上偏离 Brown 模型，影响星载处理器得到的卫星到反射面垂距的精度。为提高卫星测高的测距精度，需要求出波形前缘中点与星载处理器采样窗口中点的偏差，对卫星测高的测距进行改正，该过程称为波形重定，目前波形重定已成为卫星测高研究的热点和难点。利用非开阔海域不同区域的回波波形进行波形重定，有利于提高测高的测距精度，恢复更多的测高数据，进而扩大测高的应用范围，如近海海平面变化的监测、两极海域海冰监测和非开阔海域海洋重力异常反演等。

利用非开阔海域回波波形进行波形重定，一方面有利于提高测高的测距精度，另一方面能利用更多的测高数据，进而扩大测高的应用范围。针对不同反射面，国内外学者提出了多种波形重定算法。根据其数据处理方式，波形重定算法分为两类，一类为统计算法，OCOG（offset center of gravity）和阈值法是其典型代表，另一类为数学拟合算法，典型代表为 β–5 算法。

OCOG 算法为经验算法，属于典型的数学统计方法，其思路通过对回波波形分析，找出其波形重心，从而得到波形前缘中点，计算公式为

$$\begin{cases} COG = \sum_{i=1+n_a}^{N-n_a} i \cdot P^2(i) \Big/ \sum_{i=1+n_a}^{N-n_a} P^2(i) \\[2mm] A = \sqrt{\sum_{i=1+n_a}^{N-n_a} P^4(i) \Big/ \sum_{i=1+n_a}^{N-n_a} P^2(i)} \\[2mm] W = \left[\sum_{i=1+n_a}^{N-n_a} P^2(i)\right]^2 \Big/ \sum_{i=1+n_a}^{N-n_a} P^4(i) \\[2mm] LEP = COG - W/2 \end{cases} \tag{7.48}$$

式中：$P(i)$ 为回波波形的第 i 个采样值；n_a 为波形前后几个混选采样点的点数；COG 为波形重心；A 为波形振幅；W 为波形宽度；LEP 为波形前缘中点。为减少波形前缘较小采样值的影响，计算时采用采样值的平方。OCOG 算法易于实施，但它未考虑海水面的物理性质。且该算法利用所有波形采样值计算，对海水面变化和测高天线指向非常敏感。当回波波形的波形前缘上升时间较长（即斜率较小）时，该算法得到的波形前缘中点出现误差，影响波形重定后的测高测距精度。

为改善两极冰盖波形重定后的测高测距精度,在 OCOG 算法基础上 Davis 等(2006)提出了阈值法，用于监测冰盖高程变化。阈值法以波形振幅 A 为基础，由指定的百分比

即阈值水平确定阈值，波形前缘中点由与该阈值两相邻采样点的采样值线性内插确定，具体计算公式如下：

$$\begin{cases} DC = \sum_{i=1}^{5} P(i)/5 \\ T_l = (A - DC) \cdot T_h + DC \\ G_r = G_{k-1} + (G_k - G_{k-1}) \dfrac{T_l - P(k-1)}{P(k) - P(k-1)} \end{cases} \tag{7.49}$$

式中：A 可用两种方法计算，一种由 OCOG 计算得到，另一种取最大值；DC 为热噪声，由波形前 5 个采样值取平均得到；T_h 为阈值水平；T_l 为与阈值水平对应的阈值；G_k 为采样值大于阈值 T_l 的采样点；G_r 为波形前缘中点。当 $P(k)$ 等于 $P(k-1)$，由 $k+1$ 代替 k。阈值法保留了 OCOG 算法的优点，并改善了 OCOG 算法，提高了波形重定后测高的测距精度。但该算法并非基于物理模型，且选取的阈值水平影响了计算结果的精度，常用的阈值水平有 0.1、0.2、0.3 和 0.5 等。

β 参数法由 Martin（1983）提出，该算法基于数学拟合，最初为提高 Seasat 在两极冰盖的测距精度。根据参数个数，β 参数法分为 β–5 与 β–9，通常采用 β–5 对单波形前缘或 β–9 对双波形前缘回波波形进行拟合。当星下点足迹中出现不同高程反射面，回波波形呈现出多波形前缘的回波波形。根据回波波形特点，首先将回波波形分为简单波形和复杂波形，然后采用相应模型对回波波形进行拟合，确定回波波形的波形前缘中点位置。

β 参数法的一般形式为

$$P(t_i) = \beta_1 + \sum_{i=1}^{2} \beta_{2i}(1 + \beta_{5i}Q_i)P\big[(t_i - \beta_{3i})/\beta_{4i}\big] \tag{7.50}$$

式中

$$Q_i = \begin{cases} 0 & , \quad t < \beta_{3i} + 0.5\beta_{4i} \\ t - \beta_{3i} - 0.5\beta_{4i} & , \quad t \geqslant \beta_{3i} + 0.5\beta_{4i} \end{cases}$$

$$P(x) = \frac{1}{2\pi}\int_{-\infty}^{x} e^{-q^2/2}, \quad q = (t_i - \beta_{3i})/\beta_{4i}$$

式中：$i=1$ 或 2 分别为单波形前缘或双波形前缘波形；未知参数中 β_1 为波形的热噪声；β_{2i} 为波形振幅；β_{3i} 为波形前缘中点；β_{4i} 为与有效波高相关的波形前缘斜率；β_{5i} 为与星下点足迹后向散射相关的波形后缘斜率。参数法为非线性形式，求解未知参数，需要对模型线性化。未知参数的求解过程，参考 Anzenhofer 经验具体分为：①给出未知参数初始值；②对未知参数求偏导；③对各采样点赋权重；④由最小二乘法求解未知参数，作为各未知参数新的初始值，进行迭代直到满足结束条件。

7.4.2　卫星测高监测南极冰盖变化算法

冰盖上冰雪的积累与消融势必会引起冰盖表面高程的变化，通过监测冰盖表面高程变化，将高程变化转换为体积变化并结合冰雪密度模型即可得到冰盖质量变化，用以评估冰盖物质平衡状态。卫星测高是唯一可高精度长时段估算冰盖高程的手段，该方法的关键在于如何确定冰盖表面的高程变化。测高卫星能够提供高精度的高程信息，在确定冰盖表面高程变化时发挥着重要作用，利用测高卫星解算冰盖表面高程变化时一般采用交叉点分析与重复轨道分析两种方法。

受到地球自转与卫星轨道倾角影响，卫星地面脚点轨道存在交叉点。一般把卫星从南向北运动形成的轨道称为卫星的升轨，从北向南运动形成的轨道称为卫星的降轨，卫星在升轨与降轨的交叉位置就会形成交叉点，如图 7.43 所示，其中灰色圆点为卫星地面脚点。交叉点分析就是利用交叉点的高程差和时间差确定地表高程变化的一种分析方法。

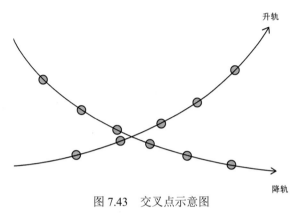

图 7.43　交叉点示意图

理论上可以通过把每段连续脚点作为一组，逐步比较所有连续脚点段，从而确定交叉点位置，但是这种方法在比较时计算时间过长，并且要求计算机内存较大，并不适合实际计算。为了解决这一问题，可以先判断升降两条轨道间是否存在交叉点，若不存在则不需要做下一步比较工作，如果存在则只需比较这两条升降轨道即可进一步判断交叉点位置。

如果轨道起始点纬度小于结束点纬度，则称为升轨；若起始点纬度大于结束点纬度，则称为降轨。但是卫星的同一条轨道会在最南端由降轨转变为升轨，首先要将同一条轨道分离成升轨与降轨两条轨道之后再判断交叉点是否存在。根据卫星轨道上地面脚点的纬度变化即可实现升轨与降轨的区分。

判断升降轨道间是否存在交叉点可先通过两个条件进行判断：①升轨第一点的经度比降轨最后一点的经度大；②升轨最后一点的经度比降轨第一点的经度小。若同时满足这两个条件，则这两条升降轨道之间可能存在交叉点，再通过拟合进一步解算交叉点位置。一般来说，交叉点位置不一定正好有测量脚点，因此，在利用交叉点计算时还需要对地面脚点进行内插。

测高卫星一般都设计有重复周期，卫星经过一段时间运行之后地面轨迹会出现重复观测的情形。利用这些重复轨道，可以更好地进行地面高程变化的研究。地面重复轨道形成的充要条件是在 $\omega+M$ 和 $\Omega-\theta$ 间存在一个非通约的两整数比值，有

$$\frac{\omega+M}{\Omega-\theta}=\frac{\alpha}{\beta} \tag{7.51}$$

式中：ω 为卫星近地点角距变化率；M 为平近点角变化率；Ω 为升交点的变化率；θ 为格林尼治时角变化率 α 和 β 均为整数。

式（7.51）的物理意义可解释为当卫星绕地球公转 α 圈时，地球由于自转作用，正好旋转了 β 圈，这样，在一个重复周期之后，卫星与地球的位置恰好回到了重复周期之前的状态，这样卫星的地面轨迹经过一个重复周期后回到原来位置，形成了重复轨道。

理论上重复轨道应该完全重合，但是由于卫星轨道摄动等其他因素会导致重复轨道间还存在一定差距。对于传统雷达测高卫星，雷达波在地面形成的脚点半径一般较大，甚至达到十几千米，而卫星重复轨道的间距一般也只有几百米的距离，因此，可以忽略重复轨道的这种不符现象带来的误差，视为轨道完全重复。

交叉点分析方法受地形影响较小，一般解算精度高。由于卫星的寿命有限，而不同卫星的设计轨道高度和倾角等轨道参数都不一样，不同卫星间一般不会有重复轨道出现，采用交叉点方法也可以比较分析不同卫星之间更长时间序列的地表高程变化。但是采用交叉点求解时，由于交叉点数量有限，导致数据的利用率较低。

由于重复轨道之间存在一定偏差，不同轨道上地面脚点的高程会受地形影响，若卫星地面脚点不完全一致的问题解决得不好，在解算高程变化时会带来较大误差，导致重复轨道方法解算精度不高。但是重复轨道方法对数据的利用量较高，能够利用绝大多数可用数据参与解算，这样会大大提高解算的可靠性。

1. 交叉点分析算法

对于一条升轨和降轨，当两者存在交叉点时，交叉点处的高程变化 $\mathrm{d}H$ 为该点升轨高程与降轨高程的差值，表示为

$$\mathrm{d}H = \begin{cases} \mathrm{d}H_R + B_A - B_D + \Delta H_S(t_A - t_D), & t_A > t_D \\ \mathrm{d}H_R + B_D - B_A + \Delta H_S(t_D - t_A), & t_A < t_D \end{cases} \quad (7.52)$$

式中：$\mathrm{d}H$ 表示观测时段交叉点的高程变化；而 t_A 与 t_D 分别为交叉点升轨与降轨的测量时间点；B_A 与 B_D 表示与方向相关的不随时间变化的测高轨道误差；$\Delta H_S(t_D - t_A)$ 表示由观测时段反射能量变化引起的高程变化。

由于交叉点数量有限，计算前通常设定好格网分辨率。格网内通常包含多个交叉点，采用 2σ 迭代去除粗差点，分别求得升降和降升对应的高程平均值，然后由无偏加权平均求得各格网的高程变化值

$$\overline{\mathrm{d}H}_{i \times j} = \frac{n_{AD}}{n_{AD} + n_{DA}} \overline{\mathrm{d}H}_{AD} + \frac{n_{DA}}{n_{AD} + n_{DA}} \overline{\mathrm{d}H}_{DA} \quad (7.53)$$

式中：n_{AD} 与 n_{DA} 分别为格网内升降交叉点及降升交叉点的点数，当 n_{AD} 与 n_{DA} 较大时，可以人为不受轨道误差的影响。假定把观测时间段平均分成 N 期，采用不同参考时间，对于任意格网点均可以求得交叉点求解高差，可用一个上三角表示该格网该时间段的高程变化矩阵

$$\overline{\mathrm{d}\boldsymbol{H}} = \begin{bmatrix} \overline{\mathrm{d}H}_{1 \times 1} & \overline{\mathrm{d}H}_{1 \times 2} & \cdots\cdots & \overline{\mathrm{d}H}_{1 \times N} \\ - & \overline{\mathrm{d}H}_{2 \times 2} & \cdots\cdots & \cdots \\ - & - & \cdots\cdots & \cdots \\ - & - & -\cdots & \overline{\mathrm{d}H}_{(N-1) \times N} \\ - & - & - & \overline{\mathrm{d}H}_{N \times N} \end{bmatrix} \quad (7.54)$$

式中：每行表示以不同参考期得到的高程变化。

国外学者早期研究通常只采用单一参考期的高程变化（以下简称 ORM），即只利用上三角的第一行数据。为利用更多的交叉点提高精度，学者们提出利用整个上三角数据 $\overline{\mathrm{d}\boldsymbol{H}}$，由于不同行之间的参考之间不同，为了有效利用 $\overline{\mathrm{d}\boldsymbol{H}}$，需要首先将不同参考期元素，转换成相同参考期的高程变化 $\overline{\mathrm{d}\boldsymbol{H}}$

$$
\overline{\mathrm{d}\boldsymbol{H}'} = \begin{bmatrix} \overline{\mathrm{d}H'}_{1\times1} & \overline{\mathrm{d}H'}_{1\times2} & \cdots\cdots & \overline{\mathrm{d}H'}_{1\times N} \\ - & \overline{\mathrm{d}H'}_{2\times2} & \cdots\cdots & \cdots \\ - & - & \cdots\cdots & \cdots \\ - & - & -\cdots & \overline{\mathrm{d}H'}_{(N-1)\times N} \\ - & - & - & \overline{\mathrm{d}H'}_{N\times N} \end{bmatrix} \tag{7.55}
$$

Ferguson 等（2004）将第一行作为参考期（以下简称静态参考算法），Li 等（2006）则以采样点数最多为选取标准，为每个格网点动态选取参考期（以下简称动态参考算法）。以 R 为参考期，则 $\overline{\mathrm{d}\boldsymbol{H}'}$ 与 $\overline{\mathrm{d}\boldsymbol{H}}$ 各元素关系如下：

$$
\overline{\mathrm{d}H'}_{i\times j} = \begin{cases} \overline{\mathrm{d}H}_{i\times j} + \overline{\mathrm{d}H}_{R\times i}, & N \geqslant i > R;\ N \geqslant j > i \\ \overline{\mathrm{d}H}_{i\times j}, & i = R;\ j = i+1,\cdots,\ N \\ \overline{\mathrm{d}H}_{i\times j} - \overline{\mathrm{d}H}_{i\times R}, & R > i \geqslant 1;\ N \geqslant j \geqslant i \end{cases} \tag{7.56}
$$

式中：$R=1$ 时动态参考算法变为静态参考算法（fixed half matrix，FHM），此时上式第三列不存在。

在此基础上，对每列数据利用加权平均计算得到高程变化的时间序列

$$
\mathrm{d}H_j = \sum_{j=1}^{N} \omega_{i\times j}\, \overline{\mathrm{d}H'}_{i\times j}, \quad j = 1,2,\cdots,\ N \tag{7.57}
$$

式中：$\omega_{i\times j}$ 为权重，与交叉点数有关。

基于 Ferguson 等（2004）的算法，进行扩展，采用以下关系，得到下三角：

$$
\overline{\Delta H'}_{i,j} = \overline{\Delta H}_{1,i} - \overline{\Delta H}_{j,i}, \quad i > j \geqslant 2 \tag{7.58}
$$

根据式（7.56）和式（7.58），得到全矩阵（以下简称 FFM）

$$
\overline{\Delta \boldsymbol{H}'} = (\overline{\Delta H'}_{i,j}) \tag{7.59}
$$

对每列数据，利用加权平均计算得到高程变化的时间序列

$$
\overline{H}_j = \sum_{i=1,i\neq j}^{N} \omega_{i,j} \cdot \overline{\Delta H'}_{i,j}, \quad j = 2,3,\cdots,\ N \tag{7.60}
$$

需要指出的是，以上计算得到的高程变化时间序列与反射能量变化时间序列高相关。为了得到修正后的高程变化时间序列，需要进行的高程变化与反射能量变化时间序列相关分析，求得两者梯度，进而求得反射能量变化引起的高程变化修正时间序列：

$$
\overline{H}_{S(j)} = -\overline{\sigma}_{0\,j} \cdot h_B \tag{7.61}
$$

2. 重复轨道分析算法

除了利用交叉点进行分析以外，重复轨道分析算法是另外一种常用的分析算法。与交叉点算法相比，重复轨道算法能利用更多的采样点，计算结果分辨率高得多。但由于

卫星测高的观测高程受到回波波形参数，如波形前缘宽度、波形后缘斜率及反射能量的影响，采用该算法时需要考虑这些因素的影响，此外地形会影响卫星测高的观测高程，需要考虑该因素。一般而言，该算法的流程为：①利用沿轨迹和重复轨迹的高度、波形前缘宽度、波形后缘斜率及反射能量信息，确定它们在空间位置的函数；②消除空间对高程、波形前缘宽度、波形后缘斜率及反射能量的影响，得到它们的时间序列；③消除波形前缘宽度、波形后缘斜率及反射能量对高程的影响；④对消除波形前缘宽度、波形后缘斜率及反射能量影响的高程时间序列分析，分析其变化特点，得到其长期变化信息。

在具体计算时，首先设定好沿轨的距离，估算沿重复轨道的计算点位置，然后设定一个半径，利用落入到计算点半径内的所有点，代入到以下方程：

$$
\begin{aligned}
H(x,y,t) = {} & H_0 + H_t t + h_1\cos(2\pi t) + h_2\sin(2\pi t) + H_{BS}BS + H_{LE}LE \\
& + H_{TS}TS + H_x x + H_y y + H_{xx}x^2 + H_{yy}y^2 + H_{xy}xy
\end{aligned}
\tag{7.62}
$$

式中：x、y 和 t 分别为位置和时间；H_0、H_t、h_1 与 h_2 这几个未知参数描述高程变化；H_{BS}、H_{LE} 与 H_{TS} 这三个未知参数描述卫星测高回波波形对高程影响；H_x、H_y、H_{xx}、H_{yy} 和 H_{xy} 这 5 个未知参数描述地形对高程影响。选取范围内所有观测点，采用最小二乘算法，迭代求解未知参数。

进行回波波形参数和地形改正后，改正后的海冰出水高度时间序列为

$$
\begin{aligned}
H_c(x,y,t) = {} & H(x,y,t) - H_{BS}BS - H_{LE}LE - H_{TS}TS \\
& - H_x x - H_y y - H_{xx}x^2 - H_{yy}y^2 - H_{xy}xy
\end{aligned}
\tag{7.63}
$$

在各格网点，基于时序分析算法，进行多尺度分析：

$$
H_c(t) = h_0 + at + bt^2 + c\cos\left[2\pi(t-t_0)\right] + d\cos\left[\pi(t-t_1)\right]
\tag{7.64}
$$

式中：t 为观测时刻；h_0 为常数；a 为长期趋势项；b 为二次项；c 和 d 为年、半年尺度分量，采用最小二乘求解各未知参数。年际变化 $h_j(t)$ 由拟合后的残差 $h_r(t)$ 滤波处理获得，以高斯滤波为例，其权重

$$
w(\Delta t) = \mathrm{e}^{-\frac{\Delta t^2}{\sigma^2}}
\tag{7.65}
$$

式中：Δt 为时间差；σ 为滤波窗口大小。

7.4.3　基于 ICESat 的南极冰盖变化

采用的数据为 ICESat 的二级数据产品，包含了南极冰盖以及格陵兰冰盖的全部测高数据——GLA12.34。由于搭载在 ICESat 卫星上的激光发射器出现故障使得 ICESat 调整了观测时间，每年只进行三期测量，每期观测时间为 30 d 左右。在解算南极冰盖表面高程变化时，对卫星数据进行了筛选剔除，其中包括卫星 2003 年 9 月 25 日至 10 月 4 日之间的数据，其重复周期为 8 d，与后来重复周期为 91 d 的数据相比，其空间分辨率较低，以及部分数据质量较差和连续测量时间较短的数据。最终只选择采用 2003～2008 年重复周期为 91 d 的 ICESat 测高数据参与南极冰盖冰雪表面高程变化量的解算，表 7.4 所示即为解算南极冰盖冰雪表面高程变化时所采用的数据。

由于仪器工作状态，大气层对激光的散射作用及云层的遮挡作用随时间和地点的变化不一样以及地形等因素的影响，使得测量得到的 GLA12 各地面脚点数据的观测精度

略有差异。GLA12 在发布数据时针对其地面脚点数据，给出了一些数据的控制指标以及改正量，用来说明其数据采集情况并对部分数据进行修正。为了保证数据精度，提高数据质量，首先对数据进行筛选，比如查看卫星轨道质量指标、姿态控制指标和高程控制指标等，去除指标不合格的数据，再对数据进行饱和度改正。为了进一步利用更为精确的数据，还去除了天线增益大于 100 或者是天线增益为 14～100，且接收能量大于 13.1 fJ 的数据。GLA12 数据是在 TOPEX/POSEIDON 椭球框架下解算得到，目前 GPS 等数据一般都是基于 WGS84 参考椭球框架下进行解算的，为了便于将解算结果和其他数据进行对比分析，在解算前先进行了坐标框架转换，实现 TOPEX/POSEIDON 框架与 WGS84 框架的坐标转换。

表 7.4　解算南极冰盖高程变化所利用的 GLA12 数据

序号	激光器工作周期	起始日期	结束日期	工作时间/天	数据大小/GB
1	L2A	2003/9/25	2003/11/18	54	2.99
2	L2B	2004/2/17	2004/3/20	33	1.74
3	L2C	2004/5/18	2004/6/20	34	1.81
4	L3A	2004/10/3	2004/11/8	37	2.02
5	L3B	2005/2/17	2005/3/24	36	1.89
6	L3C	2005/5/20	2005/6/22	34	1.90
7	L3D	2005/10/21	2005/11/23	34	1.84
8	L3E	2006/2/22	2006/3/27	34	1.80
9	L3F	2006/5/24	2006/6/25	32	1.83
10	L3G	2006/10/25	2006/11/27	34	1.78
11	L3H	2007/3/12	2007/4/14	34	1.81
12	L3I	2007/10/2	2007/11/4	36	1.85
13	L3J	2008/2/17	2008/3/21	34	1.78
14	L3K	2008/10/4	2008/10/18	15	0.821
15	L2D	2008/11/25	2008/12/17	23	1.15

由于卫星受到轨道摄动等因素的影响，使得不同周期的轨道位置并不能完全重复，总会存在一定的差异，尤其是测量的地面脚点位置往往不一致。为了能够利用重复轨道数据进行解算，减少重复轨道地面脚点不重合造成的误差，有必要将各个重复轨道数据统一到同一位置进行计算。需要利用独立的 DEM 计算测高脚点处的坡度值，通过坡度改正消除不同轨道地面脚点的不一致性。然而，南极大陆因为其特殊的恶劣环境，实测的地形数据极少，并且利用卫星观测技术得到的 DEM 分辨率又有限，南极冰盖绝大部分区域的 DEM 分辨率都很难达到 100 m 以内。而 ICESat 测高卫星的重复地面轨道间距一般不大，统计不同距离区间数据量所占比例，发现距离在 60～80 m 的数据最多，距离在 100 m 以内的数据占所有参与解算数据的比例约为 84%，说明 ICESat 重复轨道间的距离一般都在 200 m 以内。利用南极大陆现有的 DEM 计算的坡度值很难满足所需坡度的精度要求。因此，为了更好地反映卫星脚点附近的坡度情况，将坡度值作为未知参数求解。

将各个轨道上的地面脚点高程内插到同一纬度上，得到不同轨道在相同纬度上的高程值。内插点的位置和高程都由与之相邻的前后两个地面脚点利用线性内插方法得到。由于各重复轨道之间的间距较小，假设不同轨道地面脚点间的坡度为定值 α。通过坡度改正将各轨道地面脚点的高程改正到参考轨道上，解决不同轨道之间地面脚点高程位置不统一的问题。

根据最小二乘法则解方程，可求得冰盖表面高程长期随时间的变化率，年周期变化量以及坡度。利用南极冰盖表面高程长期变化率可以进一步解算得到南极冰雪质量变化率。

为了比较本书改进方法与其他方法的解算精度，利用 Moholdt 等（2010）提出的通过 DEM 求解坡度的方法以及不考虑坡度情况分别解算南极冰盖部分区域表面高程变化，并和本书的解算方法进行对比分析，比较结果如表 7.5 所示。Dome A 区域地势极其平缓，坡度较小，接近于零，并且 DEM 的空间分辨率有限，很难反映范围较小地区的真实坡度情况，因此，与不考虑坡度时的解算精度较为接近，而本解算方法能够探测较小区域的坡度分布情况，解算精度有明显提高。而在中山站区域，由于地形起伏较大，虽然 DEM 空间分辨率有限，但是还是能反映冰盖表面坡度趋势，在中山站附近 Moholdt 方法解算精度略高于不考虑坡度的方法，但是比本书的解算精度低。

表 7.5　高程变化标准差平均值　　　　　　　　　　（单位：m）

区域	不考虑坡度	DEM 求解坡度	本书方法
Dome A 区域	0.046	0.045	0.020
中山站区域	0.143	0.110	0.070

本书求解坡度采用的 DEM 数据为美国国家冰雪数据中心（NSIDC）基于 ICESat 制作的 500 m 分辨率的 DEM。利用三种方法分别在两块不同区域解算得到了其高程变化及高程变化标准差，包括内陆 Dome A 区域（70°～80° E，79°～81° S）以及沿海中山站区域（75°～85° E，68°～71° S）。比较了三种不同方法在两块区域求得的所有高程变化标准差的平均值。从表 7.5 中可以看出，不考虑坡度改正时解算得到高程变化率的标准差均值较大，解算精度较低，Moholdt 方法解算结果比不考虑坡度值的结果精度略有提高，本书方法解算得到高程变化率的标准差均值最小，精度最高。内陆区域（Dome A）由于地势平缓，坡度接近为零，而沿海区域（中山站）地势更加复杂，坡度较大，导致考虑坡度改正因素后解算精度在沿海区域的改善程度更为明显。综上所述，将坡度值作为未知数求解精度得到了提高。

南极冰盖表面高程变化率一方面受到冰雪消融影响，同时还受到冰川均衡调整以及卫星解算系统误差的影响，并且由表面高程变化率计算质量变化率时，也要考虑冰雪密度模型对计算结果的影响。因此，在利用冰盖表面高程变化研究南极冰盖物质平衡时，需要对以上因素进行讨论分析。

Gunter 等（2009）利用 ICESat 测高数据解算了平均海平面变化，并与其他测高卫星得到的平均海平面变化进行了对比分析，指出 ICESat 测高数据存在一定的系统偏差，并利用冰盖降雪量数据证明了该系统偏差具有全球性。若假设冰雪密度为 350 kg/m³，1 cm/a 的系统误差就会在南极冰盖冰雪物质平衡的计算中带入 40 Gt/a 的冰雪质量变化误差，而南极冰雪物质平衡量级也只有几十 Gt/a，由此可见，卫星数据的系统偏差必须加以精确改正。

在解算过程中考虑了系统偏差影响，由于南极冰穹顶部高程变化较小，冰雪物质损失基本为零，可能由于降雪会出现较少冰雪积累，本书选取 Dome A 区域（75°～80° E，80°～81° S）附近的解算结果分析了 ICESat 卫星的系统偏差。计算得到该区域平均高程变化率为（2.3±0.8）cm/a，而 Gunter 通过比较海洋上平均海平面变化率得出 ICESat 卫星系统偏差为 2.0 cm/a，本书计算结果和该结论较为接近，比 Gunter 求得的系统偏差稍大，考虑到冰穹地区可能存在少量冰雪积累，因此，本书在解算过程中扣除了 2 cm/a 的系统偏差。

本书一共提取了 491 条有效 ICESat 重复轨道数据参与计算，得到了南极冰盖 2003～2008 年的表面高程变化率 $\dot{h}$。去除冰川均衡调整引起的南极冰盖垂向变化以及 ICESat 卫星数据系统偏差影响之后，得到南极冰盖冰雪表面高程变化，如图 7.44 所示。

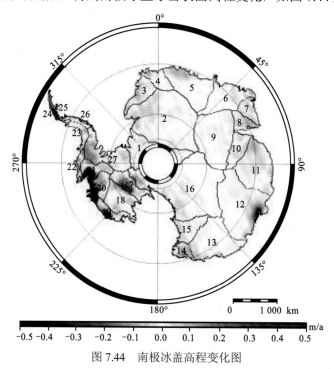

图 7.44 南极冰盖高程变化图

将图中流域 1～16 划分为东南极冰盖，流域 17～27 划分为西南极冰盖。东南极冰盖平均海拔较高，冰雪厚度较大，冰盖稳定性较好。从图中可以看出，东南极冰盖除了波因塞特角附近（流域 12）冰雪表面高程出现了比较明显的降低外，其他地区基本处于平衡状态，其中埃默里冰架西部冰盖表面高程处于整体下降趋势，而冰架东部冰盖表面高程处于略微上升状态，内陆冰盖表面高程有所增加，仅在流域 4～7 沿岸表面高程略有减小。与东南极相比，西南极冰盖平均高度较低，冰雪厚度较薄，并且冰盖稳定性较差。

图中西南极颜色分布比东南极更为丰富多彩，说明西南极冰盖较为活跃。其中，南极半岛北部（流域 24、25）冰盖处于消融状态，而靠近南极大陆区域（流域 27）冰盖表面高程又有所增加，阿蒙森海附近冰川（流域 19～21）的冰雪表面高程则在迅速下降，Kamb冰川（流域 17）冰盖表面高程增加较快，其他内陆地区冰雪表面高程略有增加。

7.5　极地冰雪物质平衡

7.5.1　物质平衡概述

　　全球气候变化是大气、海洋学及地球物理学等的交叉研究领域。南极环境与气候对全球变化起到举足轻重的作用，因此，南极地区被列入国际地圈－生物圈计划（IGBP）中全球变化研究的关键地区。南极冰盖、海冰、海洋和气候的变化不仅是全球气候变化的结果，而且对全球气候系统有显著的反馈作用。评价地球如何随着全球变暖而变化，一个有效可行的方法是研究南极环境变化以及冰盖与海洋和大气之间的相互作用。表面物质平衡（surface mass balance），顾名思义，是南极冰盖表面物质的净平衡，主要受降雪、升华/凝华、风吹雪搬运等过程影响，又称为雪积累率。南极冰盖物质的主要来源为近至沿岸海域、远至南半球中低纬度的水汽。受到气温的影响，全部水汽都以固态降水的方式降落到冰盖表面。南极冰盖的降水分布主要受距海岸距离的控制，距离海洋越远，其降水量越少。

　　两极作为冰冻圈最主要的组成部分，占据了世界 99%的冰川，如果格陵兰冰盖和南极冰盖全部融化，将使全球海平面分别上升 7 m 和 57 m。美国国家科学院指出，两极冰盖质量平衡状态是了解全球气候变化和海平面升高的关键，也是海面高变化预测的关键。实际观测资料数据表明，20 世纪全球海平面平均上升了 10～20 cm。1961～1993 年，全球海平面上升的平均速率是 1.8 mm/a，而 1993 年到现在，全球海平面上升的平均速率增加到 3.1 mm/a，且这种上升趋势仍在继续。在全球变暖情况下，导致海平面上升的因素包括两极冰盖、冰川等引起的海水质量增加及海水温盐度变化而引起的海水体积变化。然而这些因素中，南极冰盖对海平面变化贡献存在很大不确定性，南极冰盖物质平衡及其对海平面的贡献问题受到极地科学界的格外关注。

　　研究极地冰盖物质平衡的方法主要包含三种。①质量平衡法。采用摄影测量、GPS以及 InSAR 等技术测量消融的质量和降雪等输入的质量之差，该方法受到物力、财力等诸多方面的限制，难以大范围内展开。②测量冰盖高程变化。采用 ERS-1、ERS-2、Enviat、ICESat 和 Cryosat 等测高卫星测量冰盖高程变化，然后利用密度转化为质量变化。③直接测量冰盖质量变化。采用 GRACE、GOCE 等重力卫星监测南极地区时变重力场，进而定量分析极地冰盖质量变化。

　　尽管各国在南极科考中采集了非常宝贵的现场野外观测数据，但对于茫茫南极，依靠人工观测是完全不能满足大尺度南极研究需要的，空间观测技术是满足南极实际需要、监测大范围南极变化的有效观测手段。卫星测高和卫星重力 GRACE 是监测南极环境变化的主要手段。

（1）地面 GPS 测量。相对于传统的水准仪和全站仪测量，GPS 测量的优势在于能够全天候、全天时测量，而且测量精度较高。但是由于两极地区恶劣的地理和气候环境，GPS 实地测量仅适用于小区域的冰盖测量。

（2）合成孔径雷达干涉技术（InSAR）。雷达干涉测量也能够测量南极冰盖地形和地貌，有学者采用 SAR 干涉测量找到了南极地区浮冰和接地冰的接地线。由于 InSAR 的测量方式是面测量，它对冰流的监测表现出较大优势，精度达到了 10～30 m/a。因为冰川的移动速率一般比较大，所以这种变化会很容易被检测到。还有研究表明：差分干涉测量地表形变的精度高达厘米或者毫米级，这充分体现了 D-InSAR 在某些方面的技术优势。

（3）卫星测高法。传统的地面测量研究南极冰盖质量变化问题不仅费用高，而且效率低下。从这一点上讲，卫星测高技术为南极冰盖质量变化研究提供了新的手段。许多学者研究表明，不管是星载雷达测高，还是激光测高，利用卫星观测到的冰盖高程变化值，均能够通过一定方式转化为冰盖质量变化。目前发射的卫星雷达测高，如 ERS-1、ERS-2、Enviat 和 Cryosat 等，它们都有一个重大不足在于脉冲信号在地面的反射面积过大，因此，获得的星下点距离是不太精确的；而激光测高卫星，如 ICESat，脉冲信号对应地面的反射面积更小，获得的星下点距离更为精确。虽然激光测高有着更高的测量精度，但是雷达测高却有着更高的空间分辨率，它们之间存在着互补关系，因此，常常联合激光测高和雷达测高，充分发挥它们彼此的优势，对于更全面的了解南极冰盖质量平衡有着重大意义。

（4）卫星重力法。重力卫星（如 CHAMP、GOCE 和 GRACE）的主要任务是测量地球重力场，并进一步反演地球质量分布。以 2002 年发射的 GRACE 卫星为例，GRACE 卫星由两颗相同的卫星组成，两者相距约 200 km，在同一近地轨道（轨道高度约 300～500 km）上飞行，轨道倾角 89.5°，通过卫星上的微波测距系统精密测量两星之间的距离随时间的变化。GRACE 的基本工作原理是前后两星在沿轨飞行中由于受到的地球引力不同，它们的飞行轨道受摄动影响而变化，进而引起两星之间的距离、飞行速度和加速度的变化。目前，采用 GRACE 重力卫星观测数据研究两极冰盖质量变化获得了诸多成果。当然重力卫星法也存在一些问题，如空间分辨率低，观测结果受冰后回弹影响，且难以分离出来等。

7.5.2　基于 GRACE 的物质平衡研究

1. 低阶项球谐系数的处理

从 0 阶项系数开始计算，系数 C00 恒为常数，代表地球的总质量（包括固体地球、海洋及地球表面的大气层等），因此，系数残差 △C00 始终为 0。所有 $l=1$ 的球谐系数都与地球质量中心与地固参考框架中心的偏差成正比，处理这些系数一般方法是使重力场的参考椭球几何中心与地球瞬时质量中心重合，使得任意时刻 △C10= △C11= △S11=0。

作为衡量地球形状扁率的物理量，地球重力场模型系数 C20 项的量级大约是其他球谐系数量级的 103 倍以上，在时变重力场反演地球表面质量变化的计算中有着非常重要的影响。

由图 7.45 可以看出，球谐系数的误差随阶次的增加而迅速增大，因此，对于高阶次项有必要采取空间滤波和去相关滤波进行噪声误差消除。同时也可以看出，由 GRACE 单纯计算得到的位系数 C20 项误差也非常大，需要采用由 5 颗激光测卫（SLR）卫星解算得到 2001 年 1 月到 2013 年 7 月间每月的 C20 系数值进行替换，以提高反演的精度。

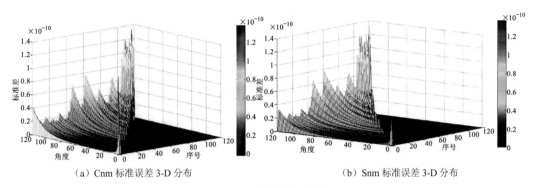

（a）Cnm 标准误差 3-D 分布　　　　　　　　（b）Snm 标准误差 3-D 分布

图 7.45　位系数标准差

图 7.46 为 SLR 与 GRACE 分别计算得到 C20 系数 2004~2011 年扣除其平均值的残差曲线，红色实线为 SLR 数据计算得到 C20 残差曲线，蓝色虚线为 GRACE 数据计算得到的 C20 残差曲线，可以看到，SLR 计算得到的 C20 残差相对于 GRACE 来说波动非常小，且比较稳定，基本在零刻度上下波动，因此，采用其进行替换是合理的。

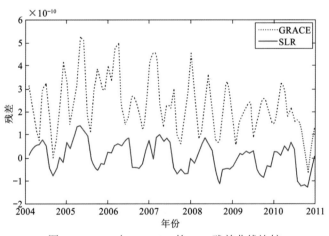

图 7.46　SLR 与 GRACE 的 C20 残差曲线比较

2．南极质量变化结果

1）数据源

目前国际上所提供的最新的 GRACE 时变重力场模型由 GFZ，UTCSR，JPL，CNES/GRGS 等机构公布。2012 年 4 月，UTCSR、JPL 和 GFZ 发布了新的 RL05 数据，一般采用 UTCSR 公布的 RL04、RL05 GSM（仅利用 GRACE 数据解算地球重力场）类型数据产品进行地球重力场的时变研究。

2）冰川均衡调整

GIA 模型是固体地球对其表面负载（冰、水）在过去时间段的变化产生的持续的黏弹性响应的一种描述。主要受到全球冰川负载历史和地球的流变性两个因素的约束，前者是通过海平面公式可以得到全球表面负载的变化，后者是地球对这些表面负载变化的响应。正是固体地球对过去冰盖质量变化的持续响应干扰了现阶段的冰盖质量变化的观测，GIA 对重力场的长周期变化的影响量级与对当前质量变化影响的量级是一致的，因此，需要对 GRACE 得到的质量变化进行扣除（图 7.47）。

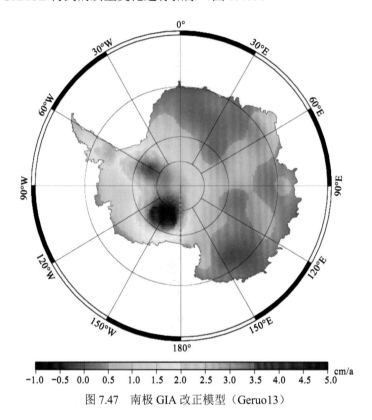

图 7.47　南极 GIA 改正模型（Geruo13）

目前有多种 GIA 模型，如 ICE-5G、IJ05、Paulson2007、W12a，Geruo13 等，最新的 Geruo13 可以从 http：//grace.jpl.nasa.gov/data/pgr/下载。

3）南极冰盖质量变化分析

扣除年变化、半年变化以及 161d 正弦变化等周期项的影响后，计算得到南极地区 10×10 格网区域冰盖质量变化的空间分布，如图 7.48 所示。

从图 7.48 中可以看出，西南极冰盖、南极半岛冰盖存在明显的质量消融现象，质量下降最明显为西南极点 A 的区域和南极半岛点 B 区域，而东南极部分区域则存在质量累积现象。东南极的点 D 和点 E 所在区域呈现质量增加趋势。

从表 7.6 可以发现这种结果存在比较大的不确定性，主要原因在于分析的时间区间不同和采用的 GIA 模型不同。同时发现南极冰盖自 2006 以后呈现加速消融的趋势，也是造成差异的一个因素。

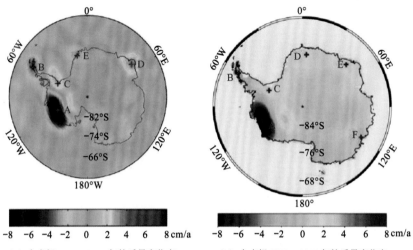

（a）全南极 2002～2006 年的质量变化率　　　（b）全南极 2002～2010 年的质量变化率

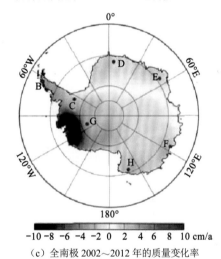

（c）全南极 2002～2012 年的质量变化率

图 7.48　南极地表质量变化率

表 7.6　南极质量变化比较

作者及年份	GRACE 数据解算机构	南极质量变化（等效体积）		
		年份	西南极/（km³/a）	东南极/（km³/a）
Velicogna 等（2006）	UTCSR	2002～2005	−148±21	0±56
Chen 等（2008）	UTCSR	2002～2005	−77±14	80±16
Ramillien 等（2006）	GRGS/ CNES	2002～2005	−107±23	67±28
鄂栋臣等（2009）	GRGS/CNES	2002～2007	−75±50	−3±46
罗志才等（2012）	UTCSR	2002～2010	−78.3	−1.6
		2002～2005	−53.9	14.7
		2006～2010	−122.7	18.6
鞠晓蕾等（2013）	UTCSR	2004～2012	−139.3±9.5	−56.4±18.4

7.6　冰　下　湖

7.6.1　冰下湖的成因及研究意义

冰下湖是存在于冰盖底部与冰下基岩之间的水体（图 7.49）。在寒冷的南极冰盖，上部平均温度为零下数十度，表面在夏季最暖的时候也难以达到融点，而巨厚的冰层下面却出现液态水体，究其形成原因地热流是其中最重要的因素。众所周知，在地球表面到处都存在地热流，其值约为 $40\sim90\ \mathrm{mW/m^2}$，地热流从下面加热冰盖底床，而数千米厚的冰层，作为良好的热绝缘体，使底部免受上部极端低温的影响。南极冰盖底部的温度状况很复杂，并受众多因素的影响，包括冰盖厚度、冰盖表面温度和积累率、冰的水平运动产生的热量传输、底部热力梯度（为地热流和底部滑动产生的热量总和），以及冰的内部变形产生的热量等。当底部冰温上升到压融点并使剩余的热量融化冰层，就会出现液态水，在重力和冰层压力的作用下聚集于低床的低洼处或冰腔中，形成了冰下湖。

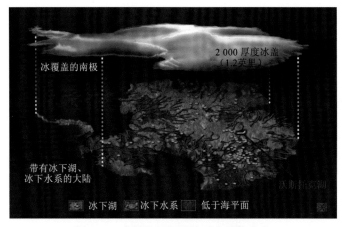

图 7.49　南极冰下湖及冰下水系的分布

关于冰下湖的起源时间，相关研究学者持有不同的观点。Kapitsa 等（1996）根据精确的表面高程与湖上浮冰厚度的关系得出，Vostok 湖为淡水湖，含盐量极低，在 0.00‰～0.05‰。这说明南极冰下湖是由冰盖底部融化形成，不是冰盖形成时封闭的残余海水。而 Duxbury 等（2001）利用二维热动力学模型，认为冰下湖在南极冰盖形成之前即 1500 万年前已存在，并在之后的时间里留存了下来，随后 Pattyn 等（2004）利用冰模型仿真也验证了这一结论，不过 Siegert（2004）对此结论存在质疑。综合各种研究，目前更倾向于冰下湖是由冰盖底部融化形成的。

冰盖底部存在融化及冰下湖的发现具有重要的地理学、地质学、气候学以及生物学等意义。

冰下湖是南极冰盖底部排水系统重要的组成部分。湖水同冰盖相互作用，会影响到冰与底床的胶结程度，进而影响到冰盖的运动、蠕变及表面地形。此外冰下湖水的循环变化规律也反映了冰下消融以及再冻结率，研究表明其量级为 $1\sim10\ \mathrm{mm/a}$。液态湖水对冰盖底部温度和热力状态具有重要影响，它提供了冰盖热力学分析重要的边界条件。

冰下湖中存在较厚的沉积物，根据 Zotivok 等（1986）的研究，当冰流过冰下湖时，由于冰下消融会产生极少量的沉积物。冰下湖可能已存在有百万年，因此，会有数百米的沉积物存储于湖水底部，这些沉积物对研究冰盖的历史进程及过去全球气候变化有潜在的价值。

冰下湖是地球上最独特和极端的环境，它们不参与大气循环且永久处于黑暗中，最低温度为−2~4℃，最大气压在 22 kPa~40 kPa。虽然不能直接获取水样，在 Vostok 冰芯中已证实在这一极端环境中有微生物的存在，因此，冰下湖具有潜在的生物学研究价值。

7.6.2　冰下湖探测识别方法

冰下湖的探测识别是一项非常艰巨的任务。现有的冰下湖探测手段主要包括无线电回波（radio-eco sounding，RES）探测、地震探测以及卫星测高三种方法。

RES 探测技术凭借无线电波能穿透大气和冰层的优势，是探测冰下湖最直接的方式。60 MHz 频率的无线电波能够穿透约 4 000 m 厚度以上的冰层，常用于冰下地形的探测。从底床反射回来的无线电波强度依赖于冰的介电性质（冰的介电常数 $\varepsilon=3.2$）和冰下物质的差异。由于水的介电常数（$\varepsilon=81$）与典型冰床（$\varepsilon=4~9$）完全不同，相对于冰–岩界面，冰–水界面的反射要强得多。而且冰–岩界面相对粗糙，造成的能量散射使回波强度进一步减弱，这使两者之间的差异更为明显。通常冰–水界面的回波强度要高出冰–岩界面 10~20 db，因此，可利用回波来识别冰下湖的位置（图 7.50）。利用 RES 探测不能得到冰下湖的深度，因为接收的回波大多是经过湖的上表面反射回来的，穿透进入水中的无线电波大多被吸收，反射的回波非常弱，不足以获取水下地形。

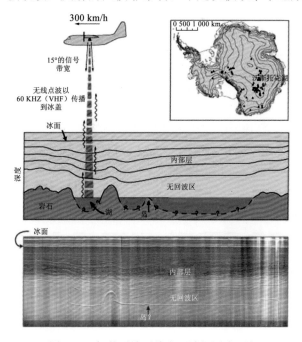

图 7.50　机载雷达无线电回波探测冰下湖

地震探测是利用埋在冰下数十米处的爆炸物作为震源，当它们爆炸时产生的弹性波穿透进入冰层，在遇到基岩或水的时候会反射回来，被地面地震检波器接收，通过分析波形用于探测识别冰下湖。新型的地震探测技术通常采用车载可控震源，探测结果更加精确。利用地震探测不仅可以获取冰下湖的位置，还可以获取深度和体积（图 7.51）。但是需要大量的人力物力，因此，只适用于小范围的监测，不适用于全南极冰下湖的探测识别。

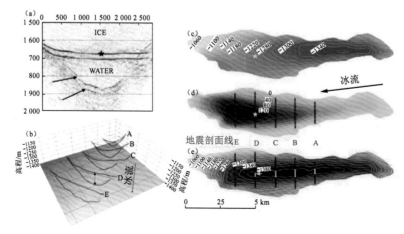

图 7.51　地震探测的 Ellsworth 冰下湖

卫星测高用于冰下湖的探测主要有两方面的原因。①冰下湖上表面水冰交界处的剪应力接近于零，位于冰下湖上的冰盖处于流体静力学平衡状态，因此，位于冰下湖上的冰盖表面地形和其周围的地形相比要更加平坦且水平，利用这一特征可根据冰盖表面地形获取冰下湖的位置及边界（图 7.52）。②近年来众多研究表明，冰下湖水的流动会使冰盖表面的高程发生变化（图 7.53），而卫星测高获取的冰盖高程精度可达到数十厘米的量

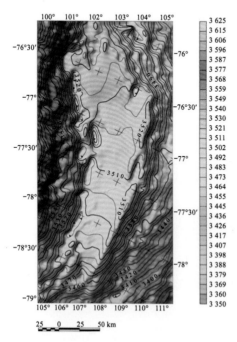

图 7.52　Vostok 湖表面地形

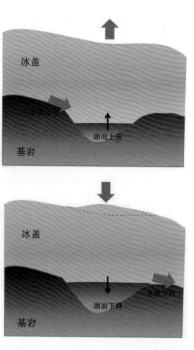

图 7.53　冰下湖水流动示意图

级，根据冰盖表面高程变化特征可探测冰下湖。测高卫星数据包括雷达测高 ERS 1/2、EnviSat 和 CryoSat-2 以及激光测高 ICESat，均可应用于冰下湖的探测。利用卫星测高数据不仅能够获取冰下湖的位置及边界范围，还可以监测冰下湖随时间的变化情况，在冰下湖的探测识别中发挥着非常重要的作用。

7.6.3　冰下湖研究进展

冰下湖最早于 1967 年在东南极俄罗斯苏维埃站附近利用 RES 探测发现。随后英国剑桥大学斯科特极地研究所（The Scott Polar Research Institute，SPRI）对南极冰盖利用 RES 进一步展开了探测，在该区域附近又有 17 个冰下湖得到确认。随着无线电回波探测技术被广泛应用，冰下地形资料日渐丰富，对冰下湖的信息也日渐详细。分析发现它们分散在南极冰盖底部，大多位于地形平坦以及水势很低的分冰岭区域。

Ridley 等（1993）根据冰面地形特征利用 RES-1 雷达测高数据获取了位于俄罗斯东方站附近的冰下湖（Vostok 湖），并结合以往的 RES 探测资料得到了该湖的详细信息。Vostok 湖是目前得到的最大最深的冰下湖。其具体位置为 76°36′ S，102°～106° E，长 280 km，宽 44 km，面积约为 14 000 km^2；湖上冰的厚度 3 700～4 200 m；湖的最大水深 1 100 m。冰下湖上的冰盖处于稳定状态。

1996 年 Siegert 等对南极的冰下湖进行了编目，列出了 77 个冰下湖的具体位置信息，直到 2005 年已有 145 个冰下湖被确认。Smith 等（2009）利用 ICESat 卫星根据冰面高程变化探测发现了 124 个活跃的冰下湖，至此已有 379 个冰下湖被发现（图 7.54）。

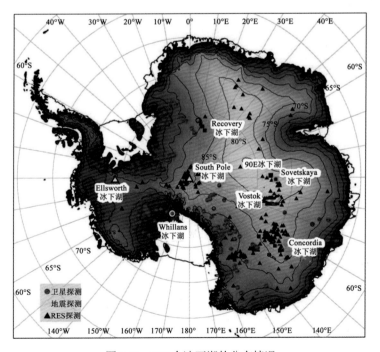

图 7.54　379 个冰下湖的分布情况

　　卫星测高技术作为一种探测冰下湖的有效方法，目前得到了广泛应用。ICESat 测高数据第一次对冰下湖的活动做了比较全面的分析，实现了由以前定性角度探测识别新的冰下湖到现在定量研究的转变。2013 年 McMillan 等利用 CryoSat-2 测高数据绘制了位于东东南极维多利亚地附近的 CookE2 冰下湖的详细地形（图 7.55），并通过分析发现该冰下湖在 2003～2006 年有 6.36 km^3 水的排出，导致冰盖产生最大约 70 m 的下降，这是目前南极排水量最大的冰下湖。冰下湖与冰盖之间的相互作用，以及冰下水文特征已成为目前研究的热点，卫星测高技术在上述研究中发挥着不可或缺的作用。

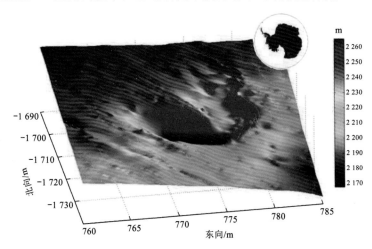

图 7.55　基于 CryoSat-2 测高数据的 CookE2 表面地形

参 考 文 献

鄂栋臣, 杨元德, 晁定波, 2009. 基于 GRACE 资料研究南极冰盖消减对海平面的影响. 地球物理学报, 52(9): 2222-2228.

鞠晓蕾, 沈云中, 张子占, 2013. 基于 GRACE 卫星 RL05 数据的南极冰盖质量变化分析. 地球物理学报, 56(9): 2918-2927.

罗志才, 李琼, 钟波, 2012. 利用 GRACE 时变重力场反演黑河流域水储量变化. 测绘学报, 41(5): 676-681.

牛牧野, 周春霞, 刘婷婷, 2016.基于改进NCC算法的东南极极记录冰川流速提取研究. 极地研究, 28(2): 243-249.

孙家抦, 霍东民, 孙朝辉, 2001. 极地记录冰川和达尔克冰川流速的遥感监测研究. 极地研究, 13(2): 117-128.

王清华, 宁津生, 任贾文, 等, 2002. 东南极 Amery 冰架与陆地冰分界线的重新划定及验证. 武汉大学学报(信息科学版), 27(6): 591-597.

王忠蕾, 张训华, 2009. 基于RS 的海岸线动态监测研究进展. 海洋地质动态, 25(4): 1-7.

张辛, 周春霞, 鄂栋臣, 等, 2013. 基于多源遥感数据的南极冰架与海岸线变化监测. 地球物理学报, 56(10): 3302-3312.

周春霞, 邓方慧, 艾松涛, 等, 2014. 利用 DInSAR 的东南极极记录和达尔克冰川冰流速提取与分析. 武汉大学学报(信息科学版), 39(8): 940-944.

ABYZOV S S, MITSKEVICH I N, POGLAZOVA M N, et al., 2001. Microflora in the basal strata at Antarctic ice core above the Vostok Lake. Advances in Space Research, 28(4): 701-706.

BINDSCHADLER R, SCAMBOS T, 1991. Satellite-image-derived velocity field of an Antarctic ice stream. Science, 252(5003): 242–246.

CARTER S P, BLANKENSHIP D D, PETERS M E, et al., 2013. Radar‑based subglacial lake classification in Antarctica[J]. Geochemistry Geophysics Geosystems, 8(3): 485-493.

CHEN J L, WILSON C R, TAPLEY B D, et al., 2008. Antarctic regional ice loss rates from GRACE. Earth and Planetary Science Letters, 266(1): 140-148.

CLARKE G K C, 2006. Glaciology: Ice-sheet Plumbing in Antarctica. Nature, 440(7087): 1000-1001.

DAVIS C H, SEGURA D M, 2001. An algorithm for time-series analysis of ice sheet surface elevations from satellite altimetry. IEEE Trans. Geosci. Remote Sens., 39: 202-206.

DAVIS C H, FERGUSON A C, 2004. Elevation change of the Antarctic ice sheet, 1995–2000, from ERS-2 satellite radar altimetry. IEEE Trans. Geosci. Remote Sens., 42: 2437-2445.

DORRER E, HOFMANN W, SEUFERT W, 1969. Geodetic results of the Ross Ice Shelf survey expeditions, 1962-63 and 1965-66. Journal of Glaciology, 8(52): 67-90.

DUXBURY N S, ZOTIKOV I A, NEALSON K H, et al., 2001. A numerical model for an alternative origin of Lake Vostok and its exobiological implications for Mars. Journal of Geophysical Research: Planets, 106(E1): 1453-1462.

FERGUSON A C, DAVIS C H, CAVANAUGH J E, 2004. Anautoregressive model for analysis of ice sheet elevation change time series. IEEE Trans. Geosci. Remote Sens., 42: 2426-2436.

FOLDVIK A, GAMMELSRØD T, 1988. Notes on Southern Ocean hydrography, sea-ice and bottom water formation. Palaeogeography Palaeoclimatology Palaeoecology, 67(1/2): 3-17.

FOLDVIK A, GAMMELSRØD T, ØSTERHUS S, et al., 2004. Ice shelf water overflow and bottom water formation in the southern Weddell Sea. Journal of Geophysical Research Atmospheres, 109(2): 235-250.

FRICKER H A, COLEMAN R, PADMAN L, et al., 2009. Mapping the grounding zone of the Amery Ice Shelf, East Antarctica using InSAR, MODIS and ICESat. Antarctic Science, 21(5): 515-532.

FU L L, CAZENAVE A, 2001. Satellite Altimetry and Earth Sciences:A Handbook of Techniques and Applications. Vol. 69. San Diego: Academic Press: 463.

GROSFELD K, GERDES R, DETERMANN J, 1997. Thermohaline circulation and interaction between ice shelf cavities and the adjacent open ocean. Journal of Geophysical Research Atmospheres, 102(1021): 15595-15610.

GUNTER B, URBAN T, RIVA R, et al., 2009. A comparison of coincident GRACE and ICESat data over Antarctica. J. Geod, 83: 1051-1060.

HUYBRECHTS P, WOLDE J D, 1999. The dynamic response of the Greenland and Antarctic Ice Sheets to multiple-century climatic warming. Journal of Climate, 12(8): 2169-2188.

JACOBS S S, HELLMER H H, DOAKE C S M, et al., 1992. Melting of ice shelves and the mass balance of Antarctica. Journal of Glaciology, 38(130): 375-387.

KAPITSA A P, RIDLEY J K, ROBIN G D Q, et al., 1996. A large deep freshwater lake beneath the ice of central East Antarctica. Nature, 381(6584): 684-686.

LANGE M A, KOHNEN H, 1985. Ice front fluctuations in the Eastern and Southern Weddell Sea. Annals of Glaciology, 6(5): 187-191.

LEGRÉSY B, RÉMY F, 2004. Antarctic ice sheet shape response to changes in outlet flow boundary conditions. Global & Planetary Change, 42(1): 133-142.

LI Y, DAVIS C H, 2006. Improved methods for analysis of decadal elevation-change time series over Antarctica. IEEE Trans. Geosci. Remote Sens., 44(10): 2687-2697.

LUCCHITTA B, FERGUSON H, 1986. Antarctica - measuring glacier velocity from satellite images. Science, 234(4780): 1105-1108.

MARTIN T V, ZWALLY H J, BRENNER A C, et al., 1983. Analysis and retracking of continental ice sheet radar altimeter waveforms. Journal of Geophysical Research, 88(C3): 1608-1616.

MASSIMO F, ALESSANDRO C, LUCA V, 1998. Comparison between glacier ice velocities inferred from GPS and sequential satellite images. Annals of Glaciology, 27: 54-60.

MASSOM R, LUBIN D, 2005. Polar Remote Sensing. Berlin: Springer.

MCMILLAN M, CORR H, SHEPHERD A, et al.,2013.Three-dimensional mapping by CryoSat-2 of subglacial lake volume changes. Geophysical Research Letters, 40(16): 4321-4327.

MOHOLDT G, NUTH C, HAGEN J, et al., 2010. Recent elevation changes of Svalbard glaciers derived from ICESat laser altimetry. Remote Sensing of Environment, 114 (11): 2756-2767.

MUELLER D R, VINCENT W F, JEFFRIES M O, 2003. Break-up of the largest Arctic ice shelf and associated loss of an epishelf lake. Geophysical Research Letters, 30(20): 313-324.

OSWALD G K A, ROBIN G Q, 1973. Lakes beneath the Antarctic ice sheet. Nature, 245: 251-254.

PATTYN F, DE SMEDT B, SOUCHEZ R, 2004. Influence of subglacial Vostok Lake on the regional ice dynamics of the Antarctic ice sheet: a model study. Journal of Glaciology, 50(171): 583-589.

RAMILLIEN G,LOMBARD A,CAZENAVE A,et al., 2006. Interannual varations of the mass balance of the Antarctica and Greenland ice sheets from GRACE.Global Planet Change, 53(3): 198-208.

RÉMY F, MINSTER J, 1997. Antarctica Ice Sheet Curvature and its relation with ice flow and boundary conditions. Geophysical Research Letters, 24(9): 1039-1042.

RIDLEY J K, CUDLIP W, LAXON S W, 1993. Identification of subglacial lakes using ERS-1 radar altimeter. J. Glaciol, 39(133): 625-634.

RIGNOT E, 1998. Radar interferometry detection of hinge-line migration on Rutford Ice Stream and Carlson Inlet, Antarctica. Annals of Glaciology, 27(11): 1195-1205.

RIGNOT E, THOMAS R H, 2002. Mass balance of polar ice sheets. Science, 297(5586): 1502-1506.

RIGNOT E, MOUGINOT J, SCHEUCHL B, 2011. Antarctic grounding line mapping from differential satellite radar interferometry. Geophysical Research Letters, 38(10): 264-265.

ROBIN G Q, SWITHINBANK C W M, SMITH B M E, 1970. Radio echo exploration of the Antarctic ice sheet. International Association of Scientific Hydrology Publication, 86: 97-115.

ROBIN G Q, DREWRY D J, MELDRUM D T, 1977. International studies of ice sheet and bedrock. Philosophical Transactions of the Royal Society of London B: Biological Sciences, 279(963): 185-196.

SCAMBOS T A, DUTKIEWICZ M J, WILSON J C, et al., 1992. Application of image cross-correlation to the measurement of glacier velocity using satellite image data. Remote Sensing of Environment, 42(3): 177-186.

SCAMBOS T A, HARAN T M, FAHNESTOCK M A, et al., 2007. MODIS-based Mosaic of Antarctica (MOA) data sets: Continent-wide surface morphology and snow grain size. Remote Sensing of Environment, 111(2-3): 242-257.

SIEGERT M J, DOWDESWELL J A, 1996. Spatial variations in heat at the base of the Antarctic ice sheet from analysis of the thermal regime above subglacial lakes. Journal of Glaciology, 42(142): 501-509.

SIEGERT M J, ELLIS-EVANS J C, TRANTER M, et al., 2001. Physical, chemical and biological processes in Lake Vostok and other Antarctic subglacial lakes. Nature, 414(6864): 603-609.

SIEGERT M J, CARTER S, TABACCO I, et al., 2005. A revised inventory of Antarctic subglacial lakes. Antarctic Science, 17(3): 453-460.

SMITH B E, FRICKER H A, JOUGHIN I R, et al., 2009.An inventory of active subglacial lakes in Antarctica detected by ICESat (2003-2008). Journal of Glaciology, 55(192): 573-595.

SOHN H G, JEZEK K C, 1999. Mapping ice sheet margins from ERS-1 SAR and SPOT imagery. International Journal of Remote Sensing, 20(15/16): 3201-3216.

SOHN H G, JEZEK K C, VEEN C J V D, 1998. Jakobshavn Glacier, west Greenland: 30 years of spaceborne observations. Geophysical Research Letters, 25(14): 2699-2702.

STACEY F D, DAVIS P M, 1977. Physics of the Earth. New York: Wiley.

STUDINGER M, BELL R E, KARNER G D, et al., 2003. Ice cover, landscape setting, and geological framework of Lake Vostok, East Antarctica. Earth and Planetary Science Letters, 205(3): 195-210.

THOMA M, GROSFELD K, MAYER C, et al., 2012. Ice-flow sensitivity to boundary processes: a coupled model study in the Vostok Subglacial Lake area, Antarctica. Annals of glaciology, 53(60): 173-180.

URBINI S, FREZZOTTI M, GANDOLFI S, et al., 2008. Historical behaviour of Dome C and Talos Dome (East Antarctica) as investigated by snow accumulation and ice velocity measurements. Global & Planetary Change, 60(3): 576-588.

VAUGHAN D G, BAMBER J L, GIOVINETTO M, et al., 1999. Reassessment of net surface mass balance in Antarctica. Journal of Climate, 12(4): 933-946.

VELICOGNA I, WAHR J, 2006. Measurements of time-variable gravity show mass loss in Antarctica. science, 311(5768): 1754-1756.

VELICOGNA I, 2009. Increasing rates ofice mass loss from the Greenland and Antarcticice sheets revealed by GRACE. Geophys. Res. Lett., 36, L19503.

WARNER R C, BUDD W F, 1998. Modelling the long-term response of the Antarctic ice sheet to global warming. Annals of Glaciology, 27: 161-168.

WEERTMAN J, 1974. Stability of the junction of an ice sheet and an ice shelf. Journal of Glaciology, 13: 3-11.

WILLIAMS R S, FERRIGNO J G, SWITHINBANK C, et al., 1995. Coastal-change and glaciological maps of Antarctica. Annals of Glaciology, 21: 284-290.

WINGHAM D J, SHEPHERD A, MUIR A, et al., 2006. Mass balance of the Antarctic ice sheet. Philosophical Transactions of the Royal Society of London a: Mathematical, Physical and Engineering Sciences, 364(1844): 1627-1635.

WONG A P S, BINDOFF N L, FORBES A,1998. Ocean-Ice Shelf Interaction and Possible Bottom Water Formation in Prydz Bay, Antarctica// Ocean, Ice, and Atmosphere: Interactions at the Antarctic Continental Margin. American Geophysical Union: 173-187.

WOODWARD J, SMITH A M, ROSS N, et al., 2010. Location for direct access to subglacial Lake Ellsworth: An assessment of geophysical data and modeling. Geophysical Research Letters, 37(11): L11501.

WRIGHT A, SIEGERT M, 2012. A fourth inventory of Antarctic subglacial lakes. Antarctic Science, 24(6): 659-664.

YI D,ZWALLY H J,CORNEJO H G, et al., 2011. Sensitivity of elevations observed by satellite radar altimeter over ice sheets to variations in backscatter power and derived corrections. CryoSat Validation Workshop 2011, Frascati, Italy.

ZHOU G, JEZEK K C,2002. Satellite photograph mosaics of Greenland from the 1960s era. International Journal of Remote Sensing, 23(6): 1143-1159.

ZHOU G, JEZEK K, WRIGHT W, et al., 2002. Orthorectification of 1960s satellite photographs covering Greenland. IEEE Transactions on Geoscience & Remote Sensing, 40(6): 1247-1259.

ZWALLY H J, BRENNER A C, MAJOR J A, et al., 1989. Growth of greenland ice sheet: measurement. Science, 246:1587-1589.

ZWALLY H J, GIOVINETTO M B, LI J, et al., 2005. Mass changes of the Greenland and Antarctic ice sheets and shelves and contributions to sea-level rise: 1992-2002. J. Glaciol. 51: 509-527.

第 8 章　极地海冰特征参数与变化监测

海冰大约占全球海洋面积的十分之一，大部分海冰存在于南北极高纬度地区。覆盖于海洋表面的海冰是气候系统的重要组成部分，影响着海表反照率、阻止了海洋的热损失，是海洋与大气间水气交换（如水汽、二氧化碳）的屏障；海冰生长过程中的析盐作用改变了海洋的密度结构，进而影响了海洋的水循环；海冰也是极地生态系统的主要组成部分，各层级动植物生长都与海冰密切相关。随着 20 世纪 60 年代 TIROS-9、Nimbus和 ESSA（environmental survey satellite）卫星的发射，可见光和近红外波段对海冰的观测就开始了，到 1972 年第一个星载被动微波辐射计（electronically scanning microwave radiometer，ESMR），人们通过卫星数据开始获取大范围、长期连续的海冰观测资料，系统地研究海冰的变化特征，进而探索海冰变化与全球气候变化的关系。海冰遥感并不仅仅限于探测海冰的存在，人们还希望获得海冰的具体特征参数，例如描述海冰类型（一年冰或多年冰）、范围、厚度、运动、冰间水道、浮冰尺寸等。这些参数都可以从不同种类和分辨率得到的遥感影像上提取或者反演得到。本章将重点介绍海冰类型、海冰密集度、海冰范围、海冰厚度和海冰温度的遥感信息获取方法。

8.1　海　冰　类　型

当前海冰类别划分主要采用基于海冰年龄（或者厚度）的分类准则，这一分类标准也和世界气象组织（World Meteorological Organization，WMO）采用的海冰分类准则相同。其中最广为人知的是加拿大冰服务（Canadian Ice Service，CIS）海冰观测手册（CIS，2005）中海冰的分类。根据海冰的生长阶段可以依次将海冰共分为 5 个大类：新冰、尼罗冰、年轻冰、一年冰和多年冰。图 8.1 展示了各种海冰类型的实景照片，不同生长阶段海冰的特征首先是冰厚不同，而冰厚一定程度上又与冰龄相对应。表 8.1 列出了世界气象组织以生长阶段为主要标准的海冰类型，同时给出了不同生长阶段海冰的厚度范围。

新冰，是最初形成的海冰，一般是针状或薄片状的细小冰晶；随着冰晶密度增大，逐渐聚集形成了黏糊状或海绵状的脂状冰。在平静海面上，降温和降雪助长冰晶体发育成脂状冰后凝固形成 10 cm 厚的连续冰层，即尼罗冰。尼罗冰是有弹性的薄冰层，在外力作用下易弯曲、易折碎成方形的片状冰块。在海冰有较小波浪作用时，冰晶或片状冰积聚时会伴随风无规则的摇摆溅水冻结，周边会向冰表面以上发育，从而形成边缘上卷、相互黏结的荷叶冰或者饼冰。由尼罗冰或饼冰积聚冻结而成的面积较大的冰层成为年轻冰，厚度约为 10～30 cm，多呈灰白色。由初期冰继续冻结发展而生成的厚冰，厚度一般为 30 cm～2 m，存在时间不超过一年，称为一年冰。存在时间超过一年，至少经过一个完整的夏季而未融化的海冰称为老冰，包括两年冰和多年冰。

（a）初生冰　　　　　　　　　（b）油脂冰

（c）尼罗冰　　　　　　　　　（d）饼状冰

（e）一年冰　　　　　　　　　（f）多年冰

图 8.1　各种海冰类型的实景照片

来源 http://aspect.antarctica.gov.au/

表 8.1　世界气象组织的海冰分类

类别名称	厚度/cm	编号	类别名称	厚度/cm	编号
New Ice，新冰	<10	1	Medium FYI，中等厚度一年冰	70～120	1.
Nilas，Ice Rind，尼罗冰，冰壳	<10	2	Thick FYI，厚一年冰	>120	4.
Young Ice，年轻冰	10～30	3	Brash，碎片		-
Gray Ice，灰冰	10～15	4	Old Ice，老冰		7.
Gray White Ice，灰白冰	15～30	5	Second Year Ice，两年冰		8.
First Year Ice（FYI，一年冰）	≥30	6	Multi-Year Ice，多年冰		9.
Thin FYI，薄一年冰	30～70	7	Ice of Land Origin，陆源冰		▲.
First Stage Thin FYI，第一阶段薄一年冰	30～50	8	Undetermined or Unknown，未确定或未知		X
Second Stage Thin FYI，第二阶段薄一年冰	50～0	9			

多年冰厚度比较大，通常情况下呈现为蓝色，多年冰的盐度比一年冰要少得多，且含有比一年冰更多的、尺寸也更大的气泡。一年冰呈现平整、成脊或粗糙的瓦砾形成的表面，随着冰龄的增长，当浮冰块在风力和洋流的作用下相互碰撞产生形变，冰体变厚且更不平整，因此，多年冰表面通常具有波动的地形，呈现交替的小丘与洼地的形式。一年冰和多年冰之间的另一个显著差异体现在它们的厚度上。海冰通过在冰水界面处的积累而生长。因此，在较老的冰层下面总有一层新生长的冰层。虽然冰厚度是区分多年冰和一年冰的参数之一，但是两种类型之间存在厚度重叠（Shokr et al., 2015）。在北极的多年冰厚度是标称 3 m 或以上，而一年冰的最大厚度约 2.5 m。受地理条件影响，海冰在北极比在南极更容易增加冰龄。北冰洋由环北极大陆包围，在北极中心区形成的海冰由波弗特海环流系统驱动可能在盆地中盘旋 7~10 年，然后向南漂流。相比之下的南极洲，海冰受洋流和大气环流驱动，从大约 60°S 的海岸向北自由漂移到更温暖的开阔水域，在那里冰消散到海洋中并融化。因此，南极海冰是高度季节性的，冬季达到的最大面积是夏季最小面积的 6 倍。与北极的季节性冰相比，厚度相对较低，最高达 1 m。南极洲夏季能留存的多年冰非常少，其中大部分的多年冰受南极半岛东侧的威德尔海环流携带和捕获，并聚集在威德尔海的西部。

除了低温环境中海冰在热力学作用下发育成不同类型，动力学过程也是海冰类型和形态发生改变的重要因素。通常海冰在不同尺度上经历着复杂永久运动的主要驱动力包括：风力、洋流、冰内部应力、地球自转偏向力、海面倾斜和潮汐力。浮冰的运动和相互作用导致了冰变形，使海冰呈现出不同的形式。小尺度的冰变形变化范围为几百米到几千米，呈现出破碎、重叠、成脊和粗糙冰表面（碎冰区）的形式。它们被冰表面的风力运动和浮冰内部和之间的相互作用力所驱动。海上航线周围的粗糙冰会影响海上交通，同时变形冰的机械负荷会威胁离岸建筑。中等尺度冰变形如冰脊、冰裂缝和冰间水道延伸数十千米，一般由中尺度的天气或者洋流所驱动。大尺度的冰变形，例如海冰汇聚和分离、剪切带，被更大的气候模式影响，从而形成上百千米到几百千米的典型特征。Hutchings 等（2011）用一系列按列布置在波弗特海的浮标来研究海冰时空尺度上的变形（从 10~140 km）。他们指出冰变形受外力和内部损耗力的某种平衡影响。这种阵列设计可以将天气活动和冰变形行为以及大和小空间尺度上的变形一致性相联系起来。

对于移动的浮冰，如果形成的冰脊垂直于盛行风或者洋流的方向，它最终会像帆船一样调整浮冰变成平行于风的方向。冲击成脊的过程会随着浮冰冲击的过程一直持续，浮冰冰块的堆积会在"冰帆"达到最大高度的时候停止，但是冰下面的进程会一直持续，因为"冰龙骨"明显比"冰帆"大（通常大 4 倍）。如果天气允许的话，从顶部冰块中流出的海水最终冻住并将冰块融合在一起。如果冰块表面融化后又结冻会更加黏合。冰脊通常线性或者近似线性地延伸几百米或者几千米。在北极，冰脊区是主要影响海洋船只航行的障碍。图 8.2 是 2012 年 4 月在弗拉姆海峡冰脊调查的过程中拍摄的，这个冰脊的高度大约 2 m，龙骨深度 6.5 m。由于冰脊比平整冰的厚度大很多，冰脊区域更容易躲过夏季的融化，而在来年冬季发育成多年冰，冰脊影响了冰厚的分布。如何探测冰脊的空间分布，恰当表达大尺度海冰模型下冰脊形成过程不仅是海洋导航同样也是极地气象学研究的兴趣。一些研究证实了冰脊在增加北极的冰厚方面具有作用（Strub-Klein, 2012;

Obert et al.，2011）。南极一年冰的冰厚很少超过 0.6 m 的，而那些冰厚超过 0.6 m 的浮冰中，冲击成脊是主要的冰厚增长机制而非热力学增长。Hibler 等（2003）在航片中测量了冰脊的影子，通过概率方法确定压力脊的高度和宽度变化分布。

图 8.2　沿着格陵兰岛东海岸的弗拉姆海峡翻转冰块形成的压力脊

图片由加拿大国家研究委员会的 D.Sudom 拍摄

不同种类的冰的可见光特性有很大不同，影响因素包括盐度、温度、厚度、气泡等。不同冰型从蓝波段到红外波段的反射率呈现下降趋势，同时反射率随冰厚增加而增大。从可见光、近红外影像上判别海冰类型的思路是根据各冰型表面辐亮度的不同，设定阈值来区分影像上对应像素的所属冰型类别。赵进平（2000）还提出"强度比"阈值法来搜索不同冰型和海水交界处图像的反差，避免由于不存在峰谷给传统二分阈值法带来的问题。

海冰的高反射率与海水的低反射率使得它们能从无云 VIR 影像上区分。例如利用 500 m 分辨率的 MODIS 影像 1～7 波段，可以通过计算归一化雪被指数 NDSI（MODIS 第 4 和第 6 波段的差和之比），结合 MODIS 第 1、2 波段的反射率，用多阈值法区分海冰和海水。对于被雪覆盖的海冰，可以用第 2 波段代替第 1 波段的阈值判定。有薄云情况下，容易造成部分云像元与海冰像元的误分与混分。张辛等（2014）提出用 MODIS 波段 5 和波段 2 的比值参与阈值法可以减少云的混分。

MODIS 云下海冰的识别要看具体云的类型，因此，首先要进行厚云与薄云的区分，然后在云分类的基础上针对不同云层情况进行云下海冰的提取。一种方法是利用 MODIS 第 2 波段和第 18 波段来反演水汽含量，用阈值判断不同云类型。薄云或透明云下地物信息是可以获取的，薄云下海冰的识别在理论上是可行的。在薄云下进行地物信息的提取时，传感器接收到的信号含有云和云下地表信息，以及大气的路径辐射信息。假设传感器接收到的薄云下影像的反射率比值约等于云下地物反射率的比值，薄云下的海冰与海水仍能使用第 2 波段和第 5 波段的比值，以及第 2 波段的阈值进行区分。在厚云或不透明云覆盖的情况下，云下地物信息完全无法获取，需要采用多幅影像合成的方法，用其中无云影像的局部区域替换有云影像的相应区域，达到去云的目的。

由于光学传感器受极夜的限制，只能使用 MODIS 红外扫描仪的亮温数据（第 31 和 32 波段）在极夜期间区分海冰与海水。但该方法对云的存在较为敏感，在云覆盖的区域，反演出的亮温数据与冰雪表面温度很接近，容易造成海冰的错误识别，因此，极夜期间的海冰提取首先要利用红外亮温波段（第 22、27、28、31、32 波段）进行云像元的识别和晴空检测。

如前所述，最常见的海冰分类标准是基于冰龄或等效厚度，这符合世界气象组织用于定义海冰发展阶段的标准。由于遥感观测的数值是由电磁波和海冰表面或雪层的相互作用决定的，只能作为厚度类型的代表指标，只有表面特征容易识别的海冰类型可以获得好的分类结果。此外，还可以基于海冰年龄进行分类，即年轻冰（包括新冰类型）、一年冰和多年冰，在气候相关的应用中常用。从光学影像上反演反照率或者从热红外影像反演表面温度都可以用于海冰分类，识别影像中对任一参数或两个参数敏感的冰类型。基于其反照率可以确定的类型如表 8.2 所示。利用反照率分类的主要干扰来自冰面积雪，特别是积雪湿度和形态发生变化时，实际反照率与典型值相比会有显著差异。使用热红外观测的原理是基于不同冰型有不同的表面温度。虽然在冬季，一年冰的温度通常比年轻冰的温度低，并且比多年冰的温度高，但是它的温度受冰厚和大气温度影响，变化范围较大。虽然在秋季和冬季可以使用表面温度来区分多年冰和季节性冰类型，但是在夏季温差较小的情况下分类精度不理想。

表 8.2 春季东南极实测标准海冰类型的宽波段（0.3～2.8 μm）反照率（Brandt et al., 2005）

冰类型	无雪	薄雪（<30 mm）	薄雪（≥30 mm）
开阔水域	0.07	—	—
油脂状冰	0.09	—	—
尼罗冰（<10 cm）	0.16	0.42	—
灰冰（10～15 cm）	0.25	0.52	0.70
灰白冰（15～30 cm）	0.35	0.62	0.74
一年薄冰（30～70 cm）	0.42	0.72	0.77
一年厚冰（>70 cm）	0.49	0.81	0.85

合成孔径雷达（SAR）主动微波具有高分辨率特点，且不受云雨和极夜等因素影响成像，通过获取海冰表面的电磁波散射信号，是进行海冰类别判译的有效手段，广泛用于小尺度范围的海冰分类研究。早期的星载 SAR 系统，例如 Radarsat-1 的发展主要是识别航行中的危险冰类型，如多年冰或严重成脊的一年冰，满足通航海冰监测的需求。表面粗糙度是影响雷达后向散射的主要因素，但它不是某种特定的基于厚度的海冰类型所独有的，而且海冰表面覆雪湿度不同也会引起后向散射系数的改变，因此，仅仅依靠 SAR 数据的后向散射系数来推断冰类型是非常困难的，特别是在夏季海冰融化时的结果不确定性更高。

基于 SAR 影像的海冰类型识别常用的图像分析技术在关于遥感图像分析的教科书中都有提到（Campbell et al., 2011；Schowengerdt，2006；Richards et al., 2005）。它们包括监督和非监督分类技术，用于组合来自不同传感器观测的数据融合方法，降维技术以及一些统计方法。分类结果的准确性取决于冰类型给定的辐射度参数的概率分布函数。分布函数之间的重叠越多，分类结果准确度越低。除利用分布函数信息外，纹理、浮冰的形状、冰脊的分布等上下文信息或者冰物候学、风场、温度场等辅助数据的有效使用，也可以提高分类结果的精度。例如采用 MODIS 可见光反射率、热红外亮温和 Radarsat-2 双极化后向散射等多源数据，利用决策树识别波弗特海海冰类型和提取冰间水道。

图 8.3 展示了经过辐射校正、入射角校正和滤波等预处理操作后，将 σ^0_{HH}、σ^0_{HV} 和 σ^0_{HV}-σ^0_{HH} 图像分别赋值为 RGB 合成的假彩色图像。多年冰块的 σ^0_{HH}、σ^0_{HV} 值都比较高，在合成影像上表现为米色的斑块，夹杂着蓝色的斑点和纹理；一年冰多附着于多年冰浮冰块边缘，呈紫红色；重冻结的冰间水道，由于盐度较高，反射率大，受 σ^0_{HH} 主导，在图像上呈现为桔色的线状结构。年轻冰表面平滑，在 σ^0_{HH} 和 σ^0_{HV} 影像的后向散射系数都比较低，两者差异较小，在图像上表现为质地均衡的蓝色条带。而新冰由于受风噪影响，其在 HH 极化的后向散射稍高于年轻冰数值，且对入射角非常敏感，在图像表现为有纹理的蓝紫色斑块。

图 8.3　Radarsat-2 彩色合成图像
R 通道 HH，G 通道 HV，B 通道 HV-HH

根据不同类型海冰的后向散射特征可以发现，海冰类型的分异在 HH 极化后向散射影像上最为显著。因此，构建分类决策树时应该以 σ^0_{HH} 作为海冰冰型分类的主要依据和首要参数。根据二分法思想，首先根据 σ^0_{HH} 阈值对影像进行分割，再根据不同冰型的其他参数特征确定海冰的冰型。σ^0_{HV} 可以用于区分出多年冰。而 σ^0_{HV}-σ^0_{HH} 图像主要用于区分出重冻结冰间水道和年轻冰。同时引入 MODIS 冰表面温度可以大大提高新冰和年轻冰分类的精度。而 MODIS 第 1 波段反射率可作为辅助数据用于分类结果的质量控制，避免错误分类。图 8.4 为联合 MODIS 可见光反射率、热红外亮温和 Radarsat-2 双极化后向散射系数，利用决策树分类法，共同识别出多年冰、一年冰、年轻冰、新冰以及重冻结的冰间水道。

多年冰
一年冰
冰间水道
年轻冰
新冰

图 8.4　基于 MODIS 冰面温度和 RS-2 后向散射系数的决策树分类结果

利用不同海冰类型后向散射统计特性，考虑海冰形成过程中的时空分布关系，引入估计语义上下文的统计分布模型，是进行海冰类别判译的有效手段。因此，构建统计分布模型对不同类型海冰极化散射特征进行描述，并将其以扩展势能的形式纳入条件随机场（conditional random fields，CRF）分类框架，该框架融合单元势函数、成对势函数以及统计势能，构建基于统计分布模型的 CRF 算法。在分布模型参数估计过程中，采用基于对数累计的参数估计方法获取不同类型海冰的统计分布特征，构建统计分布势能项。在后验概率推理过程中，基于图割模型的能量最小分割理论的最大后验概率准则，实现了多类别海冰分类。并进一步地采用空间平滑策略进行后处理，获得最终分类结果。图 8.5 基于统计分布条件随机场模型，利用 Radarsat-2 双极化数据，对薄冰，一年冰和多年冰等进行了区分。

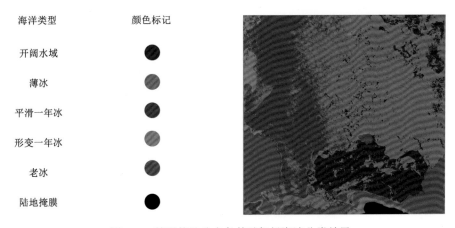

海洋类型	颜色标记
开阔水域	
薄冰	
平滑一年冰	
形变一年冰	
老冰	
陆地掩膜	

图 8.5　基于统计分布条件随机场海冰分类结果

8.2　海冰密集度

海冰密集度是海冰厚度、积雪深度和海冰表面温度估算的重要输入参数，海冰密集度还可以计算得到海冰范围和面积，并在此基础上进行海冰季节性和区域性变化研究，以及多尺度的海冰变化分析。被动微波辐射计数据得到的是特定波谱范围的地表辐射亮温数据，该数据不仅受到地物表面辐射的影响，还受到地物表面微波发射率影响，该数据不能直接反映出海冰密集度、海冰厚度等具体参数。由于海冰由不同冰龄的海冰混合而成，不同冰龄的海冰在多种因素影响下的微波比辐射率明显不同，无法利用微波比辐射率和亮温之间的直接关系来计算海冰的物理温度、海冰密集度等相关参数。最初利用被动微波辐射计 SMMR 数据估算海冰密集度时，将海冰比辐射率取一个固定值（Cavalieri et al., 1984），虽然可以估算得到海冰密集度，但该算法得到的海冰密集度精度较差，后来学者发现海水、一年冰和多年冰在被动微波不同波谱段呈现出较大的差异，因此，相关学者在这一现象基础上根据海冰在不同波段的比辐射率关系提出了 NORSEX、NASA Team（NT）、Bootstrap、Near90、the calibration-validation（Cal/Val）、 Bristol、the Technical University of Denmark hybrid（TUD）、NASA Team2（NT2）和 ARTIS Sea Ice（ASI）等多种海冰参数的估算方法。

8.2.1　基于被动微波辐射计数据的海冰密集度估算方法

相关学者根据不同冰龄的海冰在被动微波辐射计不同波谱范围呈现出的特定差异提出了多种海冰密集度估算方法。下面详细介绍几种主要的海冰密集度估算方法。

1. Bootstrap

Bootstrap 海冰密集度算法（Comiso，1986）通过被动微波辐射计高频与低频数据之间海水和海冰的极化差异特征估算海冰密集度。SSM/I 19 GHz 和 37 GHz 数据的垂直极化差异特征能较准确地区分海水和海冰，37 GHz 数据的极化差异特征能较准确地区分一年冰和多年冰，图 8.6 可清晰地描述海水和海冰的极化差异特点。

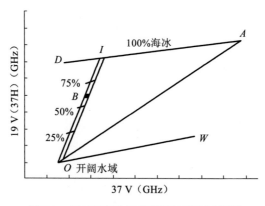

图 8.6　SSM/I 海冰密集度算法原理示意图

图 8.6 中，直线 AD 上数据点对应的海冰密集度为 100%；I 代表密集度为 100% 的某种类型海冰；OI 直线则代表这种海冰类型的不同海冰密集度。根据单通道亮温数据，结合图中 IO 直线可求海冰密集度

$$C_B = (T_B - T_O)/(T_I - T_O) \tag{8.1}$$

式中：C_B 为海冰密集度；T_B 为亮温数据；T_I 和 T_O 分别为 100% 海冰和开阔水域的参考亮温。结合两个通道的数据通过式（8.2）可以求解得到海冰密集度 C。

式中

$$T_{1I} = T_{1O} + (T_{2I} - T_{2A})(T_{1A} - T_{1D})/(T_{2A} - T_{2D}) \tag{8.2}$$

$$T_{2I} = T_{2O} + (T_{2I} - T_{2O})(T_{1B} - T_{1O})/(T_{2B} - T_{2O}) \tag{8.3}$$

可以推导得

$$T_{1I} = (T_{1A} - T_{1O} - T_{2A}S_{AD} + T_{2O}S_{OB})S_{OB}/(S_{OB} - S_{AD}) + T_{1O} - S_{OB}T_{2O} \tag{8.4}$$

$$T_{2I} = (T_{1A} - T_{1O} - T_{2A}S_{AD} + T_{2O}S_{OB})S_{OB}/(S_{OB} - S_{AD}) \tag{8.5}$$

最后可得

$$C = \left\{ \left[(T_{1B} - T_{1O})^2 + (T_{2B} - T_{2O})^2 \right] \Big/ \left[(T_{1I} - T_{1O})^2 + (T_{2I} - T_{2O})^2 \right] \right\}^{1/2} \tag{8.6}$$

式中：T_{1I} 和 T_{2I} 为截点 I 的温度值；T_{1O} 和 T_{2O} 分别为频段 1 和频段 2 开阔水域的参考亮温值；T_{1A} 和 T_{2A} 分别为频段 1 和频段 2 的 100% 海冰参考亮温值；T_{2B} 为频段 2 的测量亮温值；S_{AD} 和 S_{OB} 分别为直线 AD 和 OB 的斜率；C 为海冰密集度。

2. NT

NT 算法通过求解一组线性的代数方程组，方程将像元的辐射观测值分解到属于开阔海域、一年冰和多年冰的三个部分，各个部分的权重就是对应的密集度。

被动微波辐射亮温值（Jung et al., 2003）可以表达为

$$T_B = T_S \exp(-\tau) + T_1 + (1 - \varepsilon)T_2 \exp(-\tau) + (1 - \varepsilon)T_{SP} \exp(-2\tau) \tag{8.7}$$

式中：T_S 为表面辐射；τ 为大气透明度；T_1 为大气上行辐射；ε 为比辐射率；T_2 为大气下行辐射；T_{SP} 为空气辐射部分；T_1 和 T_2 都由大气平均温度 T_a 得到。在两极地区，大气透明度数值虽然很小，但不是总可以忽略不计。假设 $\tau \leqslant 1$ 且仅保持其一阶项，所以上式可以转变为

$$T_B = T_S + \tau \left[(2 - \varepsilon)T_a - T_S - 2(1 - \varepsilon)T_{SP} \right] + (1 - \varepsilon)T_{SP} \tag{8.8}$$

式中：最后一项的空间辐射部分一般小于 1 K，可以被忽略，第二项，大气透明项在两极地区同样可以被忽略，在极地的大部分区域这种假设是有效的，局限性是在某些区域需要给出计算海冰参数的合理解释。在这些假设的基础上，式（8.8）可以简单地理解为接收到的辐射为地物表面微波辐射。

由于海冰的形成时间、存在时间和海冰厚度存在差异，可将海冰分为一年冰和多年冰。在极地区域，式（8.8）中的后两项可被忽略，于是式（8.8）可以简单地理解为接收到的辐射为地物表面微波辐射，在极地区域，表面类型一般分为开阔水域，一年冰和多年冰，上式可以表达为

$$T_B = T_W(1-C) + T_{FY}C(1-F) + T_{MY}CF \qquad (8.9)$$

式中：T_B 为星上亮温；T_W 为开阔水域的参考亮温；F 为多年冰比例，T_{FY} 为一年冰的参考亮温；T_{MY} 为一年冰的参考亮温；C 为海冰密集度。

被动微波辐射计数据的 PR 和 GR 值分别定义为

$$PR(\lambda) = [T_B(V, \lambda) - T_B(H, \lambda)] / [T_B(V, \lambda) + T_B(H, \lambda)] \qquad (8.10)$$

$$GR(\lambda) = [T_B(V, \lambda_1) - T_B(V, \lambda_2)] / [T_B(V, \lambda) + T_B(H, \lambda_2)] \qquad (8.11)$$

对于 SMMR 数据，6.6 GHz 和 37 GHz 的极化差异可以区分开阔水域和海冰，而 19 GHz 和 37 GHz 频段的极化差异可以明显区分一年冰和多年冰，将式（8.9）代入（8.10）和（8.11）可以计算得

$$C = (A_1 + A_2 PR) / (A_3 + A_4 PR) \qquad (8.12)$$

式中

$$A_1 = T_{WV} - T_{WH} \qquad (8.13)$$

$$A_2 = -(T_{WV} + T_{WH}) \qquad (8.14)$$

$$A_3 = (T_{WV} - T_{WH}) - (T_{FYV} - T_{FYH})(1-F) - (T_{MYV} - T_{MYH})F \qquad (8.15)$$

$$A_4 = -(T_{WV} + T_{WH}) - (T_{FYV} + T_{FYH})(1-F) + (T_{MYV} + T_{MYH})F \qquad (8.16)$$

由式（8.9）和式（8.12）可计算得到多年冰比例

$$F = (B_1 + B_2 PR) / (B_3 + B_4 PR) \qquad (8.17)$$

式中

$$B_1 = [T_W(37V) - T_W(19V)](1-C) + [T_{FY}(37V) - T_{FY}(19V)]C \qquad (8.18)$$

$$B_2 = -[T_W(37V) + T_W(19V)](1-C) - [T_{FY}(37V) + T_{FY}(19V)]C \qquad (8.19)$$

$$B_3 = [T_{FY}(37V) - T_{FY}(19V)]C + [T_{MY}(37V) - T_{MY}(19V)]C \qquad (8.20)$$

$$B_4 = -[T_{FY}(37V) + T_{FY}(19V)]C + [T_{MY}(37V) + T_{MY}(19V)]C \qquad (8.21)$$

用于区分海水、一年冰和多年冰三种覆盖类型的物理基础是它们在不同频段（频率和极化）的差异。辐射比可以使海水和海冰、一年冰和多年冰在这些频段的差异更加明显。因此，利用 19 GHz 垂直和水平方向极化、以及 37 GHz 垂直方向极化的亮温的极化梯度率 PR 和光谱梯度率 GR 求解海冰密集度。

3. NT2

NT2 算法通过给辐射传输模型设置不同的大气条件，获得不同密集度下的亮温值和其他特征参数，建立一个模拟观测样本的数据库，搜索离真实观测样本最近的模拟样本，匹配最佳的密集度值。

NT2 算法通过实测值计算获得 $PR_R(19)$、$PR_R(89)$ 和 ΔGR，并在模型中搜索离真实观测样本最近的模拟样本，即 (δR) 最小时对应的海冰密集度及相应海冰类型。计算公式为

$$PR_R(19) = -GR(37V, 19V)\sin\phi_{19} + PR(19)\cos\phi_{19} \qquad (8.22)$$

$$PR_R(89) = -GR(37V,19V)\sin\phi_{85} + PR(89)\cos\phi_{85} \quad (8.23)$$

$$\Delta GR = GR(89H/19H) - GR(89V/19V) \quad (8.24)$$

$$\delta R = \left[PR_{Ri}(19) - PR_R(19)\right]^2 + \left[PR_{Ri}(89) - PR_R(89)\right]^2 + (\Delta GR_i - \Delta GR)^2 \quad (8.25)$$

式中：PR 为亮温的极化梯度率；GR 为光谱梯度率；PR_{Ri} 为由影像实测亮温值计算得到的极化梯度率；ΔGR_i 为由影像实测亮温值计算得到的光谱梯度率，计算公式同式（8.23）和式（8.24）。$PR_R(19)$ 削弱了地表分层以及粗糙度对亮温的影响，$PR_R(89)$ 可以消除海冰密集度变化和大气情况变化之间的不确定性，ΔGR 解决了低海冰密集度与被探测表面起伏所带来的影响。ϕ_{19} 和 ϕ_{85} 分别为 $PR_R(19) - GR(37V19V)$ 所组成的坐标系和 $PR_R(85) - GR(37V19V)$ 组成的坐标中 100%海冰组成的直线与 GR 坐标轴之间的夹角。根据 Markus 等（2000），ϕ_{19} 和 ϕ_{85} 的南极角度值分别为-0.59 和-0.40。

4. Near 90 GHz

该算法假定被动微波遥感影像某一像素点在海冰区域由三种地物类型组成：①表面温度为 272 K 的开阔水域，其比辐射率为 ε_W，所占比例为 C_W；②表面温度为 T_{ice} 的一年冰（包括新冰），其比辐射率为 ε_{FY}，所占比例为 C_{FY}；③表面温度为 T_{ice} 的多年冰，其比辐射率为 ε_{MY}，所占比例为 C_{MY}。

定义总体海冰密集度为 C，则有

$$1 = C_W + C_{FY} + C_{MY} \quad (8.26)$$

$$C = C_{FY} + C_{MY} \quad (8.27)$$

根据被动微波辐射传输方程可以推导得

$$T_E = 272 C_W \varepsilon_W + C_{FY} \varepsilon_{FY} T_{ice} + C_{MY} \varepsilon_{MY} T_{ice} \quad (8.28)$$

该方程适用于被动微波辐射计数据的所有频段，可由此方程得到某一频段水平和垂直方向的温度差异值表达式如下：

$$T_{EV} - T_{EH} = 272 C_W (\varepsilon_{WV} - \varepsilon_{WH}) + \left[C_{FY}(\varepsilon_{FYV} - \varepsilon_{FYH}) + C_{MY}(\varepsilon_{MYV} - \varepsilon_{MYH})\right] T_{ice} \quad (8.29)$$

在此提出一个重要的假设：频段90 GHz对应的一年冰和多年冰在垂直和水平方向上的平均比辐射率相似，差异很小，而开阔水域在垂直和水平方向上的平均比辐射率差异很大（Onstott et al., 1987；Grenfell, 1986；Matzler et al., 1984）。因此，可将 $\Delta\varepsilon_{FY} = \varepsilon_{FYV} - \varepsilon_{FYH}$ 和 $\Delta\varepsilon_{MY} = \varepsilon_{MYV} - \varepsilon_{MYH}$ 统一为 $\Delta\varepsilon_{ice}$，得

$$\Delta T_E = C(\Delta\varepsilon_{ice} T_{ice} - 272\Delta\varepsilon_w) + 272\Delta\varepsilon_w \quad (8.30)$$

根据被动微波辐射传输方程：

$$T_B = T_S + \tau\left[(2-\varepsilon)T_a - T_S - 2(1-\varepsilon)T_{SP}\right] + (1-\varepsilon)T_{SP} \quad (8.31)$$

定义 $P = T_V - T_H$ 为垂直和水平方向亮温的差值，则可得

$$P = (\Delta T_E / T_S)\exp(\tau)\exp(-\tau_1)(T_a - T_{SP}) + T_S - T_a \quad (8.32)$$

式中：$T_{SP} \approx 2.7 K$，为宇宙背景辐射温度；T_a 为大气平均温度（简单地假设在不同高度上

相等）；τ_1 为大气下行辐射的有效光学深度；τ 为大气上行辐射的光学深度，在非均质大气中，这两个参数差异较大，而在镜面反射表层之上的水平分层大气中两者相差甚小，基本可认定为 $\tau = \tau_1$，且有 $\tau = \tau_0 / \cos\theta$；$\tau_0$ 为定点光学深度；θ 为天顶角。SSM/I 数据的 $\theta \approx 50°$ 时，τ 与 τ_1 基本相同，Svendsen 等（1983）中有 $T_a \approx 1.11 T_S$，且 $T_{SP}/T_S \approx 0.01$，在以上假设下，有

$$P = \Delta T_E \exp(-\tau)\big[1.10\exp(-\tau) - 0.11\big] \tag{8.33}$$

结合上式和被动微波辐射传输方程

$$P = (aC + b)c \tag{8.34}$$

式中：$a = \Delta\varepsilon_{ice} T_{ice} - 272\Delta\varepsilon_w$；$b = 272\Delta\varepsilon_w$；$c = \exp(-\tau)\big[1.10\exp(-\tau) - 0.11\big]$。

由 $P = (aC + b)c$ 可以建立方程估算得到总体海冰密集度

$$C = \left[\left(1 + \frac{b}{a}\right)P / P_1\right] - b/a, \quad C \to 1 \tag{8.35}$$

$$C = \left(\frac{b}{a}P / P_1\right) - b/a, \quad C \to 1 \tag{8.36}$$

式中：$P_1 = P_0(1 + a/b)$。

可由式（8.34）解得海冰密集度

$$\begin{bmatrix} P_1^3 & P_1^2 & P_1 \\ P_0^3 & P_0^2 & P_0 \\ 3P_1^3 & 2P_1^2 & P_1 \\ 3P_0^3 & 2P_0^2 & P_0 \end{bmatrix} \begin{bmatrix} 1 & d_3 \\ 1 & d_2 \\ 1 & d_1 \\ 1 & d_0 \end{bmatrix} = \begin{bmatrix} 1 \\ 0 \\ 1 - 1.14 \\ -1.14 \end{bmatrix} \tag{8.37}$$

海冰特征的典型值通常为

$$b/a = 272\Delta\varepsilon_w(\Delta\varepsilon_{ice} T_{ice} - 272\Delta\varepsilon_w) = -1.14 \tag{8.38}$$

5. ASI

ASI 算法主要利用数据的高频段计算海冰密集度。根据被动微波辐射亮温值的两种极化方式，定义极化差异

$$P = T_{B,V} - T_{B,H} \tag{8.39}$$

式中：V 为垂直极化方式；H 为水平极化方式。90 GHz 在所有海冰类型处的比辐射率比较相似，但比在开阔水域处要小得多。这一特征对于极化差异 P 同样存在，因为垂直和水平极化方式的物理温度是相同的，所以只有比辐射率影响极化差异，可由大气 a_c 计算得到极化差异

$$P = P_S e^{-\tau}(1.1e^{-\tau} - 0.11) = P_S a_c \tag{8.40}$$

式中：τ 为大气透明度；P_S 为表面极化差异，在北极环境下，在漫反射面的入射角大约为 50°下，以有效温度代替垂直分层温度，这种近似是比较正确的（Svendsen et al., 1983），上式可以转变为

$$P(C) = \underbrace{\big[CP_{S,J} + (1 - C)P_{S,W}\big]}_{P_1} a_c \tag{8.41}$$

$$P_S = C P_{S,J} + (1-C) P_{S,W} \tag{8.42}$$

式中：$P_{S,W}$ 和 $P_{S,J}$ 分别为海冰表面和开阔水域表面极化差异值；C 为所求未知数海冰密集度，对于开阔水域，即 $C=0$ 时，极化差异 $P_0 = a_0 P_{S,W}$；对于 100%海冰，即 $C=1$ 时，极化差异 $P_1 = a_1 P_{S,I}$，对上式在 $C=0$ 和 $C=1$ 处做泰勒展开，忽略高阶项，得

$$P = a_0 C(P_{S,I} - P_{S,W}) + P_0, \quad C \to 0 \tag{8.43}$$

$$P = a_1(C-1)(P_{S,J} - P_{S,W}) + P_1, \quad C \to 1 \tag{8.44}$$

由上式可以求解得到海冰密集度

$$C = \left(\frac{P}{P_0} - 1\right)\left(\frac{P_{S,W}}{P_{S,I} - P_{S,W}}\right), C \to 0 \tag{8.45}$$

$$C = \frac{P}{P_1} + \left(\frac{P}{P_1} - 1\right)\left(\frac{P_{S,W}}{P_{S,I} - P_{S,W}}\right), C \to 1 \tag{8.46}$$

海冰密集度 C 与极化差异 P 呈现出非线性关系，这种非线性关系在海冰密集度 0 到 1 之间时存在，由三阶多项式拟合 C 与 P 之间的非线性关系得

$$C = d_3 P^3 + d_2 P^2 + d_1 P + d_0 \tag{8.47}$$

根据给定的 $\dfrac{P_{S,W}}{P_{S,I} - P_{S,W}}$ 和式（8.45）～式（8.47），可以通过求解以下线性方程得

$$\begin{bmatrix} P_0^3 & P_0^2 & P_0 & 1 \\ P_1^3 & P_1^2 & P_1 & 1 \\ 3P_0^3 & 2P_0^2 & P_0 & 0 \\ 3P_1^3 & 2P_1^2 & P_1 & 0 \end{bmatrix} \begin{bmatrix} d_3 \\ d_2 \\ d_1 \\ d_0 \end{bmatrix} = \begin{bmatrix} 0 \\ 1 \\ -1.14 \\ -0.14 \end{bmatrix} \tag{8.48}$$

根据上述求解过程即可以得到海冰密集度。

6. NORSEX

NORSEX 算法通过寻找最小化的成本函数计算不同类型的海冰密集度，成本函数通常代表真实观测值和模拟值的差异。

NORSEX 算法中定义一个有效表面比辐射率为 ε_{eff}，同时与之对应的表面有效温度为 T_{eff}，两者乘积为发射温度

$$T_E = \varepsilon_{\text{eff}} T_{\text{eff}} \tag{8.49}$$

在卫星高度所能接收到的辐射 T_H 可被模型化为

$$T_H = \underbrace{\varepsilon_{\text{eff}} T_{\text{eff}}(1-\varepsilon_a)}_{(1)} + \underbrace{\delta T_a \tau_a}_{(2)} + \underbrace{(1-\varepsilon_{\text{eff}})\delta T_a \tau_a (1-\tau_a)}_{(3)} + \underbrace{(1-\varepsilon_{\text{eff}})T_{\text{sp}}}_{(4)} \tag{8.50}$$

式中：（1）为通过大气看到的表面发射亮温；（2）为大气上行辐射；（3）为通过大气反射或传输回去的大气下行辐射；（4）为表面反射辐射；τ_a 为总体大气光学深度；$T_{\text{sp}} \approx 2.7\,\text{K}$，为宇宙背景辐射温度，$\delta T_a$ 为低对流层的权平均大气温度（Shutko et al., 1982；Gloersen et al., 1978）。

该方程在 $\text{e}^{-\tau_a} = 1 - \tau_a$ 且 τ_a 很小的条件下，可以转化为

$$T_E = (T_H - 2\sigma T_a \tau_a + \delta T_a \tau_a^2 - T_{\rm sp}) \big/ \big[1 - \tau_a - \beta\delta(\tau_a - \tau_a^2) - \beta(T_{\rm sp}/T_a)\big] \qquad (8.51)$$

式中：β 为接近 1 的常量；T_a 在亚北极地区一般取值为 270 K，在北极地区取为 250 K。

$$1 = C_W + C_{\rm FY} + C_{\rm MY} \qquad (8.52)$$

发射亮温值可以被看作三种地物的发射亮温之和：

$$T_E = \varepsilon_{\rm eff} T_{\rm eff} = 272 C_W \varepsilon_W + C_{\rm FY} \varepsilon_{\rm FY} T_{\rm ice} + C_{\rm MY} \varepsilon_{\rm MY} T_{\rm ice} \qquad (8.53)$$

而 $T_{\rm ice}$ 一般得不到准确的观测值，$T_{\rm ice}$ 与 T_α 表面温度之间又有如下关系：

$$T_{\rm ice} = \alpha T_\alpha + 272(1-\alpha) \qquad (8.54)$$

相关研究得出 α 的估值为 0.4，通过以上方程，结合式（8.51）～式（8.53）可以解得 $C_{\rm FY}$ 和 $C_{\rm MY}$。

7. 基于 FCLS 的海冰密集度估算方法

FCLS（fully constrained least squares）算法在传统 NT 算法的海冰密集度估算方程基础上，通过引入误差系数 n 从而获得高精度的多类型海冰的密集度结果。

NT 方法中的海冰密集度估算公式（8.7）是建立在理想状态下，而实际中的很多因素都可带来误差（n）。误差大致可以分为三种，被动微波辐射计传感器带来的误差、微波辐射传输过程带来的误差和影像成像带来的误差。被动微波辐射计在轨运行时，轨道倾角、运行轨迹的微小变化会导致接收来自物体的发射辐射产生一定的误差，而影像获取过程中因为大气传输中大气水汽带来的噪声、地表辐射向上传输过程中的能量衰减等造成的影响属于微波辐射传输过程带来的误差，接收设备本身也会造成最后获取的亮度温度值与真实亮度温度值存在差异，同时，由于影像分辨率带来的像素点与其对应的真实地物之间的复杂性也会造成实测亮度温度值与真实值的差异。因此，令得到亮度温度值的过程中总误差为 n，则 T_B 可以表达为

$$T_B = T_{\rm BW} C_w + T_{\rm BFYI} C_{\rm FYI} + T_{\rm BMYI} C_{\rm MYI} + n \qquad (8.55)$$

对于多通道微波辐射计数据，遥感影像上某个像素矢量的光谱特征可以由线性回归模型 $r = M\alpha + n$ 表示，于是式（8.55）又可以改写为

$$T = M\alpha + n \qquad (8.56)$$

式中：T 为 $t \times 1$ 列向量，为每个像素点的多通道被动微波亮温数据；t 为通道总数；M 为 $t \times 3$ 的矩阵，为 $[T_{\rm BW}\ T_{\rm BFYI}\ T_{\rm BMYI}]$，$T_{\rm BW}$，$T_{\rm BFYI}$；$T_{\rm BFYI}$ 为 $t \times 1$ 矢量，分别为不同地物类型开阔水域、一年冰和多年冰的参考亮温；$\alpha = (\alpha_1,\ \alpha_2,\ \alpha_3)^{\rm T} = (C_w,\ C_{\rm FYI},\ C_{\rm MYI})^{\rm T}$ 为 3×1 的向量，含义为开阔水域比例、一年冰海冰密集度和多年冰海冰密集度。

在上式中，n 为噪声和模型化的误差，可以应用最小二乘法得到最优海冰密集度解。最小二乘法通过最小化结果偏差（噪声）的平方之和可获得较好的估算结果。以往的海冰密集度算法中，求解结果会出现海冰密集度值大于 1 或小于 0 的值，对这种情况的解决方法一般为强制赋值，将大于 1 的解赋值为 1，而小于 0 的解赋值为 0，无法再求解过程中保证海冰密集度的物理意义。根据海冰密集度应有的属性，最小二乘解结果应满足

以下两个约束条件：①ASC，每个像素中的所有表面地物覆盖类型比例的总和等于 $1(\sum_{j=1}^{3}\alpha_{j=1}1)$；②ANC，某个像素中的每种表面覆盖类型的比例是一个非负的值（$\alpha_j \geqslant 0$；$1 \leqslant j \leqslant 3$）。为了同时满足上述两个约束，基于最小二乘法，本书提出利用 FCLS 方法求解海冰密集度，优化函数可归纳为

$$\min_\alpha \|T - M\alpha\|_F^2 \ s.t. \ \alpha \geqslant 0, \ \mathbf{1}^T\alpha = 1 \tag{8.57}$$

式中：$\|X\|_F = \left[\mathrm{tr}(X^T X)\right]^{\frac{1}{2}}$ 为矩阵 X 的 Frobenius 范数，$\alpha \geqslant 0$ 为 ANC 条件，$\mathbf{1}^T\alpha = 1$ 为 ASC 条件。FCLS 详细求解过程显示，ANC 和 ASC 条件可以保证 FCLS 方法求解所得解的精确性和优越性，同时也保证了所求解参数 C_w，C_{FYI}，C_{MYI}（开阔水域比例、一年冰海冰密集度和多年冰海冰密集度）的实际物理意义。

基于 FCLS 的海冰密集度估算方法中开阔水域、一年冰和多年冰的参考亮温参照 NT 算法，极化差异特征 PR 和 GR 参考值由以上参考亮温得到，取值如表 8.3 所示。

表 8.3 参考亮温及极化差异值

频段	表面覆盖类型		
	开阔水域	一年冰	多年冰
19.4 H	100.3	237.8	193.7
19.4 V	176.6	249.8	221.6
37 V	200.5	243.3	190.3
PR	0.275 55	0.024 61	0.067 18
GR	0.063 37	−0.013 18	−0.075 98

基于 FCLS 的算法使用两种数据组合进行结算，第一种仅使用数据的极化差异 PR 和 GR 值，称为 FCLS（2 波段）算法；为了更好地利用原始数据，第二种使用数据的原始波段数据加极化差异值，称为 FCLS（5 波段）算法。

在上述 FCLS 应用于海冰密集度求解的过程中，假设 M（$[T_{BW} \ T_{BFYI} \ T_{BMYI}]$）开阔水域、一年冰和多年冰参考亮温为其所对应的真实值，但在实际情况下，由于海表地物的复杂性、海冰表面积雪带来的误差、不同季节和不同气候条件导致的参考亮温变化，或者某些地物类型混合的表面温度与开阔水域、一年冰或多年冰参考亮温相同等都会导致参考亮温与真实值不一致，给求解过程带来一定的误差。

8.2.2 基于被动微波辐射计数据的海冰密集度估算方法精度分析

1. FCLS、Bootstrap 和 NT 海冰密集度估算方法验证

1）ASPeCt 船测数据

ASPeCt 是成立于 1996 年的南极研究科学委员会（SCAR）物理科学小组中的多学科南极海冰区域研究的一个专家小组，其目标是通过持续的现场实验、遥感手段和数值模拟来提高对南极海冰区的了解（Worby et al., 2008）。

　　海冰密集度通过专业训练的人员目测得到，考虑到舰船的视场角比微波传感器的视场角要小得多，每隔 10%间距给出海冰密集度观测值，观测航线尽量选择低海冰密集度区域（Worby et al., 2008）。观测值在轮船的前面目测估计开阔水域和海冰的比例，在船的右舷和左舷分别观测，取平均值进行记载。在海冰密集度低于 70%的海冰区域，尽管有比较好的训练，也难以精确估计海冰密集度。在这种情况下，真实的海冰密集度通常随着目视距离的变化有较大的变化，这样测量（低海冰密集度）的误差大概是 10%～20%。对于海冰密集度高于 70%的区域，观测的误差相对较小，只有 5%～10%。当海冰密集度达到 90%～100%，误差更小。当海冰密集度小于 60%时，轮船将选择开阔水域或者按照目标前进，这意味着海冰密集度观测值会被低估 10%以上。在航海期间的大气能见度不同，记录的平均海冰密集度与不同区域有关，理想状态下，观测值需要过滤掉大气能见度和天气情况的影响。在视线范围观测时，对不同的冰类型（主要海冰类型，次要海冰类型，第三种海冰类型），由于空间的差异和实地辨别不同海冰类型的信息而导致各种海冰类型海冰密集度的精确度甚至低于 20%。实验中用到的 ASPeCt 船测数据分布情况如图 8.7 所示。

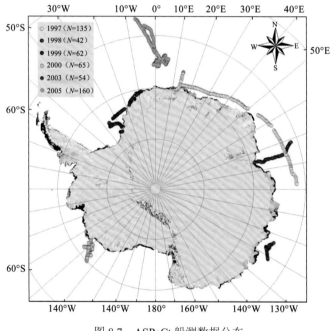

图 8.7　ASPeCt 船测数据分布

2）不同算法对总体海冰密集度估算精度对比

　　精度验证利用 NT 算法对海冰密集度结果、Bootstrap 算法海冰密集度结果、FCLS 算法海冰密集度结果和 ASPeCt 船测海冰密集度数据进行验证。选取了 1997～2005 年 518 个点数据进行对比，结果如图 8.8 所示。

　　结果显示 FCLS 算法的 2 波段、3 波段、5 波段估算结果精度均优于 NT 算法和 Bootstrap 算法。在对比中发现，FCLS 算法的 5 波段精度结果的 Bias 值最低，这也表明在估算总体海冰密集度时其结果更接近于实际观测值。图 8.9 展示了不同算法海冰密集度的结果。

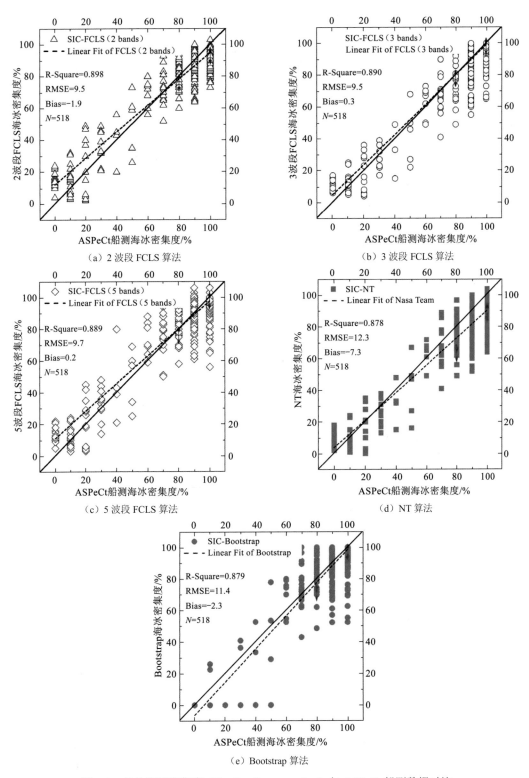

（a）2 波段 FCLS 算法　　　　　　　　（b）3 波段 FCLS 算法

（c）5 波段 FCLS 算法　　　　　　　　（d）NT 算法

（e）Bootstrap 算法

图 8.8　总体海冰密集度（Sea Ice Concentration）与 ASPeCt 船测数据对比

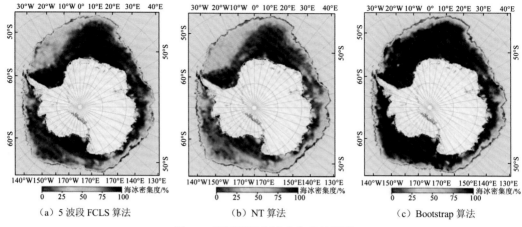

図 8.9　不同算法海冰密集度結果図

由于不同季節（冬季和夏季）海冰表面狀態不同，對算法估算精度存在一定影響，接下來比較夏季和冬季的算法結果（表 8.4）。

表 8.4　基于 SSM/I 數據的海冰密集度算法結果与 ASPeCt 數據對比

方法	夏季（N=169）		冬季（N=349）	
	Bias	RMSE	Bias	RMSE
FCLS（2 波段）	0.9	12.3	−3.2	7.7
FCLS（3 波段）	−3.2	12.2	2	7.9
FCLS（5 波段）	2.0	13.3	2	7.3
NT	−5.8	13.2	−8	11.9
Bootstrap	−4.6	15.1	−1.1	9.1

注：N 表示不同季節 ASPeCt 船測數據個數

從表 8.4 定量分析可以得出，雖然夏季海冰表面條件不確定性因素較多，導致夏季反演結果差于冬季，但是基于 FCLS 的海冰密集度估算結果比 Bootstrap 和 NT 海冰密集度結果精度都有所提高。Bootstrap 算法在冬季 Bias 值最小，這是由于冬季海冰凝固，參考亮溫穩定。由于 Bootstrap 算法依賴于發射率，在融化嚴重的夏天更易受到雪和冰表面狀態的影響，相比較而言，NT 算法由于使用了 PR 和 GR，對季節變化引起的參考亮溫變化不敏感，所以在夏天估算季度優于 Bootstrap 算法。

3）不同算法對不同表面覆蓋類型海冰密集度估算精度對比

針對一年冰和多年冰，對 2 波段 FCLS 算法、3 波段 FCLS 算法、5 波段 FCLS 算法和 NT 算法進行對比（表 8.5）。

對比發現，5 波段的 FCLS 算法優于其他 3 種方法，這表明更多的通道可以提供額外的信息用于區分一年冰与多年冰。通過一年冰和多年冰在不同算法中的結果對比發現，不同算法對多年冰估算精度優于一年冰，這可以歸咎于新冰的出現（Ivanova ea al.,2014）。表 8.6 顯示不同算法在冬季的估算精度明顯優于夏季,這也与表 8.4 的結論一致。

表 8.5　基于 SSM/I 数据的不同海冰类型精度对比

方法	一年冰（N=518）		多年冰（N=518）	
	Bias	RMSE	Bias	RMSE
FCLS（2 波段）	−4.6	18.4	2.8	16.1
FCLS（3 波段）	2.3	16.7	−2.1	15.3
FCLS（5 波段）	0.4	13.8	−2.0	11.1
NT	−10.1	22.1	2.9	18.0

注：N 表示 ASPeCt 船测数据个数

表 8.6　基于 SSM/I 数据的不同海冰类型不同季节精度对比

方法	FYI				MYI			
	夏季（N=169）		冬季（N=349）		夏季（N=169）		冬季（N=349）	
	Bias	RMSE	Bias	RMSE	Bias	RMSE	Bias	RMSE
FCLS（2 波段）	−6.2	28.5	−3.8	10.4	7.2	26.4	0.6	6.8
FCLS（3 波段）	−0.5	25.4	3.7	10.1	−2.7	25.6	−1.7	5.4
FCLS（5 波段）	−0.5	20.4	0.8	9.1	2.6	17.7	−1.6	5.4
NT	−13.9	32.6	8.3	14.5	8.1	28.4	0.3	9.5

2. 算法精度影响因素

影响海冰密集度估算结果精度的因素主要表现在以下 4 个方面（Comiso，1995）：①算法使用频段（频率和极化方式）的差异；②参考亮温的选择及校正；③算法对表面物理温度变化的敏感程度；④天气滤波器的选择。

每种算法因其使用频段、输入参数等的不同，估算精度也呈现一定的差异。相关学者研究了 Bootstrap、NT、Near90、NORSEX、Cal Val、Bristol、TUD 和 NT2 这 8 种算法对大气水汽的敏感程度而引起的差异（Ivanova et al.，2014）。结果表明高频段算法，Near 90、TUD 和 NT2 在开阔水域受大气水汽的影响最大；使用 19 GHzV 和 37 GHzV 的算法，如 Bootstrap、CalVal 和 NORSEX 受云、液态水和风的影响最小；使用 19 GHzH 或 37 GHzH 的算法，例如 Bristol 和 NT 在开阔水域受大气水汽的影响次之（Ivanova et al.，2014）。Andersen 等（2007）对 NT、Bootstrap、Near 90、Bristol、TUD 和 NT2 这 6 种算法进行了比较分析：结果显示，2000～2004 年的冬季（10 月 31 日～3 月 31 日），统计平均海冰密集度在 96%～100% 的精度结果。NT2 平均海冰密集度为 98.8%，最小标准差为 1.7%。而对于允许海冰密集度在 0% 以下或 100% 以上无限制的算法，TUD 算法显示平均海冰密集度为 101.7%，最小标准差为 3%。

海冰密集度估算方法计算海冰密集度时，需要已知参考地物的比辐射率值作为算法输入参数。不管采用单频率单通道数据简单计算海冰密集度，还是双频率多通道的估算方法，估算中最关键的参数之一是冰雪比辐射率，它依赖于物体的表面状态和物理性质等，并随辐射能的观测角和波长等变化，确定需考虑诸多因素的影响。由于冰雪融化、雪的覆盖和海风的影响或者地理差异而带来的化学和物理状况的空间变化使得以上三种地物类型的比辐射率相对研究区域的实际值有偏差，而给海冰密集度估算带来一定的误差。因此，选择适合研究区域和季节性的海冰比辐射率的研究对海冰密集度估算有一定的意义。在单频率单通道数据计算中，采用 0.96 或 0.98 作为比辐射率（Cavalieri et al.，1984），在海冰密集度高于 50%的区域这一取值不会影响海冰密集度精度。即使是在比辐射率相对稳定的区域，由于冰雪辐射层的物理温度的变化也会引起海冰密集度的计算误差。Andersen（1998）在表面比辐射率略去大气影响的基础上绘制了月平均冰雪表面比辐射率数据集，首先基于 SSM/I 19 GHz 通道数据的 PR 值，根据数值天气预报（numerical weather prediction，NWP）模型选取研究区域 Baltic 的开放水域、一年冰、多年冰的参考亮温，测量并计算得到 19 GHz、37 GHz、85 GHz 水平和垂直通道月平均比辐射率，并对结果进行分析。Hewison 等（1999）利用北极波罗的海的两条飞行航线 1995年 4 月及 1997 年 3 月获取的 8 种海冰类型、3 种雪盖陆地类型及水域的航测比辐射率数据和热红外遥感影像，在考虑大气影响的基础上，根据半经验模型反演得到各表面类型的比辐射率数据，上述研究所得比辐射率成果均有助于后续海冰参数反演精度的提高。Hwang 等（2008）研究表明 AMSR-E 数据反演海冰温度过程中局域比辐射率的使用对反演结果精度有显著的提高。Comiso（1983）由微波辐射数据和红外影像得到有效微波比辐射率，在其结果中特别指出对于一年冰和多年冰各个频率段对应的比辐射率之间存在某些有待确定的非线性函数关系。Liu 等（1998）利用 SSM/I 数据研究了微波辐射和散射信号之间的关系。在冬天，冰雪表面由凝脂冰变成尼罗冰，到年轻冰，再到一年冰的变化过程中，比辐射率较稳定的变化。即使对于厚的一年冰来说，有效辐射也随空间而变化。而比辐射率的空间和时间变化会导致计算的海冰密集度的不确定性，海冰密集度的计算不正确反过来会影响冰雪比辐射率的计算。

　　而算法中另外一个重要输入参数不同地物的参考亮温，同样会影响海冰密集度估算精度。Spreen 等（2008）在利用 AMSR-E 89 GHz 数据估算海冰密集度时研究了选择不同参考亮温对反演结果的影响。物理温度对 37 GHzH、37 GHzV 的影响较小，可忽略，19 GHzV、37 GHzV 对物理温度的变化较敏感（Ivanova et al.，2014）。全球的参考亮温显然只适合于全球温度的反演，且空间分辨率较低。根据研究区域选择局域参考亮温会使得精度提高，且参考亮温的亮温值应该遵循能代表典型冰类型的区域的长时间序列亮温取平均值。天气滤波器的选择目前主要有两种方法：一是简单阈值判断或者去除像素方法减小天气影响，二是通过物理模型估算风速、液态水路径、水汽等大气参数的方式。

　　其他影响海冰密集度估算结果精度的因素还包括云和冰边缘像素的处理准则，薄冰带来的影响等。①有云和冰边缘像素的处理。由于冰边缘的存在，有凝脂冰覆盖的水域会在几个小时的时间内变成尼罗冰或年轻冰，在冰的转变期间，表面比辐射率会保持恒定的变化。而在主要的新冰区域，常规的参考亮温的使用会导致大概30%的冰密集度估算误差。已有算法中对有云和冰边缘像素采用的是去除像素的方法，其优点是云覆盖和冰边缘密集度较低而带来的误差被消除了，缺点是完全得不到该像素的海冰密集度。②薄冰的影响。薄冰的存在会使得冰密集度计算精度降低，两年冰和更老的冰的分辨就像一年冰和更薄的冰的分辨一样被忽略，带来计算冰密集度的误差。从所得到的辐射数据来看，两年冰的辐射率介于一年冰和多年冰。

8.2.3　多源数据结合的海冰密集度估算

海冰密集度可通过传统的人工目视和基于航拍影像的估算方式，也可利用空间覆盖范围广、时空分辨率高的卫星遥感数据估算。目前主要的利用卫星遥感数据估算海冰密集度有可见光和热红外数据、主动微波雷达、卫星测高雷达数据和被动微波辐射计数据。

利用 AVHRR 等可见光数据估算海冰密集度时，一般依据可见光传感器不同波段数据，如反射率、辐射值等的特征（Gensell，1989）、差值或比值（Key et al.，1989）等，根据特定的阈值算法来区分云、海冰和海水。地表覆盖的复杂地物可能会误判某一地物类型，所以找到合理准确的阈值会直接影响海冰参数估算的准确性（刘志强 等，2014）。Landsat ETM +影像提取海冰密集度的算法也被广泛研究（Cavalieri et al.，2006，Steffen et al.，1991），估算海冰密集度的原则同样是根据影像反照率的阈值和海冰厚度与反照率的经验关系（Perovich et al.，1986）对海冰和海水进行分类，统计计算得到海冰密集度，误差一般在 2%～4%（Steffen et al.，1991）。可见近红外遥感影像有较高的空间分辨率，在无云和影像质量较好的情况下可方便地获取精确的海冰密集度。但两极地区云覆盖严重，利用可见光近红外遥感影像对海冰实时监测的要求较难达到。目前，可见光近红外遥感影像估算得到的海冰密集度被更多地应用于验证其他遥感数据估算得到的海冰密集度。

主动微波遥感传感器目前可获得米级的高分辨率数据，以 SAR 为代表，已被用于获取海冰密集度，但海冰和海水后向散射系数随天气环境变动幅度较大，降低了估算的准确性，在估算过程中常需要其他信息的协同使用，如纹理信息。且 SAR 影像在成像过程中存在斜距图像的比例失真、透视收缩、顶底位移现象等问题。此外，多种因素会影响雷达波的传播过程，从而使得图像上形成一些相干斑，极大程度地影响 SAR 影像对目标的准确识别。为了尽量避免上述因素带来的判别误差，获得真实的精度较高的海冰密集度，必须对图像进行辐射校正、几何校正、滤波和陆地掩膜等预处理。即使 SAR 影像空间分辨率较高，但是受其数据质量的限制，影像预处理过程烦琐，所以，SAR 影像同样不适用于南北极大区域大尺度的海冰密集度估算（Karvonen，2014）。

还有学者利用卫星测高雷达回波波形确定南极海冰密集度，杨元德 等（2010）根据 ERS-1 卫星的波形数据，利用回波波形与反射面反射特性的对应关系，进行回波波形的波形分类，区分海冰和海水，计算得到像元内海冰面积和总体像元面积，计算两者之间的比值得到海冰密集度，并与 SSM/I 数据估算得到海冰密集度产品进行比较分析，得到的海冰分布范围和极大海冰密集度区域相一致，上述工作为海冰密集度估算提供了一种新的方法。但是卫星测高雷达数据需要根据研究海域进行一定尺度的格网化处理，使每个格网大致可被雷达星下点照明区覆盖，才可以较准确估算海冰密集度，且卫星测高雷达数据的可用时间较短，不适用于持续性的海冰密集度和海冰面积变化研究。

被动微波遥感数据属于卫星遥感数据的一种，尽管其空间分辨率相对较低，但能够不受天气影响进行连续对地观测，且具有全天候全天时观测的优势，所以目前为止被动微波辐射计数据是海冰监测的最主要技术。以 SMMR 及后续 SSM/I 为代表的被动微波传感器，所得遥感图像的像元空间分辨率较低，而利用多频段多极化亮温数据的特征估算海冰密集度，并在此基础上优化天气滤波器，可获得较高精度的海冰密集度。因此，利用被动微波遥感数据进行海冰密集度的估算成为极区海冰监测的重要手段。在利用被动微波辐射计数据估算海冰密集度的基础上，也有一些学者尝试着结合多源遥感数据进行海冰密集度估算。Tan 等（2014）结合被动微波辐射计 SSM/I 数据估算得到海冰密集度和 MODIS 数据估算得到的海冰表面温度利用同化方法获取了北极更高精度的海冰密集度。王红霞（2011）利用 ENVISAT 卫星上搭载的 RA-2 高度计得到的海冰后向散射系数和 AMSR-E 被动微波辐射计亮温数据计算海冰密集度，并将结果与空间分辨率较高的 SAR 影像估算的海冰密集度和冰况图进行比较，结果显示联合 AMSR-E 被动微波辐射计数据与 RA-2 高度计的海冰密集度估算方法在较大区域海冰密集度提取应用中有较强的优越性。Wang 等（2016）结合 SAR 和 AMSR-E 数据提高海冰密集度估算精度。Tikhonov 等（2015）在现有基于被动微波辐射计数据的海冰密集度算法基础上利用"海表–海冰–雪盖–大气"系统的发散模型估算海冰密集度。Ivanova 等（2015）结合了多种海冰密集度，优化估算方法，从而减少了基于不同微波辐射计数据得到的海冰密集度带来的差异。

综上所述，可见光近红外遥感影像、主动微波遥感数据、卫星测高雷达数据和被动微波遥感数据都可被应用于海冰密集度的估算，且可结合多源数据进行海冰密集度的估算及算法的优化。而在极区或较大区域的海冰密集度估算中，被动微波辐射计数据因其特有的优势依然是重要的数据来源。

8.3　海冰范围与海冰面积

海冰范围是研究影响海冰季节变化和年际变化的重要参数，可以利用海冰分类数据统计海冰覆盖的面积，或者利用海冰密集度数据统计海冰密集度大于某一阈值的海冰覆盖范围，15%的海冰密集度为国际上公认的标准阈值，研究中通常将小于 15%海冰密集度的区域确定为开阔水域，而将大于 15%海冰密集度的海域确定为海冰。海冰面积是只计算真正海冰覆盖部分的面积，可以通过像元面积乘以对应的海冰密集度得到。

通常，无海冰覆盖的海域反射率在 6%～7%，而有海冰覆盖的海域最高可达 85%以上（康建成 等，2005）。海冰与海水反射率的巨大差异会极大地改变大洋表面对太阳辐射的吸收和反射。由于海冰高反射率的特性，有海冰覆盖的海域，太阳能量的吸收作用会大大降低。另外，由于冰的导热性差，海冰的存在阻隔了大气和大洋之间的能量交换。因此，海冰范围的变化会极大地影响大气和大洋之间的能量交换，影响地球系统对太阳能量的吸收，从而对全球气候产生重大的影响。

海冰范围的变化不仅会影响到全球气候系统的变化，同时对生态系统也会产生巨大的影响。首先，海冰范围的变化会直接对生物栖息地产生影响。例如，在北极地区，由于夏季海冰的逐年消退，直接影响了北极熊等北极生物的栖息与捕食，对北极熊等北极生物的生存产生致命的威胁。其次，当海面开始结冰时，结冰过程中不断析出的盐分加剧了海冰以下水柱的垂向对流过程，最终使水柱中的温度、盐度和溶解氧等海洋学要素垂向均匀，形成了从表层到几百米深的低温和较高盐度的南极冬季水（董兆乾 等，1993），该海域物理性质的变化会直接影响到生物的种类，而海冰范围的变化将使这种作用影响不同的海域。另外，海冰年际剧烈变化导致的全球气候的异常变化同样会影响生物的生存。

海冰范围的变化对全球气候系统和全球生物系统都有重要的影响，具有重要的科学研究价值，同时，海冰范围的变化也有其社会经济意义。从探险时代开始，在北冰洋逐渐开辟了"西北通道"和"东北通道"，但由于海冰和冰山的潜在威胁，限制了这些通道的实际利用率。近年来随着北极海冰的迅速消融，为北极东北航道和西北航道的开通提供了新的可能，新的航道可以大大缩短欧亚之间水路的航程以及航行时间。

海冰研究在卫星遥感数据出现前后研究方法和研究内容都有很大的不同。在卫星遥感数据出现之前，海冰研究主要利用沿海观测站数据和船舶报告，研究海冰的边界及海冰范围，服务于生产生活。从 1960 年美国发射了 TIROS-1（television infrared observation satellite）号卫星以来，海量的遥感数据给海冰研究带来了许多便捷，进入 21 世纪，在全球气候的剧烈变化得到广泛关注的背景下，海冰研究得到了空前的关注，研究内容从范围和密集度扩展到海冰厚度、海冰类型、海冰温度、表面反射率、海冰运动、融池以及冰间湖等内容。在海量数据的支撑下，海冰范围的研究持续得到关注，并取得了许多重要的成果。目前，光学数据与微波数据都被用于获取海冰范围。

8.3.1　基于光学数据的海冰范围获取

自卫星数据可利用开始，可见光传感器已经用于估算海冰覆盖范围。海冰和海水在可见光波段的反射率存在巨大的差异，因此，很容易利用这个特性从无云的可见光影像上将海冰和海水区分开来。Hall 等（1995）提出了基于归一化积雪指数进行海冰提取的方法，该方法是 NASA 目前利用 MODIS 数据发布每日海冰分布图所采用的算法。利用冰水在某些波段反射率的差异结合冰表面温度同样可以用于计算海冰范围，该方法可以利用 MODIS 影像计算每日海冰范围。张辛等（2014）以归一化积雪指数法为基础，根据南极的环境特点，提出了 MODIS 影像第 2 波段和第 5 波段组合的方法，分别实现了晴空与薄云下的海冰提取，大幅度地提高了南极海冰监测的效率与分辨率。

现阶段，使用光学数据提取海冰，主要有两种方法。一是利用海冰与海水在可见光近红外区反射波谱有较大的差异，可区分出海冰与开阔水域，不同冰型反照率的差异也被用于监测各类冰型密集度；二是根据冰表面温度将海冰提取出来。常用的光学影像如 EOS-MODIS、Landsat TM 及 NOAA AVHRR（advanced very high resolution radiometer）等被广泛用于监测海冰范围，这类光学传感器获取数据的幅面宽、图像直观，但易受到天气影响。其中应用最广泛的海冰范围获取数据源是 MODIS。不同源的光学数据在反演海冰范围的方法上较为相似，下面介绍基于 MODIS 数据进行海冰范围获取的方法。

1. 利用反射率特性获取海冰范围

在利用反射率特性进行海冰范围确定时，主要的工作是从影像中正确提取海冰。由于光学数据易受云干扰且在可见光波段云和海冰具有相似的反射特性，在进行海冰提取时必须考虑正确识别云和海冰。Riggs 等（1999）曾在白令海峡利用 MODIS 机载模拟器对白令海冰、云和水的反射率进行探测，结果如图 8.10 所示。

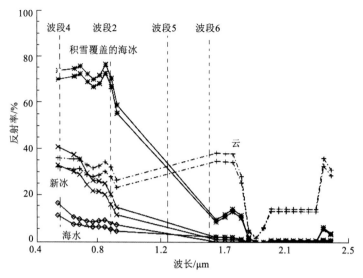

图 8.10　白令海冰、水和运的反射率曲线图（改自 Riggs et al., 1999）

　　在进行海冰提取过程中，需要将开阔水域、海冰、云和陆地进行正确区分。被雪覆盖的海冰在波长为 0.4～0.8 μm 反射率为 0.7～0.8，在波长达到 0.8 μm 以后，随着波长的增大，反射率快速下降，在波长 1.6 μm 后，海冰反射率降到 0.2 以下，在 1.9 μm 后海冰反射率基本降为 0。新冰在波长为 0.4～0.8 μm 反射率在 0.3～0.4，随着波长的增大，反射率下降，在波长为 1.6 μm 之后，反射率基本降为 0。云在波长为 0.4～0.8 μm 内的反射率在 0.3～0.4，比新冰的反射率略高，在波长为 0.8～1.8 μm 内，反射率先降后升，数值保持在 0.25～0.40，而后随着波长的增大，反射率快速下降，在波长为 1.9 μm 之后基本降为 0。开阔水域的反射率在 0.4～2.4 μm 都较低，保持在 0.2 以下，并且随着波长的增大，海冰反射率逐渐减低。

　　由于海冰，尤其是高纬度地区的海冰大多数被积雪覆盖，并且海冰反射特性与积雪反射特性有一定的相似性，可以用 MODIS 提取积雪的方法——归一化积雪指数（normalize different snow index，NDSI）进行海冰提取。海冰提取利用 MODIS 数据的 4 个波段的反射率，这些波段所在的波长范围分别为 0.620～0.670 μm、0.841～0.876 μm、0.546～0.565 μm 和 1.628～1.625 μm。提取海冰计算方法如下：

$$\text{NDSI} = \frac{R_4 - R_6}{R_4 + R_6} \tag{8.58}$$

$$(\text{NDSI} > T_1) \cap (R_1 > T_2) \cap (R_2 > T_3) \tag{8.59}$$

其中：R_1、R_2、R_4 和 R_6 分别为 MODIS 数据的第 1、2、4 和 6 波段的反射率；T_1、T_2 和 T_3 分别为相应的阈值，在进行海冰提取时这三个阈值分别取 0.40、0.10 和 0.11。影像上满足式（8.59）的区域判别为海冰。

　　由于上述海冰提取方法是利用提取积雪的归一化积雪指数进行提取，而高纬度地区海冰表面融化较少，反射率较高，利用 NDSI 方法能够有效地进行海冰提取，但是对于中纬度地区的海冰提取不明显。中纬度地区海冰大多是一年海冰，且融化现象严重，表面反射率较低，利用 MODIS 第 2 和第 6 波段组合的方法可以有效地进行海冰的提取。

该方法能够有效地提取反射率较低的新冰，方法如下：

$$\frac{R_2 - R_6}{R_2 + R_6} > T \tag{8.60}$$

其中：R_2 和 R_6 分别为 MODIS 数据的第 2 和第 6 波段的反射率；T 为计算所采用的阈值，一般 T 取 0.720 4。

采用上述两种方法相结合的方式，能够更有效地提取极地的海冰范围。在上述海冰提取完成后，采用如下方法计算海冰范围：

$$SIE = P \times S_P \tag{8.61}$$

其中：SIE 为海冰范围；P 为确定为海冰的像素个数；S_P 为该传感器每一个像素代表的地表面积。

2.利用冰表面温度获取海冰范围

另一种方法依据冰表面温度来提取海冰范围，利用的原理是光学影像中的热红外波段可以反演海冰与海水表面的温度，通过两者间的温度差异进而有效区分。20 世纪 90 年代 Maslanik 等（1993）和 Key 等（1992）利用 AVHRR（美国 NOAA 系列卫星的主要传感器）的第 4 和第 5 波段进行表面温度的反演；第 4 波段和第 5 波段的波长范围分别为 10.5～11.3 μm 和 11.5～12.5 μm。Lindsay 等（1994）利用模拟的方法评估反演精度，证实该方法是可靠的，即使出现于模拟假设条件有出入的一般性气溶胶以及小冰晶云层，反演温度的精度仍可达到 1～2℃。1999 年 Riggs 等用同样的方法对 MODIS 进行表面温度反演，从而确定海冰范围，利用 MODIS 进行海冰反演所用的波段为 MODIS 的第 31 和第 32 波段，这两个波段的波长范围分别为 10.780～11.280 μm 和 11.770～12.270 μm。公式如下：

$$T_s = a + b \cdot T_{31} + c \cdot T_{32} + d\left[(T_{31} - T_{32}) \cdot \sec\theta\right] \tag{8.62}$$

其中：T_s 为反演得到的海水和海冰表面温度；T_{31}、T_{32} 分别为 MODIS 第 31 波段和第 32 波段的亮温值；θ 为传感器的天顶角；a、b、c 和 d 分别为相应的系数，在利用 MODIS 数据进行计算的过程中分别取值 $-0.002\,4$、$1.003\,8$、-1.27×10^{-6} 和 1.87×10^{-5}。当 $T_s < 271.4$ K 时，判定为海冰，当 $T_s \geqslant 271.4$ K 时，判定为开阔水域。

上述方法可以有效地提取海冰，但是在进行提取之前需要先用陆地掩膜和云掩膜排除云和陆地地物对海冰提取的干扰。

8.3.2　基于被动微波数据的海冰范围提取

可见光数据容易受到云的影响，而被动微波数据不受云和天气的干扰，可进行全天候的持续观测，所以被动微波数据成为目前最重要的海冰反演数据源。被动微波数据获取海冰范围，主要是通过被动微波数据在不同波段的亮温值差异确定相应区域的海冰密集度，最后统计海冰密集度超过 15%的区域的面积，确定海冰范围。用来反演海冰密集度的常用微波数据包括搭载在 Nimbus-7 卫星上的 SMMR，搭载在美国国防气象卫星计划系类卫星上的系列传感器 SSM/I，搭载在 Aqua 卫星上的改进型多频双极化微波辐射计 AMSR-E 以及搭载在日本 GCOM-W（global change observation mission-water）卫星上的 AMSR-2。

在微波波段，不同类型海冰发射率差异较大，导致亮温值差异较大，在相同的波段，不同的极化方式，海冰的发射率也会有较大的差异。由于不同类型的海冰和水在不同波段和不同极化方式下的发射率差异导致明显的亮温差异，可以利用微波数据进行海冰密集度的反演。图 8.11 为 Spreen 等（2008）在入射角是 50°时测得的一年冰、多年冰和开阔水域在不同频域的垂直极化和水平极化条件下发射率的值。

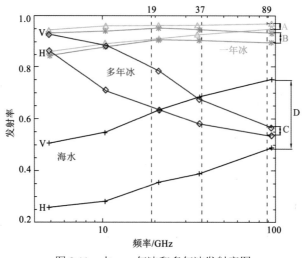

图 8.11　水、一年冰和多年冰发射率图

从图中整体来看，一年冰垂直极化和水平极化的发射率不随频率的改变而发生明显的改变，多年冰垂直极化和水平极化的发射率随着频率的增加而降低，开阔水域垂直极化和水平极化的发射率随着频率的增加而变大。从极化差异的角度来看，一年冰的极化差异是最小的，开阔水域的极化差异是最大的，而多年冰的极化差异随着频率的增加，有明显的减小，利用同一频率的极化差异结合辐射亮温值可以很好地区分一年冰、多年冰和水。根据上述差异，可以基于微波数据对海冰密集度进行估算，进而估算海冰范围。

目前，国外基于被动微波数据来对极地海冰范围时序变化做研究的成果主要来自 NASA 戈达德太空飞行中心的学者 Cavalieri、Parkinson、Gloersen、Comiso 和 Zwally。研究发现，全球海冰范围在 1979～2013 年呈现出下降的趋势，为（−35 100±5 900）km²/a（图 8.12）。全南极地区海冰范围在 1979～1998 年、1979～2006 年和 1979～2010 年这三个研究时间段内分别以（11 180±4 190）km²/a、（11 100±2 600）km²/a 和（17 100±2 300）km²/a 的速度增加，其中增长最明显的区域是罗斯海，而别林斯高晋海-阿蒙森海区域一直呈现出减少的趋势，印度洋海域海冰范围由在 1979～1998 年间轻微减少的趋势，转变为在 1979～2006 年间海冰范围增加的趋势，这是由于在 2003～2006 年 4 年间海冰范围最大值要高于平均海冰范围最大值。北极地区在 1978～1996 年、1979～2006 年和 1979～2010 年间海冰范围分别以（−34 300±3 700）km²/a，（−45 100±4 600）km²/a 和（−51 500±4 100）km²/a 的速度减少，其中，巴伦支海-喀拉海始终是海冰范围减少速度很快的一个区域。

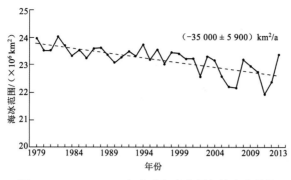

图 8.12 1979～2013 年全球海冰范围年均变化趋势

　　国内学者同样利用被动微波数据对南北极海冰的时空变化进行分析，柯长青等（2013）基于 AMSR-E 海冰密集度数据发现 2002～2009 年北极海冰外缘线面积每年减小 $8.28×10^4 \text{km}^2$，是 1979～2006 年的两倍多。隋翠娟等（2015）研究了 1979～2012 年北极海冰范围的年际变化情况，发现海冰在秋季融化速度最快，东半球海冰融化范围大于西半球，因此，东北航道比西北航道提前开通应用。刘艳霞等（2016）针对 1979～2014 年海冰密集度数据，并结合南方涛动指数和全球平均海平面高度数据进一步探讨海冰范围变化与气候参数间的相互关系。Chen 等（2017）将 1979～2013 年划分为三个时期：1979～2000 年为富冰期，2001～2007 年为海冰范围快速下降时期，2008～2013 年为海冰缓慢减少期，并认为海冰减少显著的季节为夏季。刘帅斌等（2016）对 2003~2014 年南极罗斯海和普里兹湾海域海冰范围进行时间序列分析研究发现海冰范围季节性变化在罗斯海与普里兹湾海域差异较大，罗斯海地区表现出"快速缩小、迅速扩大"的特性，普里兹湾海域表现出"快速缩小、缓慢扩大"的特性。

8.3.3 基于主动微波数据的海冰范围提取

　　主动微波传感器可发射微波辐射，接收到微波辐射的海冰和海水产生后向散射，由此来获取海冰信息。在主动微波遥感中常用到的就是散射计和合成孔径雷达（SAR）技术。其中，用来提取海冰范围的散射计包括搭载在日本卫星 ADEOS（Advanced Earth Observation Satellite）上的 Ku 波段散射计 NSCAT（NASA scatterometer）、搭载于 QuickSCAT（Quick Scatterometer）上的 Ku 波段的 Seawinds 散射计以及印度太空研究组织（Indian Space Research Organization，ISRO）发射的 Ku 波段的 OSCAT（Oceansat-2 Scatterometer）散射计。杨伯翰大学（Brigham Young University，BYU）利用图像重建（scatterometer image reconstruction，SIR）的算法将 QuikSCAT、OSCAT 等散射计分辨率提升至 4.45 km 和 2.225 km。SIR 是一个迭代重建数据的方法，其主要利用卫星的多个通道数据来增强空间分辨率。在提高分辨率的基础上，Remund 等（2014）基于 QuikSCAT 数据的交叉极化比、后向散射值和其误差标准偏差在海冰与海水上的差异来提取海冰（图 8.13）。

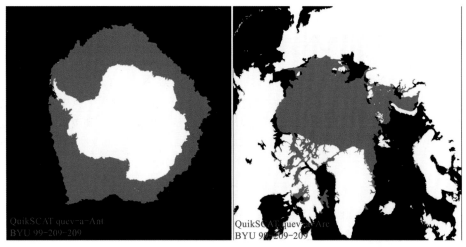

（a）南极海冰图像　　　　　　　　　　　　（b）北极海冰图像

图 8.13　QuikSCAT 数据生成的南极、北极海冰图像
图中白色为大陆，灰色为海冰

　　被动微波辐射计和散射计不能满足更高影像分辨率的实际需求，具有代表性的散射计和被动微波成像分辨率较低，大约在 25 km 左右，适合整体走势观测，而不能研究特定区域或位置。即便后续发射的被动辐射计仪器（比如 AMSR-E）和经过数据重建的散射计提供了较高的空间分辨率（4 km），但也不能满足需求。而 SAR 因其具有更高的分辨率，因此，常被用来进行小范围区域的海冰分析研究。利用 SAR 进行海冰范围的获取，主要是利用海冰和开阔水域后向散射的差异，通过对 SAR 数据进行海冰提取或者进行海冰密集度反演，而后获取海冰范围。在 C 波段和 L 波段处，开阔水域的后向散射系数很小，明显区别于海冰的后向散射系数。图 8.14 为 Berg 等（2012）利用 C 波段的 SAR 数据计算影像的加权自相关系数用于初步区分海冰和海水。从图中可以看出，海冰与海水的区分比较明显，两个直方图的相交处的值可以用于区分 84% 的海水和 93% 的海冰，这个海冰初步提取的方法是具有鲁棒性的。

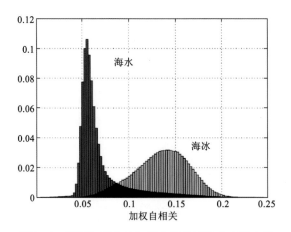

图 8.14　海冰与海水的加权自相关函数分布直方图

　　美国早在 20 世纪 80 年代后期，就建立了专门从事 SAR 信息资料的接收、归档、分析、开发相关处理系统的阿拉斯加 SAR 研究室（The Alaska Satellite Facility，ASF），提供海冰冰型和密集度等信息产品。该实验室利用先期搜集整理的不同季节、不同类型海冰后向散射系数特性制作的查找表进行分类，而后科研人员发展了众多的纹理提取方法来确定冰型，从而估算海冰密集度。目前，用于海冰研究的 SAR 数据主要包括 ALOS-1/2、Sentinel-1、TanDEM-X、TerraSAR-X、COSMO-SkyMed 和 RADERSAT-2 等。

　　20 世纪 90 年代，国外一些学者 CIausi（1996）、Smith 等（1995）、Tsatsoulis 等（1999）利用 SAR 影像针对极地和高纬度地区的海冰，已开展了较为细致的研究，同时，小波变换、最大似然法、神经网络等单一的分类方法也被应用在海冰提取和海冰分类中。目前，基于 SAR 影像分割的海冰分类、基于冰情图的专家知识、基于图像纹理特征依旧是海冰分类方法研究的主流。Mahoney 等（2007）使用 Radarsat-1 SAR 研究了 1996～2004 年阿拉斯加海岸固定冰的变化趋势，并利用纹理信息区分海水与固定冰，研究 1996～2008 年楚科奇海与波弗特海固定冰范围的年际变化情况。图 8.15 为 Liu 等（2015）用来做海冰分类的纹理特征值，图中 OW 为开阔水域、NI 为新冰、LGI 为平整灰冰、DGI 为变形灰冰、SYI 为两年冰和 MYI 多年冰，横坐标为 8 个纹理特征值，纵坐标为不同冰类型在纹理特征值下的归一化值。可以发现，不同的冰类型在不同的纹理特征下的表现值是不一样的，因此，可以基于纹理特征准确地提取海冰。与单极化 SAR 相比，全极化 SAR 通过获取不同极化组合下的目标散射特性，更丰富完整地记录了地物的后向散射信息，为准确详尽地分析地物极化散射特性提供了较好的数据基础。张晰等（2013）利用全极化 SAR 的优势提取出海冰的偶次散射分量、平均 alpha 角、ρ_{RRRL} 极化比、散射熵等极化散射特征，结合二叉树分类的思想来区分渤海区域的海水与不同的海冰类型。

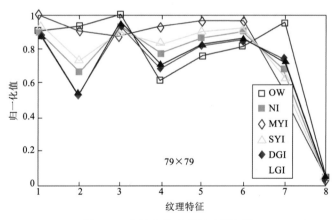

图 8.15　海冰与海水的纹理特征值

　　在海冰研究过程中，SAR 数据相较于其他遥感数据解译更加复杂，这主要归结于斑点噪声、海冰后向散射系数的自然多变性，特别是冰的变质过程引起的多变性，以及由风引起的表面粗糙度导致的开阔水域后向散射系数变化。在不同的区域、不同的时间 SAR 数据后向散射系数会有很大的差异，也给海冰提取带来了一定的影响。同时，由于免费数据源的限制，很难利用 SAR 数据做长时间序列大范围的海冰监测。

8.3.4　海冰范围变化趋势及其不确定性

1. 海冰范围变化趋势

北极海冰范围在每年的 3 月会达到最大值，9 月达到最小值。在过去的几年里北极海冰范围最大值显著低于 20 世纪 80 年代，90 年代和 21 世纪初下降趋势明显。2014 年 3 月，海冰范围达到了最大值 $1\,400\times10^4\,km^2$，这也低于过去三十年的平均水平。有记录的海冰范围最低值发生在 2012 年 9 月，为 $341\times10^4\,km^2$。这大大低于发生在 2016 年 9 月第二低的 $413\times10^4\,km^2$。Kwok 等（2009）利用卫星测高数据发现北极海冰厚度平均减少了 1.75 m。而过去 40 年中，北极多年冰在以每 10 年 15% 的速度锐减（Comiso，2012）。北极多年冰的减少允许更多季节性冰的覆盖。这导致季节性海冰与多年冰覆盖率比例的逆转，近年季节性海冰在晚冬时期覆盖了北冰洋面积的三分之二。然而季节性海冰由于厚度较薄，在夏季更容易融化，通过反照率的正反馈机制，促使海冰范围进一步退缩。

与北极相反，南极海冰范围和面积却呈总体上升趋势。IPCC 第四次报告中，南极海冰范围的年际增长率为 $(5.6\pm9.2)\times10^3\,km^2$，在统计意义上该趋势较弱，不具有显著性（Solomon et al., 2007）。而在第五次 IPCC 报告中，年际增长率扩大到 $(16.5\pm3.5)\times10^3\,km^2$ 且具有统计显著性（Stocker et al., 2013）。虽然南极总体的海冰范围在上升，但在南极五大海区中趋势并不均衡。刘帅斌等（2016）采用德国不莱梅大学基于 AMSR-E、AMSR-2 数据和 ASI（arctic radiation and turbulence interaction study sea ice）算法生产的 6.25 km ×6.25 km 每日海冰密集度产品，对 2003~2015 年南极三大冰川所在海域海冰的时空变化特征进行研究（图 8.16，图 8.17）。其中，图 8.16 为罗斯海、普里兹湾和威德尔海三个海域的示意图，图 8.17 为三个海域的海冰范围时间序列图。

对这三个海域相同旬的数据做平均，生成以旬为横轴的时间序列图（图 8.18），图中误差柱代表该旬海冰范围不同年份平均值所对应的标准差。从均值上看，三个海域海冰范围最小值均出现在 2 月中旬，与全南极海冰范围最小值出现时间一致；而三个海域海冰范围最大值出现的时间差异较大，罗斯海海域在 7 月下旬，威德尔海海域在 9 月上旬，普里兹湾海域最大值出现的时间与全南极海冰范围最大值出现的时间一致，均在 9 月下旬。

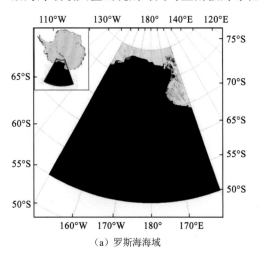

（a）罗斯海海域

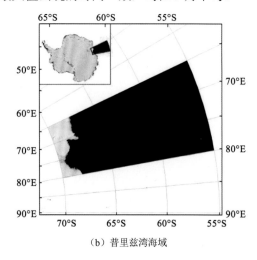

（b）普里兹湾海域

图 8.16　南极三个海域示意图

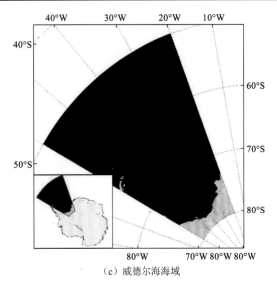

（c）威德尔海海域

图 8.16 　南极三个海域示意图（续）

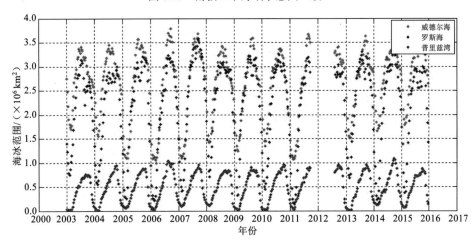

图 8.17 　普里兹湾、罗斯海和威德尔海海冰范围时间序列图

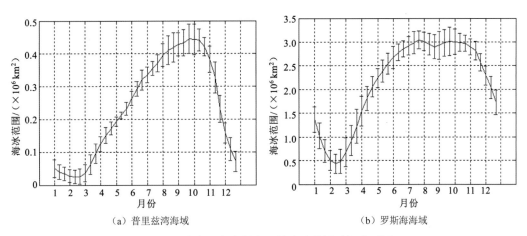

（a）普里兹湾海域 　　　　　　　　　　　　　（b）罗斯海海域

图 8.18 　南极局部海域旬平均海冰范围时间序列图

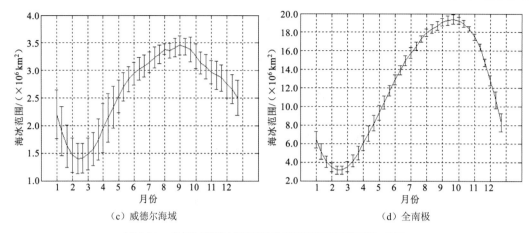

（c）威德尔海域　　　　　　　　　　（d）全南极

图 8.18　南极局部海域旬平均海冰范围时间序列图（续）

在季节性变化上，三个海域表现出不同的特性。普里兹湾海域海冰范围从 2 月中旬最小值一直到 9 月下旬均处于缓慢增长状态，达到最大值后，从 10 月到 12 月下旬，海冰范围迅速减小，在 1 月到 2 月中旬减少相对缓慢。罗斯海地区海冰范围从 2 月中旬最小值，迅速增大至 7 月下旬海冰范围最大值，从 7 月上旬到 10 月下旬，即冬季，海冰范围相对稳定，从 10 月下旬开始，海冰范围迅速减少。威德尔海海域从 2 月中旬一直到 9 月上旬海冰一直处于长期缓慢增长的阶段，达到最大值后，海冰便进入缓慢减少的阶段，随后在 1、2 月份海冰减少速度增加。三个海域中，普里兹湾海域的海冰变化情况与全南极海冰变化情况最为相似。

从标准差值来看（图 8.18），三个海域在海冰迅速增长和减少的阶段，标准差都很大，相反，海冰缓慢增加和减少的阶段，标准差较小。普里兹湾海域海冰范围最小值附近标准差值相对较小，但不同年份所能达到的最大值差异较大，因此，最大值附近标准差值较大。罗斯海海域海冰范围最大值和最小值处所对应的标准差值都相对较小，表明罗斯海海域海冰范围每年所能达到的最大值和最小值差异较小。威德尔海海域每旬海冰范围对应的标准差值都较大，只有海冰范围最大值处附近对应的标准差值相对较小，表明每年海冰范围所能达到的最大值差异较小。

计算三个海域海冰范围的年均变化趋势（图 8.19），其中 2011 年和 2012 年未参与年变化趋势统计分析，虚线为拟合的趋势线。三个海域的海冰范围在 2003～2015 年均表现出增长的趋势，仅从年均趋势上来看，威德尔海海域海冰范围增加的速度最快为（1.30 ±1.03）×10^4 km^2/a。而对于不同海域海冰增长的快慢，主要看相对变化的百分数，普里兹湾海域在这十几年中海冰的增长速度是最快的，为（1.02%±0.47%）a^{-1}，并且高于全南极地区（0.59%±0.17%）a^{-1}，而罗斯海（0.35%±0.44%）a^{-1} 和威德尔海（0.49%± 0.39%）a^{-1} 海域海冰增长趋势均慢于南极地区。

2. 海冰范围的不确定性

大尺度的海冰范围和海冰面积的统计一般基于被动微波遥感数据反演的海冰密集度。如图 8.20 所示，不同的密集度反演算法得到不同的统计结果。为了评估各种被动微波遥感数据产品质量和验证海冰密集度反演算法精度，国内外学者展开大量对比试验，利用中高分辨率的光学遥感影像、雷达影像以及船测数据等作为地面验证依据（席颖 等，2013；Cavalieri et al., 2010；Wiebe et al., 2009）。例如，Heinrichs 等（2006）用覆盖面广、获取相对容易的中高分辨率卫星影像定性分析北极海冰边界位置。Cavalieri 等（2010）用 10 景 MODIS 影像评估了基于 TEAM 算法的 AMSR-E 海冰密集度产品在南极冰区的精度，发现两者在高密集度冰区有较高的一致性，在边缘冰区误差较大，但该研究没有单独对海冰边界的精度进行详细评估。Worby 等（2004）比较了船测海冰边界与 SSM/I 海冰密集度产品 15%SIC 阈值确定的边界在纬度位置上的差异，发现两者在海冰增长期的一致性高于融化期。然而船测数据受到考察船航次在时间、空间上的制约，也受到观测者视野局限、主观判断的影响，因此，船测数据的数量有限，能在航行过程中记录下穿过海冰边界的实测样点非常少，导致通过船测样点定量验证海冰密集度产品在海冰边界的误差非常困难。

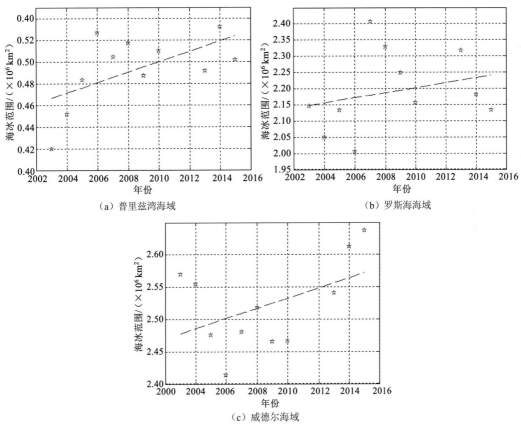

图 8.19 南极局部海域海冰范围变化趋势图

从高分辨率遥感影像上提取海冰边界没有统一的标准，由于 ASPeCt 船测海冰目视观测准则在国际上被广泛认可，Zhao 等（2015）提出一种将遥感影像与船测采样标准相结合生成模拟样点的方法，从具有高空俯瞰效果的 MODIS 光学影像上，根据船测方法获取大量的海冰边界验证样点，定量分析落在边界上的 AMSR-E 海冰密集度与 15%阈值的一致性，针对海冰边界处的样点，分析误差原因。研究发现模拟边界样点的 AMSR-E

密集度平均值为 13%，且与 15%阈值的空间位置较为接近，平均距离为 10 km。AMSR-E ASI 和 MODIS 在海冰边界位置处的密集度相关关系很弱，在边界的反演精度与 MODIS 相比平均差在-8.9%，标准差为 27.7%。整个检验过程也受到一些不确定因素的影响，如 ASI 日平均数据与 MODIS 影像获取时间的差异，MODIS 海冰解译、影像重采样等。

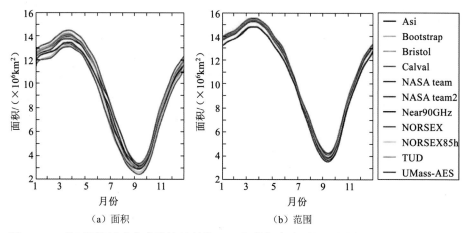

图 8.20　8 种不同海冰密集度算法得到的 2012 年北极海冰面积和范围（Shokr et al., 2015）

除了密集度反演结果的不确定性外，利用被动微波遥感分析长时间序列的海冰变化还受不同传感器之间定标的影响，需要对不同传感器重叠时段海冰数据进行回归分析，融合出一致的长时序数据进行趋势分析。Bjørgo 等（1997）用 NORSEX 算法将 SMMR 与 SMMI 的数据融合，计算 1978～1995 年月均海冰范围和面积序列，得出北极海冰范围和面积分别减少了 4.5%、5.7%。Zwally 等（2002）用 NASA Team 算法从融合后的 SMMR、SMMI 数据中，计算 1979～1998 年间月均、年均以及不同季节的海冰范围和面积，得出南极海冰范围和面积的年均速度增长分别为（11.1±4.2）×10^3 km^2 和（10.9±2.7）×10^3 km^2。Parkinson 等（2012，2008）同化了 NASA Team 算法的 SMMR、SSMI、SSMIS 日海冰数据，计算出 1979～2006 年和 1979～2010 年南极海冰月均、年均以及不同季节的海冰范围和面积，分析了两极及其不同区域海冰范围和面积的变化趋势。柯长青等（2013）用 ASI 算法的 AMSR-E 日海冰密集度数据，分析 2002～2010 年北极月均、季均、年均的海冰外缘线面积、海冰面积变化。在前人研究南北极长时序海冰变化时，由于数据源、海冰反演算法、时序段的不同，计算出的海冰变化趋势存在差异（Ivanova et al., 2015；Eisenman et al., 2014）。这些研究都将日海冰密集度数据用阈值法提取日海冰边界，获取日海冰参数，如：日均海冰范围值、日均海冰面积值，以海冰参数的月均值作为基础数据单元，除去海冰参数年际均值（时序段内某月份多年的海冰参数均值）的影响，得到时序段内月海冰偏差的分布，对月海冰偏差作回归分析，探究南北极海冰季节和年变化趋势。然而受海流、风和气温的影响，海冰的时空分布不停变化。从不断变化的逐日海冰密集度产品数据中获取月海冰范围是研究海冰变化趋势的一个重要基础。传统的月海冰参数获取方法，简单地从数值角度出发，未考虑海冰每月空间变化对变化趋势分析的影响。Zhao 等（2016）提出应用随机集理论求几何期望的方法，将一个月内的逐日海冰范围作为一组几何目标集合，求该组几何形状的平均范围，提取范围边界作为月海冰边界，获取月海冰参数，再对月海冰参数的偏差做回归，分析海冰范围、海冰面积、冰面周长的变化趋势（图 8.21），并且比较了经典算数平均法与随机集求平均法对海冰变化趋势分析的影响。

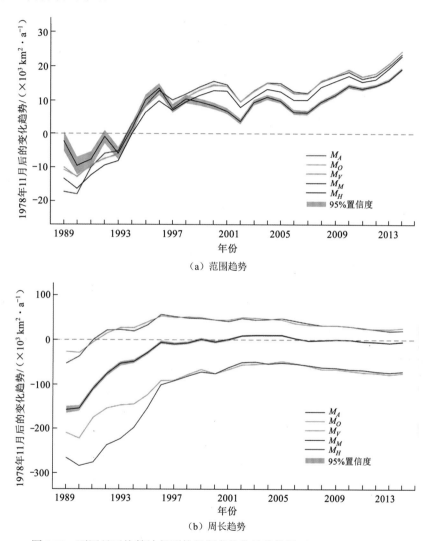

（a）范围趋势

（b）周长趋势

图 8.21　不同月平均算法得到的长期变化趋势的差别（Zhao et al., 2016）

研究表明，随机集可以用来刻画南极月平均海冰范围的不确定性。基于随机集期望的平均方法为获取月平均海冰范围提供了另一种区别于传统数值平均值的思路。研究得到的 1978 年 11 月～2014 年 12 月间海冰范围的变化在任意一种平均方法下都呈上升趋势，而同一时期的海冰周长趋势却各不相同，如图 8.21 所示。并且 5 种方法得到的海冰范围趋势相比周长趋势更加集中。因此，海冰周长这一参数对不同平均算法更加敏感。不同平均算法得到的月平均范围在海冰消退或者增长变化快的月份差异较大。在空间分布上，也遵循同一规律，即海冰消退或增长变化快的区域，月平均差异较大。在使用单一月平均结果时，对南极 12 月份的结果，特别是威德尔海和印度洋这些海冰动态变化快的区域要更加注意。

8.4　海　冰　厚　度

海冰厚度是海冰中最重要的参数之一，是海冰变化研究的第三维度，它对大气-海冰-海洋的耦合作用尤为显著和敏感，并直接决定着海-气能量与物质的交换过程和速率；主导着海冰的热力学和动力学特征，影响海冰的运动、形变及冻结与消融过程，进而反馈于全球的气候系统、环境系统与生态系统，引起一系列与人类生存相关的气候环境参量的变化。准确获得极地海冰厚度及其变化信息，不仅有助于开展全球气候变化、环境变化、生态安全等研究，还对海洋资源开发、海上交通航运、极地考察等具有重要的现实意义。

由于海冰复杂的环境因素和物理过程，不管是海冰的反射率还是亮温都不随海冰厚度变化呈简单的线性关系，因而海冰厚度被普遍认为是最难反演的海冰参数。海冰厚度最直接的测量方法是现场钻孔测量，1893 年，Nansen 首次用此方法对北极弗拉姆冰站海冰厚度进行了测量，获得了弗拉姆海峡有限而宝贵的海冰厚度资料（Wadhams，2000）。南极的现场测量则始于 20 世纪 70 年代后期（Ackley，1979）。我国学者张青松于 1981 年对南极戴维斯站区海冰厚度首次进行了现场观测（张青松，1986），李志军等 2003 在中国 19 次南极科学考察中开展了现场测量（李志军 等，2005）。现场钻孔测量方法的主要缺点是海冰样本的代表性问题，Rothrock 指出在北极至少需要 560 个钻点数据才能获得具有 0.1 m 精度的平均海冰厚度信息（Rothrock et al., 1999）。因此，目前现场测量结果主要用于其他方法的标定和验证。为获得较大尺度的可靠海冰厚度信息，各种非直接探测方法相继发展开来，包括仰视声纳技术、走航观测技术、电磁感应技术、微波遥感技术和卫星测高技术。

8.4.1　海冰厚度仰视声呐探测技术

仰视声呐技术探测海冰厚度的基本原理，是通过冰下潜艇或系泊在海床上的声呐仪向上发射声波，根据冰底与海表回波的时间延迟，计算出海冰水下部分厚度，进而基于经验模型估算出整体的海冰厚度。根据搭载声呐仪平台的不同，仰视声呐探测海冰厚度的方法可分为潜艇声呐探测方法（submarine upward looking sonar）和系泊声呐探测方法（moored upward looking sonar）。潜艇声呐获得海冰厚度的精度约为 0.3 m，对于平整海冰则为 0.09 m，其航迹的水平分辨率为 1.3～1.5 m（Wadhams et al., 1980）。Bourke 等（1987）通过 1960～1982 年 17 次潜艇巡航获得的海冰厚度数据，首次绘制出北冰洋的平均海冰厚度图 [图 8.22（a）]。系泊声呐方法的精度相对潜艇声呐更高，达到 0.05～0.10 m，水平精度为 2 m（Melling et al., 1995）。系泊声呐探测海冰厚度方法最显著的优点是可以获得固定位置高时相分辨率（分或时）的连续数据，因而可以进行海冰厚度的日变化和季节变化研究。此外，系泊声呐仪可以设置在潜艇无法到达的浅大陆架区域，可作为潜艇声呐数据的有效补充。仰视声呐方法提供了过去几十年北极海冰覆盖变薄的观测证据。然而，系泊声呐设备的安装回收、数据的传输较为困难。而由于潜艇的军事性质，潜艇声呐方法不能获得特定区域时空连续的海冰厚度信息，同时由于南极条约的限制，潜艇不允许进入南大洋，该方法不能应用于南极海冰厚度的研究。

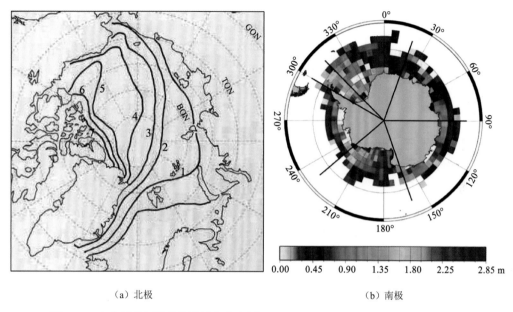

（a）北极　　　　　　　　　　　（b）南极

图 8.22　南北极首幅平均海冰厚度分布图（Worby et al., 2008；Bourke et al., 1987）

8.4.2　海冰厚度走航观测技术

走航观测技术是获取海冰厚度信息的重要手段，尤其是对南极海冰而言。Worby 等（2008）根据 1981~2005 年 81 次南极船基走航观测的 21 710 个样本数据，首次绘制出南极多年平均海冰厚度图 [图 8.22（b）]，并分析了南极六大扇区海域海冰厚度的空间分布特征。走航观测的时间分辨率通常为 1 h，空间分辨率为 2 km，其原理是通过肉眼或摄影观测破冰船侧翻的海冰，借助悬挂在船侧已知直径的参考小球，估算出破冰船航线上海冰的厚度。由于人眼观测误差相对于摄影测量较大，传统的肉眼观测逐渐被摄影观测所取代。走航摄影观测方法首次应用于 20 世纪 80 年代晚期的南极沿岸海域的海冰厚度观测中（Shimoda et al., 1997）。Toyota 等（2004）统计分析了 1991～2000 年北极走航观测数据，得出海冰厚度近似服从泊松分布，进而提出了海冰随机漂移模型。我国学者李志军、卢鹏等在中国第 19 次南极科学考察和中国第二次北极科学考察中，通过数码相机（CCD）获得了走航过程中海冰断面厚度特征（李志军 等，2004；卢鹏 等，2004）。尽管通过摄影测量估算海冰厚度在海冰边缘区具有相对较高的精度，但由于破冰船航线设计的薄冰倾向以及破冰船破冰能力的限制，较厚的变形冰和冰脊冰不一定会完全被侧翻，该方法通常会低估海冰厚度的整体空间分布，不适宜厚冰的监测。此外，该方法较难获取大尺度长时间序列的海冰厚度信息。

8.4.3　海冰厚度电磁感应探测技术

电磁感应技术探测海冰厚度方法的基本原理是通过传感器向海冰发射低频电磁波（10 kHz～1 000 kHz），根据接收到的回波信号及海冰与海水导电性的差异，计算出传感器到海冰底部的距离，再根据传感器与海冰表面的距离，计算出海冰厚度（图 8.23）。电磁感应方法的精度对于平整冰可达到 0.1 m，对于冰脊冰将会降低 30%（Hass，1998），

图 8.23　船基电磁感应海冰厚度测量图

因此，对于冰脊冰海冰厚度的探测结果，需要进一步验证，但该方法的显著优点是可以应用于多种平台（冰面、船基和机载），有利于海冰厚度的按需立体观测。电磁感应方法首次应用于20世纪70年代北极冰面观测中，获得了北极不同区域大量的海冰厚度数据（Hass，2003）。目前，最常使用的电磁感应仪器是加拿大 Geonics 公司的 EM31，其发射和接收线圈间的长度为 3.66 m，所使用的电磁波频率为 9.8 kHz。我国学者郭井学等于2005～2006 年中国第 22 次南极科学考察中首次使用雪龙船船载电磁感应海冰厚度探测系统进行南极普里兹湾的海冰厚度测量（郭井学 等，2008）。电磁感应方法是探测海冰厚度的有效方法，使得人们可以从空中较大尺度地观测极地海冰厚度，获得的海冰厚度数据可以与其他方法结果进行对比分析，但需要注意的是，该方法无法获取大尺度连续的冰厚观测序列，且对于融冰区、湿雪覆被冰区和冰脊冰区的海冰厚度探测，其结果精度需要进一步的验证。

8.4.4　海冰厚度微波探测技术

微波遥感技术探测海冰厚度是通过飞机或卫星平台上的微波辐射计、合成孔径雷达等传感器识别海冰，辅以必要的参数，估算大尺度海冰厚度的分布特征及其变化。微波遥感相对于可见光和红外遥感而言，具有全天候、全天时的特点，这一点对于存在极夜的极地区域尤为重要。

被动微波遥感探测海冰厚度的基本原理是基于海水的微波发射率远低于海冰的发射率来识别海冰的范围及密集度（Comiso，1986），再根据海冰厚度与海冰介质属性（温度与盐度等）的关系（Kovacs，1996），估算出海冰的厚度。目前，常见的星载微波辐射计有 Nimbus-5/ESMR（1972～1978 年）、Nimbus-7/SMMR（1978～1987 年）、DMSP/SSM/I（1987～2009 年）、DMSP/SSMIS（2006 年）、ADEOS-II/AMSR（2002～2003 年）、Aqua/AMSR-E（2003～2011 年）、SMOS/MIRAS（2010 年至今）及 GCOM-W1/AMSR2（2012 年至今）。被动微波遥感开展海冰厚度研究的冰面试验始于1978年，Troy 等（1981）试验得出不同类型海冰的微波发射率会随着海冰厚度的增加而增强。基于此结论，

Cavalieri（1994）应用 SSM/I 19 GHz 和 37 GHz 频率数据成功绘制出北极四级典型海冰分类厚度图：尼罗冰（<10 cm）、初期冰（10～30 cm）、一年冰（30～200 cm）、多年冰（大于 200 cm）。Martin 等（2004）应用 SSM/I 和 AMSR-E 海冰亮度温度数据成功估算了北极楚科奇海海冰厚度。Kaleschke 等（2012）利用 SMOS/MIRAS 亮温数据估算的北极海冰厚度与 MODIS 估算结果较为一致。Tamura 等（2008）采用类似的方法估算了南大洋的海冰厚度，并绘制了南极沿岸海冰冰量图，分析了空间分布特征。被动微波遥感方法是大尺度估算海冰厚度的有效方法，但需要提到的是，该方法的空间分辨率较低（SSM/I 37 GHz 数据为 25 km），且由于海冰表面粗糙度对辐射率的影响，不宜用于较厚的变形冰厚度的探测。

主动微波遥感探测海冰厚度的基本原理是通过合成孔径雷达向海冰发射微波，通过接收到的回波信号，识别并计算海冰的极化后向散射系数，再根据海冰厚度与后向散射系数（或衍生的极化比、极化相关系数等）的关系，估算出海冰厚度。Kwok 等（1995）首先使用了该方法对北极波弗特海薄海冰厚度进行了探测，证明了该方法的可行性。Toyota 等（2011）使用 L 波段机载 SAR 影像估算季节性海冰区海冰厚度，并将其发展到星载 SAR 的探测中。主动微波遥感探测海冰厚度的方法为人们获取大尺度海冰厚度信息提供了新的思路，但需要指出的是，多年冰的体散射效应在合成孔径雷达 L 波段频率上较为明显、海冰厚度探测受相干散射影响较大，因此，联合 C 波段（如 ERS-1/2、Radarsat-1/2、Envisat 等）和 L 波段协同探测海冰尤其是较厚的海冰厚度研究值得进一步开展。

8.4.5　海冰厚度卫星测高反演技术

卫星测高技术是利用卫星搭载的测高仪、辐射计和合成孔径雷达等实时测量卫星到地表的距离、有效波高和后向散射系数，近年来被应用到海冰厚度的探测中，被众多学者认为是未来最具潜力的海冰厚度探测方法（Kurtz et al., 2014；Laxon et al., 2013, 2003；Kwok, 2010；Zwally et al., 2002）。海冰厚度卫星测高的基本原理是通过雷达或激光高度计，向海冰发射微波或激光脉冲，通过识别并获得海冰与邻近海水（冰间水道或公开水域）的时间延迟，计算出海冰的出水高度（海冰和上覆雪水上部分高度或海冰水上部分高度），再根据海冰的静力平衡模型，附以必要的参数，估算出海冰的厚度。欧洲空间局于 1991 年和 1995 年发射的 ERS-1 和 ERS-2 卫星，均载有 13.8 GHz 的微波高度计，其覆盖范围达南、北纬 81.5°，水平空间足迹为 1 km，垂直精度为 10 cm（Beaven et al., 1995）。后续发射的 CryoSat-2 卫星将其覆盖范围扩大到南、北纬 88°，水平空间足迹和垂直精度分别提高到 300 m 和 2.6 cm。第一颗载有激光高度计的卫星是美国宇航局于 2003 年发射升空的 ICESat 卫星，该高度计使用了 1 064 nm 波长的激光，覆盖范围达南、北纬 86°，水平空间足迹为 70 m，平整冰精度达到 2 cm（Wingham et al., 2006）。卫星测高方法估算海冰厚度的精度，主要与出水高度的反演和海冰厚度估算模型输入参数（积雪深度、海冰密度、积雪密度及海水密度）的选取密切相关，而前者主要与冰间水道（海面高系点）的识别有关。

利用卫星高度计估算海冰厚度的过程中，首先得确定海冰的出水高度（图 8.24）。出水高度可通过海冰的观测高程（h_{obs}）与局地平均海平面高程（h_{ssh}）的差值获得[式（8.63），式（8.64）]。对于激光测高而言，出水高度（h_f）即为气雪界面与局地平均海平面的高差；对于雷达测高而言，由于地面试验研究表明，在干燥和寒冷的条件下，雷达电磁波穿透至雪冰界面（Beaven et al., 1995），雷达观测的海冰出水高度（h_{f_i}）是雪冰界面与局地平均海平面的高差。

$$h_f = h_{obs} - h_{ssh} \qquad （激光） \qquad (8.63)$$

$$h_{f_i} = h_{obs} - h_{ssh} \qquad （雷达） \qquad (8.64)$$

式中：h_{obs} 通过拟合模型探测激光或雷达回波到达海冰观测表面的时间来计算；h_{ssh} 是一系列地球物理过程的累积（Kwok，2010）。

$$h_{ssh}(x, t) = h_g(x) + h_a(x, t) + h_T(x, t) + h_d(x, t) \qquad (8.65)$$

式中：h_g 为大地水准面起伏；h_a 为大气载荷；h_T 为大洋潮汐；h_d 为海面动态地形。h_a，h_T 和 h_d 通常称为地球物理改正项，这些参数都随着时间和空间的变化而变化，造成了海冰出水高度计算较大的不确定性。

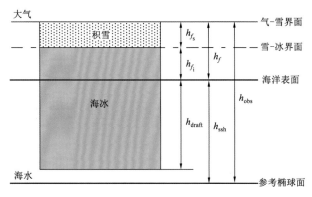

图 8.24　积雪深度、海冰出水高度及水下厚度的几何关系

h_{ssh} 还可通过一系列冰间水道或公开水域的系点拟合获得，这涉及如何应用高度计区分海冰与冰间水道。实际应用中，不同的学者使用不同的算法来识别冰间水道。Laxon 等（2003）通过分析测高回波波形，以脉冲峰值为波形分类指标，来区分海冰和冰间水道，进而计算出海冰的出水高度；Kurtz 等（2012）则借助雷达影像来识别冰间水道；Zwally 等（2008）将卫星轨迹上的最小高程点（观测高于 50 km 滑动平均高差值后的最低 2%平均值）作为冰间水道的高程，计算出海冰的出水高度。图 8.25 显示的是利用最低点法解算的北极 2003～2008 年海冰出水高度。

反演出出水高度（h_f 或 h_{f_i}）后，就可以应用静力平衡模型估算海冰厚度（h_i）（Kwok et al., 2008），计算公式如下：

$$h_i = \left[h_f \rho_w / (\rho_w - \rho_i) \right] - \left[h_{f_s} \times (\rho_w - \rho_s) / (\rho_w - \rho_i) \right] \qquad （激光） \qquad (8.66)$$

$$h_i = \left[h_{f_i} \rho_w / (\rho_w - \rho_i) \right] + \left[h_{f_s} \rho_s / (\rho_w - \rho_i) \right] \qquad （雷达） \qquad (8.67)$$

式中：ρ_w，ρ_i 和 ρ_s 分别为海水、海冰及海冰上积雪的密度；h_f 为激光高度计测得的出水高度（海冰和上覆雪水上部分高度）；h_{f_i} 为雷达高度计测得的海冰出水高度（海冰水上部分高度）；h_{f_s} 为海冰上积雪深度。对于激光测高而言，观测的出水高度为海冰的出水高度与海水上积雪深度的总和，即

$$h_f = h_{f_i} + h_{f_s} \tag{8.68}$$

由式（8.66）和式（8.67）可知，卫星测高方法估算海冰厚度的精度，除了与出水高度密切相关外，还受估算模型输入参数的影响。

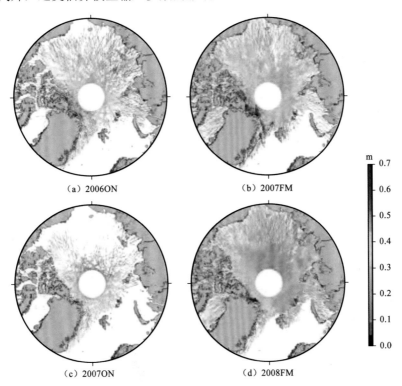

图 8.25　2006～2008 年北冰洋海冰干舷高

海冰表面的积雪深度是海冰厚度卫星测高反演过程中的关键参数（季青 等，2015；Webster et al.，2014）。积雪深度数据一个重要来源是通过北极浮冰站实测的月度气象资料拟合的积雪深度数据（以下简称 W99 积雪深度数据）。尽管该数据是基于 1954～1991 年北极多年冰上测量获得，但它是目前唯一可获得北极大尺度多海冰表面积雪深度的数据，被广泛用于卫星测高估算海冰厚度的研究中（Kwok et al.，2008；Laxon et al.，2003）。W99 积雪深度数据提供了北极月尺度的积雪深度（h_s），它通过二次模型拟合得到（Warren et al.，1999）

$$h_s = H_0 + A_x + B_y + C_{xy} + D_x^2 + E_y^2 \tag{8.69}$$

式中：H_0 为北极极点处月平均积雪深度；x（纬度）、y（经度）坐标方向分别沿着 0° N 及 90° E 向东、向北为正；A、B、C、D、E 为拟合系数，表 8.7 给出了不同月份的系数值，同时也提供了积雪深度拟合均方根误差（ε）、变化趋势的斜率（F）、年内变化率（IAV）及其不确定性（σ_{W99}）。

表 8.7 W99 积雪深度的拟合系数及其不确定性

月份	H_0	A	B	C	D	E	ε	F	IAV	σ_{W99}
1月	28.01	0.127 0	21.183 3	20.116 4	20.005 1	0.024 3	7.6	20.06	4.6	0.07
2月	30.28	0.105 6	20.590 8	20.026 3	20.004 9	0.004 4	7.9	20.06	5.5	0.08
3月	33.89	0.548 6	20.199 6	0.028 0	0.021 6	20.017 6	9.4	20.04	6.2	0.10
4月	36.80	0.404 6	20.400 5	0.025 6	0.002 4	20.064 1	9.4	20.09	6.1	0.09
5月	36.93	0.021 4	21.179 5	20.107 6	20.024 4	20.014 2	10.6	20.21	6.3	0.09
6月	36.59	0.702 1	21.481 9	20.119 5	20.000 9	20.060 3	14.1	20.16	8.1	0.12
7月	11.02	0.300 8	21.259 1	20.081 1	20.004 3	20.095 9	9.5	0.02	6.7	0.10
8月	4.64	0.310 0	20.635 0	20.065 5	0.005 9	20.000 5	4.6	20.01	3.3	0.05
9月	15.81	0.211 9	21.029 2	20.086 8	20.017 7	20.072 3	7.8	20.03	3.8	0.06
10月	22.66	0.359 4	21.348 3	20.106 3	0.005 1	20.057 7	8.0	20.08	4.0	0.06
11月	25.57	0.149 6	21.464 3	20.140 9	20.007 9	20.025 8	7.9	20.05	4.3	0.07
12月	26.67	20.187 6	21.422 9	20.141 3	20.031 6	20.002 9	8.2	20.06	4.8	0.07

图 8.26 为北极 10～11 月及 2～3 月的单月和双月平均 W99 积雪深度（季青，2015）。总体而言，W99 积雪深度随着季节的变化而变化，空间分布显示，加拿大群岛海域、巴芬湾、格陵兰海及挪威海积雪深度要高于巴伦支海、喀拉海、拉普捷夫海。

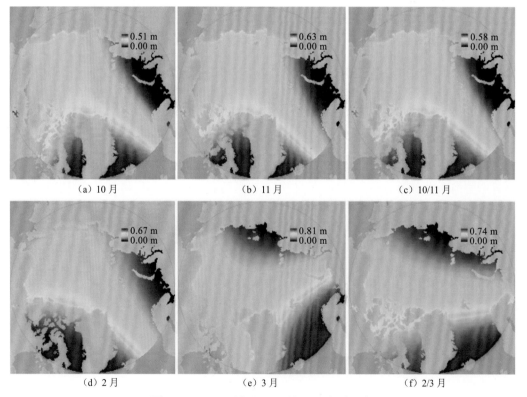

图 8.26 10～11 月及 2～3 月 W99 积雪深度

W99 积雪深度数据的优点在于它是基于实测数据拟合而来，精度相对较高；缺点是 W99 积雪深度数据只能反映季节变化，没有年际差异，且由于 W99 数据是在北极中央区域多年冰上观测获得的，因而对于一年冰表面积雪深度拟合效果较差，往往会高估实际的积雪深度。

积雪深度的另一个重要数据源是通过被动微波辐射计（SSM/I、AMSR-E、SSMIS 等）估算的积雪深度。利用被动微波辐射计估算积雪深度的基本原理是基于积雪深度与归一化垂直极化亮温比的良好的线性关系来反演积雪深度（Markus et al., 1998）。

利用被动微波传感器 19 GHz 和 37 GHz 垂直极化光谱梯度比计算海冰表面积雪深度的公式如下：

$$h_s = \alpha + \beta \cdot \text{GRV(ice)} \tag{8.70}$$

式中：h_s 为积雪深度；$\alpha = -2.34$ 和 $\beta = -771$ 是通过对被动微波数据与实测数据间线性回归得到的系数；GRV(ice) 是垂直极化光谱梯度比，是由 19 GHz 和 37 GHz 垂直极化亮度温度数据经过海冰密集度以及开阔水域的亮度温度 T_{Bow} 修正计算得到，计算公式如下：

$$\text{GRV(ice)} = \frac{T_B(37V) - T_B(19V) - k^-(1-C)}{T_B(37V) + T_B(19V) - k^+(1-C)} \tag{8.71}$$

式中：$T_B(37V)$ 和 $T_B(19V)$ 分别为被动微波传感器获得的 37 GHz 和 19 GHz 频段的垂直极化亮度温度；$k^- = T_{\text{Bow}}(37V) - T_{\text{Bow}}(19V)$，$k^+ = T_{\text{Bow}}(37V) + T_{\text{Bow}}(19V)$。$T_{\text{Bow}}(37V)$ 与 $T_{\text{Bow}}(19V)$ 为来自于开阔海域样本的亮度温度平均值，通常取常数，即 $T_{\text{Bow}}(37V) = 200.5\,\text{K}$，$T_{\text{Bow}}(19V) = 176.6\,\text{K}$；海冰密集度 C，可由 NASA Team 算法计算得到的（Markus et al., 2000）。

被动微波积雪深度数据的优点在于可以获得日尺度的大范围积雪深度信息，能够进行季节和年际的变化分析；缺点是被动微波估算的积雪深度易受到积雪的湿度和雪粒径的影响，在海冰融冰期往往会低估实际的积雪深度。同时，由于多年冰的微波信号与积雪的信号相似，对多年冰表面积雪深度的被动微波反演精度通常较差。由于 W99 积雪深度在多年冰上精度较高，因而可发挥数据间的优势互补，采用一年冰上动微波积雪深度，多年冰上 W99 积雪深度融合的策略据来估算海冰厚度。

图 8.27 为 2011 年 3 月北极 AMSR-E、SSMIS 与 W99 合成的积雪深度。其中，图 8.27（a）为 AMSR-E 积雪深度；图 8.27（b）为 SSMIS 积雪深度。可以看出，总体而言，AMSR-E 与 SSMIS 积雪深度具有较小的差异，平均积雪深度差异仅为 0.005 m，可以认为海冰厚度卫星测高估算基本不受 AMSR-E 和 SSMIS 传感器不同的影响。

利用卫星高度计估算海冰厚度的精度主要与出水高度的估算算法及其模型参数密切相关。由于估算出水高度或冰间水道的算法不同，采用的估算模型参数来源与取值的差异，不同学者不同研究期海冰厚度估算结果具有较大的不确定性。

在海冰厚度反演参数选取方面，不同学者选取不同的反演参数（表 8.8），不断尝试提高海冰厚度估算的精度。Laxon 等（2003）使用海冰密度和海水密度常数（915 kg·m^{-3} 和 1 024 kg·m^{-3}）以及来源于实测的月度气象资料（以下简称 W99）中的积雪密度和积雪深度信息，估算了北极海冰厚度。Kwok 等（2008）采用欧洲中尺度气候研究中心的积雪数据、调整的 W99 气象资料中积雪密度及 925 kg·m^{-3} 的海冰密度常数。Kurtz 等（2009）

根据不同冰型（一年冰和多年冰）积雪深度的不同，分别使用 AMSR-E 和 W99 积雪深度。Laxon 等（2013）对一年冰和多年冰分别赋予不同的海冰密度和积雪深度取值，一年冰的积雪深度采用 W99 积雪深度的一半来估算海冰厚度。参数选取和算法改进的研究，提高了卫星测高海冰厚度估算的精度，但同时也造成了不同学者不同研究期海冰厚度估算结果的不可比性。

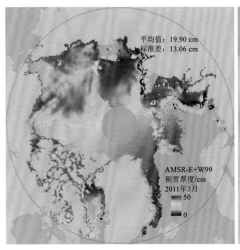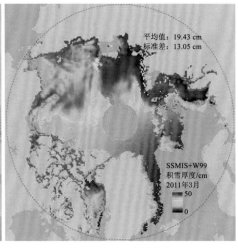

（a）AMSR-E+W99 积雪厚度　　　　　　　　（b）SSMIS+W99 积雪厚度

图 8.27　AMSR-E 与 SSMIS 积雪深度的比较

表 8.8　卫星测高海冰厚度估算算法及其不同来源的输入参数

算法名称	算法输入参数来源或取值			
	海冰密度（ρ_i）/（kg·m^{-3}）	积雪深度（h_{f_s}）	积雪密度（ρ_s）	海水密度（ρ_w）/（kg·m^{-3}）
Laxon2003	915	h_{f_s}（W99）	ρ_s（W99）	1 024
Kwok2004	928	h_{f_s}（W99）	300 kg·m^{-3}	1 024
Kwok2008	925	h_{f_s}（ECMWF）	ρ_s'（W99）	1 024
Kurtz2009	915	FYI：h_{f_s}（AMSR-E） MYI：h_{f_s}（W99）	320 kg·m^{-3}	1 024
Spreen2009	FYI：910 MYI：887	h_{f_s}（W99）	330 kg·m^{-3}	1 024
Laxon2013	FYI：916.7 MYI：882.0	FYI：0.5h_{f_s}（W99） MYI：h_{f_s}（W99）	ρ_s（W99）	1 024
Kerns2014	900	h_{f_s}（W99）	ρ_s（W99）	1 030

注：h_{f_s}（W99）为 Warren 气象资料中积雪深度数据；h_{f_s}（ECMWF）为 ECMWF 积雪深度模型数据；h_{f_s}（AMSR-E）为 AMSR-E 积雪深度数据；ρ_s（W99）为 Warren 气象资料中积雪密度数据；ρ_s'（W99）为根据文献[61]调整后的 Warren 气象资料积雪密度数据；FYI 为一年冰；MYI 为多年冰

为探求最优的估算算法及其模型参数，有必要在对海冰厚度卫星测高估算的不确定性和敏感性分析的基础上，进行现有估算算法的比较研究，尝试确定最佳的海冰厚度估算结果。图 8.28 和图 8.29 为 4 种常见算法 Laxon03 算法：（Laxon et al., 2003）、Kurtz09

算法（Kurtz et al., 2009）、Yi11 算法（Yi et al., 2011）和 Laxon13 算法（Laxon et al., 2013）的北极海冰厚度估算结果及其与机载测量结果的比较。可以看出，4 种算法估算结果总体空间分布较为一致，但不同算法估算的平均海冰厚度差异较大，Laxon03 估算结果要比 Kurtz09 算法高 0.476 m。4 种算法估算结果的差异在一年冰区尤为明显，达到 0.713 m，这主要由不同估算算法中积雪深度的来源不同造成的。从研究区重点海域来看，4 种算法均表现为格陵兰和挪威海平均海冰厚度大于波弗特海平均海冰厚度，北极中心海域平均海冰厚度居中的特征。4 种算法在波弗特海估算结果差异最大，达到 0.471 m，其次是北极中心海域（0.435 m）、格陵兰和挪威海（0.402 m）。对应机载测量 IceBridge 空间匹配后的 134 个观测样本，Laxon03 算法的平均海冰厚度为 3.131 m，Kurtz09 算法的结果为 3.040 m，Yi11 和 Laxon13 算法则为 3.107 m 和 3.057 m，4 种算法的平均海冰厚度均高于 IceBridge 观测的海冰厚度（3.003 m）。同时，Laxon13 算法估算结果与 IceBridge 观测结果相比较其他算法具有最小的平均偏差（0.191 m）和均方根误差（0.252 m），因而是这 4 种主流算法中的最优算法。算法的比较和优选研究，可为更加准确地估算和分析长时序海冰厚度变化特征提供基础和参考。

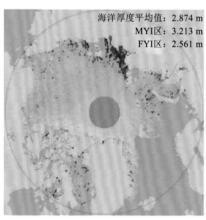

（a）Laxon03 算法估算的海冰厚度空间分布

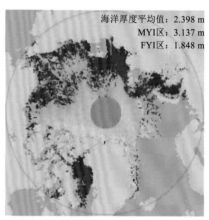

（b）Kurtz09 算法估算的海冰厚度空间分布

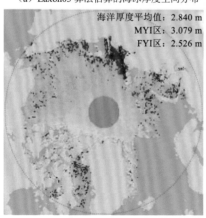

（c）Yi11 算法估算的海冰厚度空间分布

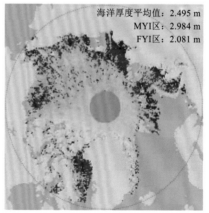

（d）Laxon13 算法估算的海冰厚度空间分布

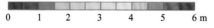

图 8.28 4 种算法估算的海冰厚度空间分布

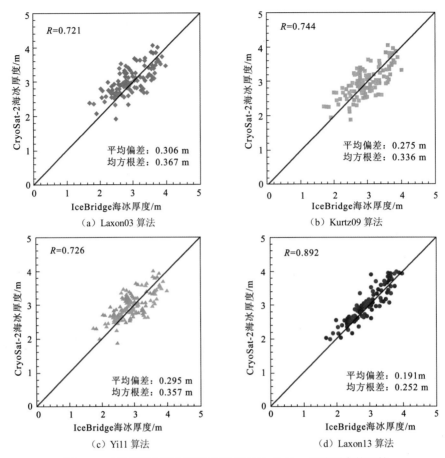

图 8.29　4 种算法海冰厚度估算结果与 IceBridge 海冰厚度的比较

极地海冰厚度研究的开展与深入伴随着各种冰厚探测方法的发展与应用。现场观测方法是目前最直接和最准确的海冰厚度测量方法，但受时空条件的限制，无法获得研究区海冰厚度的整体变化信息；仰视声呐方法从冰下观测海冰的厚度，扩大了海冰厚度观测的范围，但由于不易获得特定区域时空连续的海冰厚度信息，不宜进行海冰厚度的季节和年际变化研究；走航观测是获取海冰厚度信息的重要手段，特别是摄影测量系统替代肉眼观测后，使得探测精度大大提高，且在实际应用中简单易行，成为各国极地考察中获得航线上海冰厚度信息的首选方法，但由于破冰船航线设计的薄冰倾向，该方法通常会低估海冰厚度的空间分布；电磁感应海冰厚度探测方法可应用于多种平台（冰面、船基和机载），有利于人们对海冰厚度的多角度立体观测，但该方法对于融冰区、湿雪覆被冰区和存在大量冰脊冰区域的海冰厚度探测，其结果精度需要进一步的验证；主、被动微波遥感使得我们可以获得较大尺度的海冰厚度空间分布，但由于海冰表面粗糙度的体散射效应或其对海冰辐射率的影响，该方法不适宜对较厚的变形冰进行探测；卫星测高方法是唯一能够获得半球尺度连续海冰厚度变化信息的探测方法，具有良好的发展前景，但应用该方法估算海冰厚度时，各参数的选取及其尺度效应所引起的海冰厚度估算的不确定性有待进一步深入研究。不同的探测方法各有其自身的优点和不足，也有其不同的时空尺度。未来，可发挥各方法的优势互补进行数据同化，联合不同的探测方法，全面分析海冰厚度不同时间和空间尺度上的变化，更好地把握海冰厚度变化与气候变化的关系，进而更好地理解气候变化的影响机制及其变化过程。

8.4.6　基于卫星测高技术的北极海冰厚度时空变化

海冰厚度卫星测高方法是唯一获取半球尺度海冰厚度变化信息的有效方法。目前，最常使用的高度计数据为 ICESat 激光测高数据以及 CryoSat-2 雷达测高数据。基于 ICESat 及 CryoSat-2 卫星测高数据，可反演获取北极海冰厚度信息，并分析其时空变化特征。图 8.30 和图 8.31 为 ICESat 卫星生命周期（2003～2008 年）内秋季（标记为 ON）和冬季（标记为 FM）的北极海冰厚度空间分布图。总体而言，较厚的海冰集中在格陵兰岛北部、加拿大北极群岛北部及北极中央海域，其他边缘海域海冰厚度相对较小。

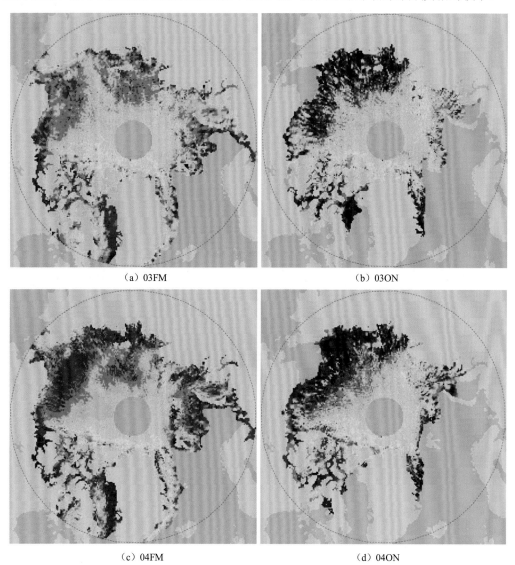

(a) 03FM　　　　　　　　　　　　　　　　(b) 03ON

(c) 04FM　　　　　　　　　　　　　　　　(d) 04ON

图 8.30　2003～2005 年北极海冰厚度分布

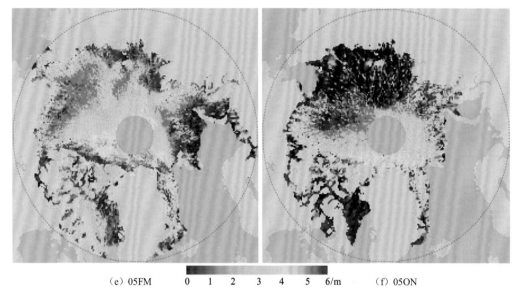

（e）05FM　　0　1　2　3　4　5　6/m　　（f）05ON

图 8.30　2003～2005 年北极海冰厚度分布（续）

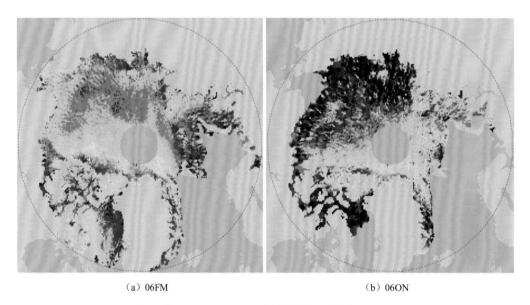

（a）06FM　　　　　　　　　　　　　　（b）06ON

图 8.31　2006~2008 年北极海冰厚度分布

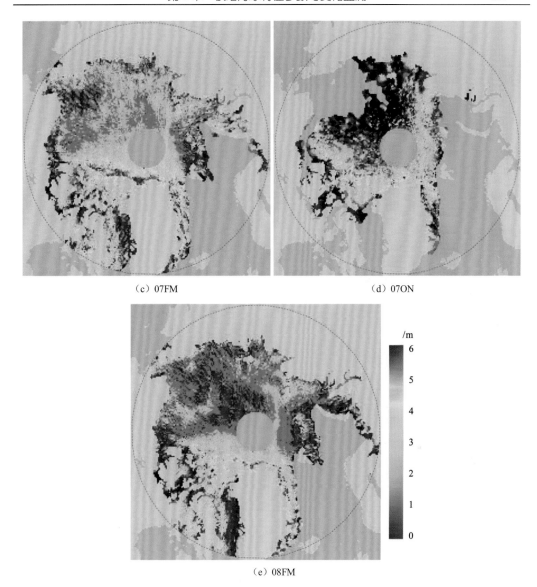

（c）07FM　　　　　　　　　　　　　　（d）07ON

（e）08FM

图 8.31　2006~2008 年北极海冰厚度分布（续）

　　根据 ICESat 和 CryoSat-2 高度计反演的海冰厚度，分别统计北极各海域不同时间段平均海冰厚度，结果如图 8.32 所示。总体而言，不同海域平均海冰厚度的厚薄顺序依次为：北极中央海域＞格陵兰和挪威海＞波弗特海＞加拿大北极群岛海域＞喀拉海＞拉普捷夫海＞东西伯利亚海＞哈得逊湾＞楚科奇海＞巴芬湾＞巴伦支海。格陵兰和挪威海、巴芬湾及北极中央海域海冰厚度的空间差异较大，而东西伯利亚海、楚科奇海及拉普捷夫海则相对较小。分时段分析表明，各海域海冰厚度基本呈现变薄的趋势，但不同海域变化幅度是不同的，喀拉海、拉普捷夫海和北极中央海域海冰厚度减幅较大。喀拉海、拉普捷夫海位于北极的边缘海区，全球气候变暖效应促使海冰范围不断减小，海冰厚度也不断降低；北极中央海域主要为多年冰，近年来研究表明，多年冰持续变薄，逐渐被一年冰所取代。

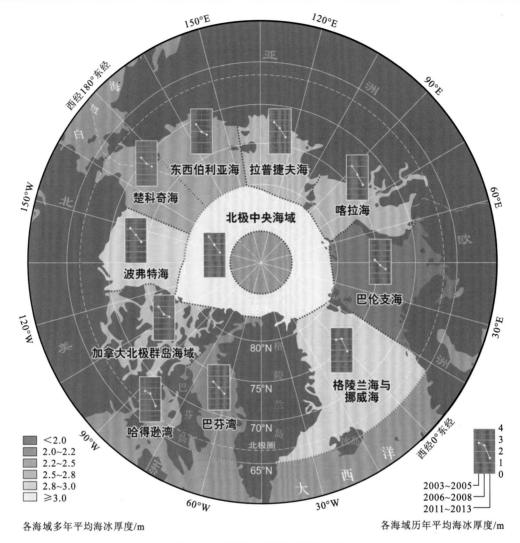

图 8.32　北极各海域海冰厚度变化

8.5　海　冰　温　度

　　冰雪表面温度在地球表面能量平衡和温室效应研究中扮演着极其重要的角色，是冰雪研究必不可少的参数之一。红外辐射遥感具有空间分辨率高等优点，但受天气影响较严重，微波遥感虽然空间分辨率相对较低，但不受天气影响，具有全天候观测的优点。因此，利用遥感手段，研究基于光学 MODIS 数据和被动微波 SSM/I 数据相结合的冰雪地表温度反演方法，可为极区冰雪温度的时序变化分析提供方法支持，对研究极区冰雪物质平衡及全球气候变化具有重要意义。

　　早期，大量自动气象站（automatic weather station，AWS）被建于极区进行长期的气温等气象参数的观测。遥感技术远距离对目标进行探测，具有大面积、多分辨率、同步、快速、高频次、周期性、长期观测等特点，可以获取单纯使用现场手段无法获取的重要信息,成为现阶段对地表温度监测的主要手段。到目前为止,学者们利用 AVHRR、MODIS 等光学遥感影像数据对冰雪温度反演进行了研究,取得了一定的成果。1994 年,Comiso 利用 Nimbus7 搭载的温湿红外辐射计数据对南北极地区的地表温度进行反演,反演结果与地面气象站实测数据的相关性达到 0.997,标准偏差为 2℃。MODIS 海冰温度产品(MOD29)生产的标准算法由 Hall 提供,利用该算法生产了海冰表面温度(ice surface temperature,IST)分布图,并将温度反演结果与实测气象温度比较,整体偏差在−1.2 K 以内,RMS 为 1.7 K。Veihelmann 等(2001)利用 AVHRR 数据对南极 Weddell 海区域的海冰表面温度进行了反演,并将反演结果与浮标获得的实测温度数据进行比对,相关系数达到 0.97,偏差小于 1.3 K,标准偏差为 2.56 K。Wan 等(2002)做了大量研究对 MODIS 数据的地表温度产品的有效性进行了分析。Hall 等(2004)建立了一个基于 MODIS 数据的南北极地区冰雪表面温度标准产品(MOD29)生产流程。Hori 等(2006)对 8~14 μm 波长范围内的冰、雪地表的比辐射率做了详细的监测与分析,分析发现冰雪地表的比辐射率会随着雪晶体粒径的增加而增加,同时比辐射率的变化也较大地依赖太阳高度角。Hall 等(2013)利用多源卫星 MODIS、ETM+和 ASTER 对格陵兰岛地表温度进行反演,这些卫星数据获得的结果相关性 RMS 在 0.5 K 内,并将这些数据和 GC-Net 自动气象站的实测温度进行对比分析,其 RMS 为 2 K。此外,还有一些研究致力于冰雪表面比辐射率、冰雪表面温度和海冰面积相关性分析等。

利用被动微波辐射计 SSM/I 及 SSMIS 数据进行冰雪参数反演较多地集中在雪深、雪水当量、海冰厚度和海冰密集度等参数,对冰雪表面温度的反演研究相对较少。Cavelieri 等(1984)利用 SMMR 数据反演楚科奇海和格陵兰岛的海冰表面温度,分析表明计算结果高于接近冰雪表面温度的浮标数据大概 10~15 K。Cavalieri(1994)利用 SSM/I 亮温数据,根据简化的辐射传输方程计算冰雪表面温度,比较了反演结果与红外影像反演温度的相关系数高达 0.93。Germain 等(1997)针对薄冰区域改进了辐射传输迭代反演算法。Markus 等(2008)利用 AMSR-E 数据进行冰雪密集度、雪深和冰雪温度反演。在已有的利用被动微波辐射计数据进行冰雪温度反演的方法中,SMMR 数据采用的算法利用了单频率单通道数据,且其计算依据微波低频率冰雪比辐射率变化不大的特性,原理简单,比较适合于海冰密集度高于 50%的区域,但是没有综合考虑其他各种因素的影响,在海冰密集度低于 50%的地区结果精度相对较低。SSM/I 及 SSMIS 数据依据微波辐射传输理论计算冰雪表面温度,采用了多频率多通道数据进行计算,其推导过程考虑了可能影响亮温数据与物理温度之间关系的各种因素,迭代反演计算过程较为严密,反演结果与实测数据、AVHRR 反演得到的数据比较表明该算法有较高的精度。Scott 等(2014)结合 MODIS 和 ANSR-E 数据利用多模态引导变量(multimodality guided variational,MGV)反演海冰表面温度,较好地解决了 MODIS 数据在云覆盖和冰边缘区域反演海冰温度精度低的问题。

分裂窗算法是热红外地表温度反演中的经典方法之一。该方法根据地表热辐射传导方程,利用大气窗口 10~13 μm 里两个相邻通道上大气吸收作用的差异,通过这两个通道测量值的各种组合来剔除大气的影响,进行大气和地表比辐射率的订正来获取地表温度。

　　由于热红外遥感中的未知变量比波段方程数多,地表反演算法的推导都是根据一些模拟简化过程从波段方程中求解地表温度变量。不同的简化方程产生了不同的算法,至目前为止共有 17 种分裂窗算法被提出,这些算法可分为 4 类:简单模型、地表比辐射率模型、两因素模型和复杂模型。通过比较分析,Qin 等(2001)基于两因素地表温度反演模型设计的分裂窗方法在各种情况下都保持较高的反演精度。

　　MOD29 海冰温度产品的生产主要利用了一个简单的回归模型,如式下所示:

$$T_S = a + bT_{31} + c(T_{31} - T_{32}) + d\left[(T_{31} - T_{32})(\sec\theta - 1)\right] \tag{8.72}$$

式中: T_S 为冰雪表面温度; T_{31} 和 T_{32} 分别为第 31 和 32 波段的亮度温度; a, b, c 和 d 为相应的回归系数; θ 为传感器的天顶角,这些系数的获取通过对大量的实测数据进行最小二乘拟合完成。

　　Liu 等(2015)为了简化冰盖及海冰温度反演的输入参数、提高反演精度,引入改进的分裂窗算法,并结合多项式拟合的方式模拟大气水汽含量和大气透过率的关系,以提高冰盖及海冰温度反演结果的精度。温度反演过程中的关键参数包括星上亮度温度的确定、地表比辐射率的确定、大气透过率的估算、传感器视角校正和温度校正。

8.5.1　分裂窗算法原理

　　Qin 等(2001)提出的适用于 MODIS 数据的基于分裂的地表温度反演算法公式如下:

$$T_S = A_0 + A_1 T_{31} - A_2 T_{32} \tag{8.73}$$

式中: T_S 为地表温度; T_{31} 和 T_{32} 分别为 MODIS 第 31 和 32 波段的亮度温度; A_0、A_1 和 A_2 分别为分裂窗算法的参数,分别定义如下:

$$A_0 = \frac{a_{31}D_{32}(1 - C_{31} - D_{31})}{D_{32}C_{31} - D_{31}C_{32}} - \frac{a_{32}D_{31}(1 - C_{32} - D_{32})}{D_{32}C_{31} - D_{31}C_{32}} \tag{8.74}$$

$$A_1 = 1 + \frac{D_{31}}{D_{32}C_{31} - D_{31}C_{32}} - \frac{b_{31}D_{32}(1 - C_{31} - D_{31})}{D_{32}C_{31} - D_{31}C_{32}} \tag{8.75}$$

$$A_2 = \frac{D_{31}}{D_{32}C_{31} - D_{31}C_{32}} + \frac{b_{32}D_{31}(1 - C_{32} - D_{32})}{D_{32}C_{31} - D_{31}C_{32}} \tag{8.76}$$

其中: a_{31}、b_{31}、a_{32}、b_{32} 为常量,可取 $a_{31} = -64.603\,63$, $b_{31} = 0.440\,817$, $a_{32} = -68.725\,75$, $b_{32} = 0.473\,453$。

$$C_i = \varepsilon_i \tau_i(\theta) \tag{8.77}$$

$$D_i = \left[1 - \tau_i(\theta)\right]\left[1 + (1 - \varepsilon_i)\tau_i(\theta)\right] \tag{8.78}$$

式中: $\tau_i(\theta)$ 为 i ($i = 31$, 32)波段视角为 θ 的大气透过率; ε_i 为地表比辐射率。式(8.77)和式(8.78)表明,该方法的关键步骤是比辐射率的获取和大气透过率的估算。

8.5.2　大气透过率估算

　　在 Kaufman 等(1992)的研究中,大气水汽含量(w)和大气透过率(τ_w)之间的关系通常运用波段比值的方法描述。这方法是建立于大气吸收和大气窗口之间的差异。

利用两波段比值的方法获得大气透过率

$$\tau_w = r_i / r_j \tag{8.79}$$

式中：r_i 为第 19 波段（大气吸收波段）的反射率；r_j 为第 2 波段（大气窗口波段）的反射率。因此，大气水汽含量和大气透过率的关系可以用一个指数方程进行表示，如下：

$$w = \left[(\alpha - \ln \tau_w) / \beta\right]^2, \quad R^2 = 0.999 \tag{8.80}$$

式中：R^2 为决定系数，它代表了拟合的精度。对于混合地表，$\alpha = 0.02$，$\beta = 0.651$。

8.5.3　比辐射率获取

本书中所使用的冰雪地表比辐射率是 Hall 等（2008）在北极格陵兰岛实测的比辐射率数据，其中 31 波段为 0.993，32 波段为 0.990。

8.5.4　大气透过率温度矫正

为消除大气的影响，需在大气透过率估算的过程中加入温度矫正步骤。利用 MOD021KM 产品的第 31、32 波段根据表 8.8 完成温度校正（表 8.9）。

表 8.9　大气透过率的温度校正函数

波段	$T>318\ \text{K}$	$278\ \text{K}<T<318\ \text{K}$	$T<278\ \text{K}$
MODIS31	$\delta_{\tau31}(T)=0.080$	$\delta_{\tau31}(T)=-0.050+0.003\,25(T_{31}-278)$	$\delta_{\tau31}(T)=-0.050$
MODIS32	$\delta_{\tau32}(T)=0.095$	$\delta_{\tau32}(T)=-0.065+0.004\,00(T_{32}-278)$	$\delta_{\tau32}(T)=-0.065$

8.5.5　大气透过率传感器视角矫正

为消除大气的影响，需在大气透过率估算的过程中加入传感器视角矫正步骤。大气透过率的传感器视角校正可通过以下函数关系式完成：

$$\delta_{\tau_i}(\theta) = -0.003\,2 + (3.096\,7 \times 10^{-5})\theta^2 \tag{8.81}$$

Liu 等（2015）为验证算法精度，利用南极中山站和罗斯冰架 7 个 AWS 气温数据。当风速大于 $4\ \text{ms}^{-1}$ 时，气温数据和冰雪表面温度较接近，因此，仅选择风速大于 $4\ \text{ms}^{-1}$ 时的 AWS 数据作为实测数据。图 8.33 展示了利用中山站 AWS 数据进行地表温度验证的结果，包括 Liu 等人获得的结果、MOD29 产品和 AWS 数据。图 8.33 相应的偏差（Bias）和均方根误差（RMSE）如表 8.10 所示。

表8.10　基于MODIS的冰雪表面温度（改进的方法结果和MOD29）与中山站AWS气温数据对比精度

数据	精度	
	Bias /K	RMSE /K
改进的算法	−0.62	1.32
MOD29	−1.34	1.81

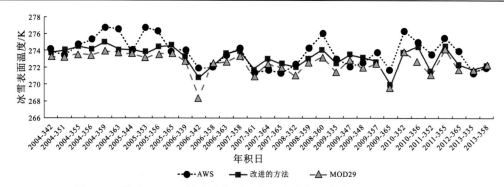

图 8.33　基于 MODIS 的冰雪表面温度（改进的方法结果和 MOD29）与
中山站 AWS 气温数据对比结果图

由图 8.33 和表 8.10 可见，Liu 等（2015）改进的算法在中山站可获得更高的冰雪地表温度反演精度。同样，Liu 等利用罗斯冰架的 AWS 数据再对算法精度进行了验证，结果如表 8.11 所示。

表 8.11　基于 MODIS 的冰雪表面温度（改进的方法结果和 MOD29）与
罗斯冰架 AWS 气温数据对比精度

精度	数据	AWSs					
		Carolyn	Elaine	Gill	Margaret	Schwerdtfeger	Vito
Bias /K	改进的算法	−2.46	−1.26	−0.98	−1.35	−2.07	−1.70
	MOD29	−3.27	−2.27	−1.97	−2.10	−2.89	−2.69
RMSE /K	改进的算法	2.91	2.02	2.01	2.40	2.47	2.44
	MOD29	3.59	2.72	2.60	3.17	3.21	3.49

表 8.11 中，改进算法获得的结果同样展示了较好的冰雪表面温度反演精度。图 8.34 展示了 2005 年至 2013 年间埃默里冰架和普里兹湾冰雪表面温度。

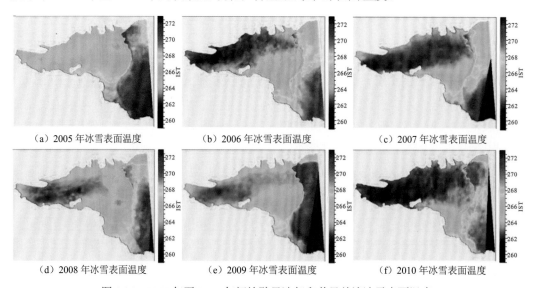

（a）2005 年冰雪表面温度　　　　（b）2006 年冰雪表面温度　　　　（c）2007 年冰雪表面温度

（d）2008 年冰雪表面温度　　　　（e）2009 年冰雪表面温度　　　　（f）2010 年冰雪表面温度

图 8.34　2005 年至 2013 年间埃默里冰架和普里兹湾冰雪表面温度

（g）2011 年冰雪表面温度　　　　（h）2012 年冰雪表面温度　　　　（i）2013 年冰雪表面温度

图 8.34　2005 年至 2013 年间埃默里冰架和普里兹湾冰雪表面温度（续）

参 考 文 献

董兆乾, 梁湘三, 1993. 南极海冰、冰穴和冰川冰及其对水团形成和变性的作用. 南极研究, 5(3): 1-16.

郭井学, 孙波, 崔祥斌, 等, 2008. 电磁感应技术在南极海冰厚度探测中的应用. 吉林大学学报(地球科学版), 38(2): 330-335.

季青, 2015. 基于卫星测高技术的北极海冰厚度时空变化研究. 武汉: 武汉大学.

季青, 庞小平, 赵羲, 等, 2015. 基于 CryoSat-2 数据的海冰厚度估算算法比较. 武汉大学学报(信息科学版), 40(11): 1467-1472.

康建成, 唐述林, 刘雷保, 2005. 南极海冰与气. 地球科学进展, 20(7): 786-793.

柯长青, 彭海涛, 孙波, 等, 2013. 2002 年-2011 年北极海冰时空变化分析. 遥感学报, 17(a02): 459-466.

李志军, 董西路, 张占海, 等, 2004. 中国第二次北极科学考察海冰物理数据的解释. 极地研究, 16(4): 338-345.

李志军, 韩明, 秦建敏, 等, 2005. 冰厚变化的现场监测现状和研究进展. 水科学进展, 16(5): 753-757.

刘帅斌, 周春霞, 王泽民, 等, 2016. 罗斯海和普里兹湾海域海冰范围变化对比分析. 极地研究, 28(2): 228-234.

刘艳霞, 王泽民, 刘婷婷, 2016. 1979～2014 年南北极海冰变化特征分析. 遥感信息, 31(2): 24-29.

刘志强, 苏洁, 时晓旭, 等, 2014. 渤海 AVHRR 多通道海冰密集度反演算法试验研究. 海洋学报, 36(11): 74-84.

卢鹏, 李志军, 董西路, 等, 2004. 基于遥感影像的北极海冰厚度和密集度分析方法. 极地研究, 16(4): 318-323.

隋翠娟, 张占海, 吴辉碇, 等, 2015. 1979～2012 年北极海冰范围年际和年代际变化分析. 极地研究, 27(2): 174-182.

王红霞, 2011. 基于多源微波遥感的南极海冰探测研究. 青岛: 中国海洋大学.

席颖, 孙波, 李鑫, 2013. 利用船测数据以及 Landsat-7 ETM+影像评估南极海冰区 AMSR-E 海冰密集度. 遥感学报, 17(3): 520-526.

杨元德, 鄂栋臣, 汪海洪, 等, 2010. 利用卫星测高雷达回波波形确定南极海冰密集度. 中国科学: 地球科学, 12: 14.

袁乐先, 李斐, 张胜凯, 等, 2016. 利用 ICESat/GLAS 数据研究北极海冰干舷高度. 武汉大学学报(信息科学版), 41(9): 1176-1182.

张晰, 张杰, 孟俊敏, 等, 2013. 基于极化散射特征的极化合成孔径雷达海冰分类方法研究: 以渤海海冰分类为例. 海洋学报, 35(5): 95-101.

张辛, 周春霞, 鄂栋臣, 等, 2014. MODIS 多波段数据对南极海冰变化的监测研究. 武汉大学学报(信息科学版), 39(10): 1194-1198.

张青松, 1986. 南极大陆东部戴维斯站地区海冰观测. 冰川冻土, 8(2): 143-148.

赵进平, 任敬萍, 2000. 从航空数字影像提取北极海冰形态参数的方法研究. 遥感学报, 4(4): 271-278.

ACKLEY S F, 1979. Mass-balance aspects of Weddell Sea pack ice. Journal of Glaciology, 24(90): 391-405.

ANDERSEN S, TONBOE R, KALESCHKE L, et al., 2007. Intercomparison of passive microwave sea ice concentration retrievals over the high-concentration arctic sea ice. Journal of Geophysical Research: Oceans, 112(C8): C08004.

ANDERSEN S, 1998. Monthly arctic sea ice signatures for use in passive microwave algorithms. Copenhagen: Danish Meteorological Institute.

BEHRENDT A, DIERKING W, FAHRBACH E, et al., 2013. Sea ice draft in the Weddell Sea, measured by upward looking sonars. Earth System Science Data, 5: 209-226.

BERG A, ERIKSSON L E B, 2012. SAR Algorithm for sea ice concentration-evaluation for the Baltic Sea. IEEE Geoscience & Remote Sensing Letters, 9(5): 938-942.

BJØRGO E, JOHANNESSEN O M, MILES M W, 1997. Analysis of merged SMMR-SSMI time series of arctic and antarctic sea ice parameters 1978-1995. Geophysical Research Letters, 24(4): 413-416.

BOURKE R H, GARRETT R P, 1987. Sea ice thickness distribution in the Arctic Ocean. Cold Regions Science and Technology, 13: 259-280.

BRANDT R, WARREN S G, 2005. Surface Albedo of the Antarctic Sea Ice Zone. Journal of Climate, 18: 3606-3622.

CAMPBELL J B, WYNNE R H, 2011. Introduction to Remote Sensing.5th eds. New York: Guilford Press: 335-381.

CAVALIERI D J, 1994. A microwave technique for mapping thin sea ice. Journal of Geophysical Research, 99(C6): 12561-12572.

CAVELIERI D J, GLOERSEN P, 1986. Reduction of weather effects in the calculation of sea ice concentration from microwave radiances. Journal of Geophysical Research, 91(C3): 3913-3919.

CAVALIERI D J, PARKINSON C L, 2008. Antarctic sea ice variability and trends, 1979-2006. Journal of Geophysical Research, 113(C7): 341-355.

CAVALIERI D J, PARKINSON C L, 2012: Arctic sea ice variability and trends, 1979-2010. Cryosphere, 6: 881-889.

CAVALIERI D J, PARKINSON C L, VINNIKOV K Y, 1970. 30-year satellite record reveals contrasting arctic and antarctic decadal sea ice variability. Geophysical Research Letters, 30(18): CRY 4-1.

CAVALIERI D J, GLOERSEN P, CAMPBELL W J, 1984. determination of sea ice parameters with the NIMBUS 7 SMMR. Journal of Geophysical Research Atmospheres, 89(D4): 5355-5369.

CAVALIERI D J, PARKINSON C L, GLOERSEN P, et al., 1999. Deriving long-term time series of sea ice cover from satellite passive-microwave multisensor data sets. Journal of Geophysical Research Oceans, 104(C7): 15803-15814.

CAVALIERI D J, MARKUS T, HALL D K, et al., 2010. Assessment of AMSR-E antarctic winter sea-ice concentrations using Aqua MODIS. IEEE Transactions on Geoscience & Remote Sensing, 48(9): 3331-3339.

CAVALIERI D J, MARKUS T, HALL D K, et al., 2006. Assessment of EOS Aqua AMSR-E Arctic sea ice concentrations using Landsat-7 and airborne microwave imagery. IEEE Transactions on Geoscience and Remote Sensing, 44(11): 3057-3069.

CHEN P, ZHAO J, 2017. Variation of sea ice extent in different regions of the Arctic Ocean. Acta Oceanologica Sinica, 36(8): 1-11.

CIAUSI D A, 1996. Texture Segmentation On SAR Ice Imagery. Waterloo: University of Waterloo.

CIS, 2005.Manual of Standard Procedures for Observing and Reporting Ice Conditions(MANICE). 9th edition.

Ottawa: Meteorological Service of Canada.

COMISO J C, 1983. Sea ice effective microwave emissivities from satellite passive microwave and infrared observations. Journal of Geophysical Research: Oceans, 88(C12): 7686-7704.

COMISO J C, 1986. Characteristics of Arctic winter sea ice from satellite multispectral microwave observation. Journal of Geophysical Research, 91(C1): 975-994.

COMISO J C, 1994. surface temperatures in the polar regions from nimbus-7 temperature humidity infrared radiometer. Journal of Geophysical Research: Oceans, 99: 5181-5200.

COMISO J C. 1995. SSM/I concentrations using the Bootstrap algorithm. US Nat. Aeron. Space Admin. Ref. Publ, 1380.

COMISO J C, 2012. Large decadal decline of the arctic multiyear ice cover. Journal of Climate, 25(4): 1176-1193.

COMISO J C, NISHIO F, 2008. Trends in the sea ice cover using enhanced and compatible AMSR-E, SSM/I, and SMMR Data. Journal of Geophysical Research Oceans, 113(C2): 228-236.

COMISO J C, CAVALIERI D J, PARKINSON C L, et al., 1997. Passive microwave algorithms for sea ice concentration: a comparison of two techniques. Remote Sensing of Environment, 60(3): 357-384.

EARLY D S, LONG D G, 2001. Image reconstruction and enhanced resolution imaging from irregular samples. IEEE Transactions on Geoscience & Remote Sensing, 39(2): 291-302.

EISENMAN I, MEIER W N, NORRIS J R, 2014. A spurious jump in the satellite record: has antarctic sea ice expansion been overestimated? Cryosphere, 8(4): 1289-1296.

GERMAIN K M S, CAVALIERI D J, 1997. A microwave technique for mapping ice temperature in the arctic seasonal sea ice zone. Journal of geophysical research, 35(4): 946-953.

GESELL G, 1989. An algorithm for snow and ice detection using AVHRR data An extension to the APOLLO software package. International Journal of Remote Sensing, 10(4-5): 897-905.

GLOERSEN P, ZWALLY H J, CHANG A T C, et al., 1978. Time-dependence of sea-ice concentration and multiyear ice fraction in the arctic basin. Boundary-Layer Meteorology, 13(1/4): 339-359.

GLOERSEN P, CAMPBELL W J, CAVALIERI D J, et al., 1993. Satellite passive microwave observations and analysis of arctic and antarctic sea ice, 1978-1987. Annals of Glaciology, 17: 149-154.

GRENFELL T C, 1986. Surface-based passive microwave observations of sea ice in the bering and greenland seas. IEEE Transactions on Geoscience and Remote Sensing (3): 378-382.

HAAS C, 1998. Evaluation of ship-based electromagnetic-inductive thickness measurements of summer sea-ice in the bellingshausen and amundsen seas antarctica. Cold Regions Science and Technology, 27: 1-16.

HAAS C, 2003. Dynamics Versus Thermodynamics: The Sea Ice Thickness Distribution//Thomas N, Dieckmann G S. Sea Ice. Oxford: Blackwell Publishing: 82-111.

HALL D K, RIGGS G A, SALOMONSON V V, 1995. Development of methods for mapping global snow cover using moderate resolution imaging spectroradiometer data. Remote Sensing of Environment, 54(2): 127-140.

HALL D K, KEY J R, CASEY K A, et al., 2004. Sea ice surface temperature product from MODIS. IEEE Transactions on Geoscience and Remote Sensing, 42(5): 1076-1087.

HALL D K, BOX J E, CASEY K A, et al., 2008. Comparison of satellite-derived and in situ observations of ice and snow surface temperatures over greenland. Remote Sensing of Environment, 112(10): 3739-3749.

HALL D K, COMISO J C, DIGIROLAMO N E, et al., 2013. Variability in the surface temperature and melt extent of the greenland ice sheet from MODIS.Geophysical Research Letters, 40: 2114-2120.

HALL D K, WILLIAMS R S, CASEY K A, et al., 2006. Satellite-derived, melt-season surface temperature of the greenland ice sheet (2000-2005) and Its Relationship to Mass Balance. Geophysical Research Letters, 33(11): L11501.

HARA Y, ATKINS R G, SHIN R T, et al., 1995. Application of neural networks for sea ice classification in polarimetric SAR images. IEEE Transactions On Geoscience and Remote Sensing, 33(3): 740-748.

HEINRICHS J F, CAVALIERI D J, MARKUS T, 2006. Assessment of the AMSR-E sea ice-concentration product at the ice edge using RADARSAT-1 and MODIS imagery. IEEE Transactions on Geoscience & Remote Sensing, 44(11): 3070-3080.

HEWISON T J, ENGLISH S J, 1999. Airborne retrievals of snow and ice surface emissivity at millimeter wavelengths. IEEE Transactions on Geoscience and Remote Sensing, 37(4): 1871-1879.

HIBLER III W D, ACKLEY S F, 2003. Height variation along ice pressure ridges and the probability of finding holes for vehicle crossing. Journal of Terramechanics, 12(3-4): 191-199.

HORI M, AOKI T, TANIKAWA T, et al., 2006. In situ measured spectral directional emissivity of snow and ice in the 8-14 μm atmospheric window. Remote Sensing of Environment, 100(4): 486-502.

HUTCHINGS J K, ROBERTS A, GEIGER C A, et al., 2011. Spatial and temporal characterization of sea ice deformation.Annals of Glaciology, 52(57): 360-368.

HWANG B J, BARBER D G, 2008. On the impact of ice emissivity on sea ice temperature retrieval using passive microwave radiance data.IEEE Geoscience and Remote Sensing Letters, 5(3): 448-452.

III W D H, ACKLEY S F, 1973. Height variation along sea ice pressure ridges and the probability of finding "Holes" for vehicle crossings. Journal of Terramechanics, 12(3): 191-199.

IVANOVA N, JOHANNESSEN O M, PEDERSEN L T, et al., 2014. Retrieval of arctic sea ice parameters by satellite passive microwave sensors: a comparison of eleven sea ice concentration algorithms. IEEE Trans. Geosci. Remote Sens., 11(52): 7233-7246.

IVANOVA N, PEDERSEN L T, TONBOE R T, et al., 2015. Satellite passive microwave measurements of sea ice concentration: an optimal algorithm and challenges. Cryosphere Discussions, 9(1): 1269-1313.

JUNG M Y, PRABHAKARA C, IACOVAZZI R, 2003. Surface emissivity and hydrometeors derived from microwave satellite observations and model. Reanalyses Journal of the Meteorological Society of Japan, 81(5): 1087-1109.

KALESCHKE L, TIAN-KUNZE X, MAAß N, et al., 2012. Sea ice thickness retrieval from SMOS brightness temperatures during the arctic freeze-up period. Geophysical Research Letters, 39: L05501.

KAUFMAN Y J, GAO B C, 1992. Remote sensing of water vapor in the near IR from EOS/MODIS.IEEE Transactions on Geoscience and Remote Sensing, 30(5): 871-884.

KARVONEN J, 2014. Baltic sea ice concentration estimation based on C-band dual-polarized SAR data. IEEE Transactions on Geoscience and Remote Sensing, 52(9): 5558-5566.

KEY J R, HAEFLIGER M, 1992. Arctic ice surface temperature retrieval from AVHRR thermal channels. Journal of Geophysical Research, 97(D5): 5885-5893.

KEY J R, COLLINS J B, FOWLER C, et al., 1997. High-latitude surface temperature estimates from thermal satellite data. Remote Sensing of Environment, 61(2): 302-309.

KEY J, BARRY R G, 1989. Cloud cover analysis with Arctic AVHRR data: 1. Cloud detection.Journal of Geophysical Research: Atmospheres, 94(D15): 18521-18535.

KING M D, TSAY S C, PLATNICK S E, et al., 1997. Cloud retrieval algorithms for MODIS: optical thickness, effective particle radius, and thermodynamic phase. Cambridge: Cambridge Univ Press.

KOVACS A, 1996. Sea Ice. Part I. Bulk salinity versus ice floe thickness. USA Cold Regions Research and Engineering Laboratory. CRREL Report.

KURTZ N T, MARKUS T, 2012. Satellite observations of antarctic sea ice thickness and volume. Journal of

Geophysical Research, 117: C08025.

KURTZ N T, MARKUS T, CAVALIERI D J, et al., 2009. Estimation of sea ice thickness distributions through the combination of snow depth and satellite laser altimetry data. Journal of Geophysical Research, 14(C10): C10007.

KURTZ N T, GALIN N, STUDINGER M, 2014. An improved CryoSat-2 sea ice freeboard and thickness retrieval algorithm trough the use of waveform fitting. The Cryosphere Discussions, 8(1): 721-768.

KWOK R, 2010. Satellite remote sensing of sea-ice thickness and kinematics: a review. Annals of Glaciology, 56(200): 1129-1140.

KWOK R, HARA Y, ATKINS R G, et al., 1991. Application of neural networks to sea ice classification using polarimetric SAR images. Geoscience and Remote Sensing Symposium, 91: 85-88.

KWOK R, NGHIEM S V, YUEH S H, et al., 1995. Retrieval of thin ice thickness from multifrequency polarimetric SAR data. Remote sensing of Environment, 51: 316-374.

KWOK R, CUNNINGHAM G F, 2008. ICESat over arctic sea ice, estimation of snow depth and ice thickness. Journal of Geophysical Research, 113(C8): C08010.

KWOK R, ROTHROCK D A, 2009. Decline in arctic sea ice thickness from submarine and ICESat records: 1958-2008. Geophysical Research Letters, 36(15): 1958-2008.

LAXON S, PEACOCK N, SMITH D, 2003. High interannual variability of sea ice in the arctic region. Nature, 425: 947-950.

LAXON S W, GILES K A, RIDOUT A L, et al., 2013. CryoSat-2 estimates of arctic sea ice thickness and volume. Geophysical Research Letters, 40: 732-737.

LAZZARA M A, WEIDNER G A, KELLER L M, et al., 2012. Antarctic automatic weather station program: 30 years of polar observation.American Meteorological Society, 93(10): 1519-1537.

LINDSAY R, ROTHROCK D, 1994. The calculation of surface temperature and albedo of arctic sea ice from AVHRR. Applied & Environmental Microbiology, 60(7): 2330-2338.

LIU H Y, GUO H D, ZHANG L, 2014. Sea ice classification using dual polarization SAR Data//IOP conference series: Earth and Environmental Science, 17(1): 012115.

LIU G, CURRY J A, 1998. An investigation of the relationship between emission and scattering signals in SSM/I data. Journal of the Atmospheric Sciences, 55(9): 1628-1643.

LIU H, GUO H, ZHANG L, 2015. SVM-based sea ice classification using textural features and concentration from RADARSAT-2 Dual-Pol ScanSAR data. IEEE Journal of Selected Topics in Applied Earth Observations and Remote Sensing, 8(4): 1601-1613.

LIU T, WANG Z, HUANG X, et al., 2015. An effective antarctic ice surface temperature retrieval method for MODIS.Photogrammetric Engineering & Remote Sensing, 81(11): 861-872.

LIU Y, KEY J R, WANG X, 2009. Influence of changes in sea ice concentration and cloud cover on recent arctic surface temperature trends. Geophysical Research Letters, 36(20): L20710.

MAHONEY A, EICKEN H, GAYLORD A G, ET AL., 2007. Alaska landfast sea ice: links with bathymetry and atmospheric circulation. Journal of Geophysical Research: Oceans, 112(C2): C02001.

MARKUS T, CAVALIERI D J, 2000.An Enhancement of the NASA team sea ice algorithm. IEEE Transaction on Geoscience and Remote Sensing, 38(3): 1387-1398.

MARKUS T, CAVALIERI D J, 2008.AMSR-E algorithm theoretical basis document: sea ice products. IEEE Transactions on Geoscience and Remote Sensing, 31(4): 842-852.

MARKUS T, CAVALIERI D J, 2013. Snow Depth Distribution Over Sea Ice in the Southern Ocean from Satellite Passive Microwave Data. Washington D C: American Geophysical Union: 19-39.

MARTIN S, DRUCKER R, KWOK R, et al., 2004. Estimation of the thin ice thickness and heat flux for the

Chukchi Sea Alaskan Coast polynya from special sensor microwave/imager data, 1990-2001. Journal of Geophysical Research, 109: C10012.

MASLANIK J, KEY J, 1993. Comparison and integration of ice-pack temperatures derived from AVHRR and passive microwave imagery. Journal of Neuroscience Methods, 82(2): 143-150.

MATZLER C, OLAUSSEN T, SVENDSEN E, 1984. Microwave and surface observations of water and ice carried out from R/V polarstern in the marginal ice zone north and west of Svalbard. Bergen: Geophys. Inst., Div. A., Univ. of Bergen.

MELLING H, RIEDEL D A, 1995. The underside topography of sea ice over the continental shelf of the bering sea in the winter of 1990. Journal of Geophysical Research, 100(C7): 13641-13653.

OBERT K M, BROWN T G, 2011. Ice ridge keel characteristics and distribution in the northumberland strait. cold Regions Science and Technology, 66: 53-64.

ONSTOTT R G, GRENFELL T C, MATZLER C, et al., 1987. Evolution of microwave sea ice dignatures during early summer and midsummer in the marginal ice zone. Journal of Geophysical Research: Oceans, 92(C7): 6825-6835.

PARKINSON C L, 2014. Global sea ice coverage from satellite data: annual cycle and 35-yr trends. Journal of Climate, 27(24): 9377-9382.

PARKINSON C L, CAVALIERI D J, 2008. Arctic sea ice variability and trends, 1979-2006.J. Geophys. Res., 113: C07003.

PARKINSON C L, CAVALIERI D J, 2012. Antarctic sea ice variability and trends, 1979-2010. The Cryosphere, 6: 871-880.

PARKINSON C L, CAVALIERI D J, 2012. Antarctic sea ice variability and trends, 1979-2010. The Cryosphere Discussions, 6(2): 931-956.

PARKINSON C L, CAVALIERI D J, GLOERSEN P, et al., 1999. Arctic sea ice extents, areas, and trends, 1978-1996. Journal of Geophysical Research, 104(C9): 20837-20856.

PEROVICH D K, MAYKUT G A, GRENFELL T C，1986. Optical properties of ice and snow in the polar oceans. i: observations//ocean optics VIII. International Society for Optics and Photonics, 637: 232-242.

QIN Z, OLMO G D, KARNIELI A, 2001. Derivation of split window algorithm and its sensitivity analysis for retrieving land surface temperature from NOAA advanced very high resolution radiometer data. Geophysical Research, 106(D19): 22655-22670.

REMUND Q P, LONG D G, 2014. A decade of QuikSCAT scatterometer sea ice extent data. IEEE Transactions on Geoscience & Remote Sensing, 52(7): 4281-4290.

Richards J A, JIA X, 2005. Remote Sensing Digital Image Analysis: An Introduction. 4th eds. New York: Springer.

RIGGS G A, HALL D K, ACKERMAN S A, 1999. Sea ice extent and classification mapping with the moderate resolution imaging spectroradiometer airborne simulator. Remote Sensing of Environment, 68(2): 152-163.

ROTHROCK D A, YU Y, MAYKUT G A, 1999. Thinning of the arctic sea-ice cover. Geophysical Research Letters, 26(23): 3469-3472.

RUDOLF R, ANJA F, SUSANNE L, 2015. A neural network-based classification for sea ice types on X-Band SAR images. IEEE Journal of Selected Topics in Applied Earth Observations and Remote Sensing, 8(7): 3672-3680.

SCHOWENGERDT R A, 2006. Remote Sensing: Models and Methods for Image Processing. 3rd eds, Waltham: Academic Press.

SCOTT K A, LI E, 2014. Sea ice surface temperature estimationusing MODIS and AMSR-E data within a guided variational model along the Labrador Coast. IEEE Journal of Selected Topics in Applied Earth Observations and Remote Sensing, 7(9): 2258-2263.

SHIMODA H, ENDOH T, MURAMOTO K, et al., 1997. Observations of sea-ice conditions in the antarctic coastal application of remote sensing to the estimation of sea ice thickness distribution region using ship-board video cameras. Antarctic Record, 41(1): 355-365.

SHOKR M, SINHA N, 2015. Sea Ice: Physics and Remote Sensing. New Jersey: Wiley.

SHU Q, QIAO F, SONG Z, et al., 2012. Sea ice trends in the antarctic and their relationship to surface air temperature during 1979-2009. Climate Dynamics, 38(11/12): 1-9.

SHUTKO A M, GRANKOV A G, 1982. Some peculiarities of formulation and solution of inverse problems in microwave radiometry of the ocean surface and atmosphere. IEEE Journal of Oceanic Engineering, 7(1): 40-43.

SMITH D M, SCOTT E C B J C, 1995. Sea-ice type classification from ERS-1 SAR data based on grey level and texture information. Polar Record, 31(177): 135-146.

SOBOTA I, 2011.Snow accumulation, melt, mass loss, and the near-surface ice temperature structure of irenebreen, Svalbard. Polar Science, 5(3): 327-336.

SOLOMON S, QIN D H, MANNING M, et al., 2007. Climate Change 2007: The Physical Science Basis. New York: Cambridge University Press.

SPREEN G, KALESCHKE L, HEYGSTER G, 2008. Sea ice remote sensing using AMSR‐E 89‐GHz channels. Journal of Geophysical Research Atmospheres, 113(C2): 447-453.

STEFFEN K, BOX J E, ABDALATI W, 1996. Greenland climate network: GC-net. Cold Regions Research and Engineering, 98-103.

STRUB-KLEIN L, SUDOM D, 2012. A comprehensively analysis of the morphology of first-year ice ridges. Cold Regions Science and Technology, 82: 94-109.

STEFFEN K, SCHWEIGER A, 1991. NASA team algorithm for sea ice concentration retrieval from Defense Meteorological Satellite Program special sensor microwave imager: comparison with Landsat satellite imagery. Journal of Geophysical Research: Oceans, 96(C12): 21971-21987.

STOCKER T F, QIN D, PLATTNER G K, et al., 2013. Climate Change 2013: The Physical Science Basis. New York: Cambridge University Press.

SVENDSEN E, KLOSTER K, FARRELLY B, et al.,1983. Norwegian remote sensing experiment: evaluation of the nimbus 7 scanning multichannel microwave radiometer for sea ice research. Journal of Geophysical Research: Oceans, 88(C5): 2781-2791.

SVENDSEN E, MATZLER C, GRENFELL T C, 1987. A model for retrieving total sea ice concentration from a spaceborne dual-polarized passive microwave instrument operating near 90 GHz. International Journal of Remote Sensing, 8(10): 1479-1487.

TAMURA T, OHSHIMA K I, NIHASHI S, 2008. Mapping of sea ice production for Antarctic coastal polynya. Geophysical Research Letters, 35: L07606.

TAN W, SCOTT K A, LEDREW E, 2014. Enhanced arctic ice concentration estimation merging MODIS ice surface temperature and SSM/I sea-ice concentration. Atmosphere-Ocean, 52(2): 115-124.

THOMAS A, BARBER D G, 1998. On the use of multi-year ice ERS-1 sigma degrees as a proxy indicator of melt period sea ice albedo. International Journal of Remote Sensing, 19(14): 2807-2821.

TIKHONOV V V, REPINA I A, RAEV M D, et al.,2015. A physical algorithm to measure sea ice concentration from passive microwave remote sensing data. Advances in Space Research, 56(8): 1578-1589.

TOYOTA T, KAWAMURA T, OHSHIMA K I, et al., 2004. Thickness distribution, texture and stratigraphy, and a simple probabilistic model for dynamical thickening of sea ice in the southern sea of okhotsk. Journal of Geophysical Research, 109: C06001.

TOYOTA T, UTO S, CHO K, et al., 2011. Retrieval of sea-ice thickness distribution in the sea of okhotsk from ALOS/PALSAR backscatter data. Annals of Glaciology, 57 (52): 177-184.

TROY B E, HOLLINGER J P, LERNER R M, et al., 1981. Measurement of the microwave properties of sea ice at 90 GHz and lower frequencies. Journal of Geophysical Research, 86(C5): 4283-4289.

TSATSOULIS C, SOH L K, 1999.Texture analysis of SAR sea ice imagery using gray level co-occurrence matrices. IEEE Transactions On Geoscience and Remote Sensing, 37(2): 780-795.

VEIHELMANN B, OLESEN F S, KOTTMEIER C, 2001. sea ice surface temperature in the Weddell Sea (antarctica) from drifting buoy and AVHRR Data.Cold Regions Science and Technology, 33(1): 19-27.

WADHAMS P, 2000. Ice in the Ocean. Amsterdam: Gordon and Breach Science Publishers.

WADHAMS P, HORNE R J, 1980. An analysis of ice profiles obtained by submarine sonar in the Beaufort Sea. Journal of Glaciology, 25(93): 401-424.

WALSH J E, 2013. Melting ice: what is happening to arctic sea ice, and what does it mean for us?. Oceanography, 26(2): 171-181.

WANG L, SCOTT K A, XU L, et al., 2016. Sea ice concentration estimation during melt from dual-pol SAR scenes using deep convolutional neural networks: a case study. IEEE Transactions on Geoscience and Remote Sensing, 54(8): 4524-4533.

WAN Z, ZHANG Y, 2002. Validation of the land-surface temperature products retrieved from terra moderate resolution imaging spectroradiometer data. Remote Sensing of Environment, 83(1/2): 163-180.

WEBSTER M A, RIGOR I G, NGHIEM S V, et al., 2014. Interdecadal changes in snow depth on arctic sea ice. Journal of Geophysical Research: Oceans, 119(8): 5395-5406.

WIEBE H, HEYGSTER G, MARKUS T, 2009. Comparison of the ASI Ice Concentration Algorithm With Landsat-7 ETM+ and SAR imagery. IEEE Transactions on Geoscience & Remote Sensing, 47(9): 3008-3015.

WORBY A P, COMISO J C, 2004. Studies of the antarctic sea ice edge and ice extent from satellite and ship observations. Remote Sensing of Environment, 92: 98-111.

WORBY A P, GEIGER C A, PAGET M J, et al., 2008. Thickness distribution of antarctic sea ice. Journal of Geophysical Research, 113(C5): C05S92.

YI D, ZWALLY H J, ROBBINS J W, 2011. ICESat observations of seasonal and interannual variations of sea-ice freeboard and estimated thickness in the Weddell Sea Antarctica (2003-2009). Annals of Glaciology, 52(9): 43-51.

ZHAO X, XU L, ALFRED S, et al., 2016. The impact of averaging methods on the trend analysis of the antarctic sea ice extent and perimeter. Spatial Statistics, 18: 221-233.

ZHAO X, SU H Y, STEIN A, et al., 2015. Comparison between AMSR-E ASI sea-ice concentration product, MODIS and pseudo-ship observations of the Antarctic sea-ice edge. Annals of Glaciology, 56(69): 45-52.

ZWALLY H J, YI D, KWOK R, et al., 2008. ICESat measurements of sea ice freeboard and estimates of sea ice thickness in the Weddell Sea. Journal of Geophysical Research Oceans, 2008, 113(C2): C02S15.

ZWALLY H J, COMISO J C, PARKINSON C L, et al., 2002. Variability of antarctic sea ice 1979-1998. Journal of Geophysical Research, 107(C5): 9-1-9-19.

ZWALLY H J, SCHUTZ B, ABDALATI W, et al., 2002. ICESat's laser measurements of polar ice, atmosphere, ocean, and land. Journal of Geodynamics, 34(3): 405-445.

第 9 章 南极地形测绘

9.1 南极站区与冰面地形测绘

地形测绘（topographic survey）指的是测绘地形图的作业。即对地球表面的地物、地形在水平面上的投影位置和高程进行测定，并按一定比例缩小，用符号和注记绘制成地形图的工作。极地地形测绘的现有手段，包括地面测量、航空测量和卫星遥感等。相对后两种方法，虽然大地测量受限于极地恶劣的环境，但是其具有较高的精度。此外，获得第一手的实地测量资料对后续航空测量以及卫星遥感方法在极区应用具有检验作用。

9.1.1 长城站站区地形测绘

长城站是中国在南极建立的第一个科学考察站，位于南极洲南设得兰群岛的乔治王岛西部的菲尔德斯半岛上，东临麦克斯维尔湾中的小海湾——长城湾，湾阔水深，进出方便，背依终年积雪的山坡，水源充足。

在长城站建站中期，考察部队要求在祖国慰问团到达长城站之前，完成站区精确地形图测定。当时仅只有半个月时间，且真正能有利外业测绘的天气很少。测绘全班三人，在海军官兵的大力支持下，配合选点跑尺，用红外激光测距导线和交会方法，完成了一幅 1:2000 中国南极长城站地形图。这是中国测绘工作者在南极洲测绘的第一幅地图。图上用山海关峰、八达岭、蛇山、龟山、平顶山、望龙岩、栖凤岩、拒马河、翠溪、西湖、燕鸥湖、高山湖等亲切的中国名字，填补了菲尔德斯半岛上千古荒岩的地名空白。

1. 地面控制点的建立

测图时，按照先控制后碎步的原则进行，控制点的布设采用由高级到低级的方法逐渐向外扩展。长城站建立在一块弧形的五级古海滩台地上，东濒长城海湾，与阿德雷岛隔水相望，西边是丘陵山地，地势较高，制高点上视野开阔。除山谷里有些长年积雪外，岩石裸露地带，较易于布点。从天文点开始，在海滩与西边山地交界处的各制高点上，用 DI3S 红外光测距仪，从西北到东南，贯穿整个测区施测一条激光导线。然后，在各导线点上，用经纬仪交汇法，向四周扩展至约 4 km^2 范围内布设次级控制点。最后，共施测了 33 个不同等级的测图控制点。

2. 地形测绘

根据南极考察和建站施工用图要求，测区图廓分幅以站区为中心图幅，测制大比例尺地形图，四周图幅比例尺较小。在首次南极考察中，因时间短促，只测了站区 0.8 km^2 1:2000 的地形图一幅。

乔治王岛的夏天有 90% 的陆地尚被冰雪覆盖，在 10% 的地带则岩石裸露，地物简单，地貌破碎。海滩上全是鹅卵石地面，除有些苔藓和地衣等植物外，无其他植被，海滩西侧和南北端多风化孤立的陡峭岩石。西部山地，多为冰雪冻土融化冲积的平底山谷和悬崖陡峰，也有些较深的冲沟中尚存常年不化的冰川和积雪。

由于测区经常是风雾雨雪交加，气候恶劣，野外作业只能采用测记法。按照 1:2 000 比例尺的地形测图要求，在 0.8 km² 的图幅范围内，测量了 1 665 个地形点。经内业清绘，完成了中国南极长城站地形图测绘（图 9.1）。

图 9.1　第一幅手绘长城站地图

9.1.2　中山站站区地形测绘

1990~1992 年，在中国第七次南极考察和第八次南极考察期间，为解决拉斯曼丘陵裸露区考察急需地形图，在我国无法花巨资在南极实现常规航摄成图的情况下，创造性地采用直升飞机作为升空平台，利用普通非量测型 120 相机航拍和人工地面布控方法，对拉斯曼丘陵进行航空摄影测量，在国际上首次完成了拉斯曼丘陵急需 1:10 000 比例尺精确影像地形图测绘，成功地探索出南极露岩区小像幅航测成图方法，这一成果被专家鉴定为创造出了符合国情并具中国特色的南极制图途径，并获得国家科技进步二等奖（图 9.2）。目前，该项成图方法已成为我国南极露岩区大面积测图的主要途径。

图 9.2　拉斯曼丘陵航测地形图

9.1.3　格罗夫山区地形图测绘

1999~2000 年，中国第 16 次南极考察队对格罗夫山区进行了考察，此次考察中完成了格罗夫山核心区域 1:25 000 地形图的测绘任务。

1. 仪器设备的准备

考虑到南极地区自然条件、气候特征以及作业的特点，对仪器设备作了充分的准备。为了防止仪器设备出现故障或出现意想不到的情况，准备了足够的仪器设备，其中包括 Trimble 4000 ssi GPS 接收机 1 台、Trimble pw xr 型接收机 1 台、SET3B 全站仪 1 台、T2 光学经纬仪 1 台、控制点标记 10 个、便携式计算机 1 台，以及图板（一直未使用）、标尺、红白花杆等。

2. 地形图测绘的野外数据采集

地形图测绘的核心区域为 72°50′54″～72°56′20″ S，74°54′07″～75°14′09″ E，东西长 11 km，南北宽 10 km，测区面积为 110 km²。在测区范围内主要包括萨哈罗夫岭和哈丁山两座主要角峰，还有 4～5 座小的独立角峰分布在核心内区，其余地貌为长年不化蓝冰、碎石带、积雪等。整个地貌相对高差 500 多米，东高西低，蓝冰地形由于长年风蚀的原因，地形复杂，整个测区都布满了冰缝。考虑到南极格罗夫山缺少现有测绘资料（仅有一张卫星遥感影像图），再加上地形与气候等诸多方面的因素，在作业模式与方法上主要采用 GPS 事后差分测量方法，用 GPS 单点定位进行该范围的图根控制测量（图根控制点即 GPS 差分测量的基准站点）。图根控制点的个数根据该地区地形条件与范围、地形图的精度，以及测图所采用的仪器设备来加以综合考虑。

依照 1:25 000 地形图编绘规范的具体要求，图上地物点对于附近野外控制点的平面位置中误差一般不得大于 0.5 mm，特殊情况不得大于 0.7 mm，再考虑到工作上的方便，整个测区设立两个基准点，分别为 MG8 和 MG9 宿营地。整个测区的碎部测量主要采用差分 GPS 技术进行野外数据采集，基准站设在宿营地点附近，流动站设在雪地摩托车上。由于茫无边际的蓝冰没有参照物，难以控制方向和范围，流动站上的测量人员还要携带 GPS 导航仪来控制车辆的方向，进行一定范围有规律的采点，采点间距约 100～300 m。此间距由观测历元与车速来进行控制，地形变化较大地区适当加密。测量人员不能到达的地方，利用全站仪与光学经纬仪，采用极坐标法或交会方法进行碎部测量。GPS 采集碎部点数据 1.4 万余个，全站仪交会 5 座山头，采集碎部点数据 200 多个，GPS 测量的部分数据通过全站仪进行测量检查。测量人员野外作业时，作好数据记录，绘出相应的地形地貌草图，以供绘图检校。数据采集质量标准参照《省（市、区）地质图地理底图编绘规范》以及《地形图航空摄影测量数字化测图规范》，精度全部合格。测区范围见图 9.3。

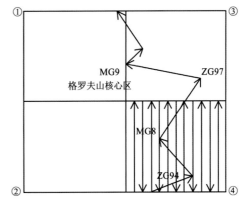

图 9.3　格罗夫山测区范围图
实线箭头为考察队行进方向，
虚线箭头为流动站运动轨迹

3. 地形图的室内编绘

在地形图的编绘过程中，地形图投影采用高斯 克吕格投影，椭球为 WGS-84 椭球，按 6°带分带。投影中央子午线 75°，高程系统采用大地高高程系统。在碎部点采集的过程中，先控制好测区范围，算出测区范围 4 个点平面坐标。将上述 4 点输入到绘图软件中进行测区控制，采集的碎部点直接用绘图软件（如清华山维成图软件、Surfer 绘图软件）或 Pathfinder Office 软件进行控制与显示，以控制碎部点采集数量、密度、范围，防止出现遗漏的空白区，同时用 Surfer 绘图软件绘出三维立体图，对地形的逼真情况进行跟踪，随时对碎部点进行补充和修正。

地形图的基本等高距为 10 m 或 20 m。地形图的室内编绘采用 AutoCAD 软件或清华山维成图软件进行处理，地形图对地物点与地貌描述依照地形图编绘规范进行。地形图样图见图 9.4。

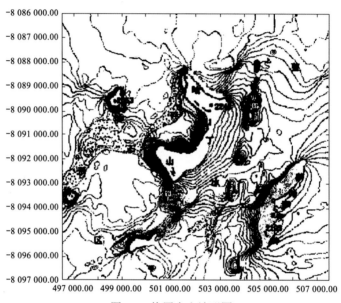

图 9.4　格罗夫山地形图

9.1.4　Dome A 地形测绘

1. Dome A 最高区域地形测绘

2004～2005 年，中国第 21 次南极科学考察队实施了第五次中山站——Dome A 内陆冰盖考察计划，在内陆冰盖工作了 63 d，深入内陆 1 200 多千米，成功到达 Dome A 最高区域。本次 Dome A 考察的一项重要工作是实地测绘 Dome A 最高区域地形图。本次 Dome A 考察采用实时动态差分 GPS 技术（real-time kinematic，RTK）进行测图工作。

1）现场测量工作

考察队到达 Dome A 最高区域后，首先利用全站仪搜索四周地平线，像地平线的最高处迁站过去，继续进行搜索，如此反复进行，最后确定一个高处作为营地；然后在营地附近开展 RTK 测图工作。

首先利用 1 台 Leica530 双频 GPS 接收机在大本营进行 24 h 观测，利用单点定位确定大本营的坐标，然后以大本营的 GPS 接收机为基准站，另外一台 Leica530 双频 GPS 接收机作为流动站，开展实时动态差分 GPS 测量工作。

基准站的 GPS 天线安置在距成员舱十几米远的三脚架上，发射电台的天线安置在成员舱顶部，GPS 主机和发射电台为保温均放在成员舱内；流动站的 GPS 天线和接收电台的天线均固定在雪地车的顶部，GPS 主机和接收电台由坐在雪地车内的测量人员抱在怀里，以防雪地车颠簸损坏仪器。

外出工作时，由一位机械师驾驶雪地车，测量人员坐在副驾驶位置采用 Garmin 手持 GPS 接收机控制行车路线，怀抱 Leica 双频 GPS 接收机，随时查看电台的通信状况、GPS 接收机采集数据的精度和高程变化的趋势。实际工作中发现雪地车速度不能太快，否则流动站电台断断续续接收不到信号，一般车速为 4～8 km/h。原计划行车路线拟采用以基准站为中心的圆环状或"田"字型，工作时发现雪地车只能沿径向行驶，一旦转弯沿切向行驶，流动站电台信号很容易丢失，所以行车路线后来调整为以基准站为中心的发射状，雪地车从基准站向外行驶 4～5 km，信号丢失后，沿切向行驶几百米再向着基准站的方向行驶采集数据，至基准站两三百米处时再掉头向外行驶，这样反复进行采集数据行车路线航迹图如图 9.5。

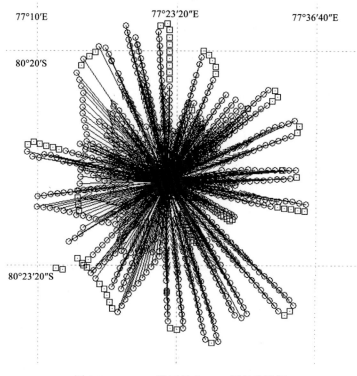

图 9.5　Dome A 地区差分 GPS 测量航迹图
中心为 Dome A 营地

采样间隔第一天设为 100 m，晚上处理数据，剔除误差大于 10 cm 的点，然后利用 Surfer 软件绘制地图。因为 Dome A 顶部的最高区域高差太小，第一天工作了十几平方千米的范围，高差仅有 1 m 多，等高距设为 20 cm 或 30 cm，发现采点太过密集，等高线紊乱，又剔除一半的点，以 200 m 的采样间隔绘图，发现等高线走势清晰，所以从第二天工作时起，采样间隔设为 200 m。

经过 4 天的实时动态差分 GPS 测量，共采集 GPS 碎部点 1000 多个，剔除误差大于

10 cm 的点并剔除采点过于密集地区的部分点，使点位分布更为均匀、合理，最终筛选出 482 个点，绘制丁 60 多平方千米范围的地形图，确定出最高点落在的较小的范围，最后步行采集数据，采样间隔设为 1 m，确定出 Dome A 最高点的位置。

2）数据后处理及成图

回国后，首先对 Dome A 基准站的 GPS 观测数据利用 GAMIT/GLOBK 软件进行了高精度后处理。数据处理时采样 ITRF2000 框架，空间惯性参考系用 J2000，采用 IGS 精密星历，与中山站的 GPS 卫星跟踪站及分布在南极洲的 Davis，Casey、Mawson、Syowa 及 Mcmurdo 等几个 IGS 跟踪站进行基线解算。解算出 Dome A 基准站的精确坐标。

然后对流动站的 GPS 观测值进行改正，得出各个流动站点的最后精确坐标，利用 Surfer 软件绘制 Dome A 地区的地形图，如图 9.6 所示。

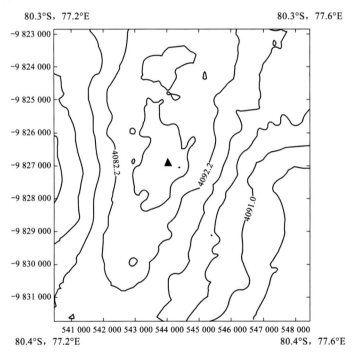

图 9.6　Dome A 最高区域地形图

2. Dome A 地形图测绘

2007～2008 年，第 24 次中国南极科学考察队利用差分 GPS 技术对 Dome A 区域 20 km×20 km 的区域进行了测绘。由于流动站和基准站之间的最大距离达大了 14 km，无法接收到发射电台信号，采用后处理差分 GPS 技术进行数据处理。

1）现场测量工作

一台 Leica 1230 双频 GPS 接收机作为基准站被安置在大本营里进行连续观测，观测时间为 2008-01-13～2018-01-26，采样间隔为 5 s。另外两台 Leica 1230 双频 GPS 接收机被安装在雪地车上（其中一台作为备用机），作为流动站。测量轨迹如图 9.7 所示，图中五角星为大本营所在位置。在图中带加号圆圈位置处，进行了至少 20 min 的静态观测，用于制图检核。雪地车的速度控制在 10～13 km/h，流动站的工作方式设置为静态模式，观测间隔为 5 s，采样距离约为 15 m。当雪地车与基准站的距离小于 5 km 时，利用作为备用机的 GPS 接收机进行了 RTK 观测，采样间隔为 15 s。整个测量工作起始时间为 2008-1-18～2008-1-22。最终共采集 GPS 静态点 20 000 多个。

2）数据处理及成图

对基准站的 GPS 观测数据利用 GAMIT/GLOBK 软件进行了高精度后处理。数据处理时采用 ITRF2000 框架，如 IGS SP3 精密星历，与 DAV1、DUM1、MVM4、OHG2、SYOG 和 VESL 6 个 IGS 跟踪站进行基线解算，得到基准站的精确

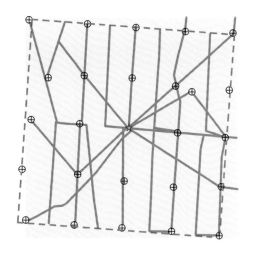

图 9.7　GPS 数据采集轨迹图

坐标。对流动站静态观测数据利用 Trimble GPSurvey v2.35 软件进行处理，并用 RTK 观测结果进行检核，最终获取到 16 480 个点位坐标。利用 Surfer 软件得到 Dome A 地区的地形图（图 9.8），插值方法采用克里金插值方法。

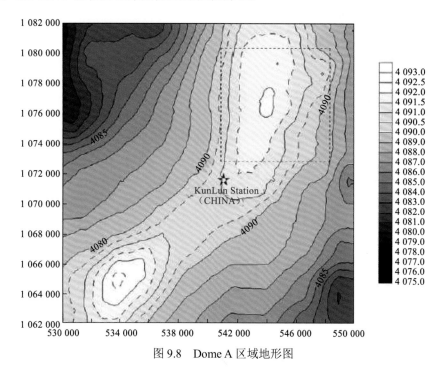

图 9.8　Dome A 区域地形图

9.1.5　泰山站区地形图测绘

2013～2014 年，中国南极科学考察队在距中山站 520 km 的内陆冰盖建立了我国第四个南极考察站——泰山站。在建站过程中，利用 RTK 方法完成了站区地形图测绘。

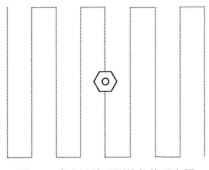

图 9.9　泰山站地形测绘航线示意图

为了避免人为干扰或其他意外，基准站被建立在距离泰山站建站区域上风向 150 m 处。同时，为了增加测量效率，移动站被固定在雪地车上（离地约 2.8 m）进行运动测量。以泰山站区为中心，4 km 为边长设计测量航线，航线间距为 500 m，单条航线内 GPS 采样时间为 15 s。最终获得地形测量点 724 个。图 9.9 为本次泰山站地形测绘航线示意图。

9.2　极地冰下地形测绘

9.2.1　冰川内部特征监测方法

区别于冰川表面特征，冰川内部特征指冰体厚度、冰层内部结构、冰间通道、冰川温度、冰雪密度等包含冰雪表面以下冰体部分的物理特征。对于测绘学而言，不仅要精确确定冰川表面的地形，还要精确确定冰下地形，这就需要精确测定冰川的厚度。为了获取这些特征数据，往往需要与表面特征观测不同的测量方法设备，下面介绍常用的方法。

1. 冰雷达测量法

冰雷达（ground penetrating radar 或 ground-based ice-penetrating rader，GPR），又称无线电回波探测（radio echo sounding），是一种发射无线电信号穿透冰雪，然后接收反射的回波信号，从而分析获取冰体内部结构、冰体厚度和冰下地形等信息的雷达系统，是冰川学家调查冰川/冰盖的冰下特征的主要方法。

冰雷达从 20 世纪 60 年代开始引入冰川厚度和冰下地形的调查工作，早期的冰雷达主要用于探测冰川冰盖的厚度，制作冰下地形图；后来用冰雷达研究冰盖内部结构，寻找最优的深冰芯钻探点，以及调查冰流和冰盖的不稳定性，比如西南极冰盖的不稳定性仍然是国际研究的热点之一；2001 年英国南极局结合冰雷达数据和其他研究成果，形成了以冰雷达数据为主的南极冰下地形数据库。Irvine-Fynn 等（2006）利用冰雷达对北极温冰川的重复观测，揭示了冰川内部结构和水系的季节性变化。

冰雷达的广泛应用，也促进了冰雷达系统自身的发展，其性能不断提升，在与冰川物理学的结合中，已经发展成为一门新的学科——雷达冰川学（radioglaciology）。

雷达之所以能够测冰，是因为频率在 1 MHz~900 MHz 的无线电波能够穿透温度低于融点的冰，因而一般的冰雷达工作频率都在此频率范围内。发射天线（transmitting antenna）发出一定频率的电磁波，在介电性质不连续处，电磁波会发生反射，回波被雷达接收天线（receiving antenna）接收，捕获的反射波延时、振幅、相位等数据，即可用于分析冰层内部结构特征、冰体厚度和冰岩界面埋设深度、冰底部环境等信息。在理想的反射面测量中，深度

$$D = \frac{V \times T}{2} \qquad (9.1)$$

式中：T 为电磁波往返双程走时（two-way travel time），即发射到接收之间的时间延迟；V 为电磁波速度，与传播介质密切相关。

对于冰介质而言，影响冰体介电性质的主要因素是电导率和介电常数。电导率（δ）是冰体导电能力特征，主要与冰内的离子和杂质及其含量有关；介电常数反映介质储存电能的能力，一般用相对介电常数（ε_r）表示，是指介质介电常数与真空介电常数的比值。有研究表明冰体介电常数与自身的晶体结构也有关系，而温度和压力也会影响冰的电导率和介电常数。表 9.1 列出了常见的地表介质的介电常数、电导率，以及电磁波在其间传播的速度和衰减系数。

表 9.1　不同介质的电性常数

介质	相对介电常数 ε_r	电导率 δ/（mS/m）	波速 v/（m/ns）	衰减系数 a/（dB/m）
空气	1	0	0.30	0
冰	3～4	0.01	0.16	0.01
蒸馏水	80	0.01	0.033	0.002
淡水	80	0.5	0.033	0.1
海水	80	3×10^3	0.01	103
干沙	3～5	0.01	0.15	0.01
饱和沙	20～30	0.1～1.0	0.06	0.03～0.3
石灰石	4～8	0.5～2	0.12	0.4～1
页岩	5～15	1～100	0.09	1～100
淤泥	5～30	1～100	0.07	1～100
黏土	5～40	2～1 000	0.06	1～300
花岗岩	4～6	0.01～1	0.13	0.01～1
干盐	5～6	0.01～1	0.13	0.01～1

正如表 9.1 所示，理论上冰内的电磁波速度为 0.16 m/ns，但是自然状态下的冰由于内部存在杂质、冰体自身晶体结构的差异、以及冰内空气和水分含量的变化都会导致电磁波速度与理论值有差异。甚至有些冰层的无线电反射信号极其微弱乃至不能得到底部回波信号，这一问题还有待深入研究。通常为了准确测定一条冰川的雷达波速，往往需要进行现场标定。

雷达波速最简单易行的标定方法是公共终点法（common mid point，CMP），如图 9.10 所示。该方法用于测量雷达波在某个反射面或多个反射面的波速。其工作原理是利用逐步扩展的雷达天线间距来扩大雷达波穿透冰层往返距离，通过数据分析提取雷达波往返的平均速度。该方法只需配一根皮尺两人配合即可完成现场操作，但是该方法需要明晰的底部冰岩界面反射信号或者连续的多层次反射信号，通常适用于厚度不是很大的山地冰川。此外，如果测量现场有钻孔条件，则还可以直接在钻孔处进行雷达反射测量，或者用钻孔干涉测量方法，但是这两种方法都需要较深的钻孔，而钻孔工作需要冰钻等额外的设备，往往代价高工作量大而很难开展。

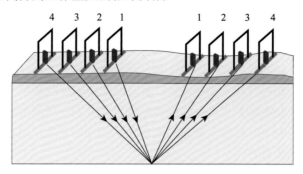

图 9.10　公共中点法测量雷达波速

早期雷达只能识别单个的雷达脉冲，分辨率与波长密切相关，现代雷达已经能够识别一个波长内的载波相位，因此，分辨率更高。通常采样时间间隔（temporal sampling interval）与波速的乘积代表雷达的分辨率（标称分辨率）。以 pulseEKKO PRO 型的雷达为例，其 100 MHz 的天线对应的采样间隔为 0.8 ns，其分辨率为 $0.8\times0.16=0.128$ m。而采样间隔与雷达配备的天线频率是相关的，同样以 PulseEKKO PRO 型的雷达为例，其采样间隔与中心频率的关系如图 9.11 所示。

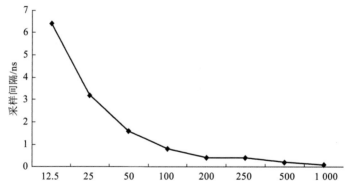

图 9.11　PluseEKKO PRO 型雷达的天线频率与采样间隔对应关系

由图 9.11 可知，频率越高，其采样间隔越小，即时间分辨率越高，在波速一定的情况下，亦表示空间分辨率越高。但这并不表示天线频率越高就越好。一般来说，频率越低的雷达穿透冰层的能力越强，但是频率越低对应的采样间隔越大，即雷达的分辨率越低，比如 PulseEKKO PRO 型雷达配备 12.5 MHz 的天线，其采样间隔 6.4 ns，测冰的标称分辨率约为 1 m。在实际的雷达探测中，由于回波测量的机制所限，实际的空间分辨率还与介质类型、环境噪声、被探测物体的几何形态和大小等有关，一般会小于标称分辨率。

在冰川研究中，可以高低频率的天线搭配使用：高频天线用于近地表的冰层结构探测，低频天线用于穿透冰层探测深部冰岩界面，使得不同频率的探测天线优势互补。

对于一套冰雷达，除了分辨率之外，评价其性能指标的重要因素还包括测程。测程主要是由雷达所能设置的最大时间窗口（time window）决定，因为能测量的理论最大深

度是最大窗口时间与波速乘积的一半。据此，在一个最大深度估计为 D 的冰川测区内，其时间窗口 W 设置一般应为

$$W = 1.3 \frac{2 \times D}{V} + T_0 \qquad (9.2)$$

式中：V 为冰内的最小雷达波速，一般按 0.16 m/ns 来估算；T_0 为直达波到达之前的空白等待时间，比如 200 ns，一般在测区现场内第一次试测的时候设置；额外增加的 30% 时间是为了预留波速或者深度估计的不足。据表 9.1 可知，在不同的介质环境下，雷达的相同时间窗口能测量的最大理论深度是不同的。然而，由于介质、环境的差异，雷达的实际测程往往达不到其标称的最大深度。

在实际的雷达测量操作中，一般在冰川上由人力或者机械拖拽承载雷达系统的雪橇（通常是特制的非金属制品），在冰川表面上间隔一定的距离/时间规律性记录一个测点上的一道数据（data trace），两个连续测点之间的距离称为步长（antenna step size），连续的测点构成一条测线/剖面（profile）。而发射天线与接收天线之间的距离（antenna separation）在一条测线内每个测点上都必须是固定的，以便将回波延时转换为深度的时候进行精确计算。

此外，在环境噪声较大的测区，为了提高信噪比，往往通过 trace 叠加的方法来提高数据质量（图 9.12）。因为噪声对 trace 的影响是随机的，而雷达信号是相对固定的，通过叠加多个 trace 然后取其平均值，是一种实用的测量技巧。

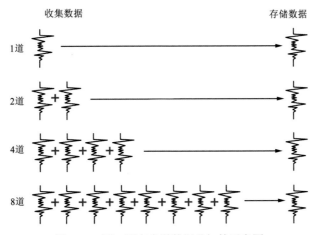

图 9.12　同一测点多道数据叠加的示意图

需要注意的是，多道数据叠加并不是越多越好。比如在移动测量中，由于雷达天线在不断移动中，如果叠加的次数太多，叠加测量耗费的时间可能造成前后回波信号的位置变化，其平均 trace 也偏离了客观情况，这是得不偿失的。因此，多道数据叠加最好是在静止状态测量。

2. 冰钻法

冰川研究的很多工作都离不开冰钻。钻孔可以获取的冰川物理特征包括：温度分布、基岩深度（透底钻孔）、冰层内部结构等，此外还可以利用钻孔获取的冰芯开展同位素定年，恢复历史气候记录。

　　按照钻探深度可以划分为三种：浅钻（20 m 以内），中等钻（100～500 m），深钻（大于 1 000 m）。一般浅钻只需要 1～2 人即可完成，随着深度的增加，钻孔工作的难度呈级数增大，而深冰芯钻探工作需要投入巨大的人力物力，甚至开展国际合作才能完成。

　　除了获取冰川厚度资料，冰芯研究是恢复过去气候环境变化记录的重要手段之一，其主要特点是时间尺度跨度大、分辨率高、保真度好，不仅信息量大，而且不同信息可以区分开来。 GRIP（greenland ice-core project）和 GISP2（greenland ice sheet project 2）冰芯计划分别钻取了 3 022 m 和 3 050 m，时间尺度约为 25 万年；2004 年 EPICA（European Project of Ice Cores in Antarctica）Dome C 冰芯记录则将类似的记录延伸到了 70 多万年。新启动的格陵兰 NEEM 计划以末次间冰期为目标，试图更详细地反演末次间冰期及其以来气候环境的变化规律，为深刻认识与末次间冰期有类似性的现今气候提供有益的帮助。而南极冰芯以长时间尺度为特色，对揭示地球轨道尺度的气候变化有独特优势。中国科学家计划在 Dome A 钻取冰芯以寻求百万年时间尺度的冰芯记录，成为南极冰芯研究的焦点。

9.2.2　基于 GPR 的冰下地形测绘

1. 探地雷达（GPR）原理

　　式（9.1）已经给出了雷达测深的基本原理。但是在实际的冰雷达工作中，往往发射天线和接收天线之间的天线间距较大，而冰川厚度又不是很大以至于不能忽略天线间距的影响（图 9.13），因此，需要对式（9.1）进行改进，考虑天线间距 X 得

$$\frac{V \times T}{2} = \sqrt{D^2 + (\frac{X}{2})^2} \tag{9.3}$$

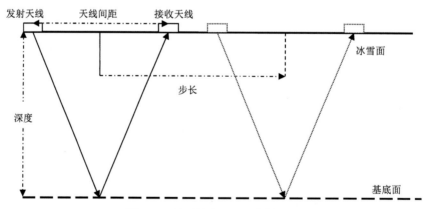

图 9.13　冰雷达的测深工作模式
发射和接收天线的间距固定，每次测点后整体移动一个步长

　　图 9.13 表明，雷达天线间距 X 在现场测量中已经固定，是已知的；雷达波从发射天线（T_x）出发，经基岩反射到达接收天线（R_x），其往返双程延时 T 正是雷达测量要获取的数据之一，而冰内的雷达波速 V 可以视为一个不变量，因此式（9.3）中仅有的一个未知数是冰厚 D，可以用下式表达：

$$D = \frac{1}{2}\sqrt{(V \times T)^2 - X^2} \tag{9.4}$$

相对于式（9.1），式（9.4）能够比较准确地计算山地冰川厚度。但是还有问题，雷达波往返双程延时 T 虽然是希望获取的观测值，但是往往很难如愿。在实际雷达测量中，发射天线在 t_0 时刻发射出脉冲电波，一部分电磁波会首先以光速 c 从空气中传播，在 t_1 时刻到达接收天线；而另一部分电磁波穿透冰层到达基岩之后返回，在 t_2 时刻也到达接收天线，因此，实际观测能够得到的延时是 $t = t_2 - t_1$。则电磁波在冰内往返时间 T 可以表达为

$$T = t + X / c \tag{9.5}$$

因而式（9.4）可以进一步精化为

$$D = \frac{1}{2}\sqrt{[V \times (t + X / c)]^2 - X^2} \tag{9.6}$$

由于冰川自身的特点，比如温度、含水量、冰晶组构、杂质含量等各不相同，不同地区的冰川的波速 V 会有一定的差异，甚至在同一条冰川的不同区域、不同深度也有细微的差别。因此，在实际操作中，往往针对目标冰川的波速 V 进行标定。在冰川的不同区域选择几个有代表性的点，测量其波速，以此代表整条冰川的平均波速，从而简化数据处理。

2. 雷达测深误差分析

雷达测深的误差是多方面的。归纳起来，主要包含 5 类：①雷达波速（V）的标定误差，与冰川自身的冰雪内部特征以及杂质含量有关，可以通过多次野外 CMP 测量来减小或消除；②回波延时（T）提取误差，与后期数据处理的软件和方法有关，可以通过选用不同软件，重复提取回波信号的方式来比对检查，以及通过交叉点算法来评价该差值；③回波延时计算深度的算法误差，与采用何种深度转化公式有关，在可能的情况下，应该使用最精确的算法，比如使用式（9.6）而不是式（9.1）；④雷达系统误差，与仪器的工作模式和电器性能有关，可以通过选用相对成熟的雷达产品来避免；⑤此外，可能还有环境噪声等带来的随机误差等。

一般来说，前面三种误差对雷达测深的影响较大。其中雷达波速标定误差、回波延时提取误差与操作人员的经验有一定关系，带有主观因素，而且不可避免。而计算深度的算法误差是完全可以避免的，下面对此加以分析。

如果忽略天线间距 X，按照式（9.1）进行测量深度 D 的提取，则实际计算得到的深度 d 会存在一定的算法误差。能观测到的电磁波双程走时为 $t = T - X/c$，此时式（9.1）可表达为

$$d = \frac{V \times t}{2} = \frac{V \times (T - X / c)}{2} = V \times \frac{T}{2} - \frac{V}{c} \times \frac{X}{2} \tag{9.7}$$

式中：$V \times T$ 即为真正的电磁波冰内往返距离 s，且有 $s = \sqrt{4D^2 + X^2}$，取 $V = 0.16$ m/ns，$c = 0.3$ m/ns，则式（9.7）简化为

$$d = \sqrt{D^2 + \frac{X^2}{4}} - \frac{V}{2c}X = s / 2 - 0.266\,67X \tag{9.8}$$

很显然，式（9.8）中，如果天线间距 $X=0$，则 $d=D$，算法误差为零；当 $X\neq0$ 时（注意天线间距必然满足 $X\geqslant0$），深度算法误差 f_d 即为

$$f_d = d - D = \sqrt{D^2 + \frac{X^2}{4}} - D - 0.266\,67X \tag{9.9}$$

以 $X=4$ m 为例，深度提取时忽略天线间距产生的算法误差与实际冰川深度的关系如图 9.14 所示。

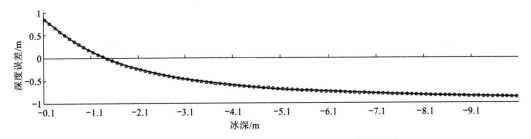

图 9.14　忽略 4 m 天线间距时算法误差与深度的关系

一般实际操作中，自然界的冰川深度都是几十上百米，甚至上千米，因此，忽略天线间距对测深误差的影响不大，而且当冰川越深时天线间距的影响相对越小；反之，冰川越浅相对误差越大，但是对于较浅的回波信号来说相对误差已经不可忽视了（图 9.15）。

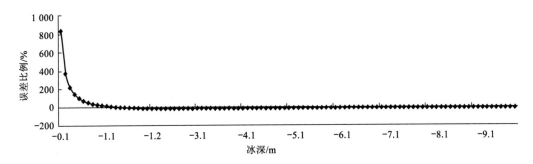

图 9.15　忽略 4 m 天线间距时算法误差占深度百分比

3. 雷达设备介绍

以加拿大 Sensor&Software Inc 生产的 pulseEKKO PRO 型雷达为例，介绍冰雷达的基本组成和使用方法。主要包含主机（digital video logger，DVL）、控制器、发射机和天线、接收机和天线、电源和连接电缆/光纤等部件（图 9.16）。

该雷达的主机包含了系统参数设置、参数浏览、文件管理、开机工作和关机等菜单，可以实现对野外雷达探测工作的全部控制，随时根据现场工作需要调整相关参数。

一般在正式开展雷达探测和记录数据之前，先在 scope 模式下进行现场测试，使得雷达参数与当地环境相匹配。特别需要注意的有如下重要参数。

（1）天线频率（frequency）。因为雷达主机无法识别连接的天线，因此需要人工输入当次测量所用的天线中心频率，这个是最基础的雷达参数，务必正确输入。

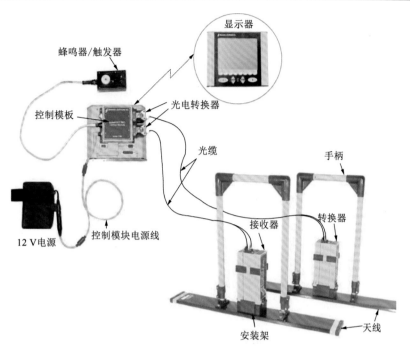

图 9.16　配备 100 MHz 天线组的 pulseEKKO PRO 型雷达完整组件图

（2）时间窗口（time window）。时间窗口与测程相关。如果时间窗口太小，则有可能会导致反射的回波信号还没有结束但是雷达主机已经停止了这一道数据的记录。因此，一般将时间窗口设置为大于测区最深处的电磁波双程走时［式（9.7）］，以便完整记录目标冰川的所有回波信号。但是时间窗口也不是越大越好，因为时间窗口太大导致单个测点的一道数据采集耗时太长，可能带来该点终始位置的偏差较大，在信号叠加测量时则更为不利，而且耗电量增加不利于长时间工作。

（3）采样间隔（sampling interval）。其主要的功能在于设置垂直分辨率的大小。采样间隔与频率有关（图 9.11），虽然仪器允许修改采样间隔，但是受限于仪器的电器性能，也并不是采样间隔越小越好，建议使用厂家推荐的采样间隔。

（4）天线间距（antenna separation）。图 9.15 表明，天线间距在高精度的时间–深度转化计算中至关重要。如果不考虑天线间距来计算深度，越小的深度受到天线间距的影响就会越大。

理论上扩大天线间距，会增强对底部反射信号的捕获能力，因为直达波信号减弱有利于反射信号的识别。但是太大的天线间距也会导致测量点的代表性偏差，即采集的一道数据已经不是一个点了，而且步长不大的情况下，增加天线间距必然导致相邻测点之间的电磁波往返信号交叉。

当然天线间距也不能太小，至少要大于天线的长度，见表 9.2。如果天线间距太小，容易引起接收机信号过载，产生更多的震荡噪声干扰回波信号的接收。

（5）天线移动步长（antenna step size）。步长主要是相邻采样点之间的空间距离，该参数在反射测量法（reflection mode）中需要用到。由于介质的不同，以及天线频率的不同，需要分析的目的不同，天线移动步长需要根据实际情况调整，一般推荐在 0.1～1 个波长的距离，但是这个步长没有一定之规，因为步长仅仅决定了数据采样点的密度。

在实际的冰川测量作业中，步长也许更多只是象征意义。因为冰川的采样点的移动距离往往不是严格一致的（除非使用里程轮定位），步长只是在主机上显示测量断面的时候决定显示的波形密度，而在内页软件中可根据需要加以调整。

表 9.2　PulseEKKO PRO 雷达最小天线间距与频率对应表

天线频率/MHz	最小天线间距/m	天线频率/MHz	最小天线间距/m
12.5	8	200	0.50
25	4	250	0.38
50	2	500	0.225
100	1	1 000	0.15
110	1		

（6）信号叠加次数（system stacking）。如图 3 所示，信号叠加的好处在于消除环境噪声，如果测量区域没有电磁干扰，则无须叠加测量，这样测量效率高、效果好、省电环保。如果确实需要叠加测量，则需要调整好牵引速度和叠加次数的关系，叠加次数越多，牵引速度必须越慢。

（7）测量记录促发方式（trigger method）。PluseEKKO PRO 型雷达的测量和记录有两种模式来促发：手工促发和自动记录。手工促发装置包含主机 B 键、电子触发器、光纤促发器等；自动记录促发装置包括：里程轮、定时自动记录等。

在冰川测量中，如果使用雪地摩托牵引，一般使用定时自动测量并记录的工作方式。在自动记录的野外工作中，如果雷达外接了带有 NMEA（national marine electronics association）数据串口输出的 GPS，则数据记录不仅包含了雷达探测的波形，而且还有波形对应的空间位置。不过要注意的是，pulseEKKO PRO 型雷达能识别的 NMEA 信号仅仅是带有坐标位置信息的 GPGGA、GPRMC 或 GPGLL 指令。

4．GPR 数据处理

1）数据处理流程

雷达野外探测工作一旦结束，剩下的工作就是内业数据分析和解译。经过 CMP 测量获取了准确的冰川雷达波速数据，就可以精确对所有测线上每一道雷达波形的冰岩界面回波延时进行提取，根据式（9.6）计算各个测点的冰川厚度。典型的雷达数据处理流程如图 9.17 所示。

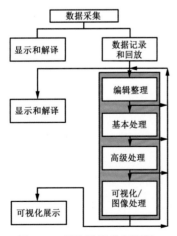

图 9.17　雷达数据处理流程

对于有效的野外观测数据，最基本的处理包括对信号进行滤波和增益调整使得野外观测数据的信号更加明显，更易于解译。

由于雷达波形记录中经过空气传播的直达波最先出现，而且能量最强，使得后续有效反射信号的振幅相对较小，特别是深层反射信号非常微弱，必须调整增益以便识别这些微弱的回波信号。常用的有自动增益调整（automatic gain control，AGC）、指数传播增益（spreading & exponential compensation，SEC）等算法。以北极 A 冰川 CMP 测量数据剖面为例，使用 AGC 增强前后的对比如图 9.18 所示。

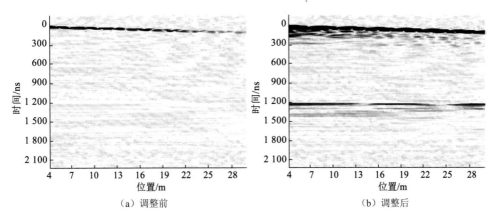

图 9.18　使用自动增益调整前后的效果对比

此外，滤波也是常用的数据处理手段，包括高通滤波（high-pass）、低通滤波（low-pass）。最常用的消除低频感应滤波（DEWOW 滤波），其最初的动机是滤掉数据中甚低频的干扰，因为在雷达天线间距很小的时候，感应电流对信号的干扰很明显，滤波效果如图 9.19 所示。早期雷达有用模拟信号滤波硬件实现低频滤波的功能，随着数字化仪器的发展，现场数据采集记录都是数字化的，在后期数据处理中引入低频滤波也是简单易行的。

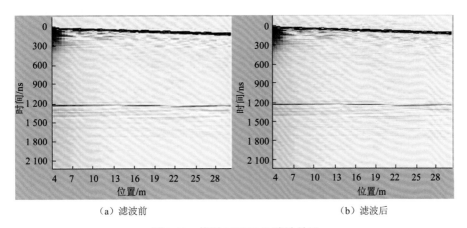

图 9.19　使用 DEWOW 滤波效果

高级数据处理流程，最初是从地震研究借鉴而来，比如背景移除、反卷积变换、波形信号差分、CMP 雷达波速提取、偏移归位（migration）等。以信号差分为例，对一个雷达测量断面进行前后波形差分，以突出回波反射界面，如图 9.20 所示。

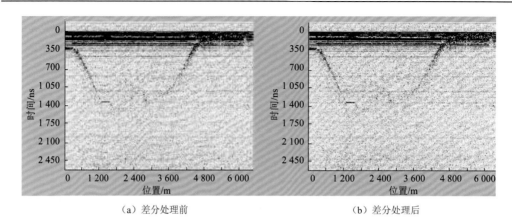

（a）差分处理前　　　　　　　　　（b）差分处理后

图 9.20　使用波形信号差分处理前后对比

经过处理之后的雷达波形信号，可以根据需要选择适当的方式进行可视化表达。其最终目的是为了提取所需的信号。实际操作中，由于个人经验差异、先验信息的不同，以及解译目标的差别，往往导致雷达数据解译结果的不一致，带有一定的主观判断，这也是数据反演解译与直接测量的差别。

2）专用软件开发

由于冰川数据处理包含了 GPS 和 GPR，为了提高数据处理和研究的灵活性，中国南极测绘研究中心艾松涛博士自主开发了一套专用的 pulseEKKO 雷达数据处理软件"GPRead"。其主要功能包括：雷达波形的冰岩界面信号提取与深度转换、交叉点数据分析和平差处理、三维显示与数据输出。

（1）雷达波形的冰岩界面信号提取与深度转换。冰岩界面的信号提取实际上是获取测量的时间延迟 t，然后根据式（9.6）转化为测量深度。一种方法是直接对单个波形进行冰岩界面的信号提取，利用软件算法实现自动化处理。对于具有明显回波信号的冰川测量断面，比如天山一号冰川的雷达测量断面，该方法是可行的（图 9.21）。

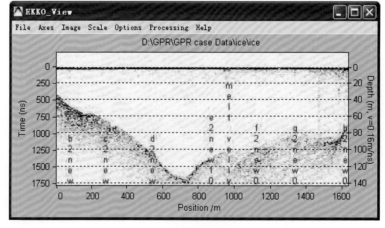

（a）实测的测量断面

图 9.21　天山一号冰川雷达测量断面的冰岩界面自动提取

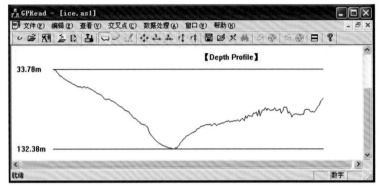

（b）GPRead 软件自动提取的冰岩界面

图 9.21　天山一号冰川雷达测量断面的冰岩界面自动提取（续）

　　然而，针对北极山地冰川的测量断面，当反射界面不清晰时，不能简单地利用单个波形来得到冰岩界面的回波延迟信息。因此，开发了另一软件模块，基于 MapObject 控件，在人机交互描绘冰岩界线的前提下，程序计算得到每个测点的深度（图 9.22）。

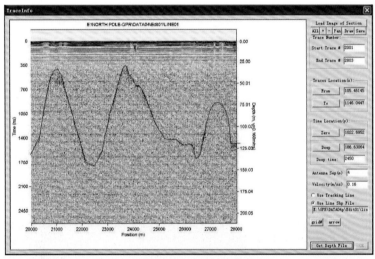

（a）人机交互描绘雷达断面的冰岩界线

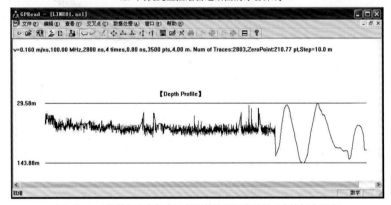

（b）GPRead 软件加入人机交互提取的冰川深度结果（虚线框内部分）

图 9.22　人工提取北极冰川部分雷达断面的冰岩界面

（2）交叉点数据分析和平差处理。交叉点的数据处理包括 GPS 交叉点的高程误差统计分析，并进行数据平差消弱交叉点高程分歧；此外，还有 GPR 交叉点的深度误差统计分析，由于深度误差来源于冰岩界面提取的误差，该误差更具有随机性而非系统误差，不能像 GPS 交叉点进行测线平差，只能进行数据平滑处理。

（3）图形显示与数据输出。GPS 和 GPR 数据获取之后，在分析处理和解译的过程中都需要查看数据质量和处理效果，因此，软件需要随时进行数据的可视化图形显示，包括二维和三维显示。在每个测量断面都提取了深度信息、叠加 GPS 位置数据之后，完整的断面就可以显示出来，包含冰面和冰下两条线划［图 9.23（a）］，还可以在三维空间中检视这些测点，有利于寻找可能存在较大误差的离散点［图 9.23（b）］。在数据处理完成之后，还需要能够输出处理结果，供其他软件使用。

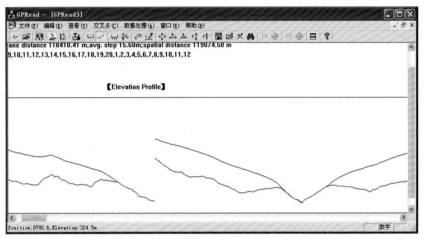

（a）多条测线断面的串联显示

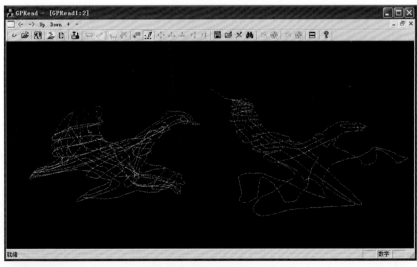

（b）所有冰川测量点的三维显示

图 9.23　GPRead 软件的测量数据可视化

红色表示冰下点，蓝色表示冰面点

9.2.3　GPR 野外测量实例

1. 北极黄河站附近山地冰川

1）测区概况

斯瓦尔巴群岛（74°～81° N，10°～35° E）位于北大西洋的北端，大约 60%的面积常年被冰川冰帽覆盖。该地区的冰川以小面积的亚极地（sub～polar）或者多温（polythermal）冰川为主，这一类型的冰川对气候变化的响应很快，在 10～100 年尺度的全球海平面变化中扮演了重要的角色。因此，监测和研究斯瓦尔巴群岛的冰川具有重要意义。

从 2005 年开始，我国考察队员就在黄河站附近的 A 冰川 ［图 9.24（a）］和 P 冰川 ［图 9.24（b）］上展开了冰川实地监测工作。两条冰川都位于黄河站所在的布鲁格半岛，整体上位于 Spitzbergen 岛的西北部，面积都是 6 km² 左右。

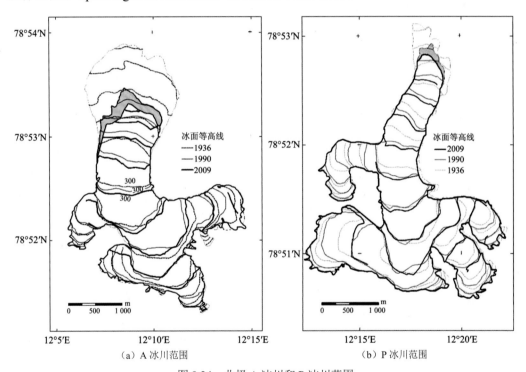

（a）A 冰川范围　　　　　　　　　　　　　　　（b）P 冰川范围

图 9.24　北极 A 冰川和 P 冰川范围

2）数据采集

在中国北极黄河站 2009 年度的科学考察中，在两条冰川上采集到了大量的 GPR（包含 GPS）数据，使用的雷达是一套加拿大 Sensor & Software Inc 公司生产的 pulseEKKO PRO 型 GPR， 在两条北极冰川上选择的是 100 MHz 的天线，开展现场探测工作。在经过多天的冰川野外作业之后，统计实测的 GPR 数据包含 P 冰川 45.7 km 测线 16 400 测点（图 9.25），A 冰川 78.3 km 测线 18 300 测点，平均步长为 3～5 m。每个测点的数据都是 GPS 定位与对应的 GPR 探测数据的一对组合。

　　3）雷达波速标定

　　根据式（9.6），为了准确得到冰川厚度，必须首先确定冰内的雷达波速。

　　通常文献中都标明，电磁波在冰内的传播速度为 0.168 m/ns，但是波速与温度、压力、杂质含量密切相关，因而不是一成不变的。不同的冰川可能存在不一样的温度结构，即使在同一冰川上，不同的区域可能随着沙砾杂质含量的多寡而引起雷达波速的差异变化。

（a）绑定 GPS 的冰雷达测量现场工作照片　　　　（b）P 冰川的雷达测点分布图

图 9.25　绑定 GPS 的冰雷达测量现场工作照片与 P 冰川的雷达测点分布图

图 9.26　野外 CMP 测量工作现场

　　在 2009 年春季北极黄河站考察中，选择相对平坦开阔的 A 冰川下游，主流线上平衡线以下的位置，进行了公共中点法（CMP）的雷达波速标定测量图（图 9.26）。CMP 测量首先将一根 30 m 长带刻度的皮尺铺在冰川上，垂直于主流线方向。然后调整雷达主机进入 CMP 测量状态，从之前固定的天线距离（4 m），测量并逐步拉开天线的间距，每次移动距离为 0.2 m，则两天线之间的间距每次增加了 0.4 m。这里 0.4 m 也被称为 CMP 测量的步长。据此 CMP 测量共计获取了 66 道雷达波形数据。

　　利用 pulseEKKO PRO 配套的数据处理软件 EKKOView Deluxe 的 CMP 分析功能，即可显示 CMP 雷达波形剖面数据［图 9.27（a）］以及获取冰层内部的速度分布信息［图 9.27（b）］。结果表明，在此次 CMP 测量位置的冰岩界面反射信号双程走时约 1 230 ns，该处的雷达波速大约 0.16 m/ns。

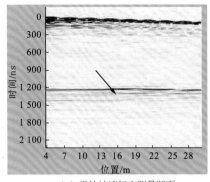
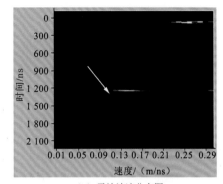

（a）雷达波速标定测量断面　　　　　　　　（b）雷达波速分布图

图 9.27　公共中点法开展雷达波速标定测量

黑色箭头表示所指的 1 230 ns 处的回波层表示冰川底部基岩的反射信号；
白色箭头所指的地点表示基岩反射信号的雷达波速，大约 0.16 m/ns

4）数据处理结果

对每一条测线进行冰岩界面的人工描绘，程序计算得到测点深度，最终得到所有 32 条有效测线的深度数据。其中 A 冰川 20 条测线，P 冰川 12 条测线。经过对 376 个交叉点分析统计，其深度误差的中误差为 4.6 m，具体误差分布如图 9.28 所示。

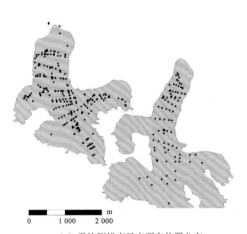

（a）雷达测线交叉点所在位置分布　　　　　　　（b）交叉点深度误差分布

图 9.28　雷达测线交叉点所在位置分布及交叉点深度误差分布

图 9.28 表明，绝大多数交叉点深度误差符合高斯正态分布。少数点误差超过了 15 m，源于冰岩界面提取的误差较大，比如反射面不清晰难于确定冰岩界面。如果能够审慎检视每一条测线，对雷达数据断面中的冰岩界面进行准确描绘，该误差应该可以减小，但是这需要大量的工作量。

需要指出的是，由于多温冰川的特点，冰川含水量较高，导致在冰川中部深度较大的区域，100 MHz 的雷达信号回波较弱，其雷达剖面中的冰岩界面很难识别。这些区域就是所谓的存在温冰（temperate ice）的区域。在这里必须使用低频雷达才能得到清晰的回波信号。

经过前面的数据处理之后，最终得到了两条冰川上的深度散点数据，据此可以分析冰川的厚度分布，制作冰川厚度分布等值线图或晕渲图（图9.29）。实测数据表明，两条冰川的厚度分布都是边缘薄，中间厚。最大的厚度值在 A 冰川中部是（153±8）m，P冰川的最大厚度约（177±9）m。

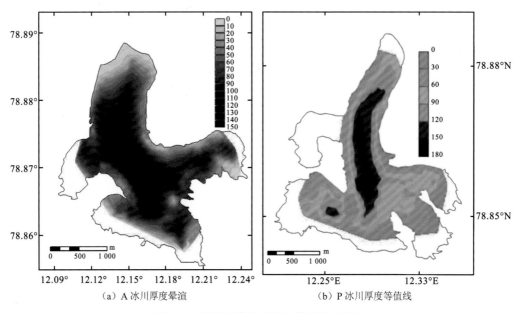

（a）A 冰川厚度晕渲　　　　　　　　　　　　（b）P 冰川厚度等值线

图 9.29　冰川厚度分布结果等值线晕渲图

5）冰下地形与体积

将 GPR 获取的深度数据与 GPS 数据相融合，即可获取冰下地形，绘制出的冰下地形等高线，以 A 冰川为例，见图9.30（a）。在冰下地形的基础上，也可以将冰上地形与冰下地形的等高线叠加显示，从而更好地比较审视冰川表面和基岩的地形情况，以 P 冰川为例，见图9.30（b）。

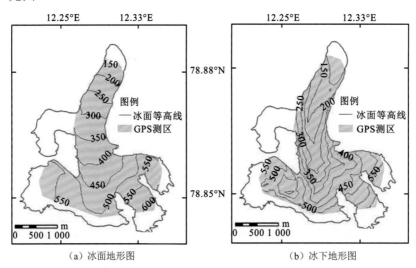

（a）冰面地形图　　　　　　　　　　　（b）冰下地形图

图 9.30　北极冰川等高线图

图中显示的边界为 P 冰川 2009 年边界

如果还要出版制图，则冰下、冰上地形图的完整数据处理过程为：①读数据：编写程序提取测点经度、纬度、高程数据；②投影转换：对 B、L、H 进行投影，得 x，y，h；③高程换算：利用冰上高程 H 减去冰川厚度 D，得到冰下基岩点高程 H_2；④在 Surfer/ArcMap 等软件中，绘制等值线（等高线）；⑤利用专业制图软件（如 CorelDraw）编辑绘制冰上、冰下地形图。

利用冰面 DEM 和冰下 DEM 相减，可以得到冰川的体积。但是对于整条冰川而言，除了实测区域，还要对无实测数据的末端、支流和高边坡加以考虑。

2. 南极格罗夫山核心区冰下地形测绘

1）引言

格罗夫山地区是位于东南极内陆冰盖伊丽莎白公主腹地的一处裸露角峰群山区，共有 64 座独立的冰原岛峰，地理位置介于 $72°20'\sim73°10'$ S，$73°50'\sim75°40'$ E，距离中国中山站大约 400 km，总面积约 8 000 多平方千米。格罗夫山地区是从中山站到昆仑站和 Dome A 的考察路线途中必经过的区域之一，也是中国在南极科学考察重点研究的区域之一，国内很多学者对这个区域的地质、环境、蓝冰分布及搜集的陨石展开了研究。但由于该地区属于南极内陆冰原岛峰群，整个地区地形复杂，冰裂隙纵横密布，冰裂隙对在该区域活动的人员和车辆构成很大威胁，同时格罗夫山地区也是中国建立考察站的备选地点之一。因而，在格罗夫山地区开展测绘工作具有非常重要的意义。此前我国已进行过 4 次格罗夫山测绘、地质与冰川学综合考察，实地测绘了格罗夫山核心区 110 km² 表面地形图；利用不同分辨率光学影像、SAR 影像等制作了格罗夫山地区平面卫星影像图、大范围数字高程模型及蓝冰分布图等，并开展冰裂隙提取的初步研究。受制于地形、恶劣气候及技术条件，此前开展测绘工作都未曾对这个区域展开冰下地形测绘。

目前，仅在小比例尺的全南极地理图上对格罗夫山区域的冰下地形情况做过简单的阐述，该区域还没有一张真正意义上的大比例尺冰下地形图。通过近些年的地质和古环境研究表明：格罗夫山地区冰下可能存在液态冰下湖或古冰蚀沉积湖盆地。但由于缺乏相关的冰下地形资料，影响了对格罗夫山区域地质构造成因的认识，有必要在该区域开展冰下地形测绘工作。

中国第 26 次南极科学考察格罗夫山分队（2009～2010 年），利用专业探地雷达（GPR）对格罗夫山东部核心区具有代表意义的哈丁山-萨哈洛夫岭一带，共计 50 km² 区域进行网格式冰下地形测绘，采集了该区域的测深数据。首次利用精细实测的 GPR 数据绘制了格罗夫山核心区冰下地形图，初步揭开了这一区域冰原岛峰冰下地貌的神秘面纱，对于今后研究整个格罗夫山地区真实的基岩地貌和可能存在的上新世古冰下沉积盆地具有探索性意义。

2）数据采集

本次野外数据采集的仪器设备包括：加拿大探测器与软件公司生产的 pulseEKKO PRO 型探地雷达，加拿大诺瓦泰 SMART-V1 型一体化 GPS 接收机，一组木质雪橇和雪地摩托车。科考队员将现场采集设备安放在木质雪橇上，前雪橇上安放 GPR 主机、接收天线和 GPS 接收机，后雪橇上安装发射天线，天线频率配备有 100 MHz 和 25 MHz。考虑到测区冰层厚度有可能超过 1 000 m，采集数据时采用的 25 MHz 的天线。两个雪橇之间利用塑料管连接并保持固定的相对位置，天线间距设为 6 m，雷达波速取 0.167 m/ns。

2010 年 1 月，科考队员利用雪地摩托车牵引木质雪橇，在哈丁山、萨哈洛夫岭、阵风悬崖之间开展野外数据采集工作，采样间隔为 50 m，实测了大量的 GPR 数据和 GPS 点，总测线长度近 100 km，测区面积 50 km²，具体的测线分布图参见图 9.31。为了便于冰下地形图的绘制，将研究区域分为两部分，Part 1 位于萨哈洛夫岭东南部，Part 2 位于萨哈洛夫岭西北部。

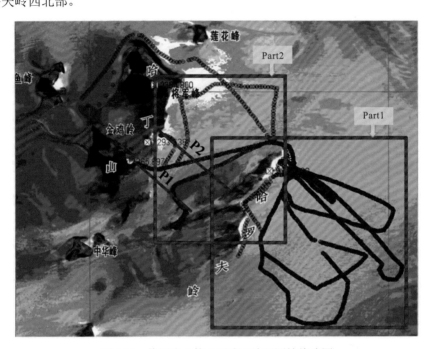

图 9.31　格罗夫山核心区冰下地形测绘线路图

3）野外测量数据处理

野外实测的 GPS 数据利用编写的程序提取出原始数据的经度、纬度、高程（B、L、H），采用高斯投影将每个测点的 B、L 投影到平面上，得到每一个 GPS 测点的三维坐标（x_i、y_i、H_i），其中 x_i、y_i 为每个 GPS 测点的平面坐标，H_i 为冰面高程。GPR 数据利用与 pulseEKKO PRO 型探地雷达配套的雷达处理软件 EKKO 软件处理。处理的基本流程主要为数据整理编辑、滤波和增益调整等基本处理、高级数据处理、可视化表达等几个步骤。运用配套的 EKKO 软件对每一条测线处理之后，获取了较清晰的格罗夫山冰下地形的冰岩界面横断面图，见图 9.32。之后，利用基于 Visual C++ 6.0 开发的"GPRead"软件人机交互提取了每一个测点的深度（D_i），并利用相同的测点编号（trace number），在 GPRead 软件中给每一个 GPR 测点信息叠加 GPS 坐标。对于采集的 GPS 测点，利用每一个测点的冰面高程（H_i）减去对应的测深（D_i），就可以得到该测点的冰下高程（E_i）。

4）冰下地形图的绘制

Surfer 软件是由美国 Golden 软件公司开发的图形软件，被广泛用于地学、地球物理学、水文学、考古学、海洋学等学科领域的等值线图、三维立体图的绘制。借助于 Surfer 软件，利用克里金插值法对格罗夫山核心区野外测点的冰下高程进行空间插值，生成了规则的格网数据和等值线图，在此基础上绘制了格罗夫山核心区冰下地形的曲面图（3D surface），见图 9.33。

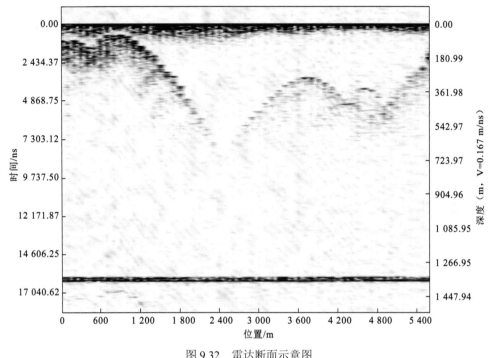

图 9.32　雷达断面示意图

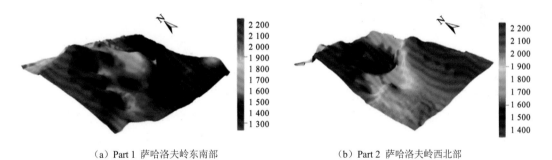

（a）Part 1 萨哈洛夫岭东南部　　　　　　　　　　（b）Part 2 萨哈洛夫岭西北部

图 9.33　格罗夫山核心区冰下地形曲面图

CorelDraw 软件是地图出版行业使用最广泛的图形图像软件，利用 CorelDraw X5 编绘了格罗夫山核心区冰下地形图。将冰下等值线、注记点进行数据格式转换之后导入 CorelDraw X5，经矢量跟踪、图面整饰后绘制成图。在冰下地形图编绘过程中，地图投影采用的是高斯–克吕格投影，地理参考坐标系为 WGS-84 椭球，高程系统为大地高高程系统，投影中央经线为 75°E，等高线间距为 50 m，比例尺为 1:10 000。以萨哈洛夫岭作为分界线，绘制了萨哈洛夫岭西北部冰下地形和萨哈洛夫岭东南部冰下地形两幅可供出版的格罗夫山核心区冰下地形图，见图 9.34。

萨哈罗夫岭西北部冰下地形
Northwest Zakharoff Ridge Subglacial Topography

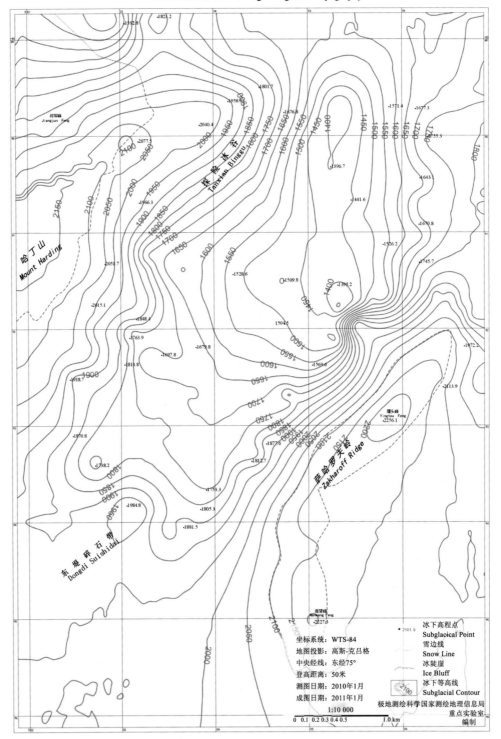

（a）萨哈洛夫岭西北部冰下地形

图 9.34　格罗夫山核心区冰下地形图

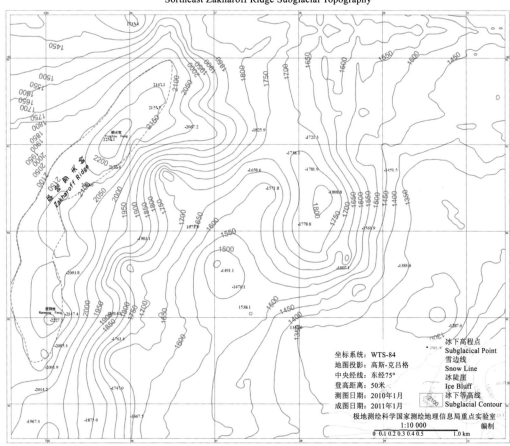

（b）萨哈洛夫岭东南部冰下地形

图 9.34　格罗夫山核心区冰下地形图（续）

9.3　极区海面地形与海底地形测绘

9.3.1　概述

海底地形测量是测量海底地形形态和地物的工作，按测区可分为海岸带、大陆架和大洋三种海底地形。测量的内容包括沉积层厚度、沉船等障碍物探测、水下工程建筑和水文要素观测等，通常对海域进行全覆盖测量，确保详细测定测图比例尺所能显示的各种地物地貌，是为海上活动提供重要资料的海域基本测量。目前，海底地形测量中的平面定位通常采用 GPS，而在近岸观测条件比较复杂的水域，则采用全站仪。下面主要介绍海底地形测绘中的测深手段、数据处理方法以及海底地形图的绘制。

水下地形测量的发展与其测深手段的不断完善是紧密相关的。在回声测深仪尚未问世之前，水下地形探测只能靠测深铅锤来进行，这种原始测深方法精度很低，费工费时。20 世纪 20 年代出现的回声测深仪，是利用水声换能器垂直向水下发射声波并接收水底回波，根据其回波时间来确定被测点的水深。当测量船在水上航行时，船上的测深仪可测得一条连续的水深线（即地形断面），通过水深的变化，可以了解水下地形的情况。利用回声测深仪进行水下地形测量，也称常规水下测量，属于"点"状测量。

20世纪70年代出现了多波束测深系统，它能一次给出与航线相垂直的平面内几十个甚至上百个测深点的水深值，或者一条一定宽度的全覆盖的水深条带。所以它能精确地、快速地测出沿航线一定宽度内，水下目标的大小、形状和高低变化，属于"面"测量。

此外，还有一种发展前景好、效率更高的测量手段，即激光测深技术。激光光束比一般水下光源能发射至更远的距离，其发射的方向性也大大优于声呐装置所发射的声束。激光光束的高分辨率能获得高清晰度的海底图像，因此，可详细调查海底地貌与海底底质。

近年来，AUV/ROV（autonomous underwater vehicle/remotely operated vehicle）所承载的扫测设备也逐步成为高精度水下地形测量的一个非常有效的手段。

本节在介绍这些测深系统工作原理、组成及其数据处理理论的基础上，还讨论了水下地形的实施方法、相关的数据处理理论和海底地形图的绘制和表达方法。

9.3.2　回声测深原理

回声测深是利用声波在水中的传播特性测量水深的技术。声波在均匀介质中作匀速直线传播，在不同介面上产生反射，根据这一原理，选择穿透能力最佳、频率在1 500 Hz

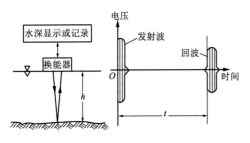

图 9.35　回声测深原理示意图

左右的超声波，在海面垂直向海底发射声信号，并记录从声波发射到信号由水底返回的时间间隔，并乘以超声波在水体里的传播速度，来测定水深。如图9.35所示，安装在测量船下的发射机换能器，垂直向水下发射一定频率的声波脉冲，以声速 C 在水中传播到水底，经反射或散射返回，被接收机换能器所接收。设自发射脉冲声波的瞬时起，至接收换能器收到水底回波时间为 t，换能器的吃水深度 D，则换能器表面至水底的距离（水深）

$$H = \frac{1}{2}Ct + D \qquad (9.10)$$

回声测深仪（图9.36）由发射机、接收机、发射换能器、接收换能器、显示设备和电源部分组成（图9.37）。发射机在中央控制器的控制下周期性地产生一定频率、一定脉冲宽度、一定电功率的电振荡脉冲，由发射换能器按一定周期向海水中辐射。发射机一般由振荡电路、脉冲产生电路、功放电路所组成。接收机将换能器接收的微弱回波信号进行检测放大，经处理后送入显示设备。发射换能器是一个将电能转换成机械能，再由机械能通过弹性介质转换成声能的电—声转换装置。它将发射机每隔一定时间间隔送来的有一定脉冲宽度、一定振荡频率和一定功率的电振荡脉冲，转换成机械振动，并推动

水介质以一定的波束角向水中辐射声波脉冲。接收换能器是一个将声能转换成电能的声
–电转换装置。它可以将接收的声波回波信号转变为电信号，然后再送到接收机进行信
号放大和处理。现在许多水声仪器都采用发射与接收合一体的换能器。显示设备是直观
地显示所测得的水深值。目前，常用的显示设备有指示器式、记录器式、数字显示式、
数字打印等。显示设备的另一功能是产生周期性的同步控制信号，控制与协调整机的工
作。电源部分主要为全套仪器提供所需要的各种电源。

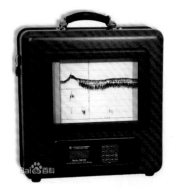

图 9.36　回声测深仪

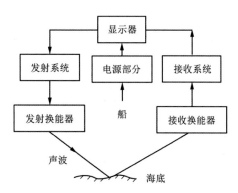

图 9.37　回声测深仪组成示意图

　　为了求得实际正确的水深而对回声测深仪实测的深度数据施加的改正数，即回声测
深仪总改正数。这种改正主要是由于回声测深仪在设计、生产制造和使用过程中产生的
误差造成的。回声测深仪总改正数的求取方法主要有水文资料法和校对法。前者适用于
水深大于 20 m 的水深测量，后者适用于小于 20 m 的水深测量。

　　水文资料法改正包括吃水改正ΔH_b、转速改正ΔH_n及声速改正ΔH_c。

　　（1）吃水改正ΔH_b。测深仪换能器有两种安装方式，一种是固定式安装，即将体积
较大的换能器固定安装在船底；另一种是便携式安装，即将体积较小的换能器进行舷挂
式安装。无论哪种换能器，都安装在水面下一定的距离，由水面至换能器底面的垂直距
离称为换能器吃水改正数ΔH_b。若 H 为水面至水底的深度；H_S 换能器底面至水底的深度，
则ΔH_b 为

$$\Delta H_b = H - H_S \tag{9.11}$$

　　（2）转速改正ΔH_n。它是由于测深仪的实际转速 n_s 不等于设计转速 n_0 所造成的。
记录器记录的水深是由记录针移动的速度与回波时间所决定的。当转速变化时，则记录
的水深也将改变，从而产生转速误差。转速改正ΔH_n 为

$$\Delta H_n = H - H_S = H_S \left(\frac{n_0}{n_s} - 1 \right) \tag{9.12}$$

　　（3）声速改正ΔH_c。它是因为输入到测深仪中的声速 C_m 不等于实际声速 C_0 造成的
测深误差。则ΔH_c 为

$$\Delta H_c = H - H_S = H_S \left(\frac{C_0}{C_m} - 1 \right) \tag{9.13}$$

　　综上所述，测深仪总改正数ΔH 为

$$\Delta H = \Delta H_b + \Delta H_n + \Delta H_c \tag{9.14}$$

在上述改正中，声速改正数ΔH_c对总改正数ΔH影响最大。

校对法利用水陀、检查板、水听器等，实测从水面起算的准确深度，与测深仪的当前深度进行比较，进而求得回声测深仪在该深度上的总改正数ΔH。

回声测深仪按照频率分为单频测深仪和双频测深仪。单频测深仪仅发射一个频率的超声波，以测量海面到海底表面之间的垂直距离，即水深。双频测深仪（图9.38）换能器垂直向水下发射高、低频声脉冲，由于低频声脉冲具有较强的穿透性，因而可以打到海底硬质层，获得深度H_{lf}；高频声脉冲仅能打到海底沉积物表层，获得水深H_{hf}，两个脉冲所得深度之差便是淤泥厚度

$$\Delta h = H_{lf} - H_{hf} \tag{9.15}$$

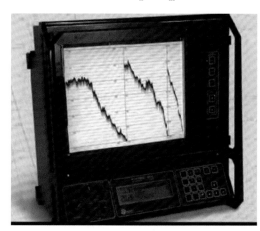

图 9.38　双频回声测深仪

9.3.3　多波束测深

20世纪70年代出现的多波束测深系统，是在回声测深仪的基础上发展起来的。在与航迹垂直的平面内，多波束测深系统能一次给出数十个以至上百个测深点，从而获得一条一定宽度的全覆盖水深条带，所以它能够精确快速地测出沿航线一定宽度范围内水下目标的大小、形状和高低变化，从而比较可靠地描绘出海底地形地貌的精细特征。与单波束回声测深仪相比，多波束测深系统具有测量范围大、速度快、精度和效率高、记录数字化和实时自动绘图等优点，将传统的测深技术从原来的点、线扩展到面，并进一步发展到立体测深和自动成图，使海底地形完成得又快又好。这使水深测量又经历了一场革命性的变革，深刻地改变了海洋学科领域的调查研究方式及最终的成果质量。

多波束系统的研制工作起源于20世纪60年代美国海军研究署资助的军事研究项目。1962年，美国国家海洋调查局在Surveyor号上进行了新问世的窄波束回声测深仪（narrow beam echo sounder，NBES）海上实验。第一套原始的多波束系统采用两个换能器阵列，长发射阵沿船的龙骨安装，波束发射角为2.66°×54°；接收阵列与船的龙骨垂直，产生16个20°×2.66°波束，接收信号来自于发射和接收波束的交织部分，形成16个2.66°×2.66°窄波束。早期系统采用垂直参考单元来稳定发射波束，并通过相邻两个波束的内差、形成横摇和纵摇稳定的窄波束，数字化后以海底剖面的形式显示在图形记

录纸上。实验证明，NBES 的测量精度远远高于单波束。

随着军事需求和计算机技术的不断发展，美国通用仪器公司认识到 NBES 系统可以进行宽幅度的水下地形测量。1976 年，数字化计算机处理及控制硬件应用于多波束系统，从而产生了第一台多波束扫描测深系统，简称 SeaBeam。该系统有 16 个波束，波束宽度 2.66°×2.66°，扇面开角为 42.67°。系统还增加了一个微型计算机处理系统，同时处理 16 个纵横稳定的波束，并在软件中进行横摇改正。通过波束间的内插处理，还可以形成 15 个波束，声线弯曲改正后便获得了实测深度。SeaBeam 的横向测量幅度约为水深的 0.8 倍，当水深为 200 m 左右，海底实际扫幅宽度约为 150 m；水深为 5 000 m 左右，扫幅宽度约为 4 000 m。SeaBeam 的工作频率为 12 kHz，最大测深量程为 11 000 m。

进入 20 世纪 80 年代，美国海洋研究集团完善了 SeaBeam 在船上的数据采集、综合、处理和显示能力。尽管 SeaBeam 拥有强大的声纳系统，但缺少导航功能，为了实现海陆数据编绘和整理，先后将先进的计算机应用于多波束的数据提取、整理，使其能够为多任务、多用户提供足够的储存能力，数据处理速度也基本上满足了当时的野外测量需要。

20 世纪 80~90 年代，先后出现了浅、中、深水多波束系统，主要参数和性能指标见表 9.3。

表 9.3　多波束系统及其主要技术指标

生产厂家	型号	频率/kHz	波束个数	波束宽度	测深范围/m	扇面角	扫描宽度/倍水深
L-3 Communications	Seabeam1185	180	126	1.5°×1.5°	1~300	153°	8
	Seabeam1180	180	126	1.5°×1.5°	1~600	153°	4~7
ELAC Nautik GmbH 公司	Seabeam1055	50	126	1.5°×1.5°	10~1 500	153°	8
	Seabeam1050	50	126	1.5°×1.5°	5~3 000	153°	4~7
	Seabeam2120	20	149	1°×1°	50~8 000	150°	随深度变化
	Seabeam2122	12	149	1°×1°	50~11 000	150°	随深度变化
RESON 公司	Seabat9001	455	60	1.5°×1.5°	1~140	90°	2~4
	Seabat8101	240	101	1.5°×1.5°	1~300	150°	4~7
	Seabat8111	100	101	1.5°×1.5°	3~700	150°	3.5
	Seabat8124	200	40	3°×2°	1~400	120°	3.5
	Seabat8125	455	240	0.5°×0.5°	1~120	120°	5
	Seabat8150	12/24	可变	1°×1°/4°×4°	20~1 200	150°	4
Kongsberg Simrad 公司	EM3000D	300	254	1.5°×1.5°	0.5~250	150°	10
	EM1002	95	111	2°×2°	2~1 000	150°	4~7
	EM300	30	135	1°×1°/2°×4°	5~5 000	150°	5
	EM120	12	191	1°×1°~2°×4°	20~11 000	150°	6
Atlas	Fansweep 20	100/200	1440	1.2×0.12	1~600 0.5~300	160°	12

多波束系统是由多个子系统组成的综合系统。对于不同的多波束系统，虽然单元组成不同，但大体上可将系统分为多波束声学系统（multi beam echo sounder，MBES）、多波束数据采集系统、数据处理系统和外围辅助传感器。其中，换能器为多波束的声学系统，负责波束的发射和接收；多波束数据采集系统完成波束的形成和将接收到的声波信号转换为数字信号，并反算其测量距离或记录其往返程时间；外围设备主要包括定位传感器（如 GPS）、姿态传感器（如姿态仪）、声速剖面仪和电罗经，主要实现测量船瞬时位置、姿态、航向的测定以及海水中声速传播特性的测定；数据处理系统以工作站为代表，综合声波测量、定位、船姿、声速剖面和潮位等信息，计算波束脚印的坐标和深度，并绘制海底平面或三维图，用于海底的勘察和调查。图 9.39 给出了 Simrad EM950 系统的单元组成。

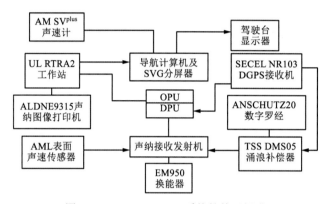

图 9.39　Simrad EM950 系统的单元组成

由于多波束的最终测量成果需要在地理框架下表达，波束在海底投足点的位置计算便成为多波束数据处理中的一个关键问题。首先必须定义多波束船体参考坐标系（vessel frame system，VFS），根据船体坐标系同当地坐标系（local location system，LLS）之间的关系，将波束脚印的船体坐标转化到地理坐标系（或当地坐标系）和某一深度基准面下的平面坐标和水深。该过程即为波束脚印的归位。船体坐标系原点位于换能器中心，x 轴指向航向，z 轴垂直向下，y 轴指向侧向，与 x、z 轴构成右手正交坐标系。当地坐标系原点为换能器中心，x 轴指向地北子午线，y 同 x 垂直指向东，z 与 x、y 轴构成右手正交坐标系。

波束在海底投射点位置的计算需要船位、潮位、船姿、声速剖面、波束到达角和往返程时间等参数。计算过程包括如下 4 个步骤。①姿态改正。换能器的动吃水对深度有着直接影响。横摇对波束到达角有一定的影响，对于补偿性多波束系统，船体的横摇在波束接收时已经得到改正；对于无补偿性系统，通过扩大扇面角来实现回波的接收。纵摇一般较小，可以不考虑，但当纵摇达到一定的程度，深度和平面位置的计算均会受到影响，因此，必须考虑。②船体坐标系下波束投射点位置的计算。根据波束到达角（即波束入射角）、往返程时间和声速剖面，计算波束投射点在船体坐标系下的平面位置和水深。③波束投射点地理坐标的计算。根据航向、船位和姿态参数计算船体坐标系和地理坐标系之间的转换关系，并将船体坐标系下的波束投射点坐标转化为地理坐标。④波束投射点高程的计算。根据船体坐标系原点与某一已知高程基准面之间的关系，将船体坐标系下的水深转化为高程。

为便于波束投射点船体坐标的计算，现作如下假设。①换能器处于一个平均深度，静、动吃水仅对深度有影响，而对平面坐标没有影响。②波束的往、返程声线重合。③对于高频发射系统，换能器航向变化影响可以忽略。因为高频发射系统的数据更新率非常快，如 RESON Seabat 8081 系统，数据更新率为 30 pings/s，纵向行距约为 10 几个厘米左右。该假设仅适用高频发射系统使用于浅水测量的情况，对于深水测量系统则不再适用。

波束脚印船体坐标的计算需要用到三个参量，即垂直参考面下的波束到达角、传播时间和声速剖面。由于海水的作用，声线在海水中不是沿直线传播，而是在不同介质层的界面处发生折射，波束在海水中的传播路径为一折线。为了得到波束脚印的真实位置，就必须沿着波束的实际传播路线跟踪波束，该过程即为声线跟踪。通过声线跟踪得到波束投射点在船体坐标下坐标的计算过程称为声线弯曲改正。在声线弯曲改正中，声速剖面扮演着十分重要的作用，为了计算方便，对声速剖面作如下假设。①声速剖面是精确的，无代表性误差。声速剖面反映的是测量海域海水中声速的传播特性。因而在每次测量前后需对声速剖面进行测定，遇到水域变化复杂的情况，需要加密声速剖面采样站和减小站内声速断面采样的层间隔，全面、真实地反映测区内海水中的声速变化特性。②声速在波束传播的垂面内发生变化，不存在侧向变化。对于不满足该要求的水团，需要加密声速剖面采样站和减小采样层的深度间隔。③声速在海水中的传播特性遵循 Snell 法则。

根据前面章节介绍的声速及声线跟踪思想，采用层内常声速假设，给出波束在海底投射点的计算模型。

Snell 法则：

$$\frac{\sin\theta_0}{C_0} = \frac{\sin\theta_1}{C_1} = \cdots = \frac{\sin\theta_n}{C_n} = p \tag{9.16}$$

式中：C_i 和 θ_i 分别为层 i 内声速和入射角。

设多波束换能器在船体坐标系下的坐标为（x_0, y_0, z_0），则根据水层内常声速变化假设，采用常声速（零梯度）层追加思想，波束脚印的船体坐标（x, y, z）为

$$z = z_0 + \sum_{i=1}^{N} C_i \Delta t_i \cos\theta_i, \quad y = y_0 + \sum_{i=1}^{N} C_i \Delta t_i \sin\theta_i, \quad x = 0 \tag{9.17}$$

式中：θ_i 为波束在层 i 表层处的入射角；C_i 和 Δt_i 分别为波束在层 i 内的声速和传播时间。

式（9.17），其一级近似式为

$$z = z_0 + C_0 T_p \cos\theta_0 / 2, \quad y = y_0 + C_0 T_p \sin\theta_0 / 2, \quad x = 0 \tag{9.18}$$

式中：T_p 为波束往返程时间；θ_0 为波束初始入射角；C_0 为表层声速。

波束脚印的船体坐标确定后，下一步便可将之转化为地理坐标。转换关系为

$$\begin{bmatrix} x \\ y \end{bmatrix}_{LLS} = \begin{bmatrix} x_0 \\ y_0 \end{bmatrix}_G + R(h, r, p) \begin{bmatrix} x \\ y \end{bmatrix}_{VFS} \tag{9.19}$$

式中：下脚 LLS、G、VFS 分别为波束脚印的地理坐标（或地方坐标）、GPS 确定的船体坐标系原点坐标（也为地理坐标系下坐标，是船体坐标系和地理坐标系间的平移参量）

和波束脚印在船体坐标系下的坐标；$R(h,r,p)$为船体坐标系与地理坐标系的旋转关系，航向 h、横摇 r 和纵摇 p 是三个欧拉角。

在实际应用中，深度 z 还应考虑换能器的静吃水 h_{ss}、动吃水 h_{ds}、船体姿态对深度的影响 h_a，若潮位 h_{tide} 是根据某一深度基准面或者高程基准面确定的，则波束在海底投射点的高程为

$$h = h_{tide} - (z + h_{ss} + h_{ds} + h_a) \tag{9.20}$$

换能器的静吃水在换能器被安装后量定，作为一个常量输入到多波束数据处理单元中；动吃水是因船体的运动而产生的，它可通过姿态传感器 Heaven 参数确定。船体姿态对波束脚印地理坐标也有一定的影响，它会使 ping 扇面绕 x 或 y 轴产生一定的旋转，其旋转角量可通过姿态传感器的横摇 r 和纵摇 p 参数确定。上述参数的测定及其对波束脚印平面位置和深度的影响和补偿请参见相关参考书。

当测区处于验潮站或水文站的有效作用距离范围内时，潮位 h_{tide} 的变化可以通过潮位观测获得，否则需通过潮位模型或其他方法获得。由于潮位是相对某一深度或高程基准面确定的，因而经过潮汐改正后，即实现了相对水深向绝对高程的转换。

经上述处理后，可得到实测的海底点的三维坐标，利用这些散点的三维坐标，可以绘制海底水深图和构造海床 DEM。

9.3.4　机载激光测深

机载激光雷达（light detection and ranging，LIDAR）是一个集高精尖端技术于一体的空间测量系统，于 20 世纪 60 年代末 70 年代初出现，经过 30 余年的研制、试验，目前已进入实用阶段。它又分为用于获得地面数字高程模型的地形 LIDAR 系统和用于获得水下 DEM 的海道测量 LIDAR 系统，这两种系统的共同特点都是利用激光进行探测和测量。

LIDAR 是一种集激光，全球定位系统（GPS）和惯性导航系统（INS）三种技术于一身的系统，用于获得数据并生成精确的 DEM。这三种技术的结合，可以高度准确地定位激光束打在物体上的光斑。

激光具有非常精确的距离校正能力，其测距精度可达几个厘米，LIDAR 系统的精确度除受激光本身因素的影响外，还取决于 GPS 及惯性测量部件（inertial measurement unit，IMU）的内在因素影响。随着商用 GPS 及 IMU 的发展，通过 LIDAR 从移动平台上（如在飞机上）获得高精度的数据已经成为可能并被广泛应用。

LIDAR 系统包括一个单束窄带激光器和一个接收系统。激光器产生并发射一束离散的光脉冲，打在物体上并反射，最终被接收器所接收。接收器准确地测量光脉冲从发射到被反射回的传播时间。因为光脉冲以光速传播，所以接收器总会在下一个脉冲发出之前收到前一个被反射回的脉冲。鉴于光速是已知的，传播时间即可被转换为对距离的测量。结合激光器的高度，激光扫描角度，从 GPS 得到的激光器的位置和从 INS 得到的激光始发方向，就可以准确地计算出每一个地面光斑的坐标 X、Y、Z。激光束发射的频率可以从每秒几个脉冲到每秒几万个脉冲。例如，频率为每秒一万的脉冲，接收器将会在一分钟内记录六十万个点。一般而言，LIDAR 系统的地面光斑间距在 2～4 m 不等。

机载 LIDAR 的海道测量是从 20 世纪 60 年代中期发展起来的。最先进可靠的一种设备叫作扫描海道测量机载激光雷达测量（scanning hydrographic operational airborne lidar survey，SHOALS）系统。它是一种多用途的海道测量 LIDAR 系统。

SHOALS 系统与地形 LIDAR 有几个基本的不同，第一个区别在于大多数地形 LIDAR 系统只用单光源（多采用近红外光束）测量物体，而 SHOALS 系统则用了两种不同波长的激光束对水底进行测量。SHOALS 在采用红光（或红外光）测量水面的同时，用蓝绿光穿透水面测量水底。海道测量 LIDAR 同时发射两束不同波长的激光脉冲射向水面，红光在水面被直射反射回，而蓝绿光在穿透水底后被海底反射回，这两个光束的接收时间差即为水的深度。第二个区别是激光束发射频率的不同。地形 LIDAR 一般为 30 kHz 以上，而 SHOALS 系统的频率相当低，多为 400 Hz。最后一个区别在于两个系统完全不同的能量要求。地形 LIDAR 系统可以在小型飞机或直升机上操作，而 SHOALS 系统则需要稍大型的飞机提供更多的能量，这是因为 SHOALS 系统需要更高能量的激光束穿透水层以测量水底。

通常，海道测量 LIDAR 所能测量的海水深度为 50 m，此深度随水质清晰度的不同而变化。因此，可探深度对 SHOALS 系统而言是其水下应用的一个重要限制因素。

下面介绍用于海洋深度测量的 LIDAR 系统的工作原理、系统组成和应用。

激光是一种具有高度单色性、良好的相干性和强度上的彩色光源。机载激光测深原理与回声测深的原理相类似。如图 9.40 所示，从飞机上向海面发射两种波段的激光，其中一种为波长 1 064 nm 的红外光，另一种为波长 532 nm 的绿光，红外光被海面反射，绿光则透射到海水中，到达海底后被反射回来。这样，两束反射光被接收的时间差等于激光从海面到海底的传播时间的两倍。考虑海水折射率后，激光测深的公式为

$$Z = \frac{1}{2} G \cdot \Delta T / n \qquad (9.21)$$

式中：G 为光速；n 为海水折射率；ΔT 为所接收红外光与绿光的时间差。

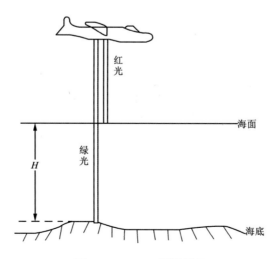

图 9.40　LIADR 测量原理

不同的机载激光测深系统所发射的红外激光和绿光的波长稍不相同，如澳大利亚的 LADS II 系统的红外激光波长为 1 064 nm，绿光为 532 nm。美国的 HALS 系统则相应为 1 060 nm 和 530 nm。在 520～535 nm 间的绿光波段，海水对这一波段的光吸收最弱，因此，这一波段称为"海洋光学窗口"。机载激光测深系统的最大探测深度，理论上可以表达为

$$L_{\max} = \frac{\ln(P'/P_B)}{2\Gamma} \tag{9.22}$$

式中：P' 是一个系统参量，定义为 $P' = P_L \cdot \rho \cdot A \cdot E / \pi H^2$。其中：$P_L$ 为激光峰值功率；ρ 为大气—海水界面的反射率；A 为光探测器接收面积；E 为接收机的效率；P_B 为背景噪声功率（W）；Γ 为海水有效衰减系数。P_B 和 Γ 取决于海区自然条件与海水特性，背景噪声 P_B 与阳光有关。

机载激光测深系统目前测深能力一般都在 50 m 左右，其测深精度在 0.3 m 左右。

激光测深系统组成一般由六大部分组成，如下所示。

（1）测深系统。测深系统使用两组激光光束，发射以每秒脉冲数为 168 次 N_d 和 YAG 激光脉冲。红外光束向海面垂直发射，获取离海面的高度；绿光脉冲以垂直于飞行航向，通过扫描镜获取航线下 268 m 宽的海面扫描线，从而获得一定间隔的海水深度。

（2）导航系统。多采用 GPS 定位系统。

（3）数据处理分析系统。用来处理、记录位置和水深数据，也处理、记录系统操作所需的其他数据。

（4）控制-监视系统。用于系统操作员在控制台对系统进行实时控制和监视。

（5）地面处理系统。由于激光测深获取的数据量十分庞大，机上计算机不可能进行实时计算。因而必须有地面处理系统对机上的实时记录进行处理。其处理内容包括：①对所记录的红绿光束进行波形识别，进行滤波和内插处理；②计算该海区的混浊度和最大测深能力；③计算各个点的深度并进行各项改正；④获得每个点的位置（X、Y）和深度 Z，并进行可靠性评估。

（6）飞机与维修设备。装载激光的飞机及维修设备也是这个系统中不可缺少的部分。飞机可以是直升机，也可以是固定机翼飞机。

机载激光测深具有速度快、覆盖率高、灵活性强等优点，因此，在某些领域大有可为。机载激光测深可作常规海道测量之用，这也是研制机载激光测深系统的始动力。机载激光测深具有快速实施大面积测量的优点，被海洋大国广泛应用于沿岸大陆架海底地形测量之中。如澳大利亚用来对其 $210 \times 10^4 \ km^2$ 的大陆架测量，使用情况表明测量成果良好可靠。加拿大用其 ARSEN—500 测量北极海域，克服了天气恶劣、海况复杂等困难，效益明显。其他各国的海试表明，机载激光测深是测深技术的一次革命，虽然它不能替代回声测深，但其潜力不可低估。除了常规的海底地形测量之外，机载激光测深的覆盖率高决定了它还能提高探测航行障碍物的探测率。同时，机载激光测深还能提高发现水下运动目标（如潜艇）的发现概率。对无深度信息的登陆场，机载激光测深可迅速、安全地获取信息，从而提高快速反应部队的作战能力。机载激光还可用来测量海区的混浊度，测定温度、盐度。在海洋工程中，机载激光测深可以测定港口的淤积等。

9.3.5　基于水下机器人的水下地形测量

以上介绍了利用安装在水面船只或飞机上的仪器设备，实施水下地形测量的各种方法。下面介绍利用水下载人潜水器、水下自治机器人（autonomous underwater vehicle，AUV）或遥控水下机器人（remotely operated vehicle，ROV），集成多波束系统等船载测深设备，结合水下 DGPS 技术、水下声学定位技术实现水下地形测量的思想和方法。

水下机器人因可以接近目标，利用其荷载的测量设备，可以获得高质量的水下图形和图像数据。因此，自 20 世纪 60 年代开始，陆续有苏联、美国、加拿大等 10 余个国家开始使用潜水器进行广泛的科学研究工作。目前，使用的潜水器以自动式探测器最为先进，如德国的 SF$_3$ 型和苏联的"斯加特"等。"斯加待"号自动式潜水器既可进行海底地形测量，也可测量物理场和化学场。它由两个牢固的集装箱组成，一个装有全部系统和电池，另一个装有测量和研究的仪器。动力为 4 马力的附有螺旋桨的电动机，水下航速为 2 节。潜水器尺寸为 $2×1×0.7\ m^3$，排水量 0.4 t。探测器内装有水声定位系统，定位中误差为 ±3 m。

图 9.41 为法国于 1985 年研制成功的"鹦鹉螺"号载人潜水器。图 9.42 为美国海军的自主水下机器人 AUV 参与海上搜救。图 9.43 中国自主研发的 CR-02 ROV 无人潜航器，最大潜深可达 6 000 m。

图 9.41　法国的"鹦鹉螺"号载人潜水器

图 9.42　美国海军自主水下机器人 AUV 加入海上搜救

图 9.43　中国 CR-02 ROV 系统

一般讲，采用水下潜水器进行水下地形测量工作同用水面船只测量的手段和方法大致一样。只是在水下测量时，需要测定潜水器本身的下沉深度。因此，一般需要使用液体静力深度计和向上方向的回声测深仪。进行测量时，潜水器的航行坐标采用保障船只或水下海洋大地控制网点来确定。

一些技术比较先进的国家在潜水器上安装了水下立体摄影机。这种随潜水器运动的水下立体摄影测量，在某种程度上同航空摄影地形测量工作原理一样。美国为此作过试验，使用一架测量摄影相机，在沿测线上运动时，获取立体相片，等高线以 2.5 m 间距勾绘。图 9.44 为水下立体摄影测量示意图。

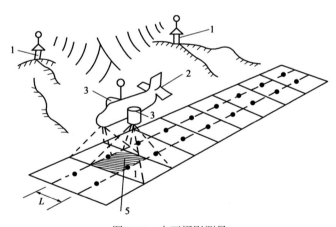

图 9.44　水下摄影测量

1-应答器；2-潜水器；3-相机；4-相机投影中心；5-相片覆盖带；L-摄影测量基线

在进行水下立体摄影测量时，依据水的透明度和照明情况，仪器离海底的高度一般不超过 5~12 m，因而摄影的比例尺是很大的。这也说明了水下立体摄影测量方法效率低和困难较大。因此，进行海底地形测量，最有效的方法还是利用具有高分辨率的声学系统。声学系统由超声波发射器、水声接收机和电视显示器所组成。出于这种系统超声波衰减性很大，有效作用距离相对较短，但也比光学系统强若干倍，而且不存在光学可见度的问题。现在声呐技术已发展采用声全息摄影技术，对于海底地形测量来说，在潜水器或水面船只上，都可以在海底很大深度上，进行具有足够精度的测量工作。这种以衍射为条件的干涉图像制成的全息图，用激光照射时，呈单独点的目标物的水声信息将复原为原来可见图像。

此外，将多波束、高精度测深侧扫声呐等声呐扫测设备安装在潜航器上，也可以实现对海底的高精度测量，如我国大洋一号上的 6 000 m 水下自治机器人 ROV 系统安装了测深侧扫声呐、浅地层剖面仪等设备，用于大洋的海底地形地貌调查。

9.3.6　测线布设

为能够采集到海区内足够的海底地形测量数据，反映海底地形地貌起伏状况，提高发现海底特殊目标的能力以及考虑到测量仪器载体的机动性和测量的效率、费用、安全等因素，在海底地形测量之前需要设计和布设测线。测线是测量仪器及其载体的探测路线，分为计划测线和实际测线。一般情况下的海上测量是在定位仪器的引导下，测量仪器及其载体按照计划测线实施测量。有别于陆地测量，海底地形测量测线一般布设为直线。海上测线又称测深线。测深线分为主测深线和检查线两大类。主测深线是计划实施测量的主要测量路线，检查线主要是对主测深线的测量成果质量进行检测而布设的测线。主测深线宜垂直于等深线总方向、挖槽轴线或岸线，也可布设成平行线、螺旋线或 45°斜线。

确定测线布设的主要考虑因素是测线间隔和测线方向。不同测深作业，其测深线的间隔不同（表 9.4～表 9.6）。

表 9.4　航道测量测深线间距

测区	沿海	内河	
		重点水域	一般水域
图上测深线间距/mm	10	10～15	15～20

表 9.5　疏浚及吹填区测深线间距

测深类别及底质		图上测深线间距/mm	
		沿海	内河
疏浚工程	硬底质	10	10
	中、软底质	15	
吹填		20	20

表 9.6　港口工程测深线间距

测深类别及底质		测深线间距
港工勘测		图上 15～20 mm
基槽施工	硬底质	5 m
	中、软底质	5～10 mm

1．测深线间距

疏浚测量应布设垂直于主测深线的纵向测深线，其间距不宜大于主测深线间距的 4 倍；在航道内应至少布设 2 条纵向测深线。主测深线的图上长度应超出挖槽边坡顶 30 mm。

测深检查线宜垂直于主测深线，其长度不宜小于主测深线总长度 5%。疏浚施工前，检查线可用纵向测深线代替；施工检测及竣工测量的检查线应布设在挖槽边坡坡顶以外。

不同测深组测深的相邻测段应布设一条重合测深线；同一测深组不同时期测深的相邻测深段应布设两条重合测深线。

以上测深间隔主要是针对单波束测深仪测量而确定的。随着多波束测深方法在海底地形测量中的应用，新版国际海道测量标准 S—44 给出了测线间距的最新推荐准则。

（1）单波束同声测深仪的测量间距。为达到 S—44 中规定的精度，作计划时需要制定一个原始的测线间距，并把它作为加密测深模型的一个出发点。建议的原始测线间距如表 9.7。表 9.7 仅为参考值，根据所用的设备和海底特征，测线间距可进行适当地调整。

表 9.7　原始测线间距

等级	原始测线间距/m
1	10
2	100
3	200
4	500

（2）多波束的测线间隔。在一级和二级测量海域，须对每个波束的测量精度进行适当的评估。若任何外侧的波束存在不可接受的误差，它们将被拒绝进入测深模型的计算。假如地理条件允许，单波束回声测深仪和多波束测深仪检查线应当至少与所有扫描带交叉一次，以检查定位、测深和水深改正的精度。两条平行的测线外侧波束应保持至少 20% 的重叠。

（3）机载激光测线间隔。由机载激光测得的航行障碍物应当用单波束回声测深仪、多波束回声测深仪或高密度机载激光系统进行检测。检查线应当至少与所有扫描带交叉一次，以便用这种方法鉴定定位、测深和水深改正的精度。

（4）检查测深线间隔。为了评定水深测量成果质量，检查测深与定位是否存在系统误差而布设的测深线，要求测深线尽量布设于海底平坦处，尽量与主测深线垂直，分布均匀，总长度为主测深线总长度的 5%～10%。一般而言检查线的间隔不得超过主测线间隔的 15 倍。

2．测深线方向

测深线方向是测深线布设所要考虑的另一个重要因素，测线方向选取的优劣会直接影响测量仪器的探测质量。选择测深线布设方向的基本原则如下。

（1）有利于完善地显示海底地貌。近岸海区海底地貌的基本形态是陆地地貌的延伸，加上受波浪、河流、沉积物等的影响，一般垂直海岸方向的坡度大、地貌变化复杂；而平行海岸方向的坡度小、地貌变化简单。因此，应选择坡度大的方向布设测深线。在平直开阔的海岸，测深线方向应垂直等深线或海岸的总方向。

（2）有利于发现航行障碍物。平直开阔的海岸，测深线垂直海岸总方向，减小波束角效应，有利于发现水下沙洲、浅滩等航行障碍物；在小岛、山嘴、礁石附近，等深线往往平行于小岛、山嘴的轮廓线。该区布设辐射状的测深线为宜；锯齿形海岸，一般取与海岸总方向约成 45°的方向布设测深线。

（3）有利于工作。在海底平坦的海区，可根据工作上的方便选择测深线的方向，以利于船艇锚泊与比对、减少航渡时间。此外，在可能的条件下测深线不要过短，也不要经常变换测深线的方向。

以上测线布设方向的基本原则大都是针对单波束测深而言的，对多波束测深、侧扫声呐、激光测深和其他扫海系统还要考虑测量载体的机动性、安全性、最小的测量时间等问题，同时参照上述原则，选择最佳的测线方向。

9.3.7 测深精度

为了满足不同目的的实际要求，国际海道测量组织（Interationd Hydrographic Organization，IHO）确定了新的测量标准。不再依照传统的单波束测量模式确定探测方式和探测精度，而是依据探测海区的精度要求、海底覆盖率不同划分、定义了四种测量等级。

（1）一级测量。一级海道测量只适用于海道测量部门明确规定的重要海区，在这些海区，船舶只能以最小吃水净深航行，并且其海底特征可能对船只航行有危险，例如对重要海峡、港口、码头、锚地和海底浅层结构的详细探测。一级测量要求必须把所有误差源降到最小限度，一级测量的测线间距要小，并要求使用侧扫声呐、换能器阵列组成高分辨率多波束回声测深仪达到 100%的海底覆盖率。测量时必须保证测深仪器能分辨出大于 $1 m^3$ 的物体。在可能遇到危险障碍物的海区或狭窄海区，必须使用侧扫声呐和多波束回声测深仪。

（2）二级测量。二级测量适用于其他港口、入口航道、一般的沿岸和内陆航道，在这些海区，船只的吃水距海底有较大的净深，或海底的地质特征对船只航行的危险较小（例如松散的淤泥和沙底质）。二级测量应限于水深小于 l00 m 的海区使用。虽然它对海底覆盖的要求不同一级测量那么严格，但对海底特征对船只有潜在危害的区域仍要求 100%全覆盖。在覆盖区域，测深仪器必须保证能分辨出 20 m 水深内大于 $2 m^3$ 的物体，或水深超过 20 m 时，大于 10%水深体积的物体。

（3）三级测量。三级测量适用于水深浅于 200 m 且不被一、二级测量覆盖的海区。在这些海区内，普通的水深测量方式就能充分保证海底的障碍物不会危及船只航行。在各种海事活动中，当采用高等级的海道测量不大合适时，就要采用三级测量。

（4）四级测量。四级海道测量适用于水深超过 200 m 且不被一、二、三级海道测量所覆盖的其他所有海区。

根据以上标准，IHO 确定了新的海道测量最低精度指标，见表 9.8。

表 9.8　新海道测量最低标准

等级	一级	二级	三级	四级
典型海区举例	重要航道、锚地、最小净深的港口	航道、推荐航道、港口及港口入口（水深小于 100 m）	一、二级测量中未规定的沿岸海区或水深小于 200 m 的区域	一、二、三级测量中未规定的非沿岸海区
水平精度（置信度95%）	±2 m	±5 m	±20 m	±150 m
改正后的水深精度（置信度95%）	$a=0.25$ m $b=0.0075$	$a=0.25$ m $b=0.013$	$a=1.0$ m $b=0.023$	同三级测量
覆盖率	100%	≤100%	不适用	不适用
测深精度模型（置信度95%）	不适用，要求100%覆盖率	$a=0.25$ m $b=0.007\,5$	$a=0.25$ m $b=0.007\,5$	$a=0.25$ m $b=0.007\,5$
最大测线间隔	不适用，要求100%覆盖率	2～3 倍平均深度	3～4 倍平均深度；若 4 倍平均深度小于 200 m 时为 200 m	4 倍平均深度

将表 9.8 中列出的相应的 a、b 值代入下面公式，可计算测深精度

$$r = \pm\sqrt{\left[a^2 + (b \cdot d)^2\right]}$$

（9.23）

式中：a 为深度误差常数，即所有常量误差之和；b 为深度相关误差系数；$b \cdot d$ 为深度相关误差，即所有深度相关误差之和；d 为深度。

水深精度应理解为改正后水深的精度。在确定水深精度时，需对各误差源进行定量表示。由于水深测量的特点是测量深度数据缺少多余观测值，水深精度主要取决于对影响水深值的系统误差和可能的随机误差的估计精度。对影响探测水深值的所有可能误差的综合估计是提高水深精度的关键，所以要考虑所有误差源综合影响以得到总传播误差。总传播误差由所有对测深有影响的因素所造成的测深误差组成，其中包括：①与声信号传播路径（包括声速剖面）有关的声速误差；②测深与定位仪器自身的系统误差；③潮汐测量和模型误差；④船只航向与船摇误差；⑤由于换能器安装不正确引起的定位误差；⑥船只运动传感器的精度引起的误差，如纵横摇的精度、动态吃水误差；⑦数据处理误差等。这些误差都会影响探测水深的精度，应当采用统计的方法，对所有已知的误差进行考虑，以确定水深精度。经统计确定的总传播误差（置信度为95%）旨在用于描述水深精度。由于上述误差可以分为误差常数和水深相关误差，表中给出了经过专家论证的误差常数 a 和水深相关误差 b 值，利用所给的公式来计算各级测量的水深允许误差，其置信度为95%，依次作为约束各级测量的测量数据精度的限差。

为了解释所有的误差源，必须对误差大小进行估计，国际海道测量组织在 S—44 测量标准中给出了其估计形式：

$$\sigma_{\mathrm{rpd}}(2\mathrm{drms}) = \pm\sqrt{\sigma_n^2 + (\sigma_d \tan\theta)^2 + (d\sigma_r)^2 + (d\sigma_p)^2 + (d\sigma_g \tan\theta)^2 + \left(\frac{\sqrt{5}d\tan\theta}{2v}\right)^2 \sigma_v^2}$$

（9.24）

式中：2drms 即径向位置误差（置信度为95%），是下列误差平方和根的2倍：定位系统引起的误差 σ_n、水深测量误差 σ_d、横摇误差 σ_r、纵摇误差 σ_p、航向（陀螺罗经）误差 σ_g 和声速误差（波束角分量）σ_v。等式中 d 是换能器的水深；v 是平均声速；θ 是从最下方起算的波束角。

以上讨论的是根据多波束系统获取的数据误差源及其估计公式，而对于其他测深仪器测深误差的估计，则可以根据不同仪器的实施探测情况，对一些误差进行取舍。例如，单波束测深一般情况下可以不考虑 σ_r、σ_p、σ_g 等误差的影响，但对于倾斜的海底必须进行海底倾斜改正。又如测量船的动态吃水影响误差，式（9.24）并没有估计，对于大多数高精度探测而言，由于不同船速下动态吃水影响不同，因此还必须估计到测量船动态吃水误差。

总之，提高海洋测深精度的方法，一方面是尽可能利用高精度仪器监测并减弱测量中的各种误差，另一方面就是利用上述误差模型进行误差估计。

我国《海道测量规范》中以回声测深仪为例，给出了水深测量极限误差（置信度95%）的规定（表 9.9），同时《海道测量规范》也对主检查线水深比对及图幅拼接比对的限差作了规定。在进行系统误差检验及粗差检验后，由重合点水深（两点相距图上 1.0 mm 以内）所列出的主、检测深点不符值限差为表 9.10，规定超限的点数不得超过参加比对总数的 15%。

表 9.9　主检查线水深比对及图幅拼接比对的限差规定　　（单位：m）

测深范围 Z	极限误差 2σ
$0 < Z \leqslant 20$	±0.3
$20 < Z \leqslant 30$	±0.4
$30 < Z \leqslant 50$	±0.5
$50 < Z \leqslant 100$	±1.0
$Z > 100$	±2%

表 9.10　剔除系统误差和粗差后，主检不符值限差　　（单位：m）

测深范围 Z	极限误差 2σ
$0 < Z \leqslant 20$	±0.5
$20 < Z \leqslant 30$	±0.6
$30 < Z \leqslant 50$	±0.7
$50 < Z \leqslant 100$	±1.5
$Z > 100$	±3%

9.3.8　水位改正

由于海洋潮汐现象，海面在垂向上做周期性的升降运动，深度测量往往探测到的是某点某一时刻的瞬时海面到海底的深度。为了得到海底真实地貌信息，就要确定一个固定的深度参考基准，以消除海面的动态影响。一般情况下，消除原始测深数据中的潮汐因素的方法就是在一定基准控制下对测深数据逐时逐点进行水位改正。因此，海道测量的水位控制问题的两个关键因素就是基准问题和水位改正问题。

水位改正是将测得的瞬时深度转化到某一垂直基准上，得到恒定水深的过程，该过程是海道测量测深数据处理的一项重要工作。在海道测量中比较常用的基准一般采用当地深度基准面，我国目前法定的深度基准面是理论最低潮面。

由于在实际测量过程中不可能观测测区内每一点的潮汐变化，水位观测过程中采用以"点"带"面"的水位改正方法，这在验潮站的有效范围内，符合潮汐变化规律。水位改正方法可分为单站水位改正法、线性内插法、水位分带法、时差法和参数法等。当然，每种方法都有其假设条件。所以，在具体实施海道测量时应根据实际情况选择合适的改正方法。

1．单站水位改正法

当测区处于一个验潮站的有效范围内，可用该站的水位资料来进行水位改正。如图 9.45 所示，$\Delta Z_水$ 表示水位改正（从深度基准面起算的潮高），$Z_测$ 表示测得的瞬时水深值，则图载水深 $Z_图$（从深度基准面起算的水深）为

$$Z_图 = Z_测 - \Delta Z_水 \tag{9.25}$$

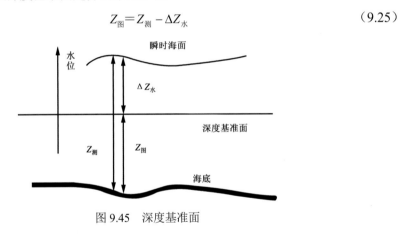

图 9.45　深度基准面

为求得不同时刻的水位改正数，一般采用图解法和解析法。图解法就是绘制水位曲线图，横坐标表示时间，纵坐标表示水位改正数，如图 9.46 所示，可求得任意时刻的水位改正数。

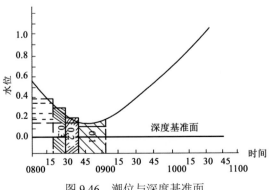

图 9.46　潮位与深度基准面

解析法就是利用计算机以观测数据为采样点进行多项式内插来求得测量时间段内任意时刻的水位改正数的方法。常用的内插方法有抛物线插值、二次样条插值等。插值的数学模型在计算数学中多有介绍，这里不再重复。大量实践表明，最小二乘拟合插值计算结果的方差较小且稳定。

2. 线性内插法

如图 9.47 所示，当测区位于 A、B 两验潮站之间，且超出两站的有效控制范围时，对测区内各点的任意时刻水位改正方法一般有两种，一是在海区设计时增加验潮站的数量；二是在一定条件下，根据 A、B 两站的观测资料对控制不到的区域进行线性内插。

线性内插法的假设前提是两站之间的瞬时海面为直线形态。此法也同样适用三站的情况，其基本数学模型为

$$Z_x = Z_A + \frac{Z_B - Z_A}{S} \qquad \text{（两站水位改正数模型）} \quad (9.26)$$

$$\begin{vmatrix} x - x_A & y - y_A & z_x(t) - z_A(t) \\ x_B - x_A & y_B - y_A & z_B(t) - z_A(t) \\ x_C - x_A & y_C - y_A & z_C(t) - z_A(t) \end{vmatrix} = 0 \qquad \text{（三站水位改正数模型）} \quad (9.27)$$

式中：Z_i 为对应 i 点某时刻的水位值；$(x_i,\ y_i)$ 为对应 i 点的平面坐标，$i = A$，B，X。

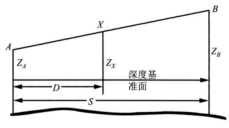

图 9.47　两站线性内插示意图

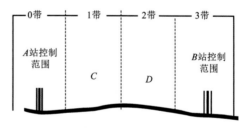

图 9.48　验潮站控制区域

3. 水位分带改正法（分带法）

水位分带改正法分为两站水位分带改正、三站水位分带改正（又称三角分带）。

（1）两站水位分带改正法。如图 9.48 所示，水位分带的实质就是利用内插法求得 C、D 区的水位改正数，与线性内插法不同，分带所依据的假设条件是两站之间潮波传播均匀，潮高和潮时的变化与其距离成比例。确切地讲，就是要求两站间的同相潮时和同潮潮高的变化与距离成比例。

分带条件：①当测区有潮波图时，可以判断主要分潮的潮波传播是否均匀，来确定分带与否；②若测区无潮波图时，可根据海区自然地理（海底地貌、海岸形状等）条件，以及潮流等因素加以分析。一般而言，潮波经过岛屿、海角等地区，变形较大，分带应特别注意。若没有把握，则应设立验潮站。当然，实际潮波在沿岸区域很难达到真正传播均匀，只是相对而言。当两站距离较近，当地的地理条件对潮波自由传播影响不大时，可以认为潮波传播均匀。否则，设站检验。

分带的基本原则：分带的界线方向与潮波传播方向垂直。

分带原理：具体分为几带是由具体情况决定。两验潮站之间的水位分带数由下式确定：

$$K = \frac{\Delta\zeta}{\delta_z} \tag{9.28}$$

式中：K 为分带数；δ_z 为测深精度；$\Delta\zeta$ 为两验潮站深度基准面重叠时，同一时刻两验潮站间的最大水位差。分带时，相邻带的水位改正数最大差值不超过测深精度 δ_z。则根据某时刻 A 或 B 站的水位数就可以推算出 C、D 带内某时刻的水位改正数。

（2）三站水位带改正法（又称三角分带法）。分带原则、条件、假设与两站水位分带改正法基本相同，其主要是为了加强潮波传播垂直方向的控制，需采用三站水位分带改正法。

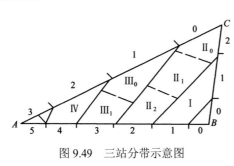

图 9.49 三站分带示意图

如图 9.49 所示，三站水位分带改正法的基本原理为：先进行两两站之间的水位分带，在计算分带时应注意使其闭合。这样在每一带的两端都有一条水位曲线控制（求法与前述相同）。如在第 II 带，一端为 C 站的水位曲线，另一端为 A、B 边的第 2 带的水位曲线。若两端水位曲线同一时刻的 $\triangle\zeta$ 值大于测深精度 δ_z，则该带还需分区。

图 9.49 中，分区数为 2，各区分别为 II_0、II_1 和 II_2。II_1 水位曲线就是由 C 站和 AB 边的第 2 带的水位曲线内插获得的。

以上介绍的两站和三站分带水位改正法为水位分带的图解法。在实际应用过程中，可以根据基本原理利用计算机进行编程计算。另外，对于大范围测区，验潮站的数量可能多于 3 个，其水位改正方法则变成以两站、三站分带为基本水位改正单位，联结成改正网，再分带、分区进行任意时刻的水位改正。

4. 时差法

时差法水位改正是水位分带改正法的合理改进和补充。其所依赖的假设条件与水位分带改正法的假设条件相同，即两验潮站之间的潮波传播均匀，潮高和潮时的变化与其距离成比例。

时差法是在上述假设的前提下，运用数字信号处理技术中互相关函数的变化特性，将两个验潮站 A、B 的水位视作信号，这样研究 A、B 站的水位曲线问题转化为研究两信号的波形问题，通过对两信号波形的研究求得两信号之间的时差，进而求得两个验潮站的潮时差，以及待求点相对于验潮站的时差，并通过时间归化，最后求出待求点的水位改正值。

若 A、B 两站在时间段 $[N_1, N_2]$ 内进行同步观测（水位采样），两站的水位采样值分别为与时间相关的序列 $X_1, X_2 \cdots, X_n$ 和 $Y_1, Y_2 \cdots, Y_n$，依此做出两站的水位曲线（图 9.50）。

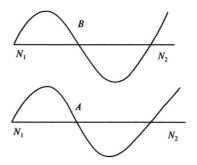

图 9.50 两潮位站的水位变化曲线

在进行改正前，探讨两站水位曲线的相似程度。从离散数学原理可知，两曲线的相似程度是由一定采样值的相关系数决定。相关系数 R 公式为

$$\frac{Q}{\dfrac{1}{N_2 - N_1 + 1} \sum_{n=N_1}^{N_2} X_n^2} = 1 - R_{xy}^2(N_1, N_2) \qquad (9.29)$$

$$R_{xy}(N_1, N_2) = \frac{\sum_{n=N_1}^{N_2} X_n Y_n}{\sqrt{\sum_{n=N_1}^{N_2} X_n^2 \sum_{n=N_1}^{N_2} Y_n^2}} \qquad (9.30)$$

$|R|$ 接近 1 时，两曲线就越相似；$|R|$ 接近 0 时，两曲线就不相似。所以，R 的大小是 X_n 与 Y_n 相似程度的度量。一般进行数学计算时，对水位曲线离散化处理。由于两验潮站之间存在或大或小的潮时差，要确定两验潮站水位曲线的相似性则还必须对其中一站的水位曲线进行延时处理。即研究在时移中 X_n 与 Y_n 的相似性。这里把 Y_n 延 τ 时，使之变为 $Y_{n-\tau}$。

X_n 与 $Y_{n-\tau}$ 的相关系数为：$R_{xy}(\tau)$ 是 τ 的函数，又称为 X_n 与 Y_n 的互相关函数，τ 为 Y_n 的延时时间。

$$R_{xy}(\tau) = \frac{\sum X_n Y_{n-t}}{\sqrt{\sum X_n^2 \sum Y_{n-\tau}^2}} \qquad (9.31)$$

针对不同的 τ，$R_{xy}(\tau)$ 也不同，当 τ 为某一个值 τ_0，$R_{xy}(\tau)$ 达到最大值，也说明 Y_n 延时时间 τ_0 后，与 X_n 最相似。实际上，τ_0 就是两曲线的相似时差，也就是 A、B 两验潮站的潮时差。可以看出，τ_0 的求解过程是一个迭代计算过程。

同样对于三个验潮站的情形，如图 9.48 所示的 A、B、C 中，可以利用上述方法，求得它们彼此间的潮时差。若以 A 站为基准，则建立 $xy\tau$ 空间直角坐标系（x，y 为验潮站的坐标），有 A（X_A，Y_A，0）、B（X_B，Y_B，τ_B）、C（X_C，Y_C，τ_C），根据方法的假设条件，三个验潮站中的任意一点 P（X_P，Y_P，τ_P）必位于上述 A、B、C 三点组成的空间平面上，可以得到任意一点 P 的时间延时 τ_P 为

$$\tau_P = \frac{\{(X_P - X_A)[(Y_C - Y_A)\tau_B - (Y_B - Y_A)\tau_c] + (Y_P - Y_A)[(X_B - X_A)\tau_C - (X_C - X_A)\tau_B]\}}{[(X_B - X_A)(Y_C - Y_A) - (Y_B - Y_A)(X_C - X_A)]} \qquad (9.32)$$

由于上面求得的时间延时 τ_B、τ_C、τ_P 均以 A 点为基准，欲求待定点 P 的 t 时刻的改正数，则需 t_A、t_B、t_c 将时间改化为与待定点 P 为 t 时刻相对应的时间，转化公式为

$$t_A = t + \tau_P , \qquad t_b = t + \tau_P - \tau_B , \qquad t_c = t + \tau_P - \tau_C \qquad (9.33)$$

根据 t_A、t_B、t_C 可分别求出对应时刻 A、B、C 各站从深度基准面起算的水位值。计算时，对于定点站用预报值，对于沿岸站用水位插值。最后将各站水位值归算到深度基准面上的水位值 ζ_A、ζ_B、ζ_C。同样可建立 $xy\zeta$ 空间直角坐标系，三站坐标为 A（X_A，Y_A，ζ_A）、B（X_B，Y_B，ζ_B）、C（X_C，Y_C、ζ_C）。根据方法的假设条件，三个验潮站中的任意一点 P（X_P，Y_P，ζ_P）必位于上述 A、B、C 三点组成的空间平面上，可得任意 P 点 t 时刻的水位改正值 ζ_P 为

$$\zeta_P = \zeta_A + \big\{(X_P - X_A)[(Y_C - Y_A)(\zeta_B - \zeta_A) - (Y_B - Y_A)(\zeta_C - \zeta_A)]$$
$$+ (Y_P - Y_A)[(X_B - X_A)(\zeta_C - \zeta_A) - (X_C - X_A)(\zeta_B - \zeta_A)]\big\} \tag{9.34}$$
$$\big/ [(X_B - X_A)(Y_C - Y_A) - (X_C - X_A)(Y_B - Y_A)]$$

实际应用时可将此法编程进行计算，方便、快速、精度较高。

5. 参数法

参数法直接从潮汐水位曲线的整体变化入手，采用最小二乘拟合逼近技术，不仅求出两验潮站的潮时差，还求出了两验潮站的潮差比和基准面偏差，并将分带法的所有假设，都体现在一组完整的数学模型公式之中。这组数学模型更逼真地体现了分带法，并且在理论假设概念上和计算技术方法上都做了改进，是一组完善的水位改正数学模型。

基本原理：令所取 A、B 两站的水位观测值为整点观测值 $h_A(i)$、$h_B(i)$，则同步观测 N 天，便有 $24 \times N$ 个观测值。两组观测值可画成两条水位曲线（图9.51），将两曲线移动，并适当放大或缩小，使两个水位曲线吻合。则建立如下数学模型：

$$h_B = x h_A(t + y) + z \tag{9.35}$$

其中：x 为垂直比例系数，表示两站间的潮差比（潮高比）；y 为水平延迟系数，表示两站间的潮时差；z 为基准面偏差。

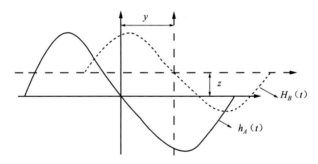

图 9.51　两曲线比较示意图

将式（9.35）改为计算的离散化格式：

$$h_B(i) = x h_A(i + y) + z , \quad 1 \geqslant i \geqslant 24 \times N \tag{9.36}$$

式（9.35）中因对 y 为非线性的，故需给定初始值$(x_0、y_0、z_0)$，进行线性化，并用 $\triangle x$、$\triangle y$、$\triangle z$ 表示改正数，根据最小二乘原理：

$$\begin{pmatrix} \Delta x \\ \Delta y \\ \Delta z \end{pmatrix} = (\boldsymbol{F}^\mathrm{T} \boldsymbol{F})^{-1} \boldsymbol{F}^\mathrm{T} \boldsymbol{L} \tag{9.37}$$

其中：$\boldsymbol{F}$ 为设计矩阵，第 i 行元素为 $\left[h_A(i+y), x \dfrac{\partial h_A(i+y)}{\partial y}, 1 \right]$，$i = 1, 2, \cdots, 24 \times N$

$\boldsymbol{L}$ 为闭合差矩阵，第 i 行元素为

$$L_i = h_B(i) - [x h_A(i+y) + z] , \quad i = 1, 2, \ldots, 24 \times N \tag{9.38}$$

解出 Δx、Δy、Δz 后，可得关系值

$$\begin{pmatrix} x \\ y \\ z \end{pmatrix} = \begin{pmatrix} x^0 \\ y^0 \\ z^0 \end{pmatrix} + \begin{pmatrix} \Delta x \\ \Delta y \\ \Delta z \end{pmatrix} \tag{9.39}$$

这样，可以通过计算程序同时计算出两验潮站的潮时差、潮差比和基准面偏差，此法求得结果快，非常适用于数据的自动化处理。

9.3.9 测量数据质量与管理

为保证能达到要求的测量成果精度，必须对测量过程进行检查和监督，以下给出一些建立质量管理的准则主要包括：①定位方面。定位质量管理理论上包括观测多余的位置线和（或）监测站，然后通过分析来获取一个位置误差估计。如果定位系统没有提供多余的或其他监测系统性能的方法，保证质量的唯一方式是严格的、经常性的校准。②测深方面。一个标准的质量管理程序应通过进行多余的水深测量来检查测深的有效性。在深度测量中一般在布设主测深线的同时，布设一定数量的检查测深线，要经常用与主测深线相交的检查测深线来检验定位、测深和潮汐改正的精度。

除了对测量过程进行检查和监督并采取相应的措施外，还应该对测量数据的精度要求应有定量的规定，作为测量的约束条件。目前的各种规范已对此进行了明确的规定。

为便于数据的管理，必须对数据的记录格式提出一定的要求。

1. 数据属性

对测量数据质量提供全面的评估，必须一起记录和提供测量数据及其必要的信息，这样的信息对于各种有不同要求的用户使用测量数据非常重要，尤其在测量数据采集时还不知道用户要求的情况下。数据质量的相关文献称之为数据属性，数据质量的信息称之为元数据。元数据主要包括测量的一般信息（如日期、区域、使用的仪器、测量平台名称）、所使用的大地测量参考系（如水平基准和高程基准）、校准过程和结果信息、声速信息、潮汐改正信息以及达到精度和相应置信度的信息。

所有测深点应当用 95% 的置信度对其位置和水深进行误差估计，可以对每一个单独的测深点进行测深误差估计，也可以对几个测深点甚至是一个区域的测深数据，利用数学模型进行测深误差估值。当然，也可以用检查测深线与主测深线交叉点的深度不符值直接进行精度评定。

每个传感器（如定位、水深、升降、纵横摇、航向、海底特征传感器，水声参数传感器，潮汐改正传感器）具有独特的误差特征，应当对每个测量系统进行分析，以确定适当的方法来获取需要的空间统计资料。在测量记录中，应对这些分析方法加以归档或注明。

2. 可疑数据的处理

可疑数据包括测量中的异常数据和原始资料中的可疑数据。

测量中的异常数据的取舍，应根据实际外界条件情况、仪器的性能以及原始资料做

出合理的解释而进行取舍。为确保异常数据的置信度，有时有必要对疑点进行重复探测。在保证数据的准确性的前提下，减少可疑数据的数量。

为确保航行安全，针对航海图上通常标注的可疑数据，必须仔细确定探测区域，为进一步证实这些数据的存在与否，最好是剔除或准确确定此类可疑数据。

将占地球 71%面积的海量海洋资料信息应用于当今信息领域，必然存在一个数据数字化、数据共享、数据格式问题。国际海道测量组织 2000 年特别大会将海道测量产品向数字化时代转变，向用户提供数字化服务，实现全球海道测量数据覆盖等作为发展战略，统一海图、开发有效的测量方法作为工作的目标。特别是数据格式统一化问题，正受到世界各国的广泛重视和深入研究。实现数据的共享，信息一体化，便于数据之间的转换、交流，则需要数据、信息采用统一的格式和标准，以适应不同目的的需求，使获取的数据产生最大效益。

数据格式的统一化及标准化应包括：①记录数据格式标准化。这就意味着对所有仪器记录的数据文件都尽可能采用相同的存取方式、记录类型、同类记录有相同的记录长度，不必因不同的仪器而另做处理。②记录数据类型标准化。数据文件是由记录组成，标准化文件应该对记录类型数量、类型代码以及每一种类型的记录都是确定的。③记录数据项目标准化。每种类型的记录中有多少数据项也是确定的，各数据项的格式也应该是确定的。如果某数据不存在或暂缺，则应以某种特定的数据如"0"或空格补上，并附以标志加以说明。④数据采样密度标准化。不同仪器的数据记录采样间隔不同，标准化后应将数据采样间隔统一成一格标准长度。⑤数据单位标准化。数据都有量纲和单位，统一数据项的量纲和单位应统一。

当前，海道测量数据文件统一化和标准化尚无公认的标准，是急需解决的问题。海道测量数据自动化处理软件多种多样，缺乏统一和标准的数据存取标准。只有统一的标准才能使得用户在进行正常的处理工作中获得可靠的成果，也能够最大限度地提高从测量到成图的自动化水平，缩短生产周期，增强测量成果实用效益。同时，也为测量数据的数字化管理提供方便、快速、精确、标准化的信息支持。

9.3.10　海底地形成图

对水下地形测量外业采集到的数据进行相应的处理，如数据检查、数据改正、水深数据选取等，最后形成能反映海底地形的图形，这一系列数据处理过程，也就是海底地形成图的一般过程。

1. 绘制海底地形图

海底地形图的表现形式一般可分为二维等深线图和三维海底地形立体图，绘制等深线图和海底地形立体图是数字地面模型 DTM 数据文件的一个具体应用，也是对 DTM 数据文件正确性、合理性的一个检验。

自动绘制等深图常用方法主要有两种，一是三角形法，二是网格法。网格法绘制等深线分为在网格边上求出等值点，追踪等值点和连接并光滑等值点连线。

1）网格的划分和等值点的计算

通常测深范围是一个矩形域,把这个矩形域划分为 $i \times j$ 个格网。其中,横向 $i = 1, 2 \ldots,$ m；纵向 $j = 1, 2 \ldots, n$。为方便起见,定义网格为正方形,且边长为 C_N,如图 9.52 所示。各点的高程存在数组 BB 中,即 $BB_{j,i} = |Ee|$, $BB_{j+1,i} = |Ff|$, $BB_{j+1,\ i+1} = |Gg|$, $BB_{j,\ i+1} = |Hh|$。图 9.52 中的 I、II 线为空间等值线,12 线为 I、II 线在平面上的投影等值线。二者的距离称为等值线的高程值,用 W 表示,则有 $W = |\mathrm{I}^1| = |\mathrm{II}^2|$。网格 $efgh$ 上是否有等值点,取决于空间四边形 $EFGH$ 是否与高程为形的水平面相交,即若下列判断式成立,说明网格横边 ef 上有等值点,如等值点 1。

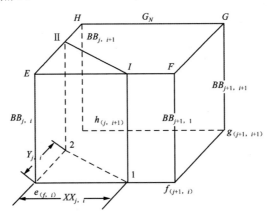

图 9.52　网格内插等值点

$$(BB_{j,i} - W)(BB_{j+1,i} - W) < 0 \tag{9.40}$$

同理,如下式成立,则说明网格纵边上有等值点,如等值点 2。

$$(BB_{j,i} - W)(BB_{j,i+1} - W) < 0 \tag{9.41}$$

下面求等值点的位置。设 $x_{j,i}$ 表示等值点 1 至 e 的距离,则 $x_{j,i}$ 为

$$x_{j,i} = \frac{W - BB_{j,i}}{BB_{j+1,i} - BB_{j,i}} C_N \tag{9.42}$$

同样,设 $y_{j,i}$ 表示等值点 2 至 e 的距离,则 $y_{j,i}$ 为

$$y_{j,i} = \frac{W - BB_{j,i}}{BB_{j,i+1} - BB_{j,i}} C_N \tag{9.43}$$

取 $C_N = 1$,为单位长度,则上两式可为

$$\begin{cases} x_{j,i} = \dfrac{W - BB_{j,i}}{BB_{j+1,i} - BB_{j,i}} C_N \\[3mm] y_{j,i} = \dfrac{W - BB_{j,i}}{BB_{j,i+1} - BB_{j,i}} C_N \end{cases} \tag{9.44}$$

在绘图时,等值点 1、2 都要以绘图坐标表示,即

$$\begin{cases} x_D = (j - 1 + S x_{j,i}) C_N \\[2mm] y_D = \left[i - 1 + (1 - S) y_{j,i} \right] C_N \end{cases} \tag{9.45}$$

式中：$S = 0$ 表示计算纵边上的等值点；$S = 1$ 表示计算横边上的等值点。

2）等值点的追踪

计算出全部等值点后，必须有规则、有秩序地将它们逐点连接成等值线，这就是等值点的追踪。等值点的追踪需要：①确定等值线进入网格时的大致走向；②确定等值线进入网格后从哪一条边出去；③网格点即为等值点的处理。

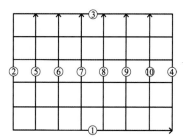

图 9.53 等值线的搜索路径

3）等值线的搜索

等值线有的是开放的，有的是封闭的，因此，应有一个完整的、合理的搜索方法。搜索等值线的关键是如何找到线头，找到线头后按等值点的追踪方法找到线尾。对闭合曲线而言，任何一点都可作线头，线尾也是同一点，等深线的搜索路径见图 9.53 所示。

2. 自动绘制海底地形立体图

海底地形立体图是指海底地形立体透视图。绘制海底地形立体图，通常采用透视变换原理的连续断面法来绘制。其基本思想是进行坐标的透视变换，即完成三维空间坐标到二维平面坐标系统的线性变换。其次是消去隐藏线，即处理由于前面物体遮挡而无需画出的图形（图 9.54）。

1）透视变换原理

在三维空间内，用一个行向量 (x, y, z) 表示空间点的坐标。对于一个三维空间的立体图形，可以用一个点集来表示，而每个点集对应了一个行向量。

这些向量集合组成如下的 $n \times 3$ 矩阵的形式：

$$\begin{pmatrix} x_1 & y_1 & z_1 \\ x_2 & y_2 & z_2 \\ \vdots & \vdots & \vdots \\ x_n & y_n & z_n \end{pmatrix} \tag{9.46}$$

这样便可建立一个空间图形的数学模型。

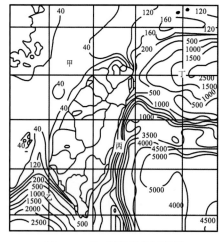

图 9.54 海底地形等深线图

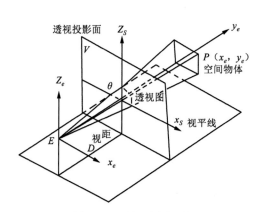

图 9.55 透视图坐标系

　　为进行透视变换，先建立如图 9.55 所示的透视图坐标系。对于起伏不平的地形，可以使用一组间隔很小且相等的平行斜截面来切割它，从而出现一组剖面图。这组剖面图如果符合透视原则，而且进行消去隐藏线的处理，则它的整体外形就构成了描述地形起伏的立体图。按照透视原理，地物距观察者按远小近大的规律变化，这种变化，随视角大小，观察的位置和物体放置地点而不同。透视投影，是将投影面置于投影中心与投影对象之间，用中心投影法把一个物体投影到二维投影面上而产生图形。为了能从不同角度、方向观察海底地形，首先使物体绕自轴逆时针方向旋转 θ_z 角，再绕 x 轴逆时针方向旋转 θ_x 角，最后向 V 面（物体坐标的 xoz 面）作透视投影，即可得到物体的透视图。其过程可用矩阵关系式为

$$T_{立体透镜} = T_Z \cdot T_X \cdot T_P \tag{9.47}$$

式中：T_z 为物体旋转 θ_z 角的旋转矩阵；T_x 为物体旋转 θ_x 角的旋转矩阵；T_P 为透视投影变换矩阵。这三个矩阵分别表示如下：

$$T_z = \begin{pmatrix} \cos\theta_z & \sin\theta_z & 0 & 0 \\ -\sin\theta_z & \cos\theta_z & 0 & 0 \\ 0 & 0 & 1 & 0 \\ 0 & 0 & 0 & 0 \end{pmatrix}, T_x = \begin{pmatrix} 1 & 0 & 0 & 0 \\ 0 & \cos\theta_x & \sin\theta_x & 0 \\ 0 & -\sin\theta_x & \cos\theta_x & 0 \\ 0 & 0 & 0 & 1 \end{pmatrix}, T_P = \begin{pmatrix} 1 & 0 & 0 & 0 \\ 0 & 0 & 0 & q \\ 0 & 0 & 1 & 0 \\ L & M & N & 1 \end{pmatrix} \tag{9.48}$$

　　2）隐藏线的处理

　　绘制立体图时，如果前面的透视剖面线的高程 z 坐标值大于其后面出现的剖面线某些部分的 z 坐标值，后面的剖面线上的那些部分就要被遮盖，这就是隐藏线。将立体地形看作是一个自由曲面，由一系列的原始数据点构成，形成了 DTM 的数据文件。在此基础上，根据精度要求，内插足够密度的插值点，这些插值点连同原始数据点，形成新的 DTM 格网型数据文件。将相邻的 4 个数据点连接成四边形，结果就形成一个曲面，对这个曲面实现平面立体的消影算法，即能得到消除了隐藏线的网状曲面立体图。

参 考 文 献

艾松涛, 王泽民, 鄂栋臣, 等, 2012. 基于 GPS 的北极冰川表面地形测量与制图. 极地研究, 24(1): 53-59.

陈永奇, 李裕忠, 杨仁, 1991. 海洋工程测量. 北京: 测绘出版社.

崔祥斌, 2010. 基于冰雷达的南极冰盖冰厚和冰下地形探测及其演化研究. 杭州: 浙江大学.

丁继盛, 张卫红, 1998. 声速断面对多波束测深误差的影响. 海洋测绘(3): 15-19.

李家彪, 1999. 多波束勘测原理技术与方法. 北京: 海洋出版社.

梁开龙, 1995. 水下地形测量. 北京: 测绘出版社.

刘雁春, 1998. 海洋测深空间结构及其数据处理. 武汉: 武汉测绘科技大学.

刘雁春, 肖付民, 暴景阳, 等, 2001. 海洋学概论与海道测量. 大连: 海军大连舰艇学院.

楼锡淳, 朱鉴秋, 1993. 海图学概论. 北京: 测绘出版社.

任贾文, 效存德, 侯书贵, 等, 2009 极地冰芯研究的新焦点: NEEM 与 Dome A. 科学通报, 54(4): 399-401.

沈文周, 2006. 中国近海空间地理. 北京: 海洋出版社.

徐德宝, 李明, 赵建虎, 2002. 海洋测绘. 武汉: 武汉大学出版社.

叶久长, 刘家伟, 1993. 海道测量学. 北京: 海潮出版社.

赵建虎, 2002. 多波束深度及图像数据处理方法研究. 武汉: 武汉大学.

赵建虎, 2008. 现代海洋测绘. 武汉: 武汉大学出版社.

朱庆, 李德仁, 1998. 多波束测深数据的误差分析与处理. 武汉测绘科技大学学报, 23(1): 43-46.

ANNAN A P, 2003. Ground Penetrating Radar Applications Principles, Procedures & Applications. Sensors & Software Inc. Mississauga, ON L4W 2X8 Canada.

BONED C, LAGOURETTE B, CLAUSSE M, 1979. Dielectric behaviour of ice microcrystals: a study versus temperature. Journal of Glaciology, 22(86): 145-154.

EVANS S, 1965. Dielectric properties of ice and snow-a review. Journal of Glaciology, 105(42): 773-792.

HAGEN J O, SÆTRANG A, 1991. Radio-echo soundings of sub-polar glaciers with low frequency radar. Polar research, 9(1): 99-107.

IRVINE-FYNN T D L, MOORMAN B J, WILLIAMS J L,et al., 2006. Seasonal changes in ground-penetrating radar signature observed at a polythermal glacier, Bylot Island, Canada. Earth Surface Processes and Landforms, 31: 892-909.

JOHARI G P, CHARETTE P A, 1975. The permittivity and attenuation in polycrystalline and single-crystal ice Ih at 35 and 60 MHz. Journal of Glaciology, 14(71): 293-303.

LYTHE M B, VAUGHAN D G, BDMAP CONSORTIUM, 2001. BEDMAP: a new ice thickness and subglacial topographic model of Antarctica. Journal of Geophysical Research, 106(B6): 11335-11351.

PAREN J G, 1975. Internal reflections in polar ice sheets. Journal of Glaciology, 14(71): 251-259.

PATERSON W S B, ANDREWS J T, 2010. The Physics of Glaciers//The physics of glaciers. Butterworth-Heinemann: Elsevier: 59-61.

ROBIN G Q, 1975. Velocity of radio waves in ice by means of a bore-hole interferometric technique. Journal of Glaciology, 15(73): 151-159.

A S T, W Z M, E D C, et al., 2014.Topography,ice thickness and ice volume of she glacier Pedersenbreen in Svalbard, using GPR and GPS.Polar Research, 33: 18533.

第 10 章　极地数字制图

10.1　极地地图投影

地图的科学性取决于地图的数学基础，包括地图投影、坐标网、地图比例尺及地图定向。按一定的数学法则构成的数学要素是确保地图具有可量测性的基础。地图投影的目的是将不可展开的地球椭球面上的点转换到平面上，建立椭球面上点的地理坐标和地图上对应点的平面直角坐标的函数关系，并使得投影变形（长度和方向）尽可能小，以满足地图精度要求。地图投影的种类很多，通常根据投影性质和构成方法分类。按变形性质地图投影可分为等角投影、等面积投影和任意投影，按构成方法分为几何投影法和数学解析法（非几何投影法）。几何投影按照投影面的几何形态可分为方位投影、圆柱投影和圆锥投影。非几何投影按照经纬线形状分为伪方位投影、伪圆柱投影和伪圆锥投影、多圆锥投影。制图时地图投影设计的基本宗旨是要保持制图区域内的变形为最小，或者投影引起的变形误差分布符合用途要求，以最大可能保证地图具有必要的地图精度和图上量测的精度。影响地图投影选择的因素主要有制图区域、地图用途和投影性质。

极地位于地球的两端，南极地区由南极洲及其周围岛屿和南大洋组成。北极地区包括北冰洋、边缘陆地海岸带及岛屿、北极苔原和最外侧的泰加林带。极地大部分区域位于南北纬 66.5°以上的高纬度区域。因此，在编制极地地图时，依据制图比例尺、制图区域位置和范围以及地图用途，通常选用高斯-克吕格投影、通用横轴墨卡托投影、墨卡托投影、通用极球面投影、兰伯特正形等角圆锥投影。近几年有的新编世界地图中，为了克服传统世界地图上南极洲和北冰洋变形极大的缺陷，将南北两极地区完整地投影到一幅半球图上（世界地图南半球版），采用沿纬线分割的广义等差分纬线多圆锥投影。

10.1.1　高斯–克吕格投影

高斯–克吕格（Gauss-Kruger）投影是等角横切椭圆柱投影，是目前世界上地图制图中应用最广泛的投影之一。从几何意义上来看，就是假想用一个椭圆柱横套在地球椭球体上，并与某一子午线相切（此子午线称为中央经线），用解析法将椭球面上的经纬线投影到椭圆柱面，然后将椭圆柱展开成平面，即获得投影后的图形，如图 10.1 所示。

高斯–克吕格投影的三个基本条件如下：①中央经线和赤道投影后为互相垂直的直线，且为投影的对称轴；②投影后没有角度变形；③中央经线投影后保持长度不变。

该投影的平面直角坐标式为

$$\begin{cases} x = s + \dfrac{\lambda^2 N}{2}\sin\varphi\cos\varphi + \dfrac{\lambda^4 N}{24}\sin\varphi\cos^3\varphi(5 - \mathrm{tg}^2\varphi + 9\eta^2 + 4\eta^4) + \cdots \\ y = \lambda N\cos\varphi + \dfrac{\lambda^3 N}{6}\cos^3\varphi(1 - \mathrm{tg}^2\varphi + \eta^2) + \dfrac{\lambda^5 N}{120}\cos^5\varphi(5 - 18\mathrm{tg}^2\varphi + \mathrm{tg}^4\varphi) + \cdots \end{cases} \tag{10.1}$$

该投影的子午线收敛角算式为

$$\gamma = \lambda \sin\varphi + \frac{\lambda^3}{3}\sin\varphi\cos^2\varphi(1+3\eta^2)+\cdots \tag{10.2}$$

其中：x，y 分别为平面直角坐标系的纵、横坐标；λ，φ 分别为椭球面上地理坐标系的经纬度；s 为由赤道至纬度 φ 的经线弧长；N 为某点上卯酉圈曲率半径；$\eta^2 = e'^2\cos^2\varphi$；$e'$ 为第二偏率，$e'^2 = \dfrac{a^2 - b^2}{b^2}$，其中 a 为地球椭球体长半径，b 为地球椭球体短半径。

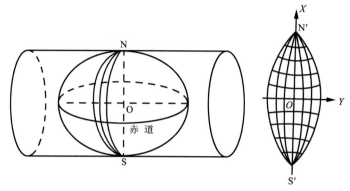

图 10.1　高斯-克吕格投影

高斯-克吕格投影没有角度变形，面积变形是通过长度变形来表达的。其长度变形的基本式为

$$\mu = 1 + \frac{1}{2}\cos^2\varphi(1+\eta^2)\lambda^2 + \frac{1}{6}\cos^4\varphi(2 - \text{tg}^2\varphi)\lambda^4 - \frac{1}{8}\cos^4\varphi\lambda^4 \tag{10.3}$$

由上可知长度变形的规律为：①当 $\lambda = 0$ 时，$\mu = 1$，即中央经线上没有任何变形，满足中央经线投影后保持长度不变的条件；②λ 均以偶次方出现，且各项均为正号，所以在本投影中，除中央经线上长度比为 1 以外，其他任何点上长度比均大于 1；③在同一条纬线上，离中央经线愈远，则变形愈大，最大值位于投影带的边缘；④在同一条经线上，纬度愈低，变形愈大，最大值位于赤道上；⑤本投影属于等角性质，故没有角度变形，面积比为长度比的平方；⑥长度比的等变形线平行于中央轴子午线。

由于高斯投影在低纬度和中纬度地区投影误差较大，该投影比较适用于高纬度国家。1952 年起，该投影确定为我国地形图系列中 1:50 万、1:25 万、1:10 万、1:5 万、1:2.5 万、1:1 万及更大比例尺地形图的数学基础，一些其他的国家（朝鲜民主主义人民共和国、蒙古国、俄罗斯等）亦采用它作为地形图数学基础。美国、英国、加拿大、法国等国家也有局部地区采用该投影作为大比例尺地图的数学基础，故在美加等国制作的大比例尺北极地区图上，常见高斯-克吕格投影。

高斯-克吕格投影为我国大中比例尺地形图常用投影，我国测绘的极地小区域大中比例尺地图多采用这种投影。如长城站站区图、长城站锚地图、中山站站区图、中山站地形图、中山站锚地、昆仑站地形图、菲尔德斯半岛地形图、拉斯曼丘陵地形图，冰穹 A 地形图、中山站-冰穹 A 考察断面图以及格罗夫山地形图等，均采用这种投影方式。

10.1.2　通用横轴墨卡托投影

通用横轴墨卡托投影（universal transverse Mercator projection，UTM）与高斯-克吕格投影相比较，它们之间仅存在着很小的差别。

从投影几何方式上看，高斯-克吕格投影是"等角横切圆柱投影"，投影后中央经线保持长度不变，即比例系数为 1；UTM 投影属于"等角横轴割圆柱投影"，圆柱割地球于 80° S、84° N 两条等高圈（对球体而言）上，投影后两条割线上没有变形，中央经线上长度比为 0.999 6。通用横轴墨卡托投影如图 10.2 所示。

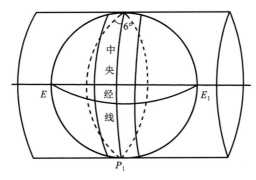

图 10.2　通用横轴墨卡托投影

由此 UTM 投影的直角坐标式、长度比式以及子午线收敛角算式，由高斯-克吕格投影公式得出。

直角坐标公式为

$$\begin{cases} x = 0.999\,6 \times \left[s + \dfrac{\lambda^2 N}{2}\sin\varphi\cos\varphi + \dfrac{\lambda^4}{24}N\sin\varphi\cos^3\varphi(5-\mathrm{tg}^2\varphi+9\eta^2+4\eta^4)+\cdots \right] \\ y = 0.999\,6 \times \left[\lambda N\cos\varphi + \dfrac{\lambda^3 N}{6}\cos^3\varphi(1-\mathrm{tg}^2\varphi+\eta^2) + \dfrac{\lambda^5 N}{120}\cos^5\varphi(5-18\mathrm{tg}^2\varphi+\mathrm{tg}^4\varphi+\cdots) \right] \end{cases} \tag{10.4}$$

长度比式为

$$\mu = 0.999\,6 \times \left[1 + \frac{1}{2}\cos^2\varphi(1+\eta^2)\lambda^2 + \frac{1}{6}\cos^4\varphi(2-\mathrm{tg}^2\varphi)\lambda^4 - \frac{1}{8}\cos^4\varphi\lambda^4 + \cdots \right] \tag{10.5}$$

子午线收敛角算式为

$$\gamma = \lambda\sin\varphi + \frac{\lambda^3}{3}\sin\varphi\cos^2\varphi(1+3\eta^2)+\cdots \tag{10.6}$$

式（10.4）~式（10.6）中所用的符号同高斯-克吕格投影。通用横轴墨卡托投影已在一些国家和地区的地形图上得到使用。精致卫片上也具有该投影的经纬线网，但使用的椭球体很不一致。目前已出版的有下列 5 种椭球体编算出的 UTM 坐标值：克拉克 1866 年椭球体、克拉克 1880 年椭球体、白赛尔 1841 年椭球体、海福特 1910 年椭球体、埃维尔斯特 1830 年椭球体。

该投影的变形改善了高斯-克吕格投影的低纬度地区变形，使得在 $\varphi = 0°$、$\lambda = 3$ 处的最大长度变形小于 +0.001，于是中央经线长度变形为 -0.000 4；在赤道上离中央经线大约 180 km(约±1°40′)位置的两条割线上没有任何变形,离这两条割线愈远则变形愈大。在两条割线以内长度变形为负值,在两条割线以外长度变形为正值。

UTM 投影将世界划分为 60 个投影带,带号 1,2,3,…,60 连续编号,每带经差为 6°,经差自 180° W 和 174° W 之间为起始带且连续向东计算,投影带编号系统与 1:100 万比例尺地图有关规定是一致的。该投影在 80° S～84° N 的范围内,已被许多国家、地区采用为地形图的数学基础,包括美国、日本、加拿大、泰国、阿富汗、巴西、法国等约 80 个国家。有的国家则局部地区用该投影作为地图数学基础,精致卫片亦采用该投影。对于两极地区则采用通用极球面投影坐标系。使用时直角坐标的实用坐标计算式为

$$y_实 = y + 500\ 000 \quad (轴之东用), \quad y_实 = 500\ 000 - y \quad (轴之西用)$$
$$x_实 = 10\ 000\ 000 - x \quad (南半球用), \quad x_实 = x \quad (北半球用)$$

极地地图除了线划图、专题图外,还编制了各种卫星影像地图,如 Landsat TM、MSS 等。这些影像数据有它们自身的投影——空间倾斜墨卡托投影。这种投影接近等角投影,在遥感影像范围内基本没有尺度变形,沿卫星地面轨迹没有任何尺度变形,是为减小其轨道绕地球旋转时影像的变形而设计的,适用于用 Landsat 影像进行连续成图任务。不过在用 Landsat 卫星影像作地形图或各种专题图时,可以转换成习惯的投影方式,UTM 投影为在此情况下较多采用投影。Antactic digital database 中影像图、挪威极地研究中心绘制的布勒格半岛图、我国的乔治王岛东部影像,中山站东部影像等都为采用UTM 投影。

10.1.3　墨卡托投影

墨卡托投影(Mercator projection)又称正轴等角圆柱投影,是 16 世纪荷兰地图学家墨卡托所创立的。该投影中微分圆的表象保持为原型,即一点上任何方向的长度比均相等,没有角度变形。纬线表象为平行直线,经线表象也是直线,且与纬线正交。从几何意义上看,就是假想用一个椭圆柱套在地球椭球体外面并与赤道相切(或与某纬圈相割)。将地球椭球体表面经纬线投射到圆柱面上,然后将圆柱面沿一条母线展开即可得到,如图 10.3 所示。

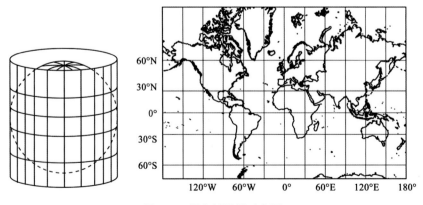

图 10.3　墨卡托投影示意图

该投影公式如下：

$$\begin{cases} x = \dfrac{\alpha}{\text{Mod}} \lg U \\[2mm] y = \alpha\lambda \\[2mm] \alpha = r_k \qquad （在切圆柱投影中 \alpha=a） \\[2mm] m = n = \dfrac{\alpha}{r} \\[2mm] P = m^2 \\[2mm] \omega = 0 \end{cases} \qquad （10.7）$$

式中：$\text{Mod} = 0.434\ 294\ 5$；$x$，$y$ 分别为平面直角坐标；α 为投影常数，割圆柱投影中等于所割小圆的半径 r_k，在切圆柱投影中等于地球椭球体的长半径；m，n 为沿经线长度比；P 为面积比；ω 为最大角度变形；$U = \dfrac{tg(45^o + \dfrac{\varphi}{2})}{tg^e(45^o + \dfrac{\psi}{2})}$；$\lambda$，$\varphi$ 分别为椭球面上地理坐标系的

经纬度，$\sin\Psi = e\sin\varphi$。

该投影具有等角航线被表示成直线的特性，因此，广泛用于编制航海图和航空图等，同时也用于编制世界地图、人造地球卫星轨道运行地图等方面。在极地制图中，墨卡托投影也多用在海图之中。

10.1.4　通用极球面投影

通用极球面投影（universal polar stereographic projection，UPS），实质上就是正轴等角割方位投影，常用于编制两极地图的地图。其几何性质为投影平面与地球椭球体相割，且投影平面与地轴垂直。其投影示意图如图 10.4 所示。投影后极点投影为点，经线表象为相交于极点的一组辐射线，纬线为同心圆。投影中点至任意点的方位角无变形。其等变形线与等高圈一致，为同心圆，故变形只与维度有关，与经差无关，同一纬线上的变形是相同的，标准纬线上无变形。

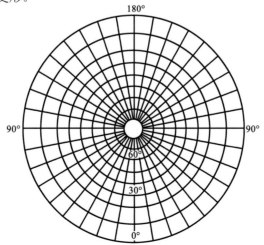

图 10.4　通用极球面投影示意图

正轴等角割方位投影的一般公式如下：

$$
\begin{cases}
\delta = \alpha \\
\rho = 2R\cos^2\left(45° - \dfrac{\varphi_K}{2}\right)\tan\left(45° - \dfrac{\varphi}{2}\right) \\
x = \rho\cos\delta \\
y = \rho\sin\delta \\
\mu_1 = \mu_2 = \mu = \cos^2\left(45° - \dfrac{\varphi_K}{2}\right)\sec^2\left(45° - \dfrac{\varphi}{2}\right) \\
P = \mu^2 \\
\omega = 0
\end{cases}
\tag{10.8}
$$

式中：α 为方位角；δ, ρ 分别为极坐标的极角；x, y 为平面直角坐标；φ, λ 为地理坐标，φ_K 为所割的纬度；μ_1 为垂直圈长度比；μ_2 为等高圈长度比；P 为面积比；ω 为最大角度变形。

因为该投影能很好地保持形状不变，故非常适合于绘制沿纬线延伸的圆形制图区域，如南极洲地图和北极地区图等。通常情况下，71° S 是南极地区极方位投影所选择的标准纬线，如 Antactic digital database 和武汉大学南极测绘研究中心编制出版的《南极洲全图》。而北极地区的地图多选择 71° N 为其标准纬线， 如美国地理协会编印的《Map of the Arctic Region》（1995）、国家海洋局极地考察办公室和武汉大学中国南极测绘研究中心联合编制的《北极地区图》等。

10.1.5 兰伯特正形等角圆锥投影

兰伯特正形等角圆锥投影（Lambert's conic conformal pojection）是由德国数学家兰伯特拟定。它假设圆锥投影面与地球相割于两条纬线，按照等角条件将经纬线网投影到圆锥面上，再沿着一条母线展开。经线投影后是辐射直线，纬线是同心圆圆弧，经线间的间隔与经差成正比，经线交于极点。纬距则由切线向南、向北同时扩大，或由两条割线向内缩小、向外扩大，其投影示意图如图 10.5 所示。

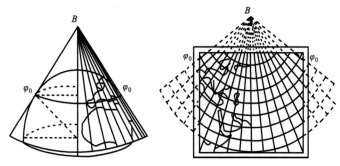

图 10.5 等角圆锥投影

该投影中，标准纬线上长度比为 1，没有任何变形。离开纬线越远长度变形和面积变形越大，两条标准纬线之间，长度比小于 1；两条标准纬线之外，长度比大于 1。因其

微分圆的表象保持为圆形，其任一点上的经线长度与纬线长度相同。其数学式为

$$\alpha = \frac{\lg r_2 - \lg r_1}{\lg U_1 - \lg U_2} \tag{10.9}$$

$$K = \frac{r_1 U_1^{\alpha}}{\alpha} = \frac{r_2 U_2^{\alpha}}{\alpha} \tag{10.10}$$

极坐标和直角坐标式为

$$\begin{cases} \delta = \alpha\lambda \\ \rho = \dfrac{K}{U^{\alpha}} \end{cases} \tag{10.11}$$

$$\begin{cases} x = \rho s - \rho\cos\delta \\ y = \rho\sin\delta \end{cases} \tag{10.12}$$

变形式为

$$\begin{cases} m = n = aK/(rU^a) \\ P = m^2 = n^2 \\ \omega = 0 \end{cases} \tag{10.13}$$

$$U = \frac{\mathrm{tg}(45° + \dfrac{\varphi}{2})}{\mathrm{tg}^e(45° + \dfrac{\psi}{2})}, \quad \sin\psi = e\sin\varphi, \quad e = \sqrt{\frac{a^2 - b^2}{a^2}} \tag{10.14}$$

式（10.9）~式（10.14）中：a，K 为投影常数；r_1，r_2 为椭球体表面上标准纬线半径；U_1，U_2 为符号；δ 为两条经线夹角在平面上的投影；λ 为某经线与中央经线经度之差；ρ 为纬线投影半径；ρ_s 为制图区域最低纬度投影半径；m 为沿经线长度比；n 为沿纬线长度比；P 为面积比；ω 为最大角度变形；a 为地球椭球体长半径；b 为地球椭球体短半径。

兰伯特投影适用于东西向跨度较大地区的成图，是很多中纬度国家平面投影系统的基础。在极地及其周边区域常用于中小比例尺的局部地形图绘制，如德国 1:10 万乔治王岛地图、俄罗斯 2002 年出版《世界地图集》中比例尺大于 1:2 000 万的普通地理图等都采用此投影。

10.1.6　广义等差分纬线多圆锥投影

广义等差分纬线多圆锥投影（generalized polyconic projection with equal-difference division mercidians on each parallel）是任意多圆锥投影的一种。它用不同的纬线为中央纬线，沿纬线方向横向切割地球，将全世界的陆地完整绘制在同一平面上，其投影示意图如图 10.6 所示。

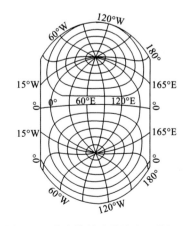

图 10.6　广义等差分纬线多圆锥投影

该投影为纬线地图，采用广义经线表示广义平行圈，用广义纬线表示广义子午线。相对于传统经线世界地图中直角坐标（x，y，z）与经纬度的关系为

$$\begin{cases} x = R\cos\varphi\cos\lambda \\ y = R\cos\varphi\sin\lambda \\ z = R\sin\varphi \end{cases} \tag{10.15}$$

该投影中直角坐标（x, y, z）与广义经纬度关系为

$$\begin{cases} x = -R\cos\varphi\cos\lambda \\ y = R\sin\varphi \\ z = R\cos\varphi\sin\lambda \end{cases} \tag{10.16}$$

其中：φ 为纬度；λ 为经度；R 为地球平均半径。

该投影以纬线为纵坐标轴，经线为横坐标轴。相对于等差分纬线多圆锥投影将格陵兰岛分割成两部分，根据广义等差分纬线多圆锥投影绘制的世界地图南北两极完整，适用于表示南北两极及其与其周围地区的相对关系的世界地图。但缺点是东西两端地区的变形较大且与周边地区的相互关系不太明确。

10.2　极地地图编制

10.2.1　地图编辑设计一般过程

地图设计的任务是根据编图任务书的要求，确定地图生产的规划和组织，根据地图的用途选择地图内容，设计地图上各种内容的表示方法，设计地图符号，设计地图数学基础，研究制图区域的地理状况，收集、分析、选择地图的制图资料，确立制图综合原则和目标，进行地图的图面设计和整饰设计，配置制图的硬件、软件，设计数据输入、输出方法等，总体归纳为以下 4 个方面。

1. 总体设计

地图的总体设计是指确定地图的基本面貌、规格、类型等方面的设计。它包括输出方式与输出媒介、工艺方案的确定，地图投影、比例尺、坐标网、分幅、图面配置和版式设计、图例设计等。

（1）输出方式与输出媒介的确定。制图人员须根据用图需求设计地图的输出方式与输出媒介。设计人员须根据地图的最终输出方式与输出媒介进行地图的其他设计，否则制作的地图无法以所需要的方式输出。

（2）工艺方案的选定。须选定使用的制图设备（硬件、软件），制图流程和工艺等。

（3）地图投影的选择。选择一个适当的投影不但可以保证最适合地图用途的需求，而且可根据投影的性质限制变形的大小，提高地图在使用过程中所呈现出的精度。不过并不是所有的地图都需要进行投影的选择，比如国家基本比例尺地图已经由国家测绘部门规定了严格的投影方法并确定了全套的坐标数据。

（4）制图区域范围和地图比例尺（或比例尺系列）的确定。比例尺（或比例尺系列）决定了制图区域表象在图面上的大小，所以在确定了输出方式和媒介的情况下，可以根据制图区域的尺寸和形状特征对地图的比例尺（或比例尺系列）进行确定。

（5）坐标网的选择。地图的设计文件中必须标明图上经纬网或方格网的密度，若过密则使图面显得混乱，若过稀则不便定位并降低地图精度。因此设计时须根据用途选择合适的格网和格网间隙。

（6）地图的分幅设计。合理的地图分幅设计能科学地划分图幅范围，并且能根据需要对制图范围内的重点地区或其他一些特殊地区进行专门表示，提高地图的表达效率。分幅设计需包含分幅的原则、方法步骤、图廓定位、拼接设计等内容。

（7）图面配置设计。主要指地图本身以及相关要素如图名、图例、段落文字说明、其他图片等在媒介平面上的摆放和配置。

（8）图例设计。图例是带有文字说明的、地图上使用的所有符号一览表。图例设计并不是符号设计。符号设计是研究如何用合适的图形变量在地图图面上更好地表达地理事物，而图例设计则是把图面所有的符号进行科学的归类整理、编排，并且必须包含图面中出现的所有符号种类。

对国家基本比例尺系列地形图来说，总体设计已经由国家测绘部门规范为各个标准比例尺地形图专用的图式。

对于专题地图和地图集设计制图过程来说，总体设计需要根据项目的需求来进行合适的规划。地图集的设计是一项综合性制图系统工程。为保证地图的顺利编制，必须制定一系列的编辑文件，包括编辑大纲、总设计书、图组和图幅设计书等。

（1）地图大纲相当于地图集的任务书，由图集编委会制定。它的内容一般包括：图集的任务、性质和意义，编制图集的指导思想和对图集的基本要求，对图集的总体设计要求（数学基础、开本、内容选题和结构编排的原则、图面配置要求、装帧设计和使用方面的规定等），地理底图（地理底图的编绘资料、比例尺、编绘程序和方法、底图种类和数量等），其他专业资料（专题地图所需的数据、文献等），编制程序和时间安排，图集编制的领导形式与分工等。

（2）地图集的总设计书是为了完成大纲中提出的要求、指导图集编制各阶段的领导工作，由地图编辑（部）在进行大量具体工作的基础上编写的。包括以下几部分内容。

第一部分：总则。该部分包括地图集的性质、用途、读者对象；地图集的开本、幅面大小、页数和出版形式；地图及内容选题、图组划分、编排原则及目录；图面配置原则及版式；地图集的整体编辑工作程序、编辑工作的组织、各级编辑的任务和职能、编织图及工作进度安排和人力、物力、成本预算；图集各图组、图幅编辑工作的要求等。

第二部分：地理底图。总设计书中应明确规定地理底图的种类、比例尺系列、地图投影性质、标准纬线的位置及经纬网的密度。不同地图应表示的内容、表示方法、符号设计和表达对象的选取指标，以及底图制作中所需的其他资料，底图编绘工艺方案等。

第三部分：图形和图表设计。这部分内容包括地图集的内容分组、编排原则、每幅图的内容、各图组的基本图型和可能使用的表示方法，各种表示法配合使用的可能性和注意事项，以及地图集内容的统一协调等。

第四部分：地图及彩色和装帧设计。规定图集使用的色标、总色数、每幅图的色数和叠印层次、使用颜色的象征、对比、调和等方面的要求，确定封面样式、图名字体、色彩、图案标志以及封面、扉页、环衬的色彩与形式、图名页和背页的利用方式、地图图面装饰、图边和图组标志、地图集的装订形式等。

第五部分：地图集编绘。这部分说明个图所采用的资料、总的一般性的工艺方案，确定编绘程序、方法和要求，以及各要素的综合原则、选取指标，地名译写的原则等具体规定。

第六部分：地图集出版准备。这部分包括出版准备所使用的方法、出版原图的比例尺、分版数量，对出版原图的要求，向印刷单位提供的图件，出版准备工艺方案的流程图等。

第七部分：地图集编绘成果的审校和验收。规定各阶段成果的形式、数量、完成时限，审校和检查验收的程序和方法。

图组和图幅设计书则是在总设计书的原则指导下，对每个图组或图幅编写的更加具体的编辑文件。内容仅讨论该图组或图幅的编排和设计问题。

2．内容设计

地图的内容设计包含对制图对象的筛选、综合、选取、符号转换等流程。

普通地图、专题地图和地图集需要重点表达的内容并不一样，因此，在对它们进行设计时需要考虑选择不同的内容要素进行表达。

（1）普通地图是全要素地图，在制图区域内需表示6类地理要素：①地形地貌，包括等高线、陡崖坎、山峰、土坑、沙漠沙丘等；②水系，包括沟渠、河流、湖泊、水库、海洋、堤坝、水工建筑等；③植被，包括独立植物（如独立树）、呈连续片状分布的植被（如草场）、呈零星片状分布的植被（如山区的农田）等；④境界，包括各类行政区界线和其他特殊界线等；⑤交通线，包括道路、航线、输电线路、地下管线等；⑥居民地，包括点状分布和面状分布的城市、乡镇、农村的房屋和其他建筑物等。

以上这些制图要素都可以称为基础地理要素。在中华人民共和国基本比例尺地形图图式上，对基础地理要素的表示方法设计都有详细的说明。在选取要素的过程中，还需进行制图综合。

（2）对于专题地图和专题地图集来说，对地图内容的筛选需进行数据的选取、分类和分级处理。①数据选取。编制专题地图的数据收集和整理是十分重要的基础工作，准确实时的数据是编制专题地图的前提条件。专题地图的主要数据来源有地理底图数据、遥感数据、统计数据和数字资料、文字报告和图片等。②数据分类处理。对数据分类的原则，须按照学科分类是基础，制图分类在符合学科分类原则下的具体应用。数据分类的方法主要有判别分析法、系统聚类方法、动态聚类方法和模糊聚类方法等。③数据分级处理。它的主要任务是运用恰当的方法使分级后的数据能客观反映现象分布规律性并满足制图的要求。虽然在分级过程中统计数据的统计精度会有所降低，但数据按级别表示也能为专题地图读者提供某些更直观的信息。

3．表示方法设计

地图表示方法的选择是地图设计的重要环节，它由多种因素决定，例如表示对象在空间和时间上的分布、量化程度、数量特征、类型及其组合形式、地图用途、制图区域特点和比例尺等。

在普通地图中，所表达的要素一般为静态的，因此普通地图图式中规定的对地理事物的表示方法往往是根据其在空间上的分布特征来表达。也就是说，普通地图的符号分为点状符号、线状符号、面状符号三种。

（1）点状符号常用来表示呈散点状分布的事物。例如高程点、泉眼、独立树、烟囱，以及在图面上因尺寸较小无法以面状出现的居民地、水库、沙丘等。

（2）线状符号用于表示在图面上呈线状分布的事物。例如陡坎、沟渠、道路、输电线路、地下管线等。

（3）面状符号用于表示在图面上呈面状分布的事物，例如湖泊、成片分布的果园、居民区等。

在专题地图和地图集中，对同一制图对象可能有一种或多种表示方式可供选择。对于常见的二维图面来说，对地理事物的表达可以有常见的 10 种表示方法。对这些地图表示方法的选用，可以根据对象的分布特征进行选择。

（1）按照时间特征进行选择。表示特定时间的静态现象可以选取除运动线法以外的其他方法；表示连续动态的现象可用运动线法；而表示时间间隔递增变化的现象则可以有定点符号法、定位图表法、分区统计图表法、等值线法和分级统计图法。

（2）按照空间分布特征进行选择。表示点状分布的有定点符号法；表示线状分布的有线状符号法、运动线法、定位图表法；表示面状和体状分布的有分级统计图法、范围法、质底法、等值线（区域）法、分区统计图表法、点数法、定位图表法等。

（3）按照表示现象的定位精度进行选择。表示精确定位的方法有定点符号法、精确的线状符号法、等值线（区域）法、定位图表法、定位布点的点数法等；表示示意性概略定位的方法有分区统计图表法、概略的线状符号法、均匀配置的点数法等。不同表示方法的适用特点，如表 10.1 所示。

表 10.1　表示方法适用特点

表达要素	表示方法	备注
点状要素	定点符号法	—
	定位图表法	定位图表法中的统计图表表示的是地图中某个点的某一项或几项数值；分区统计图表法的统计图表表示的则是一个区域内的某一项或几项数值
线状要素	线状符号法	—
	运动线法	—
	定位图表法	—
面状要素	质底法	质底法和范围法的区别是：质底法的所有图斑必须能填满制图区域且互不交叉；范围法的图斑无须占满制图区域并且不同图斑间可以相互交叉
	范围法	
	等值线（区域）法	—
	点数法	—
	定位图表法	—
	分级统计图法	分级统计图法是利用制图区域中各图斑的底纹或普染色进行概略的数值表达；分区统计图表法是利用在各图斑的范围内摆放统计图的方式表来进行各区域某些数据总和的表达
	分区统计图表法	

（4）按照表示的数据性质进行选择。表示定性指标的方法有质底法、范围法、线状符号法等；表示定量指标的方法有等值线（区域）法、点数法、定位图表法等；表示定量定性组合指标的有定点符号法、分区统计图表法、运动线法等。

在实际应用中，用一种方法表示一种指标的地图很少，多数情况下是将多种表示方法进行组合应用。在同一幅图上可以用一种表示方法反映制图现象的多种信息内容，例如用分区统计图表法中，一个统计图表可以反映多项指标数据；亦可以用多种方法反应制图现象的多种相关信息。

4. 图面效果及整饰设计

地图的图面效果设计包括地图的分幅设计、图面配置设计等。

（1）分幅设计指的是按一定规格的图廓分割制图区域，将图廓内的区域作为图幅制图范围，这个图廓可以是经纬线、矩形、方里网等。

专题地图除了可以使用经纬线分幅、矩形分幅以外，还经常使用岛状地图，即完全或部分舍去制图区域（一般是行政区划）以外的各种地理要素，仅保留制图区域内的要素。

内分幅地图也是常见的地图分幅方式。它们是一些区域性地图，尤其是大型挂图的分幅形式，图廓是矩形，使用时沿图廓拼接起来形成一个完整的图面。一般的区域性挂图就常采用这种分幅方式。

（2）图面配置，对于分幅地图指的是图名、图廓、图例、附图及各种说明的位置、范围、大小及其形式的设计；对于专题地图及其组成的地图集，还包括地图单元、图表单元、文字、图片等在图面上的摆放位置设计。

对于按照经纬线分幅的普通地图及其他地图，图面配置都比较简单，一般情况下将图名、图号、邻接图幅接合表等置于图廓上方，将比例尺、高度表、行政区划略图、出版说明等要素置于图廓下方，图例置于图廓右方。

矩形分幅的地图配置方式大体与经纬线分幅的地图相同。内分幅地图的配置则需要根据地图用途与内容、制印与使用条件、经济利益要求、艺术要求等因素综合考虑。

（3）地图的整饰设计包括地图符号、色彩、注记等方面的设计。

普通地图的符号和注记已由国家测绘部门设计并颁布图式或规范。制图者须严格按照图式规范规定的样式、尺寸、色彩绘制。在色彩方面，普通地图只有棕、蓝、绿、黑四种色彩。其中棕色一般用在地形地貌符号上，表示土壤的颜色；蓝色一般表示与水有关的符号上，即水蓝色；绿色一般用于绘制和植被有关的符号，表示叶片的绿色；黑色则更多用于表示人工地理要素的符号，如居民地、工矿等。

专题地图的符号内涵更广泛一些，除了真正的地图个体符号外，还包括定位图表法和分区统计图表法里的统计图表、面状要素的花纹符号等。

专题地图的色彩设计，点、线、面符号的设色要求也不尽相同。

点状色彩可利用不同色相表示专题现象的类别差异和增减差异、用色彩渐变表示数量级别或变化过程，并且可以尽量与所表示事物的固有色相似。因为面积较小，故需加强饱和度，多用原色、间色，少用复色，使之加强对比。

线状色彩可利用不同的色相表示类别差异，同类别的符号当中可利用明度、饱和度的差异或"鲜、浓、深"与"灰、浅、淡"的对比来区分主次和等级关系。运动线法还可以沿线设置渐变色来增强动感。

面状色彩在专题地图中应用极广，可分为以下几种情况：用以显示现象质量特征的面状色彩，设色时要能够正确反映不同现象的固有特征及相互间的质量差别；用以表示现象数量指标的面状色彩，除了满足相互间应有一定的区分度及互相协调外，还应具有一定逻辑顺序并正确表达数量特征；用以显示各区域分布的面状色彩，如行政区划图，设色则需在色相上有明显差别，而在明度、饱和度上淡化差异，使构图显得均衡；对于起衬托作用的底色，色彩要浅淡，不能给人以刺目和喧宾夺主的感觉。

专题地图的注记，由于同一地图上反映专题内容多寡不一，所以地图注记也比普通地图更为复杂多样，可应用较多的字体、字号及色彩来说明各种内容，区分内容层次。还可以酌情使用多语种文字来进行注记表达。

10.2.2　地图制图工艺流程

随着计算机技术在地图制图学科领域中应用的不断深入，地图学理论、地图生产工艺和应用方式都发生了变化。近年来，各测绘部门的地图生产行业大部分已从传统的手工制图生产转向以计算机技术为主的数字制图方式，整个行业经历了一场前所未有的技术革命。回顾地图生产的历史不难发现，传统地图生产的过程——地图设计，原图编绘，出版准备，地图制印基本都以手工方式完成，从总体设计、资料收集、原图编绘、地图清绘，到照相、翻版、分涂、制版、制作分色参考图和印刷，每个工序都离不开作业人员的参与，这必然导致传统工艺生产周期长，地图现势性差，地图更新复杂的弊端。计算机制图生产新工艺彻底解决了这一问题。传统地图生产过程包括：地图设计，原图编绘，出版准备，地图制印四个阶段。而数字制图新工艺过程包括：地图设计，地图编辑，印前处理和地图印刷 4 个阶段。

（1）当前广泛应用的传统地图桌面出版系统主要完成地图生产的出版准备和分色制版，与地图设计、地图综合等智能性过程联系不大，自动化程度不高，因此，传统工艺中地图设计工作必不可少，仍是后面其他工序的基础，并形成地图设计文件。

（2）地图编辑阶段包括了传统工艺中的原图编绘和出版准备两个过程，计算机制图条件下不再有原图编绘和出版准备的严格界限，两个过程合二为一。从传统意义上讲，该阶段的成果图既是编绘原图也是出版原图。①普通地图的地图编辑中，制图综合仍需手工完成，手工编稿图输入计算机进行矢量化。对于小区域大比例尺较简单的图幅可在屏幕上以人机交互的方式完成。②专题地图的地图编辑，地理底图的编辑方法同普通地图，专题要素可以人机交互方式进行编绘，也可使用图表工具自动生成。

（3）地图的印前处理主要包括数据格式的转换，光栅化处理（raster image processor，RIP）、拼版、打样等。地图出版系统中处理的文件可分为矢量图形文件和光栅图像文件，无论何种文件在输入到激光照排机前都要转换为印刷业的桌面排版标准文件格式 PS（post script）或 EPS（encapsulated postscript）。再由激光照排机经 RIP 处理后形成分色胶片。计算机直接制版技术（computer-to-plate，CTP 技术）则不需要上述印前处理过程。

（4）地图印刷包括制版和印刷成图。①彩色地图桌面出版技术是桌面出版系统（desk

top publishing，DTP）与地图生产过程相结合产生的地图生产新技术。彩色地图桌面出版系统是利用计算机技术，结合色彩学、色度学、图像处理等相关技术开发的地图印前处理系统，它是一个开放性较强的设计制版系统，可以胜任地图色彩设计、符号设计、注记标准化、图表生成、地图整饰、组版、分色和挂网等工作。与传统地图制作技术相比，这一新技术的应用大大缩短了地图的生产周期，将过去需要在印刷厂完成的多个工序在计算机上一次性集成处理完成。而且具有极强的人机交互性，在地图编辑或印前处理中，可对地图图形或图像进行编辑、缩放、旋转、组合、艺术造型，且修改方便，地图的数字化存储也为地图的再版和更新提供了基础数据。彩色地图桌面出版系统在地图的艺术设计方面具有传统纸上设计无法比拟的优势。系统提供了丰富的符号、图表、线型设计工具，提供了多级变化的多种配色方式，可实现如图形的立体透视、色彩的混合过渡自然色的模拟等多种特殊的艺术效果；对图形目标进行交互式图形筛选，对目标的集成化处理以及统计数据自动生成图表。②几种常用出版软件。出版软件是彩色地图桌面出版系统的重要组成部分，主要有：图形编辑软件、图像处理软件、印前处理软件等。一些大型的地图生产系统如美国的 Intergraph 系统和比利时的 Mercator 系统，由于其价格昂贵，对硬件要求较高，没有在地图生产单位得到广泛的应用；而一些商品化的图形软件如：CorelDraw、FreeHand、Illustrator 和国产制图软件 MapCAD 地图缩编系统和方正智绘在地图生产业得到了广泛的应用。

10.2.3　地图制图与出版一体化技术

1. 数字地图制图技术

全数字地图制图系统集 GIS（geographic information system）技术、数字制图技术、计算机直接制版 CTP 技术于一体，工艺流程大为简化，成图周期大大缩短，提高了地图产品质量，数字地图制图有着广阔的发展前景，但同时也为地图编制人员提出了更高的要求。

数字地图制图的整个过程都是以彩色桌面出版系统为核心，利用计算机输入输出功能，实现地图数据获取、处理和输出的全数字化链接，即从地图数据库（GIS）中自动生成符合一定条件的地图底图数据，利用计算机辅助制图技术，对原始数据进行编辑出版处理，再利用计算机制版技术实现由计算机直接到印版的过程。

用现代数字地图信息代替传统图形模拟信息，提高了地图制图的精度。基于 GIS 地图数据库的地图编制与出版系统，兼备了 GIS 与 CAD 制图系统的功能；基于 CTP 技术的电子出版系统，省去了出胶片再晒版的工艺环节，缩短了地图制图的周期，提高了地图产品精度。

数字地图制图的关键技术包含：①地图数据库。基于 GIS 技术建立的地图数据库具备 GIS 空间数据的大部分特点，其主要功能有数据获取、要素分类分层管理、要素编辑、地图整饰、居民地密度选取、生成里程、投影变换、生成经纬网、地图裁切、转换格式等。②地图电子编辑出版。在彩色桌面出版系统中，用地图制图的专业化软件，通过格式转换接受来自 GIS 地图数据库的数据，并进行编辑处理和印前处理。③计算机直接制版技术 CTP。随着现代印刷技术的发展，地图印前技术发展迅速。CTP 是建立在彩色桌面出版系统之中，使用新型板材与成像的技术，改变了以往传统工艺流程中的出胶片、拼版、晒版等手工环节，实现了数据由计算机直接到印刷版的过程，使地图出版完全转变为数字生产，大大地提高了印刷质量和生产效率，降低了生产成本。

彩色桌面出版系统可将地图的输入、编辑和印刷一体化完成，在现今技术融合、信息发达、知识更新加速的环境下，这就要求制图人员对空间数据和属性数据极为丰富与复杂的数据库、数字条件下制图综合选取原则的确定与划分、后端计算机直接制版印刷的要求等新技术有足够的了解，充分了解数字地图制图的技术规范及流程，突破传统手工制图工艺的限制，在全数字地图制图提供的更宽泛的条件下，拓展设计空间，提高地图的表现力，设计出内容更加丰富、更准确的地图产品。

2. 地图制图与出版一体化技术

计算机技术引入地图制图学后，使地图学产生了巨大的变革，它不仅丰富了地图的内容，还改变了从地图编制到出版的地图生产流程。数字地球、数字城市的兴起、GIS 的广泛应用，使得数字制图的软件平台更多地与 GIS 融合，GIS 软件包在功能上不断进行扩充，其地图编辑出版功能也不断增强。编制地图的方式也由以纸质地图扫描矢量化方式，逐渐向基于各类基础空间数据模式改变，基于空间数据库的地图编辑成为主流，从数字地图制图与出版的过程来看，数字地图制图与出版的核心问题是数据获取、数据处理、数据的输出，而地图制图与出版发展的最终目标是要实现地图制图与出版的数字化和一体化。而实现地图制图与出版的一体化，必须掌握以下几个关键技术。

（1）多源数据的综合应用。在地图制图和出版过程中合理有效地综合应用各种现势性资料（数据），可以起到保证地图质量、提高地图生产效率的作用。随着各种测绘技术的实用化和获取空间信息途径的多样化，可用于地图生产的资料越来越多，如纸质地图、数字地图、航空像片、卫星遥感影像、GPS 测量数据等，资料与数据情况非常复杂。因此，多源数据（资料）的综合应用构成了数字地图制图与出版的重要组成部分，一体化的制图与出版模式应该针对各种形式的地理和图形数据，提供各种使用接口和整合方法，对不同格式、不同尺度、不同类型的数据一体化存储、管理和调度，实现各种矢量地理数据的编码转换、数学基础转换，对多种遥感影像、GPS 数据等提供可视化导入功能。

（2）满足数字地图制图与出版的综合数据模型。数字地图制图的数据与出版的数据是不同的，一体化的模式就需要一个综合的数据模型，这里所说的综合数据模型不是数字地图制图的数据模型和出版数据模型的简单叠加，而是在充分考虑地理空间信息和出版图形信息异同的基础上，整合两者之间的差异，构造一个共同的数据模型，实现两者在一个平台上通过某一层次要素的关系建立互相沟通，从而达到地理信息的更新、制图与出版的同步进行。地图出版与空间数据生产一体化，使地理信息与地图信息实现互动，达到两种产品的互适应与互生产。

（3）面向多种方式出版的数据模型。地图制图最为重要的成果是实现地图出版，由于地图出版的过程是由地图制图的目的和用途决定，涉及多种输出方式，在一个生产流程中同时提供纸质地图、数字地图、发布的电子地图、专题地图等多种产品之外，还应考虑人们获取、利用各类空间信息和功能的便利，提供基于网络的空间信息服务。特别是对印刷出版，必须能有效地描述各种地理要素和非地理要素，并能描述它们的印刷属性。例如叠印、压印、印刷顺序和蒙版类型等；能将地理要素按出版的方式组织起来，并能较方便地与其他制图系统或 GIS 系统进行数据交换。

（4）功能模块化。各个模块单独是一个功能实体，模块之间通过访问接口实现互联，这样有助于功能扩展，全方位的交流通过流程化的管理模块来实现。

（5）技术管理和生产管理流程化。要能在同一平台上实现地图生产的设计、数据输入、数据检查编辑、输出、调度、质量检查、意见处理甚至财务管理、人事管理等工作，实现数据流、信息流与控制流的同步传输，达到生产管理和技术管理上的一体化，地图制图与出版一体化工艺流程见图 10.7。

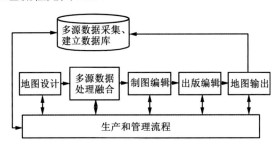

图 10.7　地图制图与出版一体化工艺流程

在一体化模式下同一流程工作的各个人员要对地图和出版都有深刻的认识才能将一体化的制图与出版模式引入更广泛的应用。

10.2.4　小比例尺南北极地图编制

该节主要介绍南极洲全图、北极地区图以及南北极多媒体电子地图的设计与编制。

1. 南极洲全图

《南极洲全图》是一幅 2 全开，大幅面、大信息量的地图，比例尺为 1:550 万，该图以二维图形图像可视化方法表示了岩面地形、冰面地形、裸岩的分布、考察站、南大洋海底地形等要素。南极大陆以遥感卫星影像配合岩面和冰面两个等高线系统将南极洲的地形特征形象直观地可视化。用等深线配合分层设色的方法表示了南大洋的海底地形。并将与南极科学考察和研究活动密切相关的区域以较大比例尺插图的形式表示，是一种单幅图多任务的可视化方式。该图收集了当时国内外最新南极地图数据，将遥感图像与传统地图形式有机地结合起来，是目前国内外信息量最大、可视化方法最全面的南极洲地图。

目前，南极地区常用的地图投影方式有：高斯–克吕格投影、通用横轴墨卡托投影、墨卡托投影、通用极球面投影、兰伯特正形等角圆锥投影等。对于大区域小比例尺极地地图，大多数把极方位投影作为制图的数学基础，所以该图采用的投影为通用极球面投影，由于南极研究主要集中在南极大陆边缘和附近的岛屿地带（71° S 附近），为了减小该地区变形，标准纬线设为 71° S。

《南极洲全图》是由主图和插图组成。插图由较大比例尺矢量地图数据编制，而主图的数据源包括英国的岩面等高线地形图、冰面等高线地形图，我国 1989 年编制的 1:600 万的《南极洲全图》和澳大利亚的影像图，因此，数据量大。

用等高线配合分层设色的方法来表示海底地貌。由于海底地形复杂，山谷中有山峰，山峰中还会存在着小的"山谷"（如：火山口），用分层设色表示之前要分析各种地貌之间的关系。

南极大陆表面有 98% 的陆地被茫茫的冰雪所覆盖，年平均气温-25℃，内陆高原平均气温为-56℃左右，为世界上最冷的大陆，大陆被大海所包围，就像一个漂浮在海上的巨大冰山。这些地理环境特征决定了这幅图的色调以冷感的蓝灰色调为主，海洋用加黑的蓝色梯度表示，大陆用蓝紫色调的影像，岩面等高线用棕色线划，冰面等高线用蓝色线划。为了增加美感，在色彩的饱和度和亮度上也作了相应的调整，如：海洋根据"越深越暗"原理，采用色阶的"小间隔"，随着深度的增加蓝色由单色调过渡到更强的饱和色调，同时加少量黑构成调和色给人以深邃感。考察站符号用高纯度的原色—红色，与区域的亮度较高的蓝紫色形成鲜明对比。

为了增加等高线和海洋注记的图面层次感，和北极图一样，在印刷前的处理中，用色除了 C、M、Y、K 外增加了深蓝和棕色两个线划专色，根据不同色的配色比例在 CorelDraw 中直接分出 6 色胶片。

2．北极地区图

《北极地区图》比例尺为 1:500 万、2 全开大幅面、高精度科学用图。图上主要表示了北冰洋海底地形和环北极地区地理和人文景观。该图为小比例地形一览图，表示了水系、地貌、居民地、道路、境界等要素，图上海底地貌和陆地地貌用等高线配合分层设色表示，另外还表示了和北极考察相关的要素，如科学考察站等。采用通用极球面投影，标准纬线为 71° S。《北极地区图》是在彩色地图桌面出版系统下生产的。北极地区图是一幅超大幅面、高精度的彩色地图，其生产技术与工艺当时基于 DTP 超大幅面地图的生产探索了一条新路。该图内容丰富，数据量大，成图高精度。

该图采用六色印刷，除 C、M、Y、K，还增加两个专色深蓝和棕色。虽然在 Coreldraw 中面积色采用层层叠压的方式处理，但在分色时，光栅图像处理系统会自动提取最上层的颜色，只有线划和面积色相互压盖时，可以使被线划压盖的面积色不被线划穿透，这样可使印刷成品不会受套印精度的影响而产生露白的现象。

由于北极地区图最终成品尺寸为 1 480 mm×1 065 mm， 而当时有的激光照排机最大只能出全开的胶片，分左右两个文件进行分色出片，再将胶片进行拼接得到六张双全开胶片，然后制版付印。

3．南北极多媒体电子地图

1）北极地区多媒体电子地图

北极地区作为地球上特殊的区域，与其他电子地图产品相比，无论从内容的表达方式与表示方法、还是数据的获取、处理与组织上有着自己的特点。

（1）基于树状的超链接系统结构。《北极地区多媒体电子地图》的总体架构采用树状结构，如图 10.8 所示，是通过封面、图组、主图、图幅、插图的多级索引和链接实现的。简单、清晰的层次结构，不仅可方便地理信息的组织管理，同时也可以方便信息的访问，内容的组织采用单任务多图幅的形式，一方面可克服屏幕显示的局限性和信息查询的不明确性，另一方面可为用户提供尽可能多的感兴趣的信息。数据逻辑结构采用封面、图组、主图、图幅、插图以及他们之间一对一、一对多、多对一、多对多的超链接关系。

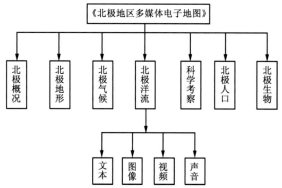

图 10.8　《北极地区多媒体电子地图》总体架构树状结构

（2）采用多种媒体形式和矢栅混合的数据结构。《北极地区多媒体电子地图》主要包括图形、图像、文本、视频、声音等媒体信息，这些信息的获取是通过图形处理和多媒体编辑来实现的。

图形数据是电子地图制作的重要数据，它信息量丰富，且极易被人们所接受。图形数据有栅格和矢量两种，鉴于北极地区范围大，覆盖面积广，为详实地表现北极地区的地貌特征和实现各个国家科考站点的查询，精确定位，《北极地区多媒体电子地图》的地形图形，科考路线图形均采用了矢量的图形数据格式。图像可提供内容丰富的画面，形象直观地表达大量信息。《北极地区多媒体电子地图》的图像数据是将收集到的图片、照片，通过彩色扫描后经过处理，输出 24 位真彩图供使用。在媒体信息中，视频因其形象、直观而被得到广泛应用。《北极地区多媒体电子地图》的视频数据主要是通过 AviEdit 软件对"北极追踪""北极风光"等录像进行视频剪裁和处理编辑合成的。声音是重要的媒体信息，可以直接表达和传递信息，制造特殊效果和气氛。《北极地区多媒体电子地图》的音频数据主要是采集了一些世界著名的小夜曲作为背景音乐，和引用一些特殊声效的音频文件来模仿按键按下或翻页等声音文本是最常用的信息表达方式，内容涉及面较广，是电子地图不可缺少的重要部分。《北极地区多媒体电子地图》的文本数据是将收集到的历年北极科学考察的资料经过录入、编辑而获得的。

经多媒体编辑的数据如图形、图像、视频、文本等都是相互独立的，必须按照总体设计要求，将其有机地结合起来，才能形成完整的系统，这一工作是通过多媒体集成工具实现的。

2）南极洲多媒体电子地图

我国在南极领域的科学考察与研究已开展多年，已获取了大量的有关南极的资料，并取得了许多研究成果，《南极洲多媒体电子地图》以感受效果较好的可视化方式，将有关南极的基础信息及多学科的研究成果通过二维地图、三维动态地图、卫星影像、文本、图表、图片、声音、动画和视频的形式综合地表现出来。区域尺度上，从大尺度全区域到小尺度局部区域，层层嵌套，既表达了整个南极洲的地理特点，又揭示了特殊区域的区域特征。其内容框架如图 10.9 所示。

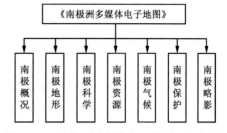

图 10.9　《南极洲多媒体电子地图》内容框架

南极洲多媒体电子地图将南极概况、地形、科考、资源、气候、环保、略影等内容，通过二维地图、三维动态地图、卫星影像、文本、图表、图片、声音、动画和视频等形式综合地表现。在区域尺度上，从大尺度全区域到小尺度局部区域，层层嵌套，既表达了整个南极洲的地理特点，又揭示了特殊区域的区域特征。

总之，南北极多媒体电子地图系统具有定位检索功能和名称检索功能，实现空间数据和属性数据的双向查询；具有矢量数据变焦功能，根据用户阅读图形范围的大小，自动改变内容的详尽程度，并可进行窗口的缩放和滚动；具有初步的地理信息系统的空间分析能力，包括最短路径查询等，同时也具有数据修改更新易于实现等特点。

10.2.5　重点考察区域大中比例尺系列地图编制

我国南极重点考察区主要有南极半岛、拉斯曼丘陵地区、中山站-DomeA 断面。南极半岛位于西南极洲，是南极大陆最大、向北伸入海洋最远（63° S）的大半岛，中国第一个南极科学考察站——长城站位于乔治王岛菲尔德斯半岛考察区。拉斯曼丘陵区位于东南极伊丽莎白公主地，是全新世才形成的夏季露岩无冰区，由协和半岛、五岳半岛、海珠半岛、布洛克内斯半岛、斯图尔内斯半岛及众多小海岛组成。中国南极中山站即位于拉斯曼丘陵区。中山站-DomeA 断面为中山站至南极内陆冰盖最高点 DomeA 的考察断面，中国南极科学考察队已建立了 1 106 km 长的冰川学综合研究断面。北极重点考察地区则为黄河站周边地区，主要包含布勒格半岛、新奥尔松、北极科学城等地区。对重点考察区域进行细部测量并绘制对应区域大中比例尺地图，能更加清晰、精确地表达出重点考察区域内环境、地形等信息。

南极半岛考察区系列图主要包含乔治王岛、菲尔德斯半岛、长城站区等地的地形图和影像图，各图幅详细信息见表 10.2。

表 10.2　南极半岛系列地图信息

图名	图种	主要内容	表示方法	比例尺
乔治王岛	地形图	常年考察站、避难所、高程	定点符号法、等值线法	1:20 万 1:30 万
乔治王岛南部影像	影像图	道路	线状符号法	1:5 万
菲尔德斯半岛地形	地形图	考察站、GPS 点、道路、高程	定点符号法、线状符号法、等值线法	1:2.5 万 1:4 万

图名	图种	主要内容	表示方法	比例尺
菲尔德斯半岛地势	地势图	考察站、GPS 点、道路、建筑物、机场	定点符号法、线状符号法、范围法	1:2.5 万 1:4 万
菲尔德斯半岛影像	影像图	考察站、GPS 点、道路	定点符号法、线状符号法	1:2.5 万
长城站周边影像	影像图	道路、时令河	线状符号法	1:2 万
长城站区地形	地形图	高程点、雕塑、道路、水管、输油管、陡崖、建筑物、潮间带、沼泽	定点符号法、线状符号法、等值线法、范围法	1:3 200 1:4 800
长城站区影像	影像图	—	—	1:3 200

拉斯曼丘陵地区系列图主要包含拉斯曼丘陵地区、中山站区及中山站周边的地形、地貌、影像图,各图幅详细信息见表 10.3。

表 10.3　拉斯曼丘陵地区系列地图信息

图名	图种	主要内容	表示方法	比例尺
中山站锚地	地形图	海洋深度	等值线法	1:1.6 万
中山站东部影像	影像图	—	—	1:5 万
拉斯曼丘陵地形	地形图	考察站、高程点、道路、等高线、陆地、冰面	定点符号法、线状符号法、等值线法、质底法	1:4 万 1:6.5 万
拉斯曼丘陵地势	地势图	考察站、高程点、道路	定点符号法、线状符号法	1:4 万 1:6.5 万
拉斯曼丘陵影像	影像图	考察站、道路	定点符号法、线状符号法	1:4 万
中山站周边新影像	影像图	道路	线状符号法	1:2 万
中山站周边地形	地形图	高程点、山峰、道路、等高线、陡崖、建筑物、不融冰区	定点符号法、线状符号法、等值线法、范围法	1:2 万 1:4 万
中山站周边地势	地势图	道路、建筑物、不融冰区	线状符号法、范围法	1:2 万 1:4 万
中山站区影像	影像图	道路	线状符号法	1:4 800
中山站区地形	地形图	高程点、图根控制点、导线点、气象站、卫星天线、道路、等高线、陡崖、建筑物、不融冰区、气象观测场	定点符号法、线状符号法、等值线法、范围法	1:4 800 1:6 400

中山站－DomeA 断面系列图主要包含格罗夫山核心区影像图、中山站—昆仑站冰盖断面影像图、昆仑站影像图等,各图幅详细信息见表 10.4。

表 10.4　中山站－DomeA 断面系列地图信息

图名	图种	主要内容	表示方法	比例尺
格罗夫山核心区	地形/影像	中国测绘标志、孤峰、营地、GPS 控制点、高程点、等高线、裸岩、冰面、冰裂隙区、陡崖、碎石带	定点符号法、线状符号法、等值线法、质底法、范围法	1:2.5 万 1:4 万 1:5 万
中山站-昆仑站冰盖断面（4 幅）	影像图	中国考察站、GPS 测量点、考察路线	定点符号法、线状符号法	1:25 万
昆仑站影像	影像图	等高线	等值线法	1:8 000

黄河站地区系列图主要包含布勒格半岛地形图、布勒格半岛影像图、新奥尔松地形图、北极科学城地形图，各图幅详细信息见表 10.5。

表 10.5　黄河站区系列地图信息

图名	图种	主要内容	表示方法	比例尺
布勒格半岛	地形图	居民点、飞机场、矿藏、灯塔、考察站、高程点、等高线、道路、陆地、冰雪区	定点符号法、线状符号法、等值线法、质底法	1:8 万 1:12 万
布勒格半岛影像	影像图	居民点、大气观测站、考察站、飞机场、道路	定点符号法、线状符号法	1:5 万
新奥尔松	地形图	三角点、道路、等高线、建筑物、碎石带、冰面、裸岩	定点符号法、线状符号法、等值线法、范围法、质底法	1:2.5 万 1:3.5 万
北极科学城	地形图	建筑物、道路、鸟类保护区、科学活动区	线状符号法、范围法	比例尺缺失

10.2.6　《南北极地图集》编制

《南北极地图集》（简称《图集》）对我国南北极测绘的各类地图成果进行了系统化、规范化、科学化的概括与整理，并收集了国内外相关资料，综合反映了 25 年来我国南北极测绘的历史与科学研究成果。由序图组、南北极概览图组、南极洲区域地理图组、北极地区区域地理图组、中国南极考察地区图组、北极考察地区图组和附录 7 个部分组成。序图组主要反映南北两极的地理概况；南北极概览图组主要以各类专题地图表示南北极的资源与环境，以及人类在南北极的科学考察活动等；南极洲区域地理图组和北极地区区域地理图组按照南极洲的"地"和北极的"边缘海"，分别反映南极洲和北极地区的地理特征。中国南极考察地区图组和北极考察地区图组重点反映了我国在南北极的测绘科学考察与研究成果。附录包括中国南北极测绘大事记、中国命名的南极地名、南极条约和斯匹次卑尔根群岛条约。在内容结构上围绕着南极洲和北极地区到中国南北极考察地区、从极地地理环境特征到我国极地测绘考察现状两条主线展开，突出反映了极地特有的区域地理特点和现象；系统汇集了普通地理图、专题地图、影像地图共 70 余幅，图片约 150 张,文字说明约 22 千字。采用基于彩色地图桌面出版系统的全数字地图制图技术。从总体设计、制图资料的处理加工、地图的分幅设计、地图要素的符号化、到最后地图的打样和印刷,都是在数字环境下完成的。

《图集》的总体设计包括:地图集开本的设计及图幅幅面的确定、地图集内容目录的设计与确定、确定各图图幅的分幅、确定地图比例尺、确定各图幅的编排次序、图幅类型及图幅内容表达的设计、图面配置设计、设计和选择地图投影、图式图例设计、地图集的整饰设计、底图内容设计;该图集生产过程还包括:《图集》的编绘,包括 7 个图组,75 幅地图的编绘;《图集》的印前处理,包括数据转换、校色、打样等;《图集》的印刷、出版。

《图集》主要由地图、文字和图片组成。地图部分以上述地图资料为主;文字介绍包括南北极条约、南北极的自然环境、气候、生物和矿产资源介绍;两极的探险和科学考察历史;重大历史事件、历史人物的介绍;现代各国在两极的科考和测绘情况;我国南北极考察测绘情况(地图覆盖范围、测绘基准建设与地图测绘、遥感应用等),包括以下图组。

(1)序图组(5 幅):①南北极地理分布(一);②南北极地理分布(二);③南极洲全图;④南极洲影像;⑤北极全图。

(2)南北极概览(17 幅):①南极气候;②南极资源;③南极冰雪;④南极保护区(1);⑤南极保护区(2);⑥国际南极考察进展(国际航线、国际南极考察计划、南极保护区);⑦南北极航线(航线图集);⑧南极科学考察站;⑨南极条约;⑩北极气候;⑪北极资源;⑫北极人口;⑬北极科学考察站;⑭北极条约;⑮中国极地考察站区的变迁;⑯中国极地考察史(例次考察项目、地点、人数、航次等);⑰中国南北极测绘史。

(3)南极洲区域分幅图组(7 幅):①南极半岛幅;②毛德皇后地幅;③恩德比地幅;④伊丽莎白公主地幅;⑤维多利亚地幅;⑥玛丽伯德地幅;⑦南极点幅。

(4)北极地区分幅图组(8 幅):①白令海峡幅;②拉普捷夫海幅;③北极点幅;④格陵兰幅;⑤斯瓦尔巴群岛幅;⑥波弗特海幅;⑦阿拉斯加湾幅;⑧千岛海沟幅。

(5)南极系列地图图组(27 幅):①乔治王岛;②菲尔德斯影像;③菲尔德斯半岛(一);④菲尔德斯半岛(二);⑤南极长城站地区;⑥中国南极长城站;⑦南极长城站锚地;⑧中山站东部影像;⑨拉斯曼丘陵(一);⑩拉斯曼丘陵(二);⑪拉斯曼丘陵影像;⑫协和半岛;⑬南极中山站地区;⑭中国南极中山站;⑮普里兹湾锚地图;⑯南极中山站锚地图;⑰中山站—DOME A 影像(一);⑱中山站—DOME A 影像(二);⑲中山站—DOME A 影像(三);⑳中山站—DOME A 影像(四);㉑DOME A 地形;㉒格罗夫山地地区(一);㉓格罗夫山核心区地形(一);㉔格罗夫山地地区(二);㉕格罗夫山核心区地形(二);㉖格罗夫山蓝冰与岩石分布;㉗格罗夫山核心区影像。

(6)北极系列地图图组(4 幅):①斯瓦尔巴群岛;②布勒格半岛;③新奥尔松地形;④北极科学考察区。

(7)附录(2 幅):①南北极地名索引;②中国命名的南极地名。

《图集》的比例尺与分幅设计如下所示。

(1)序图组每幅占一个展开页,比例尺根据区域大小和图面配置确定。主图比例尺约为 1:2 000 万左右，共 5 幅。

（2）南北极概览图组共包括 16 幅地图，主要以小比例尺专题地图为主。

（3）南极洲区域分幅图采用有重叠的矩形分幅［图 10.10（b）］，比例尺为 1:550 万，共分为 7 幅：①南极半岛幅；②毛德皇后地幅；③恩德比地幅；④伊丽莎白公主地幅；⑤维多利亚地幅；⑥玛丽伯德地幅；⑦南极点幅。图幅可采用斜方位定向，在每幅图上标出指北针。

（4）北极地区区域分幅图采用有重叠的矩形分幅［图 10.10（a）］，比例尺为 1:600 万，共分为 8 幅：①白令海峡幅；②拉普捷夫海幅；③北极点幅；④格陵兰幅；⑤斯瓦尔巴群岛幅；⑥波弗特海幅；⑦阿拉斯加湾幅；⑧千岛海沟幅。其中格陵兰幅采用斜方位定向，在该图幅上标出指北针，其他图幅均采用北方定向。

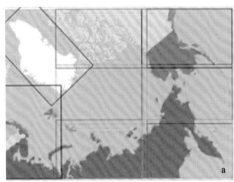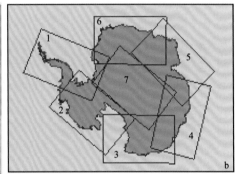

图 10.10　南北极地区分幅设计方案

（5）南极系列地图图组，该图组由 3 条主线组成：①西南极，乔治王岛（1）—菲尔德斯半岛（3）—长城站地区（2）—长城站站区（1），共 7 幅。比例尺系列：1:4 万—1:3 200—1:1 600。②东南极，拉斯曼丘陵（3）—协和半岛（1）—中山站地区（3）—中山站站区（2），共 9 幅。比例尺系列：1:4.8 万—1:3 200—1:1 600。③南极内陆冰盖，中山站至 DOME A（4）—格罗夫山地区（3）—格罗夫山核心区（3）—DOME A 核心区（1），共 11 幅。

（6）北极系列地图图组。北极，北极全图（1）—斯瓦尔巴群岛地图（1）—新奥尔松地形（1）—北极考察站区图（1），共 4 幅。比例尺系列：1:200 万—1:8 万—1:3 万—更大。

由于南北极系列地图比例尺跨度较大，系列性不强，在图集比例尺设计中无法实现通常地图集中的比例尺的系列性和简单的等差或等比倍数关系。但根据制图区域的具体情况，尽量做到同尺度区域比例尺接近或相同，不同尺度区域地图比例尺成简单倍数关系。

10.2.7　南北极环境综合考察标准底图发布系统

根据极地科学考察学科野外调查和成果表达的需求，按照地形图、海图、专题地图等有关规范，编制系列比例尺的线划、影像、晕渲等形式的基础地理底图。其中小比例尺地图覆盖整个南北极地区，并分别以南极洲、南大洋、北冰洋等为主要制图区域，采用多比例尺系列表示重点区域的各类基础地理要素。大、中比例尺地图覆盖本次调查的各个区域，如南极半岛、南大洋印度洋扇区航线断面、罗斯海、威德尔海、普里兹湾、冰盖综合断面、查尔斯王子山脉、横贯南极山脉、埃尔斯沃思山脉、各站区等，以满足专题制图的需要。各种地理底图根据表达不同的专题内容确定各要素不同的表示程度和表示方法。并在网络上实现系列底图的发布与共享服务。标准底图的总体设计主要包括数学基础设计、内容设计、符号与图例设计、制图综合指标确定、地图整饰设计、制图工艺方案设计、地图发布系统设计等。

（1）图幅内容安排主要包括：世界地图系列、南北半球全图系列、南北极区域地理图、南北极区域分幅地图、南极海洋重点考察区域地图、南极洲重点考察区域地图、北极重点考察区域地图等。

（2）系列底图的比例尺分为5个等级：①1:18 000 万～1:1 700 万世界地图、半球图、南极全图、北极全图；②1:1 300 万～1:300 万海域图及部分大范围陆地图；③1:250 万～1:20 万陆地图；④1:12 万～1:1 万站区周边图；⑤1:6 400～1:3 200站区图。

网上发布的 shp 格式底图有10种比例尺（区别不同制图范围图面内容详细程度）：①1:13 000 万南半球、北半球；②1:1 700 万南极小比例尺全图、北极小比例尺全图；③1:1 000 万南极半岛北部海域、ACC 断面；④1:550 万南极大比例尺全图、北极大比例尺全图；⑤1:300 万普里兹湾定点站位、南极半岛、威德尔海调查断面南部；⑥1:100 万南极半岛北部群岛、斯瓦尔巴群岛、埃默里冰架+查尔斯王子山脉；⑦1:25 万墨尔本山、乔治王岛；⑧1:8 万布勒格半岛；⑨1:2.5 万拉斯曼丘陵、格罗夫山核心区、菲尔德斯半岛、新奥尔松、中山站锚地；⑩1:4 000中山站区、长城站区。

（3）1:100 万及以上比例尺的地图使用高斯−克吕格投影和 UTM 投影，1:100 万以下比例尺的地图使用极球面投影，南极地图标准纬线为 71° S，北极地区为 71° N。

根据用户调查的反馈、制图范围和比例尺，JPG 格式系列底图的开本设计分为 A1，A2，A3+，A3，A4，A5，共 6 种大小。系列底图旨在为科考提供标准基础地理底图，因此版式设计简洁大方，统一规范，适用性强。

（4）系列底图上以表示自然要素和科学考察要素为主，社会经济要素较为简单。底图中主要表示的要素有：地貌、水系、道路、站区建筑物、考察站、考察路线等。①地貌：主要表示方法为等高线法，等高线配合分层设色法、彩色地貌晕渲法、地貌符号法；②水系：主要表示海岸线、河流、湖泊、雪线、冰盖、冰川、粒雪盆等。③考察站（点位）：以圈形符号和艺术符号配合表示；④道路：线状符号法；⑤考察路线：线状符号法；⑥站区建筑物：平面图形和三维透视符号相结合。

根据底图的不同用途选择不同的要素表示。调查用工作底图上表示全要素，等高线比较详细。地质方面的专题底图则不表示地貌和人文设施，而详细表示水系。

（5）总体构架设计

标准底图发布系统总体架构主要分为三层结构：数据层、服务层、应用层（图 10.11）。①数据层主要收集和存储各类工作底图、专题地图及业务相关数据。包括：经地图整饰处理生成的 JPG 格式底图数据，矢量地图数据（SHP）、各类遥感影像数据、地址地名数据等。数据层数据存储采用 ARCSDE+SQLSERVER 实现，数据经 ARCGIS DESKTOP

处理后入库存储，供后续应用调用。②服务层主要通过使用两种方式实现服务的发布，供应用程序调用，分别为：一是使用 ARCGIS SERVER 对存储在数据层的数据进行服务发布，通过发布瓦片地图服务、矢量地图服务、量算服务等多种实现，提供给第三方多样化的地图数据调阅功能；二是通过自行编写服务程序，提供地图数据下载及用户验证服务，实现用户数据下载及对用户权限进行管理、进行数据共享分析等功能。③应用层是用户与系统进行交互的通道，在应用层中，通过调用服务层的相关服务实现如地图浏览、放大缩小漫游、图层控制、地图标注、打印输出等功能。应用层还可以实现包括数据下载、用户使用统计等地图文件操作，还可以满足一些用户直接在应用平台上描点，增加各类标注，并实现数据的打印输出等特殊需要。

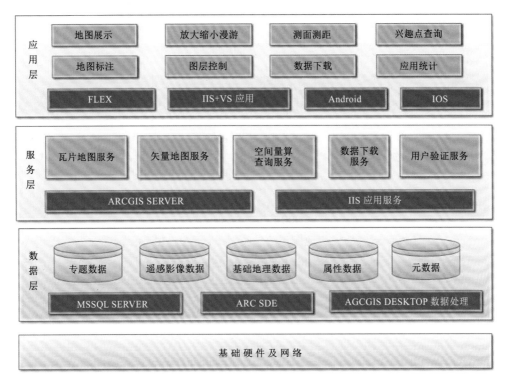

图 10.11　系统总体构架

在南北极环境综合考察与评估专项项目总体设计框架的指导下，利用经坐标转换、图形整饰加工处理后的各类数据，包括：遥感影像、地形地貌等测绘数据。综合利用 ARCGIS SERVER 10 地图服务发布软件，采用 ARCSDE+SQLSERVER 建立系统空间数据库，在 Microsoft Visual Studio 2012 下设计开发。建立起南北极环境综合考察与评估专项底图发布系统。

基础底图共享服务实现按照标准规范格式制定后的底图数据通过网络服务方式实现数据的共享服务，基础底图共享服务提供两种共享方式：一为数据下载服务方式；二为采用地图服务方式。需求单位可以按照各自的需求进行下载后使用或者调用地图服务进行二次开发（图 10.12）。

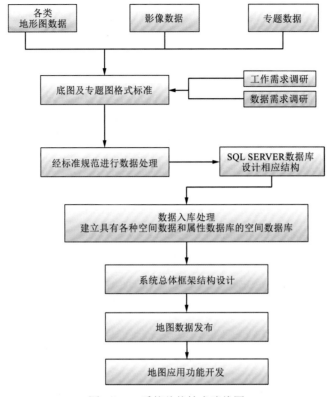

图 10.12　系统总体技术路线图

10.3　极地遥感制图

遥感制图是通过对遥感影像的判读或遥感影像处理系统，对各种遥感资料进行增强、识别、分类和制图的过程。由于多波段的卫星影像具有信息量丰富、现实性强、制图周期短等优点，在制图方面得到了广泛的应用。基于遥感技术、地图制图理论与技术对遥感影像进行影像变换和制图处理后的影像地图同时具有像片和地图的特征，是一种新型的地图产品。极地自然环境恶劣，很多区域人迹难至，地面测量异常艰难，特别是全球变暖导致极地冰雪融化背景下，极地遥感监测是极地观测的重要手段，遥感制图已成为极地制图的重要手段。极地遥感地图是以遥感影像为基础内容的一种地图形式，是根据一定的数学规则、按照一定比例尺，将地图专题信息和地理基础信息以符号、注记等形式综合缩编到以极地表面影像为背景信息的平台上，并反映极地各种自然地理要素或特征的分布情况的地图。按其表现内容可分为普通极地遥感影像地图和专题南极遥感影像地图两类。

10.3.1　极地遥感制图设计

遥感影像地图与普通地图相比，具有遥感影像和地图的双重特性，在地图设计、表示内容、制图工艺等方面有其独特之处。在遥感制图设计与编制中，既要考虑一般地图的表示方法，又要考虑遥感图像特殊的表达方式。遥感制图设计是根据地图用途和用户要求，按照视觉感受理论和地图设计原则，对遥感影像地图的技术规格、总体构成、数学基础、地图内容及其表达方法、影像分辨率和色彩、地图符号与色彩、制作工艺方案等进行全面的规划。一般以地图设计书和地图图式符号的形式做出原则性规定。

极地遥感制图设计是遥感影像地图的创作过程，是整个遥感影像地图生产全过程的准备工作。主要包括以下几个过程：①明确任务和要求；②收集、选择、分析影像和地图资料；③研究区域特征，确定地图内容；④地图总体设计；⑤地图符号和色彩设计；⑥地图内容综合指标的拟定；⑦编图技术方案和生产工艺方案设计；⑧地图设计的试验工作；⑨汇编成果，写出设计文件。

1. 总体设计

遥感影像地图的总体设计指的是接受地图设计任务后，确定地图基本规格的工作。主要包括：选择地图投影、确定坐标系、确定地图比例尺、确定图幅范围、地图分幅和内分幅、图面配置及附图安排等。遥感影像地图的投影选择包含三个方面内容：①选择遥感影像的投影；②选择地理底图的投影；③遥感影像与地理底图的配准。而坐标网、地图比例尺、图幅范围等都要结合极地实际情况进行选择。

2. 内容设计

由于地图用途和比例尺的不同，各幅地图表达的内容以及详尽程度不同。遥感影像地图的内容设计，就是根据不同需求、不同尺度、不同影像特点，按照制图的综合原则对不同地图相关内容进行综合取舍，以保证影像地图内容详细性与清晰性的统一。

3. 表示方法设计

遥感影像地图表示方法设计是对地图表示内容的形式设计，主要采用影像、图形符号和注记叠加的方法，对遥感影像进行图形化的处理，建立地图的整体面貌。如何将影像、符号、注记科学合理地表达在地图上，是极地遥感影像地图设计阶段必须要解决的问题。遥感影像地图的表示方法受到地图用途、影像质量、影像分辨率、使用场合、工艺条件等因素的影响。目前，遥感影像地图的表示方法主要有三种：①影像为主，矢量要素为辅；②矢量要素为主，影像要素为辅；③影像与矢量要素并重。此外，遥感影像地图的目的是充分发挥影像图的优势与特点，为用图者提供丰富、准确的地表信息，在地图符号设计时既需要考虑遥感影像地图所表达的特征，又需要突出地图符号所要表达的地理现象。

遥感影像地图的符号要简洁、清晰易读，便于读者快速从影像中获得重要信息。如果是系列遥感影像地图，还要考虑其系统性和逻辑性，同一比例尺内的各个图幅表达的符号颜色、大小及注记字体都应该一致；不同比例尺图幅之间，地图符号的形状应保持相似性。

遥感影像地图的色彩的恰当运用能提高地图的视觉感受，增强地图的表现力和信息传输效果。遥感影像地图的色彩设计包含两个方面：影像色彩的设计和矢量地图符号的色彩设计。影像色彩的设计主要是客观、准确、协调地表达地表的自然颜色，地图符号色彩设计的基本原则是在尽可能模拟要素的自然色彩的同时还要考虑要素表示的清晰性和整体色彩的协调性。

10.3.2　极地遥感正射影像图

遥感正射影像图的图面内容主要以遥感影像为主，辅助一定的地图符号来综合、均衡全面地反映制图区域内自然地理要素和特征。按照比例尺和表示内容的详细程度，遥感正射影像图可分为：大比例尺遥感影像地图和中小比例尺遥感影像地图。遥感影像图的编制主要流程包括：地图设计与技术方案制定、遥感影像资料和地图的收集与分析、地图比例尺确定、地理基本底图选取、正射影像制作、地图要素数字化和编辑、注记叠加及文字编排、图面整饰等一系列工作。其中极地遥感制图的关键处理过程是正射影像制作，其主要包括影像校正、影像增强、影像融合、影像配准、影像镶嵌和影像裁剪并最终制成极地正射影像。在该过程中，由于极地绝大部分地区冰雪覆盖，交通气候条件恶劣，除了裸岩地区外，雪上测绘异常艰难，再加上影像上很难找到与实地吻合的明显地物点，给影像配准和正射纠正带来很多困难。图 10.13 为部分极地遥感正射影像图。

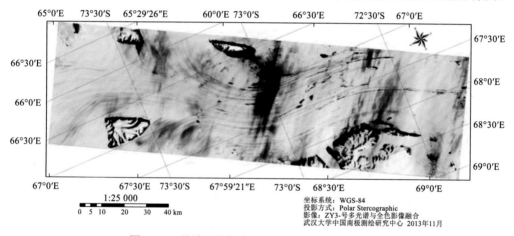

图 10.13　埃默里冰架地区 ZY-3 号平面卫星影像图

1. 影像校正

极地的地物经过遥感成像，所形成的影像与地面地物的真实辐射相比，可能在像元的亮度值和几何位置上存在误差，需要把这种误差消除掉，可分为辐射校正和几何校正。遥感影像校正的目的是尽可能消除遥感影像在获取过程中因遥感系统、大气状况、太阳位置和观测角度等引起的辐射误差和几何误差，为遥感图像解译、制图等后续工作做好准备。

2. 影像增强

极地遥感影像增强是为了改善极地遥感影像的视觉效果，提高影像的清晰度和可解译性。影像增强不强调影像的保真度，而是用过处理将影像转换为更适合人或机器进行处理分析的形式，有选择地突出某些感兴趣的信息。抑制或者去除不感兴趣信息。通过遥感影像增强处理，可以大大提高对极地影像信息的提取能力。

3. 影像融合

影像融合就是为了保持多光谱影像的辐射信息的同时提高影像的分辨率，通过图像融合可以提高多光谱遥感影像空间分辨率、改善配准精度、增强特征、改善分类，对多时相图像可以用于变化检测、替代或修补图像的缺陷。图像融合可分为若干层次，一般认为可分为像素级、特征级和决策级。像素级融合对原始图像及预处理各阶段上所产生的信息分别进行融合处理，以增强图像中有用信息成分，改善图像处理效果。特征级融合能以较高的置信度来提取有用的图像特征。决策级融合允许来自多源数据在最高抽象层次上被有效利用。

4. 影像配准

以分辨率较高的全色影像作为参考影像，对分辨率较低的多光谱影像进行校正并重采样使之与全色影像匹配。而影像互配准的关键就是精确同名点的生成。由于雪面纹理比较缺乏，匹配的点较少，而裸露岩石区域匹配点比较密集，对同名点进行筛选，选取全局范围内相对均匀分布的同名点进行二次多项式变换系数的解算，可以达到亚像素级的配准精度。

5. 影像镶嵌

极地区域范围巨大，单景遥感影像覆盖范围有限，对于高分辨率遥感影像尤其如此，在很多情况下，往往需要很多影像才能对整个研究区域进行覆盖。此时，需要将不同的影像文件无缝地拼接成一幅完整的研究区域的影像，这就是影像镶嵌。通过镶嵌处理，可以获得覆盖范围更大的遥感影像。

6. 影像裁剪

遥感影像裁剪的目的是将研究之外的区域去掉。在基础数据生产中，还需要做标准分幅裁剪，遥感影像的裁剪可分为规则裁剪、不规则裁剪、分块裁剪三种类型。

10.3.3　极地遥感专题影像地图

利用遥感资料编制各类专题地图是遥感技术在测绘制图和地理研究中的主要应用之一，在极地研究中尤其如此。对于不同的专题制图，遥感资料的选取以及专题信息的提取方法不同，需要从遥感信息具体的应用目的和要求出发，根据不同地物的遥感特性，选取具有合适成像季节、地物波谱特征差异较大的波段图像，并针对性地使用不同专题信息解译方法。专题影像地图是以普通影像地图为背景，通过遥感影像信息增强和符号注记，突出表示专题要素的位置和轮廓界线的线划、符号和少量注记的影像地图。极地遥感专题图与普通地图不同，前者主要反映专题内容，后者主要表示地形内容。

极地遥感专题影像地图内容涵盖广泛，主要包括南北极海冰分布图、冰川流速图、南极蓝冰分布图、积雪专题图、海冰厚度图、冰面温度图等。

专题影像地图的制图过程主要包括：遥感影像预处理、地理底图表示内容的综合选取、遥感影像专题信息解译提取，专题信息分类分级与地图概括、专题内容叠加、地图整饰等。

1. 专题影像地图制图流程

（1）遥感影像预处理。遥感影像预处理包括遥感数据的影像校正、影像增强、影像分类。经过处理可得到便于遥感制图的遥感影像数据。

（2）地理底图表示内容的综合取舍。地理底图内容选取的详略是由拟编专题地图的内容、用途、比例尺以及区域地理特征确定的。由于影像本身的色彩和信息很丰富，地理底图表示的内容是为了加强专题信息的空间关系和可读性，为避免图面信息过于累赘，影响地图阅读的清晰性，选择的底图矢量数据要根据专题图的要求进行大量的综合取舍。

（3）遥感影像的专题信息解译提取。遥感影像的专题信息解译提取，可以通过目视判读和计算机自动识别来进行。目视判读是用肉眼或借助简单判读仪器，运用各种判读标志，观察遥感影像的各种特征和差异，通过综合分析，最终提取出判读结论。

（4）专题信息分类分级与地图概括。专题数据种类繁多，数据格式各异，存在多种比例尺、多种空间参考系和多种投影类型，同时专题信息的分类分级也不同。因此，必须对它们进行投影、坐标系、数据格式的转换，以及专题数据的分类分级处理。

（5）专题内容叠加。专题内容叠加是利用经纬线网和一定的控制点，将专题内容利用计算机或人工的方法转绘到地理展图上，形成具有统一数学基础的专题图编绘底图。专题内容转绘时，对于定位精确要求较高的专题信息要准确定位，对于定位精度要求不太高的专题信息要注意处理与地理底图上其他要素的相互关系。

（6）地图整饰。地图整饰是在转绘完专题图斑的地理底图上进行专题地图的整饰工作，遥感影像专题图不但要实用，而且要美观，图幅整饰是相当重要的环节。除了主图外，图名、图号、比例尺图例等地图要素要摆放得当，构图协调。同时，专题影像地图中的符号与普通影像地图的符号相比，具有很大的灵活性，可以通过地图符号的图形、颜色和尺寸的变化以及各种特殊效果处理，使专题要素突出于地图的第一层平面。

在制图过程中，一般是利用制图软件制作一个影像的整饰标准模版，包括图名、图号、影像轨道号、影像成像时间、投影坐标系、比例尺、接图表及图例等。出图时，通过操作可自动生成整饰结果图。

2. 蓝冰专题影像制图

南极洲大部分区域是被积雪覆盖的，但有超过 1%的表面是裸露的蓝冰。蓝冰是南极的特殊地貌，蓝冰区域往往孕育着陨石的搁浅表面，极具科研价值。蓝冰是极地气候的指示因子，对极地表面能量的平衡也可以起到重要的调节作用。另外，南极表面的蓝冰往往是在积雪消融或冰川运动下显现的年代较久远的冰层；因此，蓝冰地物对冰川运动学、古气候学与古地质学的研究极有意义，从而能给现今的全球环境变化研究带来新的价值。

1）MODIS 蓝冰制图

MODIS Level 1B 级 250 m 分辨率的影像数据包含第 1 波段的红光波段和第 2 波段的近红外波段。南极地区主要存在蓝冰、雪和岩石三种地物，MODIS 的 1、2 两波段在三种地物上分别呈现不同的光谱特征，用不同颜色分别显示两波段时，可以明显地目视判别出不同地物。在影像上取样观察，可得出纯粹的雪像元在两个波段上都具有最高的反射率，而纯粹的蓝冰像元反射率较低，两种地物的反射率分布图形成了近似平行的线性趋势线。而在两趋势线之间，存在反射率居中的像元，可判定为雪与蓝冰的混合像元。这三种像元在反射率分布图上形成了"Z"形的独特分布特征，这是 MODIS 蓝冰映射法分析的依据。并且，"Z"形区是地物分类的核心区域；而处于"Z"形区以外的地物是裸岩、云或者云阴影，可不予考虑。为了区分蓝冰地物，重点是在"Z"形区域设置一条分隔线，划分雪与蓝冰地物。这条分隔线要尽量将雪与蓝冰的混合像元归类为雪覆盖地物，而分离出纯粹的裸露蓝冰。划分之前，首先要将雪像元分布的线性趋势线确定准确。这需要在目标影像上采集大量的可判别出的雪像元，统一计算线性斜率与偏移量。并且，线性相关系数也要保持在 0.95 以上。然后，是在混合像元与蓝冰像元间找到临界像元，将它的反射率判定为分隔线的截止反射率。蓝冰临界像元的确定，是在大量统计目视可判别的蓝冰像元的反射率后，得到的反射率最高的蓝冰像元。最后，根据分隔线与雪趋势线相同的斜率 k，以及由临界像元的反射率得出的偏移量 a 就可确定分隔线。根据此分隔线，可分离出裸露的蓝冰地物。

$$y = kx + a \tag{10.17}$$

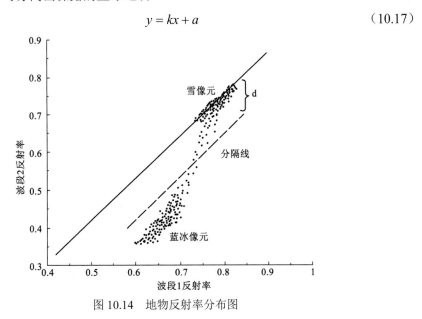

图 10.14　地物反射率分布图

针对不同环境，分割线有适当调节应属正常。在总体上，这一算法优于纯粹的 NDSI（normalized difference snow index）算法，特别是在较昏暗的雪或岩石地物中检测蓝冰的效果较好。

2）Landsat 结合目视修改和监督分类蓝冰制图

在陆地卫星 Landsat 的遥感影像中，不同地物对应的 Landsat 波段反射率具有较大差异。将 Landsat 影像用假彩色合成显示时，蓝冰、雪与岩石等各地物显示为不同颜色，可清晰地目视辨别；并且陆地卫星影像的分辨率较高，可充分体现地物细节。因此，使用监督分类与目视判别相结合的方法能够有效提取蓝冰地物信息。应用监督分类方法时，首先定义分类模板，具体是在 Landsat 影像上分别采集各地物的样本，获取分类模板信息，得到每类地物的综合光谱特征值。再利用可能性矩阵进行分类模板的精度评价，修改精度不够的分类类别，直到建立一个满足分类要求的模板，进行监督分类。分类后再利用影像分类重编码将相同属性的类别进行合并，将小图斑合并到相邻的图斑中。但影像数据中存在个别的同物异谱和同谱异物的情况，单纯依靠监督分类难以达到理想的分类精度要求。因此，结合目视修改的方法来对分类处理后的图像进行像元修正，能够使误分、混分的像元归到正确的类别中去，最后得到只有蓝冰地物的专题影像地图。

3）SAR 基于相干性差别蓝冰制图

利用光学遥感影像的光谱特征能较为直观且容易地区分蓝冰、积雪与岩石地表，但当影像中存在云覆盖时，地物分类会受到干扰。而微波影像可全天候地进行观测。在合成孔径雷达的干涉测量中，可利用相干性差别来进行地物分类。蓝冰的结构紧密，密度很大，微波在其中的穿透性很弱；因此，微波照射在蓝冰表面时主要表现为前向反射和后向反射。并且由于蓝冰表面通常较为光滑，而且在南极高频率的大风天气中，降雪无法在蓝冰表面长时间停留，使蓝冰表层的散射性能得到较好的保持。以上特征使得蓝冰区能够保持相对较好的相干性。而积雪可能为新降雪，也可能为粒雪，在大风的影响下其表面会产生不同程度的变化，因此相干性较蓝冰区低。至于裸岩，在没有覆盖物时，它会保持高的相干性，并在雷达幅度影像里呈现亮区。因此，在 SAR 影像的相干图里，蓝冰的相干性明显高于裸岩、积雪等其他地物；可以利用影像相干性识别蓝冰区并提取其分布信息。图 10.15 为格罗夫山地区蓝冰和岩石分布图。

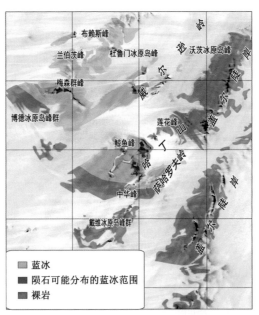

图 10.15　格罗夫山地区蓝冰和岩石分布图

3. 冰裂隙专题影像制图

极地冰原纵横密布的冰裂隙是野外考察所面临的最大威胁之一。冰裂隙是张力的裂隙，南极冰裂隙主要是由冰盖自重及冰川的运动所产生的。大大小小宽度不同的冰裂隙，特别是那些被一层雪桥覆盖，人眼根本看不到的冰裂隙，不但对雪地交通工具构成威胁，容易造成严重的财产损失，而且会严重威胁人的生命安全。

冰裂隙的识别保证了野外科学考察安全路线的选择,同时也是冰盖动态变化监测的一个信息源,冰裂隙的方向也为研究冰体内的应力提供了参考信息。因此,极地遥感专题影像地图制图中一个主要的应用是冰裂隙制图。

冰裂隙存在一定的纹理特征,主要体现为一种随机型线条型纹理,服从一定的统计规律。它们在冰原表面上呈现出一定的不连续性,同时也具有一定的线性特征。利用这种线性不连续性,可以用人工解译或者应用滤波器组来检测它们。鉴于冰裂隙的这种纹理性,可以借助现有的一些纹理提取方法对卫星影像数据进行冰裂隙纹理提取,从而实现对冰裂隙区域的探测和专题制图。

20 世纪 80 年代,光学影像开始用于识别冰裂隙。光学影像直观易懂,且分辨率较高,在探测冰裂隙中也扮演着重要角色。对于光学影像,引入地物的纹理特征,并结合分类器可对冰裂隙进行检测。

合成孔径雷达是一种主动式的工作在微波波段的高分辨率相干成像雷达系统,其具有全天时、全天候、分辨率高的特点,并且包含地物散射体特性等信息丰富,并且具有一定的穿透性,能够穿透冰雪层表面等,获得下层冰层的有效信息,所以利用 SAR 影像也开始应用于冰裂隙探测。在冰裂隙区域,SAR 影像呈现一定的细线条纹理状态,有明显的一个线条方向(假定其为冰裂隙的主方向),而在与主方向垂直的方向冰裂隙区域则呈现出明暗相间的特性。基于冰裂隙区域的这些特点,可采用特征变换的方式,通过对一定区域内的灰度值的变化量进行统计,得到其粗糙程度或者纹理的方向信息来判断是否为冰裂隙区域。图 10.16 为格罗夫山地区冰裂隙提取分布图。

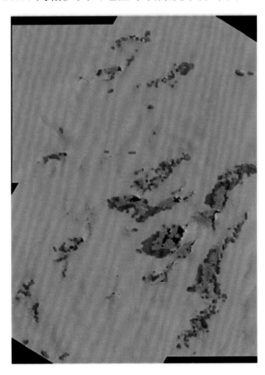

图 10.16　格罗夫山地区冰裂隙提取分布图

10.4　南　极　地　名

地名，是地理实体的文化符号，地名之中积淀了丰富的历史文化内容，成为地域历史文化的"活化石"。它从一个特定的侧面记录了人们的社会实践活动，并蕴含着地与人、地与事、地与物的种种关系。地名具有指位性、社会性、时代性、民族性、地域性和代表性等特征。

南极洲是世界上唯一没有国界、没有主权归属的大陆，南极命名涉及国际性、科学性、政治性等许多复杂问题。为了使南极地名渐趋统一化、规范化，国际南极研究科学委员会专门设立了南极地名工作组，负责协调世界各国对南极地名的命名问题。中国自20世纪80年代开展南极科学考察以来，十分重视对南极地理实体的中文命名。1985年南极夏季期间，中国进行了第一次南极科学考察，在西南极乔治王岛的菲尔德斯半岛上建立了中国首个南极长城站，考察测绘了中国长城站区及菲尔德斯半岛地区的地形图，并命名了长城湾、西湖、平顶山等100多处地名，填补了南极洲自古以来无中国地名的空白。目前，经过国家民政部审批、国际南极研究科学委员会地名工作组的认证，最新版的《南极洲综合地名词典》中已经收录了中国提交的首批359条中文地名。

10.4.1　南极考察与南极地名

南极，是南极洲及其周围南大洋的总称。南极洲包括南极大陆及其周围的岛屿，总面积约 $1400 \times 10^4 \, \text{km}^2$，占世界陆地面积的十分之一，是地球上的第五大洲。南极洲平均海拔高度为 2 350 m，是地球上七大洲中最高的大陆。南极洲又是地球上最寒冷、风最大、最干燥的大陆，故被喻为地球上的"寒极"、"风极"和"白色沙漠"。南极是地球上的资源宝库，也是天然的科考圣地。由于南极在反映全球变化中起着"指示器"、"放大器"的特殊作用，因此，它的科学研究价值与地位，越来越成为全世界科学家注目的热点。自20世纪以来至今，现有包括中国在内的20多个国家已在南极建立了80多个常年科学考察站。中国从1984年首次南极考察测绘第一幅南极地图—长城站地形图，命名了长城湾、山海峰、八达岭等第一批南极地名，并得到国际南极研究科学委员会正式公布，才初步填补了南极自古以来无中国地名的历史空白。

1. 地理实体名称

在南极测绘科学研究中，随着人们对南极环境认知的深入，产生了为地物命名的问题。中国在南极开展测绘工作30多年来，在地名研究方面取得了显著的成果。科学考察并命名的地理实体300多个。在创建长城站时，我国命名的第一个地理实体名称是"长城湾"，并将其标注于南极长城站第一幅实测的地形图上。地理实体名称通常由地理实体的通名和专名构成地理实体的全称。专名与通名之间应相互呼应、相互关联。做到指位准确，指类明确。地理实体名称应使用规范汉字，不应使用错别字、自造字、方言字、淘汰字、异体字、生僻字、繁体字和外国文字。标准地名的汉字不应超过7个汉字。两个及两个以上的地理实体不应命名为同一名称。南极地理实体主要类型见表10.6。

表 10.6　南极地理实体类型一览表（部分）

地理实体	汉语拼音	英文	地理实体	汉语拼音	英文
岸	An	Shore	海道	Haidao	Channel
暗礁	Anjiao	Reef	海岛群	Haidaoqun	Archipelago
暗礁群	Anjiaoqun	Reefs	海沟	Haigou	Trench
暗沙	Ansha	Shoal	海谷	Haigu	Sea channel
暗沙嘴	Anshazui	Spit	海岬	Haijia	Promontory
半岛	Bandao	Peninsula	海角	Haijiao	Cape
臂湾	Biwan	Arm	海隆	Hailong	Rise
冰川	Bingchuan	Glacier	海盆	Haipen	Basin
冰川盆	Bingchuanpen	Cauldron	海山	Haishan	Seamount（-s）
冰川盆谷	Bingchuanpengu	Cirque	海山脊	Haishanji	Ridge
冰川舌	Bingchuanshe	Glacier tongue	海滩	Haitan	Beach（-es）
冰斗	Bingdou	Corrie	海峡	Haixia	Strait
冰盖	Binggai	Ice sheet	河	He	River
冰谷	Binggu	Trench	荒原	Huangyuan	Desert
冰垒	Binglei	Ice rampart	火山	Huoshan	Volcano
冰穹	Bingqiong	Dome	火山口	Huoshankou	Crater
冰山	Bingshan	Iceberg	火山口岩	Huoshankouyan	Rim
冰舌	Bingshe	Ice tongue	基岩	Jiyan	Bedrock
冰溪	Bingxi	Ice stream	岬	Jia	Headland
冰原	Bingyuan	Ice field	尖	Jian	Needle（-s）
冰缘带	Bingyuandai	Ice fringe	尖山	Jianshan	Horn
冰原岛峰	Bingyuandaofeng	Nunatak	尖顶	Jianding	Spire（-s）
冰原岛峰群	Bingyuandaofengqun	Nunataks	尖峰	Jianfeng	Aiguille
冰障	Bingzhang	Barrier	礁	Jiao	Reef
冰皱	Bingzhou	Ice rumples	角	Jiao	Point
齿形峰	Chixingfeng	Tooth	礁石	Jiaoshi	Stack（-s）
齿形群峰	Chixingqunfeng	Teeth	绝壁	Juebi	Bluff（-s）
齿形岩	Chixingyan	Tooth（Teeth）	坑	Keng	Hollow
冲沟	Chonggou	Gully	粒雪原	Lixueyuan	Neve
陡坡	Doupo	Escarpment	列岛	Liedao	Line of islands
陡崖	Douya	Scarp	裂缝	Liefeng	Chasm（-s）
断崖	Duanya	Edge	流冰带	Liubingdai	Stripes
峰	Feng	Peak	露岩	Luyan	Outcrop
高地	Gaodi	Upland（-s）	陆缘冰	Luyuanbing	Epicontinent ice
海	Hai	Sea	绿洲	Lvzhou	Oasis
海岸	Hai'an	Seashore	锚地	Maodi	Anchorage
海臂	Haibi	Arm	内港湾	Neigangwan	Bowl
海滨	Haibin	Coast	内陆冰	Neilubing	Inland ice
海槽	Haicao	Trough	盆平原	Penpingyuan	Amphitheatre

地理实体	汉语拼音	英文	地理实体	汉语拼音	英文
盆地	Pendi	Basin	峭壁	Qiaobi	Crag（-s）
盆谷	Pengu	Corrie	丘	Qiu	Mound
盆湾	Penwan	Basin	丘陵	Qiuling	Hills
平地	Pingdi	Flat（-s）	群岛	Qundao	Islands
平顶山	Pingdingshan	Stump	沙角	Shajiao	Hook
平台	Pingtai	Platform	沙洲	Shazhou	Sandbank
平原	Pingyuan	Plain	沙嘴	Shazui	Spit
泊	Po	Loch	山	Shan	Hill
坡	Po	Slope（-s）	山包	Shanbao	Mound
坡道	Podao	Ramps	山地	Shandi	Heights
坡地	Podi	Incline	山顶	Shanding	Hilltop
浅滩	Qiantan	Bank	山洞	Shandong	Cavity

2．我国南北极科学考察站名称

长城站以世界著名的万里长城命名，建成于 1985 年 2 月 20 日，位于西南极洲南设得兰群岛乔治王岛南部菲尔德斯半岛的东侧（62°12′59″ S，58°57′52″ W），在中国命名的长城湾岸边。站区平均海拔高度 10 m，距北京 17 501.949 km。长城站现已初具规模，有各种建筑 25 座，建筑面积 4 200 m²，各种运输工具 17 台，除先进的通信设备、舒适的生活条件外，还拥有较为完善的科学实验室，配备有供科学研究使用的各种仪器设备。长城站每年可接纳越冬考察人员 40 名，度夏考察人员 80 名。

中山站建于 1989 年 2 月 26 日，位于东南极大陆拉斯曼丘陵（69°22′24″ S，76°22′40″ E），站区平均海拔高度 11 m，距北京 12 553.160 km。中山站现已初具规模，有各种建筑 15 座，建筑面积 2 700 m²，各种运输工具 19 台，除先进的通信设备、舒适的生活条件外，还拥有较为完备的科学实验室，配备有供科学研究使用的各种仪器设备。中山站每年可接纳越冬人员 25 名，度夏人员 60 名。中国人民出于对孙中山先生伟大品德和为中华民族早日屹立于世界民族之林的自强不息、奋斗不止精神的敬仰，遂以孙中山先生的名字命名为"中山站"。以中国民主革命的伟大先驱者之名命名考察站，也更有利于团结包括港、澳、台在内的海内外炎黄子孙。

昆仑站于 2009 年 1 月 27 日在南极内陆冰盖的最高点冰穹 A 地区落成，目前建成的昆仑站主体建筑为钢结构，工程的建筑面积为 236 m²，包括生活区和科研区，可供 15～20 人进行夏季科考。根据规划，3～5 年后，昆仑站将逐步升级扩建到 558.56 m²，成为满足科考人员越冬的常年站。以昆仑站为依托，我国将有计划地在南极内陆开展冰川学、天文学、地质学、地球物理学、大气科学、空间物理学等领域的科学研究。考察站建立在南极内陆冰盖的最高点，以一个山峰的名字命名更符合内陆站的位置和环境。"昆仑"无论是在地理上，还是文化领域上都非常具有中华民族的特征。

泰山站是继长城站、中山站、昆仑站之后中国的第四个南极科学考察站。其名称寓意坚实、稳固、庄严、国泰民安等，代表了中华民族巍然屹立于世界民族之林的含义。

2014 年 1 月 3 日，"泰山站"完成主体封顶。2 月 8 日上午 11 点国家海洋局宣布，中国南极泰山站正式建成开站。泰山站位于中山站与昆仑站之间的伊丽莎白公主地，距离中山站约 520 km，海拔高度约 2 621 m，是一座南极内陆考察的度夏站，年平均温度−36.6°，可满足 20 人度夏考察生活，总建筑面积 1 000 m²，使用寿命 15 年，配有固定翼飞机冰雪跑道。它不仅成为中国昆仑站科学考察的前沿支撑，还成为南极格罗夫山考察的重要支撑平台，进一步拓展中国南极考察的领域和范围。

中国北极黄河站，是中国首个北极科考站，建立于 2004 年 7 月 28 日。位于 78°55′ N、11°56′ E 的挪威斯瓦尔巴群岛（旧称斯匹次卑尔根群岛，现在斯匹次卑尔根特指群岛中最大的一个岛）的新奥尔松小镇。

中国北极黄河站是中国继南极长城站、中山站两站后的第三座极地科考站，中国也成为第 8 个在挪威的斯瓦尔巴群岛建立北极科考站的国家。黄河考察站为一栋两层楼房，总面积约 500 m²，包括实验室、办公室、阅览休息室、宿舍、储藏室等，可供 20 人同时工作和居住，并且建有用于高空大气物理等观测项目的屋顶观测平台。

10.4.2　南极地名的命名

1. 国际南极地名命名与管理

南极地理实体的命名，涉及国际性、科学性、政治性等许多复杂问题，在 1992 年以前，国际上没有南极地理实体的命名的统一准则。为了使南极地名渐趋统一化、标准化，国际南极研究科学委员会规定，从 1992 年开始，由 SCAR 的大地测量与地理信息工作组，即目前的地球科学组，组成南极地名工作组，负责南极地名的国际协调工作。工作组成员由国家代表组成，负责本国的南极地名规范及上报工作（中国由中国南极测绘研究中心鄂栋臣代表参加）。SCAR 制订了南极地名命名的国际准则。总的来说，是承认先命名的国家地名。但由于南极存在着各国权益问题，因此，往往存在着同一地理实体有两个，甚至三个或更多个国家的不同命名。为此，SCAR 的工作小组就要进行协调，但是过去存在的遗留问题很难协调统一。现在 SCAR 建立了国际南极地名数据库，规定各国命名的南极地名必须要写出每个地名命名的详细说明，包括命名的时间、经纬度，地理特征描述等，并报 SCAR 发布南极地名。

2. 外语南极地名译写规则

外国地名的译写正确、统一与否，直接关系到我国的政治、经济、军事和外交工作，也关系到我国文化、科技的发展。为了实现外国地名汉字译写的统一和规范化，在进行外国地名汉字译写时要遵循一定的原则。①译写外国地名，以中国地名委员会制定的有关规定为依据。②外国地名的译写应以音译为主，力求准确和规范化，并适当照顾习惯译名。③各国地名的汉字译写，以该国官方文字的名称为依据。如：意大利地名 Roma，应照意大利文译为"罗马"，不按非意大利文 Rome 译写。使用非罗马字体的国家，其地名的罗马字母转写应以该国官方承认的罗马字母转写法或国际通用的转写法为依据。④各国地名的译音，以该国语言的标准音为依据。标准音尚未确定的，按通用的语音译写。在有两种以上官方语言的国家里，地名译音按该地名所属语言的读音为依据。如：

瑞士地名 Buchs（德语区），La Chaux de Fonds（法语区），Mendrisio（意大利语区），分别按德语、法语和意大利语译为"布克斯"，"拉绍德封"，"门德里西奥"。⑤外国地名的译写一般应同名同译。但以自然地物的名称命名的居民点例外（其自然地理通名部分一般音译）。如以"格兰德河"（Rio Grande）命名的居民点，译为"里奥格兰德"。⑥一个地名有几种称说时，按下列原则处理：Ⅰ在当地政府规定的名称以外，如另有通用名称，则以前者为译写依据，必要时可括注後者的译名。Ⅱ凡有本民族语名称并有外来语惯用名称的地名，以前者为正名，后者为副名。Ⅲ跨国度的河流、山脉等地物，分别按其所在国名称译写。如：流经西班牙、葡萄牙的一条河流，西班牙叫 Tajo，葡萄牙叫 Tejo。但各国名称的拼写和发音差别不大的，可用一个统一的译名。如：欧洲的一条河流，在捷克和波兰境内名为 Odra，在德国境内名为 Oder，可统一译"奥得河"。我国与邻国的共有地物名，以我国的称说为准，必要时可括注邻国的称说为副名。如："珠穆朗玛峰"可括注尼泊尔名称"萨加玛塔"。⑦地名中的专名部分一般音译。如：太平洋的 Mariana Islands 译"马里亚纳群岛"。但下列情况除外：Ⅰ明显反映地理特征的区域名称或有方位物意义的名称用意译或音译重复意译。如：美国的 Grand Canyon 译"大峡谷"、Long Island 译"长岛"，非洲地名 Sahara 译"撒哈拉沙漠"。Ⅱ以有衔称的人名命名的地名，衔称一般意译。如：加拿大的 Prince Edward Island 译"爱德华王子岛"。Ⅲ具有一定意义，而音译又过长的地名可意译。如：苏联的 Остров Октябръской Революдюции 译"十月革命岛"。Ⅳ以数词或日期命名的地名意译。如：美国的 One Hundred and Two River 译"一〇二河"，阿根廷的 Cuatro de Junio 译"六月四日城"。Ⅴ国际上习惯用意译的地名，汉译时也意译。如：加拿大的 Great Bear Lake 各国都用意译，我国也意译为"大熊湖"。Ⅵ对地名专名起修饰作用的形容词（如表示方位、大小、新旧、颜色等），一般意译。如：Great Nicobar Island 译"大尼科巴岛"，Castilla la Nueva 译"新卡斯蒂利亚"，Bahr el Azraq 译"青尼罗河"。但只对地名通名部分起修饰作用的形容词，一般采用音译。如：Great Island 译"格雷特岛"，Little River 译"利特尔河"。⑧地名中的地理通名部分一般意译。但下列情况除外：Ⅰ专名化的地理通名，一般音译。如：美国的居民点 Snow Hill 译"斯诺希尔"，古巴的居民点 Rio Grande 译"里奥格兰德"。Ⅱ自然地物的地理通名，一般意译。如：Nelson River 译"纳尔逊河"，Bay of Bengal 译"孟加拉湾"。但东南亚地名中的地理通名一般音译重复意译。如：老挝地名 Nam Ou 译"南乌江"（nam 为老挝文"河""江"）。Ⅲ一个地名如有两种以上语言（即官方语和少数民族语）的地理通名时，则少数民族语的通名音译，官方语的通名意译。如：苏联中亚山 Гора Улутау 译"乌卢套山"（тay 为哈萨克语"山"之意，гора 是俄语"山"之意）。⑨为了便于称说和记忆，译写地名时，可根据不同情况，对汉字进行适当处理。Ⅰ音译地名汉字太多时：一是汉字译名超过六个字时，外文轻读音一般可不译。二是连接词可用"–"代替。如：美国地名 Wade and Stinson 译"韦德–斯廷森"。三是表示所在区域的修饰短语，在地图上可省略不译。如：Frankfurt an der Oder 译"法兰克福"，但在地图索引或地名录上应全译为"奥得河畔法兰克福"。四是由两个以上的词组成的地名，其译名又超过八个字时，各词间用短横连接。五是以人名命名的地名，人名各部分之间加点。如：卡尔·马克思城，艾哈迈德·哈桑村等。如果一个地名由两个人名组成时，两个人名之间用短横连接。如：Иваново Алексеевка 译"伊万诺沃-阿列克谢耶夫卡"。⑩音译地名只有一个汉字时：一是适当增加相应的地理通名。如：克什米尔的 Leh 译"列城"。二是用两个汉字对译。如：西德的 Bonn 译"波恩"。⑩朝鲜半岛、日本、越南等国的地名，过去或现在用汉字书写的，一般都应沿用，不按音译。如：朝鲜的平壤，日本的东京，越南的河内。原来不是用汉字书写的地名，可按拼音译写。⑪东南亚地名中的华侨用名，分别按下列情况处理：①凡以通用的，不论其与原文读音是否相近，仍旧沿用。但其派生只限于临近地物。如：柬埔寨的金边（Phnom Penh），印度尼西亚的万隆（Bandung）。⑪其普通话读音与原文读音比较接近的，可用华侨用名。如：印度尼西亚的安汶（Ambon），缅甸的勃固（Pegu）。但用字生僻的可酌改。如：印度尼西亚的"峇厘岛"改为"巴厘岛"。⑩并非通用，而普通话读音又跟原文读音相差较大的华侨用名，改从原文另译。必要时可括注华侨用名。⑭考虑到汉语是新加坡和马来西亚两国的官方语或通用语，因此这两国的华语地名原则上可以沿用。⑫以常用人名、宗教名、民族名命名的地名采用习惯译名。如：美国河名 John 译"约翰河"，巴基斯坦地名 Islamabad 译"伊斯兰堡"，缅甸地名 Shan State 译"掸邦"。⑬本通则对用汉字正确译写外国地名作了一般性规定。各国地名的特殊情况，本通则中不能概括的，分别在各种语言的译写规则中另行规定。

10.4.3　中国命名的南极地名

南极地图和永久性测绘标志，由于它有明确的历史性时空定义，它具有象征国家权益意义，所以南极地名一旦命到地图上，就成为不可随便改动的永存历史。

我国命名的极地地名同样记载了我国极地考察的立场、历史文化、科学成就与国家权益。基于地名的本质特征，通过研究国内外极地考察历史与极地地名的历史文化价值，从国家战略高度，对我国地名命名的民族特征、时空拓展、地名规划和地名的公共服务水平进行研究，为加强我国在极地的话语权和我国未来在极地的权益做出全息储备。

南极地名与国家权益研究主要包括如下内容：

（1）极地考察地名大国——美、英、俄、澳、德、法、日等国家的极地地名数量、类型、空间分布；

（2）各有关协商国领土要求与南极地名特征；

（3）各国极地地名的命名、管理与国家策略；

（4）我国极地地名工作现状与进展；

（5）作为未来我国极地考察历史文化遗产的极地地名特征与命名规则。

我国极地地名在时间和空间上的拓展研究，包括陆地、海洋海洋和海底，随着极地考察事业的进一步发展，极地地名命名的空间范围应逐步扩大，时间特征记载我国极地考察的历史节点，并从地表地理实体命名不断向地下、冰下、海下等纵深扩展。

我国极地地名命名的民族特征与国家权益体现，提高极地地名的公共服务水平（国内外交流），主要包括：南极地名标准化、站区地名设标、地名网站以及地名规划等。

我国南极地名命名主要是在测绘的各种地图上得到体现。按照我国有关规定，中国南极地名命名的原则，一是取名要体现中华民族文化的丰富内涵，二是不能用人名命名南极地名（经特殊批准除外），三是要方便科学考察使用。向国际 SCAR 公布南极地名用汉语拼音（联合国规定的四种文字之一），但通名都用英文，如天鹅岭（Tiane Range）。

对于所有的南极中文地名，中国地名研究所专门进行了规范研究和标准化处理，并通过全国地名标准化技术委员会组织的专家审定。在此基础上，由民政部联合外交部、自然资源部上报国务院后，获得国务院正式批准，最终确定了 359 条首批南极标准地名。

参 考 文 献

艾松涛, 王泽民, 鄂栋臣, 等, 2012. 基于 GPS 的北极冰川表面地形测量与制图. 极地研究, 24(1): 53-59.

白燕, 鄂栋臣, 2013. 中国命名的南极地名. 地图, 2: 66-69.

陈能成, 龚健雅, 鄂栋臣, 2000. 互联网南极地理信息系统的设计与实现. 武汉测绘科技大学学报, 25(2): 132-136.

鄂栋臣, 1985. 南极建站中的测绘. 测绘通报, 5: 39-41.

鄂栋臣, 张辛, 2010. MODIS 极区遥感应用研究进展. 极地研究, 22(1): 69-78.

鄂栋臣, 刘永诺, 国晓港, 1985. 南极测绘. 测绘学报, 4: 305-314.

鄂栋臣, 李海亭, 庞小平, 2005. 南极互联网电子地图的数据获取及管理机制研究. 测绘与空间地理信息, 5: 7-9.

鄂栋臣, 马飞虎, 孙翠羽, 2006. 中国极地测绘空间数据元数据管理系统的设计与实现. 极地研究, 18(1): 39-45.

鄂栋臣, 沈强, 孟泱, 2007. 利用 IKONOS 立体像对提取南极菲尔德斯半岛地区 DEM 及其精度分析. 极地研究, 19(4): 266-273.

鄂栋臣, 沈强, 徐莹, 2009. 基于 ASTER 立体数据和 ICESat/GLAS 测高数据融合高精度提取南极地区地形信息. 中国科学(D 辑) (3): 351-359.

鄂栋臣, 周宇, 周春霞, 等, 2010. 基于 QuickBird 影像生成菲尔德斯半岛数字正射影像图及其精度评价. 极地研究, 22(4): 397-403.

鄂栋臣, 张辛, 王泽民, 等, 2011. 利用卫星影像进行南极格罗夫山蓝冰变化监测. 武汉大学学报(信息科学版), 36(9): 1009-1011.

冯守珍, 雷宁, 2005. 南极中山站海湾地形特征研究. 海洋测绘, 25(5): 28-30.

郝晓光, 徐汉卿, 刘根友, 等, 2007. 《系列世界地图》及其应用与推广. 地球物理学进展, 22(4): 1085-1089.

胡毓钜, 龚剑文, 1992. 地图投影. 北京: 测绘出版社.

黄华兵, 程晓, 宫鹏, 2014. 基于星载激光雷达和雷达高度计数据的南极冰盖表面高程制图. 遥感学报, 18(1): 117-125.

黄亚锋, 艾廷华, 张航峰, 2016. 数字海图水深注记的自动选取. 测绘科学, 41(6): 28-33.

李海亭, 庞小平, 鄂栋臣, 2004. 基于 Atlas2000 的北极地区多媒体电子地图开发. 极地研究, 4: 324-331.

李建虎, 张胜凯, 鄂栋臣, 等, 2010. 南极中山站数据处理中 IGS 框架站的选择. 大地测量与地球动力学, 30 (1): 61-65.

李维庆, 2011. CTP 系统应用于基础测绘地图印刷的工艺研究. 测绘, 34 (2): 77-79.

凌晓良, 陈丹红, 张侠, 等, 2008. 南极特别保护区的现状与展望. 极地研究, 20(1): 48-63.

刘海燕, 庞小平, 2015. 利用 GIS 和模糊层次分析法的南极考察站选址研究. 武汉大学学报(信息科学版), 40(2): 249-252.

刘海燕, 庞小平, 王跃, 等, 2017. 利用逻辑回归的南极常年考察站选址定量研究. 武汉大学学报(信息科学版), 42(3): 390-394.

刘天悦, 芮小平, 程晓, 等, 2011. 基于 WebGIS 的 TB 级南极遥感影像发布系统关键技术研究. 极地研究, 23(2): 115-121.

庞小平, 李艳红, 2012. 南极无冰区菲尔德斯半岛生态环境信息图谱的构建. 极地研究, 24(3): 291-298.

庞小平, 鄂栋臣, 王自磐, 等, 2008. 基于 GIS 的南极无冰区生态环境脆弱性评价. 武汉大学学报(信息科学版), 33(11): 1174-1177.

沈强, 鄂栋臣, 周春霞, 2008. 利用 ASTER 立体像对提取 Grove 山地区相对 DEM 及精度分析. 测绘通报(1): 22-25.

田璐, 艾松涛, 鄂栋臣, 等, 2012. 南大洋海冰影像地图投影变换与瓦片切割应用研究. 极地研究, 24(3): 284-290.

王跃, 庞小平, 王晓璇, 2016. 面向服务的极地地理信息共享与应用. 武汉大学学报(信息科学版), 41(11): 1518-1523.

王家耀, 孙群, 王光霞, 等, 2006. 地图学原理与方法. 北京: 科学出版社.

王连仲, 毛伟娣, 陈华, 2009. 南极地图符号的标准化探讨及在 GIS 中的实现. 测绘与空间地理信息, 32(5): 68-70.

王清华, 鄂栋臣, 陈春明, 等, 2002. 南极地区常用地图投影及其应用. 极地研究, 14(3): 226-233.

王清华, 陈能成, 鄂栋臣, 等, 2002. 中国南极地理信息系统的设计及其在互联网上的实现. 极地研究, 14(2): 153-162.

王泽民, 谭智, 艾松涛, 等, 2014. 南极格罗夫山核心区冰下地形测绘. 极地研究, 26(4): 399-404.

吴忠性, 1980. 地图投影. 北京: 测绘出版社.

徐敏, 初启凤, 阳俊, 等, 2016. 南极 1:5000 地形图测绘关键技术及相关问题处理: 以南极维多利亚地站为例. 测绘工程, 25(1): 73-76.

许德合, 史瑞芝, 朱长青, 2008. 数字地图制图与出版模式的研究. 测绘通报(2): 38-40.

詹金瑞, 庞小平, 孙芳蒂, 等, 2009. 南北极电子地图集的科普意义及制作特点. 地理空间信息, 7(5): 150-152.

张春奎, 庞小平, 鄂栋臣, 等, 2005. 新版《南极洲全图》的设计特点. 测绘信息与工程, 30(5): 19-21.

张春奎, 庞小平, 鄂栋臣, 2006. 特征数据模型在《南极赛博地图集》数据描述中的应用. 测绘与空间地理信息, 29(1): 7-10.

周春霞, 鄂栋臣, 廖明生, 2004. InSAR 用于南极测图的可行性研究. 武汉大学学报(信息科学版), 29(7): 619-623.

朱敬敬, 周春霞, 艾松涛, 等, 2015. 基于多时序遥感数据的中山站附近地区海冰监测及雪龙船航迹特点分析. 极地研究, 27(2): 194-202.

BO S, SIEGERT M J, MUDD S M, et al., 2009. The Gamburtsev mountains and the origin and early evolution of the Antarctic Ice Sheet. Nature, 459(7247): 690.

LEE D S, STOREY J C, CHOATE M J, et al., 2004. Four years of Landsat-7 on-orbit geometric calibration and performance. IEEE Transactions on Geoscience and Remote Sensing, 42(12): 2786-2795.

第 11 章　极地地理信息系统

11.1　极地地理信息系统概述

地理信息是各国极地考察活动中不可或缺的重要数据，支撑南北极考察计划拟定、现场实施、项目研究以及效益评估等全部业务流程。以南极为例，国际南极研究科学委员会（SCAR）专门成立了南极地理信息常设工作组（Standing Committee on Antarctic Geographical Information， SCAGI）来协调南极地理信息相关的事务，促进地理信息数据共享。SCAGI 提供的地理信息数据产品包括南极数字数据库（Antactic digital database，ADD）、南极地名词典（composite gazetteer of Antarctica，CGA）、南极地图目录（map catalogue）等。

中国也是早期发起和组建 SCAGI 的成员国之一，就连中国南极测绘研究中心也是应 SCAR 要求专门成立的测绘信息资料交换和学术交流的专业研究机构。目前，中国南极测绘研究中心的研究范围不仅包含南极，也涵盖了北极；中心所在的武汉大学也成为中国高校中参与官方极地考察次数最多的大学。

在极地考察事业发展过程中，各国不仅交换、共享地理信息数据，还以地理信息为基础开发了各类信息系统，提供具备多种地理信息服务功能的网络窗口，方便极地考察工作者和社会大众了解、关注和参与极地事务。本章着重就中国极地考察管理信息化建设进程中涉及地理信息的几个应用服务系统加以介绍，包括中国极地考察管理信息系统、雪龙在线网络信息平台、"掌上两极"移动信息平台等。

地理信息系统不仅在空间数据共享和信息服务等具体事务中使用越来越多，而且对于宏观战略分析也能提供决策支持。比如，南极考察站选址关系到南极考察站的安全、功能和运行效率，利用 GIS 结合模糊层次分析，可以将极地自然环境、后勤保障和科学研究结合起来构建选址指标体系，用于确定南极考察站建立的适宜性区域，并开展选址评价，具有较好的适用性。

古往今来，人类所有活动几乎都是发生在地球上，都与地球表面位置（即地理空间位置）息息相关，极地考察活动也不例外。随着计算机技术的日益发展和普及，地理信息系统以及在此基础上发展起来的各种应用服务平台，包含"数字南极"和"数字地球"在内，为人们的生产、生活和主管部门的决策发挥着越来越重要的作用。

11.2　中国极地考察管理信息系统

11.2.1　概述

根据我国极地考察发展的计划和部署，为了提高当前极地考察管理的信息化、自动化水平，以适应不断发展壮大的国家极地考察管理工作的需要，国家海洋局极地考察办公室于 2003 年提出立项，开发"基于 GIS 的中国极地科学考察管理信息系统"。

本系统研究的参加单位除武汉大学中国南极测绘研究中心、中国极地研究中心科研人员外，还有武汉大学的测绘遥感信息工程国家重点实验室与资源与环境科学学院以及国家海洋局极地考察办公室等有关专业人员。

"基于 GIS 的中国极地科学考察管理信息系统"的建立，使得我国的极地考察科研管理具有一个比较规范化、业务化的网络平台。极地考察相关的科研工作者和管理人员，可以在这个平台上协同工作，通过在统一平台上的互动操作，达到信息的交换和积累。

系统的建成和投入使用，是我国极地考察管理信息化建设的开端。系统设计中的各个用户群体在统一平台上的协同工作，交流互动的设计思想，不仅提供了网络互动的极地考察信息平台，更加明确了任务的划分，将工作细分到不同的用户，而且通过信息的互动积累了必要的管理数据，减少了重复工作量，形成一个规范的极地考察业务流程。

11.2.2　系统整体构架

1. 物理视图

由于系统集成了 MIS（management information system）（图 11.1）和 WebGIS 的功能，并且涉及科学数据的管理，按照分布式数据处理的设计，本系统从网络空间上分为北京、上海、武汉三地，从功能上来说分为系统应用、科学数据、电子地图三个服务器，通过 Internet 将三地的服务器联系成为一个基于 GIS 的中国极地科学考察管理信息系统。

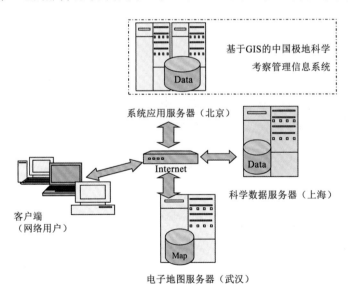

图 11.1　系统服务器及其网络空间分布图

这三个服务器的相对独立，各自具有不同的功能，可以通过不同的管理部门来维护；但它们又紧密联系，甚至可以从技术层面上将其中的两个甚至三个节点都集成到一起。

2. 逻辑视图

从系统最高层次的角度上，根据逻辑关系以及面向的用户对象，将本系统划分为管理信息的数据层、数据的管理层和数据应用层三个部分，如图 11.2 所示。

图 11.2　系统逻辑层

3. 主要技术特点

（1）广域网下 Apache2 网络服务技术。

（2）动态交互式网页制作的 PHP（hypertext preprocessor）技术。

（3）Oracle 数据与 SQL（structured query language）技术。

（4）Java Applet 与 JSP（java server pages）技术。

（5）客户端数据验证中的 JavaScript 与 VBScript 脚本技术。

（6）数据备份中的 Visual C++与 XML（extensible markup language）技术。

（7）权限验证中的 Cookie 技术。

据此，将本系统从功能结构上划分为 6 个子系统，见图 11.3。

图 11.3　子系统划分

11.2.3　地理信息管理

1. 网络电子地图

南极电子地图基于网络传输数据，对空间信息进行可视化表达，同时也为极地考察中其他学科提供空间信息平台；是极地科学考察中不可缺少的重要支撑条件和保障工作之一。电子地图按照国际标准，将南极地图分为多个层次，包括冰面等高线、陆地等高线、海岸线、高程点、湖泊、建筑物等。用户可以根据自己的需要，选择其中一个或者几个图层来查看感兴趣的南极区域地图，对照地图查看与自己现场考察相关的地形信息等。

另外，从通用性的角度考虑，系统采用了基于 Java 的跨平台设计，无须在用户浏览器端安装插件或者控件，即可浏览南极电子地图，并进行相关的管理信息操作。系统按照服务器端和客户浏览器端等划分的功能分布如下。

（1）客户浏览器端。显示和操作地图数据的浏览器客户端，是与一般用户打交道的客户界面。其主要作用是将应用产生的结果信息显示给用户（图 11.4）。它是基于浏览器的 HTML（hyper text mark-up language）Viewer、Java1.1 Applet Viewer 和 JSP 页面，支持矢量数据流，所有的表现均是基于 JavaBean 组件的方式提供。矢量数据采用文件方式管理，早期采用武汉吉奥信息技术有限公司 GeoSurf 2D 组件进行二次开发，后更改为 ArcGIS Server 与 Google Maps API 二次开发，以更好地支持全球地图数据的加载。鉴于 Google 地图的在线浏览属性，在局域网内部也可以考虑使用开源的全球地图数据，比如 Open Street Map 来替代 Google 地图。

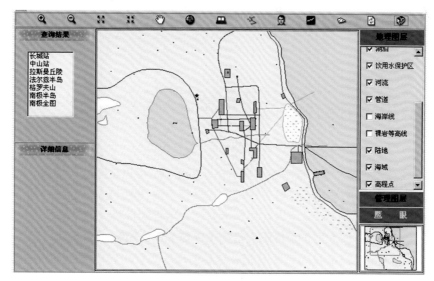

图 11.4　WebGIS 浏览界面

（2）应用服务器。应用服务器是一个网络平台，它为应用的业务逻辑提供了一个运行环境。支持分布式网络环境下应用软件的快速开发和部署。针对要发布的测绘资料数据库全新开发的一系列服务，采用 Servlet、JSP、PHP 技术。

（3）数据库服务器。采用 Oracle 数据库，存储要发布的考察路线、考察队员、科研项目等数据。

（4）系统集成策略。本系统涉及数据库技术、Web 站点管理和部署技术、网络技术和地理信息技术，因此，在集成上主要考虑数据库信息管理的方便、快捷和稳健性，在WebGIS 上主要考虑用户的方便操作和系统的性能。早期在服务器端采用 GeoSurf 2D 组件，以文件方式组织；后期改为 ArcGIS Server 发布符合 OpenGIS 规范的 WMS（warehouse management system）、WFS（Web feature service），以数据库组织空间数据和管理数据。

2．测绘数据管理

极地测绘数据管理模块主要是指对极地考察中所获得的测绘数据和极地地图信息实现有效管理，这些测绘数据包括：控制点数据、GPS 观测数据、地图图幅信息、重力观测数据、遥感数据、验潮数据、考察站点信息、考察路线数据、测绘基准数据、地名数据以及相应的多媒体信息。通过这个管理模块，可以对这些测绘数据信息进行浏览、查询、增加、编辑操作。

11.2.4　极地考察管理信息

极地考察管理，首先要从宏观上拟定考察队次，然后开展现场考察计划的制定，包括项目的审批以及考察队员的选拔，这是一项看似简单实际繁杂的工作。在一个考察队次的组建过程中，主要涉及如下几个方面。

（1）队次信息，主要包含历次考察组队情况的数据，比如起止时间、破冰船航线、涉及的主要任务等（图 11.5）。

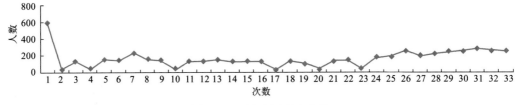

图 11.5　历次南极考察人数

（2）队员信息，包含了历次考察中所有队员的资料，可以按照队员姓名、工作单位、以及参加南北极考察的学科、任务分工等方式进行查询（图 11.6）。

（3）项目信息，主要包含了以往极地考察相关项目的资料，可以通过浏览项目信息以及与项目人员联系等方式，为科研人员提供便捷的信息服务。

（4）观测平台，是指我国开展南北极考察的现场搭载平台比如：长城站、中山站、雪龙船等，提供观测平台的简单介绍和固定设备、交通支撑等说明。

（5）统计图表信息，主要是根据系统中的数据动态实时生成一些统计图表，包括：队次人数曲线图、考察队员的新老比例（图 11.7）、队次年龄结构、队员文化程度比例等信息。其中某一队次考察队员的新老队员比例还可以进行现势图与原统计图的比较。

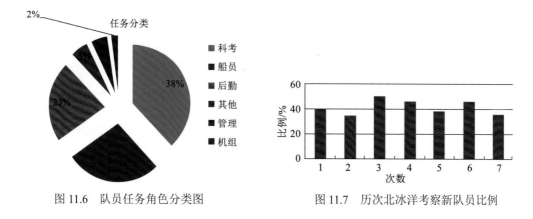

图 11.6　队员任务角色分类图　　　　　图 11.7　历次北冰洋考察新队员比例

11.3　雪龙在线网络信息平台

软硬件条件的提升使破冰船与国内实时通信成为可能。经过中国极地考察"十一五"能力建设项目的实施，"雪龙"号破冰船进行了大规模的改造，布设了船内局域网，建立了船上数据中心机房，具备了公用数据实时采集与回传国内的基础。社会关注极地考察队成为"雪龙在线"网络信息平台建设的动力。开发建设"雪龙在线"网络信息平台，将雪龙船涉及航行状态与机舱安全的重要数据实时回传，便于国内及时了解航行动态；并通过国内专家技术团队为雪龙船航行和考察提供有益的信息支撑。

11.3.1　系统架构与技术流程

"雪龙在线"通过卫星通信雪龙船和国内数据交换，并在互联网上提供数据发布与共享，下面从系统的整体架构、技术流程和关键技术加以说明。

1. 系统整体架构

系统从空间分布来看，包含破冰船端、国内陆地服务器端、数据通信网络和互联网用户 4 个部分。根据各个部分承担的工作，其功能划分包括：①破冰船端：传感器数据获取、实时数据存储、数据交换接口三个功能模块；②国内服务器端：数据交换接口、回传数据存储、Web GIS 数据发布、（给雪龙船的）支撑数据发布等；③数据通信网络：实现国内和雪龙船的数据交换，包括船载的海事卫星通信网和国内互联网两个部分；④互联网用户：访问国内 WebGIS 发布的雪龙船动态数据。结合功能划分和空间分布，系统的示意图如图 11.8 所示。

2. 系统技术流程

系统包括船端到陆地端、服务器与互联网多个部分，空间分布有流动性，但是可以从数据的交换过程来把握整个系统的技术流程，如图 11.9 所示。其中各个步骤的技术细节如下。

（1）传感器数据获取。获取船上与航行状态或科学考察相关的公用数据，包括 GPS 数据、气象数据、表层海水数据、机舱数据、罗经数据、测深数据等，具体参数和样例见表 11.1。

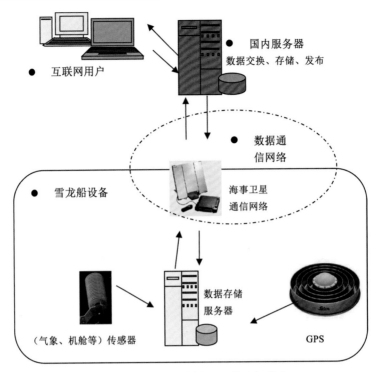

图 11.8　系统功能划分和网络空间分布

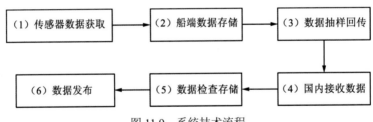

图 11.9　系统技术流程

表 11.1　雪龙船传感器参数及其样例列表

参数及样例	GPS	气象	表层海水	机舱	罗经	测深
①	坐标： 76°25′43″E 69°21′10″S	温度：−3.7℃	水温：27.2℃	主机转速： 102.1 转/min	船头回转速率： −7.8°/min	水深： 4 552.8 m
②	航速：0.8 节	湿度：34%	盐度：34.7 PSU	螺距：86%	船艏向：349.9°	—
③	航向：61°	气压： 984.3 hPa	荧光：4.93 μg/l	电网功率： 693 kW	—	—
④	—	风速：3.7 m/s	有色溶解有机 物：−5.04 ppb	电压：389 V	—	—
⑤	—	风向：195°		频率：49.83 Hz	—	—

（2）船端数据存储。为了节省雪龙船上海事通信卫星的费用，数据只能定时回传；同时，海事卫星通信有时候也是不稳定的，因此，必须将传感器获取的数据先在船上数据中心保存起来，以确保数据完整。本系统采用 Oracle10g 数据库来保存第（1）步获取的各类数据。以 GPS 数据为例，在数据结构中必须包含时间、位置（经度、纬度）等信息，其数据库表格如表 11.2 所示。

表 11.2　雪龙船 Oracle 数据库中 GPS 数据表结构

序号	字段名称	数据类型	必填字段	字段说明
1	ID	NUMBER（10）	是	记录编号，主键
2	T_LOG	DATE	是	北京时间
3	UTC	VARCHAR2（20	否	UTC 时间
4	LATITUDE	NUMBER（12，6）	是	纬度
5	LONGITUDE	NUMBER（12，6）	是	经度
6	ALTITUDE	NUMBER（9，1）	否	高程，米
7	SPEED	NUMBER（9，1）	否	航速，节
8	BEARING	NUMBER（9，1）	否	航向，度

（3）数据抽样回传。由于船上的传感器每秒钟都有新的数据生成，一个航次下来，数据量很大。虽然从科学研究的角度来看数据记录越密集越好，但是对于主管部门和社会公众来说也许只是关心雪龙船大致在哪里而并不关心这些数据本身，因此，从节约通信费用的角度出发，对第（2）步保存的数据进行抽样，选取每半小时一次的数据记录进行回传。回传时打开船上的海事卫星通信网络，与国内开展数据通信。为此笔者基于 Visual C++6.0 开发了一套后台服务程序，能够根据预先配置的参数自动连接雪龙船数据中心的 Oracle 数据库，全自动实现数据的抽样和回传。

（4）国内接收数据。按照雪龙船回传的数据格式，国内建立一个专用接口，时刻监听来自雪龙船的数据交换请求。由于国内网站接口是时刻在线的，对所有互联网用户开放，需要安全检查来筛选是否是雪龙船发起的数据交换请求，并只对来自雪龙船的请求做出响应。

（5）数据检查存储。国内服务器上应建立和雪龙船上数据结构完全一致的数据库，一旦收到雪龙船回传的数据，则存储到本地数据库中。由于船岸远程数据交换的不稳定性，国内服务器在接收到来自雪龙的数据之后，在存入数据库之前需要对数据的完整性做出检校。

（6）数据发布。在获取到雪龙船数据之后，还需要在互联网上对数据进行发布共享，才能让更多的用户了解雪龙船的最新动态。为了让用户直观了解雪龙船的航行动态，本系统基于 Google Map/Earth 二次开发，以 GPS 数据为依托，将航迹点的气象、机舱等数据在谷歌地图上可视化表现出来。为此笔者利用 Apache 构建了 Web 服务网站，并基于 PHP（http://www.php.net）建立了一个网络接口，实现第（4）、（5）两步的功能，结合 Google Map API 二次开发和 AJAX（asynchronous javascript and XML）、XML、CSS 等技术，实现了雪龙船数据的发布共享。

3. 系统关键技术

（1）数据安全性。原始数据交换在雪龙船和国内服务器之间展开，由于国内服务器全天候运行，其数据监听接口暴露在互联网中，必须对该接口的访问者加以筛选，确保数据来自雪龙船而不是其他攻击性的网络访问。本系统采用 MD5（message digest algorithm）加密口令和 CRC（cycle redundancy check）校验字段相结合的方法，对每一条回传的数据指令进行结构化封装（图 11.10），截至目前系统运行良好，没有发现被篡改的数据。

图 11.10　封装后的一条数据回传指令的数据结构

（2）数据完整性。考虑到海事卫星通信的不稳定以及国内服务器可能掉线，如何保证回传数据的完整性，是一个现实的问题。通过在雪龙船建立数据传输指令队列，并在船岸数据交换中引入对话确认机制，较好解决了该问题。指令队列的思路是在数据回传程序中建立两个接口：一个是数据库接口，定时从数据库抽样读取最新的数据，生成指令放入队列中；另一个是通信接口，定时与国内通信，循环执行队列的指令。同样，从国内传输数据给雪龙船的时候，也需要船端反馈确认接收的消息，以保证该数据传输完成，否则需要循环重复数据传输的指令操作，直到确认完成为止。船端数据回传指令队列的工作流程如图 11.11 所示。

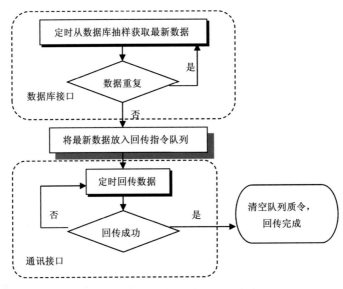

图 11.11　船端数据回传队列工作流程

（3）服务器效率。考虑到服务器有限的吞吐能力和网络传输带宽的限制，为了尽可能提高用户访问的响应速度，笔者采取了如下技术手段：①服务器端压缩数据以减少网络传输的字节，在用户浏览器端解压恢复各项数据，从而节省浏览器与服务器通信的网络流量，提升访问速度；②利用 JavaScript 技术建立本地缓存，存储已经访问过的各项数据，在下次访问该数据的时候直接从本地读取，从而在减轻服务器负荷的同时提高了访问速度；③采用 AJAX 技术实现浏览器页面和服务器数据的异步传输，从而带来更好的用户体验。

11.3.2　功能模块

"雪龙在线"网络信息平台的最终目的为我国极地考察服务，开辟了解极地考察动态与破冰船航行状态的窗口，提供破冰船航行所需的信息支撑。面向互联网用户，平台目前具有下述的功能模块。

（1）雪龙实时数据浏览。打开"雪龙在线"网站（网址：http://xuelong.chinare.cn/）进入首页，左侧为地图区域，可以开展地图缩放和漫游操作，右侧为图标列表，方便用户直接定位各个兴趣点。在地图中，点击每一个抽样显示的气泡，可以弹出对应的信息窗口。首页默认显示雪龙船当前位置和近期的实际航迹。在弹出的雪龙船信息窗口中点击各个图标，还具有查看"雪龙"最新的气象数据、测深仪数据、罗经数据、表层海水数据、机舱数据、以及最新的海冰分布图等功能。

（2）雪龙计划航线浏览。在地图区域内，通过叠加计划航线，可以和雪龙实际航线对比，大致了解雪龙的前方目的地以及时间节点等情况。

（3）实际航迹点抽样显示。由于一个航次积累的航迹点数据太多，在本系统平台中只是在当前地图范围内抽样显示航迹点，以便提高用户访问速度。在地图不断放大达到足够小的范围时，地图范围内的实际航迹点不超过抽样航迹点的最大个数，则该区域内所有实际航迹点都会自动显示出来。

（4）查询某一天的实际航线。输入特定的日期可查找某日历史航线与航迹点并在地图中叠加显示，还会计算当日航行的实际距离显示在状态栏中，便于回顾指定日期的航迹。

（5）雪龙动态数据曲线图浏览。查看雪龙最近一段时间的气象数据曲线图，或者查看最近一段时间雪龙航速和机舱等数据的曲线图，可以直观了解雪龙船近期的航行状态和周边气候状况。

（6）极地考察站点浏览。在地图区域可以叠加显示代表考察站的气泡图标，再次点击站点图标则隐藏所有站点气泡图标。点击地图上的站点气泡图标还可查看各个站点的详细信息。

（7）图上距离面积测量。点击地图上的不同地点，可测出两个或者多个点之间的距离。如果有三个以上的测点，还可以计算并显示测距点包围的多边形区域的面积数值。该功能对于航线规划很有帮助。

（8）极地新闻信息发布。雪龙船弹出信息窗口内，点击新闻图标可阅览我国考察站或者考察船相关的新闻消息。如果有管理员权限，则可以远程上传或更新相关的极地新闻。

（9）雪龙航线自动回放。进入航迹点自动回放状态，地图窗口内雪龙船的航迹点将按照时间先后顺序依次漫游居中显示，直至最新的航迹点，然后切换到最老的航迹点循环往复。

11.3.3 海冰影像更新

1. 海冰图投影变换

海冰信息是事关极区航行安全的重要数据。雪龙在线也提供了海冰地图实时更新的接口。通常海冰地图产品都是极区投影的栅格地图，这就需要变换到与 Google 地图兼容的投影模式。

在多种投影变换方法中，要选取一种兼顾效率与精度的方法进行南大洋海冰影像地图的处理。

"雪龙在线"使用的南极海冰影像分布图为德国不莱梅大学通过 SSMIS 获取的全南极海冰密集度图（图 11.12）。需要指出的是，由于南极大陆除了少量裸岩区域，常年为冰雪覆盖，全南极海冰密集度图实际上屏蔽了南极洲区域，只有南大洋海冰密集度分布数据。图 11.12 的投影方式为极方位立体投影（球面投影），而目标影像投影方式已定，为 Web Mercator 投影（与 Google 地图的投影方式一致）。

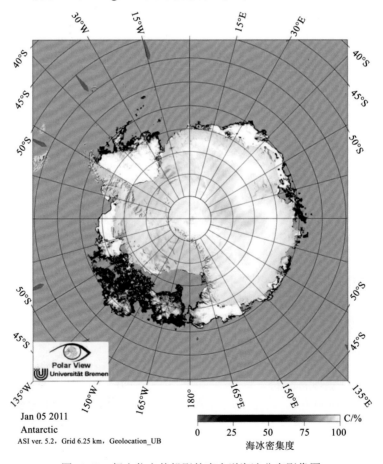

图 11.12　极方位立体投影的南大洋海冰分布影像图

经理论分析和编程实践，最终选择解析变换法中的反解法作为基础算法，实现过程中再根据实际情况进行适当调整。

假设原始海冰影像的像素坐标为 (x_0, y_0)，相应的球面投影直角坐标为 (X_0, Y_0)，该点的实际地理坐标为 (B, L)，该点在墨卡托投影下的直角坐标为 (X, Y)，体现在目标影像上的像素坐标为 (x, y)。投影变换流程如下。

（1）根据 Google Maps 的坐标起始值及各缩放等级下的影像分辨率，进行变换：$(x, y) \rightarrow (X, Y)$。

（2）根据墨卡托投影公式，推出其反算公式，进行变换：$(X, Y) \rightarrow (B, L)$。

（3）根据球面投影公式，进行变换：$(B, L) \rightarrow (X_0, Y_0)$。

（4）原始影像配准，建立像素坐标系与球面投影直角坐标系之间的关系，进行变换：$(X_0, Y_0) \rightarrow (x_0, y_0)$。

（5）经过投影变换之后，还需经过图像重采样，选择合适的重采样算法并指定要转换的地图范围，最终才能得到投影变换之后的目标地图（图 11.13）。

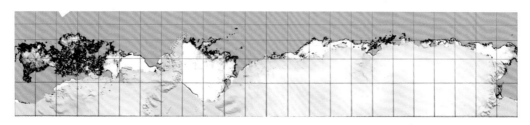

图 11.13　投影变换之后的海冰分布影像图

2. 图像重采样

上述步骤建立了瓦片的像素坐标与原始影像的像素坐标之间的变换关系，但是每个瓦片像素对应的像素坐标 (x_0, y_0) 不一定是整像素，因此，生成瓦片的过程需要进行图像的重采样。

常用的影像重采样方法有 3 种：最近邻元法、双线性内插法、双三次卷积法。三种算法均可用于海冰影像地图的重采样计算。最近邻元法计算简单，效率最高，辐射保真度好，但会造成像点在一个像素范围内的位移，几何精度较差。双线性内插法计算也较为简单，效率较高，并具有一定的亮度采样精度，但像素灰度在采样过程中有一定变化，易使得地图边缘在一定程度上变得较为模糊。双三次卷积算法最复杂，时间复杂度最高，内插精度也最高，但是在实际计算中，为了便于计算机处理往往简化算法，由此带来采样的误差。

海冰分布图原始影像如图 11.12 所示，分别用三种算法进行投影变换，得到地图瓦片的结果如图 11.14 所示。其中，瓦片（a）和（b）的图像质量比较接近，而瓦片（c）的噪点较多，这是由于源图像是极方位立体投影，越靠近极点的位置拉伸变形越大，而双三次卷积算法始终采用 4×4 像素的重采样窗口，导致采样的像素失真较为严重。结合南极海冰地图的特点，同时兼顾精度与效率，选择双线性内插法作为最终的重采样算法。

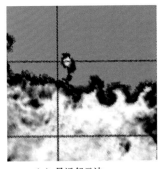 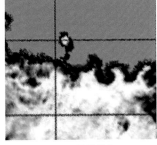 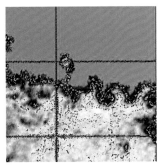

(a) 最近邻元法　　　　　　　　(b) 双线性插值　　　　　　　　(c) 双三次卷积

图 11.14　不同算法重采样的瓦片

3. 海冰影像瓦片切割与发布实例

为使海冰影像能叠加在"雪龙在线"信息平台上，瓦片地图的组织方式与 Google Maps 一致，以"瓦片"金字塔的方式显示出各缩放等级下的地图影像。"瓦片"编号方式为 z_i_j，z 为缩放等级，i 为瓦片的行号，j 为列号。由于影像的投影变换过程主要采用反解法，由目标"瓦片"的像素寻找到其对应的原图像素，"瓦片"的切割在投影变换过程中完成，程序直接对每个生成的"瓦片"影像编号命名。

"雪龙在线"中原始 Google 地图如图 11.15（a）所示，在地图上叠加海冰分布情况的显示效果如图 11.15（b）所示。需要指出的是，地图中除了南极大陆地形，各国南极考察站位置，还同时显示了雪龙号破冰船的实时位置、走航航迹等信息。如图 11.15（a）所示，图上 H 点即为雪龙船的实时位置，红线为它的走航航迹。图 11.15（b）将海冰密集度影像与原始地图叠加显示，并根据需要调整海冰影像的透明度，可以清楚地了解到雪龙船航线附近的海冰分布情况，为雪龙船的航线选择提供便利。

在中国第 28 次南极考察实践中，适逢"雪龙"号破冰船南大洋冰区航行期间，通过"雪龙在线"信息平台多次发布更新南大洋海冰影像数据，为破冰船的航线调整决策提供了积极的数据支撑。值得注意的是，南北两极的地图投影和瓦片切割具有相似性，本成果对于破冰船北极航道的选取和相关研究同样具有重要参考价值。同时，此处地图投影变换及瓦片切割算法，对极地科学考察中各种专题地图的网络发布也具有一定参考价值。

11.4　"掌上两极"移动信息平台

鉴于移动互联网的快速发展以及移动终端设备的智能化，用户获取实时信息的方式逐渐从 PC 端转向了移动端，同时许多突发问题要求在移动的环境下完成快速决策。极地移动信息平台（"掌上两极"）一方面可以方便极地管理部门、科研人员和社会公众快速获取极地最新信息，另一方面可以达到移动平台监控的作用，为相关工作人员提供一定的应急决策支持。根据当前主流的智能手机平台类型，"掌上两极"推出了 Android 和 iOS 两个版本。

（a）中山站附近地形图

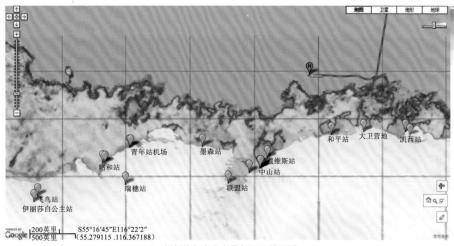

（b）南大洋海冰分布叠加显示效果图

图 11.15　原始谷歌地图及海冰分布叠加效果图

11.4.1　系统设计

"掌上两极"的建设以实现南北极各个考察站实时数据的快速查询与共享为目标，系统采用客户端和服务器的解决方案，结合多线程和 AJAX 异步通信技术，配备 Oracle 作为数据库，设计实现了极地新闻、极地相关数据的浏览查询等功能。

1. 系统整体架构

为保证数据的安全性以及不同客户端访问的统一性，"掌上两极"采用典型的客户端和服务器架构，数据存储在服务器端，客户端只负责界面布局与数据展现，减轻了客户端的负载量。客户端采用 MVC（model-view-controller）设计模式，最大限度降低模块之间耦合度。客户端与服务器借助 JSON（Javascript object notation）接口进行数据传输，不同客户端访问相同的数据接口，实现信息的统一，服务器端数据更新也可以及时反映到客户端上。系统整体架构如图 11.16 所示。

2. 系统功能模块设计

通过"掌上两极"可以方便地查看南北极各个考察站的最新数据。经过前期需求调研与分析，根据功能特点将系统划分成 13 个模块：极地新闻、队员报名、考察申报、极地论文、雪龙动态、极地影像、GPS、验潮数据、极地气象、极地地图、网络资源、极地专项、用户反馈，各功能模块内容如图 11.17 所示。

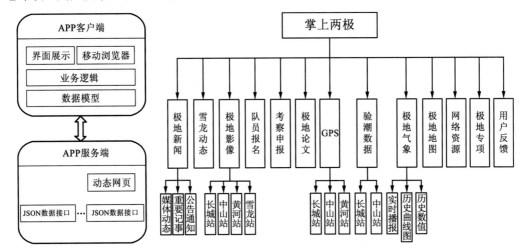

图 11.16　"掌上两极"架构图　　　　　图 11.17　"掌上两极"系统功能模块图

11.4.2　客户端设计与实现

1. Android 开发技术

Android 平台自底向上由 4 个层次组成：Linux 内核层、Android 运行时库和其他库层、应用框架层、应用程序层。Android 提供了丰富的类库并且大部分为开源代码，在应用框架层 Android 开发人员拥有访问框架 APIs 的全部权限。"掌上两极"Android 客户端采用 JAVA 语言开发，并充分利用其面向对象、安全、可移植性好等优势，从服务器接口获取数据时使用 Android 提供的 AsyncTask 类实现异步操作，避免阻塞 UI 线程。

2. iOS 开发技术

iOS 是 iPhone、iPod 以及 iPad 等设备的核心操作系统，它重定义了移动设备可以实现的功能，并拥有良好的用户操作体验。iOS 系统架构分为 4 个层次：核心操作系统层（core OS layer）、核心服务层（core services layer）、媒体层（media layer）、可触摸层（cocoa touch layer）。"掌上两极"iOS 客户端开发完全遵照 iOS 四层结构及应用开发规范设计实现，系统应用到了 Foundation、UIKit 和 Core Graphics 等框架，开发语言为 Object-C，在开发过程中使用 NSThread 技术实现数据异步读取。

3. 客户端实现过程中的关键技术

（1）增强用户体验。智能手机不仅仅要满足应用需求，更重要的是注重用户体验，"掌上两极"客户端在开发过程中，结合实际功能模块，进行了相应的优化：用户在启动时，程序自动检测手机网络连接是否正常，如果没有检测到可用网络，则提示用户联网；通过手机内置浏览器控件打开数据量较大的网页时往往会很慢，例如"雪龙动态"页面需要加载谷歌地图，数据量比较大，为此程序中设置了一个进度条显示当前页面加载进度；客户端界面分别结合 Android 和 iOS 平台特点精细化设计，简洁易懂，具有强烈的视觉层次感等。

（2）异步加载数据。系统客户端与服务器端之间通信采用 HTTP（hyper Text transfer protocol）协议，基于 HTTP 协议的交互方式有同步请求和异步请求两种。应用程序默认情况下只会开启一个主线程，它需要完成执行代码段、接收用户交互事件、更新窗口等任务。同步请求在主线程中进行，在请求过程中主线程不能响应外部输入，当某一个任务耗时较长时就会出现主线程阻塞，界面无法响应的情形，尤其是在国内的网络不稳定的情况下。针对这种问题，客户端在通过网络获取数据时新开辟一个线程实现数据异步加载，数据读取完成后通知主线程更新用户界面，避免阻塞主线程，给用户良好的使用体验。

（3）数据缓存。使用缓存可以让应用程序更快速地响应用户输入，有时候需要将从远程服务器获取的数据缓存起来，避免对同一个 URL（uniform resoure locator）多次请求，由于"掌上两极"客户端数据基本都需要从服务器端获得，所以进行数据缓存很有必要。iOS 客户端中主要使用了内存缓存，"雪龙动态"、"极地论文"和"队员报名"模块都是通过网页控件直接打开网页，并设置网页缓存，再一次请求时则是从内存中获取数据；"极地新闻"和"极地影像"模块中接口数据采取一次性向服务器请求并保存在内存中，切换浏览时直接从内存读取。Android 客户端中主要使用了本地缓存，用户浏览过的图片都会下载到本地，再次查看时直接从本地加载。缓存的应用在减轻服务器负担的同时提升客户端响应速度，另一方面也节省了上网流量。此外，"极地地图"模块中的地图数据经过预处理后直接打包到 iOS 安装文件中，在提升用户体验的同时减少了网络下载流量，对地图分辨率要求高的用户可以通过客户端提供的接口浏览原始分辨率图片。

4．客户端运行效果

经过详细的功能设计，人性化的界面布局和敏捷的开发流程，"掌上两极"客户端开发已基本完成。目前 iOS 以及 Android 版本分别已经在 App Store 和 Android 应用市场正式发布，其中 Android 客户端适用于 Android 2.3.3 以上系统，推荐使用大屏幕（4.0英寸及以上）手机进行体验；iOS 客户端支持 iPhone、iPod 和 iPad，适用于 iOS5.0 以上系统，图 11.18 为 APP 效果图。

11.4.3　服务器端设计与实现

服务器的主要功能是提供数据交互，使用户获取最新的极地资讯，同时接收用户的反馈信息，系统基于 Apache 发布 Web 服务，利用 PHP 编译动态页面，采用轻量级的 JSON 作为数据交换格式。此外，为深入挖掘用户的需求及使用习惯，服务器还需要对客户端的请求进行记录，方便后续改进软件和服务。

（a）iOS 客户端主页　　　　　　　（b）Android 客户端主页

图 11.18　客户端主页

1. 服务器端接口设计

JSON 是一种轻量级的数据交换格式。它是基于 JavaScript 的一个子集，具有面向对象的特点，易于人阅读和编写，同时也易于机器解析和生成。服务器端在设计数据接口时兼顾以下几个方面：①层次性，方便调用；②独立性，接口之间耦合度低；③易于扩展，满足功能模块扩充需要。如图 11.19 所示，服务器端对不同类型的极地数据进行分级抽象，每一级中节点均采用"key-value"的表达形式，例如第一级中节点"03：极地气象"，冒号前面为 key，后面为 value，这种表达方式易于 JSON 实现；为保证用户体验，接口层次不宜超过 5 级，客户端具体实现过程中最多使用了 4 级。客户端获取数据需要从上到下逐级进行，这种层级接口设计方式保证了客户端访问的灵活性，可按需获取相应层次数据，不同级别数据获取互不影响，并且扩展起来很方便。

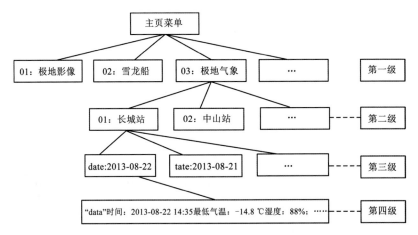

图 11.19　数据接口设计示意图

2. 客户端访问记录统计分析

为研究用户的使用习惯，服务器端对每一次数据请求自动记录，通过分析数据日志对软件的后续开发加以调整。选取 2014 年 1 月 10 日（稳定版发布）到 2014 年 4 月 24 日的时间段对访问日志进行分析，结果如下。

（1）访问日志总共包含 7 313 条记录，其中 iOS 客户端访问 3 912 次，Android 客户端访问 3 401 次，访问最频繁的三个模块分别是"极地影像"、"极地新闻"和"极地气象"。分析 IP 归属地发现访问用户主要来源于武汉、北京和上海，同时有少量用户来源于海外，如美国、意大利和挪威。客户端访问趋势如图 11.20 所示。

（2）通过将访问日期转换为工作日并加以统计，各个工作日访问量差距不是很明显，如图 11.21 所示。

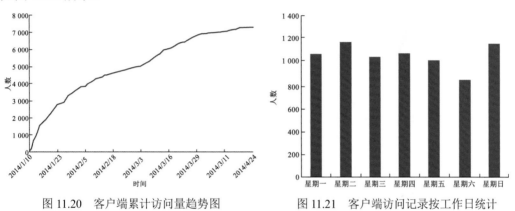

图 11.20　客户端累计访问量趋势图　　　　　图 11.21　客户端访问记录按工作日统计

（3）以小时为单位，统计用户在一天之内各个小时的访问次数，结果如图 11.22 所示，从图中可以发现，用户一般会在上午上班（8 点）和下午下班之后体验软件。

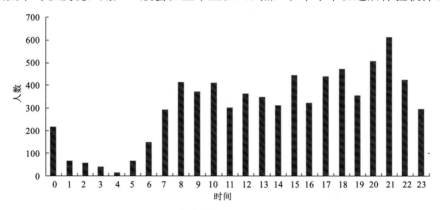

图 11.22　客户端访问记录按小时统计

通过对数据日志的统计分析，可以跟踪发掘用户的使用习惯，进而指导软件的进一步研发和扩展，使得软件升级完善并且更加面向用户需求，稳步提升用户体验。

3. 关键技术与原则要求

服务器的主要功能是提供数据交互，因此，首先要保证数据的完整性和安全性。数据获取方面，在雪龙船和考察站点现场采集的数据通过海事卫星通信网络回传到国内服务器上，考虑到海事卫星通信可能存在的不稳定性以及费用限制，采集的数据会先在远端数据中心保存起来，以确保数据完整，然后由后台服务程序对数据进行抽样并选取半小时 1 次的数据记录回传到国内服务器上。服务器进行数据交换之前首先对数据来源进行筛选确认，防止数据被恶意拦截篡改；接收的数据在入库之前也会进行数据检验，充分保证了采集数据的可靠性和安全性。

移动终端用户通常采用移动网络访问服务器，此种方式经常受到带宽以及网络流量的限制，因此，选择一种安全高效的数据通信方法尤为重要。JSON 能从众多的远程数据库通信方法中脱颖而出，主要在于其通过 HTTP 协议访问应用服务器，安全、快速、通用、数据通信量小，同时对后台数据库没有特殊要求。JSON 通信方式在保证系统高效及安全的情况下，降低了对移动终端的要求。

11.5　信息应用服务

在极地地理信息系统的运行过程中，积累了大量的南北极考察活动相关的空间数据，GPS 数据就是其中最典型的一类。比如针对破冰船走航的 GPS 数据，就可以开展地理位置的管理信息挖掘，以及开展空间数据的时序特征分析。

地理位置的管理信息挖掘，以 GPS 数据提供的地理坐标为基础，可以对比全球港口数据和全南极考察站点，分析统计破冰船到达或接近的港口或考察站信息。通过船舶 GPS 提供的速度信息，通过一定时间窗口内的 GPS 数据分析，可以提取船舶破冰、抛锚、靠港、大洋中停车等重要的时间节点。并通过手机短信、电子邮件等信息化手段，及时推送到感兴趣的队员家属、单位领导和主管部门。

以雪龙船破冰状态识别为例，通过对 S27、S28 两个南极航次开展破冰状态识别，并对单次破冰时耗与距离等特征参数加以统计，结果如表 11.3 所示。

表 11.3　S27 与 S28 破冰统计结果

航次	实际破冰次数	单次破冰平均耗时/min	单次破冰平均距离/m	首次破冰与中山站距离/km	识别次数（正确）	识别率/%	正确率/%
S27	84	11.9	105	23.8	77（72）	85.7	93.5
S28	137	14	146.9	39.5	120（118）	86.1	98.3

结果显示 S27 航程中首次破冰地点与中山站的距离相比 S28 要近，且在单次破冰平均耗时比 S28 短，破冰距离也相对较近。因此可以推测，"雪龙"号在执行第 28 次南极科考任务过程中，遭遇的海冰冰情与前一年不一样，至少破冰航线区域的浮冰有较大的差别。

同样基于破冰船 GPS 轨迹，还可以开展锚泊状态的准实时分析，对船舶"走锚"现象进行监控。以"雪龙"号 2011 年 2 月 14 日的航迹为例，通过构建锚泊识别模型，可以提取出当天在中山站锚地的 51 个偏荡半周期，其时长为 6～12 min；并对每个偏荡半周期进行锚位拟合，得到统计如表 11.4 所示。

表 11.4　雪龙船 2011 年 2 月 14 日中山站锚泊状态统计

参数	偏荡半周期/min	偏荡幅度/m	平均拟合半径/m
均值	9.08	101.469 0	145.403 4
标准差	1.275 2	20.657 5	42.994 3
最大值	12	134.993 1	294.781 8
最小值	6	43.574 0	47.110 5

　　进一步的分析发现，雪龙船"拟合锚位"随着时间在不断移动，并且在 5:31 前后有较大的异常（图 11.23）。结合气象数据对比分析，发现在"拟合锚位"分布异常阶段风速偏大，实际上是雪龙船在风的作用下发生了"走锚"。

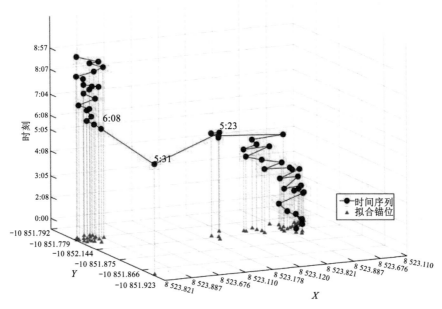

图 11.23　拟合锚位时空分布

　　"拟合锚位"对偏荡轨迹的迁移十分敏感，当"雪龙"号处于稳定偏荡状态时，"拟合锚位"能够反映船舶的实际锚位；一旦发生走锚现象，"拟合锚位"变化显著，能够作为走锚现象的识别指标，监测锚泊状态的稳定性。

11.6　基于 GIS 的极地战略

11.6.1　考察站选址

　　极地特殊的地理位置和自然条件要求建立考察站以保障人类的各种活动，因北极地区存在部分国家领土，而南极无主权国家和永久居民，故考察站选址尤以南极为重。建立南极考察站进行多学科综合考察是获取南极科学认知的主要途径，考察站在南极科考中肩负着后勤保障和综合基地的作用，并对周边地区形成了实际控制。一些考察站的所选位置不仅自然环境特殊，而且具有重要的地缘政治意义，因此，考察站站址的选择和布局也与国家极地战略息息相关。

考察站选址受建站目标、环境、后勤保障和地形等多个因素的影响，其位置的选择关系到考察站的建设和运行维护，决定了科学考察的内容与范围，关乎国家在南极问题上的战略利益，同时也涉及对南极自然生态环境的干扰程度。可见，南极考察站选址问题是一个多准则决策过程。在选址过程中不仅要考虑科考需求，还涉及建成后的补给方式、建设施工难度、突发事件的处理以及对南极自然环境的影响等种种因素。以往都是由各国南极管理部门的少数专家基于对南极的了解，结合地图进行人为判断，给出若干备选点后一一进行实地验证，需耗费大量时间与金钱，并且包含了人为决策的不确定性。

多准则决策是"一个允许比较不同选择或者根据可能相互矛盾的标准，为了指引决策者做出明智选择的辅助决策数学方法工具"，其一般流程参见图11.24。由图可知不管是多目标决策还是多属性决策，其焦点都是评价指标，指标对应决策问题的适宜性范围及指标权重的确定，这些权重代表该指标在特定目标下对于决策主体的价值。最终适宜性范围即为权重与指标对应适宜性范围按照某种法则合并而成。

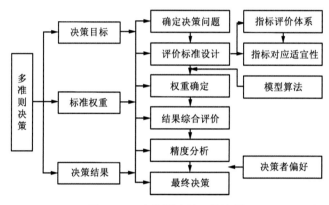

图 11.24　多准则决策一般流程

已有研究通过构建基于模糊层次分析法和逻辑回归的南极科学考察站选址模型，评价整个南极地区不同类型考察站的建站适宜性情况（图11.25），建立南极科学考察站选址决策支持系统。GIS 功能的纳入使得评价过程空间化和可视化，将各种空间数据以及针对不同选址目标的适宜性分析结果以图形形式呈现给相关决策者，方便他们从各个维度了解决策因素，参与决策过程。该选址方法将传统的定性分析向定量化研究转化，降低人为因素带来的不确定性，避免专家主观判断造成的误差。根据不同的建站目的选择不同的适宜性区域，揭示建站的适宜性空间分布，缩减了建站选择区域范围，各国可根据自己的实际情况调整模型，优化选址过程，降低选址过程花费。

不同研究模型各有优缺，可根据实际需要进行选择优化。模糊层次分析法是人为判断指标适宜性分类、给定指标相对重要性，得到结果中可以清晰地看到每个指标对最终结果的影响以及每个地点具体的适宜性程度，易于理解解释；但是因为参考文献众多、专家意见的不一致性等因素影响，可能导致对结果无重要意义的指标被纳入体系。在相关性分析中，若多个指标之间相关因素较高通常采用主成分分析法，重新组合成一组新的互相无关的综合指标来代替原来的指标。但是在构建分析层次的过程中，因为每个层次代表的含义不同，指标为独立的个体，层次分析法本身就被看成是处理指标相关性的一种方法，所以在实际操作中很少对指标体系进行量化检验。由于人为因素的不确定性，可能造成评价指标之间的信息重复，得到的最适宜建站范围最广。逻辑回归采用数据统计的方法，采集已建站地区数据，给出具有相同数据范围的地区，计算精确快捷；排除高度相关的数据，保留对结果有意义的指标，避免数据的多元共线性。但是因为南极常年站数量有限，在实际选址过程中，并不是只有已建站地区适宜建站，逻辑回归的方法排除了其他的可能性；而且采用数学模拟的方法，追求的是数据的拟合，而不是解释的合理，所以随着数据或抽样的变化，模型出现一定幅度的波动；在最终地图上只显示最终适宜建站与不适宜建站两种结果，无法直观看到每一个指标对结果的影响程度和范围，得到的最适宜建站范围最小。

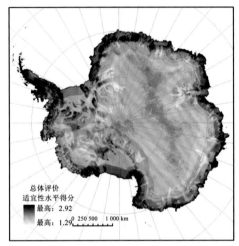 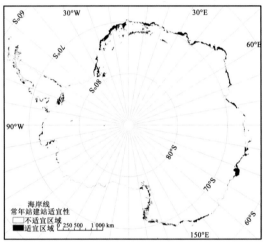

（a）基于层次分析法的常年站建站适宜性区域图　　　（b）基于逻辑回归的常年站建站适宜性区域图

图 11.25　基于模糊层次分析法和逻辑回归的常年站建站适宜性区域图

在选址研究中，主要对单个位置选址适宜性进行评价，缺少在空间尺度上对整个网络的覆盖性和连通性等进行全面定量的研究，阻碍联合发展态势的有效形成。已有网络效率分析多关注信息在网络中传播的效率，并未将网络局部特征重点考虑，且多是针对无权网或简单加权网等普通网络，均以最短路径反映节点间的相互关系，忽略了网络节点自身特征。在实际选址网络中，节点之间无论相连与否可能均存在相互关系，最短路径亦无法体现节点之间的联系紧密程度。为解决上述问题，建立"点-边-网"层层深入的网络效率评价模型体系。通过基于最小二乘法的模糊层次分析评价考察站点及其联系（后以点/边替代）的相对重要性，体现网络局部特征；采用基于网络图论思想修正后的网络效率模型评价网络运行效率。通过以上模型，量化评估各国考察站网络运行效率，分析其差异产生原因，为考察设施网络的建设规划提供依据。

目前，已有 20 多个国家在南极建立考察站，形成由考察站（点）和考察站之间相互关系（边）组成的南极考察站网络。点和边相对重要性均受地理位置、自然环境、南极政治等多方面因素影响，故评价点/边相对重要性实际上是一个多属性评价过程。根据南极地区实际情况，考虑数据获取可能性并结合相关研究成果，从战略意义、科考条件、后勤支撑能力三个方面建立点、边相对重要性评价指标体（表 11.5，表 11.6）。

表 11.5　点相对重要性评价指标体系

目标层	指标层			
	一级指标		二级指标	
点相对重要性评价	C_1	战略意义	C_{11}	周边考察站情况
			C_{12}	到保护区的距离
			C_{13}	是否在重要位置
			C_{14}	周边是否有矿产
	C_2	后勤支撑能力	C_{21}	最大容纳人数
			C_{22}	是否有机场
			C_{23}	考察站性质
	C_3	科考条件	C_{31}	到海岸线的距离
			C_{32}	冰厚
			C_{33}	是否在极圈内
			C_{34}	风速
			C_{35}	积雪率

表 11.6　边相对重要性评价指标体系

目标层	指标层	
边相对重要性评价	X_1	是否跨越不同主权申索区
	X_2	实地距离
	X_3	连通方式
	X_4	研究互补性

以中、美、俄、澳四国南极考察站网络为例，实现考察站网络效率评价。由于自动站、暂时关闭站等在南极地区实际影响并不突出，仅评价各国常年站和夏季站组成的网络。

从表 11.7 中可以看出，因目前南极考察站建站主要用途和根本目的是南极科考，一级指标中科考条件最为重要（$W_{C3} = 0.414$）。其次是后勤支撑能力（$W_{C2} = 0.327$），南极气候条件恶劣，后勤支撑是所有极地活动能否顺利进行，考察站能否健康运转的保障。最后是战略意义（$W_{C1} = 0.259$），从南极考察站建站历史上看，各国最初建站目的均是为在南极地缘政治问题中把握主动权，目前《南极条约》约束，各国只能以建立考察站增加极地活动的形式加大在南极地区的实际影响力。

在战略意义二级指标中，考察站是否在重要位置（$W_{C13} = 0.122$）对考察站的战略意义起决定性作用，南极最具战略意义的点有极点、冰点、磁点和高点，占据特殊点有利于国家在南极问题上争取话语权；周边考察站情况（$W_{C11} = 0.063$），周边考察站分布对考察站进一步拓展建设存在一定限制。

表 11.7　点相对重要性评价指标权重

一级指标	权重	二级指标	权重
C_1	0.259	C_{11}	0.063
		C_{12}	0.048
		C_{13}	0.122
		C_{14}	0.026
C_2	0.327	C_{21}	0.158
		C_{22}	0.067
		C_{23}	0.102
C_3	0.414	C_{31}	0.147
		C_{32}	0.128
		C_{33}	0.046
		C_{34}	0.041
		C_{35}	0.052

在后勤支撑能力二级指标中，考察站最大容纳人数（$W_{C21}=0.158$）反映了考察站规模，对考察站后勤支撑能力起决定性作用；其次是考察站性质（$W_{C23}=0.102$），决定了该站全年运作时间长短；是否有机场（$W_{C22}=0.067$）是评价考察站与外界物质交换效率的指标。

在科考条件二级指标中，由于近年各国对极地海洋研究愈加重视，到海岸线的距离（$W_{C31}=0.147$）体现了考察站在极地海洋相关众多学科研究上的便利性，故该指标权重最大；冰厚（$W_{C32}=0.128$）影响冰芯可钻取长度，冰芯是对南极地区古气候学和古环境研究的重要资料；积雪率（$W_{C35}=0.052$）和风速（$W_{C34}=0.041$）是影响考察站的使用年限的重要因素，也是考察站天气条件的反映。

从表 11.8 中可以看出，连通方式（$W_{X3}=0.389$）对边相对重要性起决定性作用，体现了考察站之间是否连通和两连通站间的运输效率，涉及考察站之间救援和相互支撑的可能性；其次为是否跨越不同主权申索区（$W_{X1}=0.254$），影响国家在应对未来可能出现的南极领土纷争时的战略部署；第三是研究互补性（$W_{X4}=0.248$），反映了考察站之间是否存在研究内容冗余，以及研究领域覆盖情况；实地距离（$W_{X2}=0.109$）权重最低，虽然有利于考察站实地通联，但不利于多学科研究的展开。

表 11.8　边相对重要性评价指标权重

指标	X_1	X_2	X_3	X_4
权重	0.254	0.109	0.389	0.248

对于考察站点相对重要性如表 11.9 所示，美国各站指向性更加明显，阿蒙森—斯科特站和麦克默多站尤为突出，前者位于南极极点，且规模较大，配置有机场便于物资运输，是极地地质学、天文学研究的理想场所；后者是目前南极规模最大的考察站，也是阿蒙森斯科特站的后勤补给中心，地处麦克默多湾罗斯岛，申请有保护区，紧邻罗斯海

和罗斯冰架，利于极地海洋学、极地冰川学研究。澳大利亚相对重要性则较为一致，均处于中等偏上水平；中国和俄罗斯各考察站相对重要性差距较大。中国考察站中，中山站（0.492）相对重要性最高，是昆仑站和泰山站的后勤支撑站保证其正常运行，也是中国南极科考深入南极内陆的基础，该站位于普里兹湾海域，紧邻埃默里冰架，是极地冰川学、海洋学研究的理想场所；泰山站（0.240）相对重要性最低，该站目前尚在建设中，科研任务未全面展开。俄罗斯考察站中，最重要的站为东方站（0.614），它位于冰点且周边考察站少，配置有机场便于物资运输，位于地球寒极，是冰芯钻取的最佳场所之一；重要性最低的是别林斯高晋站（0.425），该站和中国长城站比邻，均位于南极半岛，紧靠海岸线，便于极地海洋学研究，但是周边考察站分布密集限制其发展。

表 11.9 点/边相对重要性

国家	站点	权重	边	权重
中国	长城站	0.427	长城站—昆仑站	0.516
	昆仑站	0.484	长城站—泰山站	0.378
	泰山站	0.282	长城站—中山站	0.493
	中山站	0.492	昆仑站—泰山站	0.461
			昆仑站—中山站	0.491
			泰山站—中山站	0.463
美国	阿蒙森-斯科特站	0.726	阿蒙森斯科特站—麦克默多站	0.823
	麦克默多站	0.700	阿蒙森斯科特站—帕默站	0.515
	帕默站	0.565	麦克默多站—帕默站	0.444
俄罗斯	别林斯高晋站	0.425	别林斯高晋站—和平站	0.470
	和平站	0.611	别林斯高晋站—新拉扎列夫站	0.466
	新拉扎列夫站	0.443	别林斯高晋站—进步站	0.508
	进步站	0.529	别林斯高晋站—东方站	0.468
	东方站	0.614	和平站—新拉扎列夫站	0.408
			和平站—进步站	0.510
			和平站—东方站	0.410
			新拉扎列夫站—进步站	0.597
			新拉扎列夫站—东方站	0.472
			进步站—东方站	0.534
澳大利亚	凯西站	0.555	凯西站—戴维斯站	0.617
	戴维斯站	0.558	凯西站—莫森站	0.579
	莫森站	0.603	戴维斯站—莫森站	0.489

边相对重要性如表 11.9 所示，各国考察站网络内部边重要性差异较大。美国网络中的阿蒙森—斯科特站到麦克默多站在所有研究边中最为重要，后者作为前者的后勤补给站，通过空中运输进行物资交换，运输效率高联系十分紧密。其余各国网络边相对重要性亦

存在差异，但均不如美国显著，本章所涉及的边中相对重要性最低的是长城站—泰山站，两站距离较远不能直接连通，泰山站科考活动尚未正式启动使得两站的研究互补性低。

将上述得到的网络点/边相对重要性带入南极考察站网络效率评价模型中，得到各国考察站网络效率如表 11.10 所示。

表 11.10　各国考察站网络效率

名称	中国	美国	俄罗斯	澳大利亚
网络效率	0.198	0.400	0.244	0.321

美国考察站网络效率（0.400）最高，其次是澳大利亚（0.321）和俄罗斯（0.244），最后为中国（0.198）。美国考察站网络中只有三个考察站，但包含全南极规模最大的考察站和最重要的特殊站，且考察站都能充分发挥各自作用，且考察站之间相对位置和科研关系设置合理，使得美国考察站网络效率明显优于其他三国。澳大利亚考察站网络由 3 个站组成，考察站规模较大，科研方向上互补性好，站点之间距离近联系紧密。俄罗斯考察站网络由 6 个站组成，是本书中最为复杂的网络，其覆盖面积广泛，但是同时制约了各考察站之间的联系，且不同考察站功能具有一定重复性，限制了考察站网络整体运行效率。中国考察站网络由 4 个站组成，但是考察站规模较小，设施不够完备；泰山站和昆仑站目前还是夏季站，预定科考项目并未完全展开；且各站之间联系不够紧密，目前仅通过考察船和雪地车通联，运输效率低，故整体网络效率较低。

综上所述，网络效率与选址站点个数之间没有必然联系，而不同站之间相互关系能对网络效率产生直接影响。故考察站数量并不是南极科考和战略的关键所在，合理布设考察站分布位置，既保证单个考察站的优越性，同时调整考察站之间相互关系才是提升考察站网络运行效率，增强国家南极考察实力。

11.6.2　极地战略态势可视化分析

随着我国极地战略研究的深入和拓展，特别是极地国家利益战略评估的实施，我国在极地地缘政治、极地资源利用、极地法律体系研究、极地国家政策研究等方面取得了很大进展。特别是围绕国家需求，对极地相关重大基础问题展开了研究，并取得了丰硕成果。如极地国际法律和政治秩序的演变态势、结构特征；北极油气、矿产和生物资源的开发利用；北极东北航道的利用前景及其法律问题；极地生态环境保护；南极海洋保护区的发展态势及我国的应对策略等，并形成了一系列成果。这些成果形式为研究报告、出版专著、图集等。这些成果的特点是内容广泛而且分散，当为政府决策提供咨询服务时，需要花费大量的人力和时间从众多的研究报告中获取一些关键的数据和图件，为了有效管理和高效集成极地战略研究的各项成果，同时也为后续研究提供一个集成化、智能化、可视化的极地战略地图分析平台，从而为维护作为国家战略新疆域的极地国家利益提供决策咨询服务，需建立极地战略态势地图分析系统。

极地战略态势地图分析系统以南北极系列中小比例尺地图为基础，搭载各类极地战略研究成果和数据。该系统具备以下功能：基于空间位置的极地战略研究成果的组织、管理、查询与发布功能，基于地图的距离、面积等地图量算和统计分析功能，战略态势地图的浏览、定位与下载功能，极地战略态势地图分析功能等（图 11.26）。

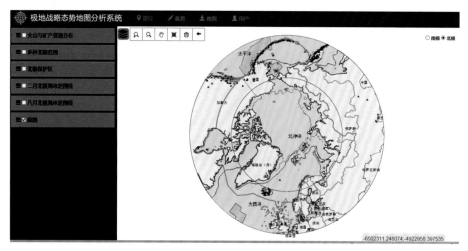

（a）系统主界面

（b）测量功能　　　　　　　（c）定位功能

图 11.26　极地战略态势地图分析系统部分功能界面

（1）测量功能。系统提供距离测量和面积测量两种测量方式，便于数据定量化分析。

（2）定位功能。可通过 x，y 坐标和地名两种方式进行定位，并提供"平移至该点"功能。

（3）数据下载功能。提供 zip 和 shp 两种格式数据下载，并提供原始数据来源、属性信息等说明。

（4）属性筛选功能。可通过属性过滤选项选择属性，并且在主界面中标注该属性。

（5）数据透明度设置功能。可调节数据显示的透明度，利于多源数据叠加显示，有助于发现数据潜在规律。

在系统应用方面，北冰洋海洋权益是目前极地战略研究的焦点，国内外学者为此做了诸多研究并取得了丰硕的成果。然而这些研究中基于法律与争端上的定性分析较多，而采用空间化、定量化分析的较少。将各种研究成果数据集成为专题地图，并将数据发布至极地战略态势地图分析系统后，可使北冰洋海洋权益现状更为清晰、明了，并可以通过地图分析功能对其进行基于地图的空间化、定量化分析。各国北冰洋专属经济区、200 海里外大陆架的界限、海洋保护区、北极航道等问题均是北冰洋海洋权益研究的重点。将目前已有的专题报告、图集、文献资料等数据进行集成、汇编，并将其以地图数据的形式发布于极地战略态势分析系统中。通过极地战略态势地图分析系统对地图数据进行空间化、定量化分析，结合相关法律文献对北冰洋海洋权益进行分析。

明确各国专属经济区现状，是未来北极活动的基础。目前人类活动多在各国专属经济区内，沿海国对该区的管辖权使他国活动受限。俄罗斯、加拿大、挪威、丹麦、美国及冰岛六国在北冰洋拥有专属经济区。其中俄罗斯专属经济区面积最大，约为 $408×10^4\,km^2$，约占北冰洋总面积的 29.1%；该区跨度大，东起楚科奇海跨越东西伯利亚海、拉普捷夫海西至巴伦支海，最高纬度近北纬 85°；加拿大专属经济区面积约为 $112×10^4\,km^2$，其最高纬度超过 85°，且磁北极位于该区域内；丹麦、挪威、美国三国专属经济区面积分别约 $110×10^4\,km^2$、$98×10^4\,km^2$、$53×10^4\,km^2$，约占北冰洋面积的 7.8%、7.0%、3.8%；冰岛专属经济区面积相对较小，约 $15×10^4\,km^2$。距领海基线 200 海里以外的北冰洋公海区域面积约为 $282×10^4\,km^2$，占北冰洋总面积的 20.1%。除个别的、小范围的争议外，目前北冰洋沿岸国专属经济已基本确定，我国在该区域的活动受到《公约》的有效保障，类似开展科学调查等受限活动，基本上控制在双边性质的协商范围内，排除了多边谈判的复杂性。因此，加强与沿岸国的双边合作可为我国在该区域的北极活动提供更多便利。

北极资源一直都是北极活动关注的重点，外大陆架的划定决定了未来北冰洋部分海底资源的开发权归属。北冰洋 200 海里以外的大陆架总面积约为 $282×10^4\,km^2$，其中约 $250×10^4\,km^2$ 的区域可能成为沿海国外大陆架，Macnab 等推测约 $30×10^4\,km^2$ 的区域超出各国可申请范围。目前已提出的外大陆架申请约 $161×10^4\,km^2$。俄罗斯申请区域总面积约 $120×10^4\,km^2$，占北冰洋总面积的 8.6%。包含两个区域：一个位于巴伦支海，面积约 $6×10^4\,km^2$，挪威也对该区域提出申请；另一申请区面积约 $114×10^4\,km^2$，该区域主要沿罗蒙诺索夫海岭向外延伸，且包含北极点，据俄自然资源部门估计，该区域油气资源蕴含总量达 50 亿吨。挪威提出总面积约 $7×10^4\,km^2$ 的外大陆架划分方案，其中大陆架界限委员会已原则上同意位于南森海盆西的面积约 $1×10^4\,km^2$ 的划界方案。丹麦提出了面积约 $90×10^4\,km^2$ 的申请，总面积约是其本土面积的 20 倍，占北冰洋总面积的 6.4%。申请区包括两个独立区域：一个区域从格陵兰岛北部起，东部沿罗蒙诺索夫海岭延伸直至俄罗斯 200 海里大陆架边缘，西部沿门捷列夫海岭延伸，该区域大部分与俄罗斯申请区重叠；另一区域位于格陵兰岛和斯瓦尔巴群岛之间，区域面积约 $10×10^4\,km^2$。美国和加拿大也正在积极准备申请方案。目前研究资料显示，如果沿岸国的外大陆架申请均获批准，北冰洋中可能有约 $32×10^4\,km^2$ 区域应属于人类共同继承财产——国际海底，不符合《公约》规定的可申请条件，分别位于加拿大海盆和阿蒙森海盆，仅占北冰洋面积的 2.3%。未来各国将会更加关注这两个区域的各项动态，我国第三、四、七次北极考察均曾进入加拿大海盆上覆水域进行考察。目前，北冰洋地区大部分外大陆架尚未申请或尚未审议通过，我国仍可以进行科学研究或资源开发。但是外大陆架区域常年均被海冰覆盖，就目前科技水平而言进入进行考察和开发难度较大。即使未来各国外大陆架申请方案通过，他国仍有在该区域内铺设海底电缆和管道的权利。同时，外大陆架上覆水域法律地位上仍然属于公海，不能被视作某国经济权利主张区，任何时候各国都可依法享有公海自由。

海洋保护区主要目的是保护生态海洋环境，但其特殊的开放政策使得本国和他国在该区内活动均受一定程度的限制。目前北冰洋内仅有俄罗斯、挪威、加拿大三国建立了海洋保护区，面积分别约为 14.3×10^4 km²、0.3×10^4 km²、2.1×10^4 km²，其中俄罗斯在法兰士约瑟夫地群岛建立的海洋保护区面积最大，约为 13.5×10^4 km²。各国海洋保护区多分布在本国内水、领海及专属经济区内，且海洋保护区的对外开放政策依国家而定，这就使得沿岸国家可以通过控制海洋保护区开放条件进而一定程度上影响他国该区域内的活动。由于多数海洋保护区面积较小，故其对他国活动的实际影响力有限。

北极航道控制权也是各国北极权益争夺的一大热点。其巨大的经济价值使得沿岸国家纷纷利用本国便利以谋取利益。东北航道大部分航段位于俄罗斯海域内，俄罗斯将其视为国内运输航线，要求船只需征得其允许才能进入航道，且国内外船只在通行时应遵守俄罗斯国内法律，同时还颁布了《北方海航道破冰船服务费率制定》，建立了系统的收费制度；西北航道多位于加拿大海域内，该国也曾宣称西北航道为本国国内航线，并宣布对其拥有控制权，坚持实行外国船只在通过西北航道时必须向加拿大政府报告航行信息的政策，并将限制各国航行船只以降低海上安全隐患。穿极航道东起白令海峡，穿越北冰洋中心地带，西至格陵兰海或挪威海。此航道最大限度的避开了环北极国家沿岸，位于可享有"航行自由"的区域，不受沿岸国管辖。穿极航道大部分航段位于北冰洋中心地带，常年被海冰覆盖，有利于极地科考的进行，但是通行难度较大、年通行时间也较短。北极航道的法律地位一直存在争议，与加、俄两国不同，以美国与欧盟为代表的国家则一直主张北极航道海峡属于"国际海峡"。目前北极航道的法律地位尚未得到国际法层面上的认定。除航行难度较大的穿极航道外，沿岸国的各种控制手段使得他国在东北、西北航道上的活动受到限制，一定程度上增加了船只航行的时间成本和经济成本，也加大了外国船只航行风险。

通过系统分析结果并结合相关法律规定，可根据环北极国家对他国北冰洋活动的限制程度可大致将北冰洋分为四类区域。

（1）沿岸国家内水及领海，其范围为海岸线至各国领海的外部界线，其中海岸线至领海基线的部分为沿海国内水，领海基线至领海外部界线的部分为沿海国领海，沿海国对此类区域享有主权。我国未来北极活动如果需要在此类区域活动，应尊重沿海国主权，在遵守《公约》相关规定的同时，也应遵守沿海国相关法律法规。在沿海国领海内，我国船舶可依法享有无害通过的权利，沿海国不应妨碍船舶的无害通过，且应将其所知的在其领海内对航行有危险的任何情况妥为公布。若我国船舶仅在领海通过，沿海国不得征收任何费用，也不得以向船上之人行使民事管辖权而停止其行驶或变更航向。对于军舰而言，美国主张军舰和商船一样享有"无害通过权"，故在美国领海内，我国军舰可依法享有无害通过的权利，而在其他几个沿岸国家领海内，则应"事先通知"或"征得许可"方可进入。如果需要进入沿海国内水，则应经得沿海国许可。

（2）领海的外部界线至距领海基线 200 海里界线之间的区域，通常此区域内大陆架属于沿海国从领海基线起 200 海里内大陆架，上覆水域为沿海国专属经济区，沿海国依法对其享有相应的主权权利以及管辖权。在此区域内，我国可在遵守相关法律的条件下在此区域内享有航行和飞越的自由以及铺设海底电缆和管道的自由，但是在未经沿海国同意的情况下不得在该区域内进行科研、资源开采、大陆架考察等活动，在征得相关国家同意后也可进行共同开发或科研合作。在大陆架内，《公约》规定沿海国除为探测大陆架及开发大陆架天然资源有权采取合理措施外，对于在大陆架上敷设或维持海底电缆或管线不得加以阻碍。在专属经济区内，沿海国应决定其生物资源的可捕量，在没有能力捕捞全部可捕量的情形下，应通过协定或其他安排，准许其他国家捕捞可捕量的剩余部分。较为特殊的是，美国目前尚未签署《公约》，于 1983 年发布《美国总统关于美国专属经济区的公告》宣布设立 200 海里专属经济区，承认其他国家在其专属经济区内享有与资源无关的公海权利和自由，并宣布美国对其经济区内的海洋科学研究不主张管辖权，故我国在美国专属经济区内可享有航行自由、飞越自由、科研自由、建设国际法所容许的人工岛屿和其他设施的自由。我国历次北极考察中，雪龙船均会通过美国或俄罗斯专属经济区，故我国应加强与这些国家的双边合作，保障我国北极科考顺利进行。

（3）距领海基线 200 海里界线至大陆架外部界线区域，此区域内沿海国对大陆架海底矿产资源和底栖生物享有主权权利及管辖权，但是其上覆水域为公海。我国北极活动进入此区域活动时，未经允许不得对大陆架海底进行考察、资源开采等活动，但也有铺设海底电缆和管道的权利；在其上覆水域则享有《公约》规定的公海自由（包括航行自由、捕鱼自由、科研自由等），同时也受《公约》中大陆架相关规定的约束。目前北冰洋划界尚未完成，随着各国陆续提交外大陆架划界方案，各国间的划界争端也会随之出现，这将一定程度上减缓大陆架划界进程，目前此部分与第四部分法律地位一致。

（4）对于国际海底及公海，我国在公海中可依法享有公海自由、航行权、军舰的豁免权等权利，也应履行相关义务，如救助的义务、合作制止海盗行为的义务、各国为其国民采取养护公海生物资源措施的义务等。国际海底则应作为人类共同继承财产由国际海底管理局负责管理和开发，我国可依法在国际海底上铺设海底电缆和管道，亦可进行海洋科学研究。我国作为发展中国家，应加强与"联合国国际海底管理局"的相互合作，以促进有关国际海底内活动的技术和科学知识的转让，促进我国海洋事业的发展。随着北极冰川逐步融化，此区域在航道开发、各类资源开采以及极地科学研究上优势尽显，将成为各非环北极国家未来关注的重点。

沿岸国家对北冰洋活动的限制程度具有一定的规律性。在经向上，呈现出显著的纬度地带性，即限制程度随着纬度增高而逐渐减弱。在深度方向，对海底大陆架的控制范围大于对其上覆水域的控制范围。面对日益激烈的北冰洋权益争夺，我国应尊重并承认相关国家的合法权益，坚决维护公海地位抵制非法海洋争夺及瓜分行为。积极参与北极活动，加强国际合作推动相关北极政策法规的制定，为北极和谐发展保驾护航。

在上述实例中，仅对数据进行了空间化和定量化分析，也可以将矿产资源分布数据、火山分布数据等叠加至图层中，可进一步挖掘各专属经济区和外大陆架相关信息。通过极地战略态势地图分析系统不仅可以直观地表达数据空间邻接关系，也可以将数据进行定量分析、叠加分析、缓冲区分析等，可更为直观且客观地反映数据本身性质及其深层信息，有利于对空间数据的深入挖掘，发现数据规律。

参 考 文 献

艾松涛, 鄂栋臣, 朱建钢, 等, 2011. "雪龙在线"网络信息平台的研发与展望. 极地研究, 23(1): 56-61.

安家春, 艾松涛, 王泽民, 2010. 极区电离层 TEC 监测和发布系统. 极地研究, 22(4): 423-430.

鄂栋臣, 路志越, 艾松涛, 2010. 极地空间信息平台的设计与实现. 测绘通报(4): 49-51.

鄂栋臣, 艾松涛. 2004. 武汉大学参加北极黄河站首次科学考察. 武汉大学学报:信息科学版, 29(10):867.

方芳, 梁旭, 李灿, 等. 2014. 空间多准则决策研究概述. 测绘科学, 39(7): 9-12.

桂大伟, 庞小平, 艾松涛, 2016. OSM 在极地 GIS 中的应用. 极地研究, 28(4): 491-497.

刘鹏, 庞小平, 艾松涛, 2015. 基于 Android 和 iOS 的极地移动信息平台设计与开发. 极地研究, 27(1): 98-103.

刘海燕, 庞小平, 2015. 利用 GIS 和模糊层次分析法的南极考察站选址研究. 武汉大学学报(信息科学版), 40(2): 249-252.

李学杰, 姚永坚, 李刚, 等. 2014. 北冰洋大陆架划界现状极地研究. 极地研究, 26(3): 388-397.

凌晓良, 陈丹红, 张侠, 等. 2008. 南极特别保护区的现状与展望. 极地研究, 20(1): 48-63.

孟成, 鄂栋臣, 艾松涛, 2012. 极地考察站三维信息系统的设计与实现. 测绘通报(3): 23-25.

田璐, 艾松涛, 鄂栋臣, 等, 2012. 南大洋海冰影像地图投影变换与瓦片切割应用研究.极地研究, 24(3): 284-290.

阎铁毅, 李冬, 2011. 美、俄关于北极航道的行政管理法律体系研究. 社会科学辑刊(2): 74-78.

赵元, 张新长, 康停军, 2010. 并行蚁群算法及其在区位选址中的应用. 测绘学报, 39(3): 322-327.

张侠, 屠景芳, 2010. 北冰洋油气资源潜力的全球战略意义. 中国海洋大学学报(社会科学版)(5): 8-10.

AI S T, ZHANG J, E D C, 2011. Design & Realization of Interactive Management System for M/V XUELONG//Proceedings of IEEE 2nd International Conference on Artificial Intelligence, Management Science and Electronic Commerce, Aug. 2011.

CHANG C W, WU C R, LIN H L, 2009. Applying fuzzy hierarchy multiple attributes to construct an expert decision making process. Expert Systems with Applications, 36(4): 7363-7368.

CHEN S M, LEE L W, 2010. Fuzzy multiple attributes group decision-making based on the interval type-2 TOPSIS method. Expert Systems with Applications, 37(4): 2790-2798.

DOUMPOS M, ZOPOUNIDIS C, 2007.Regularized estimation for preference disaggregation in multiple criteria decision making. Computational Optimization and Applications, 38(1): 61-80.

EK B, VERSCHNEIDER C, LIND J, et al., 2013. Real world graph efficiency. Bulletin of the Institute of Combinatorics and Its Applications (69): 47-59.

EK B, VERSCHNEIDER C, NARAYAN DA, 2015. Global efficiency of graphs. AKCE International Journal of Graphs and Combinatorics, 12(1): 1-13.

GOVERNMENT OF CANADA, 2009. Canada's Northern Strategy. http://www. northernstrategy.gc.ca/cns/cns-eng.asp.

GUNITSKIY V, 2008. On thin ice: water rights and resource disputes in the Arctic Ocean. Journal of International Affairs, 61(2): 261-271.

HU A H, HSU C W, KUO T C, et al., 2009. Risk evaluation of green components to hazardous substance using FMEA and FAHP. Expert Systems with Applications, 36(3): 7142-7147.

International Boundaries Research Unite(IBRU). Maritime jurisdiction and boundaries in the Arctic region. http://www.durham.ac.uk/ibru.

JUN D, TIAN-TIAN F, YI-SHENG Y, et al., 2014. Macro-site selection of wind/solar hybrid power station based on ELECTRE-II. Renewable and Sustainable Energy Reviews, 35: 194-204.

LATORA V, MARCHIORI M, 2004. How the science of complex networks can help developing strategies against terrorism. Chaos, Solitons & Fractals, 20(1): 69-75.

MACNAB R, NETO P, VAN DE POLL R, 2001. Cooperative preparations for determining the outer limit of the juridical continental shelf in the Arctic Ocean: A model for regional collaboration in other parts of the world?. IBRU Boundary and Security Bulletin, 9.

NATIONAL UNIVERSITY OF SINGAPORE. 1945. US Presidential Proclamation No. 2667, Policy of the United States with Respect to the Natural Resources of the Subsoil and Sea Bed of the Continental Shelf. https://cil.nus.edu.sg/1945/1945-us-presidential-proclamation-no-2667-policy-of-the-united-states-with-resp ect-to-the-natural–resources-of-the-subsoil-and-sea-bed-of-the-continental-shelf/.

TAVARES G, ZSIGRAIOVÁ Z, SEMIAO V, 2011. Multi-criteria GIS-based siting of an incineration plant for municipal solid waste. Waste Management, 31(9): 1960-1972.

TEJEDO P, JUSTEL A, BENAYAS J, et al., 2009. Soil trampling in an Antarctic Specially Protected Area: tools to assess levels of human impact. Antarctic Science, 21(03): 229-236.

TRAN L T, KNIGHT C G, O'NEILL R V, et al., 2002. Fuzzy decision analysis for integrated environmental vulnerability assessment of the Mid-Atlantic region. Environmental Management, 29(6): 845-859.

VAHIDNIA M H, ALESHEIKH A A, ALIMOHAMMADI A., 2009. Hospital site selection using fuzzy AHP and its derivatives. Journal of Environmental Management, 90(10): 3048-3056.

WANG X, MA X, GRIMSON W E L, 2009. Unsupervised activity perception in crowded and complicated scenes using hierarchical bayesian models. IEEE Transactions on Pattern Analysis and Machine Intelligence, 31(3): 539-555.

XU R, 2000. Fuzzy least-squares priority method in the analytic hierarchy process. Fuzzy Sets and Systems, 112(3): 395-404.

YONG D, 2005.Plant location selection based on fuzzy TOPSIS. The International Journal of Advanced Manufacturing Technology, 28(7-8): 839-844.

ZHOU C X, AI S T, CHEN N C, et al., 2011. Grove Mountains meteorite recovery and relevant data distribution service. Computers & Geosciences, 37(11): 1727-1734.